作者簡歷

■ 作者　蕭中剛

職安衛總複習班名師，人稱蕭技師為蕭大或方丈，是知名職業安全衛生 FB 社團「Hsiao 的工安部屋家族」版主，多年來整理及分享的考古題和考試技巧幫助無數考生通過職安考試。

【學　　歷】健行科技大學工業工程與管理系

【專業證照】工業安全技師、工礦衛生技師、通過多次甲級職業安全管理、甲級職業衛生管理、乙級職業安全衛生管理技能檢定考試、職業安全衛生科目 - 地特四等、公務普考、公務高考考試及格

■ 作者　陳俊哲

從事職業安全衛生相關工作 25 年，具有多年產業界及勞動檢查實務經驗，歷任勞動檢查機構技士、檢查員、技正及科長等職務。

【學　　歷】國立交通大學環境工程研究所碩士
　　　　　　國立中興大學環境工程學系

【專業證照】工業安全技師、工礦衛生技師、環境工程技師、甲級勞工安全管理、甲級勞工衛生管理、乙級勞工安全衛生管理、甲級廢棄物處理技術員、甲級空氣污染防制專責人員、甲級廢水處理專責人員、甲級毒性化學物質專業技術管理人員、職業安全衛生科目 - 地特三等、公務高考考試及格

作者簡歷

■作者　許曉鋒

從事職業安全衛生管理、輔導與檢查相關工作經驗近10年，並於事業單位、大專院校擔任職業安全衛生課程講師。

【學　　歷】輔英科技大學職業安全衛生系
　　　　　　國立中山大學環境工程研究所

【專業證照】工業安全技師、工礦衛生技師、甲級職業安全管理、甲級職業衛生管理、乙級職業安全衛生管理、職業安全衛生科目-公務普考、公務高考、國營考試及格

■作者　王韋傑

曾於六輕化工廠及勞動檢查機構服務，並榮獲勞動檢查員訓練第一名，目前任職於國營事業擔任職業安全衛生人員，具職業安全衛生管理、製程安全管理及勞動檢查相關經驗。

【學　　歷】國立高雄第一科技大學環境與安全衛生工程研究所

【專業證照】工業安全技師、工礦衛生技師、甲級職業安全管理、甲級職業衛生管理、製程安全評估人員、職業安全衛生科目-二次公務高考考試及格、二次國營事業聯合招考考試及格

作者簡歷

■ 作者　張嘉峰

職業安全衛生現場工作出身,曾於營造工地、服務業及政府單位服務,半工半讀考取多項安全衛生專業證照,FB 社團「職業災害調查與預防學院」版主,目前任職於國營事業擔任職業安全衛生人員。

【學　　歷】國立清華大學材料科學與工程學系研究所
　　　　　　中華科技大學土木工程學系消防設備組

【專業證照】工業安全技師、職業衛生技師、製程安全評估人員、施工安全評估人員、職業安全管理師甲級技術士、職業衛生管理師甲級技術士、職業安全衛生科目-公務高考、國營事業考試及格

序

　　根據勞動部公布的無工作經驗者每月平均經常性薪資(109年)調查結果顯示，大學剛畢業初出社會的新鮮人，每人每月經常性薪資平均為2萬9,819元，無怪乎考生們紛紛報名口中最熱門的考試：國營事業招考。

　　近幾年國際經濟狀況持續惡化，尤其自COVID-19肆虐全球後，連帶使社會經濟型態變動，台灣也無法倖免於難，許多民營事業單位受到景氣下滑的影響，紛紛縮減人事支出，稍具規模的企業也停止招募新血，許多人更是擔心面臨中年失業的問題，於是有越來越多人選擇報名國家考試，希望能在鐵飯碗裡尋求安穩的工作。每年參加相關考試的考生如過江之鯽，唯有考試成績在頂端的考生才能擠入這窄門並開啟人生新旅途。因此，社會大眾總對能通過國民營事業的人才，投以羨慕的目光。一方面，由於房價及物價快速飛漲，公務人員雖然在退休後享有不錯的退休俸，但是若想要快速存錢來買房成家，似乎仍顯不足；另一方面，國營事業人員不需要面對繁重的公文，工作內容相對單純，且調薪幅度高，既能擁有穩定的工作，還能兼顧生活與家庭，儼然成為考生心目中的首選。近來報考國營事業的人數激增，以經濟部所屬國營事業新進職員甄試的職業安全衛生類報名人數為例，107年報名人數694人、108年為1092人、109年增至1221人，不但報考人數遠遠超過報考公務人員高考的人數以及技師的人數，甚至每年增加數百人，這是縱觀其他考試所沒有的現象，因此國營事業可以說是當今最夯的工作選擇之一。

　　國營事業考試是許多國家事業體系的招生考試的總稱，其中亦包含泛國營事業。以職業安全衛生領域來說，計有：經濟部所屬事業機構（台電、中油、台水、台糖）新進職員甄試、臺灣菸酒股份有限公司從

業職員及從業評價職位人員甄試、中華郵政公司職階人員甄試、國營臺灣鐵路股份有限公司113年從業人員甄試、臺灣港務股份有限公司新進從業人員甄試、中央銀行所屬中央造幣廠新進人員甄試、桃園國際機場股份有限公司新進從業人員招募甄選、臺灣土地銀行新進一般金融人員及專業人員甄試、中國鋼鐵股份有限公司新進人員甄試及漢翔航空工業股份有限公司新進人員甄選等。

　　國營事業考試視事業單位的不同，而有不同的考試科目，即使是同一考科，考試的範圍和內容也不盡相同。另外，考試的方式也略有不同，更遑論題目的難易程度以及評分標準更是天差地遠。常言道：「工欲善其事，必先利其器。」，很多考生參加考試時，由於各項考科所涵蓋的命題範圍極為廣泛，坊間缺乏專屬課程或參考書籍，難以掌握出題方向與題型趨勢，必須購買相當多的各式教科書與參考書研讀，但龐大的書籍資料卻使考生有越讀越繁雜，沒有系統且雜亂無章之感。加上近年來新修正之職業安全衛生相關法規與日俱增，更使考生心力交瘁甚至望而生畏。許多考生明明看了許多資料，卻在考場中望試題嘆息，不知從何下筆。主要原因有三：首先，近年來主管機關多次修正職業安全衛生法規及指引，許多考生未能抓住修法的重點和脈絡，導致對於法規見樹不見林；其次，無法統整各種知識，導致對於安全衛生的內涵僅止於皮毛；最後，無法系統性的表達完整觀念，因此難免有明明看過相關資料卻無法得高分的挫折感。讀不完書籍、做不完的筆記加上無適當的參考題解，對考生更是雪上加霜。

基於上述之情況，本書為協助考生能在有限的時間內有效率的準備國營事業考試，號召職（工）業安全類科考試經驗之專家並且已經通過國營事業考試的技師們，分享答題技巧、分享寶貴經驗，合力打造最優質考試參考書籍，讓考生能在最短時間之內能藉此提升學識與邏輯概念，結合理論與實務之答題方式，掌握答題方向及技巧，協助考生突破困境順利通過國營事業考試順利圓夢，是為初衷。

雖然撰寫過程，作者群皆兢兢業業不敢大意，但疏漏難免，若本書之中尚有錯誤或不完整之處，尚祈讀者先進多多包涵並不吝提供指正或建議予出版社或作者群，在此致上十二萬分的感謝！

作者群

謹誌

目錄

作者簡歷 iii

序 vi

1 近年各國營事業筆試應試科目簡表

2 選擇題

2-1 職業安全衛生相關法規 004
    2-1-1 經濟部國營事業 004
    2-1-2 交通部國營事業 147
    2-1-3 財政部國營事業 261
    2-1-4 其他泛國營事業 286

2-2 工業安全衛生概要及工程管理 299
    2-2-1 交通部國營事業 299

2-3 職業安全衛生法規概要 333

2-4 勞動法規概要 349

2-5 職業安全衛生設施規則 373

2-6 工業安全工程 394
    2-6-1 交通部國營事業 394

3 申論題

3-1 職業安全衛生相關法規 435
    3-1-1 交通部國營事業 435
    3-1-2 財政部國營事業 500

    3-1-3 其他泛國營事業 526
 3-2 勞動法規 527
    3-2-1 交通部國營事業 527
 3-3 職業安全衛生計畫及管理（包括應用統計）........................ 531
    3-3-1 交通部國營事業 531
    3-3-2 財政部國營事業 559
    3-3-3 其他泛國營事業 586
 3-4 工業安全工程（包括機電安全及防火防爆）........................ 595
    3-4-1 交通部國營事業 595
    3-4-2 財政部國營事業 616
 3-5 職業衛生概論及管理（包括職業病預防概論）.................... 642
    3-5-1 交通部國營事業 642
    3-5-2 其他泛國營事業 663
 3-6 風險評估與管理及人因工程 669
    3-6-1 經濟部國營事業 669

近年各國營事業筆試應試科目簡表 1

主管部會	用人單位	職階	考科一	題型	筆試佔比
經濟部	台灣電力公司 台灣中油公司 台灣自來水公司 台灣糖業公司	新進職員	1. 職業安全衛生法規 2. 職業安全衛生管理	測驗題	30%
			1. 風險評估與管理 2. 人因工程	非測驗題	50%
	中鋼公司	師級	1. 勞工安全衛生相關法規 2. 勞工安全衛生概論	測驗題	70%
財政部	臺灣菸酒公司	從業職員	職業安全衛生相關法規	非測驗題	30%
			職業安全衛生計畫及管理	非測驗題	30%
			安全工程	非測驗題	30%
	土地銀行	五職等	職業安全衛生相關法規	測驗題	80%
中央銀行	中央造幣廠	分類職位	職業安全衛生相關法規與職業安全衛生管理	非測驗題	35%
			職業衛生與職業病預防概論	非測驗題	35%
	中央印製廠	分類職位	職業安全衛生相關法規與職業安全衛生管理	非測驗題	35%
			職業衛生與職業病預防概論	非測驗題	35%

主管部會	用人單位	職階	考科一	題型	筆試佔比
交通部	中華郵政公司	營運職	職業安全衛生法規(含一般安全衛生法規、職業安全法規及職業衛生法規)	非測驗題	30%
			工業安全工程(含機電安全及防火防爆)	非測驗題	30%
		專業職	勞工安全衛生法規概要	非測驗題	35%
			工業安全工程概要	非測驗題	35%
	臺灣港務公司	師級	職業安全衛生法規與工業衛生管理	非測驗題	37.5%
			工業安全管理(包括應用統計)	非測驗題	37.5%
	桃機公司	資深事務員	職業安全衛生相關法規	非測驗題	40%
			工業安全衛生法規與工業衛生概論	非測驗題	40%
		業務員	職業安全衛生法規	測驗題	40%
			工業安全工程	測驗題	40%
	漢翔航空	師級	工業安全工程與衛生概論	測驗題	50%
	臺灣鐵路公司	第8階-助理工程師	職業安全衛生法規(含職業安全衛生法及其施行細則、職業安全衛生管理辦法)	非測驗題	25%
			勞動法規(含勞動基準法、勞動檢查法)	非測驗題	25%
			職業安全衛生設施規則	非測驗題	25%
		第9階-技術員	職業安全衛生法規(含職業安全衛生法及其施行細則、職業安全衛生管理辦法)	測驗題	25%
			勞動法規(含勞動基準法、勞動檢查法)	測驗題	25%
			職業安全衛生設施規則	測驗題	25%

選擇題 2

【解析法規名稱簡寫說明】

職安：職業安全衛生法
檢：勞動檢查法
基：勞動基準法
職保：職災勞工保護法
災保：勞工職業災害保險及保護法
安細：職業安全衛生法施行細則
檢細：勞動檢查法施行細則
設：職業安全衛生設施規則
營：營造安全衛生設施標準
健：勞工健康保護規則
教：職業安全衛生教育訓練規則
鉛：鉛中毒預防規則
缺：缺氧症預防規則
分：危害性化學品評估及分級管理辦法
危審：危險性工作場所審查暨檢查辦法
管辦：職業安全衛生管理辦法
起升：起重升降機具安全規則
危機：危險性機械及設備安全檢查規則
鍋壓：鍋爐及壓力容器安全規則
環測：勞工作業環境監測實施辦法

危標：危害性化學品標示及通識規則
有機：有機溶劑中毒預防規則
特化：特定化學物質危害預防標準
機安：機械設備器具安全標準
優管：優先管理化學品之指定及運作管理辦法
粉塵：粉塵危害預防標準
高溫：高溫作業勞工作息時間標準
高架：高架作業勞工保護措施標準
異氣：異常氣壓危害預防標準
精密：精密作業勞工視機能保護設施標準
新化：新化學物質登記管理辦法
母性：女性勞工母性健康保護實施辦法
高壓：高壓氣體勞工安全規則
暴標：勞工作業場所容許暴露標準
標示：職業安全衛生標示設置準則
製程：製程安全評估定期實施辦法
移構：移動式起重機安全檢查構造標準

【法規條項款目表示方式】

§7.1.1.1（第 7 條第 1 項第 1 款第 1 目）
§10-1.1（第 10-1 條第 1 項）

2-1 職業安全衛生相關法規

2-1-1 經濟部國營事業

2-1-1-1 經濟部所屬事業機構 107 年新進職員甄試試題

(A) 1. 依「職業安全衛生法」，事業單位勞工人數在多少人以上者，應僱用或特約醫護人員辦理健康管理、職業病預防及健康促進等勞工健康保護事項？

(A) 50　(B) 100　(C) 200　(D) 300

解析 職安 §22.1 事業單位勞工人數在 50 人以上者，應僱用或特約醫護人員，辦理健康管理、職業病預防及健康促進等勞工健康保護事項。

(D) 2. 下列何者不屬於職業安全衛生法中所訂工作者之種類？

(A) 勞工
(B) 其他受工作場所負責人指揮從事勞動之人員
(C) 自營作業者
(D) 其他受作業場所負責人監督從事勞動之人員

解析 職安 §2.1.1 工作者：指勞工、自營作業者及其他受工作場所負責人指揮或監督從事勞動之人員。

(D) 3. 依「職業安全衛生法」，當事業單位違反下列何種規定，得處新臺幣 30 萬元以上 300 萬元以下罰鍰？

(A) 未對危害性化學品採取必要之通識措施
(B) 未採取母性健康保護措施
(C) 未訂定作業環境監測計畫
(D) 未依規定實施製程安全評估而引起爆炸致發生 3 人以上罹災

解析 A. 職安 §10.1 → §43.1.1 重複違反 → 3~30 萬
B. 職安 §31.1 → §43.1.2 → 3~30 萬
C. 職安 §12.3 → §43.1.2 → 3~30 萬
D. 職安 §15.1 → §42.1 → 30~300 萬

(B) 4. 依「職業安全衛生設施規則」，雇主對於 600 伏特以下之電氣設備前方，至少應有多少公分以上之水平工作空間？

(A) 60　(B) 80　(C) 90　(D) 120

解析 設 §268 雇主對於 600 伏特以下之電氣設備前方，至少應有 80 公分以上之水平工作空間。……。

(D) 5. 依「職業安全衛生管理辦法」，事業單位之職業安全衛生委員會若設置委員 35 名，勞工代表應至少佔委員人數幾名？

(A) 9　(B) 10　(C) 11　(D) 12

解析 管辦 §11.4 勞工代表，應佔委員人數三分之一以上，本題委員 35 名，35×1/3 = 11.67，則勞工代表應至少為 12 人。

(C) 6. 依「勞工作業環境監測實施辦法」，從事特別危害健康作業之勞工人數在 100 人以上事業單位，監測計畫應由監測評估小組研訂，下列何者非監測評估小組之成員？

(A) 工作場所負責人
(B) 執業工礦衛生技師
(C) 勞工代表
(D) 職業安全衛生人員

解析 環測 §10-2.1 事業單位從事特別危害健康作業之勞工人數在 100 人以上，或依本辦法規定應實施化學性因子作業環境監測，且勞工人數 500 人以上者，監測計畫應由下列人員組成監測評估小組研訂之：
一、工作場所負責人。
二、依職業安全衛生管理辦法設置之職業安全衛生人員。
三、受委託之執業工礦衛生技師。
四、工作場所作業主管。

(A) 7. 依「危害性化學品標示及通識規則」， 為下列何種危害性化學品之分類危害圖示（外框為紅色，白底黑色圖案）？
(A) 氧化性液體　　　　　　(B) 易燃氣體
(C) 爆炸物　　　　　　　　(D) 急毒性物質

解析 危標 附表一

(B) 8. 雇主使勞工戴用輸氣管面罩執行連續作業時，依法每次最多不得超過多少時間？
(A) 30 分鐘　(B) 60 分鐘　(C) 120 分鐘　(D) 4 小時

解析 有機§23.2、鉛§46、粉塵§24、缺§30
雇主使勞工戴用輸氣管面罩之連續作業時間，每次不得超過1小時。

(C) 9. 依法規雇主使勞工從事高度在 20 公尺以上高架作業時，每連續作業 2 小時，至少應給予作業勞工多少的休息時間？
(A) 15 分鐘　(B) 25 分鐘　(C) 35 分鐘　(D) 45 分鐘

解析 高架§4 雇主使勞工從事高架作業時，應減少工作時間，每連續作業2小時，應給予作業勞工下列休息時間：
一、高度在2公尺以上未滿5公尺者，至少有20分鐘休息。
二、高度在5公尺以上未滿20公尺者，至少有25分鐘休息。
三、高度在20公尺以上者，至少有35分鐘休息。

(C) 10. 依據勞動基準法之規定，勞工工作採輪班制者，其工作班次每週應更換 1 次，其更換班次期間至少應有以下多少的休息時間？
(A) 連續 9 小時　　　　　　(B) 連續 10 小時
(C) 連續 11 小時　　　　　 (D) 連續 12 小時

解析 基§34.1 勞工工作採輪班制者，其工作班次，每週更換1次。……。
基§34.2 依前項更換班次時，至少應有連續11小時之休息時間。……。

(D) 11. 中央主管機關公告於資訊網站之化學物質清單以外之新化學物質，下列哪種物質應依新化學物質登記管理辦法之規定辦理？

(A) 天然物質
(B) 海關監管之化學物
(C) 廢棄物
(D) 於反應槽或製程中正進行化學反應之物質

解析 新化 §3 中央主管機關公告於資訊網站之化學物質清單（以下簡稱公告清單）以外之新化學物質屬下列性質者，不適用本辦法：
一、天然物質。
二、伴隨試車之機械或設備之化學物質。
三、於反應槽或製程中正進行化學反應且不可分離之中間產物。
四、涉及國家安全或國防需求之化學物質。
五、無商業用途之副產物或雜質。
六、海關監管之化學物質。
七、廢棄物。
八、已列於公告清單適用百分之二規則之聚合物。
九、混合物。但其組成之化學物質為新化學物質者，不在此限。
十、成品。
十一、其他經中央主管機關指定公告者。

(A) 12. 下列何種物質其作業環境監測紀錄不需要強制保存 30 年？

(A) 鹽酸　(B) 砷及其化合物　(C) 煤焦油　(D) 四氯乙烯

解析 環測 附表四　作業環境監測紀錄應保存 30 年之化學物質一覽表

分類	化學物質名稱
特定化學物質甲類物質	1、聯苯胺及其鹽類 2、4-胺基聯苯及其鹽類 3、β-萘胺及其鹽類
特定化學物質乙類物質	1、二氯聯苯胺及其鹽類 2、α-萘胺及其鹽類 3、鄰-二甲基聯苯胺及其鹽類 4、二甲氧基聯苯胺及其鹽類 5、鈹及其化合物

分類	化學物質名稱
特定化學物質 丙類第一種物質	1、次乙亞胺 2、氯乙烯 3、苯
特定化學物質 丙類第三種物質	1、石綿 2、鉻酸及其鹽類 3、砷及其化合物 4、重鉻酸及其鹽類 5、煤焦油 6、鎳及其化合物
特定化學物質 丁類物質	硫酸
第一種有機溶劑	三氯乙烯
第二種有機溶劑	四氯乙烯

(C) 13. 依據勞動部職業安全衛生署公布「施工架作業安全檢查重點及注意事項」之規定，施工架高度 1.5 公尺以上應設置安全之上下設備，其施工架之任一處步行至最近上下設備距離，應在多少公尺以下？

(A) 10　(B) 20　(C) 30　(D) 40

解析 施工架作業安全檢查重點及注意事項 第 7 點
施工架高度 1.5 公尺以上，應設置安全之上下設備，任一處步行至最近上下設備之距離，應在 30 公尺以下。

(D) 14. 下列何者係指製造或處理、置放、使用丙類第一種物質或丁類物質固定式設備之名稱？

(A) 特別化學設備　　　　(B) 特殊化學設備
(C) 特別管理化學設備　　(D) 特定化學設備

解析 特化 §4 本標準所稱特定化學設備，指製造或處理、置放（以下簡稱處置）、使用丙類第一種物質、丁類物質之固定式設備。

(C) 15. 雇主依女性勞工母性健康保護實施辦法之規定,使勞工於保護期間從事列管之作業場所,其空氣中暴露濃度在容許暴露標準二分之一以上者,其風險等級應列為下列哪級管理?

(A) 第一級管理　　　　　　(B) 第二級管理
(C) 第三級管理　　　　　　(D) 第四級管理

解析 母性 §9.1
雇主使保護期間之勞工從事第 3 條或第 5 條第 2 項之工作,應依下列原則區分風險等級:
一、符合下列條件之一者,屬第一級管理:
　　(一) 作業場所空氣中暴露濃度低於容許暴露標準 1/10。
　　(二) 第 3 條或第 5 條第 2 項之工作或其他情形,經醫師評估無害母體、胎兒或嬰兒健康。
二、符合下列條件之一者,屬第二級管理:
　　(一) 作業場所空氣中暴露濃度在容許暴露標準 1/10 以上未達 1/2。
　　(二) 第 3 條或第 5 條第 2 項之工作或其他情形,經醫師評估可能影響母體、胎兒或嬰兒健康。
三、符合下列條件之一者,屬第三級管理:
　　(一) 作業場所空氣中暴露濃度在容許暴露標準 1/2 以上。
　　(二) 第 3 條或第 5 條第 2 項之工作或其他情形,經醫師評估有危害母體、胎兒或嬰兒健康。

(B) 16. 事業單位對勞動檢查機構所發檢查結果通知書有異議時,依勞動檢查法規定應於通知書送達之次日起多少日內,以書面敘明理由向勞動檢查機構提出疑義答覆?

(A) 7　(B) 10　(C) 15　(D) 30

解析 檢細 §21.1
事業單位對勞動檢查機構所發檢查結果通知書有異議時,應於通知書送達之次日起 10 日內,以書面敘明理由向勞動檢查機構提出。

(C) 17. 依危險性機械及設備安全檢查規則規定,高壓氣體容器在下列何種檢查合格後,即可發放檢查合格證?

(A) 型式檢查　(B) 熔接檢查　(C) 構造檢查　(D) 使用檢查

解析 危機§153 高壓氣體容器經構造檢查合格者,檢查機構應核發檢查合格證……。

(A) 18. 依營造安全衛生設施標準規定,露天開挖最大深度達 5 公尺時,則開挖出之土石不得堆積於距離坡肩多少公尺範圍內?

(A) 5　(B) 10　(C) 15　(D) 20

解析 營§65.1.3 不得堆積於開挖面之上方或與開挖面高度等值(即題目所稱 5 公尺)之坡肩寬度範圍內。

雇主僱用勞工從事露天開挖作業時,為防止地面之崩塌或土石之飛落,應採取下列措施:

一、作業前、大雨或四級以上地震後,應指定專人確認作業地點及其附近之地面有無龜裂、有無湧水、土壤含水狀況、地層凍結狀況及其地層變化等情形,並採取必要之安全措施。

二、爆破後,應指定專人檢查爆破地點及其附近有無浮石或龜裂等狀況,並採取必要之安全措施。

三、開挖出之土石應常清理,不得堆積於開挖面之上方或**與開挖面高度等值之坡肩寬度範圍內**。

四、應有勞工安全進出作業場所之措施。

五、應設置排水設備,隨時排除地面水及地下水。

(A) 19. 下列何者是最適合之風險評估實施步驟順序?

①風險判定　②危害評估　③危害辨識　④擬定風險控制計畫

(A) ③②①④　(B) ②③④①　(C) ①②③④　(D) ④①②③

解析 風險評估大原則:辨識→評估→控制,所以此題 B、C、D 的答案將辨識放在評估之後,顯然錯誤,用去錯法選 A。

相關資訊亦可參考職安署 風險評估技術指引
(https://www.osha.gov.tw/1106/1251/28996/29207/)

(D) 20. 拒絕、規避或阻撓依職業安全衛生法規定之檢查者，依法應處下列何種處罰？

(A) 3 年以下有期徒刑
(B) 新臺幣 3 千元以下之罰鍰
(C) 新臺幣 3 萬元以上 6 萬元以下罰鍰
(D) 新臺幣 3 萬元以上 30 萬元以下罰鍰

解析 職安 §43.1.4
有下列情形之一者，處新臺幣 **3 萬元以上 30 萬元以下罰鍰**：
一、違反第 10 條第 1 項、第 11 條第 1 項、第 23 條第 2 項之規定，經通知限期改善，屆期未改善。
二、違反第 6 條第 1 項、第 12 條第 1 項、第 3 項、第 14 條第 2 項、第 16 條第 1 項、第 19 條第 1 項、第 24 條、第 31 條第 1 項、第 2 項或第 37 條第 1 項、第 2 項之規定；違反第 6 條第 2 項致發生職業病。
三、違反第 15 條第 1 項、第 2 項之規定，並得按次處罰。
四、**規避、妨礙或拒絕本法規定之檢查**、調查、抽驗、市場查驗或查核。
※ 請注意，這題問的是職業安全衛生法，另外在勞動檢查法也有類似的規定，請各位讀者參考。
檢 §14.1 勞動檢查員為執行檢查職務，得隨時進入事業單位，雇主、雇主代理人、勞工及其他有關人員均不得無故**拒絕、規避或妨礙**。
檢 §35 事業單位或行為人有下列情形之一者，處新臺幣 **3 萬元以上 15 萬元以下罰鍰**，並得按次處罰：
一、**違反第 14 條第 1 項規定**。
二、違反第 15 條第 2 項規定。

(A) 21. 依高壓氣體勞工安全規則規定，對高壓氣體之製造，於其生成、分離、精煉、反應、混合、加壓或減壓過程中，附設於安全閥或釋放閥之停止閥，應維持在何種狀態？

(A) 全開放　(B) 半開放　(C) 三分之一開放　(D) 全關閉

解析 高壓 §70.1.1

對高壓氣體之製造,於其生成、分離、精煉、反應、混合、加壓或減壓過程,應依下列規定維持於安全狀態:

一、附設於安全閥或釋放閥之停止閥,應經常維持於**全開放**狀態。但從事安全閥或釋放閥之修理致有關斷必要者,不在此限。

※ 筆者建議,高壓氣體勞工安全規則條文多達200餘條,而且內容艱澀,考題出現機率不高,考生請斟酌,行有餘力再準備。

(B) 22. 依職業安全衛生設施規則規定,雇主對於高度在多少公尺以上之場所投下物體有危害勞工之虞時,應設置適當之滑槽、承受設備,並指派監視人員?

(A) 2　(B) 3　(C) 4　(D) 5

解析 設 §237 雇主對於自高度在 **3 公尺以上**之場所投下物體有危害勞工之虞時,應設置適當之滑槽、承受設備,並指派監視人員。

(A) 23. 依據勞工健康保護規則之規定,一位現年51歲的在職勞工,其應依規定實施的健康檢查,下列何者的描述有誤?

(A) 應每2年實施一般健康檢查

(B) 如果有從事特別危害健康作業,應定期實施特殊健康檢查

(C) 如果有從事石綿之特殊健康檢查紀錄,應至少保存30年

(D) 如果他要離職,要求雇主提供其健康檢查有關資料時,雇主不得拒絕

解析 健 §17.1 每 3 年 1 次

A. 雇主對在職勞工,應依下列規定,定期實施一般健康檢查:

一、年滿65歲者,每年檢查1次。

二、40歲以上未滿65歲者,每3年檢查1次。

三、未滿40歲者,每5年檢查1次。

B. 健§18.1 雇主使勞工從事第2條規定之**特別危害健康作業**，應每年或於變更其作業時，依第16條附表十所定項目，實施特殊健康檢查。

※ 附表一 特別危害健康作業

項次	作業名稱
一	高溫作業勞工作息時間標準所稱之高溫作業。
二	勞工噪音暴露工作日8小時日時量平均音壓級在85分貝以上之噪音作業。
三	游離輻射作業。
四	異常氣壓危害預防標準所稱之異常氣壓作業。
五	鉛中毒預防規則所稱之鉛作業。
六	四烷基鉛中毒預防規則所稱之四烷基鉛作業。
七	粉塵危害預防標準所稱之粉塵作業。
八	有機溶劑中毒預防規則所稱之下列有機溶劑作業： （一）1,1,2,2-四氯乙烷。 （二）四氯化碳。 （三）二硫化碳。 （四）三氯乙烯。 （五）四氯乙烯。 （六）二甲基甲醯胺。 （七）正己烷。
九	製造、處置或使用下列特定化學物質或其重量比（苯為體積比）超過百分之一之混合物之作業： （一）聯苯胺及其鹽類。 （二）4-胺基聯苯及其鹽類。 （三）4-硝基聯苯及其鹽類。 （四）β-萘胺及其鹽類。 （五）二氯聯苯胺及其鹽類。 （六）α-萘胺及其鹽類。 （七）鈹及其化合物（鈹合金時，以鈹之重量比超過百分之三者為限）。 （八）氯乙烯。 （九）2,4-二異氰酸甲苯或2,6-二異氰酸甲苯。 （十）4,4-二異氰酸二苯甲烷。

項次	作業名稱
九	（十一）二異氰酸異佛爾酮。 （十二）苯。 （十三）石綿（以處置或使用作業為限）。 （十四）鉻酸與其鹽類或重鉻酸及其鹽類。 （十五）砷及其化合物。 （十六）鎘及其化合物。 （十七）錳及其化合物（一氧化錳及三氧化錳除外）。 （十八）乙基汞化合物。 （十九）汞及其無機化合物。 （二十）鎳及其化合物。 （二十一）甲醛。 （二十二）1,3-丁二烯。 （二十三）銦及其化合物。
十	黃磷之製造、處置或使用作業。
十一	聯吡啶或巴拉刈之製造作業。
十二	其他經中央主管機關指定公告之作業： 製造、處置或使用下列化學物質或其重量比超過百分之五之混合物之作業： 溴丙烷。

C. 健 §20

從事下列作業之各項特殊體格（健康）檢查紀錄，應至少保存 **30 年**：

一、游離輻射。

二、粉塵。

三、三氯乙烯及四氯乙烯。

四、聯苯胺與其鹽類、4-胺基聯苯及其鹽類、4-硝基聯苯及其鹽類、β-萘胺及其鹽類、二氯聯苯胺及其鹽類及 α-萘胺及其鹽類。

五、鈹及其化合物。

六、氯乙烯。

七、苯。

八、鉻酸與其鹽類、重鉻酸及其鹽類。

九、砷及其化合物。

十、鎳及其化合物。

十一、1,3-丁二烯。

十二、甲醛。

十三、銦及其化合物。

十四、石綿。

十五、鎘及其化合物。

D. 健 §25 離職勞工要求提供其健康檢查有關資料時,雇主不得拒絕。但超過保存期限者,不在此限。

(D) 24. 操作以下何種設備人員,法規未規定雇主需使其接受危險性設備操作人員安全衛生教育訓練?

(A) 丙級鍋爐 (B) 高壓氣體特定設備
(C) 高壓氣體容器 (D) 第二種壓力容器

 教 §13.1 雇主對擔任下列具有危險性之設備操作之勞工,應於事前使其接受具有危險性之設備操作人員之安全衛生教育訓練:

一、鍋爐操作人員。

二、第一種壓力容器操作人員。

三、高壓氣體特定設備操作人員。

四、高壓氣體容器操作人員。

五、其他經中央主管機關指定之人員。

※ 補充說明 鍋壓 §4.1

本規則所稱壓力容器,分為下列二種:

一、第一種壓力容器,指合於下列規定之一者:

(一) 接受外來之蒸汽或其他熱媒或使在容器內產生蒸氣加熱固體或液體之容器,且容器內之壓力超過大氣壓。

(二) 因容器內之化學反應、核子反應或其他反應而產生蒸氣之容器,且容器內之壓力超過大氣壓。

(三) 為分離容器內之液體成分而加熱該液體,使產生蒸氣之容器,且容器內之壓力超過大氣壓。

(四) 除前3目外,保存溫度超過其在大氣壓下沸點之液體之容器。

二、第二種壓力容器，指內存氣體之壓力在每平方公分 2 公斤以上或 0.2 百萬帕斯卡（MPa）以上之容器而合於下列規定之一者：

（一）內容積在 0.04 立方公尺以上之容器。

（二）胴體內徑在 200 毫米以上，長度在 1000 毫米以上之容器。

(C) 25. 依「職業安全衛生教育訓練規則」，下列何人之安全衛生在職教育訓練時數非每 3 年至少要完成 3 小時訓練？

(A) 一般勞工
(B) 職業安全衛生委員會成員
(C) 高壓氣體作業主管
(D) 各級管理、指揮、監督之業務主管

解析 職業安全衛生教育訓練規則經中華民國一百十年七月七日勞動部勞職授字第 11002028852 號令修正發布，故條次異動如下：

3 年 3 小時→教 §18.1.7~13

(A)教 §18.1.13
(B)教 §18.1.11
(C)教 §18.1.6 (X)
(D)教 §18.1.10

(A) 26. 使用化學物質及有機溶劑時，為防止氣體及蒸氣逸散至工作場所，應於距發生源位置設置下列哪種最佳配備？

(A) 通風設備　　　　(B) 藥品櫃
(C) 呼吸防護設備　　(D) 化學吸收棉

解析 概念題，防止有害物逸散，通風設備優於其他選項。

(C) 27. 下列何者為工作場所最重視之危害物質暴露途徑？

(A) 食入　(B) 皮膚接觸　(C) 吸入　(D) 注射或傷口接觸

解析 概念題，思考方向：所有在工作場所的工作者，都要呼吸。

(A) 28. 當審視某化學品的安全資料表（SDS）時，下列何者的數值越大代表發生火災爆炸的危險越高？

(A) 燃燒範圍　　　　　　(B) 閃火點
(C) 燃燒下限　　　　　　(D) 最小著火能量

解析
A. 燃燒範圍愈大，表示化學品逸散在空間中的比例容易進入燃燒範圍，因此愈危險。
B. 閃火點愈低，表示化學品在比較低的溫度就可能產生火花，因此愈危險。
C. 燃燒下限愈低，表示化學品逸散在空間中只需要少量即可能超過燃燒下限，因而危險。
D. 最小著火能量愈低，表示需要少少的能量就可以讓該化學品產生燃燒，因而危險。

(B) 29. 以下哪一項工作不屬於危害通識計畫內容之必要項目？

(A) 取得安全資料表（SDS）　(B) 清理化學性廢棄物
(C) 建立危害物質清單　　　　(D) 辦理教育訓練

解析 危標 §17.1
雇主為防止勞工未確實知悉危害性化學品之危害資訊，致引起之職業災害，應採取下列必要措施：
一、依實際狀況訂定危害通識計畫，適時檢討更新，並依計畫確實執行，其執行紀錄保存3年。
二、製作危害性化學品清單，其內容、格式參照附表五。
三、將危害性化學品之安全資料表置於工作場所易取得之處。
四、使勞工接受製造、處置或使用危害性化學品之教育訓練，其課程內容及時數依職業安全衛生教育訓練規則之規定辦理。
五、其他使勞工確實知悉危害性化學品資訊之必要措施。

(D) 30. 事業單位之職業安全衛生管理計畫必須能持續改善，此觀念係下列管理改善 PDCA 中之何項精神？

(A) P　(B) D　(C) C　(D) A

解析 Action 改進，即時採取矯正及預防措施，才能持續改善。

(B) 31. 依據美國工業衛生協會對「工業衛生」的定義,下列何者不是工業衛生傳統的基本功能?

(A) 評估　(B) 設計　(C) 控制　(D) 認知

解析 工業衛生核心 認知→評估→控制。

(A) 32. 事業單位訂定虛驚事故報告制度,係屬下列何項安全衛生管理活動之內容?

(A) 事故調查　　　　　(B) 緊急應變
(C) 安全衛生政策　　　(D) 安全衛生管理責任

解析 虛驚事故屬於事故調查的一環,目的在於防微杜漸。

(A) 33. 依職業安全衛生設施規則,安全門或緊急出口平時應維持何種狀態?

(A) 保持開門狀態以確定逃生路徑暢通
(B) 門應關上,但不可上鎖
(C) 門可上鎖但不可封死
(D) 與一般進出門相同,視各樓層使用需要可開可關

解析 設 §27 這題出得不好,法規原文字為雇主設置之安全門及安全梯於勞工工作期間內不得上鎖,其通道不得堆置物品。所以筆者覺得 B 其實講的沒有錯,因為消防法裡面規定防火門平時需要常關,避免火災發生時,濃煙流竄,所以這題答案 A 有誤解考生之嫌,以上供各位考生參考(本題同桃機 106 年第 17 題,桃機的答案為**門應關上,但不可上鎖**)。

(B) 34. 當工作環境之噪音音壓級為 90 dBA 時,在選用 NRR(噪音衰減值)為 20 dB 之耳塞配戴,下列何者為耳內聽到之噪音值?(安全係數為 10 dB)

(A) 70　(B) 80　(C) 90　(D) 60

解析 本題安全係數為 10dB,亦即該耳塞實際 NRR 需保守估算為 20-10=10 dB,因此耳內聽到的噪音值為 90-10=80 dB。

(A) 35. 依現行完整的職業安全衛生管理目的，下列敘述事項內容何者完整且正確？ ①增進工作者生理的、心理的與社會的良好狀態 ②防止工作場所危害因素的產生 ③及早發現工作有關的疾病 ④分配適性的工作給予工作者

(A) ①②③④　(B) ①③④　(C) ②③④　(D) ①②③

解析 以上選項內容寫得都與職業安全衛生扯上邊，所以答案是 A。

(D) 36. 下列何者不是職業病診斷之必要條件？

(A) 有客觀的生理證據以證實有病
(B) 有暴露的證據
(C) 合乎發生的時序性
(D) 達到統計上之顯著相關

解析 職業疾病診斷原則，主要包含疾病的證據、職業暴露的證據、符合時序性、符合人類流行病學已知的證據以及排除其他可能致病的因子等五大準則。
請參考 https://www.coapre.org.tw/show_content/B0002#gsc.tab=0

(A) 37. 下列何者為台灣過去發生許多職業病與環境病的最主要原因？

(A) 缺乏危害認知與溝通
(B) 缺乏環境職業醫學的專業人才
(C) 缺乏測量與分析危害之專門技術
(D) 缺乏危害控制與管理之政策

解析 工業衛生第一步：認知，如果不知道危害在哪，如何發現疾病與職業或環境造成的危害之間有何關連？

(C) 38. 對於暴露到正己烷的勞工，下列何者為最主要職業健康檢查項目？

(A) 胸部 X 光攝影　(B) 肺功能檢查
(C) 神經傳導速度檢查　(D) 血液學檢查

> **解析** 健 附表十 正己烷特殊體格（健康）檢查項目 (1) 作業經歷、生活習慣及自覺症狀之調查。(2) 皮膚、呼吸器官、肝臟、腎臟及神經系統疾病既往病史之調查。(3) 神經及皮膚之身體檢查。
> 正己烷主要影響神經，所以最主要的職業健康檢查項目是神經傳導速度檢查，可參考職安署訂定之職業暴露正己烷中毒診斷認定參考指引。

(B) 39. 有關生物暴露指標（biological exposure index），下列敘述何者有誤？

(A) 不是安全與否的界線
(B) 作為疾病診斷的標準
(C) 作為個人暴露狀況的標準
(D) 作為努力改善作業環境的目標

> **解析** 生物暴露指標（biological exposure index）係指對作業活動中潛在健康危害進行評估的一種指標。它的定義是指健康工人暴露於 TLV-TWA 的環境中，在每日工作 8 小時，每週工作 5 日的情形下，經由收集生物檢體所測得體內物質或物質代謝物的量，即為該物質之 BEI 值。BEI 值並不能作為安全與否的界限，也不能應用在非作業環境中，對污染曝露的評估，更不能作為職業疾病的診斷標準。

(D) 40. 關於空氣中有害物質容許暴露濃度，下列敘述何者有誤？

(A) 工人暴露於 TLV 以下的濃度並不會造成嚴重不可逆性的危害
(B) TLV 分為 3 種，分別為 TLV-TWA，TLV-STEL，TLV-C
(C) TWA 是指 8 小時的濃度與時間的加權平均
(D) STEL 是指任何時間的濃度值均不會造成發炎、慢性的健康效應

> **解析** 暴標 §3.1.2 短時間時量平均容許濃度：一般勞工連續暴露在此濃度以下任何 15 分鐘，不致有不可忍受之刺激、慢性或不可逆之組織病變、麻醉昏暈作用、事故增加之傾向或工作效率之降低者。

(C) 41. 下列何者不屬於職業安全衛生法所稱之職業災害？
　　　(A) 工廠鍋爐管路蒸汽洩漏，造成 20 % 身體表面積之 3 度灼傷
　　　(B) 工廠動力衝剪機械剪斷左手食指第一截
　　　(C) 上下班時因私人行為之交通事故致死亡
　　　(D) 工廠氯氣外洩造成呼吸不適就醫

 職安 §2.1.5 職業災害：指因勞動場所之建築物、機械、設備、原料、材料、化學品、氣體、蒸氣、粉塵等或作業活動及其他職業上原因引起之工作者疾病、傷害、失能或死亡。所以 A、B、D 明顯均屬之，用去錯法本題選擇 C。

另外，依據職安署網站常見問答
（網址 https://www.osha.gov.tw/1106/1196/10101/10174/10936/）

Q：上下班途中發生交通事故需住院治療，是否應依規定通報勞動檢查機構？是否可請領職災保險給付或請公傷假？

A1. 查職業安全衛生法（以下簡稱職安法）第 2 條所稱職業災害，係指因勞動場所之建築物、機械、設備、原料、材料、化學品、氣體、蒸氣、粉塵等或作業活動及其他職業上原因引起之工作者疾病、傷害、失能或死亡。對事業單位所僱勞工而言，上述勞動場所之定義，係指於勞動契約存續中，由雇主所提示，使勞工履行契約提供勞務之場所。**故勞工於上、下班通勤中發生之交通事故不屬上述提供勞務之場所**，雇主尚無須依該法第 37 條第 2 項規定，於 8 小時內通報勞動檢查機構，惟勞工倘係於執行職務（例如送貨過程中）發生交通事故，則仍應依規定通報。

A2. 有關上、下班途中之通勤災害，得否請領補償、保險給付或請公傷假等，應按勞動基準法之職業災害補償、請假相關規定或勞工職業災害保險及保護法之「**勞工職業災害保險職業傷病審查準則**」認定。

綜上，職安署認為上下班通勤中發生之交通事故不屬職安法所稱職業災害，因此 C 為本題答案，與是否屬私人行為無涉；惟本題如果問的是下列何者不屬於**勞動法令**所稱職業災害，那私人行為就是重要的條件。

(C) 42. 關於事業單位安全的衡量標準，下列敘述何者有誤？

(A) 失能傷害頻率定義為每百萬工時所發生之損失事故的件數

(B) 傷害嚴重率定義為每百萬工時所損失的工作日數

(C) 事業場所的失能傷害頻率與傷害嚴重率關聯性很高，因此傷害嚴重率僅做為參考

(D) 每一件嚴重傷害的損失工作日數，係依據傷害程度而有所規定

解析 失能傷害嚴重率是很重要的安全衡量指標。

(A) 43. 呼吸防護具功能分類可分成「淨氣式（過濾式）」（airpurifying）、「供氣式」（air-supplying）、與「複合式」（combination）等類型，在氧氣不充足環境時禁止使用下列哪一種防護具？

(A) 淨氣式 (B) 供氣式
(C) 複合式 (D) 自供式（SCBA）

解析 想像一下，氧氣不足的環境，用淨氣式呼吸防護具，僅依靠濾材過濾，您仍然還是處於缺氧的狀態。

(A,D) 44. 下列何者非室內高溫作業場所監測之綜合溫度熱指數（Wet Bulb Globe Temperature, WBGT）所使用之計算方法？

(A) 乾球溫度 (B) 濕球溫度
(C) 黑球溫度 (D) 白球溫度

解析 室內或無日曬時 WBGT = 0.7×（自然濕球溫度）+ 0.3×（黑球溫度），故本題答案選 A 或 D 都對。

(B) 45. 事業單位勞動場所發生法定職業災害者，依法雇主應於幾小時內通報勞動檢查機構？

(A) 4 (B) 8 (C) 16 (D) 24

解析 設 §37.2 事業單位勞動場所發生下列職業災害之一者，雇主應於 **8** 小時內通報勞動檢查機構：

一、發生死亡災害。
二、發生災害之罹災人數在 3 人以上。
三、發生災害之罹災人數在 1 人以上，且需住院治療。
四、其他經中央主管機關指定公告之災害。

(C) 46. 使用個人防護具是屬於下列哪一項有害物暴露量管制方法？
(A) 發生源的管制　　　　(B) 傳輸路徑的管制
(C) 接受者的管理　　　　(D) 設備安全管理

解析 防護具為使用者（有害物接受者）所佩戴，因此使用個人防護具屬於接受者的管理。

(C) 47. 下列何者為職業安全衛生管理系統？
(A) ISO 9001　　　　　　(B) ISO 14001
(C) OHSAS 18001　　　　(D) ISO 9002

解析 2018 年 3 月正式發布 ISO 45001 Occupational Health and Safety Management Systems（職業安全衛生管理系統）取代 OHSAS 18001，於 2021 年 3 月前轉換完成。

(D) 48. 下列何者無法預防因搬運而引起的肌肉骨骼危害？
(A) 避免扭轉身軀　　　　(B) 使用輔具器具
(C) 挺背屈膝　　　　　　(D) 搬運物品遠離軀幹

解析 人因工程的概念，搬運物品遠離軀幹將造成腰椎負荷較大，反而容易造成肌肉骨骼危害，因此本題答案選 D。

(B) 49. 下列何者不屬於安全衛生管理規章規定執行之事項？
(A) 自動檢查方式　　　　(B) 辦理安全衛生競賽
(C) 擬定安全作業標準　　(D) 提供改善工作方法

解析 辦理安全衛生競賽不屬於安全衛生管理規章規定執行之事項，請參考職安署訂定之「職業安全衛生管理規章及職業安全衛生管理計畫指導原則」。

(C) 50. 工作安全分析為職業安全衛生災害防治的重要方法，下列哪一項不屬於其分析要項？

(A) 作業步驟分析　　　　(B) 工作環境分析
(C) 工作者津貼制度分析　(D) 工作人員輪班制度分析

解析 津貼制度傾向於人資管理，不屬於工作安全分析要項。

2-1-1-2 經濟部所屬事業機構 108 年新進職員甄試試題

(C) 1. 依「職業安全衛生教育訓練規則」之規定，訓練單位辦理潛水作業人員特殊安全衛生訓練課程之時數不得少於幾小時？

(A) 12　(B) 15　(C) 18　(D) 24

解析 教 附表十二
拾壹、潛水作業人員特殊安全衛生訓練課程、時數（18 小時）
一、職業安全衛生法規 2 小時。
二、異常氣壓危害預防標準 2 小時。
三、潛水環境及作業計畫介紹 4 小時。
四、潛水意外傷害預防 2 小時。
五、潛水意外緊急安全處理 2 小時。
六、減壓表之計算與減壓程序 2 小時。
七、潛水醫學概論 2 小時。
八、潛水裝備（含減壓艙）檢點、使用與維護有關知識 2 小時。

(A) 2. 依「職業安全衛生設施規則」之規定，雇主架設之通道及機械防護跨橋，傾斜至少幾度以上，應設置踏條或採取防止溜滑之措施？

(A) 15　(B) 30　(C) 45　(D) 50

解析 設 §36
雇主架設之通道及機械防護跨橋，應依下列規定：
一、具有堅固之構造。

二、傾斜應保持在 30 度以下。但設置樓梯者或其高度未滿 2 公尺而設置有扶手者，不在此限。

三、傾斜超過 15 度以上者，應設置踏條或採取防止溜滑之措施。

四、有墜落之虞之場所，應置備高度 75 公分以上之堅固扶手。在作業上認有必要時，得在必要之範圍內設置活動扶手。

五、設置於豎坑內之通道，長度超過 15 公尺者，每隔 10 公尺內應設置平台一處。

六、營建使用之高度超過 8 公尺以上之階梯，應於每隔 7 公尺內設置平台一處。

七、通道路用漏空格條製成者，其縫間隙不得超過 3 公分，超過時，應裝置鐵絲網防護。

(A) 3. 依「職業安全衛生設施規則」之規定，雇主對於高壓氣體之貯存，貯存周圍多少公尺內不得放置有煙火及著火性、引火性物品？

　　(A) 2　(B) 3　(C) 4　(D) 5

解析 設 §108 雇主對於高壓氣體之貯存，應依下列規定辦理：
一、貯存場所應有適當之警戒標示，禁止煙火接近。
二、貯存周圍 2 公尺內不得放置有煙火及著火性、引火性物品。
三、盛裝容器和空容器應分區放置。
四、可燃性氣體、有毒性氣體及氧氣之鋼瓶，應分開貯存。
五、應安穩置放並加固定及裝妥護蓋。
六、容器應保持在攝氏 40 度以下。
七、貯存處應考慮於緊急時便於搬出。
八、通路面積以確保貯存處面積 20% 以上為原則。
九、貯存處附近，不得任意放置其他物品。
十、貯存比空氣重之氣體，應注意低窪處之通風。

(C) 4. 依「營造安全衛生設施標準」之規定，雇主提供勞工使用之安全帶或安裝安全母索時，安全帶或安全母索繫固之錨錠，至少應能承受每人多少公斤拉力？

　　(A) 2,100　(B) 2,200　(C) 2,300　(D) 2,500

營§23 雇主提供勞工使用之安全帶或安裝安全母索時,應依下列規定辦理:

一、安全帶之材料、強度及檢驗應符合國家標準 CNS 7534 高處作業用安全帶、CNS 6701 安全帶(繫身型)、CNS 14253 背負式安全帶、CNS 14253-1 全身背負式安全帶及 CNS 7535 高處作業用安全帶檢驗法之規定。

二、安全母索得由鋼索、尼龍繩索或合成纖維之材質構成,其最小斷裂強度應在 2300 公斤以上。

三、安全帶或安全母索繫固之錨錠,至少應能承受每人 <u>2300 公斤</u>之拉力。

四、安全帶之繫索或安全母索應予保護,避免受切斷或磨損。

五、安全帶或安全母索不得 掛或繫結於護欄之杆件。但該等杆件之強度符合第 3 款規定者,不在此限。

六、安全帶、安全母索及其配件、錨錠,在使用前或承受衝擊後,應進行檢查,有磨損、劣化、缺陷或其強度不符第 1 款至第 3 款之規定者,不得再使用。

七、勞工作業中,需使用補助繩移動之安全帶,應具備補助掛鉤,以供勞工作業移動中可交換鉤掛使用。但作業中水平移動無障礙,中途不需拆鉤者,不在此限。

八、水平安全母索之設置,應依下列規定辦理:

(一)水平安全母索之設置高度應大於 3.8 公尺,相鄰二錨錠點間之最大間距得採下式計算之值,其計算值超過 10 公尺者,以 10 公尺計:

L=4(H-3),

其中 H ≧ 3.8,且 L ≦ 10

L:母索錨錠點之間距(單位:公尺)

H:垂直淨空高度(單位:公尺)

(二)錨錠點與另一繫掛點間、相鄰二錨錠點間或母索錨錠點間之安全母索僅能繫掛一條安全帶。

(三)每條安全母索能繫掛安全帶之條數,應標示於母索錨錠端。

九、垂直安全母索之設置,應依下列規定辦理:

(一)安全母索之下端應有防止安全帶鎖扣自尾端脫落之設施。

(二)每條安全母索應僅提供 1 名勞工使用。但勞工作業或爬昇位置之水平間距在 1 公尺以下者,得 2 人共用一條安全母索。

(A) 5. 依「營造安全衛生設施標準」之規定,雇主僱用勞工從事露天開挖作業,其垂直開挖最大深度至少在多少公尺以上者,應設擋土支撐?

(A) 1.5　(B) 2　(C) 2.5　(D) 3

解析 營§71 雇主僱用勞工從事露天開挖作業,其開挖垂直最大深度應妥為設計;其深度在 1.5 公尺以上,使勞工進入開挖面作業者,應設擋土支撐。……。

(B) 6. 依「勞工作業環境監測實施辦法」之規定,實施勞工作業環境監測時,下列敘述何者正確?

(A) 由職業安全衛生人員實施
(B) 雇主於實施監測 15 日前,應將監測計畫依中央主管機關公告之網路登錄系統及格式,實施通報
(C) 監測結果記錄保存 5 年
(D) 雇主應於採樣或測定後 45 日內完成監測結果報告,通報至縣市政府勞工行政機關指定之資訊系統

解析 A. 環測§11,雇主實施作業環境監測時,應設置或委託監測機構辦理。

C. 環測§12.2,監測結果應依附表三記錄,並保存 3 年。但屬附表四所列化學物質者,應保存 30 年;粉塵之監測紀錄應保存 10 年。

D. 環測§12.4,通報至中央主管機關指定之資訊系統。

補充 附表四　作業環境監測紀錄應保存 30 年之化學物質一覽表

分類	化學物質名稱
特定化學物質甲類物質	1、聯苯胺及其鹽類 2、4-胺基聯苯及其鹽類 3、β-萘胺及其鹽類

分類	化學物質名稱
特定化學物質 乙類物質	1、二氯聯苯胺及其鹽類 2、α-萘胺及其鹽類 3、鄰-二甲基聯苯胺及其鹽類 4、二甲氧基聯苯胺及其鹽類 5、鈹及其化合物
特定化學物質 丙類第一種物質	1、次乙亞胺 2、氯乙烯 3、苯
特定化學物質 丙類第三種物質	1、石綿 2、鉻酸及其鹽類 3、砷及其化合物 4、重鉻酸及其鹽類 5、煤焦油 6、鎳及其化合物
特定化學物質 丁類物質	硫酸
第一種有機溶劑	三氯乙烯
第二種有機溶劑	四氯乙烯

(B) 7. 依「職業安全衛生法」及「職業安全衛生法施行細則」之規定，僱用勞工人數至少在多少人以上，雇主應按月填載職業災害內容及統計，報請勞動檢查機構備查？

(A) 30　(B) 50　(C) 100　(D) 300

解析 職安§38 中央主管機關指定之事業，雇主應依規定填載職業災害內容及統計，按月報請勞動檢查機構備查，並公布於工作場所。

安細§51 本法第38條所稱中央主管機關指定之事業如下：

一、勞工人數在 50 人以上之事業。

二、勞工人數未滿 50 人之事業，經中央主管機關指定，並由勞動檢查機構函知者。

(C) 8. 依「危險性機械及設備安全檢查規則」之規定,從外國進口的高壓氣體特定設備應向檢查機構申請何種檢查?

(A) 使用檢查　(B) 構造檢查　(C) 重新檢查　(D) 竣工檢查

解析 危機 §138

高壓氣體特定設備有下列各款情事之一者,應由所有人或雇主向檢查機構申請重新檢查:
一、從外國進口。
二、構造檢查、重新檢查、竣工檢查或定期檢查合格後,經閒置1年以上,擬裝設或恢復使用。但由檢查機構認可者,不在此限。
三、經禁止使用,擬恢復使用。
四、遷移裝置地點而重新裝設。
五、擬提升最高使用壓力。
六、擬變更內容物種類。
對外國進口具有相當檢查證明文件者,檢查機構得免除本條所定全部或一部之檢查。

(B) 9. 依「勞動基準法」之規定,雇主非因天災、事變或突發事件,延長勞工之工作時間連同正常工作時間,一日至多不得超過多少小時?

(A) 10　(B) 12　(C) 14　(D) 15

解析 基 §32

雇主有使勞工在正常工作時間以外工作之必要者,雇主經工會同意,如事業單位無工會者,經勞資會議同意後,得將工作時間延長之。

前項雇主延長勞工之工作時間連同正常工作時間,1日不得超過12小時;延長之工作時間,1個月不得超過46小時,但雇主經工會同意,如事業單位無工會者,經勞資會議同意後,延長之工作時間,1個月不得超過54小時,每3個月不得超過138小時。

雇主僱用勞工人數在30人以上,依前項但書規定延長勞工工作時間者,應報當地主管機關備查。

因天災、事變或突發事件,雇主有使勞工在正常工作時間以外工作之必要者,得將工作時間延長之。但應於延長開始後 24 小時內通知工會;無工會組織者,應報當地主管機關備查。延長之工作時間,雇主應於事後補給勞工以適當之休息。

在坑內工作之勞工,其工作時間不得延長。但以監視為主之工作,或有前項所定之情形者,不在此限。

(B) 10. 雇主對製造、處置、使用丙類第一種物質或丁類物質合計至少幾公升以上之特定化學管理設備,為早期掌握其異常化學反應等之發生,應設置適當之溫度、壓力、流量等發生異常之自動警報裝置?

(A) 50　(B) 100　(C) 150　(D) 200

解析 特化 §27.1 雇主對製造、處置或使用丙類第一種物質或丁類物質之合計在 100 公升以上之特定化學管理設備,為早期掌握其異常化學反應等之發生,應設置適當之溫度、壓力、流量等發生異常之自動警報裝置。

(B) 11. 依「職業安全衛生管理辦法」之規定,下列何者非屬應參照中央主管機關所定之職業安全衛生管理系統指引,建置適合該事業單位之職業安全衛生管理系統之事業單位?

(A) 有從事石油裂解之石化工業工作場所者
(B) 第二類事業勞工人數在 400 人以上者
(C) 第一類事業勞工人數在 200 人以上者
(D) 有從事製造、處置或使用危害性之化學品,數量達中央主管機關規定量以上之工作場所者

解析 管辦 §12-2 下列事業單位,雇主應依國家標準 CNS 45001 同等以上規定,建置適合該事業單位之職業安全衛生管理系統,並據以執行:
一、第一類事業勞工人數在 200 人以上者。
二、第二類事業勞工人數在 500 人以上者。
三、有從事石油裂解之石化工業工作場所者。

四、有從事製造、處置或使用危害性之化學品,數量達中央主管機關規定量以上之工作場所者。

前項安全衛生管理之執行,應作成紀錄,並保存 3 年。

(A) 12. 依「職業安全衛生法」之規定,製造者、輸入者、供應者或雇主,對於中央主管機關指定之何種化學品,應將相關運作資料報請中央主管機關備查?

(A) 優先管理化學品　　(B) 優先處理化學品
(C) 危害性化學品　　　(D) 管制性化學品

解析 職安 §14.2 製造者、輸入者、供應者或雇主,對於中央主管機關指定之優先管理化學品,應將相關運作資料報請中央主管機關備查。

(C) 13. 依「職業安全衛生法」之規定,雇主因未提供有符合防止感電危害之必要安全衛生設備及措施,而導致勞工發生死亡職業災害者,應處多少年以下有期徒刑、拘役或科或併科新臺幣 30 萬元以下罰金?

(A) 4　(B) 6　(C) 3　(D) 5

解析 職安 §40 違反第 6 條第 1 項或第 16 條第 1 項之規定,致發生第 37 條第 2 項第 1 款之災害者,處 3 年以下有期徒刑、拘役或科或併科新臺幣 30 萬元以下罰金。

法人犯前項之罪者,除處罰其負責人外,對該法人亦科以前項之罰金。

職安 §6.1 雇主對下列事項應有符合規定之必要安全衛生設備及措施:

一、防止機械、設備或器具等引起之危害。
二、防止爆炸性或發火性等物質引起之危害。
三、防止電、熱或其他之能引起之危害。
四、防止採石、採掘、裝卸、搬運、堆積或採伐等作業中引起之危害。
五、防止有墜落、物體飛落或崩塌等之虞之作業場所引起之危害。

六、防止高壓氣體引起之危害。
七、防止原料、材料、氣體、蒸氣、粉塵、溶劑、化學品、含毒性物質或缺氧空氣等引起之危害。
八、防止輻射、高溫、低溫、超音波、噪音、振動或異常氣壓等引起之危害。
九、防止監視儀表或精密作業等引起之危害。
十、防止廢氣、廢液或殘渣等廢棄物引起之危害。
十一、防止水患、風災或火災等引起之危害。
十二、防止動物、植物或微生物等引起之危害。
十三、防止通道、地板或階梯等引起之危害。
十四、防止未採取充足通風、採光、照明、保溫或防濕等引起之危害。

職安§37.2.1 事業單位勞動場所發生下列職業災害之一者，雇主應於8小時內通報勞動檢查機構：
一、發生死亡災害。

綜上，本題情境為雇主未提供有符合防止感電危害之必要安全衛生設備及措施，涉違反職安法第6條第1項第3款規定，致所僱勞工發生死亡職業災害，構成違反職安法第40條規定之情事（刑事罰），勞動檢查機構應調查完竣後移送地檢署辦理。

(A) 14. 依「特定化學物質危害預防標準」之規定，雇主不得使勞工從事製造、處置或使用下列何種特定化學物質？

(A) 甲類　(B) 乙類　(C) 丙類　(D) 丁類

解析 特化§7.1 雇主不得使勞工從事製造、處置或使用甲類物質。……。

(D) 15. 依「職業安全衛生管理辦法」之規定，雇主訂定職業安全衛生管理計畫後，應要求下列何者執行？①雇主；②職業安全衛生管理人員；③各級主管；④負責指揮、監督之有關人員

(A) ①②③④　(B) ②　(C) ②④　(D) ③④

解析 管辦 §5-1

職業安全衛生組織、人員、工作場所負責人及各級主管之職責如下：
一、職業安全衛生管理單位：擬訂、規劃、督導及推動安全衛生管理事項，並指導有關部門實施。
二、職業安全衛生委員會：對雇主擬訂之安全衛生政策提出建議，並審議、協調及建議安全衛生相關事項。
三、未置有職業安全（衛生）管理師、職業安全衛生管理員事業單位之職業安全衛生業務主管：擬訂、規劃及推動安全衛生管理事項。
四、置有職業安全（衛生）管理師、職業安全衛生管理員事業單位之職業安全衛生業務主管：主管及督導安全衛生管理事項。
五、職業安全（衛生）管理師、職業安全衛生管理員：擬訂、規劃及推動安全衛生管理事項，並指導有關部門實施。
六、工作場所負責人及各級主管：依職權指揮、監督所屬執行安全衛生管理事項，並協調及指導有關人員實施。
七、一級單位之職業安全衛生人員：協助一級單位主管擬訂、規劃及推動所屬部門安全衛生管理事項，並指導有關人員實施。

(C) 16. 依「職業安全衛生設施規則」之規定，噪音超過多少分貝之工作場所，應標示並公告噪音危害之預防事項，使勞工周知？

(A) 80　(B) 85　(C) 90　(D) 75

解析 設 §300.1.4 雇主對於發生噪音之工作場所，應依下列規定辦理：四、噪音超過 90 分貝之工作場所，應標示並公告噪音危害之預防事項，使勞工周知。

(D) 17. 依「職業安全衛生設施規則」之規定，雇主為預防勞工於執行職務，因他人行為致遭受身體或精神上不法侵害，應採取暴力預防措施，作成執行紀錄並留存 3 年。該暴力預防措施，事業單位勞工人數達多少人以上者，雇主應依勞工執行職務之風險特性，參照中央主管機關公告之相關指引，訂定執行職務遭受不法侵害預防計畫，並據以執行？

(A) 30　(B) 50　(C) 80　(D) 100

解析 設§324-3 雇主為預防勞工於執行職務，因他人行為致遭受身體或精神上不法侵害，應採取下列暴力預防措施，作成執行紀錄並留存 3 年：

一、辨識及評估危害。
二、適當配置作業場所。
三、依工作適性適當調整人力。
四、建構行為規範。
五、辦理危害預防及溝通技巧訓練。
六、建立事件之處理程序。
七、執行成效之評估及改善。
八、其他有關安全衛生事項。

前項暴力預防措施，事業單位勞工人數達 100 人以上者，雇主應依勞工執行職務之風險特性，參照中央主管機關公告之相關指引，訂定執行職務遭受不法侵害預防計畫，並據以執行；於勞工人數未達 100 人者，得以執行紀錄或文件代替。

(B) 18. 依「有機溶劑中毒預防規則」之規定，「甲苯」屬於下列何種有機溶劑？

(A) 第一種　(B) 第二種　(C) 第三種　(D) 第四種

解析 有機 附表一
本規則第三條第一款規定之有機溶劑及其分類如下：
一、第一種有機溶劑

1	三氯甲烷 $CHCl_3$ Trichloromethane	5	1,2- 二氯乙烷 CH_2ClCH_2Cl 1,2-Dichloroethane
2	1,1,2,2- 四氯乙烷 $CHCl_2CHCl_2$ 1,1,2,2-Tetrachloroethane	6	二硫化碳 CS_2 Carbon disulfide
3	四氯化碳 CCl_4 Tetrachloromethane	7	三氯乙烯 $CHCl=CCl_2$ Trichloroethylene
4	1,2- 二氯乙烯 $CHCl=CHCl$ 1,2-Dichloroethylene	8	僅由 1. 至 7. 列舉之物質之混合物。

二、第二種有機溶劑

1. 丙酮
   CH$_3$COCH$_3$
   Acetone

2. 異戊醇
   (CH$_3$)$_2$CHCH$_2$CH$_2$OH
   Isoamyl alcohol

3. 異丁醇
   (CH$_3$)$_2$CHCH$_2$OH
   Isobutyl alcohol

4. 異丙醇
   (CH$_3$)$_2$CHOH
   Isopropyl alcohol

5. 乙醚
   C$_2$H$_5$OC$_2$H$_5$
   Ethyl ether

6. 乙二醇乙醚
   HO(CH$_2$)$_2$OC$_2$H$_5$
   Ethylene glycol monoethyl ether

7. 乙二醇乙醚醋酸酯
   C$_2$H$_5$O(CH$_2$)$_2$OCOCH$_3$
   Ethylene glycol monoethyl ether acetate

8. 乙二醇丁醚
   HO(CH$_2$)$_2$OC$_4$H$_9$
   Ethylene glycol monobutyl ether

9. 乙二醇甲醚
   HO(CH$_2$)$_2$OCH$_3$
   Ethylene glycol monomethyl ether

10. 鄰-二氯苯
    C$_6$H$_4$Cl$_2$
    O-dichlorobenzene

11. 二甲苯(含鄰、間、對異構物)
    C$_6$H$_4$(CH$_3$)$_2$
    Xylenes(0-,m-,p-isomers)

12. 甲酚
    HOC$_6$H$_4$CH$_3$
    Cresol

13. 氯苯
    C$_6$H$_5$Cl
    Chlorobenzene

14. 乙酸戊酯
    CH$_3$CO$_2$C$_5$H$_{11}$
    Amyl acetate

15. 乙酸異戊酯
    CH$_3$CO$_2$CH$_2$CH$_2$CH(CH$_3$)$_2$
    Isoamyl acetate

16. 乙酸異丁酯
    CH$_3$CO$_2$CH$_2$CH(CH$_3$)$_2$
    Isobutyl acetate

17	乙酸異丙酯 $CH_3CO_2CH_2CH(CH_3)_2$ Isopropyl acetate	28	2-丁醇 $CH_3CH_2CH(OH)CH_3$ 2-Butyl alcohol
18	乙酸乙酯 $CH_3CO_2C_2H_5$ Ethyl acetate	29	甲苯 **$C_6H_5CH_3$** **Toluene**
19	乙酸丙酯 $CH_3CO_2C_3H_7$ Propyl acetate	30	二氯甲烷 CH_2Cl_2 Dichloromethane
20	乙酸丁酯 $CH_3CO_2C_4H_9$ Butyl acetate	31	甲醇 CH_3OH Methyl alcohol
21	乙酸甲酯 CH_3COOCH_3 Methyl acetate	32	甲基異丁酮 $(CH_3)_2CHCH_2COCH_3$ Methyl isobutyl ketone
22	苯乙烯 $C_6H_5CH=CH_2$ Styrene	33	甲基環己醇 $CH_3C_6H_{10}OH$ Methyl cyclohexanol
23	1,4-二氧陸圜 1,4-Dioxan	34	甲基環己酮 $CH_3C_5H_9CO$ Methyl cyclohexanone
24	四氯乙烯 $Cl_2C=CCl_2$ Tetrachloroethylene	35	甲丁酮 $CH_3OC(CH_2)_3CH_3$ Methyl butyl ketone
25	環己醇 $C_6H_{11}OH$ Cyclohexanol	36	1,1,1-三氯乙烷 CH_3CCl_3 1,1,1-Trichloroethane
26	環己酮 $C_6H_{10}O$ Cyclohexanone	37	1,1,2-三氯乙烷 $CH_2ClCHCl_2$ 1,1,2-Trichloroethane
27	1-丁醇 $CH_3(CH_2)_3OH$ 1-Butyl alcohol	38	丁酮 $CH_3COC_2H_5$ Methyl ethyl ketone

39	二甲基甲醯胺 HCON(CH₃)₂ N,N-Dimethyl formamide	41	正己烷 CH₃CH₂CH₂CH₂CH₂CH₃ n-hexane
40	四氫呋喃 Tetrahydrofuran	42	僅由 1 至 41 列舉之物質之混合物。

三、第三種有機溶劑

1	汽油 Gasoline	6	松節油 Turpentine
2	煤焦油精 Coal tar naphtha	7	礦油精 Mineral spirit （Mineral thinner petroleum spirit, white spirit）
3	石油醚 Petroleum ether		
4	石油精 Petroleum naphtha	8	僅由 1 至 7 列舉之物質之混合物。
5	輕油精 Petroleum benzin		

(D) 19. 依「勞動檢查法」之規定，勞動檢查員於執行職務時，下列何種檢查不得事前通知事業單位？

(A) 危險性工作場所審查或檢查
(B) 危險性機械或設備檢查
(C) 職業災害檢查
(D) 未經勞動檢查機構或主管機關核准者

解析 檢 §13 勞動檢查員執行職務，除左列事項外，不得事先通知事業單位：（以下各款情事，勞檢員可以事先通知事業單位）。
一、第 26 條（危險性工作場所）規定之審查或檢查。
二、危險性機械或設備檢查。
三、職業災害檢查。
四、其他經勞動檢查機構或主管機關核准者。

(A) 20. 依「營造安全衛生設施標準」之規定，雇主對於高度 2 公尺以上之工作場所，勞工作業有墜落之虞者，應訂定墜落災害防止計畫，並採取適當墜落災害防止設施，規劃下列風險控制之先後順序，何者正確？

①經由設計或工法之選擇，儘量使勞工於地面完成作業，減少高處作業
②使勞工佩掛安全帶
③設置護欄、護蓋
④限制作業人員進入管制區

(A) ①→③→②→④ (B) ④→①→②→③
(C) ③→②→④→① (D) ①→②→③→④

解析 營 §17 雇主對於高度 2 公尺以上之工作場所，勞工作業有墜落之虞者，應訂定墜落災害防止計畫，依下列風險控制之先後順序規劃，並採取適當墜落災害防止設施：
一、經由設計或工法之選擇，儘量使勞工於地面完成作業，減少高處作業項目。
二、經由施工程序之變更，優先施作永久構造物之上下設備或防墜設施。
三、設置護欄、護蓋。
四、張掛安全網。
五、使勞工佩掛安全帶。
六、設置警示線系統。
七、限制作業人員進入管制區。
八、對於因開放邊線、組模作業、收尾作業等及採取第 1 款至第 5 款規定之設施致增加其作業危險者，應訂定保護計畫並實施。

(D) 21. 「職業安全衛生設施規則」於 108 年 4 月 30 日修正增訂第 277-1 條有關呼吸防護之規定，下列措施何者有誤？

(A) 雇主使勞工使用呼吸防護具時，應指派專人採取呼吸防護措施，作成執行紀錄，並留存 3 年

(B) 呼吸防護措施應包含：危害辨識及暴露評估；防護具之選擇、使用、維護及管理；呼吸防護教育訓練；成效評估及改善

(C) 事業單位勞工人數達 200 人以上者，雇主應依中央主管機關公告之相關指引，訂定呼吸防護計畫，並據以執行

(D) 勞工人數未滿 200 人者，得不指派專人，呼吸防護措施以執行紀錄或文件代替即可

解析 設 §277-1 本題建議用去錯法，A、B、C 選項與法規文字相符，故選 D。

雇主使勞工使用呼吸防護具時，應指派專人採取下列呼吸防護措施，作成執行紀錄，並留存 3 年：
一、危害辨識及暴露評估。
二、防護具之選擇。
三、防護具之使用。
四、防護具之維護及管理。
五、呼吸防護教育訓練。
六、成效評估及改善。

前項呼吸防護措施，事業單位勞工人數達 200 人以上者，雇主應依中央主管機關公告之相關指引，訂定呼吸防護計畫，並據以執行；於勞工人數未滿 200 人者，得以執行紀錄或文件代替。

(A) 22. 依「有機溶劑中毒預防規則」規定之精神，下列何種有機溶劑對勞工之健康危害最大？

(A) 第一種　(B) 第二種
(C) 第三種　(D) 分類不具有危害性大小之考量

解析 由有機 §6.1 可知，第一種有機溶劑不能用整體換氣裝置，表示對勞工健康危害最大。

雇主使勞工於下列規定之作業場所作業，應依下列規定，設置必要之控制設備：
一、於室內作業場所或儲槽等之作業場所，從事有關第一種有機溶劑或其混存物之作業，應於各該作業場所設置密閉設備或局部排氣裝置。

二、於室內作業場所或儲槽等之作業場所，從事有關第二種有機溶劑或其混存物之作業，應於各該作業場所設置密閉設備、局部排氣裝置或整體換氣裝置。

三、於儲槽等之作業場所或通風不充分之室內作業場所，從事有關第三種有機溶劑或其混存物之作業，應於各該作業場所設置密閉設備、局部排氣裝置或整體換氣裝置。

(C) 23. 依「危害性化學品評估及分級管理辦法」之規定，雇主使勞工製造、處置或使用之化學品，符合國家標準 CNS 15030 化學品分類，具有健康危害者，應評估其危害及暴露程度，定有容許暴露標準之化學品，若其評估結果發現勞工暴露濃度高於或等於容許暴露標準者，其風險等級應屬於下列第幾級管理？

(A) 1　(B) 2　(C) 3　(D) 4

解析 分 §10 雇主對於前 2 條化學品之暴露評估結果，應依下列風險等級，分別採取控制或管理措施：

一、第一級管理：暴露濃度低於容許暴露標準1/2者，除應持續維持原有之控制或管理措施外，製程或作業內容變更時，並採行適當之變更管理措施。

二、第二級管理：暴露濃度低於容許暴露標準但高於或等於其1/2者，應就製程設備、作業程序或作業方法實施檢點，採取必要之改善措施。

三、第三級管理：暴露濃度高於或等於容許暴露標準者，應即採取有效控制措施，並於完成改善後重新評估，確保暴露濃度低於容許暴露標準。

(A,D) 24. 依「高溫作業勞工作息時間標準」之規定，下列敘述何者正確？

(A) 勞工於操作中需接近黑球溫度 50 度以上高溫灼熱物體者，應供給身體熱防護設備

(B) 本標準所稱輕工作，指於走動中提舉或推動一般重量物體者

(C) 依該標準降低工作時間之勞工，其原有工資應按時間比例減少

(D) 戶內或戶外無日曬情形者，綜合溫度熱指數 = 0.7 ×（自然濕球溫度）+ 0.3 ×（黑球溫度）

解析 (A)高溫 §6.1

(B)高溫 §4，輕工作，指僅以坐姿或立姿進行手臂部動作以操縱機器者。

(C)高溫 §7，實施本標準後降低工作時間之勞工，其原有工資不得減少。

(D)高溫 §3.1.2

(B) 25. 依「特定化學物質危害預防標準」之規定，對於雇主應設置之局部排氣裝置，下列敘述何者有誤？

(A) 氣罩應置於每一氣體、蒸氣或粉塵發生源；如為外裝型或接受型氣罩，則應接近各該發生源設置

(B) 設置有除塵或廢氣處理裝置者，其排氣機應置於各該裝置之前

(C) 應儘量縮短導管長度、減少彎曲數目，且應於適當處所設置易於清掃之清潔口與測定孔

(D) 排氣孔應置於室外

解析 特化 §17，思考方式：排氣機如果裝在除塵或廢氣處理裝置之前，那麼具有強烈腐蝕性的特化氣體將會腐蝕排氣機。

雇主依本標準規定設置之局部排氣裝置，依下列規定：

一、氣罩應置於每一氣體、蒸氣或粉塵發生源；如為外裝型或接受型之氣罩，則應接近各該發生源設置。

二、應儘量縮短導管長度、減少彎曲數目，且應於適當處所設置易於清掃之清潔口與測定孔。

三、設置有除塵裝置或廢氣處理裝置者，其排氣機應置於各該裝置之後。

但所吸引之氣體、蒸氣或粉塵無爆炸之虞且不致腐蝕該排氣機者，不在此限。

四、排氣口應置於室外。
五、於製造或處置特定化學物質之作業時間內有效運轉,降低空氣中有害物濃度。

(C) 26. 假如有一崗亭式氣罩,開口面寬度為 50 cm,長度為 100 cm,經測得氣罩開口面平均風速為 0.5 m/s,則該氣罩的排氣量為每小時多少立方公尺(m^3/h)?
(A) 15　(B) 180　(C) 900　(D) 3,600

解析 Q = VA = 0.5×(0.5×1)= 0.25 m^3/s
0.25 m^3/s × 3600 s/h = 900 m^3/h

(C) 27. 對於妊娠中或分娩後未滿 1 年之女性勞工,應依何人之適性評估建議,採取工作調整或更換等健康保護措施?
(A) 職業安全衛生業務主管　(B) 健康服務護理師
(C) 健康服務醫師　(D) 職業衛生管理師

解析 母性§11.2 雇主使保護期間之勞工從事第 3 條或第 5 條第 2 項之工作,經採取母性健康保護,風險等級屬第一級或第二級管理者,應經醫師評估可繼續從事原工作,並向當事人說明危害資訊,經當事人書面同意後,始得為之;風險等級屬第三級管理者,應依醫師適性評估建議,採取變更工作條件、調整工時、調換工作等母性健康保護。

母性§2 本辦法用詞,定義如下:
一、母性健康保護:指對於女性勞工從事有母性健康危害之虞之工作所採取之措施,包括危害評估與控制、醫師面談指導、風險分級管理、工作適性安排及其他相關措施。
二、母性健康保護期間(以下簡稱保護期間):指雇主於得知女性勞工妊娠之日起至分娩後 1 年之期間。

母性§3 事業單位勞工人數在 100 人以上者,其勞工於保護期間,從事可能影響胚胎發育、妊娠或哺乳期間之母體及嬰兒健康之下列工作,應實施母性健康保護:
一、具有依國家標準 CNS 15030 分類,屬生殖毒性物質第一級、生殖細胞致突變性物質第一級或其他對哺乳功能有不良影響之化學品。

二、易造成健康危害之工作，包括勞工作業姿勢、人力提舉、搬運、推拉重物、輪班、夜班、單獨工作及工作負荷等。

三、其他經中央主管機關指定公告者。

母性 §5.1 雇主使保護期間之勞工暴露於本法第 30 條第 1 項或第 2 項之危險性或有害性工作之作業環境或型態，應實施危害評估。

母性 §5.2 雇主使前項之勞工，從事本法**第 30 條第 1 項第 5 款至第 14 款及第 2 項第 3 款至第 5 款**之工作，應實施母性健康保護。

職安 §30.1.5~14 雇主不得使妊娠中之女性勞工從事下列危險性或有害性工作：

五、處理或暴露於二硫化碳、三氯乙烯、環氧乙烷、丙烯醯胺、次乙亞胺、砷及其化合物、汞及其無機化合物等經中央主管機關規定之危害性化學品之工作。

六、鑿岩機及其他有顯著振動之工作。

七、一定重量以上之重物處理工作。

八、有害輻射散布場所之工作。

九、已熔礦物或礦渣之處理工作。

十、起重機、人字臂起重桿之運轉工作。

十一、動力捲揚機、動力運搬機及索道之運轉工作。

十二、橡膠化合物及合成樹脂之滾輾工作。

十三、處理或暴露於經中央主管機關規定具有致病或致死之微生物感染風險之工作。

十四、其他經中央主管機關規定之危險性或有害性之工作。

職安 §30.2.3~5

雇主不得使分娩後未滿 1 年之女性勞工從事下列危險性或有害性工作：

三、鑿岩機及其他有顯著振動之工作。

四、一定重量以上之重物處理工作。

五、其他經中央主管機關規定之危險性或有害性之工作。

(D) 28. 噪音作業勞工的純音聽力圖特殊健康檢查,不包括下列哪一個頻率(Hz)?

(A) 1,000　(B) 2,000　(C) 4,000　(D) 5,000

解析 健附表九,聽力檢查(audiometry)。(測試頻率至少為 500、1,000、2,000、3,000、4,000、6,000 及 8,000 赫茲 (Hz) 純音,並建立聽力圖)。

(B) 29. 在缺氧危險場所之環境監測順序,下列何者正確?　①可燃性氣體濃度測定;②氧氣濃度測定;③毒性氣體、蒸氣濃度測定

(A) ①→②→③　　　　(B) ②→①→③
(C) ③→①→②　　　　(D) ①→③→②

解析 思路:題目告知缺氧危險,第一個要確認的就是氧氣濃度,如果 < 18%,後面的可燃性、毒性就不需要測了,應該要立刻加強通風,禁止作業人員進入;再者,要確認可燃性氣體濃度,避免火災爆炸,造成作業勞工及鄰近人員的傷亡;最後再測定毒性氣體、蒸氣濃度。(實務上,四用偵測器應該同時監測氧氣、可燃性氣體、CO、H_2S。)

(B) 30. 美國職業安全衛生研究所(NIOSH)建議,測試狀污染物呼吸防護具之質量中位數氣動直徑(MMAD)為何?

(A) 0.1 μm　(B) 0.3 μm　(C) 1 μm　(D) 5 μm

解析 這種題目就是隨緣了,筆者建議請考生斟酌準備。

(C) 31. 一般理想的噪音防護具在戴用後,至多應可容許暴露多少分貝的音量?

(A) 50 dB 以下　　　　(B) 50～70 dB 之間
(C) 70～85 dB 之間　　(D) 90～100 dB 之間

解析 本題設計上是有瑕疵的，依據設§300.1.1 對於勞工 8 小時日時量平均音壓級超過 85 分貝或暴露劑量超過 50% 時，雇主應使勞工戴用有效之耳塞、耳罩等防音防護具。所謂噪音防護具都有 NRR（Noise Reduction Rating，噪音減降評比）值，假設某耳塞 NRR 值為 23，依據 NIOSH 建議，(23dB − 7dB) / 2 = 8 dB，此處除以 2 是安全係數，意即佩戴此耳塞，可降低 8 dB 的噪音值。目前市面上常見的耳塞耳罩，NRR 值約莫介於 23~33 之間，以前述公式計算，實際可以降低約 8~13 dB，目前法令規定暴露於 90 dBA 的工作日容許暴露時間為 8 小時，假設以 D 選項最高 100 dBA 扣除 8 dB 的衰減，耳朵實際上可能暴露噪音值為 92 dBA，超過法令規定標準，因此筆者猜測出題者可能是這個原因答案選 C。

(B) 32. 某可燃性氣體之燃燒下限（LEL）為 5.5%，燃燒上限（UEL）為 14.0%，其火災爆炸危險度為多少？

(A) 1.375　(B) 1.545　(C) 1.650　(D) 2.545

解析 危險度 =（UEL − LEL）/LEL =（14.0% − 5.5%）/5.5% ≅ 1.545

(C) 33. 從事戶外高溫作業之勞工測得其腹部高度的作業環境氣溫 38°C、黑球溫度 45°C、自然濕球溫度 26°C；勞工休息室內氣溫 25°C、黑球溫度 28°C、自然濕球溫度 20°C。如果觀察該勞工每個工作日中平均每小時有 45 分鐘作業，15 分鐘待在休息室，該勞工的工作日時量平均綜合溫度熱指數（WBGT）為多少 °C？（計算至小數點後第 1 位，以下四捨五入）

(A) 28.0　(B) 28.6　(C) 28.9　(D) 29.4

解析 WBGT 戶外 = 0.7×26 + 0.2×45 + 0.1×38 = 31
WBGT 室內 = 0.7×20 + 0.3×28 = 22.4
WBGT 平均 =（WBGT 戶外 ×45 + WBGT 室內 ×15）/（45 + 15）= 28.85 ≅ 28.9（計算至小數點後第 1 位，以下四捨五入）

(D) 34. 有關緊急停止開關,下列敘述何者有誤?

(A) 按鈕為紅色

(B) 底部為黃色

(C) 需旋轉使按鈕彈起後,方可重新啟動

(D) 按下就停止,手離開就重新啟動

解析 緊急停止開關的設計上,手離開需旋轉使按鈕彈起後,方可重新啟動。

(D) 35. 工作安全分析的步驟順序,下列敘述何者正確?

①將工作分解成若干步驟

②決定要分析的工作

③找出危害及可能發生的事故

④尋求避免危害及可能發生事故的方法

(A) ①→②→③→④ (B) ①→②→④→③
(C) ③→①→④→② (D) ②→①→③→④

解析 本題以邏輯思考方式應該很容易判斷,工作安全分析步驟:決定要分析的工作→將工作分解成若干步驟→找出危害及可能發生的事故→尋求避免危害及可能發生事故的方法。

(B) 36. 雇主對車輛通行道寬度應規劃大小至少為何?

(A) 最大車輛寬度之 2 倍

(B) 最大車輛寬度之 2 倍再加 1 公尺

(C) 最大車輛寬度之 2 倍再加 2 公尺

(D) 最大車輛寬度之 2 倍再加 3 公尺

解析 設 §33 雇主對車輛通行道寬度,應為最大車輛寬度之 2 倍再加 1 公尺,如係單行道則為最大車輛之寬度加 1 公尺。車輛通行道上,並禁止放置物品。

(A) 37. 預防重複性作業等促發肌肉骨骼疾病之妥為規劃,其內容不包含下列何者?

(A) 危害因子之分析
(B) 作業流程、內容及動作之分析
(C) 改善方法及執行
(D) 成效評估及改善

解析 設 §324-1 雇主使勞工從事重複性之作業,為避免勞工因姿勢不良、過度施力及作業頻率過高等原因,促發肌肉骨骼疾病,應採取下列危害預防措施,作成執行紀錄並留存3年:
一、分析作業流程、內容及動作。
二、確認人因性危害因子。
三、評估、選定改善方法及執行。
四、執行成效之評估及改善。
五、其他有關安全衛生事項。
前項危害預防措施,事業單位勞工人數達100人以上者,雇主應依作業特性及風險,參照中央主管機關公告之相關指引,訂定人因性危害預防計畫,並據以執行;於勞工人數未滿100人者,得以執行紀錄或文件代替。

(C) 38. 臨時性作業係指正常作業以外之作業,其作業期間不得超過多久?

(A) 1 個月　(B) 1.5 個月　(C) 3 個月　(D) 2 個月

解析 環測 §2.1.3 臨時性作業:指正常作業以外之作業,其作業期間不超過3個月,且1年內不再重複者。

(A) 39. 安全衛生標示用於禁止之形狀為下列何者?

(A) 圓形
(B) 尖端向上之正三角形
(C) 尖端向下之正三角形
(D) 正方形或長方形

解析 標示 §4.1.1 標示之形狀種類如下：
一、圓形：用於禁止。
二、尖端向上之正三角形：用於警告。
三、尖端向下之正三角形：用於注意。
四、正方形或長方形：用於一般說明或提示。

(D) 40. 雇主使勞工從事缺氧危險作業時，應予適當換氣，以保持該作業場所空氣中氧氣濃度在多少百分比以上？

(A) 12 %　(B) 14 %　(C) 16 %　(D) 18 %

解析 缺§9 雇主使勞工於儲槽、鍋爐或反應槽之內部或其他通風不充分之場所，使用氬、二氧化碳或氦等從事熔接作業時，應予適當換氣以保持作業場所空氣中氧氣濃度在 18% 以上。但為防止爆炸、氧化或作業上有顯著困難致不能實施換氣者，不在此限。
雇主依前項規定實施換氣時，不得使用純氧。

(C) 41. 易熔塞為下列何者機械設備之安全裝置？

(A) 升降機　　　　　(B) 固定式起重機
(C) 壓力容器　　　　(D) 動力滾軋設備

解析 易熔塞是一種熔化型的安全洩壓裝置，常見於壓力容器，以灌注低熔點合金的鋼製的短管狀塞，與容器的接頭聯接。低熔點合金在較高的溫度下即熔化，使氣體從原來填充的合金的孔中排出洩壓，藉以保護壓力容器。

(A) 42. 引火性液體表面若有充分空氣遇到火源立即燃燒，且歷久不滅，此時該物質之最低溫度稱為下列何者？

(A) 著火點　(B) 閃火點　(C) 發火溫度　(D) 引火點

解析 歷久不滅→著火點；瞬即熄滅→閃火點

(A) 43. 將燃燒中的物質移開或斷絕供應，以削弱火勢或阻止火勢延燒，此種滅火方法為下列何者？

(A) 隔離法　(B) 冷卻法　(C) 窒息法　(D) 抑制法

解析 滅火方法

一、隔離法：把燃燒中的物質移開或斷絕可燃物的供應，使火焰無可燃物燃燒，達到撲滅目的。

二、窒息法：隔絕氧的供應或稀釋氧的濃度，使燃燒中的氧含量不夠，火無法持續燃燒。
   (一) 以不燃性氣體覆蓋燃燒物：如二氧化碳等滅火劑。
   (二) 以不燃泡沫覆蓋燃燒物：適用可燃性液體如油類、酒精等火災。
   (三) 以固體覆蓋燃燒物：燃燒面不大時，以沙、土等覆蓋。
   (四) 密閉燃燒之房間：把房間完全密閉或使不透氣，等房內氧殆盡，火自然熄滅。

三、冷卻法：降低溫度，將燃燒中的物質冷卻，使火場的溫度低於可燃物之燃點。

四、抑制法：中和或消除燃燒過程中產生的自由基，破壞連鎖反應，達到滅火。

(B) 44. 若金屬導線外層絕緣損壞，致使兩帶電導體接觸之情況，稱為下列何者？

(A) 漏電　(B) 短路　(C) 斷路　(D) 尖端放電

解析 A. 漏電，指的是電路中的導體，與其它導體形成了新的迴路，產生了電流，但是新的電流並非完全流過新的迴路。

C. 斷路，指的是電路斷開，不能夠產生電流。
（參考原文網址：https://kknews.cc/news/rpnr6gr.html）

D. 尖端放電：導體尖端周圍的空氣被導體產生的電場電離，發生放電現象，但其電場值並不足以引起電壓崩潰或電弧現象稱之。

(C) 45. 下列何者非屬接地之主要目的？

(A) 避免人員遭受電擊　　(B) 保持與大地等電位
(C) 保護電氣迴路避免過載　(D) 避免靜電電荷之蓄積

解析 設備接地係指將高低壓電氣設備之非帶電金屬部份接地。其主要目的有三：
A. 防止電擊：當電氣設備因絕緣設備劣化，損壞引起漏電或因感應現象導致其非帶電金屬部份之電位升高或電荷積聚時，提供一低阻抗迴路並疏導感應電荷至大地，使非帶電金屬部份之電位接近大地電位，以降低人員感電危險。
B. 防止火災及爆炸：提供足夠載流能力，使故障迴路不致因高阻抗漏電產生火花引起火災或爆炸，此載流能力須在過電流保護設備容許之範圍內。
C. 啟動保護設備：提供一低阻抗迴路使流過之故障電流足以啟動過電流保護設備或漏電斷路器。（參考資料：勞動部勞動及職業安全衛生研究所 https://www.ilosh.gov.tw/menu/1188/1204/10296/）

(D) 46. 鍍鉻作業易使勞工暴露於下列何種形態之鉻，而造成鼻中膈穿孔？

(A) 粉塵　(B) 煙霧　(C) 燻煙　(D) 霧滴

解析 霧滴（Mist）亦即在工業的製程或儲存設備產生的微小液體，能夠懸浮於空氣中，可能會經由呼吸作用，而進入人體的呼吸器官導致危害。在電鍍工業中，由於鉻金屬性質適於耐磨、抗腐蝕，在工業上用途十分廣泛，沒有適當防制設備容易產生大量霧滴及蒸氣，鉻酸霧滴飄散在整個作業場所，沈積在鼻腔嚴重時可能引起鼻中膈的穿孔。（參考資料：勞動部勞動及職業安全衛生研究所 https://www.ilosh.gov.tw/menu/1188/1204/）

(B) 47. 距某機械 4 公尺處測得噪音為 90 分貝，若另有一噪音量相同之機械併置一起，於原測量處測量噪音量約為多少分貝？

(A) 90　(B) 93　(C) 96　(D) 120

解析 L = 10logA + B = 10log2 + 90 = 93
A: 噪音源的數目、B: 噪音源的音壓級

(D) 48. 白指症之症狀係由何種危害因子引起？

(A) 高低溫危害　　　　(B) 異常氣壓危害
(C) 游離輻射危害　　　(D) 振動危害

解析 長期振動引發的白指病（參考資料：勞動部勞動及職業安全衛生研究所 https://www.ilosh.gov.tw/menu/1169/1319/14678/）

(A) 49. 為瞭解作業環境中有害因子之強度，並建立勞工暴露資料，應採下列何項措施？

(A) 作業環境測定　　　　(B) 低毒性取代高毒性
(C) 工程改善　　　　　　(D) 有害物標示

解析 環測 §2.1.1 作業環境監測：指為掌握勞工作業環境實態與評估勞工暴露狀況，所採取之規劃、採樣、測定及分析之行為。本題選項 A 作業環境測定是舊法規的名詞。

(D) 50. 風險評估的基本方法，以簡單的公式描述為下列何者？

(A) 風險 × 暴露＝危害　　(B) 風險 × 危害＝評估
(C) 危害 × 風險＝暴露　　(D) 危害 × 暴露＝風險

解析 危害：係指一個潛在傷害（包括人員受傷或疾病、財產損失、工作場所環境損害或上列各項之組合）的來源或狀況。
風險：係一個特定危害事件發生之可能性（機率）及後果（嚴重度）的組合。

2-1-1-3 經濟部所屬事業機構 109 年新進職員甄試試題

(B) 1. 為保障食品外送作業勞工之安全及健康，依「職業安全衛生設施規則」之規定，雇主對於使用機車、自行車等交通工具從事食品外送作業者，應採取或置備合理及必要之安全衛生防護措施或設施，但不包括下列何者？

(A) 置備安全帽、反光標示
(B) 規定勞工每日工作不得超過 6 小時
(C) 採取高低氣溫危害預防措施
(D) 置備緊急用連絡通訊設備

解析 設 §286-3 時事題，新增條文

雇主對於使用機車、自行車等交通工具從事食品外送作業，應置備安全帽、反光標示、高低氣溫危害預防、緊急用連絡通訊設備等合理及必要之安全衛生防護設施，並使勞工確實使用。

(B) 2. 依「勞工作業場所容許暴露標準」之規定，某物質之空氣中 8 小時日時量平均容許濃度為 50 ppm，若未註明「高」字，其短時間時量平均容許濃度為多少 ppm？

(A) 62.5　(B) 75　(C) 100　(D) 150

解析 本題 8 小時日時量平均容許濃度為 50 ppm，依下表查得變量係數為 1.5，因此其短時間時量平均容許濃度為 50×1.5 = 75 ppm

暴標 §3.1.2 短時間時量平均容許濃度：附表一符號欄未註有「高」字及附表二之容許濃度乘以下表變量係數所得之濃度，為一般勞工連續暴露在此濃度以下任何 15 分鐘，不致有不可忍受之刺激、慢性或不可逆之組織病變、麻醉昏暈作用、事故增加之傾向或工作效率之降低者。

容許濃度	變量係數	備註
未滿 1	3	表中容許濃度氣狀物以 ppm、粒狀物以 mg/m^3、石綿 f/cc 為單位。
1 以上，未滿 10	2	
10 以上，未滿 100	**1.5**	
100 以上，未滿 1000	1.25	
1000 以上	1	

(C) 3. 下列何者非職業安全衛生法所定義之危險性機械？

(A) 固定式起重機　　　(B) 移動式起重機
(C) 人字臂秤重機　　　(D) 營建用升降機

解析 安細 §22 本法第 16 條第 1 項所稱具有危險性之機械，指符合中央主管機關所定一定容量以上之下列機械：
一、固定式起重機。
二、移動式起重機。

三、人字臂起重桿。
四、營建用升降機。
五、營建用提升機。
六、吊籠。
七、其他經中央主管機關指定公告具有危險性之機械。

(B) 4. 依「危害性化學品評估及分級管理辦法」之規定,雇主使勞工製造、處置或使用之危害性化學品種類、操作程序或製作條件變更,有增加暴露風險之虞者,應於變更前或變更後多久時間內,重新進行暴露評估與分級管理?

(A) 1 個月　　　　　　　(B) 3 個月
(C) 6 個月　　　　　　　(D) 1 年

解析 分 §6 第 4 條之評估及分級管理,雇主應至少每 3 年執行 1 次,因化學品之種類、操作程序或製程條件變更,而有增加暴露風險之虞者,應於變更前或變更後 3 個月內,重新進行評估與分級。

(A) 5. 依「危險性機械及設備安全檢查規則」之規定,固定式起重機發生變更設置位置時,需申請下列何種檢查?

(A) 竣工檢查　　　　　　(B) 重新檢查
(C) 使用檢查　　　　　　(D) 構造檢查

解析 危機 §12 雇主於固定式起重機設置完成或變更設置位置時,應填具固定式起重機竣工檢查申請書(附表三),檢附下列文件,向所在地檢查機構申請竣工檢查:
一、製造設施型式檢查合格證明(外國進口者,檢附品管等相關文件)。
二、設置場所平面圖及基礎概要。
三、固定式起重機明細表(附表四)。
四、強度計算基準及組配圖。

(A) 6. 依「危險性機械及設備安全檢查規則」有關高壓氣體容器定期檢查之相關規定，下列何者有誤？
(A) 內部檢查自構造檢查合格日起算，未滿 10 年者，每 5 年 1 次
(B) 內部檢查自構造檢查合格日起算，20 年以上者，每年 1 次
(C) 無縫高壓氣體容器之內部檢查，每 5 年 1 次
(D) 高壓氣體容器若從國外進口，致未實施構造檢查者，內外部檢查之起算日則以製造日期為準

解析 危機 §155
高壓氣體容器之定期檢查，應依下列規定期限實施內部檢查及外部檢查：
一、內部檢查：
　（一）自構造檢查合格日起算，未滿 15 年者，每 5 年 1 次；15 年以上未滿 20 年者，每 2 年 1 次；20 年以上者，每年 1 次。
　（二）無縫高壓氣體容器，每 5 年 1 次。
二、外部檢查：
　（一）固定於車輛之高壓氣體容器，每年 1 次。
　（二）非固定於車輛之無縫高壓氣體容器，每 5 年 1 次。
　（三）前 2 目以外之高壓氣體容器，依前款第 1 目規定之期限。
高壓氣體容器從國外進口，致未實施構造檢查者，前項起算日，以製造日期為準。

(D) 7. 依「職業安全衛生設施規則」有關搬運儲存高壓氣體容器之規定，下列何者有誤？
(A) 盛裝容器之載運車輛，應有警戒標誌
(B) 容器裝車或卸車，應確知護蓋旋緊後才進行
(C) 溫度保持在 40°C 以下
(D) 場內移動儘量以人力徒手搬運

解析 設 §107 雇主搬運儲存高壓氣體之容器，不論盛裝或空容器，應依下列規定辦理：

一、溫度保持在攝氏 40 度以下。
二、場內移動儘量使用專用手推車等，務求安穩直立。
三、以手移動容器，應確知護蓋旋緊後，方直立移動。
四、容器吊起搬運不得直接用電磁鐵、吊鏈、繩子等直接吊運。
五、容器裝車或卸車，應確知護蓋旋緊後才進行，卸車時必須使用緩衝板或輪胎。
六、儘量避免與其他氣體混載，非混載不可時，應將容器之頭尾反方向置放或隔置相當間隔。
七、載運可燃性氣體時，要置備滅火器；載運毒性氣體時，要置備吸收劑、中和劑、防毒面具等。
八、盛裝容器之載運車輛，應有警戒標誌。
九、運送中遇有漏氣，應檢查漏出部位，給予適當處理。
十、搬運中發現溫度異常高昇時，應立即灑水冷卻，必要時，並應通知原製造廠協助處理。

(C) 8. 依「職業安全衛生設施規則」之規定，雇主對於草袋、麻袋、塑膠袋等袋裝容器構成之積垛，「高度」達幾公尺以上者，使勞工從事拆垛作業時，應規定不得自積垛物料中間抽出物料；又其積垛與積垛間下端之「距離」要有幾公分以上。前述「高度」與「距離」應分別為下列何者？

(A) 高度為 1.5 公尺、距離為 10 公分
(B) 高度為 1.5 公尺、距離為 15 公分
(C) 高度為 2 公尺、距離為 10 公分
(D) 高度為 2 公尺、距離為 15 公分

解析 設 §162 雇主對於草袋、麻袋、塑膠袋等袋裝容器構成之積垛，高度在 2 公尺以上者，應規定其積垛與積垛間下端之距離在 10 公分以上。

(B,D) 9. 有關勞工作業環境監測實施的規定,下列何者有誤?

(A) 粉塵危害預防標準所稱之特定粉塵作業場所,應每6個月監測粉塵濃度1次以上

(B) 作業環境監測計畫需有監測評估小組成員之共同簽名與紀錄,並留存備查3年

(C) 雇主應於採樣或測定後45日內通報監測結果至中央主管機關指定之資訊系統

(D) 雇主以直讀式儀器方式監測二氧化碳濃度者,其監測計畫及監測結果報告,需於採樣或測定後45日內辦理通報

解析 筆者認為D是明顯錯誤,至於B錯誤應該是因為並非所有的監測計畫都需要組成監測評估小組。

A. 環測§7 本法施行細則第17條第2項第1款至第3款規定之作業場所,雇主應依下列規定,實施作業環境監測。但臨時性作業、作業時間短暫或作業期間短暫之作業場所,不在此限:

一、設有中央管理方式之空氣調節設備之建築物室內作業場所,應每6個月監測二氧化碳濃度1次以上。

二、下列坑內作業場所應每6個月監測粉塵、二氧化碳之濃度1次以上:

（一）礦場地下礦物之試掘、採掘場所。

（二）隧道掘削之建設工程之場所。

（三）前2目已完工可通行之地下通道。

三、勞工噪音暴露工作日8小時日時量平均音壓級85分貝以上之作業場所,應每6個月監測噪音1次以上。

B. 環測§10-2 事業單位從事特別危害健康作業之勞工人數在100人以上,或依本辦法規定應實施化學性因子作業環境監測,且勞工人數500人以上者,監測計畫應由下列人員組成監測評估小組研訂之:

一、工作場所負責人。

二、依職業安全衛生管理辦法設置之職業安全衛生人員。

三、受委託之執業工礦衛生技師。

四、工作場所作業主管。

游離輻射作業或化學性因子作業環境監測依第11條規定得以直讀式儀器監測方式為之者,不適用前項規定。

第 1 項監測計畫，雇主應使監測評估小組成員共同簽名及作成紀錄，留存備查，並保存 3 年。

C. 環測 §12.4 雇主應於採樣或測定後 45 日內完成監測結果報告，通報至中央主管機關指定之資訊系統。所通報之資料，主管機關得作為研究及分析之用。

D. 環測 §12-1 雇主依第 11 條規定以直讀式儀器方式監測二氧化碳濃度者，其監測計畫及監測結果報告，免依第 10 條及前條規定辦理通報。

(D) 10. 依「高溫作業勞工作息時間標準」規定，戶外有日曬情形者之綜合溫度熱指數計算方法為下列何者？

(A) 綜合溫度熱指數 = 0.7×（自然濕球溫度）+ 0.3×（乾球溫度）

(B) 綜合溫度熱指數 = 0.7×（自然濕球溫度）+ 0.2×（乾球溫度）+ 0.1×（黑球溫度）

(C) 綜合溫度熱指數 = 0.7×（自然濕球溫度）+ 0.3×（黑球溫度）

(D) 綜合溫度熱指數 = 0.7×（自然濕球溫度）+ 0.2×（黑球溫度）+ 0.1×（乾球溫度）

解析 高溫 §3 綜合溫度熱指數計算方法如下：

一、戶外有日曬情形者。

綜合溫度熱指數 = 0.7×（自然濕球溫度）+ 0.2×（黑球溫度）+ 0.1×（乾球溫度）

二、戶內或戶外無日曬情形者。

綜合溫度熱指數 = 0.7×（自然濕球溫度）+ 0.3×（黑球溫度）。

時量平均綜合溫度熱指數計算方法如下：

第一次綜合溫度熱指數 × 第一次工作時間 + 第二次綜合溫度熱指數 × 第二次工作時間 + …… + 第 n 次綜合溫度熱指數 × 第 n 次工作時間

―――――――――――――――――――――――――――――

第一次工作時間 + 第二次工作時間 + …… + 第 n 次工作時間

依前 2 項各測得之溫度及綜合溫度熱指數均以攝氏溫度表示之。

(A) 11. 為預防勞工因長時間工作負荷促發疾病，依「職業促發腦心血管疾病認定參考指引（過勞認定指引）」對長期工作負荷相關之規定，下列何者有誤？

(A) 過勞認定指引所指的「加班時數」等同於勞動基準法第32條規定之「延長工時」
(B) 過勞認定指引係以正常工時每月176小時工時以外之時數計算「加班時數」
(C) 發病前1個月之加班時數超過100小時，則可認定勞工因加班產生之工作負荷與發病有極強之相關性
(D) 發病前2至6個月內之前2個月、前3個月、前4個月、前5個月、前6個月之任一期間的月平均加班時數超過80小時，則可認定勞工因加班產生之工作負荷與發病有極強之相關性

解析 職業促發腦血管及心臟疾病（外傷導致者除外）之認定參考指引（民國107年10月15日修正）。

3.3 長期工作過重：評估發病前（不包含發病日）6個月內，是否因長時間勞動造成明顯疲勞的累積。其間，是否從事特別過重之工作及有無負荷過重因子係以「短期工作過重」為標準。而評估長時間勞動之工作時間，係以每週40小時，以30日為1個月，每月176小時以外之工作時數計算「加班時數」（此與勞動基準法之「延長工時」定義不同）。其評估重點如下：

3.3.1 評估發病前1至6個月內的加班時數：

3.3.1.1 （極強相關性）發病前1個月之加班時數超過100小時，可依其加班產生之工作負荷與發病有極強之相關性作出判斷。

3.3.1.2 （極強相關性）發病前2至6個月內之前2個月、前3個月、前4個月、前5個月、前6個月之任一期間的月平均加班時數超過80小時，可依其加班產生之工作負荷與發病有極強之相關性作出判斷。

3.3.1.3 發病前1個月之加班時數，及發病前2個月、前3個月、前4個月、前5個月、前6個月之月平均加班時數皆小於45小時，則加班與發病相關性薄弱；若超過45

小時，則其加班產生之工作負荷與發病之相關性，會隨著加班時數之增加而增強，應視個案情況進行評估。

(B) 12. 勞工人數在多少人以上之事業單位，依職業安全衛生管理辦法設管理單位或置管理人員時，應依中央主管機關公告之內容及方式登錄，陳報勞動檢查機構備查？

(A) 5　(B) 30　(C) 100　(D) 300

解析 管辦 §86 勞工人數在 30 人以上之事業單位，依第 2 條之 1 至第 3 條之 1、第 6 條規定設管理單位或置管理人員時，應依中央主管機關公告之內容及方式登錄，陳報勞動檢查機構備查。

(B) 13. 依「製程安全評估定期實施辦法」之規定，事業單位實施製程安全評估，下列何者不是評估小組之組成人員？

(A) 職業安全衛生人員
(B) 從事勞工健康管理之醫護人員
(C) 工作場所作業主管
(D) 曾受國內外製程安全評估專業訓練或具有製程安全評估專業能力，持有證明文件，且經中央主管機關認可者

解析 製程 §7.1 第 4 條所定製程安全評估，應由下列人員組成評估小組實施之：
一、工作場所負責人。
二、曾受國內外製程安全評估專業訓練或具有製程安全評估專業能力，持有證明文件，且經中央主管機關認可者（以下簡稱製程安全評估人員）。
三、依職業安全衛生管理辦法設置之職業安全衛生人員。
四、工作場所作業主管。
五、熟悉該場所作業之勞工。

(C) 14. 依「勞工作業環境監測實施辦法」之規定，下列何種化學性因子得以直讀式儀器有效監測，雇主得委由執業之工礦（職業）衛生技師實施作業環境監測？

(A) 甲苯　(B) 三氯乙烯　(C) 二硫化碳　(D) 苯乙烯

解析 環測 §11 雇主實施作業環境監測時，應設置或委託監測機構辦理。但監測項目屬物理性因子或得以直讀式儀器有效監測之下列化學性因子者，得僱用乙級以上之監測人員或委由執業之工礦衛生技師辦理：

一、二氧化碳。
二、二硫化碳。
三、二氯聯苯胺及其鹽類。
四、次乙亞胺。
五、二異氰酸甲苯。
六、硫化氫。
七、汞及其無機化合物。
八、其他經中央主管機關指定公告者。

(D) 15. 依「高溫作業勞工作息時間標準」之規定，下列何者不是針對防範於鍋爐房從事作業勞工發生熱危害之措施？

(A) 對新聘勞工規劃適當之熱適應期間
(B) 依本標準降低工作時間
(C) 充分供應飲用水及食鹽
(D) 於鍋爐房中給予適當休息時間

解析 本題就算沒看過這個法規，用去錯法應該可以選出最不合理的答案是 D。

A. 高溫 §6-1 雇主對於首次從事高溫作業之勞工，應規劃適當之熱適應期間，並採取必要措施，以增加其生理機能調適能力。

B. 高溫作業勞工如為連續暴露達 1 小時以上者，以每小時計算其暴露時量平均綜合溫度熱指數，間歇暴露者，以 2 小時計算其暴露時量平均綜合溫度熱指數，並依下表規定，分配作業及休息時間。

時量平均綜合溫度熱指數值 °C	輕工作	30.6	31.4	32.2	33.0
	中度工作	28.0	29.4	31.1	32.6
	重工作	25.9	27.9	30.0	32.1
時間比例每小時作息		連續作業	25% 休息 75% 作業	50% 休息 50% 作業	75% 休息 25% 作業

C. 高溫§9雇主使勞工從事高溫作業時,應充分供應飲用水及食鹽,並採取指導勞工避免高溫作業危害之必要措施。
D. 休息時間應避免暴露於高溫作業環境。

(D) 16. 依「有機溶劑中毒預防規則」之規定,下列何種有機溶劑作業,得免設置有機溶劑作業主管?
(A) 從事曾裝儲有機溶劑之儲槽內部作業
(B) 使用有機溶劑從事清洗或擦拭之作業
(C) 製造有機溶劑過程中,從事有機溶劑之輸送、倒注於容器或設備之作業
(D) 使用有機溶劑或其混存物從事研究或試驗

解析 有機§19 雇主使勞工從事有機溶劑作業時,應指定現場主管擔任有機溶劑作業主管,從事監督作業。但從事第2條第11款規定之作業時,得免設置有機溶劑作業主管。

有機§2 本規則適用於從事下列各款有機溶劑作業之事業:
一、製造有機溶劑或其混存物過程中,從事有機溶劑或其混存物之過濾、混合、攪拌、加熱、輸送、倒注於容器或設備之作業。
二、製造染料、藥物、農藥、化學纖維、合成樹脂、染整助劑、有機塗料、有機顏料、油脂、香料、調味料、火藥、攝影藥品、橡膠或可塑劑及此等物品之中間物過程中,從事有機溶劑或其混存物之過濾、混合、攪拌、加熱、輸送、倒注於容器或設備之作業。
三、使用有機溶劑混存物從事印刷之作業。
四、使用有機溶劑混存物從事書寫、描繪之作業。
五、使用有機溶劑或其混存物從事上光、防水或表面處理之作業。
六、使用有機溶劑或其混存物從事為粘接之塗敷作業。
七、從事已塗敷有機溶劑或其混存物之物品之粘接作業。
八、使用有機溶劑或其混存物從事清洗或擦拭之作業。但不包括第12款規定作業之清洗作業。
九、使用有機溶劑混存物之塗飾作業。但不包括第12款規定作業之塗飾作業。

十、從事已附著有機溶劑或其混存物之物品之乾燥作業。

<u>十一、使用有機溶劑或其混存物從事研究或試驗。</u>

十二、從事曾裝儲有機溶劑或其混存物之儲槽之內部作業。但無發散有機溶劑蒸氣之虞者,不在此限。

十三、於有機溶劑或其混存物之分裝或回收場所,從事有機溶劑或其混存物之過濾、混合、攪拌、加熱、輸送、倒注於容器或設備之作業。

十四、其他經中央主管機關指定之作業。

(A) 17. 依「職業安全衛生設施規則」之規定,有關局限空間危害預防之敘述,下列何者有誤?

(A) 進入許可應由職業安全衛生人員簽署後,始得使勞工進入作業

(B) 作業前應先確認該局限空間內氧氣濃度

(C) 危害防止計畫應包含作業方法及安全管制作法

(D) 應於作業場所入口顯而易見處所公告現場監視人員姓名

解析 A 錯誤,依據設§29-6 雇主使勞工於有危害勞工之虞之局限空間從事作業時,其進入許可應由<u>雇主、工作場所負責人或現場作業主管</u>簽署後,始得使勞工進入作業。對勞工之進出,應予確認、點名登記,並作成紀錄保存 3 年。

(C) 18. 依「勞動基準法」之規定,平均工資指計算事由發生之當日前 6 個月內所得工資總額除以該期間之總日數所得之金額。工資按工作日數、時數或論件計算者,其依上述方式計算之平均工資。倘若該期間內工資總額除以實際工作日數所得金額僅為百分之 30 者,則以多少百分比計算?

(A) 30 　(B) 50 　(C) 60 　(D) 80

解析 基§2.1.4 平均工資:指計算事由發生之當日前 6 個月內所得工資總額除以該期間之總日數所得之金額。工作未滿 6 個月者,指工作期間所得工資總額除以工作期間之總日數所得之金額。工資按工作日數、時數或論件計算者,其依上述方式計算之平均工資,<u>如少於該期內工資總額除以實際工作日數所得金額 60%</u> 者,<u>以 60% 計</u>。

(B) 19. 依「有機溶劑中毒預防規則」之規定，雇主設置之整體換氣裝置應依有機溶劑或其混存物之種類，計算其每分鐘所需之換氣量，具備規定之換氣能力。整體換氣裝置之換氣能力及其計算方法中，第 2 種有機溶劑或其混存物之每分鐘換氣量＝作業時間內 1 小時之有機溶劑或其混存物之物之消費量 × 係數。請問該係數為下列何者？

(A) 0.01　(B) 0.04　(C) 0.3　(D) 0.07

解析 有機附表四　整體換氣裝置之換氣能力及其計算方法

本規則第 15 條第 2 項之換氣能力及其計算方法如下：

消費之有機溶劑或其混存物之種類	換氣能力
第一種有機溶劑或其混存物	每分鐘換氣量＝作業時間內一小時之有機溶劑或其混存物之消費量 ×0.3
第二種有機溶劑或其混存物	每分鐘換氣量＝作業時間內一小時之有機溶劑或其混存物之消費量 ×0.04
第三種有機溶劑或其混存物	每分鐘換氣量＝作業時間內一小時之有機溶劑或其混存物之消費量 ×0.01

註：表中每分鐘換氣量之單位為立方公尺，作業時間內 1 小時之有機溶劑或其混存物之消費量之單位為公克。

(C) 20. 依「職業安全衛生教育訓練規則」之規定，下列勞工何者應接受特殊作業安全衛生教育訓練？

(A) 荷重在 0.5 公噸以上之堆高機操作人員
(B) 高壓氣體容器操作人員
(C) 小型鍋爐操作人員
(D) 第一種壓力容器操作人員

解析 選項 A 應該是 1 公噸以上，B、D 屬於危險性設備，故答案選 C。

教 §14.1 雇主對下列勞工，應使其接受特殊作業安全衛生教育訓練：

一、小型鍋爐操作人員。
二、荷重在 1 公噸以上之堆高機操作人員。
三、吊升荷重在 0.5 公噸以上未滿 3 公噸之固定式起重機操作人員或吊升荷重未滿 1 公噸之斯達卡式起重機操作人員。
四、吊升荷重在 0.5 公噸以上未滿 3 公噸之移動式起重機操作人員。
五、吊升荷重在 0.5 公噸以上未滿 3 公噸之人字臂起重桿操作人員。
六、高空工作車操作人員。
七、使用起重機具從事吊掛作業人員。
八、以乙炔熔接裝置或氣體集合熔接裝置從事金屬之熔接、切斷或加熱作業人員。
九、火藥爆破作業人員。
十、胸高直徑 70 公分以上之伐木作業人員。
十一、機械集材運材作業人員。
十二、高壓室內作業人員。
十三、潛水作業人員。
十四、油輪清艙作業人員。
十五、其他經中央主管機關指定之人員。

(D) 21. 依「特定化學物質危害預防標準」之規定，雇主不得使勞工從事以苯等為溶劑之作業。但下列何種作業設備，不在此限？

(A) 整體換氣　(B) 開放空間　(C) 自然換氣　(D) 密閉設備

解析 不用死背，用觀念即可解答。苯的毒性高，所以法令設計上不許雇主讓勞工使用，但是如果防護措施足夠則可允許。以本題四個選項，應該選擇防護等級最高的密閉設備，避免勞工暴露。
（等級：密閉 > 局排 > 整體）
特化 §47 雇主不得使勞工從事以苯等為溶劑之作業。但作業設備為密閉設備或採用不使勞工直接與苯等接觸並設置包圍型局部排氣裝置者，不在此限。

(A) 22. 依「勞工作業場所容許暴露標準」之規定,下列敘述何者有誤?

(A) 所稱 f/cc 為每立方公分根數,指溫度在 0°C、一大氣壓條件下,每立方公分纖維根數

(B) 作業環境空氣中有 2 種以上有害物存在而其相互間效應非屬於相乘效應或獨立效應時,應視為相加效應

(C) 勞工作業環境空氣中有害物之全程工作日之時量平均濃度不得超過相當 8 小時日時量平均容許濃度

(D) 勞工作業環境空氣中有害物之濃度,任何時間均不得超過最高容許濃度

解析 A 錯誤,依據暴標 §7 本標準所稱 f/cc 為每立方公分根數,指溫度在攝氏 25 度、1 大氣壓條件下,每立方公分纖維根數。

(B) 23. 依「危害性化學品標示及通識規則」之規定,所稱具有危害性之化學品,符合國家標準 CNS 15030 分類,具有物理性危害者,稱為下列何者?

(A) 氧化性物質　(B) 危險物　(C) 爆炸性物質　(D) 有害物

解析 危標 §2 本法第 10 條所稱具有危害性之化學品(以下簡稱危害性化學品),指下列危險物或有害物:
一、危險物:符合國家標準 CNS 15030 分類,具有物理性危害者。
二、有害物:符合國家標準 CNS 15030 分類,具有健康危害者。

(C) 24. 依「危險性機械及設備安全檢查規則」之規定,固定式起重機竣工檢查,不包括下列何者?

(A) 荷重試驗　　　　　(B) 安定性試驗
(C) 型式檢查　　　　　(D) 構造與性能檢查

解析 危機 §13.1 固定式起重機竣工檢查,包括下列項目:
一、構造與性能檢查:包括結構部分強度計算之審查、尺寸、材料之選用、吊升荷重之審查、安全裝置之設置及性能、電氣及機械部分之檢查、施工方法、額定荷重及吊升荷重等必要

標示、在無負載及額定荷重下各種裝置之運行速率及其他必要項目。

二、荷重試驗：指將相當於該起重機額定荷重 1.25 倍之荷重（額定荷重超過 200 公噸者，為額定荷重加上 50 公噸之荷重）置於吊具上實施必要之吊升、直行、旋轉及吊運車之橫行等動作試驗。

三、安定性試驗：指將相當於額定荷重 1.27 倍之荷重置於吊具上，且使該起重機於前方操作之最不利安定之條件下實施，並停止其逸走防止裝置及軌夾裝置等之使用。

四、其他必要之檢查。

(D) 25. 依「製程安全評估定期實施辦法」之規定，下列敘述何者有誤？

(A) 從事石油產品之裂解反應，以製造石化基本原料之工作場所，事業單位應每 5 年就規定事項，實施製程安全評估

(B) 所定製程安全評估，應使用一種以上之安全評估方法，以評估及確認製程危害

(C) 所定製程安全評估之 5 年期間屆滿日之 30 日前，或製程修改日之 30 日前，填具製程安全評估報備書

(D) 所稱製程安全評估，指工作場所既有安全防護措施未能控制新潛在危害之製程化學品、技術、設備、操作程序或規模之變更

解析 製程 §3 本辦法所稱製程安全評估，指利用結構化、系統化方式，辨識、分析前條工作場所潛在危害，而採取必要預防措施之評估。

本辦法所稱製程修改，指前條工作場所既有安全防護措施未能控制新潛在危害之製程化學品、技術、設備、操作程序或規模之變更。

(D) 26. 某 500 名員工之工廠,於某月工作 22 天中發生 3 件失能傷害事件,以每日工時 8 小時計,其失能傷害頻率為何?

(A) 1.65　(B) 1.82　(C) 21.82　(D) 34.09

解析 失能傷害頻率(FR)=(失能傷害損失人次數 $\times 10^6$)÷總經歷工時

$$FR = \left(\frac{3 \times 10^6}{500 \times 22 \times 8}\right) \cong 34.09$$

(C,D) 27. 有機溶劑造成的主要健康危害不包括下列何者?

(A) 中樞神經系統危害　　(B) 引起皮膚炎
(C) 導致不孕、流產　　　(D) 引起爆炸、燃燒

解析 筆者認為本題答案應該是 D,題目問的是主要「健康」危害。爆炸、燃燒並不屬於健康方面的危害,故選 D。

(A) 28. 防護罩未關機器即無法啟動,這種機械傷害防護方法為下列何者?

(A) 連鎖裝置　　(B) 固定護罩法
(C) 自動護罩　　(D) 動作限制

解析 參考勞動部勞動及職業安全衛生研究所資料,連鎖裝置係指一器具與另一器具或機構,相互連鎖動作以操控後續作業。例如:一連鎖之機械護罩除非其安放定位,否則該機械即無法作動,常見的如 CNC 車床有安全門,上方如設置連鎖裝置,當安全門未關妥時,則機器無法啟動。(參考網址 https://www.ilosh.gov.tw/1245/1254/interlock/)

(B) 29. 勞工過勞風險評估所需資料不包括下列何者?

(A) 10 年內發生冠心病風險　(B) 睡眠品質指數
(C) 工作疲勞度　　　　　　(D) 個人疲勞度

解析 依職安署訂定之異常工作負荷促發疾病預防指引,勞工過勞風險評估包括評估勞工 10 年內心血管疾病發病風險、工作型態、過負荷評估等。

(A) 30. 何者非為鍋爐的安全裝置？
(A) 氣體檢知警報裝置　　　(B) 安全閥
(C) 水位警報器　　　　　　(D) 吹洩閥管

解析 依據鍋壓則內容，有關鍋爐的安全裝置，未有氣體檢知警報裝置。

(D) 31. 有關缺氧危害預防的通風換氣措施，下列何者正確？
(A) 實施通風換氣以確保場所氧濃度於 20 % 以上
(B) 換氣須充足，至少維持每人 50 m³/min 的換氣量
(C) 換氣須排空槽內既有物後以純氧置換以增加氧量
(D) 新鮮空氣輸出口需盡量靠近勞工

解析 A. 缺 §9 氧氣濃度保持 18% 以上。
B. 缺氧症預防規則未有換氣量之規定。
C. 不得使用純氧。

(B) 32. Heinich 提出著名的骨牌理論（Domino Theory）指出事故因素包括①傷害②外在環境③個人缺失④血統（社會環境）⑤事故。依理論排列順序，下列何者正確？
(A) ④②③⑤①　　　　　　(B) ④③②⑤①
(C) ③④②①⑤　　　　　　(D) ③②④①⑤

解析 骨牌理論係美國學者 Heinrich 於 1931 年所提出，強調意外事故的形成，主要由於下列五個因子：
1. 社會習慣：包括血統及社會環境因子。
2. 個人失誤因子。
3. 不安全情境：不安全行為與不安全環境因子。
4. 事故。
5. 形成傷害。

(C) 33. 實感溫度（Effective Temperature）是依據下列何者的綜合評估？

(A) 氣溫、熱輻射、相對溼度
(B) 熱危害指數、氣溫、風速
(C) 風速、氣溫、相對溼度
(D) 相對溼度、綜合溫度熱指數、風速

解析 實感溫度（Effective Temperature），又稱為實效溫度、有效溫度，為暴露於不同溫度、溼度、風速等情況，身體對冷熱的實際感覺。

(D) 34. 電氣設備防爆構造不包括下列何者？

(A) 耐壓防爆構造　　　　(B) 本質安全防爆構造
(C) 充填防爆構造　　　　(D) 負壓防爆構造

解析 依據 CNS，目前電氣設備防爆構造分為以下幾種，並無負壓防爆構造，故本題選 D。
- 耐壓防爆外殼（構造代號：d）
- 正壓外殼（構造代號：p）
- 填粉（構造代號：q）
- 油浸（構造代號：o）
- 增加安全（構造代號：e）
- 本質安全（構造代號：i）
- 保護型式（構造代號：n）
- 模鑄防爆（構造代號：m）
- 特殊型（構造代號：s）

(D) 35. 實施勞工個人作業環境空氣中有害物採樣時，採樣器應該佩戴在下列何處最適宜？

(A) 背後腰帶　(B) 安全帽上方　(C) 側邊腰帶　(D) 衣領處

解析 因為要針對受測者呼吸帶進行採樣，故選 D。

(B) 36. 黑球溫度計用於監測下列何者？

(A) 空氣濕度　(B) 熱輻射　(C) 空氣溫度　(D) 水溫

解析 黑球→熱輻射。

(B) 37. 下列何者常用於檢測管線厚度及內部缺陷？

(A) 三用電錶　　　　　　(B) 超音波檢查
(C) 磁性粒子檢查　　　　(D) 液體滲透檢查

解析 超音波檢查常用於非破壞檢測，實務上常見測量管線厚度的工具。

(C) 38. 槽車或油罐車為避免排氣管高溫廢氣引發火災爆炸，會在排氣管末端裝設何種裝置？

(A) 除塵裝置　　　　　　(B) 冷卻水循環
(C) 滅焰器　　　　　　　(D) 活性碳吸附裝置

解析 在可能充斥易燃易爆氣體之區域，常見槽車或油罐車於排氣管裝置滅焰器。

(B) 39. 下列何者非屬安全作業標準修訂的時機？

(A) 事故發生時
(B) 違反安全作業標準規定時
(C) 製程改變時
(D) 風險評估有不可忍受風險時

解析 違反安全作業標準規定通常是人員不安全行為，並不代表作業標準一定需要檢討修訂。

(B) 40. 有些化學物質本身毒性很低，但經由體內酵素反應代謝後，其毒性反而增加，此現象為下列何者？

(A) 氧化反應　(B) 代謝活化　(C) 激效作用　(D) 加成反應

解析 化學物質本身無毒或毒性較低。但在體內經過生物轉化後，形成的代謝產物毒性比母體物質增大，甚至產生致癌、致突變、致畸作用，這一過程稱為代謝活化。

(B) 41. 某勞工每日工作 8 小時並暴露於衝擊性噪音，使用噪音計量測得勞工時量平均音壓級為 90 分貝（暴露時間 6 小時）及 95 分貝（暴露時間 2 小時），測得峰值為 115 分貝。對於該勞工噪音暴露之描述，下列何者正確？

(A) 工作日時量音壓級為 87 分貝
(B) 工作日暴露劑量為 125 ％
(C) 該勞工噪音暴露時間符合法令規定
(D) 該勞工毋需使用防音防護具

解析

L（dBA）	T（hr）	t（hr）	t/T	Dose
90	8	6	3/4	5/4 = 1.25 = 125%
95	4	2	2/4	

暴露於某音壓級之大小（L）：dBA
在某音壓級之容許暴露時間（T）：hr
暴露於某音壓級之時間（t）：hr

$$L_{TWA8} = 16.61 \times \log\left(\frac{100 \times 1.25}{1.25 \times 8}\right) + 90 = 91.6$$

A. 工作日時量音壓級應為 91.6 分貝。
B. 答案對，工作日暴露劑量為 125 ％
C. 工作日暴露劑量大於 100%，超出容許暴露劑量。
D. 勞工 8 小時日時量平均音壓級超過 85 分貝或暴露劑量超過 50% 時，雇主應使勞工戴用有效之耳塞、耳罩等防音防護具，本題情狀當然要用防音防護具。

(A) 42. 依「勞工健康保護規則」之規定，某第一類事業單位於同一工作場所勞工總人數有 150 人者，則該事業單位特約醫師辦理臨場健康服務之臨場服務頻率為下列何者？

(A) 4 次 / 年　(B) 6 次 / 年　(C) 9 次 / 年　(D) 12 次 / 年

解析 依據健 §4 事業單位勞工人數在 50 人以上未達 300 人者，應視其規模及性質，依附表四所定特約醫護人員臨場服務頻率，辦理勞工健康服務。

依據健 附表四，第一類事業單位於同一工作場所勞工人數有150人，特約醫師辦理臨場健康服務之臨場服務頻率為4次/年。

(D) 43. 下列何者非屬「稽核督導」規章？

(A) 主管巡視實施要點

(B) 安全衛生分層負責實施要點

(C) 安全衛生巡檢結果處理要點

(D) 職業安全衛生工作守則

解析 參考職安署訂定「職業安全衛生管理規章及職業安全衛生管理計畫指導原則」，稽核督導規章包括：
1. 各級主管走動管理實施要點。
2. 各級主管及人員安全衛生分層負責實施要點。
3. 工作場所安全衛生巡檢結果處理要點。

(C) 44. 工作安全分析首先需選擇要分析的工作，其優先選擇之工作為下列何者？

(A) 新設備或新程序的工作　(B) 臨時的非經常性的工作

(C) 傷害頻率高的工作　　　(D) 傷害嚴重率高的工作

解析 工作安全分析首先針對傷害頻率高的工作。

(D) 45. 有關感電之敘述，下列何者有誤？

(A) 人體對直流電的耐受性較交流電高

(B) 一般而言，男性對直流電的耐受性較女性高

(C) 一般而言，男性對交流電的耐受性較女性高

(D) 人體對60 Hz 交流電的耐受性較10000 Hz 交流電高

解析 A. 危險性交流電比直流電高，本選項正確。

B.C. 男性無論交直流電，耐受性皆高於女性。

D. 以休克電流為例，男性對於60 Hz 交流電約為23 mA，10000 Hz 約為94 mA，意即今天電流如果為25 mA 在60 Hz 交流電已休克，10000 Hz 交流電尚未達到休克狀況，因此人體對60 Hz 交流電的耐受性較10000 Hz 交流電低。

(D) 46. 局部排氣裝置圓形導管管徑由 20 cm² 縮為 10 cm²，若原來之動壓為 20 單位，則管徑縮小後之動壓為多少單位？

(A) 10　(B) 20　(C) 40　(D) 80

解析 管徑 $d \to \dfrac{d}{2}$，面積 $A = \dfrac{\pi}{4}d^2$

$\because A \propto d^2 \qquad \therefore A \to \dfrac{A}{4}$

假設 Q 不變，$Q = AV$，$A \to \dfrac{A}{4}$，$V \to 4V$

又 $V = 4.04\sqrt{P_V^2}$，即 $\dfrac{V^2}{4.04} = P_V$

$\because V^2 \propto V_p$，$V \to 4V \therefore V_p \to 16V_p$

由上式可知，管徑縮為一半，動壓變為 16 倍，即 $16 \times 20 = 320$ 單位。

答案無此選項，筆者與幾位高人討論過，應該是題目有誤。

(A) 47. 下列何者非為移動式起重機之安全裝置？

(A) 直行安全裝置　　　　(B) 吊桿起伏停止器
(C) 過捲預防裝置　　　　(D) 過負荷防止裝置

解析 移構 第 3 章第 3 節安全裝置，包括：
過捲預防裝置、預防過捲警報裝置、過負荷預防裝置、伸臂傾斜角之指示裝置、吊升裝置、起伏裝置或伸縮裝置防止壓力過度升高之安全閥、防止液壓或氣壓異常下降，致吊具等急劇下降之逆止閥、齒輪、軸、聯結器等護圍或覆罩、電鈴、警鳴器等警告裝置、防止吊掛用鋼索等脫落之阻擋裝置等。

(D) 48. 雇主提供勞工使用之安全帶或安裝安全母索預防墜落災害時，安全帶或安全母索繫固之錨錠，至少應能承受每人多少公斤之拉力？

(A) 1500　(B) 1800　(C) 2000　(D) 2300

解析 參考營 §23 安全帶或安全母索繫固之錨錠，至少應能承受每人 2300 公斤之拉力。

(A) 49. 有關汽油的溫度，下列何者最低？

(A) 閃火點　(B) 著火點　(C) 沸點　(D) 自燃溫度

解析 參考台灣中油公司網頁，95無鉛汽油SDS，閃火點：-43°C～-38°C，沸點：30°C～210°C，自燃溫度：280°C～456°C

(B) 50. 下列何者為營造工程風險對策最適宜之實施順序？①消除風險②降低風險③工程控制④管理控制⑤防護具使用

(A) ①②④③⑤　　　　(B) ①②③④⑤
(C) ①②③⑤④　　　　(D) ①②⑤④③

解析 危害控制順序：消除、取代、工程控制、管理措施、個人防護具。

2-1-1-4 經濟部所屬事業機構 110 年新進職員甄試試題

(B) 1. 某機械工廠設有勞工 800 人，應設置幾名職業安全衛生管理員？

(A) 1　(B) 2　(C) 3　(D) 4

解析 機械工廠屬於第一類事業，勞工人數 800 人（500 人以上，未滿 1,000 人），依管辦附表二，應置甲種職業安全衛生業務主管 1 人、職業安全（衛生）管理師 1 人及職業安全衛生管理員 2 人，故本題選 B。

(C) 2. 目前事業單位勞工人數達 200 人以上者，應該設有下列何種計畫？

(A) 個體防護　　　　(B) 化學品防護
(C) 呼吸防護　　　　(D) 皮膚防護

解析 設§277-1.2，事業單位勞工人數達 200 人以上者，雇主應依中央主管機關公告之相關指引，訂定呼吸防護計畫，並據以執行。

(B) 3. 研磨機之使用不得超過規定最高使用周速度,如周速度限制為 100 m/s,轉速為 3600 rpm 之直徑為 20cm 研磨輪,其周速度為何 (m/s,計算至整數位,以下四捨五入)?

(A) 36　(B) 38　(C) 40　(D) 42

解析 $V = \pi DN = 3.14 \times 0.2 \times 3600 = 2261$ (m/min) $= 37.68$ (m/s) $\fallingdotseq 38$ (m/s)

(D) 4. 雇主對於起重機具之吊鉤或吊具,為防止與吊架或捲揚胴接觸、碰撞,應至少保持多少公尺距離之過捲預防裝置?

(A) 1.0　(B) 0.5　(C) 0.3　(D) 0.25

解析 設 §91,雇主對於起重機具之吊鉤或吊具,為防止與吊架或捲揚胴接觸、碰撞,應有至少保持 0.25 公尺距離之過捲預防裝置...。

(D) 5. 依「粉塵危害預防標準」,雇主設置之局部排氣裝置,何者與其規定不符?

(A) 氣罩宜設置於每一粉塵發生源
(B) 於適當位置開啟易於測定之測定孔
(C) 排氣機,應置於空氣清淨裝置後之位置
(D) 肘管數越多越好

解析 粉塵 §15,雇主設置之局部排氣裝置,應依下列之規定:
一、氣罩宜設置於每一粉塵發生源,如採外裝型氣罩者,應儘量接近發生源。
二、導管長度宜儘量縮短,**肘管數應儘量減少**,並於適當位置開啟易於清掃及測定之清潔口及測定孔。
三、局部排氣裝置之排氣機,應置於空氣清淨裝置後之位置。
四、排氣口應設於室外。但移動式局部排氣裝置或設置於附表一乙欄(七)所列之特定粉塵發生源之局部排氣裝置設置過濾除塵方式或靜電除塵方式者,不在此限。
五、其他經中央主管機關指定者。
故本題選 D。

(D) 6. 對預防肌肉骨骼傷病的要求係職業安全衛生法哪一條？
(A) 第 5 條第 1 項　　　　　(B) 第 5 條第 2 項
(C) 第 6 條第 1 項　　　　　(D) 第 6 條第 2 項

解析 職安 §6.2，雇主對下列事項，應妥為規劃及採取必要之安全衛生措施：
一、**重複性作業等促發肌肉骨骼疾病之預防。**
二、輪班、夜間工作、長時間工作等異常工作負荷促發疾病之預防。
三、執行職務因他人行為遭受身體或精神不法侵害之預防。
四、避難、急救、休息或其他為保護勞工身心健康之事項。
故本題選 D。

(B) 7. 由製造者、輸入者或供應者依其產製、輸入或供應之機械、設備或器具產品，檢送試驗樣品及技術文件向驗證機構申請審驗之過程，為下列何者？

(A) 型式檢定　(B) 型式驗證　(C) 標準檢驗　(D) 自主檢查

解析 細 §13，本法第七條至第九條所稱**型式驗證**，指由驗證機構對某一型式之機械、設備或器具等產品，審驗符合安全標準之程序。

(D) 8. 雇主依規定設置工作台有困難時，應採取張掛安全網、使勞工使用安全帶等防止勞工因墜落而遭致危險之措施。但無其他安全替代措施者，得採取下列何者？

(A) 擔網作業　(B) 掛索作業　(C) 懸吊作業　(D) 繩索作業

解析 設 225

雇主對於在高度 2 公尺以上之處所進行作業，勞工有墜落之虞者，應以架設施工架或其他方法設置工作台。但工作台之邊緣及開口部分等，不在此限。

雇主依前項規定設置工作台有困難時，應採取張掛安全網或使勞工使用安全帶等防止勞工因墜落而遭致危險之措施，但無其他安全替代措施者，得採取**繩索作業**。使用安全帶時，應設置足夠強度之必要裝置或安全母索，供安全帶鉤掛。

前項繩索作業，應由受過訓練之人員為之，並於高處採用符合國際標準 ISO22846 系列或與其同等標準之作業規定及設備從事工作。

故本題選 D。

(C) 9. 依「女性勞工母性健康保護實施辦法」，雇主使勞工於保護期間從事列管之作業場所，其血中鉛濃度在 10 μg/dl 以上者，其風險等級應歸列為下列何者？

(A) 第 1 級管理　　　　　(B) 第 2 級管理
(C) 第 3 級管理　　　　　(D) 第 4 級管理

解析 母性 §10

雇主使女性勞工從事第四條之鉛及其化合物散布場所之工作，應依下列血中鉛濃度區分風險等級，但經醫師評估須調整風險等級者，不在此限：
一、第一級管理：血中鉛濃度低於 5 μg/dl 者。
二、第二級管理：血中鉛濃度在 5 μg/dl 以上未達 10 μg/dl。
三、**第三級管理：血中鉛濃度在 10 μg/dl 以上者。**
故本題選 C。

(B) 10. 依「缺氧症預防規則」規定，雇主使勞工戴用輸氣管面罩之連續作業時間，每次不得超過多久？

(A) 30 分鐘　(B) 1 小時　(C) 1.5 小時　(D) 2 小時

解析 缺 §30

雇主使勞工戴用輸氣管面罩之連續作業時間，每次不得超過 1 小時。

(C) 11. 依「營造安全衛生設施標準」規定，雇主使勞工於屋頂作業，於斜度大於幾度 (高底比為 2 比 3) 或滑溜之屋頂上從事工作者，應設置適當之護欄，支承穩妥且寬度在 40 公分以上之適當工作臺及數量充分、安裝牢穩之適當梯子，並應派專人督導？

(A) 30　(B) 33　(C) 34　(D) 35

解析 營 §18.1

雇主使勞工於屋頂從事作業時,應指派專人督導,並依下列規定辦理:

一、因屋頂斜度、屋面性質或天候等因素,致勞工有墜落、滾落之虞者,應採取適當安全措施。

二、於斜度大於34度,即高底比為2比3以上,或為滑溜之屋頂,從事作業者,應設置適當之護欄,支承穩妥且寬度在四十公分以上之適當工作臺及數量充分、安裝牢穩之適當梯子。但設置護欄有困難者,應提供背負式安全帶使勞工佩掛,並掛置於堅固錨錠、可供鈎掛之堅固物件或安全母索等裝置上。

三、於易踏穿材料構築之屋頂作業時,應先規劃安全通道,於屋架上設置適當強度,且寬度在30公分以上之踏板,並於下方適當範圍裝設堅固格柵或安全網等防墜設施。但雇主設置踏板面積已覆蓋全部易踏穿屋頂或採取其他安全工法,致無踏穿墜落之虞者,不在此限。

故本題選 C。

(B) 12. 依「勞工健康保護規則」規定,一位39歲的在職勞工應依規定實施健康檢查,下列敘述何者有誤?

(A) 一般健康檢查報告,應至少保存7年
(B) 應每3年實施一般健康檢查
(C) 若從事特別危害健康作業,應定期做特殊健康檢查
(D) 若勞工離職,要求雇主提供其健康檢查有關資料時,雇主不得拒絕

解析 (A) 正確(健 §19)
(B) 錯誤。未滿40歲者,應每5年實施一般健康檢查(健 §17)
(C) 正確(健 §18)
(D) 正確(健 §25)

(A) 13. 「職業安全衛生法施行細則」第 20 條所指優先管理化學品中,經中央主管機關評估具高度暴露風險者,是指下列何者?

(A) 管制性化學品　　　　(B) 新化學物質
(C) 高度暴露風險化學品　(D) 顯著危害化學品

解析 安細 §19
本法第十四條第一項所稱**管制性化學品**如下:
一、第二十條之優先管理化學品中,經中央主管機關評估**具高度暴露風險者**。
二、其他經中央主管機關指定公告者。

(C) 14. 依「職業安全衛生法」規定,第二類事業勞工人數在多少人以上者,應建置職業安全衛生管理系統?

(A) 300　(B) 400　(C) 500　(D) 1000

解析 管辦 §12-2
下列事業單位,雇主應依國家標準 CNS 45001 同等以上規定,建置適合該事業單位之職業安全衛生管理系統,並據以執行:
一、第一類事業勞工人數在 200 人以上者。
二、**第二類事業勞工人數在 500 人以上者**。
三、有從事石油裂解之石化工業工作場所者。
四、有從事製造、處置或使用危害性之化學品,數量達中央主管機關規定量以上之工作場所者。

(C) 15. 依「職業安全衛生管理辦法」規定,第一類事業之事業單位勞工人數在多少人以上者,應設立直接 屬雇主之專責一級管理單位?

(A) 30　(B) 50　(C) 100　(D) 500

解析 管辦 §2-1 事業單位應依下列規定設職業安全衛生管理單位(以下簡稱管理單位):
一、**第一類事業之事業單位勞工人數在 100 人以上者**,應設直接隸屬雇主之專責一級管理單位。

二、第二類事業勞工人數在 300 人以上者,應設直接隸屬雇主之一級管理單位。

故本題選 C。

(A) 16. 依「職業安全衛生法」規定,雇主因未提供必要安全衛生設備及措施,導致勞工發生死亡以外之重大職業災害,應處多少年以下有期徒刑、拘役或科或併科新臺幣 18 萬元以下罰金?

(A) 1　(B) 2　(C) 3　(D) 5

解析 職安 41 處一年以下有期徒刑、拘役或科或併科新臺幣 18 萬元以下罰金

違法態樣		刑事罰罰則
未有符合規定防止各種危害之必要安全衛生設備及措施 (6.1)	致死亡 (37.2.1)	處 3 年以下有期徒刑、拘役或科或併科新臺幣 30 萬元以下罰金 (40)
	3 人以上職業災害 (37.2.2)	處 1 年以下有期徒刑、拘役或科或併科新臺幣 18 萬元以下罰金 (41)

(A) 17. 依「職業安全衛生教育訓練規則」規定,高空工作車操作人員特殊安全衛生教育訓練課程之時數不得少於幾小時?

(A) 16　(B) 18　(C) 20　(D) 22

解析 教 §14 附表十二

肆、高空工作車操作人員特殊安全衛生教育訓練課程、時數(16 小時)

項次	課程名稱	時數
一	高空工作車相關法規	1 小時
二	高空工作車構造基礎及原動機相關知識	3 小時
三	高空工作車作業裝置使用及運轉相關知識	4 小時
四	高空工作車操作實習(含垂直升降型及車載型)	8 小時

附註：實習課程應 15 人以下為 1 組，分組實際操作；可分組同時進行或按時間先後分組依序進行實習。

(A) 18. 雇主不得使未滿 18 歲者從事下列哪些危險性或有害性工作？①處理或暴露於弓形蟲、德國麻疹等影響健康之工作 ②有害粉塵散布場所之工作 ③有害輻射散布場所之工作 ④異常氣壓之工作
(A) ②③　(B) ②③④　(C) ①②③　(D) ①②③④

解析 職安 §29
雇主不得使未滿十八歲者從事下列危險性或有害性工作：
一、坑內工作。
二、處理爆炸性、易燃性等物質之工作。
三、鉛、汞、鉻、砷、黃磷、氯氣、氰化氫、苯胺等有害物散布場所之工作。
四、**有害輻射散布場所之工作**。
五、**有害粉塵散布場所之工作**。
六、運轉中機器或動力傳導裝置危險部分之掃除、上油、檢查、修理或上卸皮帶、繩索等工作。
七、超過 220 伏特電力線之銜接。
八、已熔礦物或礦渣之處理。
九、鍋爐之燒火及操作。
十、鑿岩機及其他有顯著振動之工作。
十一、一定重量以上之重物處理工作。
十二、起重機、人字臂起重桿之運轉工作。
十三、動力捲揚機、動力運搬機及索道之運轉工作。
十四、橡膠化合物及合成樹脂之滾輾工作。
十五、其他經中央主管機關規定之危險性或有害性之工作。
故本題選 A。

(C) 19. 下列何者符合「其他受工作場所負責人指揮或監督從事勞動之人員」之定義？①派遣勞工②技術生③建教合作班之學生④台電、中油等國營事業員工

(A) ②③　(B) ②③④　(C) ①②③　(D) ①②③④

解析 細§2.2 本法第二條第一款所稱其他受工作場所負責人指揮或監督從事勞動之人員，指與事業單位**無僱傭關係**，於其工作場所從**事勞動或以學習技能、接受職業訓練為目的**從事勞動之工作者。承上，本題派遣勞工、技術生及建教合作班之學生均符合上開定義，故本題選 C。

(D) 20. 電石遇水會產生乙炔，可能引發火災、爆炸，請問電石的主要成分為何？

(A) 碳酸鈣　(B) 氫氧化鈣　(C) 氧化鈣　(D) 碳化鈣

解析 碳化鈣是電石的主要成分，化學式 CaC_2。

(B) 21. 依「危害性化學品標示及通識規則」，甲苯具有下列哪些危害圖示之特性？

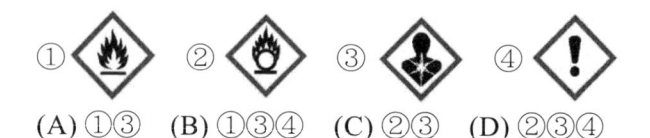

① ② ③ ④

(A) ①③　(B) ①③④　(C) ②③　(D) ②③④

解析 依勞動部職安署 GHS 網站，甲苯 SDS 二、危害辨識資料所載，圖式符號為火焰、健康危害、驚嘆號。故本題選 B。

(D) 22. 依「特定化學物質危害預防標準」，下列何者不屬於特定管理物質？

(A) 石綿　(B) 苯　(C) 煤焦油　(D) 硫化氫

解析 特化§3 本標準所稱特定管理物質，指下列規定之物質：
一、二氯聯苯胺及其鹽類、α-萘胺及其鹽類、鄰-二甲基聯苯胺及其鹽類、二甲氧基聯苯胺及其鹽類、次乙亞胺、氯乙烯、3,3-二氯-4,4-二胺基苯化甲烷、四羰化鎳、對-二甲

胺基偶氮苯、β-丙內酯、環氧乙烷、奧黃、苯胺紅、**石綿**（不含青石綿、褐石綿）、鉻酸及其鹽類、砷及其化合物、鎳及其化合物、重鉻酸及其鹽類、1,3-丁二烯及甲醛（含各該列舉物佔其重量超過百分之一之混合物）。

二、**鈹**及其化合物、含鈹及其化合物之重量比超過百分之一或鈹合金含鈹之重量比超過百分之三之混合物（以下簡稱鈹等）。

三、**三氯甲苯**或其重量比超過百分之零點五之混合物。

四、**苯**或其體積比超過百分之一之混合物。

五、**煤焦油**或其重量比超過百分之五之混合物。

故本題選 D。

(B) 23. 下列何者不是特別危害健康作業？

(A) 高溫作業
(B) 精密作業
(C) 黃磷之製造、處置或使用作業
(D) 四烷基鉛作業

解析 查健 §2 附表一，選項中僅精密作業不是特別危害健康作業，故本題選 B。

※ 附表一 特別危害健康作業

項次	作業名稱
一	高溫作業勞工作息時間標準所稱之高溫作業。
二	勞工噪音暴露工作日 8 小時日時量平均音壓級在 85 分貝以上之噪音作業。
三	游離輻射作業。
四	異常氣壓危害預防標準所稱之異常氣壓作業。
五	鉛中毒預防規則所稱之鉛作業。
六	四烷基鉛中毒預防規則所稱之四烷基鉛作業。
七	粉塵危害預防標準所稱之粉塵作業。

項次	作業名稱
八	有機溶劑中毒預防規則所稱之下列有機溶劑作業： （一）1,1,2,2-四氯乙烷。 （二）四氯化碳。 （三）二硫化碳。 （四）三氯乙烯。 （五）四氯乙烯。 （六）二甲基甲醯胺。 （七）正己烷。
九	製造、處置或使用下列特定化學物質或其重量比（苯為體積比）超過百分之一之混合物之作業： （一）聯苯胺及其鹽類。 （二）4-胺基聯苯及其鹽類。 （三）4-硝基聯苯及其鹽類。 （四）β-萘胺及其鹽類。 （五）二氯聯苯胺及其鹽類。 （六）α-萘胺及其鹽類。 （七）鈹及其化合物（鈹合金時，以鈹之重量比超過3%者為限）。 （八）氯乙烯。 （九）2,4-二異氰酸甲苯或2,6-二異氰酸甲苯。 （十）4,4-二異氰酸二苯甲烷。 （十一）二異氰酸異佛爾酮。 （十二）苯。 （十三）石綿（以處置或使用作業為限）。 （十四）鉻酸與其鹽類或重鉻酸及其鹽類。 （十五）砷及其化合物。 （十六）鎘及其化合物。 （十七）錳及其化合物（一氧化錳及三氧化錳除外）。 （十八）乙基汞化合物。 （十九）汞及其無機化合物。 （二十）鎳及其化合物。 （二十一）甲醛。 （二十二）1,3-丁二烯。 （二十三）銦及其他合物。
十	黃磷之製造、處置或使用作業。
十一	聯吡啶或巴拉刈之製造作業。

項次	作業名稱
十二	其他經中央主管機關指定公告之作業： 製造、處置或使用下列化學物質或其重量比超過百分之五之混合物之作業：溴丙烷。

(A) 24. 鍋爐之製造或修改，其製造人應於事前填具下列何種申請書，向所在地檢查機構申請檢查？

(A) 型式檢查　　　　　　(B) 熔接檢查
(C) 構造檢查　　　　　　(D) 重新檢查

解析 危機 §71 鍋爐之製造或修改，其製造人應於事前填具**型式檢查**申請書…。

(D) 25. 事業單位若有從事石油產品之裂解反應，以製造石化基本原料之工作場所，應每幾年實施製程安全評估？

(A) 1　(B) 3　(C) 4　(D) 5

解析 製程 §4 第二條之工作場所，事業單位應**每五年**就下列事項，實施製程安全評估…。
製程 §2 本辦法適用於下列工作場所：
一、勞動檢查法第二十六條第一項第一款所定從事石油產品之裂解反應，以製造石化基本原料之工作場所。
二、勞動檢查法第二十六條第一項第五款所定製造、處置或使用危險物及有害物，達勞動檢查法施行細則附表一及附表二規定數量之工作場所。

(B) 26. 化學品之暴露評估結果應依風險分級，暴露濃度低於容許暴露標準但高於或等於其二分之一者，請問是第幾級管理？

(A) 第 1 級管理　　　　　(B) 第 2 級管理
(C) 第 3 級管理　　　　　(D) 第 4 級管理

解析 分 §10 雇主對於前二條化學品之暴露評估結果，應依下列風險等級，分別採取控制或管理措施：

一、第一級管理：暴露濃度低於容許暴露標準二分之一者，除應持續維持原有之控制或管理措施外，製程或作業內容變更時，並採行適當之變更管理措施。

二、**第二級管理：暴露濃度低於容許暴露標準但高於或等於其二分之一者**，應就製程設備、作業程序或作業方法實施檢點，採取必要之改善措施。

三、第三級管理：暴露濃度高於或等於容許暴露標準者，應即採取有效控制措施，並於完成改善後重新評估，確保暴露濃度低於容許暴露標準。

(C) 27. 依「職業安全衛生設施規則」規定，研磨機於更換研磨輪後，應先試轉幾分鐘以上？

(A) 10　(B) 5　(C) 3　(D) 1

解析 設 §62.1 雇主對於研磨機之使用，應依下列規定：
一、研磨輪應採用經速率試驗合格且有明確記載最高使用周速度者。
二、規定研磨機之使用不得超過規定最高使用周速度。
三、規定研磨輪使用，除該研磨輪為側用外，不得使用側面。
四、規定研磨機使用，應於每日作業開始前試轉 1 分鐘以上，研磨輪**更換時**應先檢驗有無裂痕，並在防護罩下**試轉 3 分鐘以上**。

故本題選 C。

(B) 28. 依「危險性工作場所審查及檢查辦法」規定，丙類危險性工作場所應於使勞工作業多少日前，向當地勞動檢查機構申請審查合格？

(A) 30　(B) 45　(C) 60　(D) 90

解析 危審 §4
事業單位應於甲類工作場所、丁類工作場所使勞工作業 30 日前，向當地勞動檢查機構（以下簡稱檢查機構）申請審查。
事業單位應於乙類工作場所、**丙類**工作場所使勞工作業 **45 日**前，向檢查機構申請審查及檢查。
故本題選 B。

(A) 29. 某化工廠一年內發生下列事故，請計算失能傷害頻率 (總經歷工時 = 120 萬小時)：
① 輕傷害事件：50 件，共 100 人，每人平均損失 0.5 天
② 暫時全失能事件：35 人次，平均每次損失 4 天
③ 永久失能事件：共 4 人受傷，其中 1 人左目失明（損失 1,800 天），1 人右臂喪失（損失 4,500 天），1 人左耳全部失聰（損失 600 天），另 1 人單目失明且右臂喪失
④ 死亡事件：1 人次

(A) 33.3　(B) 116.7　(C) 140　(D) 15866.7

解析 失能傷害頻率 (FR) = (失能傷害損失人次數 $\times 10^6$) ÷ 總經歷工時
失能傷害損失人次數 = 35 + 4 + 1 = 40（輕傷害事件不計）
FR = (40 $\times 10^6$) ÷ 1,200,000 = 33.33（計算結果數值精度：採計至小數點以後取兩位，第三位以後捨棄。）
因本題選項僅 A 最為接近，故選 A。

(C) 30. 某勞工暴露於 85 分貝 4 小時，95 分貝 2 小時，100 分貝 0.5 小時，75 分貝 2 小時，請問該勞工 8 小時日時量平均音壓級為多少分貝？

(A) 85　(B) 88　(C) 90　(D) 95

解析 $Dose = \left(\dfrac{4}{16} + \dfrac{2}{4} + \dfrac{0.5}{2}\right) \times 100\% = 100\%$

（依設 §300.1.1.3 測定勞工八小時日時量平均音壓級時，應將八十分貝以上之噪音以增加五分貝降低容許暴露時間一半之方式納入計算。故 75 分貝 2 小時不計）。
TWA = 16.61 log(100/100) + 90 = 90 dBA

(B) 31. 盛有危害性化學品之容器，依「危害性化學品標示及通識規則」規定，其容積在多少以下者，得僅標示其名稱、危害圖式及警示語？

(A) 10 ml　(B) 100 ml　(C) 200 ml　(D) 500 ml

解析 危標 §5.3 第一項容器之容積在 **100 毫升**以下者，得僅標示名稱、危害圖式及警示語。

(D) 32. 甲類、乙類、丙類危險性工作場所申請審查、檢查，檢附之製程安全評估報告書，其內容不包括下列何者？
(A) 製程說明
(B) 實施初步危害分析並針對重大潛在危害實施規定之安全評估方法
(C) 製程危害控制
(D) 各級主管人員應於報告書中具名簽認

解析 危審 附件二 製程安全評估報告書
一、製程說明：
　（一）工作場所流程圖。
　（二）製程設計規範。
　（三）機械設備規格明細。
　（四）製程操作手冊。
　（五）維修保養制度。
二、**實施初步危害分析**（Preliminary Hazard Analysis）以分析發掘工作場所重大潛在危害，**並針對重大潛在危害實施下列之一之安全評估方法**，實施過程應予記錄並將改善建議彙整：
　（一）檢核表（Checklist）。
　（二）如果-結果分析（What If）。
　（三）如果-結果分析／檢核表（What If/ Checklist）。
　（四）危害及可操作性分析（Hazard and Operability Studies）。
　（五）故障樹分析（Fault Tree Analysis）。
　（六）失誤模式與影響分析（Failure Modes and Effects Analysis）。
　（七）其他經中央主管機關認可具有上列同等功能之安全評估方法。
三、**製程危害控制**。
四、參與**製程安全評估人員**應於報告書中具名簽認（註明單位、職稱、姓名，其為執業技師者應加蓋技師執業圖記），及本辦法第六條規定之相關證明、資格文件。
上述內容未規定各級主管人員應於報告書中具名簽認，故本題選 D。

(D) 33. 氯酸鹽類、硝酸鹽類等物質所引發之爆炸屬於哪一類型？
  (A) 擴散式爆炸　　　　(B) 物理性爆炸
  (C) 粉塵爆炸　　　　　(D) 分解爆炸

解析 加熱分解會產生氧氣，反應急速時產生爆炸，屬於**分解爆炸**。

(A) 34. 依「職業安全衛生設施規則」規定，作業場所面積過大致需人工照明時，下列對照明規定之敘述，何者有誤？
  (A) 室外走道應在 50 米燭光以上
  (B) 樓梯、倉庫應在 50 米燭光以上
  (C) 一般辦公場所應在 300 米燭光以上
  (D) 更衣室應在 100 米燭光以上

解析 設 §313 室外走道應在 20 米燭光以上。

(C) 35. 「職業安全衛生設施規則」第 287 條第 2 項規定，2 公尺以上作業，應使用符合國家標準的全身背負式安全帶，請問其國家標準為何？
  (A)CNS 13628　　　　(B)CNS 4435
  (C)CNS 14253-1　　　(D)CNS 13812

解析 設 §287 並無第 2 項規定，筆者認為出題者應該是筆誤，設 §281.2 前項安全帶之使用，應視作業特性，依國家標準規定選用適當型式，對於鋼構懸臂突出物、斜籬、2 公尺以上未設護籠等保護裝置之垂直固定梯、局限空間、屋頂或施工架組拆、工作台組拆、管線維修作業等高處或傾斜面移動，應採用符合國家標準 **CNS 14253-1** 同等以上規定之全身背負式安全帶及捲揚式防墜器。
故本題選 C。

(D) 36. 下列何者為氧化性物質？
  (A) 硝化甘油　　　　　(B) 三硝基甲苯
  (C) 過氧化二苯甲醯　　(D) 硝酸銨

解析 比對各物質 SDS 危害圖示
(A) 硝化甘油：爆炸物、驚嘆號、環境
(B) 三硝基甲苯：健康、驚嘆號、環境
(C) 過氧化二苯甲醯：易燃、驚嘆號、環境
(D) 硝酸銨：氧化性、驚嘆號

(C) 37. 高感度型漏電斷路器之額定作動電流在多少毫安培（mA）以下？

(A) 10　(B) 20　(C) 30　(D) 40

解析 依用戶用電設備裝置規則規定，漏電斷路器裝置規格為漏電流量為 **30mA**，跳脫時間為 0.1 秒。

(B) 38. 乙醛之 8 小時日時量平均容許濃度為 100 ppm，請問其短時間時量平均容許濃度為多少？

(A) 100　(B) 125　(C) 150　(D) 175

解析 暴標 §3.1.2 短時間時量平均容許濃度：附表一符號欄未註有「高」字及附表二之容許濃度乘以下表變量係數所得之濃度，為一般勞工連續暴露在此濃度以下任何 15 分鐘，不致有不可忍受之刺激、慢性或不可逆之組織病變、麻醉昏暈作用、事故增加之傾向或工作效率之降低者。

短時間時量平均容許濃度 = 100×1.25 = 125 ppm

容許濃度	變量係數	備註
未滿 1	3	表中容許濃度氣狀物以 ppm、粒狀物以 mg/m^3、石綿 f/c.c. 單位。
1 以上，未滿 10	2	
10 以上，未滿 100	1.5	
100 以上，未滿 1000	1.25	
1000 以上	1	

(B) 39. 雇主使勞工於接近高壓電路從事檢查、修理等作業時,如該作業勞工未戴用絕緣用防護具,為防止勞工接觸高壓電路引起感電之危險,對距離勞工身體多少公分以內之高壓電路,應在電路設置絕緣用防護裝備?

(A) 50　(B) 60　(C) 70　(D) 80

解析 設 §259 雇主使勞工於接近高壓電路或高壓電路支持物從事敷設、檢查、修理、油漆等作業時,為防止勞工接觸高壓電路引起感電之危險,在距離頭上、身側及腳下 **60 公分**以內之高壓電路者,應在該電路設置絕緣用防護裝備。但已使該作業勞工戴用絕緣用防護具而無感電之虞者,不在此限。

(A) 40. 鍋爐操作人員從事何種工作,不得使單獨一人同時從事 2 座以上鍋爐之操作工作?

(A) 沖放鍋爐水
(B) 監視壓力、水位及燃燒狀態
(C) 檢點水位測定裝置
(D) 檢點自動控制裝置

解析 鍋壓 §21 雇主於鍋爐操作人員**沖放鍋爐水**時,不得使其從事其他作業,並不得使單獨一人同時從事二座以上鍋爐之沖放工作。

(A) 41. 爆炸可分為爆轟及爆燃 2 種類型,係以爆炸所發出的下列哪一項物理性質來區分?

(A) 震波速度　(B) 震波頻率　(C) 震波強度　(D) 震波時間

解析 爆燃:亞音速;爆轟:超音速,兩者係依震波速度區分。

(B) 42. 氫氣之燃燒下限為 4 %,燃燒上限為 75.6 %,氫氣之危險指數(Dangerous Index, DI)為多少?

(A) 18.9　(B) 17.9　(C) 16.9　(D) 15.9

解析 危險指數 = (爆炸上限－爆炸下限) / 爆炸下限
　　　　　= (75.6-4) / 4
　　　　　= 17.9

(B) 43. 某事業單位僱用 350 名勞工,其中 200 名勞工從事有機溶劑之特別危害健康作業時,該事業單位至少需要僱用多少位從事勞工健康服務之專任護理人員?

(A) 0　(B) 1　(C) 2　(D) 3

解析 健附表三

附表三　從事勞工健康服務之護理人員人力配置表

勞工人數	特別危害健康作業勞工人數			備註
	0-99	100-299	300 以上	一、勞工人數超過 6,000 人以上者,每增加 6,000 人應增加護理人員至少 1 人。 二、事業單位設置護理人員數達 3 人以上者,得置護理主管 1 人。
1-299 人		1 人		
300-999 人	1 人	1 人	2 人	
1,000-2,999 人	2 人	2 人	2 人	
3,000-5,999 人	3 人	3 人	4 人	
6,000 人以上	4 人	4 人	4 人	

(C) 44. 勞工欠缺接受完整確實的安全衛生教育訓練,因此缺乏知識與警覺,並導致職業災害,於職業災害分析中係歸屬於下列何種原因?

(A) 直接原因　　　　(B) 間接原因
(C) 基本原因　　　　(D) 法令原因

解析 基本原因係管理上的缺陷所致,包括管理系統、政策、教育訓練、管理計畫、工作守則等。故本題選 C。

(D) 45. 事業單位有 50 名勞工從事鉛合金焊接作業,其工作場所之整體換氣裝置換氣量須達到每分鐘多少立方公尺才合乎規定?

(A) 55　(B) 65　(C) 75　(D) 85

解析 鉛 §32 雇主使勞工從事第二條第二項第十款規定之作業（於通風不充分之場所從事鉛合金軟焊之作業），其設置整體換氣裝置之換氣量，應為每一從事鉛作業勞工平均每分鐘 1.67 立方公尺以上。

∵換氣量須達 $50 \times 1.67 = 83.5 \text{ m}^3/\text{min}$

∴本題選項僅 (D) 85 符合。

(A) 46. 勞工於第 2 種有機溶劑工作場所作業時，其作業時間內 1 小時之有機溶劑消費量為 100 公克，則工作場所需具備的換氣量為每分鐘多少立方公尺？

(A) 4　(B) 12　(C) 24　(D) 36

解析 有機 附表四

作業時間 1 小時消費量 = 100 g/hr

第二種有機溶劑每分鐘換氣量 = $0.04 \times 100 = 4 \text{ m}^3/\text{min}$

附表四　整體換氣裝之換氣能力及其計算方法

本規則第十五條第二項之換氣能力及其計算方法如下：

消費之有機溶劑或其混存物之種類	換氣能力
第一種有機溶劑或其混存物	每分鐘換氣量 = 作業時間內一小時之有機溶劑或其混存物之消費量 ×0.3
第二種有機溶劑或其混存物	每分鐘換氣量 = 作業時間內一小時之有機溶劑或其混存物之消費量 ×0.04
第三種有機溶劑或其混存物	每分鐘換氣量 = 作業時間內一小時之有機溶劑或其混存物之消費量 ×0.01

註：表中每分鐘換氣量之單位為立方公尺，作業時間內一小時之有機溶劑或其混存物之消費量之單位為公克。

(A) 47. 以下何者不是屬於 550 公升高壓氣體容器的安全檢查項目？
(A) 竣工檢查　　　　　　(B) 定期檢查
(C) 型式檢查　　　　　　(D) 構造檢查

解析 550 公升高壓氣體容器屬於法定危險性設備（高壓氣體容器：指供灌裝高壓氣體之容器中，相對於地面可移動，其內容積在 500 公升以上者。），其安全檢查項目包括：型式檢查、熔接檢查、構造檢查、定期檢查、重新檢查、變更檢查。不包括竣工檢查，故本題選 A。

(D) 48. 勞工於營造工地的噪音環境從事作業，其作業時間噪音的暴露情況如下：

08:00～10:00 連續性噪音，噪音音壓級為 95 dBA
11:00～12:00 變動性噪音，噪音劑量為 50 %
13:00～17:00 連續性噪音，噪音音壓級為 90 dBA
請問該勞工當日作業時間的噪音劑量值為何？
(A) 90 %　(B) 100 %　(C) 125 %　(D) 150 %

解析 $Dose = (\frac{2}{4} + 0.5 + \frac{4}{8}) \times 100\% = 150\%$

(C) 49. 臨時性之有機溶劑作業係指正常作業以外之有機溶劑作業，其作業期間不能超過多久時間且 1 年內不再重覆？
(A) 15 天　(B) 1 個月　(C) 3 個月　(D) 半年

解析 有機 §3.1.9 臨時性之有機溶劑作業：指正常作業以外之有機溶劑作業，其作業期間不超過 **3 個月**且 1 年內不再重覆者。

(B) 50. 高架作業時使用安全網，其張掛安全網之攔截高度設計與下列何者無關？
(A) 安全網的短邊長度　　(B) 安全網的長邊長度
(C) 安全網的長邊張掛節距　(D) 攔截高度限制

解析 依營 §22 安全網的長邊長度與張掛安全網之攔截高度設計無關。

2-1-1-5 經濟部所屬事業機構 111 年新進職員甄試試題

(C) 1. 依危險性工作場所審查及檢查辦法規定,事業單位其製造、處置、使用有害物氨(NH3)之數量達多少公斤者,即屬甲類工作場所?

(A) 5,000　(B) 10,000　(C) 50,000　(D) 100,000

解析 危審 §2.1.1.2 製造、處置、使用危險物、有害物之數量達本法施行細則附表一及附表二規定數量之工作場所。另查,檢細 §29「附表二 製造、處置、使用危險物之名稱、數量」氨之數量為 50,000 公斤,故本題選 C。

(B) 2. 依危害性化學品標示及通識規則規定,健康危害分類屬於急毒性物質的化學品,其危害成分濃度管制值為?

(A) 大於等於 0.1 %　　(B) 大於等於 1.0 %
(C) 大於 0.1 %　　　　(D) 大於 1.0 %

解析 危標附表三:健康危害分類之危害成分濃度管制值表,急毒性物質管制值≧ 1.0%,故本題選 B。

(A) 3. 雇主對於經中央主管機關指定具有危險性之機械或設備,非經勞動檢查機構或中央主管機關指定之代行檢查機構檢查合格,不得使用。若因不合格使用,導致發生災害之罹災人數在 3 人以上者,會有何處分?

(A) 處 1 年以下有期徒刑、拘役或科或併科新臺幣 18 萬元以下罰金
(B) 處新臺幣 3 萬元以上 15 萬元以下罰鍰
(C) 處新臺幣 3 萬元以上 30 萬元以下罰鍰
(D) 處 3 年以下有期徒刑、拘役或科或併科新臺幣 30 萬元以下罰金

解析 職安 §41 違反第六條第一項或第十六條第一項(不合格危險性機械或設備)之規定,致發生第三十七條第二項第一款(發生災

害之罹災人數在3人以上）之災害者，處1年以下有期徒刑、拘役或科或併科新臺幣18萬元以下罰金，故本題選A。

(B) 4. 某第一類事業之事業單位勞工總人數為1,100人，從事特別危害健康作業勞工人數350人，試問僱用從事勞工健康服務之護理人員至少應幾人？

(A) 1人　(B) 2人　(C) 3人　(D) 4人

解析 健§附表三 從事勞工健康服務之護理人員人力配置表，勞工人數為1,100人（1,000-2,999人），從事特別危害健康作業勞工人數350人（300人以上），應僱用從事勞工健康服務之護理人員至少2人。

(D) 5. 下列何者非屬職業安全衛生設施規則規定，雇主應於明顯易見之處所設置警告標示牌，並禁止非與從事作業有關人員進入之工作場所？

(A) 處置特殊有害物之場所
(B) 有害物超過勞工作業場所容許暴露標準之場所
(C) 處置大量低溫物體或顯著寒冷之場所
(D) 噪音作業場所

解析 設§299.1 雇主應於明顯易見之處所設置警告標示牌，並禁止非與從事作業有關之人員進入下列工作場所：
一、處置大量高熱物體或顯著濕熱之場所。
二、處置大量低溫物體或顯著寒冷之場所。
三、具有強烈微波、射頻波或雷射等非游離輻射之場所。
四、氧氣濃度未達百分之十八之場所。
五、有害物超過勞工作業場所容許暴露標準之場所。
六、處置特殊有害物之場所。
七、遭受生物病原體顯著污染之場所。

(D) 6. 依職業安全衛生法規定,何者非屬雇主對於勞工具有特殊危害之作業,應減少勞工工作時間,並在工作時間中予以適當之休息?

(A) 高架作業　　　　　　(B) 重體力勞動作業
(C) 精密作業　　　　　　(D) 鉛作業

解析 職安 §19.1 在高溫場所工作之勞工,雇主不得使其每日工作時間超過六小時;異常氣壓作業、高架作業、精密作業、重體力勞動或其他對於勞工具有特殊危害之作業,亦應規定減少勞工工作時間,並在工作時間中予以適當之休息。因鉛作業不屬於該等特殊危害作業,故本題選 D。

(C) 7. 依鍋爐及壓力容器安全規則規定,具有釋壓裝置之貫流鍋爐(小型者除外),其安全閥得調整於最高使用壓力之幾倍以下吹洩?經檢查後,應予固定設定壓力,不得變動。

(A)1.03　(B)1.1　(C)1.16　(D)1.5

解析 鍋壓 §17.1.1 …具有釋壓裝置之貫流鍋爐,其安全閥得調整於最高使用壓力之 1.16 倍以下吹洩。

(A) 8. 依鍋爐及壓力容器安全規則規定,雇主對於鍋爐過熱器使用之安全閥吹洩時機為何?

(A) 應調整在鍋爐本體上之安全閥吹洩前吹洩
(B) 應調整在鍋爐本體上之安全閥吹洩中吹洩
(C) 應調整在鍋爐本體上之安全閥吹洩後吹洩
(D) 任何時機皆可

解析 鍋壓 §17.1.2 過熱器使用之安全閥,應調整在鍋爐本體上之安全閥吹洩前吹洩。

(B) 9. 依職業安全衛生管理辦法規定，下列何者非屬雇主對於高空工作車，應於每日作業前實施性能檢點之項目？
(A) 制動裝置　　　　　　　(B) 傳動裝置
(C) 操作裝置　　　　　　　(D) 作業裝置

解析 管辦 §50-1 雇主對高空工作車，應於每日作業前就其制動裝置、操作裝置及作業裝置之性能實施檢點。並未包括傳動裝置，故本題選 B。

(D) 10. 依高壓氣體勞工安全規則規定，液氨或液氯之減壓設備與該氣體進行之反應、燃燒設備間之配管，應設置何種裝置？
(A) 緊急停止裝置　　　　　(B) 自動控制裝置
(C) 緩衝裝置　　　　　　　(D) 逆流防止裝置

解析 高壓 §161 液氨或液氯之減壓設備與該氣體進行之反應、燃燒設備間之配管，應設逆流防止裝置。

(B) 11. 依有機溶劑中毒預防規則規定，雇主使勞工於儲槽之內部從事有機溶劑作業時，下列何者有誤？
(A) 應以水、水蒸氣或化學藥品清洗儲槽之內壁，並將清洗後之水、水蒸氣或化學藥品排出儲槽
(B) 作業開始前應部份開放儲槽之人孔及其他無虞流入有機溶劑或其混存物之開口部
(C) 應送入或吸出 3 倍於儲槽容積之空氣，或以水灌滿儲槽後予以全部排出
(D) 確實將有機溶劑或其混存物自儲槽排出，並應有防止連接於儲槽之配管流入有機溶劑或其混存物之措施

解析 有機 §21 雇主使勞工於儲槽之內部從事有機溶劑作業時，應依下列規定：
一、派遣有機溶劑作業主管從事監督作業。
二、決定作業方法及順序於事前告知從事作業之勞工。
三、確實將有機溶劑或其混存物自儲槽排出，並應有防止連接於儲槽之配管流入有機溶劑或其混存物之措施。

四、前款所採措施之閥、旋塞應予加鎖或設置盲板。

五、作業開始前應全部開放儲槽之人孔及其他無虞流入有機溶劑或其混存物之開口部。

六、以水、水蒸氣或化學藥品清洗儲槽之內壁，並將清洗後之水、水蒸氣或化學藥品排出儲槽。

七、應送入或吸出 3 倍於儲槽容積之空氣，或以水灌滿儲槽後予以全部排出。

八、應以測定方法確認儲槽之內部之有機溶劑濃度未超過容許濃度。

九、應置備適當的救難設施。

十、勞工如被有機溶劑或其混存物污染時，應即使其離開儲槽內部，並使該勞工清洗身體除卻污染。

(C) 12. 依危害性化學品標示及通識規則規定，下列何者非屬雇主對裝有危害性化學品容器之容積在 100 毫升以下者，得僅標示之事項？

(A) 名稱　　　　　　　　(B) 危害圖式
(C) 危害防範措施　　　　(D) 警示語

解析 危標 §5.3 第一項容器之容積在 100 毫升以下者，得僅標示名稱、危害圖式及警示語。

(A) 13. 依危險性工作場所審查及檢查辦法規定，事業單位內有 2 個以上從事製造、處置、使用危險物之工作場所時，其危險物之數量，應以各該場所間距在多少公尺以內者合併計算？

(A) 500　(B) 1,000　(C) 1,500　(D) 3,000

解析 危審 §2.1.1.2 製造、處置、使用危險物、有害物之數量達本法施行細則附表一及附表二規定數量之工作場所。另查，檢細 §29「附表一製造、處置、使用危險物之名稱、數量」之註記：事業單位內有二以上從事製造、處置、使用危險物之工作場所時，其危險物之數量，應以各該場所間距在五百公尺以內者合併計算。故本題選 A。

(D) 14. 依危險性機械及設備安全檢查規則,下列危險性機械、設備,何者不需要申請竣工檢查?
(A) 營建用提升機　　(B) 高壓氣體特定設備
(C) 固定式起重機　　(D) 移動式起重機

解析 竣工檢查:檢查時機為當機械設備設置完成或變更設置位置時。目前需要申請竣工檢查之危險性機械或設備:固定式起重機、人字臂起重桿、營建用升降機、營建用提升機、鍋爐、第一種壓力容器、高壓氣體特定設備。(移動式起重機、吊籠、高壓氣體容器因並不會固定在某處,故不需申請竣工檢查)。

(B) 15. 依特定化學物質危害預防標準規定,雇主對製造、處置或使用丙類第一種物質或丁類物質之合計在多少公升以上之特定化學管理設備,為早期掌握其異常化學反應等之發生,應設置適當之溫度、壓力、流量等發生異常之自動警報裝置?雇主對設置前項自動警報裝置有顯著困難時,應置監視人於設備之運轉中從事監視工作。

(A) 60　(B) 100　(C) 300　(D) 500

解析 特化 §27.1 雇主對製造、處置或使用丙類第一種物質或丁類物質之合計在 100 公升以上之特定化學管理設備,為早期掌握其異常化學反應等之發生,應設置適當之溫度、壓力、流量等發生異常之自動警報裝置。

(B) 16. 依起重升降機具安全規則規定,雇主對於使用起重機具從事吊掛作業之勞工,應使其辦理事項何者有誤?
(A) 確認吊運路線,並警示、清空擅入吊運路線範圍內之無關人員
(B) 確認起重機具之吊升荷重,使所吊荷物之重量在吊升荷重值以下
(C) 確認荷物之放置場所,決定其排列、放置及堆疊方法
(D) 當荷物起吊離地後,不得以手碰觸荷物,並於荷物剛離地面時,引導起重機具暫停動作,以確認荷物之懸掛有無傾斜、鬆脫等異狀

解析 起升 §63 雇主對於使用起重機具從事吊掛作業之勞工，應使其辦理下列事項：

一、確認起重機具之<u>額定荷重</u>，使所吊荷物之重量在額定荷重值以下。

二、檢視荷物之形狀、大小及材質等特性，以估算荷物重量，或查明其實際重量，並選用適當吊掛用具及採取正確吊掛方法。

三、估測荷物重心位置，以決定吊具懸掛荷物之適當位置。

四、起吊作業前，先行確認其使用之鋼索、吊鏈等吊掛用具之強度、規格、安全率等之符合性；並檢點吊掛用具，汰換不良品，將堪用品與廢棄品隔離放置，避免混用。

五、起吊作業時，以鋼索、吊鏈等穩妥固定荷物，懸掛於吊具後，再通知起重機具操作者開始進行起吊作業。

六、當荷物起吊離地後，不得以手碰觸荷物，並於荷物剛離地面時，引導起重機具暫停動作，以確認荷物之懸掛有無傾斜、鬆脫等異狀。

七、確認吊運路線，並警示、清空擅入吊運路線範圍內之無關人員。

八、與起重機具操作者確認指揮手勢，引導起重機具吊升荷物及水平運行。

九、確認荷物之放置場所，決定其排列、放置及堆疊方法。

十、引導荷物下降至地面。確認荷物之排列、放置安定後，將吊掛用具卸離荷物。

十一、其他有關起重吊掛作業安全事項。

(B) 17. 依職業安全衛生管理辦法規定，職業安全衛生人員因故未能執行職務時，雇主應即指定適當代理人，其代理期間不得超過多久？

(A) 1 個月　　(B) 3 個月
(C) 6 個月　　(D) 1 年

解析 管辦 §8.1 職業安全衛生人員因故未能執行職務時，雇主應即指定適當代理人。其代理期間不得超過 <u>3 個月</u>。

(C) 18. 依職業安全衛生設施規則規定,雇主對於搬運及儲存高壓氣體之容器,下列敘述何者有誤?

(A) 儘量避免與其他氣體混載,非混載不可時,應將容器之頭尾反方向置放或隔置相當間隔

(B) 容器裝車或卸車,應確知護蓋旋緊後才進行,卸車時必須使用緩衝板或輪胎

(C) 容器吊起搬運,應使用電磁鐵、吊鏈、繩子等方式直接吊運

(D) 以手移動容器,應確知護蓋旋緊後,方直立移動

解析 設 §107 雇主搬運儲存高壓氣體之容器,不論盛裝或空容器,應依下列規定辦理:
一、溫度保持在攝氏40度以下。
二、場內移動儘量使用專用手推車等,務求安穩直立。
三、以手移動容器,應確知護蓋旋緊後,方直立移動。
四、容器吊起搬運<u>不得直接用電磁鐵、吊鏈、繩子等直接吊運</u>。
五、容器裝車或卸車,應確知護蓋旋緊後才進行,卸車時必須使用緩衝板或輪胎。
六、儘量避免與其他氣體混載,非混載不可時,應將容器之頭尾反方向置放或隔置相當間隔。
七、載運可燃性氣體時,要置備滅火器;載運毒性氣體時,要置備吸收劑、中和劑、防毒面具等。
八、盛裝容器之載運車輛,應有警戒標誌。
九、運送中遇有漏氣,應檢查漏出部位,給予適當處理。
十、搬運中發現溫度異常高昇時,應立即灑水冷卻,必要時,並應通知原製造廠協助處理。

(A) 19. 依勞工作業環境監測實施辦法規定,雇主實施作業環境監測前,應就作業環境危害特性、監測目的及中央主管機關公告之相關指引,規劃採樣策略,並訂定含採樣策略之作業環境監測計畫。試問實施作業環境監測時,應會同下列那些人員實施?①職業安全衛生人員、②勞工代表、③工作場所作業主管、④熟悉該場所作業之勞工

(A) ①② (B) ①③ (C) ③④ (D) ①②④

解析 環測 §12.1 雇主依前二條訂定監測計畫，實施作業環境監測時，應會同職業安全衛生人員及勞工代表實施。

(A) 20. 依妊娠與分娩後女性及未滿 18 歲勞工禁止從事危險性或有害性工作認定標準規定，雇主不得讓妊娠中女性勞工從事多少公斤以上之持續性重物處理作業？

(A) 6 公斤　(B) 8 公斤　(C) 12 公斤　(D) 15 公斤

解析 妊附表二「雇主不得使妊娠中之女性勞工從事危險性或有害性工作認定表」，雇主不得讓妊娠中女性勞工從事 6 公斤以上之持續性重物處理作業。

從事重物處理作業，其重量為下表之規定值以上者：

作業別 \ 重量	規定值（公斤）
斷續性作業	十
持續性作業	六

(B) 21. 依起重升降機具安全規則規定，雇主使用移動式起重機吊掛搭乘設備，搭載或吊升人員作業時，搭乘設備及懸掛裝置（含熔接、鉚接、鉸鏈等部分之施工），應妥予安全設計，並事前將其構造設計圖、強度計算書及施工圖說等，委託中央主管機關認可之專業機構簽認，其簽認效期最長為幾年？

(A) 1 年　(B) 2 年　(C) 3 年　(D) 4 年

解析 起升 §38.1 雇主使用移動式起重機吊掛搭乘設備搭載或吊升人員作業時，應依下列規定辦理：
一、搭乘設備及懸掛裝置（含熔接、鉚接、鉸鏈等部分之施工），應妥予安全設計，並事前將其構造設計圖、強度計算書及施工圖說等，委託中央主管機關認可之專業機構簽認，其簽認效期最長 **2 年**；效期屆滿或構造有變更者，應重新簽認之。
二、起重機載人作業前，應先以預期最大荷重之荷物，進行試吊測試，將測試荷物置於搭乘設備上，吊升至最大作業高度，

保持五分鐘以上,確認其平衡性及安全性無異常。該起重機移動設置位置者,應重新辦理試吊測試。

三、確認起重機所有之操作裝置、防脫裝置、安全裝置及制動裝置等,均保持功能正常;搭乘設備之本體、連接處及配件等,均無構成有害結構安全之損傷;吊索等,無變形、損傷及扭結情形。

四、起重機作業時,應置於水平堅硬之地盤面;具有外伸撐座者,應全部伸出。

五、起重機載人作業進行期間,不得走行。進行升降動作時,勞工位於搭乘設備內者,身體不得伸出箱外。

六、起重機載人作業時,應採低速及穩定方式運轉,不得有急速、突然等動作。當搭載人員到達工作位置時,該起重機之吊升、起伏、旋轉、走行等裝置,應使用制動裝置確實制動。

七、起重機載人作業時,應指派指揮人員負責指揮。無法派指揮人員者,得採無線電通訊聯絡等方式替代。

(C) 22. 依異常氣壓危害預防標準規定,雇主使勞工從事潛水作業前,應備置必要之急救藥品及器材並公告相關資料,其中公告資料不包含下列何者?

(A) 減壓艙所在地
(B) 潛水病醫療機構及醫師
(C) 潛水作業主管緊急聯絡資訊
(D) 國軍或其他急難救援單位

解析 異氣§40雇主使勞工從事潛水作業前,應備置必要之急救藥品及器材,並公告下列資料:
一、減壓艙所在地。
二、潛水病醫療機構及醫師。
三、海陸空運輸有關資訊。
四、國軍或其他急難救援單位。

(A) 23. 依勞工健康保護規則規定,從事下列何種作業之特殊體格(健康)檢查紀錄,應至少保存30年?

(A) 鎘及其化合物作業
(B) 正己烷作業
(C) 二硫化碳作業
(D) 錳及其化合物作業

解析 健§20 從事下列作業之各項特殊體格（健康）檢查紀錄，應至少保存30年：

一、游離輻射。
二、粉塵。
三、三氯乙烯及四氯乙烯。
四、聯苯胺與其鹽類、4-胺基聯苯及其鹽類、4-硝基聯苯及其鹽類、β-萘胺及其鹽類、二氯聯苯胺及其鹽類及α-萘胺及其鹽類。
五、鈹及其化合物。
六、氯乙烯。
七、苯。
八、鉻酸與其鹽類、重鉻酸及其鹽類。
九、砷及其化合物。
十、鎳及其化合物。
十一、1,3-丁二烯。
十二、甲醛。
十三、銦及其化合物。
十四、石綿。
十五、**鎘及其化合物**。

(C) 24. 依職業安全衛生設施規則規定，對於高壓氣體之貯存，下列敘述何者有誤？

(A) 盛裝容器和空容器應分區放置
(B) 可燃性氣體、毒性氣體及氧氣之鋼瓶，應分開貯存
(C) 通路面積以確保貯存處面積 10% 以上為原則
(D) 貯存處應考慮於緊急時便於搬出

解析 設§108 雇主對於高壓氣體之貯存，應依下列規定辦理：

一、貯存場所應有適當之警戒標示，禁止煙火接近。
二、貯存周圍2公尺內不得放置有煙火及著火性、引火性物品。
三、盛裝容器和空容器應分區放置。
四、可燃性氣體、有毒性氣體及氧氣之鋼瓶，應分開貯存。
五、應安穩置放並加固定及裝妥護蓋。

六、容器應保持在攝氏 40 度以下。
七、貯存處應考慮於緊急時便於搬出。
八、通路面積以確保貯存處面積 **20%** 以上為原則。
九、貯存處附近，不得任意放置其他物品。
十、貯存比空氣重之氣體，應注意低窪處之通風。

(A) 25. 依危險性機械及設備安全檢查規則規定，第一種壓力容器在下列何種情形不需申請重新檢查？

(A) 補強支撐有變動　　(B) 擬提升最高使用壓力
(C) 從外國進口　　　　(D) 擬變更內容物種類

解析 危機 §114.1 第一種壓力容器有下列各款情事之一者，應由所有人或雇主向檢查機構申請重新檢查：
一、從外國進口。
二、構造檢查、重新檢查、竣工檢查或定期檢查合格後，經閒置 1 年以上，擬裝設或恢復使用。但由檢查機構認可者，不在此限。
三、經禁止使用，擬恢復使用。
四、固定式第一種壓力容器遷移裝置地點而重新裝設。
五、擬提升最高使用壓力。
六、擬變更內容物種類。
因補強支撐有變動不在規定範圍，故本題選 A。

(B) 26. 雇主對於工作用階梯之設置規定，下列何者有誤？

(A) 如在原動機與鍋爐房中，或在機械四周通往工作台之工作用階梯，其寬度不得小於 56 公分
(B) 斜度不得大於 65 度
(C) 梯級面深度不得小於 15 公分
(D) 應有適當之扶手

解析 設 §29 雇主對於工作用階梯之設置，應依下列之規定：
一、如在原動機與鍋爐房中，或在機械四周通往工作台之工作用階梯，其寬度不得小於 56 公分。

二、斜度不得大於 **60 度**。

三、梯級面深度不得小於 15 公分。

四、應有適當之扶手。

(D) 27. 美國環保署依據不同環境危害狀況建議適用之身體防護裝備，其中 B 級防護裝備，下列何者有誤？

(A) 穿戴防護手套

(B) 穿戴防護鞋（靴）

(C) 穿戴自攜式呼吸防護具（SCBA）

(D) 穿戴氣密式連身防護衣

解析 美國環保署建議 B 級防護裝備

1. 正壓全面式的自攜式空氣呼吸器。
2. 包含自攜式空氣呼吸器的正壓式輸氣管面罩。
3. **非氣密式連身防護衣**。
4. 防護手套。
5. 防護鞋（靴）。

(A) 28. 水平安全母索設置時，垂直淨空高度為 4 公尺，其相鄰二錨錠點間之最大間距為多少公尺？

(A) 4 公尺　(B) 5 公尺　(C) 6 公尺　(D) 7 公尺

解析 營 §23 水平安全母索之設置高度應大於 3.8 公尺，相鄰二錨錠點間之最大間距得採下式計算之值，其計算值超過 10 公尺者，以 10 公尺計：

L＝4（H-3），

其中 H ≧ 3.8，且 L ≦ 10

L：母索錨錠點之間距（單位：公尺）

H：垂直淨空高度（單位：公尺）

本題垂直淨空高度 H＝4，帶入上式，L＝4×(4-3)＝4 公尺

(C) 29. 鋼構吊運作業，吊運之構架長度超過多少公尺時，應在適當距離之二端以拉索捆紮拉緊，保持平穩以防止擺動？

(A) 3 公尺　(B) 4 公尺　(C) 6 公尺　(D) 8 公尺

解析 營§148 雇主對於鋼構吊運、組配作業，應依下列規定辦理：
一、吊運長度超過 **6 公尺**之構架時，應在適當距離之二端以拉索捆紮拉緊，保持平穩防止擺動，作業人員在其旋轉區內時，應以穩定索繫於構架尾端，使之穩定。
二、吊運之鋼材，應於卸放前，檢視其確實捆妥或繫固於安定之位置，再卸離吊掛具。
三、安放鋼構時，應由側方及交叉方向安全支撐。
四、設置鋼構時，其各部尺寸、位置均須測定，且妥為校正，並用臨時支撐或螺栓等使其充分固定，再行熔接或鉚接。
五、鋼梁於最後安裝吊索鬆放前，鋼梁二端腹鈑之接頭處，應有 2 個以上之螺栓裝妥或採其他設施固定之。
六、中空格柵構件於鋼構未熔接或鉚接牢固前，不得置於該鋼構上。
七、鋼構組配進行中，柱子尚未於 2 個以上之方向與其他構架組配牢固前，應使用格柵當場栓接，或採其他設施，以抵抗橫向力，維持構架之穩定。
八、使用 12 公尺以上長跨度格柵梁或桁架時，於鬆放吊索前，應安裝臨時構件，以維持橫向之穩定。
九、使用起重機吊掛構件從事組配作業，其未使用自動脫鉤裝置者，應設置施工架等設施，供作業人員安全上下及協助鬆脫吊具。

(B) 30. 勞工一天工作 8 小時，下午 1 時至 5 時噪音暴露劑量為 50%，如該勞工其他時段無噪音暴露劑量，則其工作日 8 小時日時量平均音壓級為多少分貝？

(A) 80 分貝　(B) 85 分貝　(C) 90 分貝　(D) 95 分貝

解析 TWA = 16.61 log(0.5) + 90 = 85

(C) 31. 工作場所有 2 台相同機械，分別於 4 公尺遠處測定噪音皆為 90 分貝，假設兩機械皆視為點音源，且置於同一處，則於相同距離之位置測定，其理論合成音壓級為多少分貝？

(A) 88 分貝　(B) 90 分貝　(C) 93 分貝　(D) 95 分貝

解析 n 個音源相加公式
$L_p = L_{p_1} + 10\log n = 90 + 10\log 2 = 93$

(C) 32. 當發現戶外高氣溫下工作人員出現大量出汗、頭暈、頭痛、說話喘、血壓降低、臉色蒼白等症狀，判斷為下列何種熱傷害？

(A) 熱痙攣　(B) 熱暈厥　(C) 熱衰竭　(D) 中暑

解析 熱衰竭（Heat exhaustion），因大量出汗嚴重脫水，導致水分與鹽份缺乏所引起之血液循環衰竭，常見症狀包括：頭暈、頭痛、噁心、嘔吐、大量出汗、皮膚濕冷、無力倦怠、臉色蒼白、心跳加快等（資料來源：勞動部職安署-高氣溫戶外作業熱危害預防行動資訊網）

(D) 33. 實施化學性因子作業環境監測時，下列何者監測項目不得以直讀式儀器監測？

(A) 硫化氫　　　　　　(B) 二氧化碳
(C) 汞及其無機化合物　(D) 苯

解析 環測 §11 雇主實施作業環境監測時，應設置或委託監測機構辦理。但監測項目屬物理性因子或得以直讀式儀器有效監測之下列化學性因子者，得僱用乙級以上之監測人員或委由執業之工礦衛生技師辦理：
一、二氧化碳。
二、二硫化碳。
三、二氯聯苯胺及其鹽類。
四、次乙亞胺。
五、二異氰酸甲苯。
六、硫化氫。

七、汞及其無機化合物。

八、其他經中央主管機關指定公告者。

因苯不在上述範圍，故本題選 D。

(B) 34. 勞工於石油醚（第三種有機溶劑）工作場所作業時，每日工作 8 小時，每日石油醚消費量為 8 公斤，則工作場所需具備換氣量為每分鐘多少立方公尺？

(A) 5 立方公尺　　　　(B) 10 立方公尺
(C) 40 立方公尺　　　(D) 300 立方公尺

解析 依有機附表四，第三種有機溶劑或其混存物，每分鐘換氣量（單位：立方公尺）＝作業時間內一小時之有機溶劑或其混存物之消費量（單位：公克）×0.01

8 公斤＝8,000 公克，一小時消費量＝8,000÷8＝1,000 公克

帶入上式得每分鐘換氣量＝1,000×0.01＝10 立方公尺

(C) 35. 有關噪音敘述，下列何者有誤？

(A) 工作場所機械設備聲音超過 90 分貝時，雇主應採取工程控制
(B) 勞工 8 小時日時量平均音壓級超過 85 分貝或暴露劑量超過 50% 時，應使勞工戴防音防護具
(C) 任何時間不得暴露於峰值超過 130 分貝之衝擊性噪音
(D) 任何時間不得暴露於超過 115 分貝之連續性噪音

解析 設 §300…任何時間不得暴露於峰值超過 **140 分貝** 之衝擊性噪音或 115 分貝之連續性噪音…

(A) 36. 某公司一年內發生下列事故，請計算該公司失能傷害嚴重率 (總經歷工時 600 萬小時)？

①員工輕傷害事 0 件：80 件，90 人，每人平均損失 0.5 天
②員工暫時全失能事件：2 人次，損失分別為 2 天及 3 天

(A) 0　(B) 0.83　(C) 8.33　(D) 11.67

解析 失能傷害嚴重率＝(失能傷害總損失日數 ×10^6) ÷ 總經歷工時

失能傷害總損失日數 = 2 + 3 = 5（輕傷害不計）
失能傷害嚴重率 = $(5 \times 10^6) \div 6{,}000{,}000 = 0.83$
請注意，計算結果數值精度：採計至整數位，小數點以後捨棄，故本題答案為 0

(A) 37. 下列何種防爆構造利用電氣迴路限制能量消耗，使電氣火花及高溫對爆炸性氣體不會成為潛在點火源，適用於量測、控制、通信、警報等電氣設備？

(A) 本質安全型防爆構造　　(B) 增加安全型防爆構造
(C) 模鑄型防爆構造　　　　(D) 耐壓型防爆構造

解析 依國際標準 IEC 60079-11 章節 3.1.4，本質安全是一種限制能量以達成防爆能力的保護方式。主要用意即是透過限制電子設備中的電氣能量，使得設備在爆炸性危險環境下或進行正常工作狀態、抑或發生故障失效的情況，均不會成為危險場所中的一個點燃源。

(D) 38. 依勞工作業場所容許暴露標準，空氣中有害物容許濃度表中標註「皮」者，係指下列何者？

(A) 不會由皮膚、粘膜滲入體內
(B) 易引起皮膚病
(C) 除皮膚外不會進入人體
(D) 易從皮膚、粘膜滲入體內

解析 暴標 §3 附表一 本表內註有「皮」字者，表示該物質<u>易從皮膚、粘膜滲入體內</u>，並不表示該物質對勞工會引起刺激感、皮膚炎及敏感等特性。

(C) 39. 製造、處置或使用化學品符合國家標準 CNS15030 化學品分類，具有下列何種危害者，應評估其危害及暴露程度，劃分風險等級並採取分級管理措施？

(A) 物理危害　(B) 化學危害　(C) 健康危害　(D) 人因危害

解析 分 §4 雇主使勞工製造、處置或使用之化學品，符合國家標準 CNS15030 化學品分類，具有<u>健康危害</u>者，應評估其危害及暴露程度，劃分風險等級，並採取對應之分級管理措施。

(C) 40. 勞動部職業安全衛生署研訂「變更管理技術指引」中,下列何者變更無須進行變更管理?
(A) 作業條件變更　　(B) 設備材質變更
(C) 人員異動　　　　(D) 原物料變更

解析 依該指引,變更管理之範疇為引進或修改製程、作業程序、材料及設備等。不包括人員異動,故本題選 C。

(B) 41. 因為修護、保養作業或洩漏而使爆炸性氣體環境經常存在之場所,屬於下列何種危險區域劃分?
(A) 0 區（Zone 0）　　(B) 1 區（Zone 1）
(C) 2 區（Zone 2）　　(D) 3 區（Zone 3）

解析 依石化業防爆區域劃分原則與防爆設備選用指引,由於修繕、保養或洩漏等,致有爆發性氣體聚集而恐發生危險之場所,屬於 1 區（Zone 1）。

(D) 42. 依營造安全衛生設施標準規定,護欄前方多少公尺內之樓板、地板不得堆放任何物件、設備,但護欄高度超過堆放之物料、設備之最高部分達 90 公分以上,或已採取適當安全設施足以防止墜落者,不在此限?
(A)0.5 公尺　(B)1 公尺　(C)1.5 公尺　(D)2 公尺

解析 營 §20.1.7 護欄前方 **2 公尺** 內之樓板、地板,不得堆放任何物料、設備,並不得使用梯子、合梯、踏凳作業及停放車輛機械供勞工使用。

(D) 43. 通常由噪音引起之聽力損失最先發生於下列何種頻率（Hz）,判讀聽力圖時發現此頻率凹陷,常被用來輔助診斷噪音引起之聽力損失?
(A) 1000 Hz　　(B) 2000 Hz
(C) 3000 Hz　　(D) 4000 Hz

> **解析** 依職業性聽力損失診斷認定參考指引,聽力損失最先發生於 4,000 Hz。

(A) 44. 依職業安全衛生設施規則規定,作業場所夜間自然採光不足,以人工照明補足,鍋爐房、升降機、更衣室、廁所等照明應達多少米燭光以上?

(A) 100　(B) 200　(C) 300　(D) 400

> **解析** 設 §313 機械及鍋爐房、升降機、更衣室、廁所等照明應達 100 米燭光以上。

(B) 45. 衛生福利部公告之 CPR 口訣為「叫叫 CABD」字訣,在進行下列何字訣時應去拿 AED?

(A) 第 1 個叫　(B) 第 2 個叫　(C) A　(D) D

> **解析** 第 1 個「叫」:大聲呼救、撥打 119;第 2 個「叫」:設法取得 AED

(B) 46. 作業環境監測屬下列何者?

(A) 危害認知　　　　　(B) 危害評估
(C) 危害控制　　　　　(D) 環境管理

> **解析** 環測 §2 作業環境監測:指為掌握勞工作業環境實態與<u>評估</u>勞工暴露狀況,所採取之規劃、採樣、測定及分析之行為。

(D) 47. 易燃液體表面有蒸發作用釋出充分之蒸氣,在空氣中遇到火種立即燃燒,其火焰歷久不滅,此時該物質之最低溫度為下列何者?

(A) 沸點　(B) 熔點　(C) 閃火點　(D) 著火點

> **解析** 易燃液體表面蒸發作用釋出的蒸氣,在空氣中擴散成為可燃的混合氣體,其濃度相當爆炸(燃燒)下限,此時液體之最低溫度稱為閃火點。此時,如繼續加熱使其液溫繼續以一定速率上升,如使其所產生之蒸氣與空氣混合氣,足以**持續燃燒**,而使火焰**不再熄滅時之最低溫度**,即稱**著火點**。

(C) 48. 依製程安全評估定期實施辦法規範「機械完整性」項目中，應對儲槽、管線等製程設備執行事項中，下列何者有誤？

(A) 對維持設備持續完整性之勞工提供教育訓練
(B) 實施製程設備檢查及測試
(C) 對製程設備評估安全衛生影響
(D) 設備建造及組裝訂定品質保證計畫

解析 製程 附表八 內容無對製程設備評估安全衛生影響，故本題選 C。

(B) 49. 依職業安全衛生法第 7 條規定，中央主管機關指定之機械、設備或器具，符合安全標準者，應於指定之資訊申報網站登錄，並於其產製或輸入的產品明顯處張貼之安全標示為下列何者？

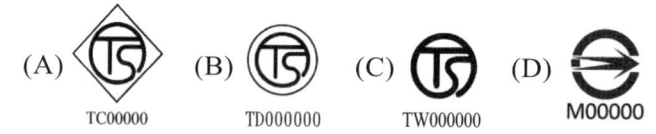

(A) TC00000　(B) TD000000　(C) TW000000　(D) M00000

解析 依職安§7 授權訂定子法「安全標示與驗證合格標章使用及管理辦法」§3 附圖一安全標示之格式為 B。

(A) 50. 電氣設備防爆構造代號 m，為下列何者防爆構造型式？

(A) 模鑄防爆　　　　(B) 耐壓防爆
(C) 內壓防爆　　　　(D) 安全增防爆

解析 "m" 為 模鑄防爆 (encapsulation)，其他種類防爆構造型式補充如下：

防爆構造型式	代號
耐壓防爆	d
正壓外殼	p
填粉	q
油浸	o
增加安全	e
本質安全	i
保護型式	n
特殊型	s

(A) 51. 依勞動基準法規定，勞工遭受職業災害後，雇主之職業災害補償原則為下列何者？

(A) 有無過失責任，均應予以補償
(B) 視雇主有無過失決定補償與否
(C) 視勞工有無過失決定補償與否
(D) 視勞工是否提出要求決定補償與否

解析 依據基 §59
勞工因遭遇職業災害而致死亡、失能、傷害或疾病時，雇主應依下列規定予以補償。但如同一事故，依勞工保險條例或其他法令規定，已由雇主支付費用補償者，雇主得予以抵充之。
勞動基準法職業災害補償為無過失主義，因此雇主不論有無過失，應均負補償之責。

(C) 52. 依勞動基準法規定，勞工遭遇職業災害死亡時，下列敘述何者正確？

(A) 其死亡補償受領之遺屬第一順位為父母
(B) 雇主應於死亡後 15 日內給與 5 個月平均工資之喪葬費
(C) 雇主應於死亡後 15 日內給與 40 個月平均工資之死亡補償
(D) 受領補償權，自得受領之日起，因 3 年間不行使而消滅

解析 A. 依據基 §59.1.4
勞工遭遇職業傷害或罹患職業病而死亡時，雇主除給與 5 個月平均工資之喪葬費外，並應一次給與其遺屬 40 個月平均工資之死亡補償。其遺屬受領死亡補償之順位如下：
(一) 配偶及子女。
(二) 父母。
(三) 祖父母。
(四) 孫子女。
(五) 兄弟姐妹。

B.C. 基細 §33 雇主依本法第 59 條第 4 款給與勞工之喪葬費應於死亡後 3 日內，死亡補償應於死亡後 15 日內給付。

D. 基 §61.1 第五十九條之受領補償權，自得受領之日起，因 2 年間不行使而消滅。

(D) 53. 勞動檢查對於事業單位之檢查結果,其有違反勞動法令規定事項者,事業單位對於檢查結果,應於該違規場所顯明易見處公告幾日以上?

(A) 1　(B) 3　(C) 5　(D) 7

解析 依據檢 §25
事業單位對前項檢查結果,應於違規場所顯明易見處公告 7 日以上。

(C) 54. 依職業安全衛生法規定,經中央主管機關指定具有危險性之機械或設備操作人員,雇主應僱用經中央主管機關認可訓練或經技能檢定合格人員充任之,如違反者雇主應受何種處罰?

(A) 處新臺幣 3 仟元以下罰鍰
(B) 處新臺幣 3 萬元以上 6 萬元以下罰鍰
(C) 處新臺幣 3 萬元以上 30 萬元以下罰鍰
(D) 處 1 年以下有期徒刑、拘役

解析 依據職安第 24 條及 43 條,應處新臺幣 3 萬元以上 30 萬元以下罰鍰。

(D) 55. 職業安全衛生設施規則所稱高壓電,其電壓範圍為何?

(A) 超過 220 伏特未滿 11,400 伏特
(B) 超過 380 伏特未滿 22,800 伏特
(C) 超過 440 伏特未滿 34,500 伏特
(D) 超過 600 伏特未滿 22,800 伏特

解析 依據設 §3
所稱高壓電係超過 600 伏特未滿 22,800 伏特。

(A) 56. 依職業安全衛生設施規則規定,下列何者屬於可燃性氣體?

(A) 氫　(B) 乙醚　(C) 苯　(D) 汽油

解析 依據設 §15

本規則所稱可燃性氣體,指下列危險物:
一、氫。
二、乙炔、乙烯。
三、甲烷、乙烷、丙烷、丁烷。
四、其他於一大氣壓下、攝氏 15 度時,具有可燃性之氣體。

(D) 57. 依職業安全衛生設施規則規定,使用對地電壓在多少伏特以上之攜帶式電動機具,於該電動機具設備之連接電路上,應設置適合其規格之防止感電用漏電斷路器?

(A) 12　(B) 24　(C) 110　(D) 150

解析 依據設 §243:
雇主為避免漏電而發生感電危害,應依下列狀況,於各該電動機具設備之連接電路上設置適合其規格,具有高敏感度、高速型,能確實動作之防止感電用漏電斷路器:
一、使用對地電壓在 150 伏特以上移動式或攜帶式電動機具。
二、於含水或被其他導電度高之液體濕潤之潮濕場所、金屬板上或鋼架上等導電性良好場所使用移動式或攜帶式電動機具。
三、於建築或工程作業使用之臨時用電設備。

(B) 58. 依職業安全衛生管理辦法規定,營造工程之施工架每隔多少時間應定期實施自動檢查一次?

(A) 每天　(B) 每週　(C) 每月　(D) 每年

解析 依據管辦 §43:
雇主對施工架及施工構台,應就下列事項,每週定期實施檢查 1 次。

(B) 59. 依職業安全衛生設施規則規定,勞工噪音暴露工作日 8 小時內,任何時間不得暴露於峰值超過 115 分貝之何種噪音?

(A) 突發性　(B) 連續性　(C) 衝擊性　(D) 爆炸性

解析 依據設 §300

勞工工作場所因機械設備所發生之聲音超過 90 分貝時，雇主應採取工程控制、減少勞工噪音暴露時間，使勞工噪音暴露工作日 8 小時日時量平均不超過（一）表列之規定值或相當之劑量值，且任何時間不得暴露於峰值超過 140 分貝之衝擊性噪音或【115 分貝之連續性噪音】；對於勞工 8 小時日時量平均音壓級超過 85 分貝或暴露劑量超過 50% 時，雇主應使勞工戴用有效之耳塞、耳罩等防音防護具。

(C) 60. 下列何者非屬雇主為預防勞工於執行職務，因他人行為致遭受身體或精神上不法侵害時，應採取暴力預防措施？

(A) 辦理危害預防及溝通技巧訓練
(B) 執行成效之評估及改善
(C) 強制調整人力
(D) 建構行為規範

解析 依據設 §324-3
一、辨識及評估危害。
二、適當配置作業場所。
三、依工作適性適當調整人力。
四、建構行為規範。
五、辦理危害預防及溝通技巧訓練。
六、建立事件之處理程序。
七、執行成效之評估及改善。
八、其他有關安全衛生事項。
故 C 選項非屬。

(D) 61. 依職業安全衛生管理辦法規定，小型鍋爐、小型壓力容器每年應實施定期檢查 1 次以上，由下列何者辦理？

(A) 勞動檢查機構　　(B) 代行檢查機構
(C) 製造廠　　　　　(D) 雇主

解析 依據管辦 §34、§36（節錄）
雇主對小型鍋爐、小型壓力容器應每年定期實施檢查一次，故本題選 (D)。

(B) 62. 依營造安全衛生設施標準規定,雇主對於鋼管施工架之設置應符合下列何項國家標準?

(A) CNS 1425
(B) CNS 4750
(C) CNS 7534
(D) CNS 7535

解析 依據營 §59
使用國家標準 CNS 4750 型式之施工架,應符合國家標準同等以上之規定;其他型式之施工架,其構材之材料抗拉強度、試驗強度及製造,應符合國家標準 CNS 4750 同等以上之規定。

(D) 63. 雇主依規定設置護欄,任何型式之護欄,其杆柱、杆件之強度及錨錠,應使整個護欄具有抵抗於上欄杆之任何一點,於任何方向至少加以多少公斤之荷重,而無顯著變形之強度?

(A) 45　(B) 50　(C) 60　(D) 75

解析 依據營 §20.1.5
任何型式之護欄,其杆柱、杆件之強度及錨錠,應使整個護欄具有抵抗於上欄杆之任何一點,於任何方向加以 75 公斤之荷重,而無顯著變形之強度。

(A) 64. 下列何者非屬應接受特殊作業安全衛生教育訓練之對象?

(A) 第一種壓力容器操作人員
(B) 荷重 1 公噸以上之堆高機操作人員
(C) 潛水作業人員
(D) 使用起重機具從事吊掛作業人員

解析 依據教 §14:
雇主對下列勞工,應使其接受特殊作業安全衛生教育訓練:
一、小型鍋爐操作人員。
二、荷重在 1 公噸以上之堆高機操作人員。
三、吊升荷重在 0.5 公噸以上未滿 3 公噸之固定式起重機操作人員或吊升荷重未滿 1 公噸之斯達卡式起重機操作人員。
四、吊升荷重在 0.5 公噸以上未滿 3 公噸之移動式起重機操作人員。

五、吊升荷重在 0.5 公噸以上未滿 3 公噸之人字臂起重桿操作人員。
六、高空工作車操作人員。
七、使用起重機具從事吊掛作業人員。
八、以乙炔熔接裝置或氣體集合熔接裝置從事金屬之熔接、切斷或加熱作業人員。
九、火藥爆破作業人員。
十、胸高直徑 70 公分以上之伐木作業人員。
十一、機械集材運材作業人員。
十二、高壓室內作業人員。
十三、潛水作業人員。
十四、油輪清艙作業人員。
十五、其他經中央主管機關指定之人員。
自營作業者擔任前項各款之操作或作業人員，應於事前接受前項所定職類之安全衛生教育訓練。

(B) 65. 依職業安全衛生管理辦法規定，事業單位設置之職業安全衛生委員會，下列敘述何者有誤？

(A) 委員 7 人以上
(B) 委員任期 3 年，連選得連任
(C) 雇主為主任委員
(D) 勞工代表應佔委員人數 1/3 以上。

解析 依據管辦 §11
委員任期為 2 年，並以雇主為主任委員，綜理會務。

(C) 66. 下列何者非屬危險性工作場所審查及檢查辦法所稱丁類危險性工作場所？

(A) 採用壓氣施工作業之工程
(B) 建築物頂樓樓板高度 80 公尺之建築工程
(C) 單跨橋梁之橋墩跨距在 50 公尺之橋梁工程
(D) 開挖深度達 18 公尺，且開挖面積達 500 平方公尺之工程

解析 依據危審 §2
單跨橋梁之橋墩跨距在 75 公尺以上或多跨橋梁之橋墩跨距在 50 公尺以上之橋梁工程。

(D) 67. 依勞工健康保護規則規定,下列何者非屬雇主於僱用勞工時,應實施一般體格檢查之規定項目?

(A) 胸部 X 光 (大片) 攝影檢查
(B) 尿蛋白及尿潛血檢查
(C) 血色素及白血球數檢查
(D) 肺功能檢查

解析 依據健 附表九
一、作業經歷、既往病史、生活習慣及自覺症狀之調查。
二、身高、體重、腰圍、視力、辨色力、聽力、血壓與身體各系統或部位之身體檢查及問診。
三、胸部 X 光 (大片) 攝影檢查。
四、尿蛋白及尿潛血之檢查。
五、血色素及白血球數檢查。
六、血糖、血清丙胺酸轉胺酶 (ALT)、肌酸酐 (creatinine)、膽固醇、三酸甘油酯、高密度脂蛋白膽固醇之檢查。
七、其他經中央主管機關指定之檢查。

(B) 68. 下列何者屬適用危害性化學品標示及通識規則之規定?

(A) 有害事業廢棄物
(B) 裝有危害性化學品之輸送裝置
(C) 製成品
(D) 在反應槽或製程中正進行化學反應之中間產物

解析 依據危標 §4
下列物品不適用本規則:
一、事業廢棄物。
二、菸草或菸草製品。
三、食品、飲料、藥物、化粧品。
四、製成品。

五、非工業用途之一般民生消費商品。
六、滅火器。
七、在反應槽或製程中正進行化學反應之中間產物。
八、其他經中央主管機關指定者。

(C) 69. 下列何種物質屬危害性化學品標示及通識規則中指定之危險物？
(A) 致癌物質　　　　　(B) 毒性物質
(C) 氧化性物質　　　　(D) 腐蝕性物質

解析 危險物：符合國家標準 CNS 15030 分類，具有物理性危害者。

(B) 70. 依危險性工作場所審查及檢查辦法規定，下列危險性工作場所之敘述何者正確？
(A) 使用異氰酸甲酯、氯化氫，從事農藥原體合成之工作場所，屬甲類工作場所
(B) 利用氯酸鹽類及其他原料製造爆竹煙火類物品之爆竹煙火工廠，屬乙類工作場所
(C) 處理能力 1,000 立方公尺以上之氧氣、有毒性及可燃性高壓氣體，屬乙類工作場所
(D) 從事石油產品之裂解反應，以製造石化基本原料之工作場所，屬丙類工作場所

解析 A. 乙類。
B. 乙類。
C. 丙類。
D. 甲類。
危審 §2
本法第 26 條第 1 項規定之危險性工作場所分類如下：
一、甲類：指下列工作場所：
　　（一）從事石油產品之裂解反應，以製造石化基本原料之工作場所。
　　（二）製造、處置、使用危險物、有害物之數量達本法施行細則附表一及附表二規定數量之工作場所。

二、乙類：指下列工作場所或工廠：
　　（一）使用異氰酸甲酯、氯化氫、氨、甲醛、過氧化氫或吡啶，從事農藥原體合成之工作場所。
　　（二）利用氯酸鹽類、過氯酸鹽類、硝酸鹽類、硫、硫化物、磷化物、木炭粉、金屬粉末及其他原料製造爆竹煙火類物品之爆竹煙火工廠。
　　（三）從事以化學物質製造爆炸性物品之火藥類製造工作場所。

三、丙類：指蒸汽鍋爐之傳熱面積在 500 平方公尺以上，或高壓氣體類壓力容器一日之冷凍能力在 150 公噸以上或處理能力符合下列規定之一者：
　　（一）1,000 立方公尺以上之氧氣、有毒性及可燃性高壓氣體。
　　（二）5,000 立方公尺以上之前款以外之高壓氣體。

(A) 71. 依特定化學物質危害預防標準規定，下列何者有誤？

(A) 氯乙烯屬甲類物質
(B) 多氯聯苯屬甲類物質
(C) 三氯甲苯屬乙類物質
(D) 二氯聯苯胺及其鹽類屬乙類物質

解析 依據特化 附表一
氯乙烯屬丙類第一種物質

(D) 72. 依有機溶劑中毒預防規則規定，有機溶劑混存物係指有機溶劑與其他物質混合時，其所含有機溶劑佔多少比率以上？

(A) 容積 3%　(B) 容積 5%　(C) 重量 3%　(D) 重量 5%

解析 依據有機 §3.1.2 有機溶劑混存物：指有機溶劑與其他物質混合時，所含之有機溶劑佔其重量 5% 以上者 ...

(A) 73. 未具伸臂之固定式起重機或未具吊桿之人字臂起重桿,自吊升荷重扣除吊鉤、抓斗等吊具重量所得之荷重,屬下列何者?

(A) 額定荷重　　(B) 安全荷重
(C) 積載荷重　　(D) 容許荷重

解析 依據起升 §6.1
所稱額定荷重,在未具伸臂之固定式起重機或未具吊桿之人字臂起重桿,指自吊升荷重扣除吊鉤、抓斗等吊具之重量所得之荷重。

(D) 74. 訂定職業安全衛生管理計畫時,必須先確立下列哪一項重點?

(A) 計畫項目　(B) 計畫期間　(C) 計畫目標　(D) 計畫方針

解析 參考「職業安全衛生管理規章及職業安全衛生管理計畫指導原則」,選項之順序如下:
計畫方針(最高指引)→**計畫目標**(可衡量、符合方針)→**計畫項目**(達成目標的具體措施)→**計畫期間**(時程安排與階段目標)。

(B) 75. 勞工未切實遵行安全衛生工作守則,主管機關最高可處罰鍰新臺幣多少元?

(A) 1,000　(B) 3,000　(C) 5,000　(D) 10,000

解析 職安 §46
違反第 20 條第 6 項(體檢、健檢)、第 32 條第 3 項(教育訓練)或第 34 條第 2 項(工作守則)之規定者,處新臺幣 3,000 元以下罰鍰。

(A) 76. 依職業安全衛生管理辦法規定,下列何種機械設備應實施重點檢查?

(A) 局部排氣裝置　　(B) 動力堆高機
(C) 車輛系營建機械　(D) 衝壓機械

解析 依據管辦 第三節 機械、設備之重點檢查，各條文對應之機械設備如下：
§45（第二種壓力容器及減壓艙）
§46（捲揚裝置）
§47（局部排氣裝置或除塵裝置）
§48（異常氣壓之輸氣設備）
§49（特定化學設備或其附屬設備）
由此可知，選項(A)為正確答案。

(A) 77. 決定實施工作安全分析之工作項目時，下列哪一項屬最優先選擇？
(A) 傷害頻率高之工作　　(B) 新工作
(C) 經常性工作　　(D) 臨時性工作

解析 對於優先選擇較容易發生傷害之工作作業，需優先評估工作安全分析。

(B) 78. 雇主使勞工從事局限空間作業，應先訂定危害防止計畫，下列何者非屬該計畫應包含項目？
(A) 局限空間危害之確認　　(B) 作業勞工之健康檢查
(C) 通風換氣之實施方式　　(D) 作業安全及安全管制方法

解析 依據設 §29-1
一、局限空間內危害之確認。
二、局限空間內氧氣、危險物、有害物濃度之測定。
三、通風換氣實施方式。
四、電能、高溫、低溫與危害物質之隔離措施及缺氧、中毒、感電、塌陷、被夾、被捲等危害防止措施。
五、作業方法及安全管制作法。
六、進入作業許可程序。
七、提供之測定儀器、通風換氣、防護與救援設備之檢點及維護方法。
八、作業控制設施及作業安全檢點方法。
九、緊急應變處置措施。
故 B 選項非屬該計畫應包含項目。

(C) 79. 關於職業安全衛生管理計畫之敘述，下列何者有誤？
(A) 安全衛生管理計畫應由事業單位訂定
(B) 計畫內容包括採購管理、承攬管理與變更管理等事項
(C) 由職業安全衛生管理單位自行訂定
(D) 計畫目標應該具體且可量測

解析 職業安全衛生管理計畫應由雇主及勞工代表共同參與訂之，並通過職業安全衛生委員會審議。

(D) 80. 事業單位新購 3 部衝剪機械，為防止人員發生壓夾風險，下列何者屬本質安全設計？
(A) 維修保養使用掛牌上鎖
(B) 加強作業主管的監督管理
(C) 危害告知
(D) 自動化進出料

解析 本質安全設計係指在設計上考慮人員操作安全，僅 D 選項適合。

(C) 81. 雨水落入熔融鐵水槽內形成之爆炸屬於下列哪一種型式爆炸？
(A) 沸騰液體膨脹蒸氣爆炸　　(B) 化學性爆炸
(C) 汽化爆炸　　　　　　　　(D) 高壓氣體爆炸

解析 雨水落入高溫鐵水，瞬間產生沸騰現象，汽化相變化物理性爆炸。熔融高熱物與水接觸，水瞬間汽化，於局限空間內，體積急速膨脹，引起水蒸氣爆炸。

(D) 82. 下列何種作業較易引起手部神經及血管傷害，造成手指蒼白、麻痺、疼痛等症狀之白指病？
(A) 低溫　(B) 游離輻射　(C) 異常氣壓　(D) 局部振動

解析 發生局部振動危害，而對手部神經及血管造成傷害，發生手指蒼白、麻痺、疼痛、骨質疏鬆等症狀係稱白指病。

(A) 83. 在實施危害因子預防管制時,如以調整暴露時間方式進行,屬下列哪一種管理方法?

(A) 作業管理　(B) 環境管理　(C) 健康管理　(D) 安全管理

解析 題旨調整暴露時間係屬對於作業之行政管理,故 A 選項適合。

(B) 84. 下列何者屬化學性危害因子?

(A) 游離輻射　(B) 游離二氧化矽　(C) 局部振動　(D) 噪音

解析 物理性因子:游離輻射、振動、噪音
化學性因子:游離二氧化矽

(D) 85. 在失誤樹分析中,2 個或 2 個以上原因同時發生,導致某一中間事件或頂端事件發生時,需使用何種邏輯閘?

(A) 逆向　(B) 抑制　(C) 或　(D) 且

解析 且(AND)閘,發生所有的輸入事件必須兩個同時,輸出事件才會發生。

(B) 86 事故調查分析離地 2 公尺以上高處作業墜落死亡之職業災害時,下列何者要因非屬「不安全狀態」?

(A) 施工架未設護欄
(B) 勞工未有安全衛生教育訓練
(C) 未有安全帶可使用
(D) 工作場所開口未防護

解析 教育訓練是事件發生的基本原因,非屬在作業中的不安全狀態。

(B) 87. 依機械設備器具安全防護標準規定,撐縫片之厚度應為圓鋸片厚度之多少倍以上?

(A) 1 倍　(B) 1.1 倍　(C) 1.2 倍　(D) 2 倍

解析 依據機安 §68:厚度為圓鋸片厚度之 1.1 倍以上。

(C) 88. 某工廠 3 月份發生火災 1 件，勞工 1 人死亡及 1 人永久全失能，請問該月份之總損失日數為下列何者？

(A) 6,000 日

(B) 6,000 日，加永久全失能診療日數

(C) 12,000 日

(D) 12,000 日，加永久全失能診療日數

解析 依題旨表示 1 人死亡係損失天數 6,000 日，又 1 人永久全失能係損失天數 6,000 日。故共 12,000 日。

(C) 89. 在缺氧或立即致死濃度狀況下作業時，應使用下列何種呼吸防護具？

(A) 負壓呼吸防護具　　　(B) 防毒面具

(C) 輸氣管面罩　　　　　(D) 防塵面具

解析 依據呼吸防護具選用指引，係在缺氧或立即致死濃度狀況下，應使用輸氣管面罩。

(C) 90. 下列哪一種呼吸防護具於使用時，空氣中之有害物較易侵入防護具面體內？

(A) 正壓供氣式呼吸防護具　(B) 輸氣管面具

(C) 負壓呼吸防護具　　　　(D) 自攜式呼吸器

解析 負壓係面體內壓力較外部壓力小，因此外部空氣較易流入面體內。

(A) 91. 依缺氧症預防規則規定，在進入甲醇儲存槽清洗時，應至少測量下列哪 2 種氣體濃度？
①氮氣、②氧氣、③二氧化碳、④可燃性氣體

(A) ②④　(B) ①②　(C) ②③　(D) ①③

解析 本題應先測定基本氣體係氧氣、二氧化碳及可燃性氣體，氮氣對人員進入影響不大故先排除。又人員進入氧氣量要在 18% 方不致缺氧暈眩。LEL 爆炸下限在可燃性氣體亦必須測定。故 A 選項較適合。

(A) 92. 下列何者非屬設計一份適用的檢核表所需要項？
(A) 設計一份所有製程、不同操作皆可使用的檢核表
(B) 有經驗的製程、設備及安全工程師
(C) 瞭解操作程序及實際操作情形
(D) 找出相關政府法規、公司安全規範及產業共同標準

解析 風險評估所使用之工具，檢核表係具有經驗之工程師，了解作業程序及實際情況，並找出適合法規及設備產業等標準評估。
故非可適用所有製程、不同操作皆可使用。

(A) 93. 在火災學上為了滅火之便，將火災分為 A、B、C、D 類，下列何者屬於 B 類火災？
(A) 油類火災　(B) 電氣火災　(C) 金屬火災　(D) 普通火災

解析 A 類普通火災
B 類油類火災
C 類電氣火災
D 類金屬火災

(C) 94. 解決重複性骨骼肌肉病變應依下列何者順序為之？
(A) 評估→認知→改善　　(B) 評估→改善→認知
(C) 認知→評估→改善　　(D) 改善→認知→評估

解析 依職業衛生三大工作前後順序為：認知＞評估＞控制。

(A) 95. 依起重升降機具安全規則規定，鋼索公稱直徑其磨耗使用限度以減少多少 % 為限？
(A) 7　(B) 8　(C) 10　(D) 15

解析 依據起升 §68
雇主不得以有下列各款情形之一之鋼索，供起重吊掛作業使用：
一、鋼索一撚間有 10% 以上素線截斷者。
二、直徑減少達公稱直徑 7% 以上者。
三、有顯著變形或腐蝕者。
四、已扭結者。

(B) 96. 拆除建築物或構造物時，為確保作業安全，下列敘述何者有誤？

(A) 有飛落、震落之物件，優先拆除
(B) 拆除順序應由下而上逐步拆除
(C) 不得同時在不同高度之位置從事拆除
(D) 拆除進行中予以灑水，避免塵土飛揚

解析 營 §157

雇主於拆除構造物時，應依下列規定辦理：
一、<u>不得使勞工同時在不同高度之位置從事拆除作業</u>。但具有適當設施足以維護下方勞工之安全者，不在此限。
二、拆除應按序<u>由上而下</u>逐步拆除。
三、拆除之材料，不得過度堆積致有損樓板或構材之穩固，並不得靠牆堆放。
四、拆除進行中，隨時注意控制拆除構造物之穩定性。
五、遇強風、大雨等惡劣氣候，致構造物有崩塌之虞者，應立即停止拆除作業。
六、<u>構造物有飛落、震落之虞者，應優先拆除</u>。
七、<u>拆除進行中，有塵土飛揚者，應適時予以灑水</u>。
八、以拉倒方式拆除構造物時，應使用適當之鋼纜、纜繩或其他方式，並使勞工退避，保持安全距離。
九、以爆破方法拆除構造物時，應具有防止爆破引起危害之設施。
十、地下擋土壁體用於擋土及支持構造物者，在構造物未適當支撐或以板樁支撐土壓前，不得拆除。
十一、拆除區內禁止無關人員進入，並明顯揭示。

(D) 97. 有關防止靜電危害對策，下列何者有誤？

(A) 加濕或游離化　　　(B) 接地疏導
(C) 抑制靜電產生　　　(D) 使用絕緣性之材料

解析 對於「靜電」使用絕緣之材料如 PVC 等較易產生靜電，故應疏通導電材料，使維持電中性。

(D) 98. 依職業安全衛生管理辦法規定,雇主對固定式起重機於瞬間風速可能超過每秒多少公尺以上時,應實施各部安全狀況之檢點?

(A) 15　(B) 20　(C) 25　(D) 30

解析 依據管辦 §52

雇主對固定式起重機,應於每日作業前依下列規定實施檢點,對置於瞬間風速可能超過每秒 30 公尺或 4 級以上地震後之固定式起重機,應實施各部安全狀況之檢點:

一、過捲預防裝置、制動器、離合器及控制裝置性能。
二、直行軌道及吊運車橫行之導軌狀況。
三、鋼索運行狀況。

(C) 99. 勞資雙方如有意願,可依勞動基準法協商約定強制退休年齡高於 65 歲,但不得少於幾歲?

(A) 45 歲　(B) 50 歲　(C) 55 歲　(D) 60 歲

解析 基 §54.2:勞雇雙方協商延後之;對於擔任具有危險、堅強體力等特殊性質之工作者,得由事業單位報請中央主管機關予以調整,但不得少於 55 歲。

(A) 100. 依勞動基準法規定,雇主僱用勞工人數在多少人以上者,應依其事業性質訂立「工作規則」,報請主管機關核備後並公開揭示?

(A) 30 人　(B) 50 人　(C) 100 人　(D) 200 人

解析 基 §70:雇主僱用勞工人數在 30 人以上者,應依其事業性質,就左列事項訂立工作規則,報請主管機關核備後並公開揭示之。

(C) 101. 依勞動基準法規定，下列敘述何者有誤？
(A) 勞動契約，分為定期契約及不定期契約
(B) 臨時性、短期性、季節性及特定性工作得為定期契約
(C) 派遣事業單位與派遣勞工訂定之勞動契約，應為定期契約
(D) 定期契約屆滿後，勞工繼續工作而雇主不即表示反對意思者，視為不定期契約

解析 基§9：勞動契約，分為定期契約及不定期契約。臨時性、短期性、季節性及特定性工作得為定期契約；有繼續性工作應為不定期契約。派遣事業單位與派遣勞工訂定之勞動契約，應為不定期契約。

(D) 102. 依機械設備器具安全標準，有關衝壓機械及剪斷機械標示規定，下列何者非屬應於明顯易見處標示之要項？
(A) 製造號碼　　　　　(B) 製造者名稱
(C) 製造年月　　　　　(D) 額定電壓

解析 依據機安§113剪斷機械之安全裝置，應標示下列事項：
一、製造號碼。
二、製造者名稱。
三、製造年月。
四、適用之剪斷機械種類。
五、適用之剪斷機械之剪斷厚度，以毫米表示。
六、適用之剪斷機械之刀具長度，以毫米表示。
七、光電式安全裝置：有效距離，指投光器與受光器之機能可有效作用之距離限度，以毫米表示。

(A) 103. 依機械設備器具安全標準，下列何者非屬適用防爆電氣設備的安全防護規範？
(A) CNS 17025　　　　(B) CNS 3376
(C) IEC 60079　　　　 (D) IEC 61241

解析 依據機安第 111~112 條：

用於粉塵類之防爆電氣設備，其性能、構造、試驗、標示及塵爆場所區域劃分等，應符合國家標準 CNS3376、CNS15591 系列、國際標準 IEC60079、IEC61241 系列或與其同等之標準相關規定。

前項國家標準 CNS 3376、CNS 15591 系列與國際標準 IEC 60079、IEC61241 系列有不一致者，以國際標準 IEC60079、IEC61241 系列規定為準。

(B) 104. 依營造安全衛生設施標準規定，下列何者非屬鋼構的範圍？
(A) 塔式起重機　　　　(B) 橋式起重機
(C) 升高伸臂起重機　　(D) 人字臂起重桿

解析 營 §149：

所定鋼構，其範圍如下：
一、高度在 5 公尺以上之鋼構建築物。
二、高度在 5 公尺以上之鐵塔、金屬製煙囪或類似柱狀金屬構造物。
三、高度在 5 公尺以上或橋梁跨距在 30 公尺以上，以金屬構材組成之橋梁上部結構。
四、塔式起重機或升高伸臂起重機。
五、人字臂起重桿。
六、以金屬構材組成之室外升降機升降路塔或導軌支持塔。
七、以金屬構材組成之施工構臺。

(C) 105. 依職業安全衛生管理辦法，有關職業安全衛生委員會之籌組與推動，下列何者有誤？

(A) 置委員 7 人以上
(B) 委員任期 2 年
(C) 每半年開會一次
(D) 雇主兼具當然委員及主任委員兩種身分

解析 A. 管辦 §11.1

委員會置委員 7人以上，除雇主為當然委員及第五款規定者外，由雇主視該事業單位之實際需要指定下列人員組成：

一、職業安全衛生人員。
二、事業內各部門之主管、監督、指揮人員。
三、與職業安全衛生有關之工程技術人員。
四、從事勞工健康服務之醫護人員。
五、勞工代表。

B.D. 管辦 §11.2

委員任期為 2年，並以雇主為主任委員，綜理會務。

委員會由主任委員指定 1人為秘書，輔助其綜理會務。

第一項第五款之勞工代表，應佔委員人數 1/3 以上；事業單位設有工會者，由工會推派之；無工會組織而有勞資會議者，由勞方代表推選之；無工會組織且無勞資會議者，由勞工共同推選之。

C. 管辦 §12.1

委員會應每三個月至少開會一次...。

(D) 106. 依勞工健康保護規則規定，下列何者非屬特別危害健康作業？

(A) 高溫作業勞工作息時間標準所稱之高溫作業
(B) 從事二硫化碳作業
(C) 粉塵危害預防標準所稱之粉塵作業
(D) 從事異氰酸甲酯作業

解析 依據健 附表一僅從事異氰酸甲酯作業選項不是。

(D) 107. 依職業安全衛生設施規則規定，雇主使勞工從事戶外作業，其熱危害風險等級達熱指數對照表第幾級以上者，應設置必要之遮陽、降溫設備、適當休息場所及提供充足飲水或適當飲料等熱危害預防措施？

(A) 一級　(B) 二級　(C) 三級　(D) 四級

解析 依據設 §303-1

雇主使勞工從事戶外作業，其熱危害風險等級達表三熱指數對照表第四級以上者，應依下列規定辦理。但勞工作業時間短暫或現場設置確有困難，且已採取第 324 條之 6 所定熱危害預防措施者，不在此限：

一、於作業場所設置遮陽設施，並提供風扇、水霧或其他具降低作業環境溫度效果之設備。

二、於鄰近作業場所設置遮陽及具有冷氣、風扇或自然通風良好等具降溫效果之休息場所，並提供充足飲水或適當飲料。

(C) 108. 依職業安全衛生設施規則規定，雇主對於新建、增建、改建或修建工廠之鋼構屋頂，於邊緣及屋頂突出物頂板周圍，應設置高度多少公分以上之女兒牆或適當強度欄杆？

(A) 60 公分　(B) 75 公分　(C) 90 公分　(D) 110 公分

解析 設 §227-1

雇主對於新建、增建、改建或修建工廠之鋼構屋頂，勞工有遭受墜落危險之虞者，應依下列規定辦理：

一、於邊緣及屋頂突出物頂板周圍，設置高度 90 公分以上之女兒牆或適當強度欄杆。

二、於易踏穿材料構築之屋頂，應於屋頂頂面設置適當強度且寬度在 30 公分以上通道，並於屋頂採光範圍下方裝設堅固格柵。

前項所定工廠，為事業單位從事物品製造或加工之固定場所。

(B) 109. 依職業安全衛生設施規則規定，雇主對於使用乙炔熔接裝置或氧乙炔熔接裝置從事金屬之熔接、熔斷或加熱作業時，應規定其產生之乙炔壓力不得超過表壓力多少以上？

(A) 0.8 kg/cm^2　(B) 1.3 kg/cm^2　(C) 1.8 kg/cm^2　(D) 2kg/cm

解析 設 §203：雇主對於使用乙炔熔接裝置或氧乙炔熔接裝置從事金屬之熔接、熔斷或加熱作業時，應規定其產生之乙炔壓力不得超過表壓力每平方公分 1.3 公斤以上。

(B) 110.依職業安全衛生設施規則規定，事業單位從事外送作業勞工人數在多少人以上，應訂定外送作業危害防止計畫？

(A)5人　(B)30人　(C)50人　(D)100人

解析 設 §286-3：雇主對於使用機車、自行車等交通工具從事外送作業，應置備安全帽、反光標示、高低氣溫危害預防、緊急用連絡通訊設備等合理及必要之安全衛生防護設施，並使勞工確實使用。事業單位從事外送作業勞工人數在 30 人以上，雇主應依中央主管機關發布之相關指引，訂定外送作業危害防止計畫，並據以執行；於勞工人數未滿 30 人者，得以執行紀錄或文件代替。前項所定執行紀錄或文件，應留存 3 年。

(C) 111.依加強公共工程職業安全衛生管理作業要點規定，機關辦理工程採購，其廠商及分包商所僱勞工總人數達多少人以上，應於招標文件明定，得標廠商應建立職業安全衛生管理系統？

(A) 100 人　(B) 200 人　(C) 300 人　(D) 500 人

解析 加強公共工程職業安全衛生管理作業要點第 7 點：機關辦理工程採購時，其廠商及分包商所僱勞工總人數達 300 人以上或工程採購金額達新臺幣 10 億元以上者，應於招標文件及契約明定，標廠商應建立職業安全衛生管理系統，實施安全衛生自主管理，並提報職業安全衛生管理計畫。

(C) 112.依職業安全衛生教育訓練規則，事業單位新僱勞工進入有缺氧危險之虞的桶槽並從事電銲作業，應接受多少小時的一般安全衛生教育訓練？

(A) 3 小時　(B) 6 小時　(C) 9 小時　(D) 12 小時

解析 教 §17：新僱勞工或在職勞工於變更工作前依實際需要排定時數，不得少於 3 小時。但從事使用生產性機械或設備、車輛系營建機械、起重機具吊掛搭乘設備、捲揚機等之操作及營造作業、缺氧作業（含局限空間作業）、電銲作業、氧乙炔熔接裝置作業等應各增列 3 小時；對製造、處置或使用危害性化學品者應增列

三小時。因本題新僱勞工 (3 小時)＋缺氧桶槽作業 (3 小時)＋電焊作業 (3 小時)＝9 小時。

(B) 113. 依職業安全衛生教育訓練規則，有關事業單位勞工在職回訓之規定，下列何者正確？

(A) 職業安全衛生管理員，每 2 年至少 6 小時
(B) 勞工健康服務護理人員，每 3 年至少 12 小時
(C) 製程安全評估人員，每 3 年至少 3 小時
(D) 特定化學物質作業主管，每 3 年至少 3 小時

解析 依據教 §18：(A) 職業安全衛生管理員，每 2 年至少 12 小時；(C) 製程安全評估人員，每 3 年至少 6 小時；(D) 特定化學物質作業主管，每 3 年至少 6 小時。

(D) 114. 依職業安全衛生管理辦法規定，按危害風險之不同可區分事業為 3 大類，下列何者正確？

(A) 醫院，第三類　　　(B) 伐木業，第一類
(C) 石油業，第二類　　(D) 電影業，第三類

解析 依據管辦 §2：(A) 醫院：第二類；(B) 伐木業：第二類；(C) 石油業：第一類。

(C) 115. 依營造安全衛生設施標準規定，高度 7 公尺以上且立面面積達多少平方公尺之施工架，須置備施工圖說及強度計算書？

(A) 100 平方公尺　　　(B) 300 平方公尺
(C) 330 平方公尺　　　(D) 500 平方公尺

解析 依據營 §40
雇主對於施工構臺、懸吊式施工架、懸臂式施工架、高度 7 公尺以上且立面面積達 330 平方公尺之施工架、高度 7 公尺以上之吊料平臺、升降機直井工作臺、鋼構橋橋面板下方工作臺或其他類似工作臺等之構築及拆除，應依下列規定辦理：

一、事先就預期施工時之最大荷重，應由所僱之專任工程人員或委由相關執業技師，依結構力學原理妥為設計，置備施工圖說及強度計算書，經簽章確認後，據以執行。

二、建立按施工圖說施作之查驗機制。

三、設計、施工圖說、簽章確認紀錄及查驗等相關資料，於未完成拆除前，應妥存備查。

有變更設計時，其強度計算書及施工圖說，應重新製作，並依前項規定辦理。

(A) 116. 依特定化學物質危害預防標準規定，下列何者非屬特定管理物質？

(A) β-萘胺及其鹽類　　(B) 鉻酸及其鹽類
(C) 鈹及其化合物　　(D) 煤焦油

解析 依據特化 §3，β-萘胺及其鹽類非屬特定化學物質。

(B) 117. 第二類及第三類事業單位勞工人數在多少人以下者，得由「丁種職業安全衛生業務主管」教育訓練合格之雇主或其代理人擔任其單位的職業安全衛生業務主管？

(A) 3 人　(B) 5 人　(C) 10 人　(D) 30 人

解析 管辦 §4 後段：屬第二類及第三類事業之事業單位，且勞工人數在 5 人以下者，得由經職業安全衛生教育訓練規則第三條附表一所列丁種職業安全衛生業務主管教育訓練合格之雇主或其代理人擔任。

(B) 118. 下列何者非屬規範危害性化學品之法規？

(A) 優先管理化學品之指定及運作管理辦法
(B) 缺氧症預防規則
(C) 有機溶劑中毒預防規則
(D) 新化學物質登記管理辦法

解析 缺氧症預防規則係屬缺氧症，非危害化學品之規範。

(D) 119. 依職業安全衛生管理辦法規定，有關自動檢查的實施頻率，下列何者有誤？

(A) 防爆電氣設備每月 1 次
(B) 模板支撐架每週 1 次
(C) 營建用提升機每月 1 次
(D) 鍋爐每年 1 次

解析 依據管辦 §32，鍋爐每月 1 次。

(B) 120. 依勞工作業環境監測實施辦法規定，雇主須分別於監測多少日前通報「監測計畫」及測定後多少日內通報「監測報告」給主管機關？

(A) 15 日前、30 日內
(B) 15 日前、45 日內
(C) 30 日前、30 日內
(D) 30 日前、45 日內

解析 依據環測 §10.3：雇主於實施監測 15 日前，應將監測計畫依中央主管機關公告之網路登錄系統及格式，實施通報。但依前條規定辦理之作業環境監測者，得於實施後 7 日內通報。
環測 §12.4：雇主應於採樣或測定後 45 日內完成監測結果報告，通報至中央主管機關指定之資訊系統。所通報之資料，主管機關得作為研究及分析之用。

(D) 121. 雇主使勞工進入桶槽進行清洗作業時，下列敘述何者有誤？

(A) 應事先測定並確認無爆炸、中毒及缺氧等危險
(B) 應使勞工佩掛安全帶及安全索等防護具
(C) 進口處派人監視以備發生危險時營救
(D) 工作人員應由槽底進入以防墜落

解析 依據設 §154：雇主使勞工進入供儲存大量物料之槽桶時，應依下列規定：
一、應事先測定並確認無爆炸、中毒及缺氧等危險。
二、應使勞工佩掛安全帶及安全索等防護具。

三、應於進口處派人監視,以備發生危險時營救。
四、規定工作人員以由槽桶上方進入為原則。

(B) 122. 雇主使勞工從事特殊危害作業,應依規定減少工作時間給予適當休息,下列何者有誤?

(A) 高溫度,每日工作時間不得超過 6 小時
(B) 5 公尺高架,連續作業 2 小時至少休息 15 分鐘
(C) 精密,連續作業 2 小時至少休息 15 分鐘
(D) 重體力勞動,每小時至少休息 20 分鐘

解析 依據高架 §4:
雇主使勞工從事高架作業時,應減少工作時間,每連續作業 2 小時,應給予作業勞工下列休息時間:
一、高度在 2 公尺以上未滿 5 公尺者,至少有 20 分鐘休息。
二、高度在 5 公尺以上未滿 20 公尺者,至少有 25 分鐘休息。
三、高度在 20 公尺以上者,至少有 35 分鐘休息。
故,選 B 選項為答案。

(A) 123. 依營造安全衛生設施標準規定,雇主對於置有容積多少立方公尺以上之漏斗之混凝土拌合機,應設有防止人體自開口處捲入之防護裝置、清掃裝置與護欄?

(A) 1 立方公尺　　　　　(B) 1.5 立方公尺
(C) 2 立方公尺　　　　　(D) 3 立方公尺

解析 依據營 §140:雇主對於置有容積 1 立方公尺以上之漏斗之混凝土拌合機,應有防止人體自開口處捲入之防護裝置、清掃裝置與護欄。

(A) 124. 鉛較不容易造成下列何種疾病?

(A) 皮膚病變　　　　　　(B) 貧血
(C) 多發性神經病變　　　(D) 不孕症或精子缺少

解析 鉛係屬神經毒性,其影響造血系統,血鉛主要分布於紅血球,血漿中鉛含量偏低。
故選項 A 無直接關係。

(D) 125. 空間狹窄之缺氧危險作業場所，不宜使用下列何種呼吸防護具？

  (A) 使用壓縮空氣為氣源之輸氣管面罩
  (B) 定流量輸氣管面罩
  (C) 使用氣瓶為氣源之輸氣管面罩
  (D) 自攜式呼吸防護器

解析 本題題意，因空間狹窄，若使用自攜式呼吸防護器需佔一定空間，故此用輸氣氣源方式較適合。

(D) 126. 依特定化學物質危害預防標準規定，從事局部排氣裝置設計之專業人員，應接受在職教育訓練，其訓練時數為每 3 年不得低於多少小時？

  (A) 3 小時 (B) 6 小時 (C) 9 小時 (D) 12 小時

解析 依據特化 §38-1：從事局部排氣裝置設計之專業人員，應接受在職教育訓練，其訓練時數每 3 年不得低於 12 小時。

(C) 127. 有關 4 個工作安全分析項目，下列何者應優先進行？

  (A) 將工作分成幾個步驟
  (B) 決定安全的工作方法
  (C) 決定要分析的工作
  (D) 發現潛在危險及可能的危害

解析 依工作安全分析項目，其優先應是決定要分析的工作。

(B) 128. 有關年齡老化所致的聽力影響，下列敘述何者正確？

  (A) 低頻音較顯著 (B) 高頻音較顯著
  (C) 中低頻音較顯著 (D) 與頻率無關

解析 老化聽力在係屬聽音性損失，在各頻帶皆會損失，優先在高頻損失較為明顯。

(C) 129. 有關職業災害統計中失能傷害頻率 (FR) 係計算至小數點第幾位？

(A) 不計小數點　(B) 第 1 位　(C) 第 2 位　(D) 第 3 位

解析 依據勞動部職業安全衛生署職業災害計算統計方式：失能傷害頻率 (FR)，採計至小數點以後取兩位，第三位以後捨棄。失能傷害嚴重率 (SR)，採計至整數位，小數點以後捨棄。

(D) 130. 整體換氣設置原則不包括下列哪一項？

(A) 整體換氣通常用於低危害性物質，且用量少之環境
(B) 於局部較具毒性或高污染性作業場所時，最好與其他作業環境隔離，或併用局部排氣裝置
(C) 有害物發生源遠離勞工呼吸區，且有害物濃度及排放量需較低，使勞工不致暴露在有害物之 8 小時日時量平均容許濃度值之上
(D) 作業環境空氣中有害物濃度較高，必須使用整體換氣以符合經濟效益

解析 D 選項在有害物濃度較高時，使用整體換氣以不足以置換有害氣體濃度，需用局部排氣或密閉設備之。

(A) 131. 有關氣罩之敘述，下列何者有誤？

(A) 狹縫型氣罩無法加裝凸緣 (Flange) 以增加抽氣風速
(B) 圍壁係指能引導吸氣氣流，讓污染物能流入其內部之局部排氣裝置的入口部分
(C) 某些氣罩設計具有長而狹窄的狹縫
(D) 即使是平面的管道開口也可稱為氣罩

解析 狹縫型氣罩仍然可以加裝凸緣

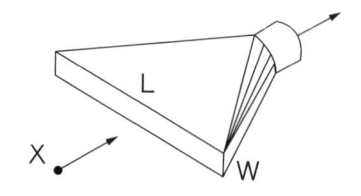

（圖片來源：作業環境控制工程 洪銀忠）

(D) 132.有關電氣火災之防止方法,下列何者有誤?
(A) 防止絕緣材料之劣化造成漏電或短路
(B) 插座及線路之連接應良好,避免接觸不良
(C) 電氣設備及線路之使用不可超過安全負載量
(D) 使用較大之額定電流低壓無熔絲開關,減少可能跳電之麻煩

解析 使用更大額定電流低壓無熔絲開關,無法減少跳電負載關係。

(B) 133.下列何項為安全觀察儘量要避免的行為?
(A) 決定安全觀察的最少抽樣數
(B) 發現不安全動作時要立即矯正
(C) 了解相關安全作業標準
(D) 觀察時態度要保持客觀

解析 安全觀察其意義在於發現不安全行為、狀態等行為,故立即矯正就無法觀察到實際狀態。

(B) 134.勞工體格檢查、特殊體格檢查之目的,屬勞工衛生之何種原則?
(A) 預防原則　　　　(B) 適應原則
(C) 保護原則　　　　(D) 治療復健原則

解析 依據職業安全衛生法,勞工體格檢查係體格檢查發現應僱勞工適於從事某種工作,僱用其從事該項工作,係屬適應原則。

(C) 135.職業病之危害因子認知基本程序包括:製程或作業調查、標示、檢點表及下列何者?
(A) 教育訓練　　　　(B) 緊急應變計畫
(C) 異常狀況之了解　(D) 安全衛生工作守則

解析 在危害因子認知階段係屬「了解危害因子」包含環境、物料行為等。

(A) 136 簡易接地電阻測定器因包含測定器之一端連接於低壓電源之迴路,其測定值包含下列何者,易導致精確度較差?
(A) 系統接地電阻　　(B) 漏電電阻
(C) 設備接地電阻　　(D) 絕緣電阻

> **解析** 題旨對於低壓電路在接地電阻時，其因系統接地又分內線、電源、設備等。較易受到干擾。故對此精確度較差。

(B) 137. 自攜式呼吸器有效使用時間低於多少分鐘時，僅能用於緊急逃生？

　　(A) 12 分鐘　(B) 15 分鐘　(C) 18 分鐘　(D) 20 分鐘

> **解析** 依自攜式呼吸器使用規範，在限制使用下，如有效限使用在低於 15 分鐘，僅緊急逃生。

(A) 138. 下列何種呼吸防護具於使用時，空氣中的有害物較易侵入面體內？

　　(A) 負壓呼吸防護具　　　(B) 輸氣管面罩
　　(C) 自攜式呼吸器　　　　(D) 正壓供氣式呼吸防護具

> **解析** 負壓型係內部壓力比外部壓力小，故氣流會往內部流入。

(D) 139. 風險控制執行策略中，下列何者屬於工程控制？

　　(A) 修改操作方法　　　　(B) 修改操作條件
　　(C) 修改操作步驟　　　　(D) 修改製程設計

> **解析** 工程控制係屬製程、設備、硬體等相關措施改善。

(B) 140. 下列何者為物理性爆炸？

　　(A) 失控反應爆炸　　　　(B) 水蒸氣爆炸
　　(C) 粉塵爆炸　　　　　　(D) 核子反應

> **解析** 水蒸氣屬於相變化，係屬物理變化反應。

(D) 141. 在故障樹分析中，因系統邊界或分析範圍之限制，未繼續分析下去之事件，或不再深究人為失誤的原因，稱之為何種事件？

　　(A) 中間事件　　　　　　(B) 基本事件
　　(C) 頂端事件　　　　　　(D) 未發展事件

> **解析** 未發展事件：事件的相關資訊不明，或是沒有後續影響。

(C) 142.下列何項危害評估技術之目的在於對不同程度之潛在災變事故狀況，作定性和定量分析，藉以判斷各種災變事故對廠內工作人員、周圍居民和環境影響之程度？

(A) FMEA　(B) FTA　(C) HAZOP　(D) PHA

解析 危害與可操作性分析（HAZOP）結構化及系統化的檢視流程及作業的方法，流程及作業係屬定性半定量的分析法。

(C) 143.有關工作場所危害性化學品標示及通識之敘述，下列何者有誤？

(A) 安全資料表簡稱 SDS
(B) 標示之圖式為白底紅框，圖案為黑色
(C) 獲商業機密核准的物質，可以不揭露其危害特性、防範措施與急救注意事項
(D) 當一個物質有 5 種危害分類時，就有相對應的 5 種危害警告訊息，但危害圖式可能少於 5 種

解析 依據危害性化學品標示及通識規則：
製造者、輸入者或供應者提供前條之化學品與事業單位或自營作業者前，應提供安全資料表，該化學品為含有 2 種以上危害成分之混合物時，應依其混合後之危害性，製作安全資料表。
故選項 C 應揭露其危害特性、防範措施與急救注意事項。

(A) 144.對於營建用提升機，下列敘述何者有誤？

(A) 如瞬間風速有超過每秒 20 公尺之虞時應增設拉索，以預防其倒塌
(B) 應於捲揚用鋼索上加註標識或設置警報裝置等，以預防鋼索過捲
(C) 雇主於中型營建用提升機設置完成時，應自行實施荷重試驗，試驗紀錄應保存 3 年
(D) 使用不得超過積載荷重

解析 依據起升 §90
雇主對於營建用提升機，瞬間風速有超過每秒 30 公尺之虞時，應增設拉索以預防其倒塌。

(A) 145. 化工儲槽的安全閥係屬下列何種減低危害的防護方式？

(A) 弱連接　(B) 隔離　(C) 閉鎖　(D) 連鎖

解析 安全閥係屬在儲槽緊急壓力負荷時，洩壓安全裝置，係屬弱連接一種。

(A) 146. 人類行為複雜多變其信賴遠不如機械，為防止職業傷害，應優先選擇下列何項作法？

(A) 本質安全化　　　　(B) 作業自動化
(C) 採用個人防護具　　(D) 設備裝設防護措施

解析 本質安全化係在設計階段採取措施來消除設備潛在危險的設計方式。也就是利用設計等方式使機械設備本身具有安全性，即使在誤操作或設備發生故障的情況下也不會發生事故。

(D) 147. 防止電氣火災對策，下列何者有誤？

(A) 不可擅自使用銅線當作保險絲使用
(B) 有爆炸之虞場所應使用防爆型電氣設備
(C) 電氣配線與建築物間應保持安全距離
(D) 電氣乾燥器為保持有效果不可設排氣設施

解析 電氣乾燥性能與設置排氣設施無關。

(B) 148. 雨水落入熔融鐵水槽內形成之爆炸為下列何者？

(A) 化學性爆炸　　　　(B) 汽化爆炸
(C) 高壓氣體爆炸　　　(D) 沸騰液體膨脹蒸氣爆炸

解析 當雨水瞬間接觸到熔融鐵水（溫度通常可達 1,500°C 以上）時，水會在極短時間內由液態轉為大量水蒸氣，體積急遽膨脹，形成爆炸性衝擊，即本題選項 (B) 所稱之汽化爆炸。

2-1-2 交通部國營事業

2-1-2-1 桃機公司 106 年新進職員甄試試題 職業安全衛生法規

(D) 1. 職業安全衛生法所稱有母性健康危害之虞之工作，不包括下列何種工作型態？

(A) 長時間站立姿勢作業
(B) 人力提舉、搬運及推拉重物
(C) 輪班及夜間工作
(D) 駕駛運輸車輛

解析 母性 §3 事業單位勞工人數在 100 人以上者，其勞工於保護期間，從事可能影響胚胎發育、妊娠或哺乳期間之母體及嬰兒健康之下列工作，應實施母性健康保護：

一、具有依國家標準 CNS 15030 分類，屬生殖毒性物質第一級、生殖細胞致突變性物質第一級或其他對哺乳功能有不良影響之化學品。

二、易造成健康危害之工作，包括勞工作業姿勢、人力提舉、搬運、推拉重物、輪班、夜班、單獨工作及工作負荷等。

三、其他經中央主管機關指定公告者。

(D) 2. 以下對於「工讀生」之敘述，何者正確？

(A) 工資不得低於基本工資之 80%
(B) 屬短期工作者，加班只能補休
(C) 每日正常工作時間不得少於 8 小時
(D) 國定假日出勤，工資加倍發給

解析 A. 雇主給付的工資不得低於基本工資（現行基本工資每月為 24,000 元，每小時基本工資為 160 元）。

B. 延長工時（加班）在 2 小時以內者，應照平日每小時工資額加給 1/3 以上，超過 2 個小時部分要按平日每小時工資額加給 2/3 以上。

C. 每日正常工作時間不得超過 8 小時，每週不得超過 40 小時。雇主有使勞工在正常工作時間以外工作之必要者，雇主延長勞工之工作時間連同正常工作時間，1 日不得超過 12 小時。

D. 正確。(參考勞動部網站 https://bola.gov.taipei/News_Content.aspx?n=FDEDF5DCB0A26A46&sms=87415A8B9CE81B16&s=8E5B0B9C6AEB4C13)

(D) 3. 勞動基準法第 84 條之 1 規定之工作者，因工作性質特殊，就其工作時間，下列何者正確？

(A) 完全不受限制
(B) 無例假與休假
(C) 不另給予延時工資
(D) 勞雇間應有合理協商彈性

解析 勞動基準法第 84 條之 1 規定意旨在使部分工作性質特殊者，與雇主間有合理協商工作時間之彈性，非可使勞工之工作時間完全不受限制或無例假與休假及不另給予延時工資。

(C) 4. 勞動檢查員對於下列何項檢查，不得事先通知事業單位？

(A) 危險性工作場所之審查或檢查
(B) 危險性機械或設備定期檢查
(C) 營造業安全衛生檢查
(D) 職業災害檢查

解析 檢 §13 勞動檢查員執行職務，除左列事項外，不得事先通知事業單位：
一、第 26 條規定之審查或檢查。(危險性工作場所)
二、危險性機械或設備檢查。
三、職業災害檢查。
四、其他經勞動檢查機構或主管機關核准者。

(A) 5. 事業單位勞動場所發生死亡職業災害時，雇主應於多少小時內通報勞動檢查機構？

(A) 8　(B) 12　(C) 24　(D) 48

解析 職安 §37.2 事業單位勞動場所發生下列職業災害之一者，雇主應於 8 小時內通報勞動檢查機構：
一、發生死亡災害。
二、發生災害之罹災人數在 3 人以上。
三、發生災害之罹災人數在 1 人以上，且需住院治療。
四、其他經中央主管機關指定公告之災害。

(C) 6. 下列何者非屬職業安全衛生法規定之勞工法定義務？

(A) 定期接受健康檢查　(B) 參加安全衛生教育訓練
(C) 實施自動檢查　(D) 遵守工作守則

解析 職安法定勞工三大義務：健檢（§20）、訓練（§32）、守則（§34）。

(D) 7. 依職業安全衛生教育訓練規則規定，新僱勞工所接受之一般安全衛生教育訓練，不得少於 3 小時，但從事電焊作業，應再增列幾小時之安全衛生教育訓練？

(A) 0.5　(B) 1　(C) 2　(D) 3

解析 教 附表十四 新僱勞工或在職勞工於變更工作前依實際需要排定時數，不得少於 3 小時。但從事使用生產性機械或設備、車輛系營建機械、起重機具吊掛搭乘設備、捲揚機等之操作及營造作業、缺氧作業（含局限空間作業）、電焊作業、氧乙炔熔接裝置作業等應各增列 3 小時；對製造、處置或使用危害性化學品者應增列 3 小時。

(C) 8. 對於應實施型式驗證之機械、設備或器具，下列何種用途使用經中央主管機關核准後，不屬於得免驗證之情形？
(A) 供國防軍事
(B) 供科技研發
(C) 供製造產品研發
(D) 供商業樣品或展覽品

解析 職安 §8 製造者或輸入者對於中央主管機關公告列入型式驗證之機械、設備或器具，非經中央主管機關認可之驗證機構實施型式驗證合格及張貼合格標章，不得產製運出廠場或輸入。
前項應實施型式驗證之機械、設備或器具，有下列情形之一者，得免驗證，不受前項規定之限制：
一、依第 16 條或其他法律規定實施檢查、檢驗、驗證或認可。
二、供國防軍事用途使用，並有國防部或其直屬機關出具證明。
三、限量製造或輸入僅供科技研發、測試用途之專用機型，並經中央主管機關核准。
四、非供實際使用或作業用途之商業樣品或展覽品，並經中央主管機關核准。
五、其他特殊情形，有免驗證之必要，並經中央主管機關核准。

(B) 9. 職業災害預防工作中對於危害控制，首先應考慮的為下列何者？
(A) 危害場所控制
(B) 危害源控制
(C) 勞工之控制
(D) 危害路徑控制

解析 危害控制的順序：消除→取代→工程控制→管理措施→個人防護具。所以針對危害控制應首先考量消除或取代危害來源。

(D) 10. 下列何者非屬職業災害之概括原因？
(A) 不安全的動作
(B) 不安全的環境狀況
(C) 不安全的機械設備
(D) 不衛生的習慣

解析 職業災害分析通常針對不安全的動作、環境，其中機械設備屬於不安全的環境，並沒有不衛生的習慣，故選 D。

(B) 11. 廚房設置之排油煙機為下列何者？
(A) 整體換氣裝置　　(B) 局部排氣裝置
(C) 吹吸型換氣裝置　(D) 排氣煙函

解析 有氣罩、導管、風機，屬於局部排氣裝置。

(C) 12. 以下何者不是發生電氣火災的主要原因？
(A) 電器接點短路　　(B) 電氣火花電弧
(C) 電纜線置於地上　(D) 漏電火災

解析 電纜線置於地上不會直接造成電氣火災。

(D) 13. 事業單位規畫實施勞工健康檢查，下列何者不是考量的項目？
(A) 勞工之作業別　　(B) 勞工之年齡
(C) 勞工之任職年資　(D) 薪資

解析 勞工健康檢查與薪資無關。

(A) 14. 下列何者非屬危險物儲存場所應採取之火災爆炸預防措施？
(A) 使用工業用電風扇　(B) 裝設可燃性氣體偵測裝置
(C) 使用防爆電氣設備　(D) 標示「嚴禁煙火」

解析 危險物儲存場所使用工業用電風扇易產生電氣火花，反而危險。

(A) 15. 執行自動檢查主要是下列何者的工作？
(A) 現場主管及人員　(B) 行政人員
(C) 安全衛生部門　　(D) 顧客

解析 管辦 §5-1 工作場所負責人及各級主管：依職權指揮、監督所屬執行安全衛生管理事項，並協調及指導有關人員實施。

(C) 16. 於營造工地潮濕場所中使用電動機具,為防止感電危害,應於該電路設置何種安全裝置?

(A) 閉關箱
(B) 自動電擊防止裝置
(C) 高感度高速型漏電斷路器
(D) 高容量保險絲

解析 設 §243 雇主為避免漏電而發生感電危害,應依下列狀況,於各該電動機具設備之連接電路上設置適合其規格,具有<u>高敏感度、高速型</u>,能確實動作之防止感電用漏電斷路器:
一、使用對地電壓在 150 伏特以上移動式或攜帶式電動機具。
二、於含水或被其他導電度高之液體濕潤之潮濕場所、金屬板上或鋼架上等導電性良好場所使用移動式或攜帶式電動機具。
三、於建築或工程作業使用之臨時用電設備。

(C) 17. 安全門或緊急出口平時應維持何狀態?

(A) 門可上鎖但不可封死
(B) 保持開門狀態以保持逃生路徑暢通
(C) 門應關上但不可上鎖
(D) 與一般進出門相同,視各樓層規定可開可關

解析 本題同國營 107 年第 33 題,設 §27 法規原文字為雇主設置之安全門及安全梯於勞工工作期間內不得上鎖,其通道不得堆置物品。本題答案 C 門應關上但不可上鎖,如同筆者之前的說明,我認為這個答案才是對的。

(B) 18. 依職業安全衛生設施規則規定,雇主對於機械之原動機、轉軸、齒輪、傳動輪、傳動帶等有危害勞工之虞之部分,為防止機械夾捲危害,應設下列何種安全裝置?

(A) 漏電斷路器　　　　　(B) 護罩、護圍
(C) 雙手操作式安全裝置　(D) 防滑舌片

解析 設 §43.1 雇主對於機械之原動機、轉軸、齒輪、帶輪、飛輪、傳動輪、傳動帶等有危害勞工之虞之部分,應有護罩、護圍、套胴、跨橋等設備。

(C) 19. 搬運氣體鋼瓶時，下列何作為是最恰當的？

(A) 橫放鋼瓶在地，滾動前進

(B) 自高處搬下時，由上向下拋擲

(C) 不利用鋼瓶頭保護蓋作為提升鋼瓶之用

(D) 以鐵器敲擊乙炔鋼瓶，確認是否為實瓶

解析 這題其實不看法規，應該也答得出來。筆者仍附上法規條文給各位考生參考。設 §107 雇主搬運儲存高壓氣體之容器，不論盛裝或空容器，應依下列規定辦理：

一、溫度保持在攝氏 40 度以下。

二、場內移動儘量使用專用手推車等，務求安穩直立。

三、以手移動容器，應確知護蓋旋緊後，方直立移動。

四、容器吊起搬運不得直接用電磁鐵、吊鏈、繩子等直接吊運。

五、容器裝車或卸車，應確知護蓋旋緊後才進行，卸車時必須使用緩衝板或輪胎。

六、儘量避免與其他氣體混載，非混載不可時，應將容器之頭尾反方向置放或隔置相當間隔。

七、載運可燃性氣體時，要置備滅火器；載運毒性氣體時，要置備吸收劑、中和劑、防毒面具等。

八、盛裝容器之載運車輛，應有警戒標誌。

九、運送中遇有漏氣，應檢查漏出部位，給予適當處理。

十、搬運中發現溫度異常高昇時，應立即灑水冷卻，必要時，並應通知原製造廠協助處理。

(A) 20. 交流電焊機須裝置自動電擊防止裝置，以抑制電焊機二次側無載電壓在多少伏特以下？

(A) 24　(B) 30　(C) 42　(D) 50

解析 自動電擊防止裝置將二次側電壓控制在安全範圍，即 24V 以下。依 CNS4782 交流電弧電銲用自動電擊防止裝置規定，其安全電壓不應大於 25V，且遲動時間應在 1.0 ± 0.3 秒以內。

(A) 21. 下列那場合較不易發生一氧化碳中毒危害？

(A) 噴漆作業

(B) 車庫內暖車

(C) 室內裝有瓦斯熱水器

(D) 鋼鐵冶煉高爐旁

解析 一氧化碳係因燃燒不完全，本題噴漆作業未有燃燒反應，故選之。

(B) 22. 有機鉛對人體之危害為下列何者？

(A) 胃　(B) 神經　(C) 皮膚　(D) 心臟

解析 鉛的毒性主要是影響成人及孩童的神經系統。

(A) 23. 進出電梯時應以下列何者為宜？

(A) 裡面的人先出，外面的人再進入

(B) 外面的人先進去，裡面的人才出來

(C) 可同時進出

(D) 爭先恐後無妨

解析 這題應該是生活常識，考在職安法規，筆者真是無言。

(B) 24. 綜合評估勞工暴露於危害之嚴重度與發生機率，在職業安全衛生界常稱之為下列何者？

(A) 塔羅牌占卜　　　　(B) 風險評估

(C) 看風水　　　　　　(D) 求神問卜

解析 風險＝機率 × 嚴重度。

(A) 25. 下列何者為危害控制的最後手段？

(A) 個人防護具　　　　(B) 行政管理

(C) 發生源控制　　　　(D) 工程控制

解析 危害控制的順序：消除→取代→工程控制→管理措施→個人防護具。

(B) 26. 電線間的絕緣破壞裸線彼此直接接觸時，發生爆炸性火花，為下列何者？
(A) 漏電　　　　　　　(B) 短路
(C) 尖端放電　　　　　(D) 一般放電。

解析 A. 漏電，指的是電路中的導體，與其它導體形成了新的迴路，產生了電流，但是新的電流並非完全流過新的迴路。
C. 尖端放電：導體尖端周圍的空氣被導體產生的電場電離，發生放電現象，但其電場值並不足以引起電壓崩潰或電弧現象稱之。

(D) 27. 依法令規定，下列何者無強制規定要裝設感電防止用漏電斷路器？
(A) 營造工地之臨時用電設備
(B) 使用對地電壓 220 伏特之手提電鑽
(C) 於濕潤場所使用電焊機使用單相三線
(D) 220 伏特之烤箱。

解析 設 §243 雇主為避免漏電而發生感電危害，應依下列狀況，於各該電動機具設備之連接電路上設置適合其規格，具有高敏感度、高速型，能確實動作之防止感電用漏電斷路器：
一、使用對地電壓在 150 伏特以上移動式或攜帶式電動機具。
二、於含水或被其他導電度高之液體濕潤之潮濕場所、金屬板上或鋼架上等導電性良好場所使用移動式或攜帶式電動機具。
三、於建築或工程作業使用之臨時用電設備。

(C) 28. 以下列何者不是發生電氣火災的原因？
(A) 電氣接點短路　　　(B) 電器火花電弧
(C) 電纜線置於地上　　(D) 漏電火災。

解析 同第 12 題。

(C) 29. 依勞工安全衛生法令規定，良導體機械設備內之檢修工作所用照明燈具，其使用之電壓不得超過多少伏特？

(A) 12　(B) 18　(C) 24　(D) 60。

解析 設§249 雇主對於良導體機器設備內之檢修工作所用之手提式照明燈，其使用電壓不得超過 24 伏特，且導線須為耐磨損及有良好絕緣，並不得有接頭。

(C) 30. 接地之目的為何？

(A) 防止短路　　　　　(B) 防止絕緣破壞
(C) 防止感電　　　　　(D) 節省電力。

解析 接地的作用主要是防止人身遭受電擊、設備和線路遭受損壞、預防火災和防止雷擊、防止靜電損害和保障電力系統正常運行。本題放在職安法規考科，建議選 C。

(B) 31. 下列何種情況屬於永久部分失能：

(A) 損失雙目
(B) 損失牙齒
(C) 一隻眼及一隻手臂失去機能
(D) 死亡。

解析 【第 31 題送分】永久部分失能：指除死亡及永久全失能以外的任何足以造成肢體之任何一部分完全失去，或失去其機能者。不論該受傷者之肢體或損傷身體機能之事前有無任何失能。

如果用去錯法，因為 A、C 屬於永久全失能，D 為死亡，扣除這三個選項只能選 B，但這題出得有爭議的地方，在於損失牙齒並未造成肢體之任何一部分失去機能，所以本題送分。

(A) 32. 所謂失能傷害係指損失日數在幾日的傷害

(A) 一日以上　　　　　(B) 未滿一日
(C) 二日以上　　　　　(D) 三日以上。

解析 失能傷害包括死亡、永久全失能、永久部分失能、暫時全失能，其中最輕微的為暫時全失能，其定義為罹災者未死亡亦未

永久失能,但不能繼續其正常工作,必須離開工作場所,損失工作時間在 1 日以上(包括星期天、休假日或事業單位停工日),暫時不能恢復工作者。也就是說,失能傷害係指損失日數 1 日以上的傷害。

(C) 33. 我國傷害嚴重率係指:

(A) 一萬　(B) 十萬　(C) 百萬　(D) 千萬

工作時數所發生之失能傷害損失天數。

解析 每百萬總經歷工時之失能傷害損失日數。

(C) 34. 勞工因工作傷害而死亡,其損失日數依程度評估計列

(A) 2000　(B) 4000　(C) 6000　(D) 8000 日。

解析 死亡損失日數列 6000 日。

(A) 35. 下列何者為非失能傷害

(A) 輕傷害　　　　　　(B) 永久部分失能
(C) 死亡　　　　　　　(D) 永久全失能。

解析 失能傷害包括死亡、永久全失能、永久部分失能、暫時全失能。

(B) 36. 勞動檢查之程序與權限下列何者為非?

(A) 事業單位依法應備文件、物品等得進行影印、拍攝
(B) 得隨時進入事業單位檢查無須表明身份
(C) 工作場所發生重大職災應即派員檢查
(D) 詢問有關人員得製作談話紀錄或錄音。

解析 檢 §15 勞動檢查員執行職務時,得就勞動檢查範圍,對事業單位之雇主、有關部門主管人員、工會代表及其他有關人員為左列行為:
一、詢問有關人員,必要時並得製作談話紀錄或錄音。
二、通知有關人員提出必要報告、紀錄、工資清冊及有關文件或作必要之說明。

三、檢查事業單位依法應備置之文件資料、物品等，必要時並得影印資料、拍攝照片、錄影或測量等。

四、封存或於掣給收據後抽取物料、樣品、器材、工具，以憑檢驗。

檢§22 勞動檢查員進入事業單位進行檢查時，應主動出示勞動檢查證，並告知雇主及工會。事業單位對未持勞動檢查證者，得拒絕檢查。

檢§27 勞動檢查機構對事業單位工作場所發生重大職業災害時，應立即指派勞動檢查員前往實施檢查，調查職業災害原因及責任；其發現非立即停工不足以避免職業災害擴大者，應就發生災害場所以書面通知事業單位部分或全部停工。

(B) 37. 下列何者非屬勞工有立即發生危險之虞認定標準？

(A) 高差 2 公尺以上工作場所邊緣及開口處，未設符合標準之防墜設施

(B) 於潮濕場所使用對地電壓 220 伏特以上移動式電動機具，應設漏電斷路器

(C) 於危險物儲存場所使用明火作業

(D) 於含氧濃度低於 18% 場所作業。

解析 使用對地電壓在 150 伏特以上移動式或攜帶式電動機具，或於含水或被其他導電度高之液體濕潤之潮濕場所、金屬板上或鋼架上等導電性良好場所使用移動式或攜帶式電動機具，未於各該電動機具之連接電路上設置適合其規格，具有高敏感度、高速型，能確實動作之防止感電用漏電斷路器。

(A) 38. 勞工因職業災害病、死雇主應給予五個月平均工資之喪葬費及死亡補償：

(A) 40 個月　(B) 45 個月　(C) 50 個月　(D) 55 個月。

解析 基§59.1.4 勞工遭遇職業傷害或罹患職業病而死亡時，雇主除給與 5 個月平均工資之喪葬費外，並應一次給與其遺屬 40 個月平均工資之死亡補償。

(C) 39. 依危險性工作場所審查暨檢查辦法有關危險性工作場所不包含

(A) 火藥類製造工廠
(B) 使用氰化氫等從事農藥原體合成工作場所
(C) 蒸汽鍋爐傳熱面積在二百平方公尺以上
(D) 高壓氣體壓力容器一日冷凍能力在 150 公噸以上

解析 危審 §2 本法第 26 條第 1 項規定之危險性工作場所分類如下：

一、甲類：指下列工作場所：
（一）從事石油產品之裂解反應，以製造石化基本原料之工作場所。
（二）製造、處置、使用危險物、有害物之數量達本法施行細則附表一及附表二規定數量之工作場所。

二、乙類：指下列工作場所或工廠：
（一）使用異氰酸甲酯、氯化氫、氨、甲醛、過氧化氫或吡啶，從事農藥原體合成之工作場所。
（二）利用氯酸鹽類、過氯酸鹽類、硝酸鹽類、硫、硫化物、磷化物、木炭粉、金屬粉末及其他原料製造爆竹煙火類物品之爆竹煙火工廠。
（三）從事以化學物質製造爆炸性物品之火藥類製造工作場所。

三、丙類：指蒸汽鍋爐之傳熱面積在 500 平方公尺以上，或高壓氣體類壓力容器一日之冷凍能力在 150 公噸以上或處理能力符合下列規定之一者：
（一）1000 立方公尺以上之氧氣、有毒性及可燃性高壓氣體。
（二）5000 立方公尺以上之前款以外之高壓氣體。

四、丁類：指下列之營造工程：
（一）建築物高度在 80 公尺以上之建築工程。
（二）單跨橋梁之橋墩跨距在 75 公尺以上或多跨橋梁之橋墩跨距在 50 公尺以上之橋梁工程。
（三）採用壓氣施工作業之工程。
（四）長度 1000 公尺以上或需開挖 15 公尺以上豎坑之隧道工程。

（五）開挖深度達 18 公尺以上，且開挖面積達 500 平方公尺以上之工程。

（六）工程中模板支撐高度 7 公尺以上，且面積達 330 平方公尺以上者。

五、其他經中央主管機關指定公告者。

(A) 40. 物質安全資料表應從

(A) 製造商　　　　　　　(B) 使用者
(C) 中央標準局　　　　　(D) 勞動部得到。

解析【第41題維持原答案A】危害性化學品標示及通識規則於103年6月27日修正，已將物質安全資料表改名為安全資料表，本題出題者未以最新名稱命題，不夠嚴謹。

參酌危標§13 製造者、輸入者或供應者提供前條之化學品與事業單位或自營作業者前，應提供安全資料表……。故本題選A。

(C) 41. 「台灣職業安全衛生管理系統」指引（TOSHMS）係結合「ILO-OSH-2001」及

(A) BS-8800　　　　　　(B) ISO-18000
(C) OHSAS-18001　　　 (D) 以上皆是。

解析 TOSHMS 指引內容不僅符合 ILO-OSH（2001）指引之架構與要項，並融入 OHSAS 18001（2007）等之相關要求。

另外，目前 OHSAS-18001 已經走入歷史，ISO-45001 取而代之。

(A) 42. 承攬契約係以

(A) 勞動結果　　　　　　(B) 勞動給付
(C) 勞動方式　　　　　　(D) 勞動成本為目的。

解析 同 44 題。

(C) 43. 於一定期間內受僱人應依雇方之指示，從事一定種類之活動稱為

(A) 承攬契約　　　　　　(B) 口頭約定
(C) 勞動契約　　　　　　(D) 工程契約。

解析 勞動契約係以勞動給付為目的，承攬契約係以勞動結果為目的；勞動契約為於一定期間內受僱人應依雇方之指示，從事一定種類之活動，而承攬契約承攬人只負完成一個或數個工作之責任。
（請參閱勞動部勞動法令查詢系統，搜尋加強職業安全衛生法第 26 條及第 27 條檢查注意事項。）

(A) 44. 使用之移動梯其寬度應在多少公分以上

(A) 30 公分　(B) 40 公分　(C) 50 公分　(D) 60 公分。

解析 設 §229 雇主對於使用之移動梯，應符合下列之規定：
一、具有堅固之構造。
二、其材質不得有顯著之損傷、腐蝕等現象。
三、寬度應在 30 公分以上。
四、應採取防止滑溜或其他防止轉動之必要措施。

(C) 45. 實施定期檢查或重點檢查紀錄應保存

(A) 一年　(B) 二年　(C) 三年　(D) 五年。

解析 管辦 §80 雇主依第 13 條至第 49 條規定實施之定期檢查、重點檢查應就下列事項記錄，並保存 3 年：
一、檢查年月日。
二、檢查方法。
三、檢查部分。
四、檢查結果。
五、實施檢查者之姓名。
六、依檢查結果應採取改善措施之內容。

(C) 46. 有關事業單位訂定安全衛生工作守則之規定為何錯誤

(A) 應依勞工安全衛生法及有關規定訂定適合其需要
(B) 會同勞工代表訂定
(C) 應報經地方主管機關備查
(D) 報經檢查機構備查後公告實施。

解析【第 47 題送分】本題選項 C 明顯錯誤，惟出題者不夠用心，選項 A 也是有瑕疵，至於為何送分，筆者並不瞭解。

A. 勞工安全衛生法於 102 年 7 月 3 日修正公布為職業安全衛生法。
B. 正確。
C. 應報經勞動檢查機構備查。
D. 正確。

職安 §34.1 雇主應依本法及有關規定會同勞工代表訂定適合其需要之安全衛生工作守則,報經勞動檢查機構備查後,公告實施。

(A) 47. 依職業安全衛生法規定新雇用勞工時應施行
(A) 體格檢查　(B) 定期健康檢查　(C) 特殊健康檢查
(D) 其他經中央主管機關指定之健康檢查。

解析 健 §14~16

	新僱勞工	在職勞工
一般	一般體格檢查	一般健康檢查
特殊	特殊體格檢查	特殊健康檢查

(C) 48. 事業單位工作場所發生死亡災害時下列敘述何者為非
(A) 8 小時內報告檢查機構
(B) 施以必要之急救與搶救
(C) 在每個月填載職業災害統計報告時才報告機構
(D) 雇主非經司法機關或檢查機構許可,不得移動或破壞現場。

解析 職安 §37 事業單位工作場所發生職業災害,雇主應即採取必要之急救、搶救等措施,並會同勞工代表實施調查、分析及作成紀錄。
事業單位勞動場所發生下列職業災害之一者,雇主應於 8 小時內通報勞動檢查機構:
一、發生死亡災害。
二、發生災害之罹災人數在 3 人以上。
三、發生災害之罹災人數在 1 人以上,且需住院治療。
四、其他經中央主管機關指定公告之災害。

勞動檢查機構接獲前項報告後,應就工作場所發生死亡或重傷之災害派員檢查。

事業單位發生第 2 項之災害,除必要之急救、搶救外,雇主非經司法機關或勞動檢查機構許可,不得移動或破壞現場。

(D) 49. 以下何者不是健康檢查種類
  (A) 定期檢查　　　　　　(B) 特殊檢查
  (C) 體格檢查　　　　　　(D) 自動檢查。

解析 同 48 題

2-1-2-2 交通部臺鐵局 107 年營運員甄試試題 職業安全衛生法及施行細則概要

壹、單選題

(B) 1. 「為防止職業災害,保障工作者安全及健康」為下列何種法律之立法目的?
  (A) 工會法　　　　　　　(B) 職業安全衛生法
  (C) 勞工安全衛生法　　　(D) 勞動基準法

解析 職安 §1 為防止職業災害,保障工作者安全及健康,特制定本法;其他法律有特別規定者,從其規定。

(C) 2. 依職業安全衛生管理辦法規定,事業單位勞工在多少人以上時,雇主應訂定職業安全衛生管理規章?
  (A) 30　(B) 50　(C) 100　(D) 300　人

解析 管辦 §12-1.2 勞工人數在 100 人以上之事業單位,應另訂定職業安全衛生管理規章。

(B) 3. 雇主未依職業安全衛生法第三十二條規定,對勞工施以從事工作及預防災變所必要之安全衛生教育訓練,經通知限期改善,屆期未改善者,可處

(A) 一年以下有期徒刑
(B) 新台幣三萬元以上十五萬元以下罰鍰
(C) 新台幣三萬元以上六萬元以下罰鍰
(D) 三年以下有期徒刑

解析 職安§45.1 .1 有下列情形之一者,處新臺幣3萬元以上15萬元以下罰鍰:一、違反第6條第2項、第12條第4項、第20條第1項、第2項、第21條第1項、第2項、第22條第1項、第23條第1項、<u>第32條第1項</u>、第34條第1項或第38條之規定,經通知限期改善,屆期未改善。

(B) 4. 下列何者非屬應對在職勞工施行之健康檢查?

(A) 一般健康檢查　　(B) 體格檢查
(C) 特殊健康檢查　　(D) 特定對象及特定項目之檢查

解析 健§14、15

	新僱勞工	在職勞工
一般	一般體格檢查	<u>一般健康檢查</u>
特殊	特殊體格檢查	<u>特殊健康檢查</u>

【補充】勞動部公告「指定長期夜間工作之勞工為雇主應施行特定項目健康檢查之特定對象」

(依據職安§20.1.3 雇主……對在職勞工應施行下列健康檢查:一、……三、經中央主管機關指定為特定對象及特定項目之健康檢查。)

為使雇主能重視**長期夜間工作者**的工作安排與健康管理,同時蒐集本土性資料,作為工作相關疾病預防政策的參考,勞動部於本(107)年1月5日公告「指定長期夜間工作之勞工為雇主應施行特定項目健康檢查之特定對象」。

長期夜間工作的適用情形,分為工作日數及時數兩種,所謂夜間工作是指在晚上10點至清晨6點間從事工作,所指定的特定對

象為全年度夜間工作時數累積達 700 小時以上，或每月在夜間工作達 3 小時的日數佔當月工作日的 1/2，且全年度有 6 個月以上者。107 年度達到標準者，雇主應在 108 年度實施檢查，108 年度達到標準者，則需在 109 年度實施檢查，檢查費用由雇主負擔，檢查項目可參閱附檔之公告附表。檢查結果應由實施檢查之勞工健檢醫療機構辦理通報。

綜上，選項 ACD 皆屬對在職勞工施行之健康檢查。筆者真心覺得此題出的很有水準。

(D) 5. 下列何者得由代行檢查機構實施？

(A) 勞工作業環境監測
(B) 危險性工作場所審查或檢查
(C) 職業災害檢查
(D) 具有危險性之機械或設備定期檢查

解析 職安 §16 雇主對於經中央主管機關指定具有危險性之機械或設備，非經勞動檢查機構或中央主管機關指定之<u>代行檢查機構</u>檢查合格，不得使用；其使用超過規定期間者，非經再檢查合格，不得繼續使用。
<u>代行檢查機構</u>應依本法及本法所發布之命令執行職務。
檢查費收費標準及代行檢查機構之資格條件與所負責任，由中央主管機關定之。
第一項所稱危險性機械或設備之種類、應具之容量與其製程、竣工、使用、變更或其他檢查之程序、項目、標準及檢查合格許可有效使用期限等事項之規則，由中央主管機關定之。

(A) 6. 機械設備之作業前檢點應於下列何時實施？

(A) 每日　(B) 每週　(C) 每半個月　(D) 每月

解析 管辦 第 4 章自動檢查 第 4 節機械、設備之作業檢點
作業前檢點的條文要求均為<u>每日</u>作業前。

(D) 7. 依職業安全衛生法規定，事業單位與承攬人、再承攬人所僱用之勞工於同一期間、同一工作場所從事工作是指？
(A) 僱用作業　　　　　(B) 承攬作業
(C) 再承攬作業　　　　(D) 共同作業

解析 安細§37 本法第 27 條所稱共同作業，指事業單位與承攬人、再承攬人所僱用之勞工於同一期間、同一工作場所從事工作。

(A) 8. 下列何者非屬特別危害健康作業？
(A) 高架作業　　　　　(B) 噪音作業
(C) 游離輻射作業　　　(D) 異常氣壓作業

解析 健 附表一 特別危害健康作業

項次	作業名稱
一	高溫作業勞工作息時間標準所稱之高溫作業。
二	勞工噪音暴露工作日 8 小時日時量平均音壓級在 85 分貝以上之噪音作業。
三	游離輻射作業。
四	異常氣壓危害預防標準所稱之異常氣壓作業。
五	鉛中毒預防規則所稱之鉛作業。
六	四烷基鉛中毒預防規則所稱之四烷基鉛作業。
七	粉塵危害預防標準所稱之粉塵作業。
八	有機溶劑中毒預防規則所稱之下列有機溶劑作業： （一）1,1,2,2-四氯乙烷。 （二）四氯化碳。 （三）二硫化碳。 （四）三氯乙烯。 （五）四氯乙烯。 （六）二甲基甲醯胺。 （七）正己烷。

項次	作業名稱
九	製造、處置或使用下列特定化學物質或其重量比（苯為體積比）超過百分之一之混合物之作業： （一）聯苯胺及其鹽類。 （二）4-胺基聯苯及其鹽類。 （三）4-硝基聯苯及其鹽類。 （四）β-萘胺及其鹽類。 （五）二氯聯苯胺及其鹽類。 （六）α-萘胺及其鹽類。 （七）鈹及其化合物（鈹合金時，以鈹之重量比超過百分之三者為限）。 （八）氯乙烯。 （九）2,4-二異氰酸甲苯或2,6-二異氰酸甲苯。 （十）4,4-二異氰酸二苯甲烷。 （十一）二異氰酸異佛爾酮。 （十二）苯。 （十三）石綿（以處置或使用作業為限）。 （十四）鉻酸與其鹽類或重鉻酸及其鹽類。 （十五）砷及其化合物。 （十六）鎘及其化合物。 （十七）錳及其化合物（一氧化錳及三氧化錳除外）。 （十八）乙基汞化合物。 （十九）汞及其無機化合物。 （二十）鎳及其化合物。 （二十一）甲醛。 （二十二）1,3-丁二烯。 （二十三）銦及其化合物。
十	黃磷之製造、處置或使用作業。
十一	聯吡啶或巴拉刈之製造作業。
十二	其他經中央主管機關指定公告之作業： 製造、處置或使用下列化學物質或其重量比超過百分之五之混合物之作業：溴丙烷。

(A) 9. 職業安全衛生法施行細則第二十條所指優先管理化學品中，經中央主管機關評估具高度暴露風險者，是指下列何者？
(A) 管制性化學品　　　　　　(B) 新化學物質
(C) 高度暴露風險化學品　　　(D) 顯著危害化學品

解析 安細§19 本法第14條第1項所稱管制性化學品如下：
一、第20條之優先管理化學品中，經中央主管機關評估具高度暴露風險者。
二、其他經中央主管機關指定公告者。

(C) 10. 依精密作業勞工視機能保護設施標準規定，從事精密作業之勞工，於連續作業2小時，應給予至少幾分鐘之休息？

(A) 5　(B) 10　(C) 15　(D) 20　分鐘

解析 精密§9 雇主使勞工從事精密作業時，應縮短工作時間，於連續作業2小時，給予作業勞工至少15分鐘之休息。

(A) 11. 危害性化學品管理通常不包含下列何者？

(A) 危險性機械設備　　　(B) 危害標示及教育訓練
(C) 危害清單及通識計劃　(D) 安全資料表

解析 危標§17 雇主為防止勞工未確實知悉危害性化學品之危害資訊，致引起之職業災害，應採取下列必要措施：
一、依實際狀況訂定危害通識計畫，適時檢討更新，並依計畫確實執行，其執行紀錄保存3年。
二、製作危害性化學品清單，其內容、格式參照附表五。
三、將危害性化學品之安全資料表置於工作場所易取得之處。
四、使勞工接受製造、處置或使用危害性化學品之教育訓練，其課程內容及時數依職業安全衛生教育訓練規則之規定辦理。
五、其他使勞工確實知悉危害性化學品資訊之必要措施。
前項第一款危害通識計畫，應含危害性化學品清單、安全資料表、標示、危害通識教育訓練等必要項目之擬訂、執行、紀錄及修正措施。

(C) 12. 依職業安全衛生法規定，在高溫場所工作之勞工，雇主不得使其每日工作時間超過多少小時？

(A) 4　(B) 5　(C) 6　(D) 7 小時

解析 職安§19 在高溫場所工作之勞工，雇主不得使其每日工作時間超過6小時……。

(C) 13. 依職業安全衛生法規定,工作現場若有立即發生危險之虞時,工作場所負責人應如何處理?

(A) 報告上級,並靜候上級指示應變措施
(B) 報告上級,立即進行搶修,並請求支援
(C) 即令停止作業,並使勞工退避至安全場所
(D) 請搶修人員立即進行搶修

解析 職安 §18.1 工作場所有立即發生危險之虞時,雇主或工作場所負責人應即令停止作業,並使勞工退避至安全場所。

(D) 14. 依職業安全衛生法規定,事業單位工作場所如發生職業災害,應由下列何者會同勞工代表實施調查、分析及作成紀錄?

(A) 勞動檢查機構　(B) 警察局　(C) 縣市政府　(D) 雇主

解析 職安 §37.1 事業單位工作場所發生職業災害,雇主應即採取必要之急救、搶救等措施,並會同勞工代表實施調查、分析及作成紀錄。

(A) 15. 依職業安全衛生法令規定,職業安全衛生委員會中工會或勞工選舉之代表應佔委員人數多少以上?

(A) 1/3　(B) 1/4　(C) 1/5　(D) 1/6

解析 管辦 §11 委員會置委員 7 人以上,除雇主為當然委員及第 5 款規定者外,由雇主視該事業單位之實際需要指定下列人員組成:
一、職業安全衛生人員。
二、事業內各部門之主管、監督、指揮人員。
三、與職業安全衛生有關之工程技術人員。
四、從事勞工健康服務之醫護人員。
五、勞工代表。
委員任期為 2 年,並以雇主為主任委員,綜理會務。
委員會由主任委員指定 1 人為秘書,輔助其綜理會務。
第 1 項第 5 款之勞工代表,應佔委員人數 1/3 以上;事業單位設有工會者,由工會推派之;無工會組織而有勞資會議者,由勞方代表推選之;無工會組織且無勞資會議者,由勞工共同推選之。

(D) 16. 依職業安全衛生管理辦法規定,下列何者非屬「自動檢查」之內容?
(A) 機械之定期檢查
(B) 機械、設備之重點檢查
(C) 機械、設備之作業檢點
(D) 勞工健康檢查

解析 管辦第四章 自動檢查
第一節 機械之定期檢查 §13
第二節 設備之定期檢查 §27
第三節 機械、設備之重點檢查 §45
第四節 機械、設備之作業檢點 §50
第五節 作業檢點 §64
第六節 自動檢查紀錄及必要措施 §79

(C) 17. 依女性勞工母性健康保護實施辦法規定,母性健康保護期間,指雇主得知妊娠之日起至何時之期間?
(A) 分娩日
(B) 分娩後半年
(C) 分娩後 1 年
(D) 分娩後 2 年

解析 母性 §2.1.2 母性健康保護期間(以下簡稱保護期間):指雇主於得知女性勞工妊娠之日起至分娩後 1 年之期間。

(D) 18. 職業安全衛生法所稱有母性健康危害之虞之工作,不包括下列何種工作型態?
(A) 長時間站立姿勢作業
(B) 人力提舉、搬運及推拉重物
(C) 輪班及夜間工作
(D) 駕駛運輸車輛

解析 母性 §3 事業單位勞工人數在 100 人以上者,其勞工於保護期間,從事可能影響胚胎發育、妊娠或哺乳期間之母體及嬰兒健康之下列工作,應實施母性健康保護:
一、具有依國家標準 CNS 15030 分類,屬生殖毒性物質第一級、生殖細胞致突變性物質第一級或其他對哺乳功能有不良影響之化學品。

二、易造成健康危害之工作，包括勞工作業姿勢、人力提舉、搬運、推拉重物、輪班、夜班、單獨工作及工作負荷等。
三、其他經中央主管機關指定公告者。

(C) 19. 依職業安全衛生法施行細則規定，下列何者不屬具有危險性之機械？
(A) 固定式起重機　　(B) 移動式起重機
(C) 電氣設備　　(D) 吊籠

解析 安細 §22 本法第 16 條第 1 項所稱具有危險性之機械，指符合中央主管機關所定一定容量以上之下列機械：
一、固定式起重機。
二、移動式起重機。
三、人字臂起重桿。
四、營建用升降機。
五、營建用提升機。
六、吊籠。
七、其他經中央主管機關指定公告具有危險性之機械。

(A) 20. 發生重大職業災害時，除必要之急救、搶救外，雇主非經哪個單位許可，不得移動或破壞現場？

(A) 司法機關或勞動檢查機構
(B) 工程主辦單位
(C) 監造單位
(D) 職業安全衛生人員

解析 職安 §37.4 事業單位發生第 2 項之災害，除必要之急救、搶救外，雇主非經司法機關或勞動檢查機構許可，不得移動或破壞現場。

(C) 21. 依職業安全衛生法施行細則規定，下列何者非屬安全衛生工作守則的內容之一？
(A) 教育及訓練　　(B) 急救與搶救
(C) 訪客注意要點　　(D) 事故通報及報告

解析 安細§41 本法第34條第1項所定安全衛生工作守則之內容,依下列事項定之:
一、事業之安全衛生管理及各級之權責。
二、機械、設備或器具之維護及檢查。
三、工作安全及衛生標準。
四、教育及訓練。
五、健康指導及管理措施。
六、急救及搶救。
七、防護設備之準備、維持及使用。
八、事故通報及報告。
九、其他有關安全衛生事項。

(B) 22. 依危害性化學品標示及通識規則規定,均須置備何種資料供勞工使用?

(A) 物品質量表　　　　(B) 物質安全資料表
(C) 物質基本資料表　　(D) 物理及化學性質表

解析 危標§12.1 雇主對含有危害性化學品或符合附表三規定之每一化學品,應依附表四提供勞工安全資料表。(本規則103.6.27修正後,已將物質安全資料表更名為安全資料表)。

(D) 23. 依職業安全衛生法規定,雇主應會同下列何者訂定適合其需要之安全衛生工作守則,報經勞動檢查機構備查後,公告實施?

(A) 承攬商　　　　　　(B) 安全衛生顧問公司
(C) 醫療機構　　　　　(D) 勞工代表

解析 職安§34.1 雇主應依本法及有關規定會同勞工代表訂定適合其需要之安全衛生工作守則,報經勞動檢查機構備查後,公告實施。

(B) 24. 事業單位勞動場所發生職業災害,災害搶救中第一要務為何?

(A) 搶救材料減少損失
(B) 搶救罹災勞工迅速送醫

(C) 災害場所持續工作減少損失

(D) 24 小時內通報勞動檢查機構

解析 職安 §37.1 事業單位工作場所發生職業災害，雇主應即採取必要之急救、搶救等措施，並會同勞工代表實施調查、分析及作成紀錄。

(D) 25. 依職業安全衛生法 31 條規定，雇主應對有母性健康危害之虞之工作採取應有措施，不包括下列何者？

(A) 分級管理　(B) 危害評估　(C) 控制　(D) 教育訓練

解析 職安 §31.1 中央主管機關指定之事業，雇主應對有母性健康危害之虞之工作，採取危害評估、控制及分級管理措施；對於妊娠中或分娩後未滿 1 年之女性勞工，應依醫師適性評估建議，採取工作調整或更換等健康保護措施，並留存紀錄。

(C) 26. 依職業安全衛生管理辦法規定，職業安全衛生委員會應每幾個月舉行會議一次？

(A) 一　(B) 二　(C) 三　(D) 四

解析 管辦 §12.1 委員會應每 3 個月至少開會 1 次……。

(C) 27. 勞工如不接受法定之職業安全衛生教育訓練者，處新台幣多少元以下之罰鍰？

(A) 一千元　(B) 二千元　(C) 三千元　(D) 六千元

解析 職安 §46 違反第 20 條第 6 項（接受體格／健康檢查）、第 32 條第 3 項（教育訓練）或第 34 條第 2 項（遵守安全衛生工作守則）之規定者，處新臺幣 3000 元以下罰鍰。

(B) 28. 下列何者屬不安全的行為？

(A) 不適當之支撐或防護　　(B) 未使用防護具

(C) 不適當之警告裝置　　　(D) 有缺陷的設備

解析 ACD 屬於不安全環境。

(C) 29. 我國中央勞工行政主管機關為下列何者？
(A) 行政院　(B) 勞工保險局　(C) 勞動部　(D) 經濟部

解析 職安 §3 本法所稱主管機關：在中央為勞動部……。

(B) 30. 在噪音防治之對策中，從下列哪一方面著手最為有效？
(A) 偵測儀器　(B) 噪音源　(C) 傳播途徑　(D) 個人防護具

解析 危害控制順序：消除、取代、工程控制、管理措施、個人防護具。因此，針對噪音防治對策，首要還是先考量消除噪音源。

(C) 31. 雇主已依法令規定提供強烈噪音工作場所勞工聽力防護具，但未監督勞工確實使用時，顯已違反下列何種法律規定？
(A) 勞動基準法
(B) 勞動檢查法
(C) 職業安全衛生法
(D) 勞工保險條例

解析 設 §283 雇主為防止勞工暴露於強烈噪音之工作場所，應置備耳塞、耳罩等防護具，並**使勞工確實戴用**。
續上，職業安全衛生設施規則係職業安全衛生法之子法，如雇主未監督勞工確實使用防護具時，已違反職業安全衛生法。

(A) 32. 下列何者為危害控制的最後手段？
(A) 個人防護具
(B) 行政管理
(C) 發生源控制
(D) 工程控制

解析 危害控制順序：消除、取代、工程控制、管理措施、個人防護具。

(B) 33. 依職業安全衛生法施行細則規定，下列何者係指工作場所中，為特定之工作目的所設之場所？
(A) 就業場所
(B) 作業場所
(C) 公共場所
(D) 施工場所

解析 安細§5.3 本法第6條第1項第5款、第12條第1項、第3項、第5項、第21條第1項及第29條第3項所稱作業場所，指工作場所中，從事特定工作目的之場所。

(B) 34. 化學性有害物進入人體最重要路徑為下列何者？

(A) 口腔　(B) 呼吸道　(C) 皮膚　(D) 眼睛

解析 概念題，思考方向：皮膚一般可以衣物及手套防護；在化學性有害物存在場所儘量避免進食及飲水，口腔進入量即可降低；眼睛部分，除非遭到噴濺，否則暴露量通常不大；所有在工作場所的工作者，都要呼吸，卻難以長時間配戴呼吸防護具。

(D) 35. 依職業安全衛生法施行細則規定，職業安全衛生管理應由下列何者綜理負責？

(A) 職業安全衛生人員　　(B) 作業勞工
(C) 人事人員　　　　　　(D) 雇主

解析 安細§34 本法第23條第1項所定安全衛生管理，由雇主或對事業具管理權限之雇主代理人綜理，並由事業單位內各級主管依職權指揮、監督所屬人員執行。

貳、多重選擇題【共 15 題，每題 2 分，共 30 分】

每題有 4 個選項，其中至少有 1 個是正確的選項，請將正確選項劃記在答案卡之「答案區」。

各題之選項獨立判定，所有選項均答對者，得 2 分；答錯 1 個選項者，得 1 分；所有選項均未作答、答錯 2 個（含）以上選項者，該題以零分計算。

(BCD) 36. 依職業安全衛生法施行細則規定，下列何者屬應實施作業環境測定之作業場所？

(A) 行政人員辦公場所　　　(B) 鉛作業場所
(C) 顯著發生噪音之作業場所　(D) 高溫作業場所

解析 環測 §7、8

場所	監測項目	監測頻率
設有中央管理方式之空氣調節設備之建築物室內作業場所	二氧化碳	每6個月
坑內作業場所 (一) 礦場地下礦物之試掘、採掘場所。 (二) 隧道掘削之建設工程之場所。 (三) 前2目已完工可通行之地下通道。	粉塵、二氧化碳	每6個月
工作日8小時日時量平均音壓級85分貝以上之作業場所	噪音	每6個月
下列作業場所，其勞工工作日時量平均綜合溫度熱指數在中央主管機關規定值[註1]以上： (一) 於鍋爐房從事工作之作業場所。 (二) 處理灼熱鋼鐵或其他金屬塊之壓軋及鍛造之作業場所。 (三) 鑄造間內處理熔融鋼鐵或其他金屬之作業場所。 (四) 處理鋼鐵或其他金屬類物料之加熱或熔煉之作業場所。 (五) 處理搪瓷、玻璃及高溫熔料或操作電石熔爐之作業場所。 (六) 於蒸汽機車、輪船機房從事工作之作業場所。 (七) 從事蒸汽操作、燒窯等之作業場所。	綜合溫度熱指數	每3個月
粉塵危害預防標準所稱之特定粉塵作業場所	粉塵	每6個月
製造、處置或使用附表一所列有機溶劑[註2]之作業場所	有機溶劑	每6個月
製造、處置或使用附表二所列特定化學物質[註3]之作業場所	特定化學物質	每6個月
接近煉焦爐或於其上方從事煉焦作業之場所	溶於苯之煉焦爐生成物	每6個月

場所	監測項目	監測頻率
鉛中毒預防規則所稱鉛作業之作業場所	鉛	每年
四烷基鉛中毒預防規則所稱四烷基鉛作業之作業場所	四烷基鉛	每年

註1 高溫 §5

時量平均綜合溫度熱指數值 °C	輕工作	30.6	31.4	32.2	33.0
	中度工作	28.0	29.4	31.1	32.6
	重工作	25.9	27.9	30.0	32.1
時間比例每小時作息		連續作業	25%休息 75%作業	50%休息 50%作業	75%休息 25%作業

註2
製造、處置或使用有機溶劑之作業場所應實施作業環境監測之項目一覽表

分類	有機溶劑名稱
第一種有機溶劑	1. 三氯甲烷 2. 1,1,2,2-四氯乙烷 3. 四氯化碳 4. 1,2-二氯乙烯 5. 1,2-二氯乙烷 6. 二硫化碳 7. 三氯乙烯
第二種有機溶劑	1. 丙酮 2. 異戊醇 3. 異丁醇 4. 異丙醇 5. 乙醚 6. 乙二醇乙醚 7. 乙二醇乙醚醋酸酯 8. 乙二醇丁醚 9. 乙二醇甲醚 10. 鄰-二氯苯

分類	有機溶劑名稱
第二種有機溶劑	11. 二甲苯 12. 甲酚 13. 氯苯 14. 乙酸戊酯 15. 乙酸異戊酯 16. 乙酸異丁酯 17. 乙酸異丙酯 18. 乙酸乙酯 19. 乙酸丙酯 20. 乙酸丁酯 21. 乙酸甲酯 22. 苯乙烯 23. 1,4-二氧陸圜 24. 四氯乙烯 25. 環己醇 26. 環己酮 27. 1-丁醇 28. 2-丁醇 29. 甲苯 30. 二氯甲烷 31. 甲醇 32. 甲基異丁酮 33. 甲基環己醇 34. 甲基環己酮 35. 甲丁酮 36. 1,1,1-三氯乙烷 37. 1,1,2-三氯乙烷 38. 丁酮 39. 二甲基甲醯胺 40. 四氫呋喃 41. 正己烷

註3
製造、處置或使用特定化學物質之作業場所應實施作業環境監測之項目一覽表

分類	特定化學物質名稱
甲類物質	1. 聯苯胺及其鹽類 2. 4-胺基聯苯及其鹽類 3. β-萘胺及其鹽類 4. 多氯聯苯 5. 五氯酚及其鈉鹽
乙類物質	1. 二氯聯苯胺及其鹽類 2. α-萘胺及其鹽類 3. 鄰-二甲基聯苯胺及其鹽類 4. 二甲氧基聯苯胺及其鹽類 5. 鈹及其化合物
丙類第一種物質	1. 次乙亞胺 2. 氯乙烯 3. 丙烯腈 4. 氯 5. 氰化氫 6. 溴甲烷 7. 二異氰酸甲苯 8. 碘甲烷 9. 硫化氫 10. 硫酸二甲酯 11. 苯 12. 對-硝基氯苯 13. 氟化氫
丙類第三種物質	1. 石綿 2. 鉻酸及其鹽類 3. 砷及其化合物 4. 重鉻酸及其鹽類 5. 鎘及其化合物 6. 汞及其無機化合物 7. 錳及其化合物 8. 煤焦油 9. 氰化鉀 10. 氰化鈉 11. 鎳及其化合物
丁類物質	硫酸

(ABC) 37. 依職業安全衛生教育訓練規則規定,雇主對擔任下列哪些工作性質勞工,每 3 年至少 3 小時接受安全衛生在職教育訓練?

(A) 危險性之機械或設備操作人員
(B) 特殊作業人員
(C) 急救人員
(D) 職業安全衛生業務主管

解析 除了選項 D 為 6 hr/2 年,其餘均為 3 hr/3 年

教 §18.1. 第 X 款	教育訓練名稱	安全衛生在職教育訓練時數
1	職業安全衛生業務主管	6 hr/2 年
2	職業安全衛生管理人員(職業安全管理師、職業衛生管理師、職業安全衛生管理員)	12 hr/2 年
3	勞工健康服務護理人員及勞工健康服務相關人員	12 hr/**3** 年
4	勞工作業環境監測人員	
5	施工安全評估人員及製程安全評估人員	
6	高壓氣體作業主管: 一、高壓氣體製造安全主任。 二、高壓氣體製造安全作業主管。 三、高壓氣體供應及消費作業主管。 營造作業主管: 一、擋土支撐作業主管。 二、露天開挖作業主管。 三、模板支撐作業主管。 四、隧道等挖掘作業主管。 五、隧道等襯砌作業主管。 六、施工架組配作業主管。 七、鋼構組配作業主管。 八、屋頂作業主管。 九、其他經中央主管機關指定之人員。 有害作業主管: 一、有機溶劑作業主管。 二、鉛作業主管。	6 hr/3 年

教 §18.1. 第 X 款	教育訓練名稱	安全衛生在職教育訓練時數
6	三、四烷基鉛作業主管。 四、缺氧作業主管。 五、特定化學物質作業主管。 六、粉塵作業主管。 七、高壓室內作業主管。 八、潛水作業主管。 九、其他經中央主管機關指定之人員。	6 hr/3 年
7	具有危險性之機械及設備操作人員： 一、鍋爐操作人員。 二、第一種壓力容器操作人員。 三、高壓氣體特定設備操作人員。 四、高壓氣體容器操作人員。 五、其他經中央主管機關指定之人員。	
8	特殊作業人員： 一、小型鍋爐操作人員。 二、荷重在 1 公噸以上之堆高機操作人員。 三、吊升荷重在 0.5 公噸以上未滿 3 公噸之固定式起重機操作人員或吊升荷重未滿 1 公噸之斯達卡式起重機操作人員。 四、吊升荷重在 0.5 公噸以上未滿 3 公噸之移動式起重機操作人員。 五、吊升荷重在 0.5 公噸以上未滿 3 公噸之人字臂起重桿操作人員。 六、高空工作車操作人員。 七、使用起重機具從事吊掛作業人員。 八、以乙炔熔接裝置或氣體集合熔接裝置從事金屬之熔接、切斷或加熱作業人員。 九、火藥爆破作業人員。 十、胸高直徑 70 公分以上之伐木作業人員。 十一、機械集材運材作業人員。 十二、高壓室內作業人員。 十三、潛水作業人員。 十四、油輪清艙作業人員。 十五、其他經中央主管機關指定之人員。	3 hr/3 年

教 §18.1. 第 X 款	教育訓練名稱	安全衛生在職教育訓練時數
9	急救人員	3 hr/3 年
10	各級管理、指揮、監督之業務主管	
11	職業安全衛生委員會成員	
12	下列作業之人員： （一）營造作業。 （二）車輛系營建機械作業。 （三）起重機具吊掛搭乘設備作業。 （四）缺氧作業。 （五）局限空間作業。 （六）氧乙炔熔接裝置作業。 （七）製造、處置或使用危害性化學品作業。	
13	前述各款以外之一般勞工	
14	其他經中央主管機關指定之人員	

(ABD) 38. 員工參與是職業安全衛生管理系統的基本要素之一，依職業安全衛生相關法規規定，下列何種作業應會同勞工代表？

(A) 訂定安全衛生工作守則
(B) 實施職業災害調查、分析及作成紀錄
(C) 製作工作安全分析
(D) 實施作業環境監測

解析 A. 職安 §34.1 雇主應依本法及有關規定會同勞工代表訂定適合其需要之安全衛生工作守則，報經勞動檢查機構備查後，公告實施。
B. 職安 §37.1 事業單位工作場所發生職業災害，雇主應即採取必要之急救、搶救等措施，並會同勞工代表實施調查、分析及作成紀錄。
D. 環測 §12.1 雇主依前2條訂定監測計畫，實施作業環境監測時，應會同職業安全衛生人員及勞工代表實施。

(BC) 39. 依機械類產品型式驗證實施及監督管理辦法規定，下列哪些為適用對象？

(A) 雇主　(B) 製造者　(C) 輸入者　(D) 設計者

解析 依機械類產品型式驗證實施及監督管理辦法 第 3 條機械類產品（以下簡稱產品）之報驗義務人如下：
一、產品在國內產製，為該產品之產製者。但產品委託他人產製，而以在國內有住所或營業所之委託者名義，於國內銷售時，為委託者。
二、產品在國外產製，為該產品之輸入者。但產品委託他人輸入，而以在國內有住所或營業所之委託者名義，於國內銷售時，為委託者。
三、產品之產製、輸入、委託產製或委託輸入者不明，或不能追查時，為銷售者。

(CD) 40. 下列何者為職業安全衛生法施行細則所規定之危險性設備？

(A) 固定式起重機　　　　(B) 移動式起重機
(C) 壓力容器　　　　　　(D) 鍋爐

解析 安細 §22 本法第 16 條第 1 項所稱具有危險性之機械，指符合中央主管機關所定一定容量以上之下列機械：
一、固定式起重機。
二、移動式起重機。
三、人字臂起重桿。
四、營建用升降機。
五、營建用提升機。
六、吊籠。
七、其他經中央主管機關指定公告具有危險性之機械。
安細 §23 本法第 16 條第 1 項所稱具有危險性之設備，指符合中央主管機關所定一定容量以上之下列設備：
一、鍋爐。
二、壓力容器。
三、高壓氣體特定設備。
四、高壓氣體容器。
五、其他經中央主管機關指定公告具有危險性之設備。

(BCD) 41. 依危害性化學品標示及通識規則規定，危害性化學品之標示內容包含下列何者？
(A) 廢棄處理方式
(B) 名稱與危害成分
(C) 警示語及危害警告訊息
(D) 危害防範措施

解析 危標§5.1 雇主對裝有危害性化學品之容器，應依附表一規定之分類及標示要項，參照附表二之格式明顯標示下列事項，所用文字以中文為主，必要時並輔以作業勞工所能瞭解之外文：
一、危害圖式。
二、內容：
（一）名稱。
（二）危害成分。
（三）警示語。
（四）危害警告訊息。
（五）危害防範措施。
（六）製造者、輸入者或供應者之名稱、地址及電話。

(ABD) 42. 有關事業單位訂定安全衛生工作守則之規定，下列哪些正確？
(A) 應依職業安全衛生法及有關規定訂定適合其需要者
(B) 會同勞工代表訂定
(C) 應報經當地勞工主管機關認可
(D) 應報經檢查機構備查後公告實施

解析 職安§34.1 雇主應依本法及有關規定會同勞工代表訂定適合其需要之安全衛生工作守則，報經勞動檢查機構備查後，公告實施。

(BCD) 43. 下列哪些屬機械本質安全化之作為或裝置？
(A) 安全護具
(B) 安全係數之考量
(C) 安全閥
(D) 連鎖裝置

解析 安全護具與機械本體無關。

(ABC) 44. 下列何者屬職業安全衛生法規定之勞工法定義務？

(A) 定期接受健康檢查
(B) 參加安全衛生教育訓練
(C) 遵守安全工作守則
(D) 實施安全衛生檢查

解析 職安法定勞工三大義務：健檢（§20）、訓練（§32）、守則（§34）。

(ABD) 45. 下列哪些為有機溶劑中毒預防規則所列之第二種有機溶劑？

(A) 丙酮　(B) 乙醚　(C) 汽油　(D) 異丙醇

解析 第二種有機溶劑

1. 丙酮
   CH_3COCH_3
   Acetone
2. 異戊醇
   $(CH_3)_2CHCH_2CH_2OH$
   Isoamyl alcohol
3. 異丁醇
   $(CH_3)_2CHCH_2OH$
   Isobutyl alcohol
4. 異丙醇
   $(CH_3)_2CHOH$
   Isopropyl alcohol
5. 乙醚
   $C_2H_5OC_2H_5$
   Ethyl ether
6. 乙二醇乙醚
   $HO(CH_2)_2OC_2H_5$
   Ethylene glycol monoethyl ether
7. 乙二醇乙醚醋酸酯
   $C_2H_5O(CH_2)_2OCOCH_3$
   Ethylene glycol monoethyl ether acetate
8. 乙二醇丁醚
   $HO(CH_2)_2OC_4H_9$
   Ethylene glycol monobutyl ether
9. 乙二醇甲醚
   $HO(CH_2)_2OCH_3$
   Ethylene glycol monomethyl ether
10. 鄰-二氯苯
    $C_6H_4Cl_2$
    O-dichlorobenzene
11. 二甲苯(含鄰、間、對異構物)
    $C_6H_4(CH_3)_2$
    Xylenes(0-,m-，p-isomers)

12 甲酚
HOC$_6$H$_4$CH$_3$
Cresol

13 氯苯
C$_6$H$_5$Cl
Chlorobenzene

14 乙酸戊酯
CH$_3$CO$_2$C$_5$H$_{11}$
Amyl acetate

15 乙酸異戊酯
CH$_3$CO$_2$CH$_2$CH$_2$CH(CH$_3$)$_2$
Isoamyl acetate

16 乙酸異丁酯
CH$_3$CO$_2$CH$_2$CH(CH$_3$)$_2$
Isobutyl acetate

17 乙酸異丙酯
CH$_3$CO$_2$CH$_2$CH(CH$_3$)$_2$
Isopropyl acetate

18 乙酸乙酯
CH$_3$CO$_2$C$_2$H$_5$
Ethyl acetate

19 乙酸丙酯
CH$_3$CO$_2$C$_3$H$_7$
Propyl acetate

20 乙酸丁酯
CH$_3$CO$_2$C$_4$H$_9$
Butyl acetate

21 乙酸甲酯
CH$_3$COOCH$_3$
Methyl acetate

22 苯乙烯
C$_6$H$_5$CH=CH$_2$
Styrene

23 1,4-二氧陸圜
1,4-Dioxan

24 四氯乙烯
Cl$_2$C=CCl$_2$
Tetrachloroethylene

25 環己醇
C$_6$H$_{11}$OH
Cyclohexanol

26 環己酮
C$_6$H$_{10}$O
Cyclohexanone

27 1-丁醇
CH$_3$(CH$_2$)$_3$OH
1-Butyl alcohol

28 2-丁醇
CH$_3$CH$_2$CH(OH)CH$_3$
2-Butyl alcohol

29 甲苯
C$_6$H$_5$CH$_3$
Toluene

30 二氯甲烷
CH$_2$Cl$_2$
Dichloromethane

31 甲醇
CH$_3$OH
Methyl alcohol

32 甲基異丁酮
(CH$_3$)$_2$CHCH$_2$COCH$_3$
Methyl isobutyl ketone

33 甲基環己醇
CH$_3$C$_6$H$_{10}$OH
Methyl cyclohexanol

34	甲基環己酮 $CH_3C_5H_9CO$ Methyl cyclohexanone	39	二甲基甲醯胺 $HCON(CH_3)_2$ N,N-Dimethyl formamide
35	甲丁酮 $CH_3OC(CH_2)_3CH_3$ Methyl butyl ketone	40	四氫呋喃 Tetrahydrofuran
36	1,1,1- 三氯乙烷 CH_3CCl_3 1,1,1-Trichloroethane	41	正己烷 $CH_3CH_2CH_2CH_2CH_2CH_3$ n-hexane
37	1,1,2- 三氯乙烷 $CH_2ClCHCl_2$ 1,1,2-Trichloroethane	42	僅由 1 至 41 列舉之物質之混合物。
38	丁酮 $CH_3COC_2H_5$ Methyl ethyl ketone		

(ABC) 46. 依職業安全衛生法規定，有關事業單位工作場所發生勞工死亡職業災害之處理，下列敘述何者正確？

(A) 事業單位應採取必要措施

(B) 非經許可不得移動或破壞現場

(C) 應於 8 小時內報告檢查機構

(D) 於當月職業災害統計月報表陳報者，得免 8 小時內報告

解析 職安 §37 事業單位工作場所發生職業災害，雇主應<u>即採取必要之急救、搶救等措施</u>，並會同勞工代表實施調查、分析及作成紀錄。

事業單位勞動場所發生下列職業災害之一者，雇主應於<u>8 小時內通報勞動檢查機構</u>：

一、發生死亡災害。

二、發生災害之罹災人數在 3 人以上。

三、發生災害之罹災人數在 1 人以上，且需住院治療。

四、其他經中央主管機關指定公告之災害。

勞動檢查機構接獲前項報告後，應就工作場所發生死亡或重傷之災害派員檢查。

事業單位發生第 2 項之災害，除必要之急救、搶救外，雇主非經司法機關或勞動檢查機構許可，不得移動或破壞現場。

(ABD) 47. 有關工作場所作業安全，下列敘述哪些正確？

(A) 毒性及腐蝕性物質存放在安全處所
(B) 有害揮發性物質隨時加蓋
(C) 機械運轉中從事上油作業
(D) 佩戴適合之防護具

解析 C 錯誤，設 §57.1 雇主對於機械之掃除、上油、檢查、修理或調整有導致危害勞工之虞者，應停止相關機械運轉及送料。為防止他人操作該機械之起動等裝置或誤送料，應採上鎖或設置標示等措施，並設置防止落下物導致危害勞工之安全設備與措施。

(ABC) 48. 下列何者屬於職業安全衛生法所稱之職業災害？

(A) 勞工於噴漆時有機溶劑中毒
(B) 勞工因工作罹患疾病
(C) 勞工維修理機器感電死亡
(D) 化學工廠爆炸至居民死傷多人

解析 職安 §2.1.5 職業災害：指因勞動場所之建築物、機械、設備、原料、材料、化學品、氣體、蒸氣、粉塵等或作業活動及其他職業上原因引起之工作者疾病、傷害、失能或死亡。

D 錯誤，因為居民並非工作者。

(BCD) 49. 依職業安全衛生管理辦法規定，職業安全衛生委員會除勞工代表外，雇主視事業單位之實際需要指定何種人員組成？

(A) 急救人員　　　　　(B) 職業安全衛生人員
(C) 醫護人員　　　　　(D) 主管人員

解析 管辦 §11.1 委員會置委員 7 人以上，除雇主為當然委員及第五款規定者外，由雇主視該事業單位之實際需要指定下列人員組成：

一、職業安全衛生人員。
二、事業內各部門之主管、監督、指揮人員。
三、與職業安全衛生有關之工程技術人員。
四、從事勞工健康服務之醫護人員。
五、勞工代表。

(ABCD)50. 職業安全衛生管理系統應包括下列哪些安全衛生事項？

(A) 組織設計　(B) 改善措施　(C) 評估　(D) 政策

解析 參考臺灣職業安全衛生管理系統指引，包括此5個要素：4.1 政策、4.2 組織設計、4.3 規劃與實施、4.4 評、4.5 改善措施。

2-1-2-3 交通部臺鐵局 107 年營運員甄試試題 職業安全衛生設施規則概要

壹、單選題【共 35 題，每題 2 分，共 70 分】

(D) 1. 乙烷，依職業安全衛生設施規則規定，屬於下列何者？

(A) 爆炸性物質　　　　(B) 致癌性物質
(C) 氧化性物質　　　　(D) 可燃性氣體

解析 設 §15 本規則所稱可燃性氣體，指下列危險物：……
三、甲烷、乙烷、丙烷、丁烷。……。

(B) 2. 室內工作場所之通道，依職業安全衛生設施規則規定，自路面起算多少公尺高度範圍內不得有障礙物？

(A)1.8　(B)2　(C)2.1　(D)3　公尺

解析 設 §31 雇主對於室內工作場所，應依下列規定設置足夠勞工使用之通道：……
三、自路面起算 2 公尺高度之範圍內，不得有障礙物。但因工作之必要，經採防護措施者，不在此限。……。

(C) 3. 固定梯之上端長度，依職業安全衛生設施規則規定，應比所靠之物突出多少公分以上？

(A)20　(B)40　(C)60　(D)80　公分

解析 設 §37 雇主設置之固定梯，應依下列規定：……
七、梯之頂端應突出板面 60 公分以上。……。

(C) 4. 裝卸貨物高差在多少公尺以上之作業場所，依職業安全衛生設施規則規定，應設置能使勞工安全上下之設備以防止墜落危害？

(A)2　(B)2.5　(C)1.5　(D)3　公尺

解析 設 §166 雇主對於勞工從事載貨台裝卸貨物其高差在 1.5 公尺以上者，應提供勞工安全上下之設備。

(C) 5. 為防止引起燃燒爆炸，可燃性氣體及氧氣之容器，應保持容器之溫度在攝氏幾度以下？

(A)30　(B)5　(C)40　(D)45　度

解析 設 §190 於雇主為金屬之熔接、熔斷或加熱等作業所須使用可燃性氣體及氧氣之容器，應依下列規定辦理：……
二、保持容器之溫度於攝氏 40 度以下。……。

(D) 6. 若充電電路之使用電壓為 69 千伏特，則依職業安全衛生設施規則規定，其接近界限距離為多少公分？

(A)20　(B)30　(C)50　(D)60　公分

解析 設 §260 雇主使勞工於特高壓之充電電路從事檢查、修理、清掃等作業時，應有下列設施之一：
一、使勞工使用活線作業用器具，並對勞工身體或其使用中之金屬工具、材料等導電體，應保持下表所定接近界限距離。

充電電路之使用電壓（千伏特）	接近界限距離（公分）
22 以下	20
超過 22，33 以下	30

充電電路之使用電壓（千伏特）	接近界限距離（公分）
超過 33，66 以下	50
超過 66，77 以下	60
超過 77，110 以下	90
超過 110，154 以下	120
超過 154，187 以下	140
超過 187，220 以下	160
超過 220，345 以下	200
超過 345	300

依題旨，使用電壓為 69 千伏特，超過 66、在 77 以下，故其接近界限距離為 60 公分

(C) 7. 工作場所噪音超過多少分貝即應標示並公告噪音危害之預防事項，使勞工周知？

(A)80　(B)85　(C)90　(D)95　分貝

解析 設 §300 雇主對於發生噪音之工作場所，應依下列規定辦理：……

四、噪音超過 90 分貝之工作場所，應標示並公告噪音危害之預防事項，使勞工周知。

(A) 8. 對於研磨機之使用，雇主應規定於每日作業開始前試轉多少分鐘以上？

(A)1　(B)2　(C)3　(D)4　分鐘

解析 設 §62 雇主對於研磨機之使用，應依下列規定：……

四、規定研磨機使用，應於每日作業開始前試轉 1 分鐘以上，……。

(A) 9. 依職業安全衛生設施規則規定，多少公斤以上之物品宜以人力車輛或工具搬運為原則？

(A)40　(B)45　(C)50　(D)55　公斤

解析 設§155 雇主對於物料之搬運，應儘量利用機械以代替人力，凡40公斤以上物品，以人力車輛或工具搬運為原則，……。

(C) 10. 雇主架設之漏空格條製成通道，其縫間隙不得超過下列何者？

(A)10　(B)20　(C)30　(D)40　公厘

解析 設§36 雇主架設之通道及機械防護跨橋，應依下列規定：……
七、通道路用漏空格條製成者，其縫間隙不得超過3公分，……。

(B) 11. 在原動機與鍋爐房中通往工作台之工作用階梯，其寬度不得小於多少公分？

(A)45　(B)56　(C)75　(D)90　公分

解析 設§29 雇主對於工作用階梯之設置，應依下列之規定：
一、如在原動機與鍋爐房中，或在機械四周通往工作台之工作用階梯，其寬度不得小於56公分。……。

(A) 12. 使用梯式施工架立木之梯子，依職業安全衛生設施規則規定，兩梯相互連接以增加長度時，至少應疊接多少公尺以上，並紮結牢固？

(A)1.5　(B)2　(C)1.8　(D)2　公尺

解析 設§231 雇主對於使用之梯式施工架立木之梯子，應符合下列規定：……三、以一梯連接另一梯增加其長度時，該二梯至少應疊接1.5公尺以上，並紮結牢固。

(B) 13. 在高度2公尺以上作業時若遇強風大雨，致勞工有墜落之虞時，應使勞工停止作業，所謂之強風係指10分鐘的平均風速達每秒多少公尺以上者？

(A)5　(B)10　(C)15　(D)20　公尺

解析 89.9.29 台八十九勞安二字第0042784號函略以：「……強風係指10分鐘的平均風速達每秒10公尺以上者，……。」

(C) 14. 自高度在幾公尺以上之場所,作業時投下物體有危害勞工之虞時,依職業安全衛生設施規則規定,應設置適當之滑槽及承受設備?

(A)2　(B)2.5　(C)3　(D)5　公尺

解析 設§237 雇主對於自高度在 3 公尺以上之場所投下物體有危害勞工之虞時,應設置適當之滑槽、承受設備,並指派監視人員。

(A) 15. 以塑膠太空包袋為盛裝木屑構成之積垛,高度在 2 公尺以上者,積垛與積垛間下端之距離應保持多少公分以上?

(A)10　(B)15　(C)20　(D)25　公分

解析 設§162 雇主對於草袋、麻袋、塑膠袋等袋裝容器構成之積垛,高度在 2 公尺以上者,應規定其積垛與積垛間下端之距離在 10 公分以上。

(D) 16. 雇主對於餐廳面積,依職業安全衛生設施規則規定,應以同時進餐之人數每人在多少平方公尺以上為原則?

(A)0.3　(B)0.5　(C)0.7　(D)1　平方公尺

解析 設§322 雇主對於廚房及餐廳,應依下列規定辦理:……
二、餐廳面積,應以同時進餐之人數每人 1 平方公尺以上為原則。……。

(B) 17. 勞工在坑內、儲槽、隧道等自然換氣不充分之場所工作,不得使用下列何種機械,以避免排出廢氣危害勞工?

(A) 電氣機械　　　　　(B) 具有內燃機之機械
(C) 人力機械　　　　　(D) 手提電動機械

解析 設§295.2 雇主對於勞工在坑內、深井、沉箱、儲槽、隧道、船艙或其他自然換氣不充分之場所工作,不得使用具有內燃機之機械,以免排出之廢氣危害勞工。

(D) 18. 特高壓,係指超過多少伏特之電壓?

(A) 二萬八千二百　　　　　(B) 八萬二千二百
(C) 二萬四千八百　　　　　(D) 二萬二千八百伏特

解析 設 §3 本規則所稱特高壓,係指超過 22,800 伏特之電壓;……。

(A) 19. 起重機中,為防止吊升物不致超越額定負荷之警報、自動停止裝置,稱為?

(A) 過負荷防止裝置　　　　(B) 一般之荷重計
(C) 額定防止裝置　　　　　(D) 負荷警報裝置

解析 設 §5 本規則所稱過負荷防止裝置,係指起重機中,為防止吊升物不致超越額定負荷之警報、自動停止裝置,不含一般之荷重計。

(C) 20. 勞工在其內部從事經常性作業,勞工進出方法受限制,且無法以自然通風來維持充分、清淨空氣之空間,稱為?

(A) 限制空間　　　　　　　(B) 局部空間
(C) 局限空間　　　　　　　(D) 有限空間

解析 設 §19-1 本規則所稱局限空間,指非供勞工在其內部從事經常性作業,勞工進出方法受限制,且無法以自然通風來維持充分、清淨空氣之空間。

(B) 21. 雇主使勞工於有危害勞工之虞之局限空間從事作業前,應指定專人檢點該作業場所,確認換氣裝置等設施無異常,該作業場所無缺氧及危害物質等造成勞工危害。該項檢點結果應予記錄,並保存幾年?

(A) 一年　(B) 三年　(C) 五年　(D) 十年

解析 設 §29-5.2 前條及前項所定確認,應由專人辦理,其紀錄應保存 3 年。

(D) 22. 雇主對勞工於橫隔兩地之通行時,應設置扶手、踏板、梯等適當之通行設備。但已置有何項設施者,不在此限?
(A) 安全防護索　　(B) 安全警示鈴
(C) 墜落防護網　　(D) 安全側踏梯

解析 設 §35 雇主對勞工於橫隔兩地之通行時,應設置扶手、踏板、梯等適當之通行設備。但已置有安全側踏梯者,不在此限。

(C) 23. 雇主如設置傾斜路代替樓梯時,傾斜路之斜度不得大於幾度?
(A)10　(B)15　(C)20　(D)25　度

解析 設 §38 雇主如設置傾斜路代替樓梯時,應依下列規定:
一、傾斜路之斜度不得大於 20 度。……。

(B) 24. 雇主設置衝剪機械幾台以上時,應指定專責作業管理人員?
(A)3　(B)5　(C)7　(D)9　台

解析 設 §72 雇主設置衝剪機械 5 台以上時,應指定作業管理人員負責執行下列職務:……。

(A) 25. 雇主對於荷重在多少公噸以上之堆高機,應指派經特殊安全衛生教育、訓練人員操作?
(A)1　(B)1.25　(C)1.5　(D)1.75　噸

解析 設 §126 雇主對於荷重在 1 公噸以上之堆高機,應指派經特殊作業安全衛生教育訓練人員操作。

(D) 26. 雇主對行駛於軌道之車輛,凡藉捲揚裝置行駛之車輛,其捲揚鋼索之斷裂荷重之值與所承受最大荷重比之安全係數,載貨者應在六以上,載人者應在多少以上?
(A)七　(B)八　(C)九　(D)十

解析 設 §144 雇主對行駛於軌道之車輛,應依下列規定:……

二、凡藉捲揚裝置行駛之車輛，其捲揚鋼索之斷裂荷重之值與所承受最大荷重比之安全係數，載貨者應在 6 以上，載人者應在 10 以上。

(C) 27. 雇主使勞工於載貨台從事單一之重量超越幾公斤以上物料裝卸時，應指定專人監督管理？

(A)50　(B)80　(C)100　(D)120　公斤

解析 設 §167 雇主使勞工於載貨台從事單一之重量超越 100 公斤以上物料裝卸時，應指定專人採取下列措施：……。

(A) 28. 雇主對於高煙囪及高度在幾公尺以上並作為危險物品倉庫使用之建築物，均應裝設適當避雷裝置？

(A)3　(B)5　(C)7　(D)9　公尺

解析 設 §170 雇主對於高煙囪及高度在 3 公尺以上並作為危險物品倉庫使用之建築物，均應裝設適當避雷裝置。

(B) 29. 雇主對於氣體集合熔接裝置之設置，應選擇於距離用火設備幾公尺以上之場所？

(A)3　(B)5　(C)7　(D)10　公尺

解析 設 §210 雇主對於氣體集合熔接裝置之設置，應選擇於距離用火設備 5 公尺以上之場所，……。

(D) 30. 雇主對於使用對地電壓在多少伏特以上移動式或攜帶式電動機具，或於含水或被其他導電度高之液體濕潤之潮濕場所、金屬板上或鋼架上等導電性良好場所使用移動式或攜帶式電動機具，為防止因漏電而生感電危害，應於各該電動機具之連接電路上設置適合其規格，具有高敏感度、高速型，能確實動作之防止感電用漏電斷路器。

(A) 一百一十　　　　　(B) 一百二十
(C) 一百三十　　　　　(D) 一百五十　伏特

解析 設 §243 雇主為避免漏電而發生感電危害，應依下列狀況，於各該電動機具設備之連接電路上設置適合其規格，具有高敏感度、高速型，能確實動作之防止感電用漏電斷路器：
一、使用對地電壓在 150 伏特以上移動式或攜帶式電動機具。……。

(C) 31. 除已使作業勞工戴用絕緣用防護具而無感電之虞者，雇主使勞工於接近高壓電路或高壓電路支持物從事敷設、檢查、修理、油漆等作業時，為防止勞工接觸高壓電路引起感電之危險，在距離頭上、身側及腳下幾公分以內之電路設置絕緣用防護裝備？

(A)30　(B)45　(C)60　(D)75　公分

解析 設 §259 雇主使勞工於接近高壓電路或高壓電路支持物從事敷設、檢查、修理、油漆等作業時，為防止勞工接觸高壓電路引起感電之危險，在距離頭上、身側及腳下 60 公分以內之高壓電路者，應在該電路設置絕緣用防護裝備。

(A) 32. 使勞工使用活線作業用器具，並對勞工身體或其使用中之金屬工具、材料等導電體，應保持接近界限距離。若充電電路之使用電壓為二十二千伏特以下者，則接近界限距離應為幾公分？

(A)20　(B)30　(C)50　(D)60　公分

解析 雇主使勞工於特高壓之充電電路從事檢查、修理、清掃等作業時，應有下列設施之一：
一、使勞工使用活線作業用器具，並對勞工身體或其使用中之金屬工具、材料等導電體，應保持下表所定接近界限距離。

充電電路之使用電壓（千伏特）	接近界限距離（公分）
22 以下	**20**
超過 22，33 以下	30
超過 33，66 以下	50
超過 66，77 以下	60

充電電路之使用電壓（千伏特）	接近界限距離（公分）
超過 77，110 以下	90
超過 110，154 以下	120
超過 154，187 以下	140
超過 187，220 以下	160
超過 220，345 以下	200
超過 345	300

依題旨，使用電壓為 22 千伏特以下，故其接近界限距離為 60 公分。

(B) 33. 雇主對於六百伏特以下之電氣設備前方，至少應有幾公分以上之水平工作空間？

(A)60　(B)80　(C)100　(D)120　公分

解析 設 §268 雇主對於 600 伏特以下之電氣設備前方，至少應有 80 公分以上之水平工作空間。……。

(B) 34. 雇主對坑內之溫度，應保持在攝氏三十七度以下；除已採取防止高溫危害人體之措施、從事救護或防止危害之搶救作業者，若溫度在攝氏多少度以上時，應使勞工停止作業？

(A)36　(B)37　(C)38　(D)40　度

解析 設 §308 雇主對坑內之溫度，應保持在攝氏 37 度以下；溫度在攝氏 37 度以上時，應使勞工停止作業。……。

(D) 35. 雇主對於作業場所有易燃液體之蒸氣、可燃性氣體或爆燃性粉塵以外之可燃性粉塵滯留，而有爆炸、火災之虞者，其蒸氣或氣體之濃度達爆炸下限值之百分之多少以上時，應即刻使勞工退避至安全場所，並停止使用煙火及其他為點火源之虞之機具，且應加強通風？

(A)15　(B)20　(C)25　(D)30

解析 設 §177 雇主對於作業場所有易燃液體之蒸氣、可燃性氣體或爆燃性粉塵以外之可燃性粉塵滯留，而有爆炸、火災之虞者，應依危險特性採取通風、換氣、除塵等措施外，並依下列規定辦理：……

二、蒸氣或氣體之濃度達爆炸下限值之 30% 以上時，應即刻使勞工退避至安全場所，……。

貳、多重選擇題【共 15 題，每題 2 分，共 30 分】

每題有 4 個選項，其中至少有 1 個是正確的選項，請將正確選項劃記在答案卡之「答案區」。

各題之選項獨立判定，所有選項均答對者，得 2 分；答錯 1 個選項者，得 1 分；所有選項均未作答、答錯 2 個（含）以上選項者，該題以零分計算。

(ABC) 36. 勞工使用梯式施工架立木之梯子，此梯子應符合下列哪幾項規定？

(A) 具有適當之強度

(B) 置於座板或墊板之上，並視土壤之性質埋入地下至必要之深度，使每一梯子之二立木平穩落地，並將梯腳適當紮結

(C) 以一梯連接另一梯增加其長度時，該二梯至少應疊接一‧五公尺以上，並紮結牢固

(D) 二梯至少應疊接處應以鐵氟龍束帶紮緊

解析 設 §231 雇主對於使用之梯式施工架立木之梯子，應符合下列規定：

一、具有適當之強度。

二、置於座板或墊板之上，並視土壤之性質埋入地下至必要之深度，使每一梯子之二立木平穩落地，並將梯腳適當紮結。

三、以一梯連接另一梯增加其長度時，該二梯至少應疊接 1.5 公尺以上，並紮結牢固。

(ABC) 37. 有關物料之堆放方式，依職業安全衛生設施規則規定，下列何者正確？
   (A) 不得影響照明
   (B) 不得減少自動灑水器之有效功能
   (C) 不得阻礙交通
   (D) 倚靠牆壁或結構支柱堆放為原則

   解析 設 §159 雇主對物料之堆放，應依下列規定：
   一、不得超過堆放地最大安全負荷。
   二、不得影響照明。
   三、不得妨礙機械設備之操作。
   四、不得阻礙交通或出入口。
   五、不得減少自動灑水器及火警警報器有效功用。
   六、不得妨礙消防器具之緊急使用。
   七、以不倚靠牆壁或結構支柱堆放為原則。並不得超過其安全負荷。

(ABCD) 38. 雇主對於勞工有墜落危險之場所，應設置警告標示，並禁止哪些人員進入？
   (A) 與工作無關之人員   (B) 送便當人員
   (C) 問卷調查人員   (D) 業務部經理

   解析 設 §232 雇主對於勞工有墜落危險之場所，應設置警告標示，並禁止與工作無關之人員進入。

(AB) 39. 職業安全設施規則所稱著火性物質，指下列哪些危險物：
   (A) 金屬鋰、金屬鈉、金屬鉀
   (B) 黃磷、赤磷、硫化磷等
   (C) 硝化乙二醇、硝化甘油、硝化纖維及其他具有爆炸性質之硝酸酯類
   (D) 三硝基苯、三硝基甲苯、三硝基酚及其他具有爆炸性質之硝基化合物

解析 設 §12 本規則所稱著火性物質，指下列危險物：
一、金屬鋰、金屬鈉、金屬鉀。
二、黃磷、赤磷、硫化磷等。
三、賽璐珞類。
四、碳化鈣、磷化鈣。
五、鎂粉、鋁粉。
六、鎂粉及鋁粉以外之金屬粉。
七、二亞硫磺酸鈉。
八、其他易燃固體、自燃物質、禁水性物質。

(BCD) 40. 雇主對於勞工暴露劑量超過百分之五十之工作場所，應採取下列哪些聽力保護措施，並作成執行紀錄並留存三年？

(A) 立即進行噪音危害職業病評估
(B) 噪音危害控制
(C) 防音防護具之選用及佩戴
(D) 聽力保護教育訓練

解析 設 §300-1 雇主對於勞工 8 小時日時量平均音壓級超過 85 分貝或暴露劑量超過 50% 之工作場所，應採取下列聽力保護措施，作成執行紀錄並留存 3 年：
一、噪音監測及暴露評估。
二、噪音危害控制。
三、防音防護具之選用及佩戴。
四、聽力保護教育訓練。
五、健康檢查及管理。
六、成效評估及改善。

(AC) 41. 雇主對於氣體裝置室之設置，下列規定何者正確？

(A) 氣體漏洩時，應不致使其滯留於室內
(B) 室頂及天花板之材料，應使用輕質之易燃性材料建造
(C) 牆壁之材料，應使用不燃性材料建造，且有相當強度
(D) 保持氣體裝置之環境溫度於攝氏 37 度以下

> **解析** 設 §210 雇主對於氣體裝置室之設置,應依下列規定:
> 一、氣體漏洩時,應不致使其滯留於室內。
> 二、室頂及天花板之材料,應使用輕質之不燃性材料建造。
> 三、牆壁之材料,應使用不燃性材料建造,且有相當強度。

(ACD) 42. 供給勞工使用之個人防護具,應依下列何種規定辦理?

(A) 保持清潔,並予必要之消毒
(B) 防護具使用之數量,應與作業勞工人數相同並能相互替換支援為原則
(C) 經常檢查,保持其性能,不用時並妥予保存
(D) 如勞工有感染疾病之虞時,應置備個人專用防護器具,或作預防感染疾病之措施

> **解析** 設 §277 雇主供給勞工使用之個人防護具或防護器具,應依下列規定辦理:
> 一、保持清潔,並予必要之消毒。
> 二、經常檢查,保持其性能,不用時並妥予保存。
> 三、防護具或防護器具應準備足夠使用之數量,個人使用之防護具應置備與作業勞工人數相同或以上之數量,並以個人專用為原則。
> 四、對勞工有感染疾病之虞時,應置備個人專用防護器具,或作預防感染疾病之措施。

(ACD) 43. 下列哪些場所之照明設備,應保持其適當照明,遇有損壞,應即修復?

(A) 階梯、升降機及出入口
(B) 餐廳
(C) 高壓電氣、配電盤處
(D) 電氣機械器具操作部份

> **解析** 設 §314 雇主對於下列場所之照明設備,應保持其適當照明,遇有損壞,應即修復:
> 一、階梯、升降機及出入口。
> 二、電氣機械器具操作部份。

三、高壓電氣、配電盤處。
四、高度 2 公尺以上之勞工作業場所。
五、堆積或拆卸作業場所。
六、修護鋼軌或行於軌道上之車輛更換,連接作業場所。
七、其他易因光線不足引起勞工災害之場所。

(ABCD)44. 下列哪些屬於易燃液體?

  (A) 丙酮、苯   (B) 乙醚、汽油
  (C) 煤油、輕油   (D) 二甲苯、乙酸戊酯

解析 設§13 本規則所稱易燃液體,指下列危險物:
一、乙醚、汽油、乙醛、環氧丙烷、二硫化碳及其他閃火點未滿攝氏零下 30 度之物質。
二、正己烷、環氧乙烷、丙酮、苯、丁酮及其他閃火點在攝氏零下 30 度以上,未滿攝氏 0 度之物質。
三、乙醇、甲醇、二甲苯、乙酸戊酯及其他閃火點在攝氏 0 度以上,未滿攝氏 30 度之物質。
四、煤油、輕油、松節油、異戊醇、醋酸及其他閃火點在攝氏 30 度以上,未滿攝氏 65 度之物質。

(ABD) 45. 下列哪些屬於危害防止計畫應訂定之事項?

  (A) 通風換氣實施方式
  (B) 局限空間內危害之確認
  (C) 局限空間內一氧化碳濃度之測定
  (D) 緊急應變處置措施

解析 設§29-1.2 前項危害防止計畫,應依作業可能引起之危害訂定下列事項:
一、局限空間內危害之確認。
二、局限空間內氧氣、危險物、有害物濃度之測定。
三、通風換氣實施方式。
四、電能、高溫、低溫與危害物質之隔離措施及缺氧、中毒、感電、塌陷、被夾、被捲等危害防止措施。
五、作業方法及安全管制作法。

六、進入作業許可程序。

七、提供之測定儀器、通風換氣、防護與救援設備之檢點及維護方法。

八、作業控制設施及作業安全檢點方法。

九、緊急應變處置措施。

(ABC) 46. 雇主對於工作場所之人行道、車行道與鐵道，應儘量避免交叉。下列哪些情況除外？

(A) 設自動信號器

(B) 派專人看守

(C) 設置天橋或地下道

(D) 路面設有突起之減速障礙物

解析 設 §32 雇主對於工作場所之人行道、車行道與鐵道，應儘量避免交叉。但設置天橋或地下道，或派專人看守，或設自動信號器者，不在此限。

(AD) 47. 雇主對於哪些材料或物品加工用之圓盤鋸，應設置鋸齒接觸預防裝置？

(A) 塑膠　(B) 木板　(C) 紙捲　(D) 金屬

解析 設 §61 雇主對於金屬、塑膠等加工用之圓盤鋸，應設置鋸齒接觸預防裝置。

(BCD) 48. 雇主對於高壓氣體容器，不論盛裝或空容器，使用時，應遵守下列哪些規定辦理？

(A) 容器使用時應可以自由移動

(B) 焊接時不得在容器上試焊

(C) 容器應妥善管理、整理

(D) 容器搬動不得粗莽或使之衝擊

解析 設 §106 雇主使用於儲存高壓氣體之容器，不論盛裝或空容器，應依下列規定辦理：

一、確知容器之用途無誤者，方得使用。

二、容器應標明所裝氣體之品名,不得任意灌裝或轉裝。
三、容器外表顏色,不得擅自變更或擦掉。
四、容器使用時應加固定。
五、容器搬動不得粗莽或使之衝擊。
六、焊接時不得在容器上試焊。
七、容器應妥善管理、整理。

(ACD) 49. 雇主對於動力車軌道之曲線部分,下列規定哪些正確?

(A) 曲率半徑應在十公尺以上
(B) 置直徑九公分以上之枕木並以適當間隔配置
(C) 裝置適當之護軌
(D) 保持適度之軌道超高及加寬

解析 設 §134 雇主對於動力車軌道之曲線部分,應依下列規定:
一、曲率半徑應在 10 公尺以上。
二、保持適度之軌道超高及加寬。
三、裝置適當之護軌。

(ABCD)50. 雇主對於軌道沿線,應依規定採取下列哪些措施?

(A) 工作人員經常出入之橋樑,應另行設置行人安全道
(B) 軌道附近不得任意堆放物品,邊坑上不得有危石
(C) 橋樑過長時,應設置平台
(D) 軌道兩旁之危險立木,應予清除

解析 設 §139 雇主對於軌道沿線,應依下列規定採取措施:
一、軌道兩旁之危險立木,應予清除。
二、軌道之上方及兩旁與鄰近之建築物應留有適當之距離。
三、軌道附近不得任意堆放物品,邊坑上不得有危石。
四、橋樑過長時,應設置平台等。
五、工作人員經常出入之橋樑,應另行設置行人安全道。

2-1-2-4 交通部臺鐵局 108 年營運員甄試試題 職業安全衛生法及施行細則概要

單選題【共 50 題，每題 2 分，共 100 分】

(D) 1. 經勞動檢查機構以書面通知之檢查結果，事業單位應於該違規場所顯明易見處公告幾日以上？

(A) 30　(B) 10　(C) 15　(D) 7

解析 檢 §25.2 事業單位對前項檢查結果，應於違規場所顯明易見處公告 7 日以上。

(B) 2. 依職業安全衛生法所稱具有危害性之化學品，符合國家標準 CNS 15030 分類具有健康危害者，是指下列何者？

(A) 危險物　　　　　　　　(B) 有害物
(C) 優先管理化學品　　　　(D) 管制性化學品

解析 危標 §2.1.2 有害物：符合國家標準 CNS 15030 分類，具有健康危害者。

(B) 3. 依職業安全衛生法規所稱具有危險性機械，不包括下列何者？

(A) 移動式起重機　　　　　(B) 研磨機
(C) 營建用升降機　　　　　(D) 吊籠

解析 安細 §22 本法第 16 條第 1 項所稱具有危險性之機械，指符合中央主管機關所定一定容量以上之下列機械：
一、固定式起重機。
二、移動式起重機。
三、人字臂起重桿。
四、營建用升降機。
五、營建用提升機。
六、吊籠。
七、其他經中央主管機關指定公告具有危險性之機械。

(D) 4. 依職業安全衛生法規定,在高溫場所工作之勞工,雇主不得使其每日工作時間超過多少小時?

(A) 4　(B) 5　(C) 8　(D) 6

解析 職安 §19 在高溫場所工作之勞工,雇主不得使其每日工作時間超過 6 小時……。

(B) 5. 事業單位勞工人數在幾人以上者,應僱用或特約醫護人員,辦理健康管理、職業病預防及健康促進等勞工健康保護事項?

(A) 30　(B) 50　(C) 100　(D) 300

解析 職安 §22.1 事業單位勞工人數在 50 人以上者,應僱用或特約醫護人員,辦理健康管理、職業病預防及健康促進等勞工健康保護事項。

(A) 6. 職業安全衛生諮詢會,設置委員九人至十五人,任期多久?

(A) 2 年　(B) 3 年　(C) 1 年　(D) 4 年

解析 勞動部職業安全衛生諮詢會設置要點(民國 103 年 08 月 20 日修正)二、本會置委員 9 人至 15 人,由本部就勞工團體、雇主團體、職業災害勞工團體、有關機關代表及安全衛生學者專家遴聘之。委員聘期為 2 年,期滿得續聘之。

(A) 7. 職業安全衛生法之立法意旨為保障工作者安全與健康,防止下列何種災害?

(A) 職業災害　　　　(B) 交通災害
(C) 公共災害　　　　(D) 天然災害

解析 職安 §1 為防止職業災害,保障工作者安全及健康,特制定本法;其他法律有特別規定者,從其規定。

(C) 8. 安全衛生工作守則應由下列何者訂定?

(A) 雇主　　　　　　(B) 勞工
(C) 雇主會同勞工代表　(D) 行政院勞動部

解析 職安§34.1 雇主應依本法及有關規定會同勞工代表訂定適合其需要之安全衛生工作守則，報經勞動檢查機構備查後，公告實施。

(A) 9. 職業安全衛生法係由下列何者公布？
(A) 總統　(B) 行政院　(C) 立法院　(D) 行政院勞動部

解析 中華民國一百零八年五月十五日總統華總一義字第10800049111號令修正公布第3、6條條文。

(A) 10. 事業單位勞動場所發生死亡職業災害時，雇主應於多少小時內通報勞動檢查機構？
(A) 8　(B) 7　(C) 6　(D) 4

解析 職安§37.2 事業單位勞動場所發生下列職業災害之一者，雇主應於8小時內通報勞動檢查機構：
一、發生死亡災害。
二、發生災害之罹災人數在3人以上。
三、發生災害之罹災人數在1人以上，且需住院治療。
四、其他經中央主管機關指定公告之災害。

(D) 11. 依職業安全衛生法施行細則規定，職業安全衛生管理計畫內容對下列何者不須實施調查處理及統計分析？
(A) 虛驚事件　　　　　(B) 職業災害
(C) 影響身心健康事件　(D) 不合格品

解析 不合格品屬於品保範疇。

(A) 12. 依化學品全球分類及標示調和制度（GHS）之定義，依危害性可分為哪幾類？
(A) 3　(B) 6　(C) 9　(D) 10

解析 依GHS紫皮書（2011年第4版）內容，將危害分類為三大類：物理性危害、健康危害及環境危害。

(B) 13. 有機鉛對人體之危害為下列何者？

(A) 胃　(B) 神經　(C) 皮膚　(D) 心臟

解析 鉛對成年人神經系統方面的影響，主要表現在週邊神經系統，造成神經傳導速度減慢，因而出現肌肉無力、顫抖等症狀；至於對嬰幼兒神經系統方面的影響，則主要作用於中樞神經系統。

(C) 14. 進行液態氮鋼瓶充填作業之地下室，若外洩之氮氣充滿地下室，當勞工進入時，可能會發生下列何種災害？

(A) 中毒　(B) 過敏　(C) 缺氧窒息　(D) 火災

解析 空氣中氮氣約占 78%，氧氣約占 21%，當氮氣大量洩漏時，可能導致氧氣不足，造成缺氧窒息。

(B) 15. 可燃性氣體濃度達於爆炸下限多少％時，屬職業安全衛生法所稱有立即發生危險之虞之工作場所？

(A) 10　(B) 30　(C) 60　(D) 90

解析 依勞動檢查法第 28 條所定勞工有立即發生危險之虞認定標準§6.1.2 對於存有易燃液體之蒸氣或有可燃性氣體滯留，而有火災、爆炸之作業場所，未於作業前測定前述蒸氣、氣體之濃度；或其濃度爆炸下限值之 30% 以上時，未即刻使勞工退避至安全場所，並停止使用煙火及其他點火源之機具。

(C) 16. 依危害性化學品標示及通識規則規定，標示危害圖示形狀為何？

(A) 圓形　　　　　　　　(B) 三角型
(C) 直立 45 度角之正方形　(D) 六角形

解析 危標附表二：標示之格式

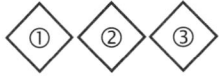

◇① ◇② ◇③

名稱：
危害成分：
警示語：

危害警告訊息：
危害防範措施：
製造者、輸入者或供應者：
(1) 名稱
(2) 地址
(3) 電話
※ 更詳細的資料，請參考安全資料表

(D) 17. 在危害性化學品標示及通識規則中，當容器容積在多少毫升以下者，得僅標示危害物名稱及圖示即可？

(A) 500　(B) 300　(C) 200　(D) 100

解析 危標§5.3 第一項容器之容積在 100 毫升以下者，得僅標示名稱、危害圖式及警示語。

(B) 18. 入槽作業前應採取之措施，常不包含下列何者？

(A) 採取適當之機械通風
(B) 測定濕度
(C) 測定危害物之濃度並瞭解爆炸上下限
(D) 測定氧氣濃度

解析 入槽作業重點在於測量槽內氧氣是否充足（18% 以上）、CO ≦ 35 ppm、H_2S ≦ 10 ppm、LEL<30%。濕度與入槽作業安全較無關連。

(A) 19. 2010 年後美國心臟學會公佈的心肺復甦術（CPR）「叫叫 CABD」的第 2 個「叫」為下列何者？

(A) 求救
(B) 確定患者反應
(C) 確定患者呼吸
(D) 確定患者叫什麼名字

解析
1. 叫：確定病患有無意識。
2. 叫：請人撥打 119 求救，並拿 AED 過來。
3. C（Circulation）：施行胸外心臟按摩，壓胸 30 下。
4. A（Airway）：打開呼吸道，維持呼吸道通暢。

5. B（Breathing）：人工呼吸 2 次（受過訓練，有能力，且有意願給予患者人工呼吸者適用）。

6. D（Defibrillation）：電擊除顫，依據機器指示操作進行急救。

(A) 20. 依職業安全衛生法規定，中央主管機關指定之事業，雇主應多久填載職業災害統計，報請勞動檢查機構備查？

(A) 每月　(B) 每三個月　(C) 每半年　(D) 每年

解析 職安 §38 中央主管機關指定之事業，雇主應依規定填載職業災害內容及統計，按月報請勞動檢查機構備查，並公布於工作場所。

(C) 21. 下列何措施較可避免工作單調重複或負荷過重？

(A) 連續夜班　　　　　(B) 工時過長
(C) 排班保有規律性　　(D) 經常性加班

解析 ABD 都是屬於異常工作負荷的一環。

(D) 22. 依女性勞工母性健康保護實施辦法規定，有關母性健康保護措施，下列何者有誤？

(A) 危害評估與控制　　(B) 醫師面談指導
(C) 風險分級管理　　　(D) 勞工代表參與

解析 勞工代表無須參與母性健康保護措施。

(B) 23. 依危害性化學品標示及通識規則危害性之化學品，分為危險物或有害物依據國家哪一標準？

(A) CNS 6864　　　　(B) CNS 15030
(C) ISO9001　　　　　(D) OHSAS18001

解析 危標 §2 本法第十條所稱具有危害性之化學品（以下簡稱危害性化學品），指下列危險物或有害物：

一、危險物：符合國家標準 CNS 15030 分類，具有物理性危害者。

二、有害物：符合國家標準 CNS 15030 分類，具有健康危害者。

(D) 24. 製造者、輸入者、供應者或雇主,應依實際狀況檢討安全資料表內容之正確性,適時更新,並至少多久檢討一次?

(A) 半年　(B) 一年　(C) 二年　(D) 三年

解析 危標§15.1 製造者、輸入者、供應者或雇主,應依實際狀況檢討安全資料表內容之正確性,適時更新,並至少每3年檢討1次。

(C) 25. 以下何者是消除職業病發生率之源頭管理對策?

(A) 使用個人防護具　　(B) 健康檢查
(C) 改善作業環境　　　(D) 多運動

解析 ABD 針對的都是接受者。

(A) 26. 下列何者非為職業病預防之危害因子?

(A) 遺傳性疾病　　(B) 物理性危害
(C) 人因工程危害　(D) 化學性危害

解析 遺傳性疾病不屬於職業病預防之範疇。

(B) 27. 在地下室油漆作業時,較易引起何種危害?

(A) 被撞　(B) 缺氧或火災　(C) 溺斃　(D) 感電

解析 地下室容易缺氧;油漆作業易致火災。

(A) 28. 依重體力勞動作業勞工保護措施標準規定,雇主使勞工從事重體力勞動作業時,應充分供應飲用水及下列何種物質?

(A) 食鹽　(B) 糖　(C) 運動飲料　(D) 提神飲料

解析 依重體力勞動作業勞工保護措施標準§5 雇主使勞工從事重體力勞動作業時,應充分供應飲用水及食鹽,並採取必要措施指導勞工避免重體力勞動之危害。

(B) 29. 依職業安全衛生法規定,下列何者不是勞工應盡之義務?

(A) 接受體格、健康檢查　(B) 標示危害物
(C) 切實遵守工作守則　　(D) 接受安全衛生教育訓練

> **解析** 職安法定勞工三大義務：健檢（§20）、訓練（§32）、守則（§34）。

(C) 30. 為防止勞工感電，下列何者為非？

  (A) 使用防水插頭

  (B) 避免不當延長接線

  (C) 設備有接地即可免裝漏電斷路器

  (D) 電線架高或加以防護

> **解析** 設 §243 雇主為避免漏電而發生感電危害，應依下列狀況，於各該電動機具設備之連接電路上設置適合其規格，具有高敏感度、高速型，能確實動作之防止感電用漏電斷路器：
> 一、使用對地電壓在 150 伏特以上移動式或攜帶式電動機具。
> 二、於含水或被其他導電度高之液體濕潤之潮濕場所、金屬板上或鋼架上等導電性良好場所使用移動式或攜帶式電動機具。
> 三、於建築或工程作業使用之臨時用電設備。

(B) 31. 在作業環境中，當一般空氣污染發生的範圍小且產生量大時，以下何者是最有效之排除方法？

  (A) 整體換氣 (B) 局部排氣 (C) 自然換氣 (D) 溫差排氣

> **解析** 範圍小→局部；產生量大→以局部排氣裝置為最經濟且效能佳的方式。

(C) 32. 職業安全衛生法中所稱之工作者，下列何者為非？

  (A) 自營作業者

  (B) 勞工

  (C) 工廠負責人

  (D) 受工作場所負責人監督從事勞動之人員

> **解析** 職安 §2.1.1 工作者：指勞工、自營作業者及其他受工作場所負責人指揮或監督從事勞動之人員。

(A) 33. 雇主對於具有危害性之化學品，應予標示、製備清單及揭示何項資料？

(A) 安全資料表　　　　　(B) 廢棄物清運清單
(C) 合格處理業者名單　　(D) 緊急逃生路線圖

解析 危標第一章總則 §1
第二章標示 §5
第三章安全資料表、清單、揭示及通識措施 §12
第四章附則 §20

(B) 34. 經醫師健康評估結果，不能適應原有工作者，應參採醫師之建議調整作業，下列何項不可行？

(A) 變更其作業場所　　　(B) 令其離職
(C) 更換工作　　　　　　(D) 縮短工作時間

解析 健 §21 雇主於勞工經體格檢查、健康檢查或健康追蹤檢查後，應採取下列措施：

一、參採醫師依附表十一規定之建議，告知勞工，並適當配置勞工於工作場所作業。
二、對檢查結果異常之勞工，應由醫護人員提供其健康指導；其經醫師健康評估結果，不能適應原有工作者，應參採醫師之建議，<u>變更其作業場所、更換工作或縮短工作時間</u>，並採取健康管理措施。
三、將檢查結果發給受檢勞工。
四、彙整受檢勞工之歷年健康檢查紀錄。

前項第2款規定之健康指導及評估建議，應由第3條、第4條或第5條規定之醫護人員為之。但依規定免僱用或特約醫護人員者，得由辦理勞工體格及健康檢查之醫護人員為之。

第1項規定之勞工體格及健康檢查紀錄、健康指導與評估等勞工醫療資料之保存及管理，應保障勞工隱私權。

(B) 35. 危害性化學品之安全資料表，指記載化學品名稱、製造商或供應商基本資料、危害特性、緊急處理及下列何項目之表單？
(A) 儲存數量　　　　　　(B) 危害預防措施
(C) 作業環境測定方法　　(D) 製程安全報告

解析 安全資料表應列內容項目：
一、化學品與廠商資料
二、危害辨識資料
三、成分辨識資料
四、急救措施
五、滅火措施
六、洩漏處理方法
七、安全處置與儲存方法
八、<u>暴露預防措施</u>
九、物理及化學性質
十、安定性及反應性
十一、毒性資料
十二、生態資料
十三、廢棄處置方法
十四、運送資料
十五、法規資料
十六、其他資料

(A) 36. 為掌握勞工作業環境實態與評估勞工暴露狀況，所採取之規劃、採樣、測定、分析及評估，稱為？
(A) 作業環境監測　　　　(B) 製程安全評估
(C) 工作環境採樣　　　　(D) 暴露環境評估

解析 安細§17.1 本法第12條第3項所稱作業環境監測，指為掌握勞工作業環境實態與評估勞工暴露狀況，所採取之規劃、採樣、測定、分析及評估。
環測§2.1.1 作業環境監測：指為掌握勞工作業環境實態與評估勞工暴露狀況，所採取之規劃、採樣、測定及分析之行為。

(A) 37. 應訂定作業環境監測計畫及實施監測之作業場所，何者為非？

(A) 露天儲油槽
(B) 粉塵
(C) 高溫
(D) 顯著發生噪音

解析 安細 §17.2 本法第 12 條第 3 項規定應訂定作業環境監測計畫及實施監測之作業場所如下：

一、設置有中央管理方式之空氣調節設備之建築物室內作業場所。
二、坑內作業場所。
三、顯著發生噪音之作業場所。
四、下列作業場所，經中央主管機關指定者：
　（一）高溫作業場所。
　（二）粉塵作業場所。
　（三）鉛作業場所。
　（四）四烷基鉛作業場所。
　（五）有機溶劑作業場所。
　（六）特定化學物質作業場所。
五、其他經中央主管機關指定公告之作業場所。

補充 環測 §7、8

場所	監測項目	監測頻率
設有中央管理方式之空氣調節設備之建築物室內作業場所	二氧化碳	每 6 個月
坑內作業場所 （一）礦場地下礦物之試掘、採掘場所。 （二）隧道掘削之建設工程之場所。 （三）前二目已完工可通行之地下通道。	粉塵、二氧化碳	每 6 個月
工作日 8 小時日時量平均音壓級 85 分貝以上之作業場所（顯著發生噪音）	噪音	每 6 個月

場所	監測項目	監測頻率
下列作業場所,其勞工工作日時量平均綜合溫度熱指數在中央主管機關規定值以上[註1](高溫): (一)於鍋爐房從事工作之作業場所。 (二)處理灼熱鋼鐵或其他金屬塊之壓軋及鍛造之作業場所。 (三)鑄造間內處理熔融鋼鐵或其他金屬之作業場所。 (四)處理鋼鐵或其他金屬類物料之加熱或熔煉之作業場所。 (五)處理搪瓷、玻璃及高溫熔料或操作電石熔爐之作業場所。 (六)於蒸汽機車、輪船機房從事工作之作業場所。 (七)從事蒸汽操作、燒窯等之作業場所。	綜合溫度熱指數	每3個月
粉塵危害預防標準所稱之特定粉塵作業場所	粉塵	每6個月
製造、處置或使用附表一所列有機溶劑[註2]之作業場所	有機溶劑	每6個月
製造、處置或使用附表二所列特定化學物質[註3]之作業場所	特定化學物質	每6個月
接近煉焦爐或於其上方從事煉焦作業之場所	溶於苯之煉焦爐生成物	每6個月
鉛中毒預防規則所稱鉛作業之作業場所	鉛	每年
四烷基鉛中毒預防規則所稱四烷基鉛作業之作業場所	四烷基鉛	每年

※ 註1、註2、註3說明請參閱 P.177～P.179。

(C) 38. 勞動檢查員對於事業單位之檢查結果,如有違反勞動法令規定事項者,勞動檢查機構並應於幾日內以書面通知事業單位立即改正或限期改善?

(A) 五　(B) 七　(C) 十　(D) 十五

解析 檢§25 勞動檢查員對於事業單位之檢查結果，應報由所屬勞動檢查機構依法處理；其有違反勞動法令規定事項者，勞動檢查機構並應於 10 日內以書面通知事業單位立即改正或限期改善，並副知直轄市、縣（市）主管機關督促改善。對公營事業單位檢查之結果，應另副知其目的事業主管機關督促其改善。

(B) 39. 依國家標準 CNS 15030 分類，下列何者並非優先管理之管制性化學品？

(A) 生殖細胞致突變性物質第一級
(B) 致心血管異常第一級
(C) 致癌物質第一級
(D) 生殖毒性物質第一級

解析 優管§2 本辦法所定優先管理化學品如下：
一、本法第 29 條第 1 項第 3 款及第 30 條第 1 項第 5 款規定之危害性化學品，如附表一。
二、依國家標準 CNS 15030 分類，屬下列化學品之一，並經中央主管機關指定公告者：
（一）致癌物質、生殖細胞致突變性物質、生殖毒性物質。
（二）呼吸道過敏物質第一級。
（三）嚴重損傷或刺激眼睛物質第一級。
（四）特定標的器官系統毒性物質屬重複暴露第一級。
三、依國家標準 CNS 15030 分類，具物理性危害或健康危害之化學品，並經中央主管機關指定公告。
四、其他經中央主管機關指定公告者。

(C) 40. 職業安全衛生法第 16 條第 1 項所稱具有危險性之設備何者為非？

(A) 高壓氣體容器　　　　　(B) 壓力容器
(C) 高壓氣體特定管線　　　(D) 鍋爐

解析 安細§23 本法第 16 條第 1 項所稱具有危險性之設備，指符合中央主管機關所定一定容量以上之下列設備：
一、鍋爐。

二、壓力容器。
三、高壓氣體特定設備。
四、高壓氣體容器。
五、其他經中央主管機關指定公告具有危險性之設備。

(B) 41. 特別危害健康作業，不包括下列何項？
(A) 異常氣壓作業　　　　(B) 非游離輻射作業
(C) 鉛作業　　　　　　　(D) 噪音作業

解析 依 健附表一，非游離輻射作業不屬於特別危害健康作業。

項次	作業名稱
一	高溫作業勞工作息時間標準所稱之高溫作業。
二	勞工噪音暴露工作日 8 小時日時量平均音壓級在 85 分貝以上之噪音作業。
三	游離輻射作業。
四	異常氣壓危害預防標準所稱之異常氣壓作業。
五	鉛中毒預防規則所稱之鉛作業。
六	四烷基鉛中毒預防規則所稱之四烷基鉛作業。
七	粉塵危害預防標準所稱之粉塵作業。
八	有機溶劑中毒預防規則所稱之下列有機溶劑作業： （一）1，1，2，2-四氯乙烷。 （二）四氯化碳。 （三）二硫化碳。 （四）三氯乙烯。 （五）四氯乙烯。 （六）二甲基甲醯胺。 （七）正己烷。
九	製造、處置或使用下列特定化學物質或其重量比（苯為體積比）超過 1% 之混合物之作業： （一）聯苯胺及其鹽類。 （二）4-胺基聯苯及其鹽類。 （三）4-硝基聯苯及其鹽類。 （四）β-萘胺及其鹽類。

項次	作業名稱
九	（五）二氯聯苯胺及其鹽類。 （六）α-萘胺及其鹽類。 （七）鈹及其化合物（鈹合金時，以鈹之重量比超過3%者為限）。 （八）氯乙烯。 （九）2,4-二異氰酸甲苯或2,6-二異氰酸甲苯。 （十）4,4-二異氰酸二苯甲烷。 （十一）二異氰酸異佛爾酮。 （十二）苯。 （十三）石綿（以處置或使用作業為限）。 （十四）鉻酸與其鹽類或重鉻酸及其鹽類。 （十五）砷及其化合物。 （十六）鎘及其化合物。 （十七）錳及其化合物（一氧化錳及三氧化錳除外）。 （十八）乙基汞化合物。 （十九）汞及其無機化合物。 （二十）鎳及其化合物。 （二十一）甲醛。 （二十二）1,3-丁二烯。 （二十三）銦及其化合物。
十	黃磷之製造、處置或使用作業。
十一	聯吡啶或巴拉刈之製造作業。
十二	其他經中央主管機關指定公告之作業： 製造、處置或使用下列化學物質或其重量比超過5%之混合物之作業：溴丙烷。

(D) 42. 勞工個人工作型態易造成妊娠或分娩後哺乳期間，產生健康危害影響之工作，不包括何項？

(A) 作業姿勢　　　　　(B) 人力提舉
(C) 推拉重物　　　　　(D) 使用電腦

解析 母性§3 事業單位勞工人數在 100 人以上者，其勞工於保護期間，從事可能影響胚胎發育、妊娠或哺乳期間之母體及嬰兒健康之下列工作，應實施母性健康保護：

一、具有依國家標準 CNS 15030 分類，屬生殖毒性物質第一級、生殖細胞致突變性物質第一級或其他對哺乳功能有不良影響之化學品。
二、易造成健康危害之工作，包括勞工作業姿勢、人力提舉、搬運、推拉重物、輪班、夜班、單獨工作及工作負荷等。
三、其他經中央主管機關指定公告者。

(C) 43. 安全衛生工作守則之內容，不包括何項？
(A) 急救及搶救
(B) 教育及訓練
(C) 職災保險與申請
(D) 工作安全及衛生標準

解析 安細 §41 本法第 34 條第 1 項所定安全衛生工作守則之內容，依下列事項定之：
一、事業之安全衛生管理及各級之權責。
二、機械、設備或器具之維護及檢查。
三、工作安全及衛生標準。
四、教育及訓練。
五、健康指導及管理措施。
六、急救及搶救。
七、防護設備之準備、維持及使用。
八、事故通報及報告。
九、其他有關安全衛生事項。

(C) 44. 著火性物質不包括哪一項？
(A) 禁水性物質
(B) 自燃物質
(C) 可燃性氣體
(D) 易燃固體

解析 設 §12 本規則所稱著火性物質，指下列危險物：
一、金屬鋰、金屬鈉、金屬鉀。
二、黃磷、赤磷、硫化磷等。
三、賽璐珞類。
四、碳化鈣、磷化鈣。
五、鎂粉、鋁粉。
六、鎂粉及鋁粉以外之金屬粉。

七、二亞硫磺酸鈉。

八、其他易燃固體、自燃物質、禁水性物質。

(B) 45. 在危險物與有害物標示及通識中，雇主所訂定之危害通識計畫，其執行紀錄應至少保持多久？

(A) 二年　(B) 三年　(C) 五年　(D) 十年

解析 危標§17.1.1 依實際狀況訂定危害通識計畫，適時檢討更新，並依計畫確實執行，其執行紀錄保存3年。

(D) 46. 急救藥品與器材，應置於適當固定處所，至少每幾個月定期檢查並保持清潔？

(A) 一　(B) 二　(C) 三　(D) 六

解析 健§9.3 第1項所定急救藥品與器材，應置於適當固定處所，至少每6個月定期檢查並保持清潔。對於被污染或失效之物品，應隨時予以更換及補充。

(D) 47. 下列哪一項不屬於毒性化學物質？

(A) 甲醛　(B) 氰化物　(C) 甲基汞　(D) 氫

解析 氫不具毒性。

(B) 48. 有關危險物與有害物容器標示，其內容不包含下列何者？

(A) 名稱與主要成份　　(B) 廢棄物清除處理措施
(C) 危害警告訊息　　　(D) 危害防範措施

解析 危標§5.1 雇主對裝有危害性化學品之容器，應依附表一規定之分類及標示要項，參照附表二之格式明顯標示下列事項，所用文字以中文為主，必要時並輔以作業勞工所能瞭解之外文：
一、危害圖式。
二、內容：
　（一）名稱。
　（二）危害成分。
　（三）警示語。
　（四）危害警告訊息。

(五) 危害防範措施。

(六) 製造者、輸入者或供應者之名稱、地址及電話。

(C) 49. 局部排氣裝置內之空氣清淨裝置,應每年依規定定期實施檢查一次,何項目除外?

(A) 除塵裝置內部塵埃堆積之狀況
(B) 構造部分之磨損、腐蝕
(C) 黴菌菌落孳生之狀況
(D) 濾布式除塵裝置者,有濾布之破損及安裝部分鬆弛之狀況

解析 管辦§41雇主對設置於局部排氣裝置內之空氣清淨裝置,應每年依下列規定定期實施檢查1次:
一、構造部分之磨損、腐蝕及其他損壞之狀況及程度。
二、除塵裝置內部塵埃堆積之狀況。
三、濾布式除塵裝置者,有濾布之破損及安裝部分鬆弛之狀況。
四、其他保持性能之必要措施。

(C) 50. 特定化學設備或其附屬設備,於開始使用、改造、修理時,應依規定實施重點檢查一次,下列項目何者不在此限?

(A) 備用動力源之性能
(B) 蓋、凸緣、閥、旋塞等之狀態
(C) 配管之顏色
(D) 冷卻、攪拌、壓縮、計測及控制等性能

解析 管辦§49雇主對特定化學設備或其附屬設備,於開始使用、改造、修理時,應依下列規定實施重點檢查1次:
一、特定化學設備或其附屬設備(不含配管):
　(一) 內部有無足以形成其損壞原因之物質存在。
　(二) 內面及外面有無顯著損傷、變形及腐蝕。
　(三) 蓋、凸緣、閥、旋塞等之狀態。
　(四) 安全閥、緊急遮斷裝置與其他安全裝置及自動警報裝置之性能。
　(五) 冷卻、攪拌、壓縮、計測及控制等性能。

（六）備用動力源之性能。

（七）其他為防止丙類第一種物質或丁類物質之漏洩之必要事項。

二、配管：

（一）熔接接頭有無損傷、變形及腐蝕。

（二）凸緣、閥、旋塞等之狀態。

（三）接於配管之蒸氣管接頭有無損傷、變形或腐蝕。

2-1-2-5 交通部臺鐵局 108 年營運員甄試試題 職業安全衛生設施規則概要

單選題【共 50 題，每題 2 分，共 100 分】

(A) 1. 易燃液體依職業安全衛生設施規則規定，係指閃火點未滿攝氏多少度之物質？

(A) 65　(B) 45　(C) 70　(D) 80　度

解析 設 §13 本規則所稱易燃液體，指下列危險物：

一、乙醚、汽油、乙醛、環氧丙烷、二硫化碳及其他閃火點未滿攝氏 -30 度之物質。

二、正己烷、環氧乙烷、丙酮、苯、丁酮及其他閃火點在攝氏 -30 度以上，未滿攝氏 0 度之物質。

三、乙醇、甲醇、二甲苯、乙酸戊酯及其他閃火點在攝氏 0 度以上，未滿攝氏 30 度之物質。

四、煤油、輕油、松節油、異戊醇、醋酸及其他閃火點在攝氏 30 度以上，未滿攝氏 65 度之物質。

(B) 2. 雇主對於建築物之工作室，除建築法規另有規定者其樓地板至天花板淨高應在多少公尺以上？

(A) 1.1　(B) 2.1　(C) 3.1　(D) 4.3　公尺

解析 設 §25 雇主對於建築物之工作室，其樓地板至天花板淨高應在 2.1 公尺以上。

(A) 3. 設置固定梯子長超過 6 公尺時,依職業安全衛生設施規則規定,應每隔多少公尺以下設一平台?

(A) 9　(B) 7　(C) 5　(D) 3 公尺

解析 設 §37 雇主設置之固定梯,應依下列規定:……
八、梯長連續超過 6 公尺時,應每隔 9 公尺以下設一平台,並應於距梯底 2 公尺以上部分,設置護籠或其他保護裝置。……。

(A) 4. 為避免造成衝、撞、剪、夾之危害,磨床或龍門刨床之刨盤、牛頭刨床之滑板等之何處,應設置護罩、護圍等設備?

(A) 衝程部分　　　　(B) 突出旋轉中加工物部分
(C) 電源部分　　　　(D) 緊急制動裝置

解析 設 §58 雇主對於下列機械部分,其作業有危害勞工之虞者,應設置護罩、護圍或具有連鎖性能之安全門等設備。……
二、磨床或龍門刨床之刨盤、牛頭刨床之滑板等之衝程部分。……。

(B) 5. 依職業安全衛生設施規則規定,俗稱的電石(碳化鈣)屬於下列何者?

(A) 爆炸性物質　　　(B) 著火性物質
(C) 易燃液體　　　　(D) 可燃性氣體

解析 設 §12 本規則所稱著火性物質,指下列危險物:……
二、黃磷、赤磷、硫化磷等。……。

(B) 6. 對於從事熔接、熔斷、金屬之加熱及其他使用明火之作業或有發生火花之虞之作業時,若使用下列何種氣體作為通風換氣之用容易引起燃燒爆炸?

(A) 氮氣　(B) 氧氣　(C) 一氧化碳　(D) 二氧化碳

解析 設 §174 雇主對於從事熔接、熔斷、金屬之加熱及其他須使用明火之作業或有發生火花之虞之作業時,不得以氧氣供為通風或換氣之用。

(C) 7. 雇主對於染有油污之破布、紙屑等應使蓋藏於下列何者之內,或採用其他適當處置已防止火災?

(A) 塑膠容器 (B) 橡膠容器
(C) 不銹鋼容器 (D) 大型紙箱

解析 設 §193 雇主對於染有油污之破布、紙屑等應蓋藏於不燃性之容器內,或採用其他適當處置。

(D) 8. 下列何種狀況依職業安全衛生設施規則規定,無強制規定要裝設感電防止用漏電斷路器?

(A) 營造工地之電氣設備
(B) 使用對地電壓 220 伏特之手提電鑽
(C) 於潮濕場所使用電銲機
(D) 使用單相三線 220 伏特之冷氣機

解析 設 §243 雇主為避免漏電而發生感電危害,應依下列狀況,於各該電動機具設備之連接電路上設置適合其規格,具有高敏感度、高速型,能確實動作之防止感電用漏電斷路器:
一、使用對地電壓 150 伏特以上移動式或攜帶式電動機具。
二、於含水或被其他導電度高之液體濕潤之潮濕場所、金屬板上或鋼架上等導電性良好場所使用移動式或攜帶式電動機具。
三、於建築或工程作業使用之臨時用電設備。

(C) 9. 依職業安全衛生設施規則規定,勞工從事與動、植物接觸作業,有造成勞工傷害或下列何種情形者,雇主應採取危害預防或隔離設施、提供適當之防衛裝備或個人防護器具?

(A) 過敏 (B) 中毒 (C) 感染 (D) 心理恐懼

解析 設 §295-1 雇主使勞工從事畜牧、動物養殖、農作物耕作、採收、園藝、綠化服務、田野調查、量測或其他易與動、植物接觸之作業,有造成勞工傷害或感染之虞者,應採取危害預防或隔離設施、提供適當之防衛裝備或個人防護器具。

(A) 10. 採人工照明之作業場所,何者應採用局部照明?
(A) 精密儀器組合　　(B) 一般辦公場所
(C) 鍋爐房　　　　　(D) 精細物件儲藏室

解析 設§313 雇主對於勞工工作場所之採光照明,應依下列規定辦理:……

六、作業場所面積過大、夜間或氣候因素自然採光不足時,可用人工照明,依下表規定予以補足:

照度表		照明種類
場所或作業別	照明米燭光數	場所別採全面照明,作業別採局部照明。
室外走道、及室外一般照明	20米燭光以上	全面照明
一、走道、樓梯、倉庫、儲藏室堆置粗大物件處所。 二、搬運粗大物件,如煤炭、泥土等。	50米燭光以上	一、全面照明 二、全面照明
一、機械及鍋爐房、升降機、裝箱、精細物件儲藏室、更衣室、盥洗室、廁所等。 二、須粗辨物體如半完成之鋼鐵產品、配件組合、磨粉、粗紡棉布極其他初步整理之工業製造。	100米燭光以上	一、全面照明 二、局部照明
須細辨物體如零件組合、粗車床工作、普通檢查及產品試驗、淺色紡織及皮革品、製罐、防腐、肉類包裝、木材處理等。	200米燭光以上	局部照明
一、須精辨物體如細車床、較詳細檢查及精密試驗、分別等級、織布、淺色毛織等。 二、一般辦公場所	300米燭光以上	一、局部照明 二、全面照明

照度表		照明種類
須極細辨物體,而有較佳之對視,如精密組合、精細車床、精細檢查、玻璃磨光、精細木工、深色毛織等。	500至1000米燭光以上	局部照明
須極精辨物體而對視不良,如極精細儀器組合、檢查、試驗、鐘錶珠寶之鑲製、茶葉分級、印刷品校對、深色織品、縫製等。	1000米燭光以上	局部照明

(D) 11. 一般辦公場所之人工照明,依職業安全衛生設施規則規定,應至少達多少米燭光?
(A) 50　(B) 100　(C) 200　(D) 300　米燭光

解析 設 §313 雇主對於勞工工作場所之採光照明,應依下列規定辦理:⋯⋯

六、作業場所面積過大、夜間或氣候因素自然採光不足時,可用人工照明,依下表規定予以補足:

照度表		照明種類
場所或作業別	照明米燭光數	場所別採全面照明,作業別採局部照明。
室外走道、及室外一般照明	20米燭光以上	全面照明
一、走道、樓梯、倉庫、儲藏室堆置粗大物件處所。 二、搬運粗大物件,如煤炭、泥土等。	50米燭光以上	一、全面照明 二、全面照明
一、機械及鍋爐房、升降機、裝箱、精細物件儲藏室、更衣室、盥洗室、廁所等。 二、須粗辨物體如半完成之鋼鐵產品、配件組合、磨粉、粗紡棉布極其他初步整理之工業製造。	100米燭光以上	一、全面照明 二、局部照明

照度表		照明種類
須細辨物體如零件組合、粗車床工作、普通檢查及產品試驗、淺色紡織及皮革品、製罐、防腐、肉類包裝、木材處理等。	200米燭光以上	局部照明
一、須精辨物體如細車床、較詳細檢查及精密試驗、分別等級、織布、淺色毛織等。 二、一般辦公場所。	300米燭光以上	一、局部照明 二、全面照明
須極細辨物體,而有較佳之對襯,如精密組合、精細車床、精細檢查、玻璃磨光、精細木工、深色毛織等。	500至1000米燭光以上	局部照明
須極精辨物體而對襯不良,如極精細儀器組合、檢查、試驗、鐘錶珠寶之鑲製、茶葉分級、印刷品校對、深色織品、縫製等。	1000米燭光以上	局部照明

(A) 12. 安全門之寬度依規定不得小於幾公尺?

(A) 1.2　(B) 1.6　(C) 1.8　(D) 2　公尺

解析 建築技術規則 99-1 …… 自一區劃至同樓層另一區劃所需經過之出入口。寬度應為 120 公分以上,……。

(A) 13. 搬運高壓氣體容器時,不論盛裝或空容器,依職業安全衛生設施規則規定,下列敘述何者有誤?

(A) 溫度保持攝氏 25 度以下

(B) 儘量使用專用手推車

(C) 容器吊起搬運不得直接使用吊鏈

(D) 容器卸車必須使用緩衝板或輪胎

解析 設 §107 雇主搬運儲存高壓氣體之容器,不論盛裝或空容器,應依下列規定辦理:

一、溫度保持在攝氏 40 度以下。

二、場內移動儘量使用專用手推車等,務求安穩直立。
三、以手移動容器,應確知護蓋旋緊後,方直立移動。
四、容器吊起搬運不得直接用電磁鐵、吊鏈、繩子等直接吊運。
五、容器裝車或卸車,應確知護蓋旋緊後才進行,卸車時必須使用緩衝板或輪胎。
六、儘量避免與其他氣體混載,非混載不可時,應將容器之頭尾反方向置放或隔置相當間隔。
七、載運可燃性氣體時,要置備滅火器;載運毒性氣體時,要置備吸收劑、中和劑、防毒面具等。
八、盛裝容器之載運車輛,應有警戒標誌。
九、運送中遇有漏氣,應檢查漏出部位,給予適當處理。
十、搬運中發現溫度異常高昇時,應立即灑水冷卻,必要時,並應通知原製造廠協助處理。

(B) 14. 依職業安全衛生設施規則規定,人工濕潤工作場所,濕球與乾球溫度相差攝氏多少度以下時,應立即停止人工濕潤?

(A) 0.4　(B) 1.4　(C) 2.4　(D) 3.4　攝氏度

解析 設§306 雇主對作業上必須實施人工濕潤時,應使用清潔之水源噴霧,並避免噴霧器及其過濾裝置受細菌及其他化學物質之污染。
人工濕潤工作場所濕球溫度超過攝氏27度,或濕球與乾球溫度相差攝氏1.4度以下時,應立即停止人工濕潤。

(D) 15. 能以動力驅動且自行活動於非特定場所之車輛,稱為?

(A) 運輸機械　　　　(B) 升降機械
(C) 軌道機械　　　　(D) 車輛機械

解析 設§6 本規則所稱車輛機械,係指能以動力驅動且自行活動於非特定場所之車輛、車輛系營建機械、堆高機等。

(D) 16. 一大氣壓下、攝氏15度時,具有可燃性之氣體,稱為?

(A) 爆炸性氣體　　　(B) 氧化性物質
(C) 低燃點氣體　　　(D) 可燃性氣體

解析 設 §15 本規則所稱可燃性氣體,指下列危險物:
一、氫。
二、乙炔、乙烯。
三、甲烷、乙烷、丙烷、丁烷。
四、其他於一大氣壓下、攝氏 15 度時,具有可燃性之氣體。

(B) 17. 氣體集合熔接裝置中之氣體集合裝置,係指由導管連接幾個以上之可燃性氣體容器?

(A) 五　(B) 十　(C) 十五　(D) 二十

解析 設 §17 本規則所稱氣體集合熔接裝置,係指由氣體集合裝置、安全器、壓力調整器、導管、吹管等所構成,使用可燃性氣體供金屬之熔接、熔斷或加熱之設備。

前項之氣體集合裝置,係指由導管連接 10 個以上之可燃性氣體容器之裝置,或由導管連結 9 個以下之可燃性氣體容器之裝置中,其容器之容積之合計在氫氣或溶解性乙炔之容器為 400 公升以上,其他可燃性氣體之容器為 1,000 公升以上者。

(A) 18. 除焊接、切割、燃燒及加熱等動火作業外,雇主使勞工於有危害勞工之虞之局限空間從事作業時,其進入許可應載明事項,何者為非?

(A) 雇主及其簽名
(B) 作業場所之能源隔離措施
(C) 作業人員與外部連繫之設備及方法
(D) 作業場所可能之危害

解析 設 §29-6 雇主使勞工於有危害勞工之虞之局限空間從事作業時,其進入許可應由雇主、工作場所負責人或現場作業主管簽署後,始得使勞工進入作業。對勞工之進出,應予確認、點名登記,並作成紀錄保存 3 年。

前項進入許可,應載明下列事項:
一、作業場所。
二、作業種類。
三、作業時間及期限。

四、作業場所氧氣、危害物質濃度測定結果及測定人員簽名。
五、作業場所可能之危害。
六、作業場所之能源或危害隔離措施。
七、作業人員與外部連繫之設備及方法。
八、準備之防護設備、救援設備及使用方法。
九、其他維護作業人員之安全措施。
十、許可進入之人員及其簽名。
十一、現場監視人員及其簽名。
雇主使勞工進入局限空間從事焊接、切割、燃燒及加熱等動火作業時，除應依第一項規定辦理外，應指定專人確認無發生危害之虞，並由雇主、工作場所負責人或現場作業主管確認安全，簽署動火許可後，始得作業。

(A) 19. 雇主對車輛通行道寬度，如係單行道則為最大車輛之寬度加幾公尺？

(A) 1　(B) 1.2　(C) 2　(D) 2.1

解析 設§33 雇主對車輛通行道寬度，應為最大車輛寬度之 2 倍再加 1 公尺，如係單行道則為最大車輛之寬度加 1 公尺。車輛通行道上，並禁止放置物品。

(C) 20. 雇主架設之通道（包括機械防護跨橋），如係設置於豎坑內之通道，長度超過十五公尺者，每隔幾公尺內應設置平台一處？

(A) 五　(B) 七　(C) 十　(D) 十五

解析 設§36 雇主架設之通道及機械防護跨橋，應依下列規定：……
五、設置於豎坑內之通道，長度超過 15 公尺者，每隔 10 公尺內應設置平台一處。……。

(A) 21. 雇主架設之通道（包括機械防護跨橋），如傾斜超過幾度以上者，應設置踏條或採取防止溜滑之措施？

(A) 15　(B) 20　(C) 25　(D) 30

解析 設 §36 雇主架設之通道及機械防護跨橋，應依下列規定：……
三、傾斜超過15度以上者，應設置踏條或採取防止溜滑之措施。……。

(D) 22. 有墜落之虞之場所，應置備高度幾公分以上之堅固扶手？

(A) 九十　(B) 八十五　(C) 八十　(D) 七十五

解析 設 §36 雇主架設之通道及機械防護跨橋，應依下列規定：……
四、有墜落之虞之場所，應置備高度75公分以上之堅固扶手。在作業上認有必要時，得在必要之範圍內設置活動扶手。……。

(A) 23. 直徑不滿幾公分之研磨輪得免予速率試驗？

(A) 十　(B) 十五　(C) 二十　(D) 二十五

解析 設 §62 雇主對於研磨機之使用，應依下列規定：
一、研磨輪應採用經速率試驗合格且有明確記載最高使用周速度者。
二、規定研磨機之使用不得超過規定最高使用周速度。
三、規定研磨輪使用，除該研磨輪為側用外，不得使用側面。
四、規定研磨機使用，應於每日作業開始前試轉1分鐘以上，研磨輪更換時應先檢驗有無裂痕，並在防護罩下試轉3分鐘以上。
前項第1款之速率試驗，應按最高使用周速度增加50%為之。直徑不滿10公分之研磨輪得免予速率試驗。

(C) 24. 雇主對於起重機具之吊鉤或吊具，為防止與吊架或捲揚胴接觸、碰撞，應有至少保持幾公尺距離之過捲預防裝置？

(A) 0.05　(B) 0.15　(C) 0.25　(D) 0.5

解析 設 §91 雇主對於起重機具之吊鉤或吊具，為防止與吊架或捲揚胴接觸、碰撞，應有至少保持0.25公尺距離之過捲預防裝置，如為直動式過捲預防裝置者，應保持0.05公尺以上距離；並於鋼索上作顯著標示或設警報裝置，以防止過度捲揚所引起之損傷。

(A) 25. 雇主對於最大速率超過每小時幾公里之車輛系營建機械,應於事前依相關作業場所之地質、地形等狀況,規定車輛行駛速率,並使勞工依該速率進行作業?

(A) 十　(B) 十五　(C) 二十　(D) 二十五

解析 設§117 雇主對於最大速率超過每小時 10 公里之車輛系營建機械,應於事前依相關作業場所之地質、地形等狀況,規定車輛行駛速率,並使勞工依該速率進行作業。

(A) 26. 雇主對於物料之搬運,應儘量利用機械以代替人力,凡幾公斤以上物品,以人力車輛或工具搬運為原則?

(A) 四十　(B) 四十五　(C) 五十　(D) 六十

解析 設§155 雇主對於物料之搬運,應儘量利用機械以代替人力,凡 40 公斤以上物品,以人力車輛或工具搬運為原則,500 公斤以上物品,以機動車輛或其他機械搬運為宜;運輸路線,應妥善規劃,並作標示。

(C) 27. 雇主對物料之堆放,下列規定何者錯誤?

(A) 不得影響照明
(B) 不得妨礙機械設備之操作
(C) 不得超過堆放地最小安全負荷
(D) 不得阻礙交通或出入口

解析 設§159 雇主對物料之堆放,應依下列規定:
一、不得超過堆放地最大安全負荷。
二、不得影響照明。
三、不得妨礙機械設備之操作。
四、不得阻礙交通或出入口。
五、不得減少自動灑水器及火警警報器有效功用。
六、不得妨礙消防器具之緊急使用。
七、以不倚靠牆壁或結構支柱堆放為原則。並不得超過其安全負荷。

(C) 28. 雇主對於使用溶解乙炔之氣體集合熔接裝置之配管及其附屬器具，不得使用銅質及含銅百分之多少以上之銅合金製品？

(A) 50　(B) 60　(C) 70　(D) 80

解析 設 §213 雇主對於使用溶解乙炔之氣體集合熔接裝置之配管及其附屬器具，不得使用銅質及含銅 70% 以上之銅合金製品。

(D) 29. 雇主對於高度在幾公尺以上之工作場所邊緣及開口部份，勞工有遭受墜落危險之虞者，應設有適當強度之圍欄、握把、覆蓋等防護措施？

(A) 1.2　(B) 1.5　(C) 1.75　(D) 2

解析 設 §224 雇主對於高度在 2 公尺以上之工作場所邊緣及開口部分，勞工有遭受墜落危險之虞者，應設有適當強度之護欄、護蓋等防護設備。

(A) 30. 雇主應於明顯易見之處所設置警告標示牌，並禁止非與從事作業有關之人員進入該工作場所，下列何者為非？

(A) 氧氣濃度未達百分之二十之場所
(B) 有害物超過勞工作業場所容許暴露標準之場所
(C) 處置大量高熱物體或顯著濕熱之場所
(D) 處置特殊有害物之場所

解析 設 §299 雇主應於明顯易見之處所設置警告標示牌，並禁止非與從事作業有關之人員進入下列工作場所：
一、處置大量高熱物體或顯著濕熱之場所。
二、處置大量低溫物體或顯著寒冷之場所。
三、具有強烈微波、射頻波或雷射等非游離輻射之場所。
四、氧氣濃度未達 18% 之場所。
五、有害物超過勞工作業場所容許暴露標準之場所。
六、處置特殊有害物之場所。
七、遭受生物病原體顯著污染之場所。

(A) 31. 「職業安全衛生設施規則」係依照何種法規所訂定？
(A) 職業安全衛生法　　　　(B) 消防法
(C) 勞動基準法　　　　　　(D) 職業災害勞工保護法

解析 設 §1 本規則依職業安全衛生法（以下簡稱本法）第 6 條第 3 項規定訂定之。

(C) 32. 本設施規則所稱「離心機械」，係指利用迴轉離心力將內裝物分離、脫水及鑄造者。但不包含以下何項設備：
(A) 離心脫水機　　　　　　(B) 離心分離機
(C) 機械攪拌機　　　　　　(D) 離心鑄造機

解析 設 §4 本規則所稱離心機械，係指離心分離機、離心脫水機、離心鑄造機等之利用迴轉離心力將內裝物分離、脫水及鑄造者。

(B) 33. 本設施規則所稱「著火性物質」，不包含以下何種物品：
(A) 黃磷　(B) 氧化鈣　(C) 鎂粉、鋁粉　(D) 碳化鈣

解析 設 §12 本規則所稱著火性物質，指下列危險物：
一、金屬鋰、金屬鈉、金屬鉀。
二、黃磷、赤磷、硫化磷等。
三、賽璐珞類。
四、碳化鈣、磷化鈣。
五、鎂粉、鋁粉。
六、鎂粉及鋁粉以外之金屬粉。
七、二亞硫磺酸鈉。
八、其他易燃固體、自燃物質、禁水性物質。

(D) 34. 本設施規則所稱「可燃性氣體」，不包含以下何種物質：
(A) 氫　(B) 乙烯　(C) 丁烷　(D) 氨

解析 設 §15 本規則所稱可燃性氣體，指下列危險物：
一、氫。
二、乙炔、乙烯。

三、甲烷、乙烷、丙烷、丁烷。

四、其他於 1 大氣壓下、攝氏 15 度時，具有可燃性之氣體。

(A) 35. 雇主為防止電氣災害，應依下列規定辦理。以下敘述何者錯誤：

(A) 可以肩負方式攜帶竹梯、鐵管或塑膠管等過長物體，接近或通過電氣設備

(B) 發電室、變電室或受電室，非工作人員不得任意進入

(C) 拔卸電氣插頭時，應確實自插頭處拉出

(D) 非職權範圍，不得擅自操作各項設備

解析 設 §276 雇主為防止電氣災害，應依下列規定辦理：

一、對於工廠、供公眾使用之建築物及受電電壓屬高壓以上之用電場所，電力設備之裝設及維護保養，非合格之電氣技術人員不得擔任。

二、為調整電動機械而停電，其開關切斷後，須立即上鎖或掛牌標示並簽章。復電時，應由原掛簽人取下鎖或掛牌後，始可復電，以確保安全。但原掛簽人因故無法執行職務者，雇主應指派適當職務代理人，處理復電、安全控管及聯繫等相關事宜。

三、發電室、變電室或受電室，非工作人員不得任意進入。

四、不得以肩負方式攜帶竹梯、鐵管或塑膠管等過長物體，接近或通過電氣設備。

五、開關之開閉動作應確實，有鎖扣設備者，應於操作後加鎖。

六、拔卸電氣插頭時，應確實自插頭處拉出。

七、切斷開關應迅速確實。

八、不得以濕手或濕操作棒操作開關。

九、非職權範圍，不得擅自操作各項設備。

十、遇電氣設備或電路著火者，應用不導電之滅火設備。

十一、對於廣告、招牌或其他工作物拆掛作業，應事先確認從事作業無感電之虞，始得施作。

十二、對於電氣設備及線路之敷設、建造、掃除、檢查、修理或調整等有導致感電之虞者，應停止送電，並為防止他人誤送

電,應採上鎖或設置標示等措施。但採用活線作業及活線接近作業,符合第 256 條至第 263 條規定者,不在此限。

(D) 36. 雇主對於從事地面下或隧道工程等作業,有物體飛落、有害物中毒、或缺氧危害之虞者,應使勞工確實配戴安全防護裝備,但不包括以下器材:

(A) 空氣呼吸器　　(B) 防毒面具　　(C) 安全帽　　(D) 保暖衣

解析 設 §282 雇主對於從事地面下或隧道工程等作業,有物體飛落、有害物中毒、或缺氧危害之虞者;應使勞工確實使用安全帽,必要時應置備空氣呼吸器、氧氣呼吸器、防毒面具、防塵面具等防護器材。

(C) 37. 雇主對於勞工在作業中使用之物質,有因接觸而傷害皮膚、感染、或經由皮膚滲透吸收而發生中毒等之虞時,應置備適當防護具,但不包括以下何者?

(A) 不浸透性防護衣　　(B) 防護手套
(C) 耳塞　　　　　　　(D) 防護鞋

解析 設 §288 雇主對於勞工在作業中使用之物質,有因接觸而傷害皮膚、感染、或經由皮膚滲透吸收而發生中毒等之虞時,應置備不浸透性防護衣、防護手套、防護靴、防護鞋等適當防護具,或提供必要之塗敷用防護膏,並使勞工使用。

(B) 38. 職業安全衛生設施規則所稱「爆炸性物質」,不包含以下何種成分:

(A) 硝化甘油　　(B) 甲苯　　(C) 三硝基苯　　(D) 過醋酸

解析 設 §11 本規則所稱爆炸性物質,指下列危險物:
一、硝化乙二醇、硝化甘油、硝化纖維及其他具有爆炸性質之硝酸酯類。
二、三硝基苯、三硝基甲苯、三硝基酚及其他具有爆炸性質之硝基化合物。
三、過醋酸、過氧化丁酮、過氧化二苯甲醯及其他過氧化有機物。

(A) 39. 職業安全衛生設施規則所稱「氧化性物質」，不包含以下何種成分：

(A) 鎂粉　(B) 過氧化鉀　(C) 過氧化鋇　(D) 過氧化鈉

解析 設 §14 本規則所稱氧化性物質，指下列危險物：
一、氯酸鉀、氯酸鈉、氯酸銨及其他之氯酸鹽類。
二、過氯酸鉀、過氯酸鈉、過氯酸銨及其他之過氯酸鹽類。
三、過氧化鉀、過氧化鈉、過氧化鋇及其他無機過氧化物。
四、硝酸鉀、硝酸鈉、硝酸銨及其他硝酸鹽類。
五、亞氯酸鈉及其他固體亞氯酸鹽類。
六、次氯酸鈣及其他固體次氯酸鹽類。

(C) 40. 職業安全衛生設施規則所稱「高壓氣體」，係指在常用溫度下，表壓力達每平方公分 N 公斤以上之壓縮氣體。N= ?

(A) 6　(B) 8　(C) 10　(D) 15

解析 設 §18 本規則所稱高壓氣體，係指下列各款：
一、在常用溫度下，表壓力（以下簡稱壓力）達每平方公分 10 公斤以上之壓縮氣體或溫度在攝氏 35 度時之壓力可達每平方公分 10 公斤以上之壓縮氣體。但不含壓縮乙炔氣。
二、在常用溫度下，壓力達每平方公分 2 公斤以上之壓縮乙炔氣或溫度在攝氏 15 度時之壓力可達每平方公分 2 公斤以上之壓縮乙炔氣。
三、在常用溫度下，壓力達每平方公分 2 公斤以上之液化氣體或壓力達每平方公分 2 公斤時之溫度在攝氏 35 度以下之液化氣體。
四、除前款規定者外，溫度在攝氏 35 度時，壓力超過每平方公分 0 公斤以上之液化氣體中之液化氰化氫、液化溴甲烷、液化環氧乙烷或其他經中央主管機關指定之液化氣體。

(B) 41. 雇主對於機械之原動機、轉軸、齒輪、帶輪、飛輪、傳動輪、傳動帶等有危害勞工之虞之部分，應有適當的防護設施。以下何者非職業安全衛生設施規則指定的防護設施？

(A) 護罩　(B) 閃燈　(C) 套胴　(D) 跨橋

解析 設§43 雇主對於機械之原動機、轉軸、齒輪、帶輪、飛輪、傳動輪、傳動帶等有危害勞工之虞之部分，應有護罩、護圍、套胴、跨橋等設備。

(A) 42. 以下何者非屬於職業安全衛生設施規則定義之「一般工作機械」？

(A) 起重升降機　(B) 研磨機　(C) 衝剪機械　(D) 滾軋機

解析 起重升降機非屬於職業安全衛生設施規則定義之「一般工作機械」，應屬於起重升降機具。

(C) 43. 雇主對行駛於軌道之動力車，應設置手煞車，N 公噸以上者，應增設動力煞車。N =？

(A) 6　(B) 8　(C) 10　(D) 12

解析 設§145 雇主對行駛於軌道之動力車，應設置手煞車，10 公噸以上者，應增設動力煞車。

(D) 44. 雇主對於高度在 N 公尺以上之作業場所，有遇強風、大雨等惡劣氣候致勞工有墜落危險時，應使勞工停止作業。N=？

(A) 4　(B) 3　(C) 2.5　(D) 2

解析 設§226 雇主對於高度在 2 公尺以上之作業場所，有遇強風、大雨等惡劣氣候致勞工有墜落危險時，應使勞工停止作業。

(D) 45. 職業安全衛生設施規則所稱「低壓」，係指 V 伏特以下電壓。V=？

(A) 300　(B) 400　(C) 500　(D) 600

解析 設§3 本規則所稱特高壓，係指超過 22800 伏特之電壓；高壓，係指超過 600 伏特至 22800 伏特之電壓；低壓，係指 600 伏特以下之電壓。

(A) 46. 勞工從事載貨台裝卸貨物其高差在 N 公尺以上時，應提供勞工安全上下之設備。N= ？

(A) 1.5　(B) 2　(C) 2.5　(D) 3

解析 設 §166 雇主對於勞工從事載貨台裝卸貨物其高差在 1.5 公尺以上者，應提供勞工安全上下之設備。

(B) 47. 雇主對於高煙囪及高度在 N 公尺以上並作為危險物品倉庫使用之建築物，均應裝設適當避雷裝置。N= ？

(A) 2　(B) 3　(C) 4　(D) 5

解析 設 §170 雇主對於高煙囪及高度在 3 公尺以上並作為危險物品倉庫使用之建築物，均應裝設適當避雷裝置。

(A) 48. 雇主對於常溫下具有自燃性之之四氫化矽（矽甲烷）之處理方式，以下敘述何者為非？

(A) 未使用之氣體容器與供氣中之容器得合併放置
(B) 提供必要之個人防護具，並使勞工確實使用
(C) 保持逃生路線暢通
(D) 避免使勞工單獨操作

解析 設 §185-1 雇主對於常溫下具有自燃性之四氫化矽（矽甲烷）之處理，除依高壓氣體相關法規規定外，應依下列規定辦理：
一、氣體設備應具有氣密之構造及防止氣體洩漏之必要設施，並設置氣體洩漏檢知警報系統。
二、氣體容器之閥門應具有限制最大流率之流率限制孔。
三、氣體應儲存於室外安全處所，如必須於室內儲存者，應置於有效通風換氣之處所，使用時應置於氣瓶櫃內。
四、未使用之氣體容器與供氣中之容器，應分隔放置。
五、提供必要之個人防護具，並使勞工確實使用。
六、避免使勞工單獨操作。
七、設置火災時，提供冷卻用途之灑水設備。
八、保持逃生路線暢通。

(B) 49. 雇主對於化學設備或其附屬設備,為防止因爆炸、火災、洩漏等造成勞工之危害,應採取各種防範措施,下列敘述,何者為非?

(A) 確定冷卻、加熱、攪拌及壓縮等裝置之正常操作
(B) 保持安全閥、緊急遮斷裝置、自動警報裝置或其他安全裝置於開啟狀態
(C) 確定為輸送原料、材料於化學設備或自該等設備卸收產品之有關閥、旋塞等之正常操作
(D) 保持溫度計、壓力計或其他計測裝置於正常操作功能

解析 設 §197 雇主對於化學設備或其附屬設備,為防止因爆炸、火災、洩漏等造成勞工之危害,應採取下列措施:
一、確定為輸送原料、材料於化學設備或自該等設備卸收產品之有關閥、旋塞等之正常操作。
二、確定冷卻、加熱、攪拌及壓縮等裝置之正常操作。
三、保持溫度計、壓力計或其他計測裝置於正常操作功能。
四、保持安全閥、緊急遮斷裝置、自動警報裝置或其他安全裝置於異常狀態時之有效運轉。

(A) 50. 雇主對於使用之乾燥設備,應依規定進行。以下敘述何者為非?

(A) 不得使用於加熱、乾燥氧化性固體
(B) 乾燥設備之外面,應以不燃性材料構築
(C) 危險物乾燥設備之熱源,不得使用明火
(D) 乾燥設備之內部,應置有隨時能測定溫度之裝置

解析 設 §200 雇主對於使用之乾燥設備,應依下列規定:
一、不得使用於加熱、乾燥有機過氧化物。
二、乾燥設備之外面,應以不燃性材料構築。
三、乾燥設備之內面及內部之棚、櫃等,應以不燃性材料構築。
四、乾燥設備內部應為易於清掃之構造;連接於乾燥設備附屬之電熱器、電動機、電燈等應設置專用之配線及開關,並不得產生電氣火花。

五、乾燥設備之窺視孔、出入口、排氣孔等之開口部分,應設計於著火時不延燒之位置,且能即刻密閉之構造。
六、乾燥設備之內部,應置有隨時能測定溫度之裝置,及調整內部溫度於安全溫度之裝置或溫度自動調整裝置。
七、危險物乾燥設備之熱源,不得使用明火;其他設備如使用明火,為防止火焰或火星引燃乾燥物,應設置有效之覆罩或隔牆。
八、乾燥設備之側面及底部應有堅固之構造,其上部應以輕質材料構築,或設置有效之爆風門或爆風孔等。
九、危險物之乾燥作業,應有可將乾燥產生之可燃性氣體、蒸氣或粉塵排出安全場所之設備。
十、使用液體燃料或可燃性氣體燃料為熱源之乾燥作業,為防止因燃料氣體、蒸氣之殘留,於點火時引起爆炸、火災,其燃燒室或其他點火之處所,應有換氣設備。

2-1-2-6 交通部臺鐵局 108 年服務員甄試試題 職業安全衛生法及職業安全衛生設施規則概要

單選題【共 50 題,每題 2 分,共 100 分】

(D) 1. 利用迴轉離心力將內裝物分離、脫水及鑄造者,屬於何種機器?

(A) 旋轉　(B) 重心　(C) 往復　(D) 離心

解析 題目已經告知離心力→離心機械。

(B) 2. 工作場所軌道上供載運勞工或貨物之藉動力驅動之車輛,稱為?

(A) 載重機械　　　　　(B) 軌道機械
(C) 輕軌機械　　　　　(D) 工字型鋼軌

解析 題目已經告知軌道→軌道機械。設 §7 本規則所稱軌道機械,係指於工作場所軌道上供載運勞工或貨物之藉動力驅動之車輛、動力車、捲揚機等一切裝置。

(C) 3. 下列何者不屬於可燃性氣體？

(A) 甲烷　(B) 乙烯　(C) 丙烯　(D) 丁烷

解析 設 §15 本規則所稱可燃性氣體，指下列危險物：
一、氫。
二、乙炔、乙烯。
三、甲烷、乙烷、丙烷、丁烷。
四、其他於 1 大氣壓下、攝氏 15 度時，具有可燃性之氣體。

(A) 4. 非供勞工在其內部從事經常性作業，勞工進出方法受限制，且無法以自然通風來維持充分、清淨空氣之空間，稱為？

(A) 局限空間　　　　(B) 限制作業空間
(C) 密閉空間　　　　(D) 管道間

解析 設 §19-1 本規則所稱局限空間，指非供勞工在其內部從事經常性作業，勞工進出方法受限制，且無法以自然通風來維持充分、清淨空氣之空間。

(C) 5. 使用道路作業之工作場所訂定安全防護計畫時，不包括下列何項？

(A) 使用道路作業可能危害之項目
(B) 緊急應變處置措施
(C) 道路封閉布設圖
(D) 可能危害之防止措施

解析 設 §21-2.3 第 1 項第 7 款安全防護計畫，除依公路主管機關規定訂有交通維持計畫者，得以交通維持計畫替代外，應包括下列事項：
一、交通維持布設圖。
二、使用道路作業可能危害之項目。
三、可能危害之防止措施。
四、提供防護設備、警示設備之檢點及維護方法。
五、緊急應變處置措施。

(D) 6. 雇主對於工作場所之人行道、車行道與鐵道，應儘量避免交叉，必要時應設置安全措施，下列何項有誤？
(A) 設置天橋或地下道　　(B) 派專人看守
(C) 設自動信號器　　　　(D) 即時錄影監視

解析 設 §32 雇主對於工作場所之人行道、車行道與鐵道，應儘量避免交叉。但設置天橋或地下道，或派專人看守，或設自動信號器者，不在此限。

(A) 7. 車輛通行道之寬度，設置規定為何？
(A) 最大車輛寬度之二倍再加一公尺
(B) 最大車輛寬度加一公尺之二倍
(C) 最大車輛寬度加二公尺
(D) 最大車輛寬度加四公尺

解析 設 §33 雇主對車輛通行道寬度，應為最大車輛寬度之 2 倍再加 1 公尺，如係單行道則為最大車輛之寬度加 1 公尺。車輛通行道上，並禁止放置物品。

(C) 8. 固定梯之設置，踏條與牆壁間應保持幾公分以上之淨距？
(A) 十五點五　(B) 十六　(C) 十六點五　(D) 十八

解析 設 §37 雇主設置之固定梯，應依下列規定：
一、具有堅固之構造。
二、應等間隔設置踏條。
三、踏條與牆壁間應保持 16.5 公分以上之淨距。
四、應有防止梯移位之措施。
五、不得有妨礙工作人員通行之障礙物。
六、平台用漏空格條製成者，其縫間隙不得超過 3 公分；超過時，應裝置鐵絲網防護。
七、梯之頂端應突出板面 60 公分以上。
八、梯長連續超過 6 公尺時，應每隔 9 公尺以下設一平台，並應於距梯底 2 公尺以上部分，設置護籠或其他保護裝置。但符合下列規定之一者，不在此限：

(一) 未設置護籠或其它保護裝置，已於每隔 6 公尺以下設一平台者。

(二) 塔、槽、煙囪及其他高位建築之固定梯已設置符合需要之安全帶、安全索、磨擦制動裝置、滑動附屬裝置及其他安全裝置，以防止勞工墜落者。

九、前款平台應有足夠長度及寬度，並應圍以適當之欄柵。

前項第 7 款至第 8 款規定，不適用於沉箱內之固定梯。

(C) 9. 我國中央勞工行政主管機關為下列何者？

(A) 行政院　　　　　　　(B) 勞工保險局
(C) 勞動部　　　　　　　(D) 經濟部

解析 職安 §3.1 本法所稱主管機關：在中央為勞動部；在直轄市為直轄市政府；在縣（市）為縣（市）政府。

(B) 10. 「為防止職業災害，保障工作者安全及健康」為下列何種法律之立法目的？

(A) 工會法　　　　　　　(B) 職業安全衛生法
(C) 勞工安全衛生法　　　(D) 勞動基準法

解析 職安 §1 為防止職業災害，保障工作者安全及健康，特制定本法；其他法律有特別規定者，從其規定。

(C) 11. 職業安全衛生法最新修正時間為何時？民國

(A) 91　(B) 101　(C) 102　(D) 103

解析 最近兩次修正的時間，請讀者參考（如果是 110 年考這題，以上答案皆非）

6. 中華民國一百零八年五月十五日總統華總一義字第 10800049111 號令修正公布第 3、6 條條文；施行日期，由行政院定之中華民國一百零八年六月十三日行政院院臺勞字第 1080018514 號令發布定自一百零八年六月十五日施行

5. 中華民國一百零二年七月三日總統華總一義字第 10200127211 號令修正公布名稱及全文 55 條；施行日期，由行政院定之（原名稱：勞工安全衛生法；新名稱：職業安全衛生法）

中華民國一百零三年六月二十日行政院院臺勞字第1030031158號令發布除第 7～9、11、13～15、31 條條文定自一百零四年一月一日施行外，其餘條文定自一百零三年七月三日施行

中華民國一百零三年二月十四日行政院院臺規字第1030124618 號公告第 3 條第 1 項所列屬「行政院勞工委員會」之權責事項，自一百零三年二月十七日起改由「勞動部」管轄

(B) 12. 依職業安全衛生法施行細則規定，下列何者係指工作場所中，為特定之工作目的所設之場所？

(A) 就業場所　　　　(B) 作業場所
(C) 公共場所　　　　(D) 施工場所

解析 安細 §5.3 本法第 6 條第 1 項第 5 款、第 12 條第 1 項、第 3 項、第 5 項、第 21 條第 1 項及第 29 條第 3 項所稱作業場所，指工作場所中，從事特定工作目的之場所。

(C) 13. 「勞工於職場上遭受主管或同事利用職務或地位上的優勢予以不當之對待，及遭受顧客、服務對象或其他相關人士之肢體攻擊、言語侮辱、恐嚇、威脅等霸凌或暴力事件，致發生精神或身體上的傷害」此等危害可歸類於下列何種職業危害？

(A) 物理性　(B) 化學性　(C) 社會心理性　(D) 生物性

解析 去錯法，職場霸凌非物理性、化學性及生物性，所以答案選 C。

(C) 14. 下列何者非屬職業安全衛生法規定之勞工法定義務？

(A) 定期接受健康檢查　　(B) 參加安全衛生教育訓練
(C) 實施自動檢查　　　　(D) 遵守工作守則

解析 職安法定勞工三大義務：健檢（§20）、訓練（§32）、守則（§34）。

(B) 15. 勞工違反安全衛生工作守則,主管機關最高可處罰鍰新臺幣多少元?

(A) 一千元　(B) 三千元　(C) 六千元　(D) 九千元

解析 職安§46 違反第 20 條第 6 項(健檢)、第 32 條第 3 項(訓練)或第 34 條第 2 項(守則)之規定者,處新臺幣 3000 元以下罰鍰。

(C) 16. 勞動契約存續中,由雇主所提示使勞工履行契約提供勞務之場所為下列何者?

(A) 職業場所　　　　(B) 工作場所
(C) 勞動場所　　　　(D) 作業場所

解析 安細§5.1 本法第 2 條第 5 款、第 36 條第 1 項及第 37 條第 2 項所稱勞動場所,包括下列場所:
一、於勞動契約存續中,由雇主所提示,使勞工履行契約提供勞務之場所。
二、自營作業者實際從事勞動之場所。
三、其他受工作場所負責人指揮或監督從事勞動之人員,實際從事勞動之場所。

(D) 17. 依職業安全衛生法規定,雇主應會同下列何者訂定適合其需要之安全衛生工作守則,報經勞動檢查機構備查後,公告實施?

(A) 承攬商　　　　　(B) 安全衛生顧問公司
(C) 醫療機構　　　　(D) 勞工代表

解析 職安§34.1 雇主應依本法及有關規定會同勞工代表訂定適合其需要之安全衛生工作守則,報經勞動檢查機構備查後,公告實施。

(C) 18. 研磨機使用,應於每日作業開始前試轉一分鐘以上,研磨輪更換時應先檢驗有無裂痕,並在防護罩下試轉幾分鐘以上?

(A) 一　(B) 二　(C) 三　(D) 五

解析 設 §62.1 雇主對於研磨機之使用，應依下列規定：
一、研磨輪應採用經速率試驗合格且有明確記載最高使用周速度者。
二、規定研磨機之使用不得超過規定最高使用周速度。
三、規定研磨輪使用，除該研磨輪為側用外，不得使用側面。
四、規定研磨機使用，應於每日作業開始前試轉 1 分鐘以上，研磨輪更換時應先檢驗有無裂痕，並在防護罩下試轉 <u>3 分鐘</u>以上。

(B) 19. 雇主於施行旋轉輪機、離心分離機等週邊速率超越每秒幾公尺以上之高速回轉體之試驗時，為防止高速回轉體之破裂之危險，應於專用之堅固建築物內或以堅固之隔牆隔離之場所實施？

(A) 二十　(B) 二十五　(C) 三十　(D) 三十五

解析 設 §84 雇主於施行旋轉輪機、離心分離機等週邊<u>速率超越每秒 25 公尺</u>以上之高速回轉體之試驗時，為防止高速回轉體之破裂之危險，應於專用之堅固建築物內或以堅固之隔牆隔離之場所實施。但試驗次條規定之高速回轉體以外者，其試驗設備已有堅固覆罩等足以阻擋該高速回轉體破裂引起之危害設備者，不在此限。

(A) 20. 雇主對於起重機具所使用之吊掛構件，應使其具足夠強度，使用之吊鉤或鉤環及附屬零件，其斷裂荷重與所承受之最大荷重比之安全係數，應在多少以上？

(A) 四　(B) 五　(C) 六　(D) 七

解析 設 §97 雇主對於起重機具所使用之吊掛構件，應使其具足夠強度，使用之吊鉤或鉤環及附屬零件，其斷裂荷重與所承受之最大荷重比之安全係數，應在 <u>4</u> 以上。但相關法規另有規定者，從其規定。

(C) 21. 雇主對於升降機之升降路各樓出入口門，應有連鎖裝置，使搬器地板與樓板相差多少公分以上時，升降路出入口門不能開啟之？

(A) 五點五　(B) 六點五　(C) 七點五　(D) 八點五

解析 設 §95 雇主對於升降機之升降路各樓出入口門，應有連鎖裝置，使搬器地板與樓板相差 7.5 公分以上時，升降路出入口門不能開啓之。

(A) 22. 雇主對於高壓氣體之貯存，周圍幾公尺內不得放置有煙火及著火性、引火性物品？

(A) 二　(B) 二點五　(C) 三　(D) 五

解析 設 §108 雇主對於高壓氣體之貯存，應依下列規定辦理：
一、貯存場所應有適當之警戒標示，禁止煙火接近。
二、貯存周圍 2 公尺內不得放置有煙火及著火性、引火性物品。
三、盛裝容器和空容器應分區放置。
四、可燃性氣體、有毒性氣體及氧氣之鋼瓶，應分開貯存。
五、應安穩置放並加固定及裝妥護蓋。
六、容器應保持在攝氏 40 度以下。
七、貯存處應考慮於緊急時便於搬出。
八、通路面積以確保貯存處面積 20% 以上為原則。
九、貯存處附近，不得任意放置其他物品。
十、貯存比空氣重之氣體，應注意低窪處之通風。

(C) 23. 雇主對於荷重在幾公噸以上之堆高機，應指派經特殊作業安全衛生教育訓練人員操作？

(A) 零點三　(B) 零點五　(C) 一　(D) 一點五

解析 設 §126 雇主對於荷重在 1 公噸以上之堆高機，應指派經特殊作業安全衛生教育訓練人員操作。

(D) 24. 雇主對行駛於軌道之載人車輛，下列規定何項錯誤？

(A) 以設置載人專車為原則
(B) 應有限制乘坐之人員數標示
(C) 應有防止人員於乘坐或站立時摔落之防護設施
(D) 使用於傾斜度超過二十度之軌道者，應設有預防脫軌之裝置

解析 設 §143 雇主對行駛於軌道之載人車輛，應依下列規定：
一、以設置載人專車為原則。
二、應設置人員能安全乘坐之座位及供站立時扶持之把手等。
三、應設置上下車門及安全門。
四、應有限制乘坐之人員數標示。
五、應有防止人員於乘坐或站立時摔落之防護設施。
六、凡藉捲揚裝置捲揚使用於傾斜軌道之車輛，應設搭乘人員與捲揚機操作者連繫之設備。
七、使用於傾斜度超過 30 度之軌道者，應設有預防脫軌之裝置。
八、為防止因鋼索斷裂及超速危險，應設置緊急停車裝置。
九、使用於傾斜軌道者，其車輛間及車輛與鋼索套頭間，除應設置有效之鏈及鏈環外，為防止其斷裂，致車輛脫走之危險，應另設置輔助之鏈及鏈環。

(B) 25. 使用乙炔熔接裝置或氧乙炔熔接裝置從事金屬之熔接、熔斷或加熱作業時，應規定其產生之乙炔壓力不得超過表壓力每平方公分多少公斤以上？

(A) 一點二　(B) 一點三　(C) 一點四　(D) 一點五

解析 設 §203 雇主對於使用乙炔熔接裝置或氧乙炔熔接裝置從事金屬之熔接、熔斷或加熱作業時，應規定其產生之乙炔壓力不得超過表壓力每平方公分 1.3 公斤以上。

(A) 26. 發生重大職業災害時,除必要之急救、搶救外,雇主非經那個單位許可,不得移動或破壞現場?

(A) 司法機關或勞動檢查機構
(B) 工程主辦單位
(C) 監造單位
(D) 職業安全衛生人員

解析 職安§37.4 事業單位發生第2項之災害,除必要之急救、搶救外,雇主非經司法機關或勞動檢查機構許可,不得移動或破壞現場。

(C) 27. 依職業安全衛生法規定,工作現場若有立即發生危險之虞時,工作場所負責人應如何處理?

(A) 報告上級,並靜候上級指示應變措施
(B) 報告上級,立即進行搶修,並請求支援
(C) 即令停止作業,並使勞工退避至安全場所
(D) 請搶修人員立即進行搶修。

解析 職安 18.1 工作場所有立即發生危險之虞時,雇主或工作場所負責人應即令停止作業,並使勞工退避至安全場所。

(D) 28. 事業招人承攬時,其承攬人就承攬部分負雇主之責任,原事業單位就職業災害補償部分之責任為何?

(A) 視職業災害原因判定是否補償
(B) 依工程性質決定責任
(C) 依承攬契約決定責任
(D) 仍應與承攬人負連帶責任

解析 職安§25.1 事業單位以其事業招人承攬時,其承攬人就承攬部分負本法所定雇主之責任;原事業單位就職業災害補償仍應與承攬人負連帶責任。再承攬者亦同。

(B) 29. 正己烷為何種物質？
　　　(A) 氧化性物質　　　(B) 易燃性物質
　　　(C) 可燃性物質　　　(D) 爆炸性物質

解析 由正己烷 SDS 可知，屬易燃液體第 2 級。

(C) 30. 工作用階梯應寬於 56 公分，梯級面深 15 公分以上，且斜度應在多少度以內並有扶手？
　　　(A) 三十　(B) 三十五　(C) 六十　(D) 七十五

解析 設 §29 雇主對於工作用階梯之設置，應依下列之規定：
一、如在原動機與鍋爐房中，或在機械四周通往工作台之工作用階梯，其寬度不得小於 56 公分。
二、斜度不得大於 60 度。
三、梯級面深度不得小於 15 公分。
四、應有適當之扶手。

(A) 31. 某廠房準備從事鐵皮板構築之屋頂更換作業，為防止勞工踏穿墜落，雇主依職業安全衛生設施規則規定，應於屋頂上設置適當強度之安全護網或多少公分以上之踏板？
　　　(A) 三十　(B) 三十五　(C) 四十　(D) 五十

解析 設 §227.1 雇主對勞工於以石綿板、鐵皮板、瓦、木板、茅草、塑膠等易踏穿材料構築之屋頂及雨遮，或於以礦纖板、石膏板等易踏穿材料構築之夾層天花板從事作業時，為防止勞工踏穿墜落，應採取下列設施：
一、規劃安全通道，於屋架、雨遮或天花板支架上設置適當強度且寬度在 30 公分以上之踏板。
二、於屋架、雨遮或天花板下方可能墜落之範圍，裝設堅固格柵或安全網等防墜設施。
三、指定屋頂作業主管指揮或監督該作業。

(B) 32. 雇主對於勞工經常作業之室內作業場所，採自然換氣時，其窗戶及其他開口部分等可直接與大氣相通之開口部分面積，應為地板面積之幾分之幾以上？

(A) 一十分之一　　　　(B) 二十分之一
(C) 三十分之一　　　　(D) 四十分之一

解析 設§311.1 雇主對於勞工經常作業之室內作業場所，其窗戶及其他開口部分等可直接與大氣相通之開口部分面積，應為地板面積之 1/20 以上。但設置具有充分換氣能力之機械通風設備者，不在此限。

(D) 33. 依職業安全衛生設施規則規定，雇主對於在高度至少幾公尺以上之高處作業，勞工有墜落之虞者，應使勞工確實使用安全帶、安全帽及其他必要之防護具？

(A) 零點五　(B) 一　(C) 一點五　(D) 二

解析 設§224.1 雇主對於高度在 2 公尺以上之工作場所邊緣及開口部分，勞工有遭受墜落危險之虞者，應設有適當強度之護欄、護蓋等防護設備。

(B) 34. 對於良導體機器設備內之檢修工作所用之手提式照明燈，其使用電壓不得超過多少伏特，且導線須為耐磨損及有良好絕緣，並不得有接頭？

(A) 二十　(B) 二十四　(C) 一百二十　(D) 二百二十

解析 設§249 雇主對於良導體機器設備內之檢修工作所用之手提式照明燈，其使用電壓不得超過 24 伏特，且導線須為耐磨損及有良好絕緣，並不得有接頭。

(B) 35. 為避免漏電而發生感電危害，使用對地電壓在多少伏特以上移動式或攜帶式電動機具，應設置具有高敏感度、高速型，能確實動作之防止感電用漏電斷路器？

(A) 一百一十　(B) 一百五十　(C) 二百二十　(D) 六百

解析 設§243 雇主為避免漏電而發生感電危害，應依下列狀況，於各該電動機具設備之連接電路上設置適合其規格，具有高敏感度、高速型，能確實動作之防止感電用漏電斷路器：
一、使用對地電壓在 150 伏特以上移動式或攜帶式電動機具。
二、於含水或被其他導電度高之液體濕潤之潮濕場所、金屬板上或鋼架上等導電性良好場所使用移動式或攜帶式電動機具。
三、於建築或工程作業使用之臨時用電設備。

(A) 36. 勞工使用活線作業用器具，並對勞工身體或其使用中之金屬工具、材料等導電體，充電電路之使用電壓為 21000V 時，應保持接近界限距離多少公分？
(A) 二十　(B) 三十　(C) 五十　(D) 六十

解析 21000 V=21 KV，由下表對照可知，接近界限距離為 20 公分。
設§260 使勞工使用活線作業用器具，並對勞工身體或其使用中之金屬工具、材料等導電體，應保持下表所定接近界限距離。

充電電路之使用電壓（千伏特）	接近界限距離（公分）
22 以下	**20**
超過 22，33 以下	30
超過 33，66 以下	50
超過 66，77 以下	60
超過 77，110 以下	90
超過 110，154 以下	120
超過 154，187 以下	140
超過 187，220 以下	160
超過 220，345 以下	200
超過 345	300

(C) 37. 對於處理有害物、或勞工暴露於強烈噪音、振動、超音波及紅外線、紫外線、微波、雷射、射頻波等非游離輻射或因生物病原體污染等之有害作業場所，應去除該危害因素，採取有效之措施，下列何項錯誤？

(A) 使用代替物　　　　　(B) 工程控制
(C) 更換作業人員　　　　(D) 改善作業方法

解析 設§298 雇主對於處理有害物、或勞工暴露於強烈噪音、振動、超音波及紅外線、紫外線、微波、雷射、射頻波等非游離輻射或因生物病原體污染等之有害作業場所，應去除該危害因素，採取使用代替物、改善作業方法或工程控制等有效之設施。

(B) 38. 勞工八小時日時量平均音壓級超過多少分貝或暴露劑量超過百分之五十時，雇主應使勞工戴用有效之耳塞、耳罩等防音防護具？

(A) 八十　(B) 八十五　(C) 九十　(D) 九十五

解析 設§300.1 對於勞工 8 小時日時量平均音壓級超過 85 分貝或暴露劑量超過 50% 時，雇主應使勞工戴用有效之耳塞、耳罩等防音防護具。

(A) 39. 室內作業場所之氣溫在攝氏十度以下換氣時，不得使勞工暴露於每秒幾公尺以上之氣流中？

(A) 一　(B) 二　(C) 三　(D) 五

解析 設§311.2 雇主對於前項室內作業場所之氣溫在攝氏 10 度以下換氣時，不得使勞工暴露於每秒 1 公尺以上之氣流中。

(B) 40. 雇主對於勞工從事其身體或衣著有被污染之虞之特殊作業時，應置備該勞工洗眼、洗澡、漱口、更衣、洗滌等設備。如為刺激物、腐蝕性物質或毒性物質污染之工作場所，每多少人應設置一個冷熱水沖淋設備？

(A) 五　(B) 十五　(C) 二十　(D) 三十

解析 設 318 雇主對於勞工從事其身體或衣著有被污染之虞之特殊作業時，應置備該勞工洗眼、洗澡、漱口、更衣、洗滌等設備。前項設備，應依下列規定設置：
一、刺激物、腐蝕性物質或毒性物質污染之工作場所，每 15 人應設置一個冷熱水沖淋設備。
二、刺激物、腐蝕性物質或毒性物質污染之工作場所，每 5 人應設置一個冷熱水盥洗設備。

(D) 41. 超過多少伏特供電之用電場所，應置高級電氣技術人員？
(A) 二千四百　　　　　　(B) 六千四百
(C) 一萬二千八百　　　　(D) 二萬二千八百

解析 設 §3 本規則所稱特高壓，係指超過 22800 伏特之電壓；高壓，係指超過 600 伏特至 22800 伏特之電壓；低壓，係指 600 伏特以下之電壓。
依用電場所及專任電氣技術人員管理規則 §5.1 用電場所應依下列規定置專任電氣技術人員：
一、特高壓受電之用電場所，應置高級電氣技術人員。
二、高壓受電之用電場所，應置中級電氣技術人員。
三、低壓受電且契約容量達 50 瓩以上之工廠、礦場或供公眾使用之建築物，應置初級電氣技術人員。

(C) 42. 對於動力車鋼軌之舖設，下列規定何項有誤？
(A) 鋼軌接頭，應使用魚尾鈑或採取熔接固定
(B) 舖設鋼軌，應使用道釘、金屬固定具等將鋼軌固定於枕木或水泥路基上
(C) 軌道之坡度應保持在千分之五十五以下
(D) 動力車備有自動空氣煞車之軌道坡度得放寬至千分之六十五以下

解析 設 §132.1 雇主對於動力車鋼軌之舖設，應依下列規定：
一、鋼軌接頭，應使用魚尾板或採取熔接固定。
二、舖設鋼軌，應使用道釘、金屬固定具等將鋼軌固定於枕木或水泥路基上。

三、軌道之坡度應保持在 50‰以下。但動力車備有自動空氣煞車之軌道得放寬至 65‰以下。

(B) 43. 下列何者可做為電器線路過電流保護之用？

(A) 變壓器　(B) 熔絲斷路器　(C) 避雷器　(D) 電阻器

解析 熔絲斷路器目前少見，常見的是無熔絲斷路器（NFB），它的作用就跟保險絲一樣，電流過載時跳脫保護。

(A) 44. 依職業安全衛生法規定，雇主設置下列何種機械應符合中央主管機關所定防護標準？

(A) 動力衝剪機械　(B) 起重機　(C) 升降機　(D) 吊籠

解析 本題筆者覺得答案是 A，但標準答案卻是 ABCD，不解？
安細§12 本法第 7 條第 1 項所稱中央主管機關指定之機械、設備或器具如下：
一、動力衝剪機械。
二、手推刨床。
三、木材加工用圓盤鋸。
四、動力堆高機。
五、研磨機。
六、研磨輪。
七、防爆電氣設備。
八、動力衝剪機械之光電式安全裝置。
九、手推刨床之刃部接觸預防裝置。
十、木材加工用圓盤鋸之反撥預防裝置及鋸齒接觸預防裝置。
十一、其他經中央主管機關指定公告者。

(D) 45. 依職業安全衛生法規定，有關事業單位工作場所發生勞工死亡職業災害之處理，下列敘述何者錯誤？

(A) 事業單位應採取必要措施
(B) 非經許可不得移動或破壞現場
(C) 應於 8 小時內報告檢查機構
(D) 於當月職業災害統計月報表陳報者，得免 8 小時內報告

解析 職安 §37 事業單位工作場所發生職業災害，雇主應即採取必要之急救、搶救等措施，並會同勞工代表實施調查、分析及作成紀錄。

事業單位勞動場所發生下列職業災害之一者，雇主應於 8 小時內通報勞動檢查機構：

一、發生死亡災害。

二、發生災害之罹災人數在 3 人以上。

三、發生災害之罹災人數在 1 人以上，且需住院治療。

四、其他經中央主管機關指定公告之災害。

勞動檢查機構接獲前項報告後，應就工作場所發生死亡或重傷之災害派員檢查。

事業單位發生第 2 項之災害，除必要之急救、搶救外，雇主非經司法機關或勞動檢查機構許可，不得移動或破壞現場。

(B) 46. 有關研磨作業下列何者為非？

(A) 研磨機使用不得超過規定最高使用周速度

(B) 不需配戴防護具

(C) 作業前應試轉 1 分鐘以上

(D) 更換研磨輪應先檢驗有無裂痕並在防護罩下試轉 3 分鐘以上

解析 設 §62 雇主對於研磨機之使用，應依下列規定：

一、研磨輪應採用經速率試驗合格且有明確記載最高使用周速度者。

二、規定研磨機之使用不得超過規定最高使用周速度。

三、規定研磨輪使用，除該研磨輪為側用外，不得使用側面。

四、規定研磨機使用，應於每日作業開始前試轉 1 分鐘以上，研磨輪更換時應先檢驗有無裂痕，並在防護罩下試轉 3 分鐘以上。

前項第 1 款之速率試驗，應按最高使用周速度增加 50% 為之。直徑不滿 10 公分之研磨輪得免予速率試驗。

(D) 47. 經勞動檢查機構以書面通知之檢查結果，事業單位應於該違規場所顯明易見處公告幾日以上？

(A) 三十　(B) 二十　(C) 二十五　(D) 七

解析 檢 §25.2 事業單位對前項檢查結果，應於違規場所顯明易見處公告 7 日以上。

(B) 48. 皮帶是傳動和齒輪傳動機械，應於離地幾公尺以內均須設有防護裝置？

(A) 一　(B) 二　(C) 二點五　(D) 四公尺

解析 設 §49 雇主對於傳動帶，應依下列規定裝設防護物：
一、離地 2 公尺以內之傳動帶或附近有勞工工作或通行而有接觸危險者，應裝置適當之圍柵或護網。
二、幅寬 20 公分以上，速度每分鐘 550 公尺以上，兩軸間距離 3 公尺以上之架空傳動帶週邊下方，有勞工工作或通行之各段，應裝設堅固適當之圍柵或護網。
三、穿過樓層之傳動帶，於穿過之洞口應設適當之圍柵或護網。

(A) 49. 依職業安全衛生設施規則規定，對於室內工作場所，其主要人行寬度不得小於多少公尺？

(A) 一　(B) 一點二　(C) 一點五　(D) 一點六

解析 設 §31 雇主對於室內工作場所，應依下列規定設置足夠勞工使用之通道：
一、應有適應其用途之寬度，其主要人行道不得小於 1 公尺。
二、各機械間或其他設備間通道不得小於 80 公分。
三、自路面起算 2 公尺高度之範圍內，不得有障礙物。但因工作之必要，經採防護措施者，不在此限。
四、主要人行道及有關安全門、安全梯應有明顯標示。

(C) 50. 依職業安全衛生設施規則規定，裝卸貨物高差在多少公尺以上之作業場所，應設置能使勞工安全上下之設備？

(A) 一　(B) 二　(C) 一點五　(D) 三

解析 設§228 雇主對勞工於高差超過 1.5 公尺以上之場所作業時，應設置能使勞工安全上下之設備。

2-1-3 財政部國營事業

2-1-3-1 財政部土地銀行 108 年五職等甄試試題 職業安全衛生相關法規

壹、是非題【第 1-20 題，每題 1.25 分，共 25 分】

(O) 1. 依職業安全衛生法規定：製造者、輸入者、供應者或雇主，對於中央主管機關指定之機械、設備或器具，其構造、性能及防護非符合安全標準者，不得產製運出廠場、輸入、租賃、供應或設置。

解析 職安§7.1 製造者、輸入者、供應者或雇主，對於中央主管機關指定之機械、設備或器具，其構造、性能及防護非符合安全標準者，不得產製運出廠場、輸入、租賃、供應或設置。

(X) 2. 職業安全衛生法所稱之安全衛生組織，不包括事業單位內審議、協調及建議職業安全衛生有關業務之職業安全衛生委員會。

解析 安細§32 本法第 23 條第 1 項所定安全衛生組織，包括下列組織：

一、職業安全衛生管理單位：為事業單位內擬訂、規劃、推動及督導職業安全衛生有關業務之組織。

二、**職業安全衛生委員會**：為事業單位內審議、協調及建議職業安全衛生有關業務之組織。

(X) 3. 勞工工作場所之建築物,若未由依法登記開業之建築師設計之違章建築,因建築主管機關為營建署,事業單位雇主不受職業安全衛生法罰則之處分。

> **解析** 職安§45.1.3 有下列情形之一者,處新臺幣 3 萬元以上 15 萬元以下罰鍰:
> 一、違反第 6 條第 2 項、第 12 條第 4 項、第 20 條第 1 項、第 2 項、第 21 條第 1 項、第 2 項、第 22 條第 1 項、第 23 條第 1 項、第 32 條第 1 項、第 34 條第 1 項或第 38 條之規定,經通知限期改善,屆期未改善。
> 二、違反**第 17 條**、第 18 條第 3 項、第 26 條至第 28 條、第 29 條第 3 項、第 33 條或第 39 條第 4 項之規定。
> 三、依第 36 條第 1 項之規定,應給付工資而不給付。

(X) 4. 洗衣工廠僱用之女工 E 穿戴圍巾操作平燙機,女工 E 不慎致其圍巾遭平燙機輸送帶滾輪捲入致死,女工 E 因個人不安全行為而發生死亡職災,依職業安全衛生法規定,女工 E 之雇主不須負職業災害補償責任。

> **解析** 基§59.1.4 勞工因遭遇職業災害而致死亡、失能、傷害或疾病時,雇主應依下列規定予以補償。但如同一事故,依勞工保險條例或其他法令規定,已由雇主支付費用補償者,雇主得予以抵充之:
> 一、勞工受傷或罹患職業病時,雇主應補償其必需之醫療費用。職業病之種類及其醫療範圍,依勞工保險條例有關之規定。
> 二、勞工在醫療中不能工作時,雇主應按其原領工資數額予以補償。但醫療期間屆滿 2 年仍未能痊癒,經指定之醫院診斷,審定為喪失原有工作能力,且不合第 3 款之失能給付標準者,雇主得一次給付 40 個月之平均工資後,免除此項工資補償責任。
> 三、勞工經治療終止後,經指定之醫院診斷,審定其遺存障害者,雇主應按其平均工資及其失能程度,一次給予失能補償。失能補償標準,依勞工保險條例有關之規定。

四、勞工遭遇職業傷害或罹患職業病而死亡時,雇主除給與 5 個月平均工資之喪葬費外,並應一次給與其遺屬 40 個月平均工資之**死亡補償**。其遺屬受領死亡補償之順位如下:
(一)配偶及子女。
(二)父母。
(三)祖父母。
(四)孫子女。
(五)兄弟姐妹。

(O) 5. 勞工因職業災害所致之損害,雇主應負賠償責任。但雇主能證明無過失者,不在此限。

解析 災保 §91 勞工因職業災害所致之損害,雇主應負賠償責任。但雇主能證明無過失者,不在此限。

(O) 6. 勞動檢查法第二十六條所稱工作場所,係指於勞動契約存續中,勞工履行契約提供勞務時,由雇主或代理雇主指示處理有關勞工事務之人所能支配、管理之場所。

解析 檢細 §24 本法第 26 條至第 28 條所稱工作場所,指於勞動契約存續中,勞工履行契約提供勞務時,由雇主或代理雇主指示處理有關勞工事務之人所能支配、管理之場所。

(O) 7. 事業單位不得對勞工申訴人終止勞動契約或為其他不利勞工之行為。

解析 檢 §33.4 事業單位不得對勞工申訴人終止勞動契約或為其他不利勞工之處分。

(X) 8. 事業單位對勞動檢查機構所發檢查結果通知書有異議時,前項通知書所定改善期限在勞動檢查機構另為適當處分前,可因事業單位之異議而停止計算。

解析 檢細 §21.2 前項通知書所定改善期限在勞動檢查機構另為適當處分前,**不因事業單位之異議而停止計算**。

(O) 9. 事業單位依勞動檢查法第二十五條第二項之規定公告違反勞動法令之檢查結果通知書全部內容者,得公告於餐廳、宿舍之公告場所。

> **解析** 檢細 §23.1.2 事業單位依本法第 25 條第 2 項之規定公告檢查結果,以左列方式之一為之:
> 一、以勞動檢查機構所發檢查結果通知書之全部內容公告者,應公告於左列場所之一:
> (一) 事業單位管制勞工出勤之場所。
> (二) **餐廳、宿舍及各作業場所之公告場所**。
> (三) 與工會或勞工代表協商同意之場所。
> 二、以違反規定單項內容公告者,應公告於違反規定之機具、設備或場所。

(O) 10. 雇主使勞工從事局限空間作業,有缺氧空氣、危害物質致危害勞工之虞者,應置備測定儀器;於作業前確認氧氣及危害物質濃度,並於作業期間採取連續確認之措施。

> **解析** 設 §29-4 雇主使勞工從事局限空間作業,有缺氧空氣、危害物質致危害勞工之虞者,應置備測定儀器;於作業前確認氧氣及危害物質濃度,並於作業期間採取連續確認之措施。

(O) 11. 雇主對非單行道之車輛通行道,寬度應為最大車輛寬度之二倍再加一公尺。車輛通行道上,並禁止放置物品。

> **解析** 設 §33 雇主對車輛通行道寬度,應為最大車輛寬度之 2 倍再加 1 公尺,如係單行道則為最大車輛之寬度加 1 公尺。車輛通行道上,並禁止放置物品。

(X) 12. 作業場所機械如具有動力傳動裝置之轉軸,在離地四公尺以內之轉軸或附近有勞工工作或通行而有接觸之危險者,應有適當之圍柵、掩蓋護網或套管。

> **解析** 設 §50.1.1 動力傳動裝置之轉軸,應依下列規定裝設防護物:

一、離地 2 公尺以內之轉軸或附近有勞工工作或通行而有接觸之危險者,應有適當之圍柵、掩蓋護網或套管。

二、因位置關係勞工於通行時必須跨越轉軸者,應於跨越部份裝置適當之跨橋或掩蓋。

(X) 13. 雇主使勞工從事長時間工作,為避免勞工因異常工作負荷促發疾病,首先應採取之疾病預防措施為安排所有勞工與醫師面談。

解析 設 §324-2.1.1 雇主使勞工從事輪班、夜間工作、長時間工作等作業,為避免勞工因異常工作負荷促發疾病,應採取下列疾病預防措施,作成執行紀錄並留存 3 年:
一、**辨識及評估高風險群**。
二、安排醫師面談及健康指導。
三、調整或縮短工作時間及更換工作內容之措施。
四、實施健康檢查、管理及促進。
五、執行成效之評估及改善。
六、其他有關安全衛生事項。

(O) 14. 依據職業安全衛生管理辦法第十二條之二所列之大型中高風險事業單位,此類事業單位採購或租賃機械、設備、器具、物料、原料及個人防護具等,其契約內容應有符合法令及實際需要之職業安全衛生具體規範,並於驗收、使用前確認其符合規定。

解析 管辦 §12-4.1 第 12 條之 2 第 1 項之事業單位,關於機械、設備、器具、物料、原料及個人防護具等之採購、租賃,其契約內容應有符合法令及實際需要之職業安全衛生具體規範,並於驗收、使用前確認其符合規定。

(X) 15. 依職業安全衛生管理辦法規定，若事業單位之風險等級及規模已達到應設直接隸屬雇主之專責一級管理單位者，則不一定要設職業安全衛生委員會。

解析 管辦 §10 適用第 1 條之 1（第一類事業之事業單位勞工人數在 100 人以上及第二類事業勞工人數在 300 人以上者）及第 6 條第 2 項規定之事業單位，應設職業安全衛生委員會。

(O) 16. 依職業安全衛生管理辦法規定，事業單位依危害風險之不同區分為第一類、第二類及第三類事業，其中第三類事業具低度風險者係指第一類及第二類事業以外之事業。

解析 管辦 §2.2 附表一第 3 點 第三類事業：上述指定之第一類及第二類事業以外之事業。

(X) 17. 依職業安全衛生管理辦法規定，第三類事業單位無論其勞工人數多寡，皆無須設置職業安全衛生管理單位。

解析 第 6 條

事業分散於不同地區者，應於各該地區之事業單位依第二條至第三條之二規定，設管理單位及置管理人員。事業單位勞工人數之計算，以各該地區事業單位作業勞工之總人數為準。

事業設有總機構者，除各該地區事業單位之管理單位及管理人員外，應依下列規定另於總機構或其地區事業單位設綜理全事業之職業安全衛生事務之管理單位，及依附表二之一之規模置管理人員，並依第五條之一規定辦理安全衛生管理事項：

一、第一類事業勞工人數在 500 人以上者，應設直接隸屬雇主之專責一級管理單位。

二、第二類事業勞工人數在 500 人以上者，應設直接隸屬雇主之一級管理單位。

三、第三類事業勞工人數在 3000 人以上者，應設管理單位。

貳、四選一單選選擇題【第 21-70 題，每題 1.5 分，共 75 分】

(C) 18. 機械、設備、器具、原料、材料等物件之設計、製造或輸入者及工程之設計或施工者，應於設計、製造、輸入或施工規劃階段實施下列何者？

(A) 危害辨識　(B) 安全分析　(C) 風險評估　(D) 系統整合

解析 職安 §5.2 機械、設備、器具、原料、材料等物件之設計、製造或輸入者及工程之設計或施工者，應於設計、製造、輸入或施工規劃階段實施**風險評估**，致力防止此等物件於使用或工程施工時，發生職業災害。

(B) 19. 雇主對於具有危害性之化學品，應依其健康危害、散布狀況及使用量等情形，評估風險等級，並採取下列何種措施？

(A) 風險管理　(B) 分級管理　(C) 製程管理　(D) 危害管理

解析 職安 §11.1 雇主對於前條之化學品，應依其健康危害、散布狀況及使用量等情形，評估風險等級，並採取**分級管理**措施。

(A) 20. 於作業場所有易燃液體之蒸氣或可燃性氣體滯留，達爆炸下限值之百分之多少以上，致有發生爆炸、火災危險之虞時，為職業安全衛生法所稱有立即發生危險之虞？

(A) 30%　(B) 40%　(C) 50%　(D) 60%

解析 安細 §25.1.4 本法第 18 條第 1 項及第 2 項所稱有立即發生危險之虞時，指勞工處於需採取緊急應變或立即避難之下列情形之一：

一、自設備洩漏大量危害性化學品，致有發生爆炸、火災或中毒等危險之虞時。

二、從事河川工程、河堤、海堤或圍堰等作業，因強風、大雨或地震，致有發生危險之虞時。

三、從事隧道等營建工程或管溝、沉箱、沉筒、井筒等之開挖作業，因落磐、出水、崩塌或流砂侵入等，致有發生危險之虞時。

四、於作業場所有易燃液體之蒸氣或可燃性氣體滯留,達爆炸下限值之 **30%** 以上,致有發生爆炸、火災危險之虞時。

五、於儲槽等內部或通風不充分之室內作業場所,致有發生中毒或窒息危險之虞時。

六、從事缺氧危險作業,致有發生缺氧危險之虞時。

七、於高度 2 公尺以上作業,未設置防墜設施及未使勞工使用適當之個人防護具,致有發生墜落危險之虞時。

八、於道路或鄰接道路從事作業,未採取管制措施及未設置安全防護設施,致有發生危險之虞時。

九、其他經中央主管機關指定公告有發生危險之虞時之情形。

(D) 21. 對可能為罹患職業病之高風險群勞工,或基於疑似職業病及本土流行病學調查之需要,經中央主管機關指定公告,要求其雇主對特定勞工施行必要項目之臨時性檢查,稱為下列何種檢查?

(A) 特殊健康檢查
(B) 特定健康檢查
(C) 特別健康檢查
(D) 特定對象及特定項目之健康檢查

解析 安細 §27.2.3 本法第 20 條第 1 項所稱在職勞工應施行之健康檢查如下:

一、一般健康檢查:指雇主對在職勞工,為發現健康有無異常,以提供適當健康指導、適性配工等健康管理措施,依其年齡於一定期間或變更其工作時所實施者。

二、特殊健康檢查:指對從事特別危害健康作業之勞工,為發現健康有無異常,以提供適當健康指導、適性配工及實施分級管理等健康管理措施,依其作業危害性,於一定期間或變更其工作時所實施者。

三、**特定對象及特定項目之健康檢查**:指對可能為罹患職業病之高風險群勞工,或基於疑似職業病及本土流行病學調查之需要,經中央主管機關指定公告,要求其雇主對特定勞工施行必要項目之臨時性檢查。

(B) 22. 依職業安全衛生法規定,事業單位勞工人數在多少人以上者,應僱用或特約醫護人員,辦理健康管理、職業病預防及健康促進等勞工健康保護事項?

(A) 30 人　(B) 50 人　(C) 100 人　(D) 300 人

解析 職安 §22.1 事業單位勞工人數在 **50 人**以上者,應僱用或特約醫護人員,辦理健康管理、職業病預防及健康促進等勞工健康保護事項。

(A) 23. 事業單位安全衛生管理,由雇主或對事業具管理權限之雇主代理人綜理,並由事業單位內下列何者依職權指揮、監督所屬人員執行?

(A) 各級主管　　　　　(B) 安全衛生人員
(C) 醫護人員　　　　　(D) 工會代表

解析 管辦 §5-1.1.6 職業安全衛生組織、人員、工作場所負責人及各級主管之職責如下:

一、職業安全衛生管理單位:擬訂、規劃、督導及推動安全衛生管理事項,並指導有關部門實施。

二、職業安全衛生委員會:對雇主擬訂之安全衛生政策提出建議,並審議、協調及建議安全衛生相關事項。

三、未置有職業安全(衛生)管理師、職業安全衛生管理員事業單位之職業安全衛生業務主管:擬訂、規劃及推動安全衛生管理事項。

四、置有職業安全(衛生)管理師、職業安全衛生管理員事業單位之職業安全衛生業務主管:主管及督導安全衛生管理事項。

五、職業安全(衛生)管理師、職業安全衛生管理員:擬訂、規劃及推動安全衛生管理事項,並指導有關部門實施。

六、**工作場所負責人及各級主管**:依職權指揮、監督所屬執行安全衛生管理事項,並協調及指導有關人員實施。

七、一級單位之職業安全衛生人員:協助一級單位主管擬訂、規劃及推動所屬部門安全衛生管理事項,並指導有關人員實施。

(C) 27. 發生災害之罹災人數在三人以上者,指於勞動場所同一災害發生工作者傷害之總人數達三人以上者,不包括下列何種傷害?

(A) 永久部分失能
(B) 永久全失能
(C) 暫時部分失能
(D) 暫時全失能

解析 安細 §48.1 本法第 37 條第 2 項第 2 款所稱發生災害之罹災人數在 3 人以上者,指於勞動場所同一災害發生工作者**永久全失能**、**永久部分失能**及**暫時全失能**之總人數達 3 人以上者。

(D) 28. 依職業安全衛生法施行細則規定,事業單位內擬訂、規劃及推動安全衛生管理業務者,不包括下列何者?

(A) 職業安全衛生業務主管
(B) 職業安全(衛生)管理師
(C) 職業安全衛生管理員
(D) 醫護人員

解析 管辦 §5-1.1 職業安全衛生組織、人員、工作場所負責人及各級主管之職責如下:

一、職業安全衛生管理單位:擬訂、規劃、督導及推動安全衛生管理事項,並指導有關部門實施。

二、職業安全衛生委員會:對雇主擬訂之安全衛生政策提出建議,並審議、協調及建議安全衛生相關事項。

三、未置有職業安全(衛生)管理師、職業安全衛生管理員事業單位之**職業安全衛生業務主管**:擬訂、規劃及推動安全衛生管理事項。

四、置有職業安全(衛生)管理師、職業安全衛生管理員事業單位之**職業安全衛生業務主管**:主管及督導安全衛生管理事項。

五、**職業安全(衛生)管理師、職業安全衛生管理員**:擬訂、規劃及推動安全衛生管理事項,並指導有關部門實施。

六、工作場所負責人及各級主管:依職權指揮、監督所屬執行安全衛生管理事項,並協調及指導有關人員實施。

七、一級單位之職業安全衛生人員:協助一級單位主管擬訂、規劃及推動所屬部門安全衛生管理事項,並指導有關人員實施。

(C) 29. 勞工 B 從事職業安全衛生法所稱之高架作業，雇主未依規定減少勞工 B 工作時間，並在工作時間中予以適當之休息，勞工 B 之雇主依職業安全衛生法規定，會受到下列何種處分？

(A) 停工　(B) 拘役　(C) 罰鍰　(D) 警告

解析 職安 §43.1.2 有下列情形之一者，處新臺幣 3 萬元以上 30 萬元以下**罰鍰**：

一、違反第 10 條第 1 項、第 11 條第 1 項、第 23 條第 2 項之規定，經通知限期改善，屆期未改善。

二、違反第 6 條第 1 項、第 12 條第 1 項、第 3 項、第 14 條第 2 項、第 16 條第 1 項、**第 19 條第 1 項**、第 24 條、第 31 條第 1 項、第 2 項或第 37 條第 1 項、第 2 項之規定；違反第 6 條第 2 項致發生職業病。

三、違反第 15 條第 1 項、第 2 項之規定，並得按次處罰。

四、規避、妨礙或拒絕本法規定之檢查、調查、抽驗、市場查驗或查核。

(A) 30. 原事業單位乙營造公司之丙承攬商僱用勞工 C，在乙營造公司之工地從事建築物之外牆粉刷作業，外牆粉刷作業之施工架未設護欄，勞工 C 亦未使用安全帶，造成勞工 C 從 15 公尺高之施工架墜落死亡，依職業安全衛生法規定之責任歸屬，下列敘述何者錯誤？

(A) 乙營造公司應負勞工 C 之雇主責任
(B) 丙承攬商應負勞工 C 之雇主責任
(C) 乙營造公司就職業災害補償應與丙承攬商負連帶責任
(D) 乙營造公司若違反職業安全衛生法規定，應與丙承攬商負連帶賠償責任

解析 職安 §25 事業單位以其事業招人承攬時，其承攬人（**丙承攬商**）就承攬部分負本法所定雇主之責任；原事業單位（**乙營造公司**）就職業災害補償仍應與承攬人負連帶責任。再承攬者亦同。

原事業單位違反本法或有關安全衛生規定，致承攬人所僱勞工發生職業災害時，與承攬人負連帶賠償責任。再承攬者亦同。

(C) 41. 下列何項為勞動檢查法明定之勞動檢查事項範圍？

(A) 環境衛生法令規定之事項
(B) 消防法令規定之事項
(C) 勞工安全衛生法令規定之事項
(D) 外傭工作內容規定之事項

解析 檢 §4 勞動檢查事項範圍如下：
一、依本法規定應執行檢查之事項。
二、勞動基準法令規定之事項。
三、**職業安全衛生法令規定之事項。**
四、其他依勞動法令應辦理之事項。

(A) 42. 被通知停工之事業單位，未允許復工前，若私自復工，可對其處以何種處罰？

(A) 有期徒刑、拘役或科或併科罰金　(B) 按日連續罰鍰
(C) 通知限期改善　(D) 通知斷水斷電

解析 檢 §34.1.2 有左列情形之一者，處 3 年以下**有期徒刑、拘役或科或併科新臺幣 15 萬元以下罰金**：
一、違反第 26 條規定，使勞工在未經審查或檢查合格之工作場所作業者。
二、**違反第 27 條至第 29 條停工通知者。**

(B) 43. 勞動檢查員執行職務，下列何者屬於不得預先通知事業單位之檢查？

(A) 職業災害檢查
(B) 專案檢查
(C) 危險性工作場所審查之現場檢查
(D) 危險性機械或設備竣工檢查

解析 檢 §13 勞動檢查員執行職務，除左列事項外，不得事先通知事業單位：
一、第 26 條規定之審查或檢查。
二、危險性機械或設備檢查。

三、職業災害檢查。

四、其他經勞動檢查機構或主管機關核准者。

(A) 44. 事業單位對於勞動檢查之結果,依勞動檢查法規定,應於違規場所顯明易見處公告至少幾日以上?

(A) 7 日　(B) 8 日　(C) 9 日　(D) 10 日

解析 檢 §25.2 事業單位對前項檢查結果,應於違規場所顯明易見處公告 **7 日**以上。

(D) 45. 依勞動檢查法規定,勞動檢查員對於事業單位之檢查結果,應報由所屬勞動檢查機構依法處理;其有違反勞動法令規定事項者,勞動檢查機構並應於幾日內以書面通知事業單位立即改正或限期改善?

(A) 7 日　(B) 8 日　(C) 9 日　(D) 10 日

解析 檢 §25.1 勞動檢查員對於事業單位之檢查結果,應報由所屬勞動檢查機構依法處理;其有違反勞動法令規定事項者,勞動檢查機構並應於 **10 日**內以書面通知事業單位立即改正或限期改善,並副知直轄市、縣(市)主管機關督促改善。對公營事業單位檢查之結果,應另副知其目的事業主管機關督促其改善。

(C) 46. 依勞動檢查法規定,勞動檢查員為執行檢查職務,得隨時進入事業單位,若雇主或其代理人無故拒絕、規避或妨礙,得處新臺幣多少元之罰鍰?

(A) 3 千元以下
(B) 3 萬元以上 7 萬元以下
(C) 3 萬元以上 15 萬元以下
(D) 10 萬元以上 30 萬元以下

解析 檢 §14.1.1 事業單位或行為人有下列情形之一者,處新臺幣 **3 萬元以上 15 萬元以下**罰鍰,並得按次處罰:
一、違反第 **14** 條第 **1** 項規定。
二、違反第 15 條第 2 項規定。

(D) 47. 依勞動檢查法規定,中央主管機關之勞動檢查方針,於年度開始前幾個月公告並宣導?

(A) 一個月　(B) 三個月　(C) 五個月　(D) 六個月

解析 檢§6.1 中央主管機關應參酌我國勞動條件現況、安全衛生條件、職業災害嚴重率及傷害頻率之情況,於年度開始前6個月公告並宣導勞動檢查方針,其內容為:
一、優先受檢查事業單位之選擇原則。
二、監督檢查重點。
三、檢查及處理原則。
四、其他必要事項。

(C) 48. 中央主管機關應公告之勞動檢查方針,其內容不包含下列何者?

(A) 優先受檢查事業單位之選擇原則
(B) 檢查及處理原則
(C) 危險性機械設計原則
(D) 監督檢查重點

解析 檢§6.1 中央主管機關應參酌我國勞動條件現況、安全衛生條件、職業災害嚴重率及傷害頻率之情況,於年度開始前6個月公告並宣導勞動檢查方針,其內容為:
一、優先受檢查事業單位之選擇原則。
二、監督檢查重點。
三、檢查及處理原則。
四、其他必要事項。

(B) 49. 勞動檢查法第六條所稱職業災害嚴重率係指下列何者?

(A) 每百萬工時之死亡總損失日數
(B) 每百萬工時之失能傷害總損失日數
(C) 每百萬工時之住院總損失日數
(D) 每百萬工時之停工總損失日數

解析 檢細 §6 本法第 6 條所稱職業災害嚴重率，指**每百萬工時之失能傷害總損失日數**；傷害頻率，係指每百萬工時之失能傷害次數。

(C) 50. 事業單位對勞動檢查機構所發檢查結果通知書有異議時，應如何辦理？

(A) 應於通知書送達之次日起七日內，以書面敘明理由向勞動主管機關提出異議

(B) 應於通知書送達之次日起十日內，以書面敘明理由向勞動主管機關提出異議

(C) 應於通知書送達之次日起十日內，以書面敘明理由向勞動檢查機構提出異議

(D) 應於通知書送達之次日起七日內，以書面敘明理由向勞動檢查機構提出異議

解析 檢細 §21.1 事業單位對勞動檢查機構所發檢查結果通知書有異議時，應於通知書送達之次日起 **10 日**內，以書面敘明理由向**勞動檢查機構**提出。

(C) 51. 雇主對於使用之移動梯應符合之規定，下列敘述何者錯誤？

(A) 具有堅固之構造

(B) 其材質不得有顯著之損傷、腐蝕等現象

(C) 寬度應在二十公分以上

(D) 應採取防止滑溜或其他防止轉動之必要措施

解析 設 §229 雇主對於使用之移動梯，應符合下列之規定：

一、具有堅固之構造。
二、其材質不得有顯著之損傷、腐蝕等現象。
三、**寬度應在 30 公分以上**。
四、應採取防止滑溜或其他防止轉動之必要措施。

(B) 52. 雇主供給勞工使用之個人防護具或防護器具，下列規定何者正確？

(A) 需保持清潔，但不需時常消毒

(B) 經常檢查，保持其性能，不用時並妥予保存

(C) 非拋棄式防護具或防護器具無個人專用必要

(D) 對勞工有感染疾病之虞時，應置備公共使用防護器具

解析 設 §277 雇主供給勞工使用之個人防護具或防護器具，應依下列規定辦理：

一、保持清潔，並予必要之消毒。

二、**經常檢查，保持其性能，不用時並妥予保存**。

三、防護具或防護器具應準備足夠使用之數量，個人使用之防護具應置備與作業勞工人數相同或以上之數量，並以個人專用為原則。

四、對勞工有感染疾病之虞時，應置備個人專用防護器具，或作預防感染疾病之措施。

(A) 53. 雇主對於工作用階梯之設置，下列規定何者錯誤？

(A) 如在原動機與鍋爐房中，或在機械四周通往工作台之工作用階梯，其寬度不得小於三十公分

(B) 斜度不得大於六十度

(C) 梯級面深度不得小於十五公分

(D) 應有適當之扶手

解析 設 §29 雇主對於工作用階梯之設置，應依下列之規定：

一、**如在原動機與鍋爐房中，或在機械四周通往工作台之工作用階梯，其寬度不得小於 56 公分。**

二、斜度不得大於 60 度。

三、梯級面深度不得小於 15 公分。

四、應有適當之扶手。

(A) 54. 依職業安全衛生設施規則規定,雇主對於建築物之工作室,其樓地板至天花板淨高應至少達多少公尺以上?

(A) 2.1 公尺　(B) 1.6 公尺　(C) 1.9 公尺　(D) 2.0 公尺

解析 設 §25 雇主對於建築物之工作室,其樓地板至天花板淨高應在 **2.1 公尺**以上。但建築法規另有規定者,從其規定。

(B) 55. 依職業安全衛生設施規則規定,事業單位勞工人數達多少人以上者,雇主應依勞工執行職務之風險特性,訂定執行職務遭受不法侵害預防計畫?

(A) 50　(B) 100　(C) 150　(D) 300

解析 設 §324-3.2 前項暴力預防措施,事業單位勞工人數達 **100 人**以上者,雇主應依勞工執行職務之風險特性,參照中央主管機關公告之相關指引,訂定執行職務遭受不法侵害預防計畫,並據以執行;於勞工人數未達 100 人者,得以執行紀錄或文件代替。

(C) 56. 依職業安全衛生設施規則規定,雇主對於一般辦公場所之採光照明,於自然採光不足時,可用人工照明補足,其照度應為多少米燭光以上?

(A) 100　(B) 200　(C) 300　(D) 1,000

解析 設 §313.6

照度表		照明種類
場所或作業別	照明米燭光數	場所別採全面照明,作業別採局部照明。
室外走道、及室外一般照明	20 米燭光以上	全面照明
一、走道、樓梯、倉庫、儲藏室堆置粗大物件處所。 二、搬運粗大物件,如煤炭、泥土等。	50 米燭光以上	一、全面照明 二、全面照明

照度表		照明種類
一、機械及鍋爐房、升降機、裝箱、精細物件儲藏室、更衣室、盥洗室、廁所等。 二、須粗辨物體如半完成之鋼鐵產品、配件組合、磨粉、粗紡棉布極其他初步整理之工業製造。	100米燭光以上	一、全面照明 二、局部照明
須細辨物體如零件組合、粗車床工作、普通檢查及產品試驗、淺色紡織及皮革品、製罐、防腐、肉類包裝、木材處理等。	200米燭光以上	局部照明
一、須精辨物體如細車床、較詳細檢查及精密試驗、分別等級、織布、淺色毛織等。 二、一般辦公場所。	**300米燭光以上**	一、局部照明 二、全面照明
須極細辨物體,而有較佳之對襯,如精密組合、精細車床、精細檢查、玻璃磨光、精細木工、深色毛織等。	500至1000米燭光以上	局部照明
須極精辨物體而對襯不良,如極精細儀器組合、檢查、試驗、鐘錶珠寶之鑲製、茶葉分級、印刷品校對、深色織品、縫製等。	1000米燭光以上	局部照明

(D) 57. 雇主設置之固定梯,應依循下列何項規定?

(A) 不必等間隔設置踏條

(B) 踏條與牆壁間應保持十五公分以上之淨距

(C) 不需有防止梯移位之措施

(D) 梯之頂端應突出板面六十公分以上

解析 設§37.1.7 雇主設置之固定梯,應依下列規定:
一、具有堅固之構造。
二、應等間隔設置踏條。

三、踏條與牆壁間應保持 16.5 公分以上之淨距。

四、應有防止梯移位之措施。

五、不得有妨礙工作人員通行之障礙物。

六、平台用漏空格條製成者,其縫間隙不得超過 3 公分;超過時,應裝置鐵絲網防護。

七、**梯之頂端應突出板面 60 公分以上**。

八、梯長連續超過 6 公尺時,應每隔 9 公尺以下設一平台,並應於距梯底 2 公尺以上部分,設置護籠或其他保護裝置。但符合下列規定之一者,不在此限:

(一)未設置護籠或其它保護裝置,已於每隔 6 公尺以下設一平台者。

(二)塔、槽、煙囪及其他高位建築之固定梯已設置符合需要之安全帶、安全索、磨擦制動裝置、滑動附屬裝置及其他安全裝置,以防止勞工墜落者。

九、前款平台應有足夠長度及寬度,並應圍以適當之欄柵。

(C) 58. 依職業安全衛生設施規則規定,暴露劑量超過百分之幾之工作場所應採取聽力保護措施,並作成執行紀錄留存三年?

(A) 10　(B) 25　(C) 50　(D) 100

解析 設 §300-1.1 雇主對於勞工 8 小時日時量平均音壓級超過 85 分貝或暴露劑量超過 **50%** 之工作場所,應採取下列聽力保護措施,作成執行紀錄並留存 3 年:
一、噪音監測及暴露評估。
二、噪音危害控制。
三、防音防護具之選用及佩戴。
四、聽力保護教育訓練。
五、健康檢查及管理。
六、成效評估及改善。

(B) 59. 雇主對於工作場所有生物病原體危害之虞者,應採取感染預防措施之敘述,下列何者錯誤?

(A) 相關機械、設備、器具等之管理及檢點
(B) 物理性環境監測
(C) 警告傳達及標示
(D) 感染預防教育訓練

解析 設§297-1.1 雇主對於工作場所有生物病原體危害之虞者,應採取下列感染預防措施:
一、危害暴露範圍之確認。
二、**相關機械、設備、器具等之管理及檢點。**
三、**警告傳達及標示。**
四、健康管理。
五、感染預防作業標準。
六、**感染預防教育訓練。**
七、扎傷事故之防治。
八、個人防護具之採購、管理及配戴演練。
九、緊急應變。
十、感染事故之報告、調查、評估、統計、追蹤、隱私權維護及紀錄。
十一、感染預防之績效檢討及修正。
十二、其他經中央主管機關指定者。

(D) 60. 雇主對於電路開路後從事該電路、該電路支持物、或接近該電路工作物之敷設、建造、檢查、修理、油漆等作業時,應於確認電路開路後,就該電路採取之設施,下列何者錯誤?

(A) 開路之開關於作業中,應上鎖或標示「禁止送電」、「停電作業中」或設置監視人員監視之
(B) 開路後之電路如含有電力電纜、電力電容器等致電路有殘留電荷引起危害之虞,應以安全方法確實放電
(C) 開路後之電路藉放電消除殘留電荷後,應以檢電器具檢查,確認其已停電,且為防止該停電電路與其他電路之

混觸、或因其他電路之感應、或其他電源之逆送電引起感電之危害，應使用短路接地器具確實短路，並加接地
(D) 停電作業範圍如為發電或變電設備或開關場之一部分時，應將該停電作業範圍以紅帶或網加圍，並懸掛「停電作業區」標誌；有電部分則以藍帶或網加圍，並懸掛「有電危險區」標誌，以資警示

解析 設§254.1 雇主對於電路開路後從事該電路、該電路支持物、或接近該電路工作物之敷設、建造、檢查、修理、油漆等作業時，應於確認電路開路後，就該電路採取下列設施：
一、開路之開關於作業中，應上鎖或標示「禁止送電」、「停電作業中」或設置監視人員監視之。
二、開路後之電路如含有電力電纜、電力電容器等致電路有殘留電荷引起危害之虞，應以安全方法確實放電。
三、開路後之電路藉放電消除殘留電荷後，應以檢電器具檢查，確認其已停電，且為防止該停電電路與其他電路之混觸、或因其他電路之感應、或其他電源之逆送電引起感電之危害，應使用短路接地器具確實短路，並加接地。
四、前款停電作業範圍如為發電或變電設備或開關場之一部分時，應將該停電作業範圍以<u>藍帶</u>或網加圍，並懸掛「停電作業區」標誌；有電部分則以<u>紅帶</u>或網加圍，並懸掛「<u>有電危險區</u>」標誌，以資警示。

(C) 61. 依職業安全衛生管理辦法規定，有關事業單位設置之職業安全衛生委員會，下列敘述何者錯誤？

(A) 委員應有七人以上
(B) 以雇主為主任委員
(C) 委員任期三年，連選得連任
(D) 委員會應每三個月至少開會一次

解析 管辦§11.2 **委員任期為 2 年**，並以雇主為主任委員，綜理會務。

(D) 62. 依職業安全衛生管理辦法規定,事業單位內擬訂、規劃、督導及推動安全衛生管理事項為下列何者之職責?

(A) 職業安全衛生委員會　　(B) 各級主管
(C) 工會　　　　　　　　　(D) 職業安全衛生管理單位

解析 管辦§5-1.1.1 職業安全衛生組織、人員、工作場所負責人及各級主管之職責如下:

一、**職業安全衛生管理單位**:擬訂、規劃、督導及推動安全衛生管理事項,並指導有關部門實施。

二、**職業安全衛生委員會**:對雇主擬訂之安全衛生政策提出建議,並審議、協調及建議安全衛生相關事項。

三、未置有職業安全(衛生)管理師、職業安全衛生管理員事業單位之職業安全衛生業務主管:擬訂、規劃及推動安全衛生管理事項。

四、置有職業安全(衛生)管理師、職業安全衛生管理員事業單位之職業安全衛生業務主管:主管及督導安全衛生管理事項。

五、職業安全(衛生)管理師、職業安全衛生管理員:擬訂、規劃及推動安全衛生管理事項,並指導有關部門實施。

六、工作場所負責人及各級主管:依職權指揮、監督所屬執行安全衛生管理事項,並協調及指導有關人員實施。

七、一級單位之職業安全衛生人員:協助一級單位主管擬訂、規劃及推動所屬部門安全衛生管理事項,並指導有關人員實施。

(C) 63. 依職業安全衛生管理辦法規定,第一類事業單位或其總機構所設置之職業安全衛生管理單位,已實施職業安全衛生管理系統相關管理制度者,其管理績效經下列何者認可者,得不受一級管理單位應為專責及職業安全衛生業務主管應為專職之限制?

(A) 當地主管機關　　　　(B) 當地勞動檢查機構
(C) 中央主管機關　　　　(D) 中央勞動檢查機構

解析 管辦 §6-1 第一類事業單位或其總機構已實施第12條之2職業安全衛生管理系統相關管理制度,管理績效並經**中央主管機關審查通過**者,得不受第2條之1、第3條及前條有關一級管理單位應為專責及職業安全衛生業務主管應為專職之限制。

(D) 64. 依職業安全衛生管理辦法規定,第一類至第三類事業單位僱用勞工在多少人以上時就要實施自動檢查?

(A) 50 人　(B) 100 人　(C) 300 人　(D) 未規定人數

解析 職業安全衛生管理辦法規定之自動檢查係針對機械、設備及作業,如雇主使勞工使用機械、設備或從事作業時,無論勞工人數多寡即應實施自動檢查。

(D) 65. 依職業安全衛生管理辦法規定,有關職業安全衛生管理單位之敘述,下列何者錯誤?

(A) 事業分散於不同地區者,應於各該地區之事業單位依其風險等級與勞工人數規模,設管理單位及置管理人員
(B) 第一類事業勞工人數在五百人以上者,應設直接隸屬雇主之專責一級管理單位
(C) 第二類事業勞工人數在五百人以上者,應設直接隸屬雇主之一級管理單位
(D) 第三類事業勞工人數在三千人以上者,應設直接隸屬雇主之一級管理單位

解析 管辦 §2-1.1 事業單位應依下列規定設職業安全衛生管理單位:
一、第一類事業之事業單位勞工人數在100人以上者,應設直接隸屬雇主之專責一級管理單位。
二、第二類事業勞工人數在300人以上者,應設直接隸屬雇主之一級管理單位。

(D) 66. 依職業安全衛生管理辦法規定,事業單位以其事業之全部或部分交付承攬或再承攬時,下列敘述何者正確?

A. 如承攬人使用之機械、設備或器具係由原事業單位提供者,該機械、設備或器具應由原事業單位實施定期檢查及重點檢查
B. 原事業單位認為定期檢查及重點檢查有必要時,得會同承攬人或再承攬人實施
C. 如承攬人或再承攬人具有實施定期檢查及重點檢查之能力時,原事業單位得以書面約定由承攬人或再承攬人為之

(A) 僅 A　(B) 僅 B　(C) 僅 BC　(D) ABC

解析 管辦 §84 事業單位以其事業之全部或部分交付承攬或再承攬時,如該承攬人使用之機械、設備或器具係由原事業單位提供者,該機械、設備或器具應由原事業單位實施定期檢查及重點檢查。
前項定期檢查及重點檢查於有必要時得由承攬人或再承攬人會同實施。
第一項之定期檢查及重點檢查如承攬人或再承攬人具有實施之能力時,得以書面約定由承攬人或再承攬人為之。

(D) 67. 依職業安全衛生管理辦法規定,下列何種資格無法擔任職業安全衛生管理員?

(A) 具有職業安全管理師或職業衛生管理師資格
(B) 領有職業安全衛生管理乙級技術士證照
(C) 曾任勞動檢查員,具有勞動檢查工作經驗二年以上
(D) 甲種職業安全衛生業務主管教育訓練合格

解析 管辦 §7.2.3 下列職業安全衛生人員,雇主應自事業單位勞工中具備下列資格者選任之:
三、職業安全衛生管理員:
（一）具有職業安全管理師或職業衛生管理師資格。
（二）領有職業安全衛生管理乙級技術士證照。

(三) 曾任勞動檢查員，具有職業安全衛生檢查工作經驗 2 年以上。

(四) 修畢工業安全衛生相關科目 18 學分以上，並具有國內外大專以上校院工業安全衛生相關科系畢業。

(五) 普通考試職業安全衛生類科錄取。

(B) 68. 依職業安全衛生管理辦法規定，雇主對設置於局部排氣裝置內之空氣清淨裝置，應多久依規定定期實施檢查一次？

(A) 每三年　(B) 每年　(C) 每月　(D) 每周

解析 管辦 §41 雇主對設置於局部排氣裝置內之空氣清淨裝置，應**每年**依下列規定定期實施檢查 1 次：
一、構造部分之磨損、腐蝕及其他損壞之狀況及程度。
二、除塵裝置內部塵埃堆積之狀況。
三、濾布式除塵裝置者，有濾布之破損及安裝部分鬆弛之狀況。
四、其他保持性能之必要措施。

(D) 69. 依職業安全衛生管理辦法規定，有關職業安全衛生委員會中的勞工代表委員之規定，下列敘述何者錯誤？

(A) 勞工代表，應佔委員人數三分之一以上
(B) 事業單位設有工會者，由工會推派勞工代表
(C) 事業單位無工會組織而有勞資會議者，由勞方代表推選之
(D) 無工會組織且無勞資會議者，由雇主指派勞工代表

解析 管辦 §11.4 第 1 項第 5 款之勞工代表，應佔委員人數 1/3 以上；事業單位設有工會者，由工會推派之；無工會組織而有勞資會議者，由勞方代表推選之；無工會組織且無勞資會議者，由**勞工共同推選之**。

(A) 70. 某第三類低度風險事業之事業單位，僱有 110 位勞工，依職業安全衛生管理辦法規定，該單位應置的職業安全衛生業務主管應屬於何種等級？

(A) 甲種職業安全衛生業務主管
(B) 乙種職業安全衛生業務主管
(C) 丙種職業安全衛生業務主管
(D) 無須設置職業安全衛生業務主管

解析 管辦§3.1 附表二 第三類事業之事業單位（低度風險事業）：
一、未滿 30 人者，置丙種職業安全衛生業務主管。
二、30 人以上未滿 100 人者，置乙種職業安全衛生業務主管。
三、**100 人以上未滿 500 人者，置甲種職業安全衛生業務主管。**
四、500 人以上者，置甲種職業安全衛生業務主管及職業安全衛生管理員各 1 人以上。

2-1-4 其他泛國營事業

2-1-4-1 經濟部中國鋼鐵 107 年師級甄試試題 勞工安全衛生相關法規及概論

壹、選擇題－單選題 20 題（每題 1.5 分，答錯不倒扣；未作答者，不予計分）

(C) 1. 人體與環境進行熱交換時，下列何者不受風速影響？

(A) 熱輻射　　　　　　(B) 汗水蒸發熱
(C) 基礎代謝熱　　　　(D) 熱傳導對流

解析 基礎代謝熱：為維持基本生命活動所需要的熱量。

(B) 2. 從事高溫作業勞工作息時間標準所稱高溫作業之勞工，依勞工健康保護規則之規定，下列何者非屬應實施特殊健康檢查項目之一？

(A) 作業經歷之調查　　(B) 胸部 X 光攝影檢查
(C) 肺功能檢查　　　　(D) 心電圖檢查

解析 依據健 附表十
(1) 作業經歷、生活習慣及自覺症狀之調查。
(2) 高血壓、冠狀動脈疾病、肺部疾病、糖尿病、腎臟病、皮膚病、內分泌疾病、膠原病及生育能力既往病史之調查。
(3) 目前服用之藥物,尤其著重利尿劑、降血壓藥物、鎮定劑、抗痙攣劑、抗血液凝固劑及抗膽鹼激素劑之調查。
(4) 心臟血管、呼吸、神經、肌肉骨骼及皮膚系統之身體檢查。
(5) 飯前血糖(sugar AC)、血中尿素氮(BUN)、肌酸酐(creatinine)與鈉、鉀及氯電解質之檢查。
(6) 血色素檢查。
(7) 尿蛋白及尿潛血之檢查。
(8) 肺功能檢查(包括用力肺活量(FVC)、一秒最大呼氣量(FEV1.0)及 FEV1.0/FVC)
(9) 心電圖檢查。

(C) 3. 工業衛生為以下列環境因素為目標的科學與藝術,不包含以下哪一項措施?

(A) 辨識　(B) 評估　(C) 模仿　(D) 控制

解析 工業衛生措施主要有:辨識、評估、控制。

(B) 4. 下列何者為化學窒息性物質?

(A) 正丁醇　　　　　　(B) 一氧化碳
(C) 1,1,1,- 三氯乙烷　　(D) 二氧化碳

解析 一氧化碳會和血紅素中的亞鐵離子鍵結,使其無法攜帶氧氣,屬於窒息性物質。

(B) 5. 呼吸防護具中,哪一項構造能夠捕集粒狀污染物?

(A) 面體　(B) 不織布濾材　(C) 排氣閥　(D) 濾罐

解析 面體為呼吸防護具濾材之載具,對於洩漏率影響甚大;
不織布濾材能捕集粒狀汙染物;
排氣閥為單向閥,不具有捕集汙染物的效果;
濾罐用以吸附氣狀汙染物,達到淨化空氣的效果。

(D) 6. 強大的衝擊性噪音或爆炸聲音造成鼓膜破裂，屬於下列何種聽力損失？

(A) 永久性　(B) 間歇性　(C) 年老性　(D) 傳音性

解析 鼓膜破裂即無法將空氣振動傳遞到聽骨，屬於傳音性聽力損失。

(C) 7. 吸入下列何物質易發生忽冷忽熱之發燒症狀？

(A) 漂白水　(B) 麵粉　(C) 金屬燻煙　(D) 松香水

解析 金屬燻煙熱，約在工作後 4~8 小時發生，症狀類似感染流行性感冒，如頭痛、發燒、咳嗽等，若停止暴露後約可在 1~2 天後即緩解。

(A) 8. 依有機溶劑中毒預防規則規定，整體換氣裝置之換氣能力以下列何者表示？

(A) Q（m^3/min）　　　　(B) V（m/s）
(C) 每分鐘換氣次數　　　(D) 每小時換氣次數

解析 有機 §15 附表四每分鐘換氣量之單位為立方公尺，即 m^3/min。

(C) 9. 雇主使勞工進入供儲存大量物料之槽桶時，下列何者敘述錯誤？

(A) 應事先測定並確認無爆炸、中毒及缺氧等危險
(B) 應使勞工配掛安全帶及安全索等工具
(C) 工作人員應由槽底進入以防墜落
(D) 進口處派人監視以備發生危險時營救

解析 設 §29-1~§29-7。

(D) 10. 下列何者非屬高壓氣體安全規則中所稱之特定高壓氣體？

(A) 壓縮氫氣　(B) 液氯　(C) 液化石油氣　(D) 液氮

解析 高壓 §3 本規則所稱特定高壓氣體，係指高壓氣體中之壓縮氫氣、壓縮天然氣、高壓液氧、液氨及液氯、液化石油氣。

(D) 11.「勞動安全衛生法」（以民國 102 年 6 月 18 日修正版為準，以下同。）修正名稱為「職業安全衛生法」之立法理由為何？

(A) 參酌「社會文化國際公約」
(B) 為改善女性勞動工作環境
(C) 為保障無一定雇主勞工
(D) 為保障工作者安全及健康

解析 職安 §1 為防止職業災害，保障工作者安全及健康，特制定本法；其他法律有特別規定者，從其規定。

(C) 12.「職業安全衛生法」因醫療業及服務業迭傳勞工遭暴力威脅、毆打或傷害事件，引起勞工身心受創，要求雇主應妥為規劃及採取必要之安全衛生措施，增定了何種規定？

(A) 執行職務因他人行為遭受生命或精神不法侵害之預防
(B) 執行職務遭受生命或身體侵害之防止
(C) 執行職務因他人行為遭受身體或精神不法侵害之預防
(D) 執行職務遭受生命、身體、自由、財產侵害之防止

解析 職安 §6 雇主對下列事項，應妥為規劃及採取必要之安全衛生措施：
一、重複性作業等促發肌肉骨骼疾病之預防。
二、輪班、夜間工作、長時間工作等異常工作負荷促發疾病之預防。
三、執行職務因他人行為遭受身體或精神不法侵害之預防。
四、避難、急救、休息或其他為保護勞工身心健康之事項。

(C) 13. 依「職業安全衛生法」立法理由，何謂「型式驗證」？

(A) 指表象及基本結構之驗證
(B) 指功能及基本結構之檢定
(C) 指驗證機構書面保證產品符合規定要求（一產品符合，代表同一型式，均合格）之過程
(D) 指驗證機構書面保證產品符合規定（一產品符合，代表同一型式，均合格）之結果

> **解析** 安細§13 本法第7條至第9條所稱型式驗證,指由驗證機構對某一型式之機械、設備或器具等產品,審驗符合安全標準之程序。

(B) 14. 「職業安全衛生法」規定,雇主對於化學物品,應依其健康危害、散布狀況及使用量等情形,採取何措施?

(A) 評估環境等級,並採取分區管理
(B) 評估風險管理,採取分級管理
(C) 評估容量重量,採取容器管理
(D) 評估人員專業等級,採取人數配置管理

> **解析** 職安§11 雇主對於前條之化學品,應依其健康危害、散布狀況及使用量等情形,評估風險等級,並採取分級管理措施。……。

(C) 15. 「職業安全衛生法」對於管制性化學品之製造、輸入、供應或供工作者處置、使用,有何規定?

(A) 依各地方主管機關所定訂之辦法辦理,並向中央主管機關報備
(B) 依各地方主管機關所定訂之辦法辦理,並向中央主管機關申請核備
(C) 不得辦理,但經中央主管機關核定者,不在此限
(D) 優先管理化學品,應將相關運作資料,送中央主管機關核定

> **解析** 職安§14 製造者、輸入者、供應者或雇主,對於經中央主管機關指定之管制性化學品,不得製造、輸入、供應或供工作者處置、使用。但經中央主管機關許可者,不在此限。

(C) 16. 「職業安全衛生法」規定雇主等在何種情況,應立即停止工作,並使勞工退避至安全場所?

(A) 發生危險時　　　　　　(B) 發生危險之虞時
(C) 立即發生危險之虞時　　(D) 立即發生危險時

> **解析** 職安 §18 工作場所有立即發生危險之虞時，雇主或工作場所負責人應即令停止作業，並使勞工退避至安全場所。……

(C) 17. 「職業安全衛生法」對於在職勞工，應做哪些健康檢查？何者為非？

  (A) 一般健康檢查
  (B) 特殊健康檢查
  (C) 特定對象及特定項目之健康檢查（勞工自費）
  (D) 在職勞工健康檢查，由雇主負擔費用

> **解析** 職安 §20 雇主於僱用勞工時，應施行體格檢查；對在職勞工應施行下列健康檢查：
> 一、一般健康檢查。
> 二、從事特別危害健康作業者之特殊健康檢查。
> 三、經中央主管機關指定為特定對象及特定項目之健康檢查。
> 前項檢查應由中央主管機關會商中央衛生主管機關認可之醫療機構之醫師為之；檢查紀錄雇主應予保存，並負擔健康檢查費用；……。

(D) 18. 「職業安全衛生法」規定雇主哪方面必要之安全衛生教育及訓練？

  (A) 職涯規劃與預防災變　　(B) 從事工作與職涯規劃
  (C) 預防災變與市場趨勢　　(D) 從事工作與預防災變

> **解析** 職安 §32 雇主對勞工應施以從事工作與預防災變所必要之安全衛生教育及訓練。

(C) 19. 「職業安全衛生法」對於「安全衛生工作守則」，係如何規定？

  (A) 會同工會訂定，報經勞動檢查機構備查
  (B) 由勞資會議訂定，報經勞動檢查機構核定
  (C) 會同勞工代表訂定，報經勞動檢查機構備查
  (D) 會同工會訂定，報經勞動檢查機構核定

> **解析** 職安 §34 雇主應依本法及有關規定會同勞工代表訂定適合其需要之安全衛生工作守則，報經勞動檢查機構備查後，公告實施。

(B) 20. 「職業安全衛生法」規定負責人之最高刑事責任為何？

(A) 3 年以下有期徒刑、拘役或科或併科 30 萬元新台幣（以下同）以下罰金

(B) 3 年以下有期徒刑、拘役或科或併科 30 萬元以下罰金，法人亦科相同之罰金

(C) 3 年以下有期徒刑、拘役或科或併科 30 萬元以下罰鍰

(D) 3 年以下有期徒刑、拘役或科或併科 30 萬元以下罰金，法人亦科相同之罰鍰

> **解析** 職安 §40 違反第 6 條第 1 項或第 16 條第 1 項之規定，致發生第 37 條第 2 項第 1 款之災害者，處 3 年以下有期徒刑、拘役或科或併科新臺幣 30 萬元以下罰金。法人犯前項之罪者，除處罰其負責人外，對該法人亦科以前項之罰金。

貳、選擇題─複選題 8 題（每題 2.5 分，全部答對才給分，答錯不倒扣；未作答者，不予計分）

(BC) 21. 因為工作設計不良所造成的重複性傷害，下列敘述何者正確？

(A) 會造成消化系統的不適

(B) 主要影響因素為姿勢、施力、作業頻率、休息時間

(C) 常由輕微傷害慢慢累積而形成

(D) 高溫及低溫環境沒有任何影響力

> **解析** 因為工作設計不良所造成的重複性傷害常由輕微傷害慢慢累積而形成，主要影響因素為姿勢、施力、作業頻率、休息時間，另外需要考慮環境（如高低溫、濕度）等影響。

(ABD) 22. 依勞工健康保護規則規定，雇主對在職勞工應定期實施一般健康檢查，下列敘述何者正確？

(A) 年滿 65 歲以上者每年檢查一次
(B) 未滿 40 歲者每 5 年檢查一次
(C) 年滿 30 歲未滿 40 歲者每 7 年檢查一次
(D) 40 歲以上未滿 65 歲者，每 3 年檢查一次

解析 健 §17.1
雇主對在職勞工，應依下列規定，定期實施一般健康檢查：
一、年滿 65 歲者，每年檢查 1 次。
二、40 歲以上未滿 65 歲者，每 3 年檢查 1 次。
三、未滿 40 歲者，每 5 年檢查 1 次。

(ABCD) 23. 下列哪些物質吸入後會造成肺部損傷？

(A) 石綿　(B) 甲醛　(C) 臭氧　(D) 氯氣

解析 石綿會在肺部累積，導致塵肺病（部分地區稱肺塵症）甚至是肺癌。
甲醛蒸氣經由呼吸道進入人體，長期接觸低劑量，會導致呼吸道疾病，暴露於高劑量則會導致肝炎、肺炎及腎臟損害，甚至引起鼻咽癌、結腸癌、腦瘤、細胞核基因突變等，2011 年美國國家毒理學計劃描述甲醛為「已知人類致癌物」。
臭氧有強烈的刺激性，吸入過量對人體健康有一定危害。它主要是刺激和損害深部呼吸道，並可損害中樞神經系統，對眼睛有輕度的刺激作用。
氯氣具有強烈的刺激性、窒息氣味，可以刺激人體呼吸道黏膜，輕則引起胸部灼熱、疼痛和咳嗽，嚴重者可導致死亡。

(ABCD) 24. 下列何者為職業安全衛生的危害因子？

(A) 社會心理壓力危害　　(B) 人因工程危害
(C) 化學性危害　　　　　(D) 生物性危害

解析 職業安全衛生的危害因子有：物理性危害因子、化學性危害因子、生物性危害因子、人因性危害因子與社會性（心理壓力）危害因子。

(CD) 25. 「職業安全衛生法」規定事業單位經中央主管機關及勞動檢查機構通知停工，停工期間之勞工工資，未依法辦理時，其罰則為何？

(A) 處 3 萬元以上 15 萬元以下罰金
(B) 罰金應計法定利息
(C) 處 3 萬元以上 15 萬元以下罰鍰
(D) 積欠之工資，應計法定利息

解析 職安§36 勞工於停工期間應由雇主照給工資。
職安§45 有下列情形之一者，處新臺幣 3 萬元以上 15 萬元以下罰鍰：……三、依第 36 條第 1 項之規定，應給付工資而不給付。……。
＊積欠之工資，應計法定利息非屬罰則，本題答案應為 (C)。

(AB) 26. 「職業安全衛生法」罰則所規定之「公布」，其內容為何？

(A) 事業單位等之名稱
(B) 負責人姓名
(C) 事業單位等之地址、通訊方式等
(D) 事業單位等之財務狀況

解析 職安§49 有下列情形之一者，得公布其事業單位、雇主、代行檢查機構、驗證機構、監測機構、醫療機構、訓練單位或顧問服務機構之名稱、負責人姓名：……

(BD) 27. 「職業安全衛生法」之立法宗旨為何？

(A) 強化勞動檢查　　(B) 防止職業災害
(C) 保障勞動權益　　(D) 保障工作者安全與健康

解析 職安§1 為防止職業災害，保障工作者安全及健康，特制定本法；其他法律有特別規定者，從其規定。

(BC) 28. 「職業安全衛生法」所規定之雇主為何？

(A) 專業經理人　　　(B) 事業主
(C) 事業之經營負責人　(D) 董事會

> **解析** 安細 §3 工作場所負責人，指雇主或於該工作場所代表雇主從事管理、指揮或監督工作者從事勞動之人。

參、填充題 12 題（每題 2.5 分，答錯不倒扣；未作答者，不予計分）

1. 粒狀有害物濃度表示方法為 ___mg/m³___ 。

   > **解析** 依暴標
   > 第 5 條本標準所稱 ppm 為百萬分之一單位，指溫度在攝氏 25 度、1 大氣壓條件下，每立方公尺空氣中氣狀有害物之立方公分數。
   > 第 6 條本標準所稱 mg/m³ 為每立方公尺毫克數，指溫度在攝氏 25 度、1 大氣壓條件下，每立方公尺空氣中**粒狀**或氣狀有害物之毫克數。

2. 評估勞工噪音暴露測定時，噪音計採用___A___權衡電網。

   > **解析** 設 §300 勞工暴露之噪音音壓級及其工作日容許暴露時間如下列對照表：
   >
   > | 工作日容許暴露時間（小時） | A 權噪音音壓級（dBA） |
   > |---|---|
   > | ……（以下略） | ……（以下略） |

3. 工作場所測得之噪音為 93 分貝，如果將音源關掉時測得之背景噪音為 90 分貝，則音源噪音為___90___分貝。

   > **解析** 噪音音壓級計算公式如下：
   > $SPL = 10\log(P/20\times 10^{-6})$
   > $P_{總和} = P_{背景} + P_{噪音源}$
   > $10^{9.3}\times(20\times 10^{-6}) = 10^{9}\times(20\times 10^{-6}) + 10^{x/10}\times(20\times 10^{-6})$
   > $10^{0.3}\times 10^{9} = 10^{9} + 10^{x/10}$ ∵ $10^{0.3} = 2$
   > ∴ $2\times 10^{9} = 10^{9} + 10^{x/10}$
   > $10^{9} = 10^{x/10}$ ∴ x = 90。

4. 截斷食指第二骨節之傷害損失日為 200 日，某事故使一位勞工之食指中骨節發生機能損失，經醫師證明有 25% 的僵直，則其損失日數為 __50 日__ 。

   解析 200×25%＝50

5. 1 居里（1 Curie）是指放射性物質每秒發生 __3.7×10^{10}__ 次衰變。

   解析 1 克的鐳 226（^{226}Ra）每秒能產生 3.7×10^{10} 次原子核衰變，該源的放射性強度即為 1 居里。

6. 25°C，1 atm 下，24.5 ppm 之 SO_2 是 __64__ mg/m^3（SO_2 分子量為 64）。

   解析 濃度換算公式如下：

   $X(mg/m^3) \times 24.5^* / $ 分子量 $= Y(ppm)$

   ＊：每 mole 的分子在 1atm、25°C 下的體積。

   ∴依題旨，代入 Y = 24.5，故求出 X = 64。

7. 「職業安全衛生法」第 4 條但書規定，本法之適用範圍，因事業規模、 __性質與風險__ 等因素，中央主管機關得指定公告其適用本法之部份規定。

   解析 職安§4 但因事業規模、**性質及風險**等因素，中央主管機關得指定公告其適用本法之部分規定。

8. 「職業安全衛生法」第 6 條第 2 項第 2 款規定，輪班、夜間工作、長時間工作等 __異常工作負荷__ 促發疾病之預防。

   解析 職安§6 雇主對下列事項，應妥為規劃及採取必要之安全衛生措施：……二、輪班、夜間工作、長時間工作等**異常工作負荷**促發疾病之預防。……

9. 「職業安全衛生法」第 19 條第 1 項前段規定,在高溫場所工作之勞工,雇主不得使其每日工作時間超過 __6 小時__ 。

   > **解析** 職安 §19 在高溫場所工作之勞工,雇主不得使其每日工作時間超過 **6 小時**;……。

10. 「職業安全衛生法」第 20 條第 5 項規定,醫療機構對於健康檢查之結果,應通報中央主管機關備查,以作為工作相關疾病預防之必要應用。但一般健康檢查結果之通報,以 __指定項目__ 發現異常者為限。

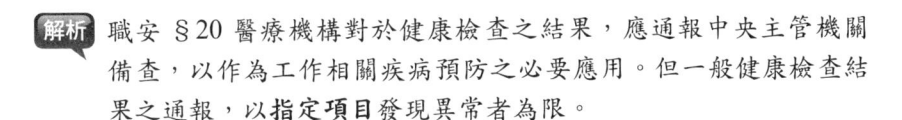

    > **解析** 職安 §20 醫療機構對於健康檢查之結果,應通報中央主管機關備查,以作為工作相關疾病預防之必要應用。但一般健康檢查結果之通報,以**指定項目**發現異常者為限。

11. 「職業安全衛生法」第 25 條第 2 項規定,原事業單位違反本法或有關安全衛生規定,致承攬人所僱勞工發生職業災害時,與承攬人員 __負連帶賠償__ 責任。再承攬人,亦同。

    > **解析** 職安 §25 原事業單位違反本法或有關安全衛生規定,致承攬人所僱勞工發生職業災害時,與承攬人**負連帶賠償責任**。再承攬者亦同。

12. 「職業安全衛生法」第 30 條第 5 項規定,雇主未經當事人告知妊娠或分娩而違反第 1 項或第 2 項規定者,得免予處罰。但雇主 __明知或可得而知__ 者,不在此限。

    > **解析** 安細 §5 雇主未經當事人告知妊娠或分娩事實而違反第 1 項或第 2 項規定者,得免予處罰。但雇主**明知或可得而知**者,不在此限。

肆、計算問答題 4 題（每題 5 分，答錯不倒扣；未作答者，不予計分）

1. 某勞工暴露於 85 分貝 4 小時，95 分貝 1 小時，100 分貝 1 小時，75 分貝 2 小時，請問該勞工 8 小時日時量平均音壓為多少分貝。90dB

   解析 依題旨，其暴露劑量如下表：

噪音音壓級 (dB)	暴露時間 (hr)	容許暴露時間 (hr)	暴露劑量 (%)
85	4	16	25
95	1	4	25
100	1	2	50
75	2	設§300 第 1 款第 3 目：不列入計算	

   依設§300 第 1 款第 2 目，其和大於 1 時，即屬超出容許暴露劑量。

2. 依「職業安全衛生法」規定，工作者發現哪些情形之一者，得向雇主、主管機關或勞動檢查機構申訴？

   解析 職安§39

   工作者發現下列情形之一者，得向雇主、主管機關或勞動檢查機構申訴：
   一、事業單位違反本法或有關安全衛生之規定。
   二、疑似罹患職業病。
   三、身體或精神遭受侵害。

3. 依「職業安全衛生法」第 41 條之規定，負責人遭易科罰金 18 萬元時，該法人連同負責人總計應付多少罰金？

   解析 職安§41 第 2 項 法人犯前項之罪者，除處罰其負責人外，對該法人亦科以前項之罰金。

   18 萬（負責人遭易科罰金）＋ 18 萬（對該法人科以相同之罰金）＝ 36 萬。

4. 依「職業安全衛生法」第 42 條第 2 項規定，雇主對應通報之監測資料，經中央主管機關於一星期內，3 次查核有虛偽不實，遭 100 萬元之罰鍰，該雇主總共應繳交多少罰鍰？100 萬

> **解析** 職安 §42 雇主依第 12 條第 4 項規定通報之監測資料，經中央主管機關查核有虛偽不實者，處新臺幣 30 萬元以上 100 萬元以下罰鍰。

2-2 工業安全衛生概要及工程管理

2-2-1 交通部國營事業

2-2-1-1 交通部臺鐵局 107 年服務員甄試試題 職業安全衛生概要

壹、單選題【共 35 題，每題 2 分，共 70 分】

(D) 1. 在高溫場所工作之勞工，依職業安全衛生法規定，雇主不得使其每日工作時間超過多少小時？
(A) 3　(B) 4　(C) 5　(D) 6　小時

> **解析** 職安 §19 在高溫場所工作之勞工，雇主不得使其每日工作時間超過 6 小時……。

(送分) 2. 依職業安全衛生法規定，經中央主管機關指定具有危險性之機械或設備操作人員，雇主應僱用經中央主管機關認可之訓練或經技能檢定合格之人員充任之，如違反者雇主應受何種處罰？
(A) 處新台幣 3 仟元以下罰鍰
(B) 處新台幣 3 萬元以上 15 萬元以下罰鍰
(C) 處新台幣 3 萬元以上 6 萬元以下罰鍰
(D) 處一年以下有期徒刑、拘役、科或併科新台幣 9 萬元以下罰鍰

解析 職安§43 有下列情形之一者,處新臺幣3萬元以上30萬元以下罰鍰:……二、違反……第24條……。

(A) 3. 依職業安全衛生教育訓練規則規定,如果陳之安在甲線擔任包裝作業現在要調到乙線擔任品檢作業,則陳之安需接受的一般安全衛生教育訓練時數不得少於多少小時?

(A) 3　(B) 10　(C) 16　(D) 18　小時

解析 教§17 雇主對新僱勞工或在職勞工於變更工作前,應使其接受適於各該工作必要之一般安全衛生教育訓練。……前二項教育訓練課程及時數,依附表十四之規定:新僱勞工或在職勞工於變更工作前依實際需要排定時數,不得少於3小時。

(D) 4. 造成罹災者肢體或器官嚴重受損,危及生命或造成其身體機能嚴重喪失,且住院治療連續達幾小時以上才構成職業安全衛生法規所稱重傷之災害?

(A) 4　(B) 8　(C) 12　(D) 24　小時

解析 安細§49 重傷之災害,指造成罹災者肢體或器官嚴重受損,危及生命或造成其身體機能嚴重喪失,且須住院治療連續達24小時以上之災害者。

(B) 5. 蒸汽鍋爐其傳熱面積依危險性工作場所審查及檢查辦法規定,需多少平方公尺以上者,方列為危險性工作場所?

(A) 300　(B) 500　(C) 700　(D) 900　平方公尺

解析 危審§2……
三、丙類:指蒸汽鍋爐之傳熱面積在500平方公尺以上……。

(A) 6. 依危險性工作場所審查及檢查辦法規定,甲類工作場所使勞工作業30日前,向下列何者申請審查?

(A) 當地勞動檢查機構　(B) 中央主管機關
(C) 所屬事業單位　　　(D) 總工會

解析 危審§5 事業單位向檢查機構申請審查甲類工作場所……。

(C) 7. 依危險性工作場所審查及檢查辦法規定，事業單位向檢查機構申請審查甲類工作場所，事前實施評估之組成小組人員包括下列何種人員？

(A) 當地居民代表　　(B) 勞動檢查人員
(C) 職業安全衛生人員　　(D) 熟悉該場所作業之顧問

解析 危審 §6 前條資料事業單位應依作業實際需要，於事前由下列人員組成評估小組實施評估：
一、工作場所負責人。
二、曾受國內外製程安全評估專業訓練或具有製程安全評估專業能力，並有證明文件，且經中央主管機關認可者（以下簡稱製程安全評估人員）。
三、依職業安全衛生管理辦法設置之職業安全衛生人員。
四、工作場所作業主管。
五、熟悉該場所作業之勞工。……。

(A) 8. 事業單位對經檢查機構審查合格之甲類危險性工作場所依危險性工作場所審查及檢查辦法規定，應於製程修改時或至少每多少年重新評估一次？

(A) 5　(B) 7　(C) 9　(D) 11　年

解析 危審 §8 事業單位對經檢查機構審查合格之工作場所，應於製程修改時或至少每 5 年重新評估第 5 條檢附之資料，為必要之更新及記錄，並報請檢查機構備查。

(C) 9. 依危險性工作場所審查及檢查辦法規定，事業單位向檢查機構申請審查及檢查哪一類工作場所，審查及檢查之結果，檢查機構應於受理申請後 45 日內，以書面通知事業單位？

(A) 甲類　(B) 乙類　(C) 丙類　(D) 丁類

解析 ＊答案應修改為 B 與 C。
危審 §11（乙類工作場所）檢查機構於審查後……，檢查機構應於受理申請後 45 日內，以書面通知事業單位。……。

危審§15（丙類工作場所）檢查機構於審查後……，檢查機構應於受理申請後45日內，以書面通知事業單位。……。

(送分) 10. 事業單位對經檢查機構審查合格之丙類危險性工作場所，依危險性工作場所審查及檢查辦法規定，應於製程修改時或至少每多少年重新評估一次？

(A) 4　(B) 3　(C) 2　(D) 1　年

解析 危審§16 事業單位對經檢查機構審查及檢查合格之工作場所，應於製程修改時或至少每5年依第13條檢附之資料重新評估1次，……。

(A) 11. 依危險性工作場所審查及檢查辦法規定，乙類工作場所於使勞工作業幾日前需向檢查機構申請審查及檢查？

(A) 45　(B) 40　(C) 30　(D) 15　日

解析 危審§11（乙類工作場所）檢查機構於審查後……，檢查機構應於受理申請後45日內，以書面通知事業單位。……。

(C) 12. 勞工參加有關之職業安全衛生教育訓練，缺課時數達課程總時數多少以上時，則訓練單位應通知其退訓？

(A) 三分之一　(B) 四分之一　(C) 五分之一　(D) 六分之一

解析 教§33 訓練單位對受訓學員缺課時數達課程總時數1/5以上者，應通知其退訓；受訓學員請假超過3小時或曠課者，應通知其補足全部課程。……。

(A) 13. 依職業安全衛生教育訓練規則，辦理新僱勞工一般安全衛生教育訓練時，其訓練時數不得少於多少小時？

(A) 3　(B) 10　(C) 16　(D) 18　小時

解析 教§17 雇主對新僱勞工或在職勞工於變更工作前，應使其接受適於各該工作必要之一般安全衛生教育訓練。……前2項教育訓練課程及時數，依附表十四之規定：新僱勞工或在職勞工於變更工作前依實際需要排定時數，不得少於3小時。

(B) 14. 某工程由甲營造公司承建,甲營造公司再將其中之施工架組配及拆除交由乙公司施作,則甲公司就職業安全衛生法而言是何者?

(A) 業主　(B) 承攬人　(C) 原事業單位　(D) 再承攬人

解析 甲營造公司承建某工程,所以為承攬人。
職安 §26 事業單位以其事業之全部或一部分交付承攬時,應於事前告知該承攬人有關其事業工作環境、危害因素暨本法及有關安全衛生規定應採取之措施。承攬人就其承攬之全部或一部分交付再承攬時,承攬人亦應依前項規定告知再承攬人。

(C) 15. 工作者於下列何種場所之建築物、機械、設備、原料、材料、化學物品、氣體、蒸氣、粉塵等或作業活動及其他職業上原因引起之疾病、傷害、失能或死亡於依職業安全衛生法規定為職業災害?

(A) 作業場所　(B) 工作場所　(C) 勞動場所　(D) 活動場所

解析 職安 §2.1.5 五、職業災害:指因勞動場所之建築物、機械、設備、原料、材料、化學品、氣體、蒸氣、粉塵等或作業活動及其他職業上原因引起之工作者疾病、傷害、失能或死亡。

(B) 16. 進行營建工程須以鋼管構成設置護欄時,其杆柱相鄰間距不得大於少公尺?

(A) 1.5　(B) 2.5　(C) 3.5　(D) 4.5 公尺

解析 營 §20.1.3 三、以鋼管構成者,其上欄杆、中欄杆及杆柱之直徑均不得小於 3.8 公分,杆柱相鄰間距不得超過 2.5 公尺。

(C) 17. 進行營造工程時,除鋼構組配作業外,工作面至安全網架設平面之攔截高度,必須在多少公尺以內?

(A) 3　(B) 5　(C) 7　(D) 9　公尺

解析 營 §22.1.2 二、工作面至安全網架設平面之攔截高度,不得超過 7 公尺。……。

(C) 18. 危害圖示之象徵符號,出現骷髏頭是指何種物質?

(A) 腐蝕性物質

(B) 低刺激性物質

(C) 毒性物質

(D) 健康危害物質(含致癌物質)

解析 危標§5 雇主對裝有危害性化學品之容器,應依附表一規定之分類及標示要項……。附表一 健康危害性。

(B) 19. 利用多孔性的固體吸附劑(如活性碳或矽膠)將氣狀污染物進行物理吸附或是化學吸收去除,這是屬於何種材質?

(A) 過濾材質　　　　　(B) 吸附材質

(C) 膠體材質　　　　　(D) 淋洗材質

解析 活性碳或矽膠是氣狀污染物常用的多孔性固體吸附材質。

(A) 20. 防塵口罩佩戴時,使用雙手遮住口罩面體,用力吐氣,感覺面體與臉部接觸處是否有空氣流出,這是屬於何種檢點方式?

(A) 正壓　(B) 負壓　(C) 逆壓　(D) 沖壓

解析 正壓:讓吐出的壓力大於大氣,進而施行密合度檢點。

(A) 21. 500W 之電器使用 4 小時,相當於使用了幾度電?

(A) 2　(B) 4　(C) 8　(D) 16　度

解析 500W(瓦)x 4 小時/(1000 瓦/小時)= 2 度電

(C) 22. 任何時間不得暴露於峰值超過幾分貝之衝擊性噪音?

(A) 120　(B) 130　(C) 140　(D) 150 分貝

解析 設§300.1.1 ……使勞工噪音暴露工作日 8 小時日時量平均不超過(一)表列之規定值或相當之劑量值,且任何時間不得暴露於峰值超過 140 分貝之衝擊性噪音或 115 分貝之連續性噪音……。

(A) 23. 從外部供應乾淨空氣,人員不受周圍空氣污染程度影響之呼吸防護具,屬於?

(A) 供氣式　(B) 空氣清淨式　(C) 隔離式　(D) 拋棄式

解析 供氣式呼吸防護具的空氣來源為外部供應且不受周圍空氣污染程度影響。

(A) 24. 氧氣瓶在使用或搬運中應

(A) 直立並固定
(B) 倒立並固定
(C) 橫放並綁妥
(D) 懸吊避免碰撞

解析 設 §106 雇主使用於儲存高壓氣體之容器……四、容器使用時應加固定……

設 §107 雇主搬運儲存高壓氣體之容器……二、場內移動儘量使用專用手推車等,務求安穩直立。三、以手移動容器,應確知護蓋旋緊後,方直立移動。……。

(D) 25. 在各種氣體中,最易於使人大量吸入而不自覺者為?

(A) SO_2　(B) Cl_2　(C) CH_4　(D) CO

解析 CO(一氧化碳)為一種無色無味的氣體且最初不會引起人體的不適反應,所以容易使人大量吸入。

(A) 26. 我國採用之安全電壓為

(A) 24 伏特　(B) 42 伏特　(C) 64 伏特　(D) 110 伏特

解析 設 §249 雇主對於良導體機器設備內之檢修工作所用之手提式照明燈,其使用電壓不得超過 24 伏特。

(B) 27. 電焊工作時,不小心將電烙鐵頭碰觸到手,造成起水泡、紅腫、傷到真皮,是屬於

(A) 第一度灼傷
(B) 第二度灼傷
(C) 第三度灼傷
(D) 電氣高溫灼傷

解析 第一度灼傷：只有傷害到表皮層。通常表現為皮膚局部紅、腫、疼痛，發熱。
第二度灼傷：傷害到部份的真皮層，表現的特徵為劇烈的疼痛並有水泡的產生。
第三度灼傷：真皮層全部被破壞，傷害到達皮下組織層。
第四度灼傷：傷害到皮下組織層以下的肌肉和骨骼等組織。

(D) 28. 鎂粉引火導致火災時，應使用下列何種滅火器材？
　　(A) 水　　　　　　　　(B) 泡沫滅火器
　　(C) 二氧化碳滅火器　　(D) D 類乾粉滅火器

解析 鎂粉引火導致火災屬 D 類（金屬）火災，所以需使用對應的 D 類乾粉滅火器。

(A) 29. 被硫酸噴濺於臉部時的處理方式？
　　(A) 大量清水沖洗眼、臉　(B) 塗敷油性軟膏
　　(C) 塗敷沙拉油降溫　　　(D) 使用酸鹼中和

解析 硫酸噴濺後，應先大量沖冷水 10 分鐘，而且沖水時盡量保持固定姿勢，以免灼傷範圍擴大，最後再蓋上紗布盡快就醫。

(C) 30. 煤氣中毒大多為不完全燃燒造成，通常是由何種氣體所引發？
　　(A) 二氧化碳　　(B) 一氧化氮
　　(C) 一氧化碳　　(D) 二氧化硫

解析 不完全燃燒容易產生一氧化碳。

(D) 31. 刀軸、砂輪等刀具、工作物碎片鬆脫時，其行徑方向為圓周運動之
　　(A) 水平線　(B) 軸線　(C) 拋物線　(D) 切線

解析 刀具或工作物碎片鬆脫後，於圓周運動的切線作為行徑之方向。

(D) 32. 濃氨水開啟瓶蓋時，對什麼器官刺激最快也最大？

(A) 耳朵　(B) 口腔　(C) 皮膚　(D) 眼鼻

解析 濃氨水的瓶蓋開啓時，因其氨氣最先可能直接接觸眼睛或從鼻子吸入，而最快產生刺激與作用。

(D) 33. 下列何種有機溶劑，對於人體之危害較小？

(A) 四氯乙烯　(B) 四氯化碳　(C) 苯　(D) 丙酮

解析 四氯乙烯：第二種有機溶劑；四氯化碳：第一種有機溶劑；苯：特化丙類第二種物質；丙酮：第二種有機溶劑，第二種有機溶劑危害性較小；另以 LD_{50} 作為兩者危害之比較，LD_{50} 的數值越大，代表危害性越小。

四氯乙烯：LD_{50}（測試動物、吸收途徑）：2600 mg/kg（大鼠，吞食）

丙酮：LD_{50}（測試動物、吸收途徑）：5800 mg/kg（大鼠，吞食）

(C) 34. 鋅粉常作為防銹底漆材料，應避免接觸何項物質，以免產生反應引發爆炸？

(A) 鹼性液體　　　　　(B) 油性溶劑
(C) 酸性液體　　　　　(D) 液體蠟油

解析 鋅粉的安全資料表中，十、安定性及反應性，應避免之物質：酸、鹼金屬氫氧化物、鹵化碳氫化合物、氧化劑、鹵素、硝酸銨、硫磺。

(C) 35. 濕冷、高噪音、高振動或異常氣壓的環境，屬於何種環境？

(A) 化學危害環境　　　(B) 熱輻射環境
(C) 物理危害環境　　　(D) 生物危害環境

解析 物理性危害：溫度、噪音、振動、異常氣壓、採光照明、非游離輻射、游離輻射等。

貳、多重選擇題【共 15 題,每題 2 分,共 30 分】

每題有 4 個選項,其中至少有 1 個是正確的選項,請將正確選項劃記在答案卡之「答案區」。

各題之選項獨立判定,所有選項均答對者,得 2 分;答錯 1 個選項者,得 1 分;所有選項均未作答、答錯 2 個(含)以上選項者,該題以零分計算。

(ABCD)36. 雇主對擔任下列哪些工作性質勞工,依職業安全衛生教育訓練規則規定,每 3 年至少 3 小時接受安全衛生在職教育訓練?

(A) 具有危險性之機械或設備操作人員
(B) 特殊作業人員
(C) 急救人員
(D) 各級管理、指揮、監督之業務主管

解析 由下表可知,選項 ABCD 均正確。

教 §18.1. 第 X 款	教育訓練名稱	安全衛生在職教育訓練時數
1	職業安全衛生業務主管	6 hr/2 年
2	職業安全衛生管理人員(職業安全管理師、職業衛生管理師、職業安全衛生管理員)	12 hr/2 年
3	勞工健康服務護理人員及勞工健康服務相關人員	12 hr/3 年
4	勞工作業環境監測人員	6 hr/3 年
5	施工安全評估人員及製程安全評估人員	
6	高壓氣體作業主管: 一、高壓氣體製造安全主任。 二、高壓氣體製造安全作業主管。 三、高壓氣體供應及消費作業主管。	

教 §18.1. 第 X 款	教育訓練名稱	安全衛生在職教育訓練時數
6	營造作業主管： 一、擋土支撐作業主管。 二、露天開挖作業主管。 三、模板支撐作業主管。 四、隧道等挖掘作業主管。 五、隧道等襯砌作業主管。 六、施工架組配作業主管。 七、鋼構組配作業主管。 八、屋頂作業主管。 九、其他經中央主管機關指定之人員。 有害作業主管： 一、有機溶劑作業主管。 二、鉛作業主管。 三、四烷基鉛作業主管。 四、缺氧作業主管。 五、特定化學物質作業主管。 六、粉塵作業主管。 七、高壓室內作業主管。 八、潛水作業主管。 九、其他經中央主管機關指定之人員。	6 hr/3 年
7	具有危險性之機械及設備操作人員： 一、鍋爐操作人員。 二、第一種壓力容器操作人員。 三、高壓氣體特定設備操作人員。 四、高壓氣體容器操作人員。 五、其他經中央主管機關指定之人員。	
8	特殊作業人員： 一、小型鍋爐操作人員。 二、荷重在 1 公噸以上之堆高機操作人員。 三、吊升荷重在 0.5 公噸以上未滿 3 公噸之固定式起重機操作人員或吊升荷重未滿 1 公噸之斯達卡式起重機操作人員。 四、吊升荷重在 0.5 公噸以上未滿 3 公噸之移動式起重機操作人員。 五、吊升荷重在 0.5 公噸以上未滿 3 公噸之人字臂起重桿操作人員。	3 hr/3 年

教§18.1.第X款	教育訓練名稱	安全衛生在職教育訓練時數
8	六、高空工作車操作人員。 七、使用起重機具從事吊掛作業人員。 八、以乙炔熔接裝置或氣體集合熔接裝置從事金屬之熔接、切斷或加熱作業人員。 九、火藥爆破作業人員。 十、胸高直徑70公分以上之伐木作業人員。 十一、機械集材運材作業人員。 十二、高壓室內作業人員。 十三、潛水作業人員。 十四、油輪清艙作業人員。 十五、其他經中央主管機關指定之人員。	3 hr/3 年
9	急救人員	
10	各級管理、指揮、監督之業務主管	
11	職業安全衛生委員會成員	
12	下列作業之人員： (一) 營造作業。 (二) 車輛系營建機械作業。 (三) 起重機具吊掛搭乘設備作業。 (四) 缺氧作業。 (五) 局限空間作業。 (六) 氧乙炔熔接裝置作業。 (七) 製造、處置或使用危害性化學品作業。	
13	前述各款以外之一般勞工	
14	其他經中央主管機關指定之人員	

(AC) 37. 滿 17 歲未滿 18 歲男性工作者依職業安全衛生法規定，得從事下列哪些工作？

(A) 一般作業場所清潔工作　　(B) 處理易燃性物質
(C) 有機溶劑作業　　　　　　(D) 有害輻射散布場所

解析 職安 §29 雇主不得使未滿18歲者從事下列危險性或有害性工作：

一、坑內工作。

二、處理爆炸性、易燃性等物質之工作。

三、鉛、汞、鉻、砷、黃磷、氯氣、氰化氫、苯胺等有害物散布場所之工作。

四、有害輻射散布場所之工作。

五、有害粉塵散布場所之工作。

六、運轉中機器或動力傳導裝置危險部分之掃除、上油、檢查、修理或上卸皮帶、繩索等工作。

七、超過220伏特電力線之銜接。

八、已熔礦物或礦渣之處理。

九、鍋爐之燒火及操作。

十、鑿岩機及其他有顯著振動之工作。

十一、一定重量以上之重物處理工作。

十二、起重機、人字臂起重桿之運轉工作。

十三、動力捲揚機、動力運搬機及索道之運轉工作。

十四、橡膠化合物及合成樹脂之滾輾工作。

十五、其他經中央主管機關規定之危險性或有害性之工作。

(AC) 38. 依職業安全衛生設施規則規定，下列哪些屬車輛非屬營建機械？

(A) 壓碎機　(B) 挖土斗　(C) 堆高機　(D) 鏟土機

解析 設 §6.2……車輛系營建機械，係指推土機、平土機、鏟土機、碎物積裝機、刮運機、鏟刮機等地面搬運、裝卸用營建機械及動力鏟、牽引鏟、拖斗挖泥機、挖土斗、斗式掘削機、挖溝機等掘削用營建機械及打樁機、拔樁機、鑽土機、轉鑽機、鑽孔機、地鑽、夯實機、混凝土泵送車等基礎工程用營建機械。

(AD) 39. 雇主對於高度在2公尺以上之工作場所邊緣及開口部份，勞工有遭受墜落危險之虞者，應採取下列哪些防護措施？

(A) 適當強度之圍欄　　(B) 自動防電擊裝置
(C) 設置適當標示　　　(D) 覆蓋

> **解析** 設§224 雇主對於高度在 2 公尺以上之工作場所邊緣及開口部分,勞工有遭受墜落危險之虞者,應設有適當強度之護欄、護蓋等防護設備。……。

(ABC) 40. 事業單位勞工人數在三百人以上者,其勞工於保護期間,從事可能影響胚胎發育、妊娠或哺乳期間之母體及嬰兒健康之下列哪些工作,應實施母性健康保護?

(A) 屬生殖毒性物質第一級、生殖細胞致突變性物質第一級
(B) 其他對哺乳功能有不良影響之化學品
(C) 人力提舉、搬運、推拉
(D) 無危害物質之成品檢驗

> **解析** 母性§3 事業單位勞工人數在 100 人以上者,其勞工於保護期間,從事可能影響胚胎發育、妊娠或哺乳期間之母體及嬰兒健康之下列工作,應實施母性健康保護:
> 一、具有依國家標準 CNS 15030 分類,屬生殖毒性物質第一級、生殖細胞致突變性物質第一級或其他對哺乳功能有不良影響之化學品。
> 二、易造成健康危害之工作,包括勞工作業姿勢、人力提舉、搬運、推拉重物、輪班、夜班、單獨工作及工作負荷等。
> 三、其他經中央主管機關指定公告者。

(ACD) 41. 依營造安全衛生設施標準規定,設置之護蓋,應依哪些規定辦理?

(A) 具有能使車輛安全通過之強度
(B) 供車輛通行者,得以車輛後軸載重之 1.5 倍設計之,並不得妨礙車輛之正常通行
(C) 有效防止滑溜、掉落、掀出或移動
(D) 為柵狀構造者,柵條間隔不得大於三公分

> **解析** 營§21 雇主設置之護蓋,應依下列規定辦理:
> 一、應具有能使人員及車輛安全通過之強度。
> 二、應以有效方法防止滑溜、掉落、掀出或移動。

三、供車輛通行者，得以車輛後軸載重之 2 倍設計之，並不得妨礙車輛之正常通行。
四、為柵狀構造者，柵條間隔不得大於 3 公分。
五、上面不得放置機動設備或超過其設計強度之重物。
六、臨時性開口處使用之護蓋，表面漆以黃色並書以警告訊息。

(AD) 42. 依職業安全衛生教育訓練規則規定，雇主對下列哪些勞工，應使其接受特殊作業安全衛生教育訓練？
(A) 小型鍋爐操作人員　　(B) 第一種壓力容器操作人員
(C) 粉塵作業人員　　　　(D) 潛水作業人員

解析 教 §14.1 雇主對下列勞工，應使其接受特殊作業安全衛生教育訓練：
一、小型鍋爐操作人員。
二、荷重在 1 公噸以上之堆高機操作人員。
三、吊升荷重在 0.5 公噸以上未滿 3 公噸之固定式起重機操作人員或吊升荷重未滿 1 公噸之斯達卡式起重機操作人員。
四、吊升荷重在 0.5 公噸以上未滿 3 公噸之移動式起重機操作人員。
五、吊升荷重在 0.5 公噸以上未滿 3 公噸之人字臂起重桿操作人員。
六、高空工作車操作人員。
七、使用起重機具從事吊掛作業人員。
八、以乙炔熔接裝置或氣體集合熔接裝置從事金屬之熔接、切斷或加熱作業人員。
九、火藥爆破作業人員。
十、胸高直徑 70 公分以上之伐木作業人員。
十一、機械集材運材作業人員。
十二、高壓室內作業人員。
十三、潛水作業人員。
十四、油輪清艙作業人員。
十五、其他經中央主管機關指定之人員。

(ABCD)43. 雇主使勞工於局限空間從事作業,有危害勞工之虞時,應於作業場所入口顯而易見處所公告下列哪些注意事項,使作業勞工周知?

(A) 作業有可能引起缺氧等危害時,應經許可始得進入之重要性
(B) 進入該場所時應採取之措施
(C) 事故發生時之緊急措施及緊急聯絡方式
(D) 現場監視人員姓名

解析 設§29-2 雇主使勞工於局限空間從事作業,有危害勞工之虞時,應於作業場所入口顯而易見處所公告下列注意事項,使作業勞工周知:
一、作業有可能引起缺氧等危害時,應經許可始得進入之重要性。
二、進入該場所時應採取之措施。
三、事故發生時之緊急措施及緊急聯絡方式。
四、現場監視人員姓名。
五、其他作業安全應注意事項。

(ACD) 44. 有立即發生危險之虞時,勞工處於需採取緊急應變或立即避難之情形,包括哪些?

(A) 從事缺氧危險作業,致有發生缺氧危險之虞時
(B) 作業場所有易燃液體之蒸氣或可燃性氣體滯留,達爆炸下限值之百分之四十以上,致有發生爆炸、火災危險之虞時
(C) 自設備洩漏大量危害性化學品,致有發生爆炸、火災或中毒等危險之虞時
(D) 從事隧道等營建工程或管溝、沉箱、沉筒、井筒等之開挖作業,因落磐、出水、崩塌或流砂侵入等,致有發生危險之虞時

解析 安細 §25 本法第 18 條第 1 項及第 2 項所稱有立即發生危險之虞時，指勞工處於需採取緊急應變或立即避難之下列情形之一：

一、自設備洩漏大量危害性化學品，致有發生爆炸、火災或中毒等危險之虞時。

二、從事河川工程、河堤、海堤或圍堰等作業，因強風、大雨或地震，致有發生危險之虞時。

三、從事隧道等營建工程或管溝、沉箱、沉筒、井筒等之開挖作業，因落磐、出水、崩塌或流砂侵入等，致有發生危險之虞時。

四、於作業場所有易燃液體之蒸氣或可燃性氣體滯留，達爆炸下限值之 30% 以上，致有發生爆炸、火災危險之虞時。

五、於儲槽等內部或通風不充分之室內作業場所，致有發生中毒或窒息危險之虞時。

六、從事缺氧危險作業，致有發生缺氧危險之虞時。

七、於高度 2 公尺以上作業，未設置防墜設施及未使勞工使用適當之個人防護具，致有發生墜落危險之虞時。

八、於道路或鄰接道路從事作業，未採取管制措施及未設置安全防護設施，致有發生危險之虞時。

九、其他經中央主管機關指定公告有發生危險之虞時之情形。

(AB) 45. 當人體熱量無法藉由正常管道排出時，便會造成體內熱量累積，引起「熱疾病」，包括？

  (A) 熱中暑   (B) 熱痙攣
  (C) 白血球數量大增 (D) 血壓降低

解析 常見的熱疾病：熱痙攣、熱昏厥、熱衰竭和熱中暑。

(ABD) 46. 下列哪些屬於耳罩的優點？

  (A) 耳疾患者可適用   (B) 可重複使用
  (C) 體積小、重量輕、易攜帶 (D) 易於查核勞工佩戴情形

解析 耳罩的體積、重量與攜帶性相對於耳塞（體積小、重量輕、易攜帶）較差，所以算缺點。

(ABD) 47. 著火性物質包括哪些？

  (A) 禁水性物質　　　　　(B) 易燃固體
  (C) 可燃性氣體　　　　　(D) 自燃物質

解析 設 §12 本規則所稱著火性物質，指下列危險物：
一、金屬鋰、金屬鈉、金屬鉀。
二、黃磷、赤磷、硫化磷等。
三、賽璐珞類。
四、碳化鈣、磷化鈣。
五、鎂粉、鋁粉。
六、鎂粉及鋁粉以外之金屬粉。
七、二亞硫磺酸鈉。
八、其他易燃固體、自燃物質、禁水性物質。

(ABCD) 48. 下列哪些措施可以預防靜電？

  (A) 加濕
  (B) 靜電消除器
  (C) 接地及連接（搭接或跨接）
  (D) 使用抗靜電材料

解析 靜電預防措施：接地或搭接、加濕、抗靜電材料、靜電消除器、限制速度……等。

(ABCD) 49. 下列哪些屬於毒性化學物質？

  (A) 甲醛　(B) 氰化物　(C) 甲基汞　(D) 氯

解析 甲醛：特化丁類；氰化物：特化丙一與丙三類；甲基汞：特化甲類；氯：特化丙一類。

(ABC) 50. 皮膚防護具透過阻隔的方式，保護皮膚、黏膜（尤其是眼睛）不因直接接觸化學品而產生危害，下列哪些屬之？

  (A) 工作服　(B) 手套　(C) 面罩　(D) 耳塞

解析 除耳塞是防止噪音外，其他都是防止直接接觸化學品而產生危害的防護。

2-2-1-2 交通部臺鐵局 108 年服務員甄試試題 職業安全衛生概要

單選題【共 50 題，每題 2 分，共 100 分】

(B) 1. 依職業安全衛生法規定，下列何者不是勞工應盡之義務？
  (A) 接受體格、健康檢查　　(B) 標示危害物
  (C) 切實遵守工作守則　　　(D) 接受安全衛生教育訓練

解析 職安 §20
雇主於僱用勞工時，應施行體格檢查；對在職勞工應施行下列健康檢查：
一、一般健康檢查。……勞工對於第 1 項之檢查，有接受之義務。
職安 §32 雇主對勞工應施以從事工作與預防災變所必要之安全衛生教育及訓練。……勞工對於第 1 項之安全衛生教育及訓練，有接受之義務。
職安 §34 雇主應依本法及有關規定會同勞工代表訂定適合其需要之安全衛生工作守則，……勞工對於前項安全衛生工作守則，應切實遵行。

(C) 2. 依危害性化學品標示及通識規則規定，標示危害圖示形狀為何？
  (A) 圓形　　　　　　　　　(B) 三角型
  (C) 直立 45 度角之正方形　(D) 六角形

解析 危標 §7 第五條標示之危害圖式形狀為直立 45 度角之正方形，其大小需能辨識清楚。圖式符號應使用黑色，背景為白色，圖式之紅框有足夠警示作用之寬度。

(A) 3. 2010 年後美國心臟學會公佈的心肺復甦術（CPR）「叫叫 CABD」的第 2 個「叫」為下列何者？
  (A) 求救　　　　　　(B) 確定患者反應
  (C) 確定患者呼吸　　(D) 確定患者叫什麼名字

解析 完整版 CPR 分為 六個程序，簡稱為「叫叫 CABD」
1. 叫：確定病患有無意識。
2. 叫：請人撥打 119 求救，並拿 AED 過來。
3. C（Circulation）：施行胸外心臟按摩，壓胸 30 下。
4. A（Airway）：打開呼吸道，維持呼吸道通暢。
5. B（Breathing）：人工呼吸 2 次（受過訓練，有能力，且有意願給予患者人工呼吸者適用）。
6. D（Defibrillation）：電擊除顫，依據機器指示操作進行急救。

(D) 4. 合梯梯腳與地面之角度應在多少度以內？

(A) 30　(B) 45　(C) 60　(D) 75 度

解析 設 §230 雇主對於使用之合梯，應符合下列規定：……
三、梯腳與地面之角度應在 75 度以內，且兩梯腳間有金屬等硬質繫材扣牢，腳部有防滑絕緣腳座套。

(B) 5. 下列何者非屬法定勞動檢查結果之處理？

(A) 公告違法事業單位　　(B) 警告
(C) 停工　　　　　　　　(D) 移送司法機關偵辦

解析 職安 §49 有下列情形之一者，得公布其事業單位、雇主、代行檢查機構、驗證機構、監測機構、醫療機構、訓練單位或顧問服務機構之名稱、負責人姓名：……
二、有第 40 條至第 45 條、第 47 條或第 48 條之情形。
職安 §36 中央主管機關及勞動檢查機構對於各事業單位勞動場所得實施檢查。其有不合規定者，應告知違反法令條款，並通知限期改善；屆期未改善或已發生職業災害，或有發生職業災害之虞時，得通知其部分或全部停工。
安細 §11 本法第 6 條第 2 項第 3 款所定執行職務因他人行為遭受身體或精神不法侵害之預防，為雇主避免勞工因執行職務，於勞動場所遭受他人之不法侵害行為，造成身體或精神之傷害，所採取預防之必要措施。
前項不法之侵害，由各該管主管機關或司法機關依規定調查或認定。

勞動部重大災害通報及檢查處理要點：(五)檢查後之處理 2.報告書……（5）違反刑法第 276 條第 2 項注意義務規定之案件，移請當地地方檢察署參辦。

(B) 6. 下列何者不屬於危險物？

  (A) 氧化性物質　　　　(B) 劇毒物質
  (C) 著火性物質　　　　(D) 爆炸性物質

解析 設 §11 本規則所稱爆炸性物質，指下列危險物：……
設 §12 本規則所稱著火性物質，指下列危險物：……
設 §13 本規則所稱易燃液體，指下列危險物：……
設 §14 本規則所稱氧化性物質，指下列危險物：……
設 §15 本規則所稱可燃性氣體，指下列危險物：……

(A) 7. 可能引起中毒或對健康造成危害之物質，稱為？

  (A) 有害物　(B) 危害物　(C) 有毒物質　(D) 危害毒物

解析 危標 §11 本法第 10 條所稱具有危害性之化學品（以下簡稱危害性化學品），指下列危險物或有害物：
一、危險物：符合國家標準 CNS 15030 分類，具有物理性危害者。
二、有害物：符合國家標準 CNS 15030 分類，具有健康危害者。

(D) 8. PEL-STEL 是指

  (A) 任何時間容許濃度
  (B) 最高容許濃度
  (C) 八小時時量平均容許濃度
  (D) 短時間時量平均容許濃度

解析 最高容許濃度：PEL-C；8 小時時量平均容許濃度：PEL-TWA8；短時間時量平均容許濃度：PEL-STEL。

(A) 9. 高溫危害的熱疾病中,何者會產生極度疲勞、頭痛、臉色蒼白、眩暈、心跳快而弱,體溫正常或稍高,失去知覺?

(A) 熱痙攣　(B) 熱衰竭　(C) 熱中暑　(D) 熱暈眩

解析 ＊答案應修改為 **B**。

熱痙攣:身體溫度正常或輕度上升、流汗、肢體肌肉呈現局部抽筋現象,通常發生在腹部、手臂或腿部。

熱衰竭:身體溫度正常或微幅升高(低於40°C)頭暈、頭痛、噁心、嘔吐、大量出汗、皮膚濕冷、無力倦怠、臉色蒼白、心跳加快、姿勢性低血壓。

熱中暑:體溫超過40°C、神經系統異常:行為異常、幻覺、意識模糊不清、精神混亂(分不清時間、地點和人物)、呼吸困難、激動、焦慮、昏迷、抽搐、可能會無汗(皮膚乾燥發紅)。

熱暈眩:體溫與平時相同、昏厥(持續時間短)、頭暈、長時間站立或從坐姿或臥姿起立會產生輕度頭痛。

資料來源:職安署 高氣溫戶外作業勞工熱危害預防指引 - 附表五、常見熱疾病種類及處置原則表

(B) 10. 水晶體受多少西弗以上之輻射劑量破壞後透明性喪失,出現雲絲狀物(俗稱翳),是為白內障,嚴重者可能失明?

(A) 3　(B) 5　(C) 10　(D) 12

解析 職安署 職業性白內障認定參考指引:游離輻射的急性暴露會導致白內障的產生。補充說明中,提及其必須有顯著之游離輻射暴露,使水晶體混濁,造成視力損失;暴露的認定標準為:3 個月內水晶體等價劑量超過 200 侖目(即 2 西弗),或在超過 3 個月的時間水晶體等價劑量超過 500 侖目(即 5 西弗),且開始暴露至少 1 年後才發生該疾病。

(C) 11. 下列何者用於外耳道中或者是外耳道入口,以阻止聲音(氣導音)經由外耳道進入內耳?

(A) 耳機　(B) 耳罩　(C) 耳塞　(D) 助聽器

解析 耳機、耳罩與助聽器皆不會直接置入耳內。

(B) 12. 一般安全鞋具備有鋼頭護趾以保護足背及腳,此種鋼頭可承受自一呎高度落下之多少磅重物的撞擊?

(A) 150　(B) 200　(C) 220　(D) 250

解析 依 CNS 20345 個人防護具 - 安全鞋之規定,安全鞋的鋼頭硬度非常重要,選購安全鞋時務必要注意鋼頭的硬度是否合格。一般來說,鋼頭最少須可以承受 200 焦耳的撞擊能量才符合規範,相當於 20 公斤的鋼鏈從 1 公尺高度落下撞擊,或可承受自 1 呎高度落下之 200 磅重物的撞擊。

(C) 13. 下列何者為職業安全衛生法之中央主管機關?

(A) 內政部
(B) 行政院國家永續發展委員會
(C) 行政院勞工委員會
(D) 衛生福利部

解析 職安 §3 本法所稱主管機關:在中央為勞動部;在直轄市為直轄市政府;在縣(市)為縣(市)政府。(勞動部前身為行政院勞工委員會)

(B) 14. 規避、妨礙或拒絕職業安全衛生法規定之檢查、調查,處新臺幣多少元罰鍰?

(A) 3 萬元以上 15 萬元以下
(B) 3 萬元以上 30 萬元以下
(C) 30 萬元以上 300 萬以下
(D) 6 萬元以上 30 萬元以下

解析 職安 §43 有下列情形之一者,處新臺幣 3 萬元以上 30 萬元以下罰鍰:……
四、規避、妨礙或拒絕本法規定之檢查、調查、抽驗、市場查驗或查核。

(D) 15. 下列有關職業安全衛生法規之敘述何者正確？
(A) 勞工保險條例之主管機關已配合全民健康保險之開辦，移由衛生福利部主管
(B) 為規定勞動條件最低標準，保障勞工權益，加強勞雇關係，促進社會與經濟發展，特訂定職業安全衛生法
(C) 危險性工作場所審查暨檢查辦法係依職業安全衛生法訂定
(D) 工作場所建築物應依建築法規及職業安全衛生法規之相關規定設計

解析 職安 §17 勞工工作場所之建築物，應由依法登記開業之建築師依建築法規及本法有關安全衛生之規定設計。

(A) 16. 依職業安全衛生法規定，雇主不得使勞工從事製造、處置或使用的特定管理物質是第幾類？
(A) 甲　(B) 乙　(C) 丙　(D) 丁類物質

解析 特化 §7 雇主不得使勞工從事製造、處置或使用甲類物質。……

(D) 17. 台北市某事業單位因違反職業安全衛生法事件，不服臺北市勞動檢查處處份，提起訴願，該事業得依法向下列何機關提起訴願？
(A) 總統府　(B) 台灣省政府　(C) 勞動部　(D) 臺北市政府

解析 事業單位不服處分，可向其主管機關提起訴願。
職安 §3 本法所稱主管機關：在中央為勞動部；在直轄市為直轄市政府；在縣（市）為縣（市）政府。

(A) 18. 需要危險性設備操作人員安全衛生教育訓練是指下列何種作業？
(A) 乙炔熔接裝置或氣體集合裝置從事金屬熔接、切斷或加熱作業
(B) 乙炔氣體集合裝置從事金屬熔接

(C) 乙炔熔切斷

(D) 乙炔加熱作業

解析 教§14.1 雇主對下列勞工，應使其接受特殊作業安全衛生教育訓練：……

八、以乙炔熔接裝置或氣體集合熔接裝置從事金屬之熔接、切斷或加熱作業人員。

……。

※ 乙炔熔接裝置或氣體集合裝置不是危險性設備。

(B) 19. 職業災害勞工保護法之立法目的為保障職業災害勞工之權益，以加強下列何者之預防？

(A) 公害　(B) 職業災害　(C) 交通事故　(D) 環境汙染

解析 職安§1 為防止職業災害，保障工作者安全及健康，特制定本法；其他法律有特別規定者，從其規定。

(C) 20. 電氣設備接地之目的為何？

(A) 防止電弧產生　　　(B) 防止短路發生
(C) 防止人員感電　　　(D) 防止電阻增加

解析 電氣設備接地的目的是希望當電氣設備發生漏電事故時，人員碰觸該金屬外殼，不會發生感電危害。

(B) 21. 僱用勞工人數在 30 以上未滿 100 人之事業，擔任勞工職業衛生業務主管者，應受何種職業安全衛生業務主管安全衛生教育？

(A) 甲種　(B) 乙種　(C) 丙種　(D) 丁種

解析 管辦§3 附表二
甲種：100 人以上；乙種：30 以上未滿 100 人；(C) 丙種：未滿 30 人

(C) 22. 事業單位應對危險物、有害物之製造、處置或使用之勞工，於實施一般安全衛生教育訓練三小時外，應增加危險物及有害物通識教育訓練至少幾小時？

(A) 一　　(B) 二　　(C) 三　　(D) 四

解析 教 §17 雇主對新僱勞工或在職勞工於變更工作前，應使其接受適於各該工作必要之一般安全衛生教育訓練。……前 2 項教育訓練課程及時數，依附表十四之規定：新僱勞工或在職勞工於變更工作前依實際需要排定時數，不得少於 3 小時。但從事使用生產性機械或設備、車輛系營建機械、起重機具吊掛搭乘設備、捲揚機等之操作及營造作業、缺氧作業（含局限空間作業）、電焊作業、氧乙炔熔接裝置作業等應各增列 3 小時；對製造、處置或使用危害性化學品者應增列 3 小時。

(A) 23. 下列何者為危害控制的最後手段？

(A) 個人防護具　　　　(B) 行政管理
(C) 發生源控制　　　　(D) 工程控制

解析 危害控制手段的優先順序如下：
消除＞取代＞工程控制＞行政管理＞個人防護具

(B) 24. 職業災害預防工作中對於危害控制，首先應考慮的為下列何者？

(A) 危害場所控制　　　(B) 危害源控制
(C) 勞工之控制　　　　(D) 危害路徑控制

解析 危害源頭是最優先的職業災害預防控制對象。

(D) 25. 依法令規定，高度在多少公尺以上作業應利用施工架、合梯等設備以策安全？

(A) 1 公尺　(B) 1.5 公尺　(C) 1.8 公尺　(D) 2 公尺

解析 設 §225 雇主對於在高度 2 公尺以上之處所進行作業，勞工有墜落之虞者，應以架設施工架或其他方法設置工作台。……

營 §39 雇主對於不能藉高空工作車或其他方法安全完成之 2 公尺以上高處營造作業，應設置適當之施工架。

(A) 26. 下列何者非屬特別危害健康作業？
(A) 高架作業　　　　　　(B) 噪音作業
(C) 游離輻射作業　　　　(D) 異常氣壓作業

解析 安細 §28 本法第 20 條第 1 項第 2 款所稱特別危害健康作業，指下列作業：
一、高溫作業。
二、噪音作業。
三、游離輻射作業。
四、異常氣壓作業。
五、鉛作業。
六、四烷基鉛作業。
七、粉塵作業。
八、有機溶劑作業，經中央主管機關指定者。
九、製造、處置或使用特定化學物質之作業，經中央主管機關指定者。
十、黃磷之製造、處置或使用作業。
十一、聯啶或巴拉刈之製造作業。
十二、其他經中央主管機關指定公告之作業。

(C) 27. 汽車修護時，若廢機油引起火災，最不應以下列何者滅火？
(A) 厚棉被　(B) 砂土　(C) 水　(D) 乾粉滅火器

解析 油類火災不適合使用水滅火，因為油比水輕，所以如果把水噴到火場的時候，油會浮在上面，然後火燃燒的範圍反而會變大。此類火災的常用滅火器為 CO_2 或泡沫。

(D) 28. 下列何者屬於物理性爆炸？
(A) 可燃性蒸氣爆炸　　　(B) 粉塵爆炸
(C) 霧滴爆炸　　　　　　(D) 高壓容器洩漏爆炸

> **解析** 物理性爆炸：如輪胎爆炸、電線過負載爆炸、水蒸氣爆炸、容器過壓爆裂（Bursting）、沸騰液體膨脹蒸氣爆炸（BLEVE）。

(B) 29. 化學物質有致腫瘤、生育能力受損、畸胎、遺傳因子突變或其他慢性疾病等作用者，屬於第幾類毒化物？

  (A) 第一類毒化物　　(B) 第二類毒化物
  (C) 第三類毒化物　　(D) 第四類毒化物

> **解析** 依環境部化學物質管理署之資料，毒化物可分為四級，說明如下：
> 1. 第一類（難分解物質）：在環境中不易分解或因生物蓄積、生物濃縮、生物轉化等作用，致污染環境或危害人體健康者。
> 2. 第二類（慢毒性物質）：有致腫瘤、生育能力受損、畸胎、遺傳因子突變或其他慢性疾病等作用者。
> 3. 第三類（急毒性物質）：化學物質經暴露，將立即危害人體健康或生物生命者。
> 4. 第四類：化學物質具有內分泌干擾素特性或有污染環境、危害人體健康者。

(C) 30. 包覆 PVC 之電線燃燒時，會產生那一種對人體有害之致癌物？

  (A) 甲烷　(B) 二氧化硫　(C) 戴奧辛　(D) 氯化氫

> **解析** 戴奧辛，又稱世紀之毒。世界衛生組織於 1997 年 2 月已宣告 TCDD（2、3、7、8-四氯戴奧辛）為一種已知的人類致癌物。

(D) 31. 人體之電阻值，乾燥皮膚為潮濕皮膚之

  (A) 50 倍　(B) 70 倍　(C) 80 倍　(D) 100 倍以上

> **解析** 人體內的電阻在皮膚乾燥時，電阻為 10 萬歐姆（Ω）左右，若潮濕時則會驟降至原值的 1%。

(B) 32. 銲接手把之握持應如何？

  (A) 愈緊愈好　　　　　　(B) 儘可能輕鬆握著
  (C) 輕輕用拇指與食指扣著　(D) 雙手用力緊握

> **解析** 避免過度用力緊握造成的人因性危害或是未適當拿握可能造成的工安事故,以適度力量並輕鬆的握住銲接手把為佳。

(C) 33. 下列導致事故發生的原因中,何者與工作環境無關?
  (A) 沒有適當的防護 (B) 燈光照明不足
  (C) 疲勞分心、違規酗酒 (D) 室內開口面積不足

> **解析** 疲勞分心與違規酗酒,屬個人因素或行為。

(A) 34. 額定 12 伏特之電燈泡,用於 3 伏特電壓之電池裝置時,其電燈泡亮度會?
  (A) 較暗 (B) 較亮
  (C) 閃爍不停 (D) 亮不久後燈絲就熔斷

> **解析** 因該電池裝置之電壓未達電燈泡所需之額定電壓,所以導致電燈泡的亮度會較暗。

(D) 35. 事業單位應參照工作場所大小、分布、危險狀況與勞工人數,置急救人員辦理急救事宜,下列何者非急救人員應具資格之一?

  (A) 醫護人員
  (B) 經職業安全衛生教育訓練規則所定急救人員之安全衛生教育訓練合格
  (C) 緊急醫療救護法所定救護技術員
  (D) 職業安全衛生管理技術士

> **解析** 健 §15.2 前項急救人員應具下列資格之一,且不得有失聰、兩眼裸視或矯正視力後均在零點六以下、失能及健康不良等,足以妨礙急救情形:
> 一、醫護人員。
> 二、經職業安全衛生教育訓練規則所定急救人員之安全衛生教育訓練合格。
> 三、緊急醫療救護法所定救護技術員。

(C) 37. 醫護人員之臨廠服務紀錄表依勞工健康保護規則規定，應保存多少年？

(A) 1　(B) 3　(C) 7　(D) 10 年

解析 健 §9 雇主應使醫護人員及勞工健康服務相關人員臨場辦理下列勞工健康服務事項：...
健 §14 雇主執行第 9 條至第 13 條所定相關事項，應依附表八規定項目填寫紀錄表，並依相關建議事項採取必要措施。
前項紀錄表及採行措施之文件，應保存 3 年。

＊本題答案應為 B。

(C) 38. 第一類事業勞工總人數超過 6000 人者，每增勞工多少人，增加其從事勞工健康服務之醫師臨場服務頻率？

(A) 4,000　(B) 5,000　(C) 1,000　(D) 9,000 人

解析 健 §3 附表二的備註：一、勞工人數超過 6000 人者，每增勞工 1000 人，應依下列標準增加其從事勞工健康服務之醫師臨場服務頻率……

(D) 39. 依職業安全設施規則第 250 條規定：雇主對勞工於良導體機器設備內之狹小空間，或在高度 2 公尺以上之鋼架上作業時，所使用之交流電焊機之『電擊自動防止裝置』電壓應符合安規 CNS 4782 標準在幾伏特（V）以下？

(A) 5　(B) 10　(C) 15　(D) 25 V 以下

解析 依 CNS 4782 交流電焊機用自動電擊防止裝置之測試及標準要求說明，電擊防止裝置的安全電壓必須滿足以下值 (a) 在額定輸入電壓下為 25V 以下 (b) 在 -15 %~+10% 之輸入電壓範圍下為 30V 以下。

(B) 40. 依女性勞工母性健康保護實施辦法規定，有關母性健康保護措施，下列何者屬之？

(A) 不定期實施教育訓練　(B) 醫師面談指導
(C) 職業安全衛生主管面談　(D) 勞工代表參與

解析 母性 §11 ……屬第二級管理者，雇主應使從事勞工健康服務醫師提供勞工個人面談指導，並採取危害預防措施；屬第三級管理者，應即採取工作環境改善及有效控制措施，完成改善後重新評估，並由醫師註明其不適宜從事之作業與其他應處理及注意事項。……

母性 §13 雇主對於前條適性評估之建議，應使從事勞工健康服務之醫師與勞工面談，告知工作調整之建議，並聽取勞工及單位主管意見。……

(D) 41. 俗稱的電石，是指下列何種化合物？

(A) 氧化鈣　(B) 氫氧化鈣　(C) 碳酸鈣　(D) 碳化鈣

解析 碳化鈣是電石（又稱電土）的主要成分，電石的應用為製造乙炔、製造石灰氮與脫硫劑等。

(C) 42. 下列何種物質，遇水會產生 100℃以上之高溫蒸氣？

(A) 明礬　(B) 氯化鉀　(C) 生石灰　(D) 碳酸氫鈉

解析 生石灰（CaO），遇到水會產生強鹼的熟石灰 $Ca(OH)_2$，且會放出大量的熱。

(B) 43. 下列安全容許度何者安全性高？

(A) 10ppm　(B) 100ppm　(C) 10ppb　(D) 100ppb

解析 1 ppm = 1000 ppb，安全容許度（濃度）值越大越好，代表安全性高。

(C) 44. 下列何者不屬於可燃性氣體？

(A) 丙烷　(B) 丁烷　(C) 氧氣　(D) 氫氣

解析 設 §15 本規則所稱可燃性氣體，指下列危險物：
一、氫。
二、乙炔、乙烯。
三、甲烷、乙烷、丙烷、丁烷。
四、其他於 1 大氣壓下、攝氏 15 度時，具有可燃性之氣體。

(B) 45. 下列何者屬危險性工作場所審查及檢查辦法所稱之丁類危險性工作場所？

(A) 採用常壓施工作業之工程
(B) 建築物頂樓樓板高度 59 公尺之建築工程
(C) 橋墩中心與橋墩中心距離 40 公尺，且未使用模板支撐之橋梁工程
(D) 開挖深度 5 公尺、開挖面積 100 平方公尺之工程

解析 危審 §2
四、丁類：指下列之營造工程：
（一）建築物高度在 80 公尺以上之建築工程。
（二）單跨橋梁之橋墩跨距在 75 公尺以上或多跨橋梁之橋墩跨距在 50 公尺以上之橋梁工程。
（三）採用壓氣施工作業之工程。
（四）長度 1000 公尺以上或需開挖 15 公尺以上豎坑之隧道工程。
（五）開挖深度達 18 公尺以上，且開挖面積達 500 平方公尺以上之工程。
（六）工程中模板支撐高度 7 公尺以上，且面積達 330 平方公尺以上者。
五、其他經中央主管機關指定公告者。
＊現行的危險性工作場所審查及檢查辦法（109.07.17），本題答案皆非屬丁類危險性工作場所。

(A) 46. 檢查機構為執行危險性工作場所審查、檢查時，下列敘述何者正確？

(A) 得就個案邀請專家學者協助
(B) 不得邀請專家學者協助
(C) 得委託技術顧問公司辦理
(D) 必須獨力完成

解析 危審 §21 檢查機構為執行危險性工作場所審查、檢查，得就個案邀請專家學者協助之。

(C) 47. 事業單位實施製程安全評估時，依製程安全評估定期實施辦法規定，下列何者不包括？

(A) 原料改變時　　(B) 製程安全資訊
(C) 急救搶救　　　(D) 機械完整性

解析 製程§4第2條之工作場所，事業單位應每5年就下列事項，實施製程安全評估：
一、製程安全資訊。
二、製程危害控制措施。
實施前項評估之過程及結果，應予記錄，並製作製程安全評估報告及採取必要之預防措施，評估報告內容應包括下列各項：
一、實施前項評估過程之必要文件及結果。
二、勞工參與。
三、標準作業程序。
四、教育訓練。
五、承攬管理。
六、啟動前安全檢查。
七、機械完整性。
八、動火許可。
九、變更管理。
十、事故調查。
十一、緊急應變。
十二、符合性稽核。
十三、商業機密。
前二項有關製程安全評估之規定，於製程修改時，亦適用之。
原料改變時，需實施變更管理。

(D) 48. 裝有危害物質之容器，於下列何種條件可免標示？

(A) 容器體積在500毫升以下者
(B) 內部容器已進行標示之外部容器
(C) 外部容器已標示之內部容器
(D) 危害物質取自有標示之容器，並僅供實驗室自行做研究之用

解析 危標§8 雇主對裝有危害性化學品之容器屬下列情形之一者，得免標示：

一、外部容器已標示，僅供內襯且不再取出之內部容器。

二、內部容器已標示，由外部可見到標示之外部容器。

三、勞工使用之可攜帶容器，其危害性化學品取自有標示之容器，且僅供裝入之勞工當班立即使用。

四、危害性化學品取自有標示之容器，並供實驗室自行作實驗、研究之用。

(C) 49. 我國職業安全衛生設施規則規定之爆炸性物質不包括下列何者？

(A) 硝化纖維　　　　(B) 三硝基苯
(C) 過氧化鈉　　　　(D) 過氧化丁酮

解析 設§11

本規則所稱爆炸性物質，指下列危險物：

一、硝化乙二醇、硝化甘油、硝化纖維及其他具有爆炸性質之硝酸酯類。

二、三硝基苯、三硝基甲苯、三硝基酚及其他具有爆炸性質之硝基化合物。

三、過醋酸、過氧化丁酮、過氧化二苯甲醯及其他過氧化有機物。

(A) 50. 紅外線對眼睛較可能引起下列何傷害？

(A) 白內障　(B) 砂眼　(C) 針眼　(D) 流行性角結膜炎

解析 紅外線對人類眼睛造成的傷害主要是白內障、視網膜和角膜灼傷，以及在低強度光源下熱輻射所產生的熱壓。

2-3 職業安全衛生法規概要

單選題【共 50 題，每題 2 分，共 100 分。答錯不倒扣】

(B) 1. 下列何者不屬於職業安全衛生法中所訂工作者之種類？

(A) 勞工
(B) 其他受作業場所負責人監督從事勞動之人員
(C) 自營作業者
(D) 其他受工作場所負責人指揮從事勞動之人員

解析 職安 §2.1.1 本法用詞，定義如下：
一、工作者：指勞工、自營作業者及其他受工作場所負責人指揮或監督從事勞動之人員。…

(D) 2. 依職業安全衛生法規定，在高溫場所工作之勞工，雇主不得使其每日工作時間超過多少小時？

(A) 5　(B) 4　(C) 8　(D) 6

解析 職安 §19 在高溫場所工作之勞工，雇主不得使其每日工作時間超過 6 小時；…

(A) 3. 依職業安全衛生法規定，僱用勞工時應施行下列何種檢查？

(A) 體格檢查
(B) 定期健康檢查
(C) 特殊健康檢查
(D) 其他經中央主管機關指定之健康檢查

解析 職安 §20 雇主於僱用勞工時，應施行體格檢查；…

333

(A) 4. 依職業安全衛生法規定，職業災害係工作者於下列何種場所之建築物、機械、設備、原料、材料、化學物品、氣體、蒸氣、粉塵等或作業活動及其他職業上原因引起之疾病、傷害、失能或死亡？

(A) 勞動場所　　　　　　(B) 工作場所
(C) 作業場所　　　　　　(D) 活動場所

解析 職安§2.1.5 …五、職業災害：指因勞動場所之建築物、機械、設備、原料、材料、化學品、氣體、蒸氣、粉塵等或作業活動及其他職業上原因引起之工作者疾病、傷害、失能或死亡。

(C) 5. 依職業安全衛生管理辦法規定，事業單位勞工在多少人以上時，雇主應訂定職業安全衛生管理規章？

(A) 30　(B) 50　(C) 100　(D) 300

解析 管辦§12-1.2 勞工人數在 100 人以上之事業單位，應另訂定職業安全衛生管理規章。

(D) 6. 勞工未切實遵行安全衛生工作守則，主管機關最高可處罰鍰新臺幣多少元？

(A) 5,000　(B) 10,000　(C) 1,000　(D) 3,000

解析 職安§46 違反第二十條第六項、第三十二條第三項或第三十四條第二項之規定者，處新臺幣 3,000 元以下罰鍰。

(C) 7. 事業單位勞動場所發生法定職業災害者，依法雇主應於幾小時內通報勞動檢查機構？

(A) 24　(B) 16　(C) 8　(D) 4

解析 職安§37.2 …事業單位勞動場所發生下列職業災害之一者，雇主應於 8 小時內通報勞動檢查機構：…

(B) 8. 依職業安全衛生法規定，雇主設置下列何種機械應符合中央主管機關所定防護標準？

(A) 起重機　(B) 動力衝剪機械　(C) 升降機　(D) 吊籠

解析 職安 §7.1 製造者、輸入者、供應者或雇主，對於中央主管機關指定之機械、設備或器具，其構造、性能及防護非符合安全標準者，不得產製運出廠場、輸入、租賃、供應或設置。
安細 §12.1.1 本法第七條第一項所稱中央主管機關指定之機械、設備或器具如下：
一、動力衝剪機械。…

(C) 9. 依「職業安全衛生法」及「職業安全衛生法施行細則」之規定，僱用勞工人數至少在多少人以上，雇主應按月填載職業災害內容及統計，報請勞動檢查機構備查？

(A) 300　(B) 100　(C) 50　(D) 30

解析 職安 §38 中央主管機關指定之事業，雇主應依規定填載職業災害內容及統計，按月報請勞動檢查機構備查，並公布於工作場所。
安細 §51.1.1 本法第三十八條所稱中央主管機關指定之事業如下：
一、勞工人數在50人以上之事業。…

(C) 10. 職業安全衛生法之中央主管機關為下列何者？

(A) 內政部
(B) 行政院國家永續發展委員會
(C) 勞動部
(D) 衛生福利部

解析 職安 §3.1 本法所稱主管機關：在中央為勞動部；…

(B) 11. 下列何者非職業安全衛生法所定義之危險性機械？

(A) 固定式起重機　　　(B) 人字臂秤重機
(C) 移動式起重機　　　(D) 營建用升降機

335

解析 安細§22 本法第十六條第一項所稱具有危險性之機械,指符合中央主管機關所定一定容量以上之下列機械:
一、固定式起重機。
二、移動式起重機。
三、人字臂起重桿。
四、營建用升降機。
五、營建用提升機。
六、吊籠。
七、其他經中央主管機關指定公告具有危險性之機械。

(D) 12. 勞工人數在多少人以上之事業單位,依職業安全衛生管理辦法設管理單位或置管理人員時,應依中央主管機關公告之內容及方式登錄,陳報勞動檢查機構備查?

(A) 200　(B) 150　(C) 100　(D) 30

解析 管辦§8.2 勞工人數在30人以上之事業單位,其職業安全衛生人員離職時,應即報當地勞動檢查機構備查。

(B) 13. 依職業安全衛生法規定,事業單位與承攬人、再承攬人分別僱用勞工共同作業時,應由何者指定工作場所負責人,擔任統一指揮及協調工作?

(A) 檢查機構　　　　(B) 原事業單位
(C) 承攬人　　　　　(D) 再承攬人

解析 職安§27.1.1 事業單位與承攬人、再承攬人分別僱用勞工共同作業時,為防止職業災害,原事業單位應採取下列必要措施:
一、設置協議組織,並指定工作場所負責人,擔任指揮、監督及協調之工作。…

(C) 14. 依職業安全衛生管理辦法規定,營造工程之施工架每隔多少時間應定期實施自動檢查一次?

(A) 每年　(B) 每月　(C) 每週　(D) 每天

解析 管辦§43.1 雇主對施工架及施工構台,應就下列事項,每週定期實施檢查一次:…

(D) 15. 下列何者不屬於安全衛生管理規章規定執行之事項？
　　　　(A) 自動檢查方式　　　　(B) 提供改善工作方法
　　　　(C) 擬定安全作業標準　　(D) 辦理安全衛生競賽

解析 依「職業安全衛生管理規章及職業安全衛生管理計畫指導原則」，職業安全衛生管理規章指事業單位為有效防止職業災害，促進勞工安全與健康，所訂定要求各級主管及管理、指揮、監督等有關人員執行與職業安全衛生有關之內部管理程序、準則、要點或規範等文件，於實質上對員工具強制性規範，但不可違反法令。

就本題選項判斷，D 辦理安全衛生競賽不屬於職業安全衛生有關之內部管理程序、準則、要點或規範等文件，故選擇之。

(C) 16. 下列何者不屬於職業安全衛生法所稱之職業災害？
　　　　(A) 工廠鍋爐管路蒸汽洩漏，造成 20% 身體表面積之 3 度灼傷
　　　　(B) 工廠動力衝剪機械剪斷左手食指第一截
　　　　(C) 上下班時因私人行為之交通事故致死亡
　　　　(D) 工廠氯氣外洩造成呼吸不適就醫

解析 概念題，職業安全衛生法所稱職業災害係指工作者因勞動場所之建築物、機械、設備、原料、材料、化學品、氣體、蒸氣、粉塵等或作業活動及其他職業上原因引起之疾病、傷害、失能或死亡，若係因上下班時的私人行為所致的交通事故死亡，沒有職業上原因的客觀因果關係，所以非職業安全衛生法所稱之職業災害。

(D) 17. 僱用勞工從事作業時，於各項職業安全衛生管理措施中，應報請勞動檢查機構備查者為何？
　　　　(A) 安全衛生管理計畫
　　　　(B) 實施勞工體格檢查結果
　　　　(C) 新僱勞工之安全衛生教育訓練
　　　　(D) 安全衛生工作守則

解析 職安§34.1 雇主應依本法及有關規定會同勞工代表訂定適合其需要之安全衛生工作守則，報經勞動檢查機構備查後，公告實施。…

(C) 18. 某機械工廠設有勞工 800 人，應設置幾名職業安全衛生管理員？

(A) 4　(B) 3　(C) 2　(D) 1

解析 依據管辦之附表二-各類事業之事業單位應置職業安全衛生人員表，因機械工廠屬於第一類事業之事業單位，所以僱用勞工 800 人時，應置甲種職業安全衛生業務主管 1 人、職業安全（衛生）管理師 1 人及職業安全衛生管理員 2 人。

事業		規模（勞工人數）	應置之管理人員
壹、第一類事業之事業單位（顯著風險事業）	營造業之事業單位	一、未滿 30 人者	丙種職業安全衛生業務主管。
		二、30 人以上未滿 100 人者	乙種職業安全衛生業務主管及職業安全衛生管理各 1 人。
		三、100 人以上未滿 300 人者	甲種職業安全衛生業務主管及職業安全衛生管理員各 1 人。
		四、300 人以上未滿 500 人者	甲種職業安全衛生業務主管 1 人、職業安全（衛生）管理師 1 人及職業安全衛生管理員 2 人。
		五、500 人以上者	甲種職業安全衛生業務主管 1 人、職業安全（衛生）管理師及職業安全衛）生管理員各 2 人以上。
壹、第一類事業之事業單位（顯著風險事業）	營造業以外之事業單位	一、未滿 30 人者	丙種職業安全衛生業務主管。
		二、30 人以上未滿 100 人者	乙種職業安全衛生業務主管。
		三、100 人以上未滿 300 人者	甲種職業安全衛生業務主管及職業安全衛生管理員各 1 人。

事業		規模（勞工人數）	應置之管理人員
壹、第一類事業之事業單位（顯著風險事業）	營造業以外之事業單位	四、300人以上未滿500人者	甲種職業安全衛生業務主管1人、職業安全（衛生）管理師及職業安全衛）生管理員各1人。
		五、500人以上未滿1,000人者	甲種職業安全衛生業務主管1人、職業安全（衛生）管理師1人及職業安全衛生管理員2人。
		六、1,000人以上者	甲種職業安全衛生業務主管1人、職業安全（衛生）管理師及職業安全衛）生管理員各2人以上。

(A) 19. 依職業安全衛生管理辦法規定，下列何者非屬雇主對於高空工作車，應於每日作業前實施性能檢點之項目？

(A) 傳動裝置　　　　　(B) 制動裝置
(C) 操作裝置　　　　　(D) 作業裝置

解析 管辦§50-1雇主對高空工作車，應於每日作業前就其制動裝置、操作裝置及作業裝置之性能實施檢點。

(A) 20. 甲機械加工廠所僱勞工人數有193人，廠內另有乙承攬商勞工39人、丙承攬商勞工180人等共同作業，依職業安全衛生管理辦法規定，請問何者須建置職業安全衛生管理系統？

(A) 甲　(B) 丙　(C) 甲、丙　(D) 甲、乙、丙

解析 概念題，依據管辦§12-2規定，第一類事業勞工人數在200人以上者、第二類事業勞工人數在500人以上者、有從事石油裂解之石化工業工作場所者或有從事製造、處置或使用危害性之化學品，數量達中央主管機關規定量以上之工作場所者，應建置職業安全衛生管理系統；又依據管辦§3-2規定，事業單位勞工人數之計算，包含原事業單位及其承攬人、再承攬人之勞工及其他受工作場所負責人指揮或監督從事勞動之人員，於同一期間、同一工作場所作業時之總人數。

所以，甲機械加工廠之勞工人數應為 193 + 39 + 180 = 412 人，應建置職業安全衛生管理系統，至於乙承攬商及丙承攬商之勞工人數則未達須建置職業安全衛生管理系統之規定。

(C) 21. 「職業安全衛生法施行細則」第 20 條所指優先管理化學品中，經中央主管機關評估具高度暴露風險者，是指下列何者？

(A) 高度暴露風險化學品　　(B) 新化學物質
(C) 管制性化學品　　　　　(D) 顯著危害化學品

解析 安細 §19.1 本法第十四條第一項所稱管制性化學品如下：
一、第二十條之優先管理化學品中，經中央主管機關評估具高度暴露風險者。…

(A) 22. 不屬於職業安全衛生法所稱之職業災害？

(A) 化學工廠爆炸致居民死傷多人
(B) 勞工因工作罹患疾病
(C) 勞工為修理機器感電死亡
(D) 勞工於噴漆時有機溶劑中毒

解析 概念題，職業安全衛生法所稱職業災害係指工作者因勞動場所之建築物、機械、設備、原料、材料、化學品、氣體、蒸氣、粉塵等或作業活動及其他職業上原因引起之疾病、傷害、失能或死亡，若災害導致死傷之人非工作者，則該災害非職業安全衛生法所稱之職業災害。

(B) 23. 依職業安全衛生法規定，固定式起重機吊升荷重至少在多少公噸以上者，須接受中央主管機關認可之訓練或經技能檢定合格人員擔任操作人員？

(A) 1　(B) 3　(C) 5　(D) 7

解析 危機 §3.1.1 本規則適用於下列容量之危險性機械：
一、固定式起重機：吊升荷重在 3 公噸以上之固定式起重機或 1 公噸以上之斯達卡式起重機。…

(B) 24. 依「職業安全衛生法」，當事業單位違反下列何種規定，得處新臺幣 30 萬元以上 300 萬元以下罰鍰？

(A) 未對危害性化學品採取必要之通識措施
(B) 未依規定實施製程安全評估而引起爆炸致發生 3 人以上罹災
(C) 未訂定作業環境監測計畫
(D) 未採取母性健康保護措施

解析 職安 §42.1 …違反第十五條第一項、第二項之規定，其危害性化學品洩漏或引起火災、爆炸致發生第三十七條第二項之職業災害者，處新臺幣 30 萬元以上 300 萬元以下罰鍰；經通知限期改善，屆期未改善，並得按次處罰。

職安 §15.1 有下列情事之一之工作場所，事業單位應依中央主管機關規定之期限，定期實施製程安全評估，並製作製程安全評估報告及採取必要之預防措施；製程修改時，亦同：…

職安 §37.2 事業單位勞動場所發生下列職業災害之一者，雇主應於 8 小時內通報勞動檢查機構：
一、發生死亡災害。
二、發生災害之罹災人數在 3 人以上。
三、發生災害之罹災人數在 1 人以上，且需住院治療。
四、其他經中央主管機關指定公告之災害。

(D) 25. 依職業安全衛生法規定，有關職業安全衛生諮詢會之敘述，下述何者正確？

(A) 置委員 7 人至 12 人
(B) 委員任期 3 年
(C) 由各公 (協) 會團體推派代表組成
(D) 由中央主管機關召開

解析 職安 §35 中央主管機關得聘請勞方、資方、政府機關代表、學者專家及職業災害勞工團體，召開職業安全衛生諮詢會，研議國家職業安全衛生政策，並提出建議；其成員之任一性別不得少於三分之一。

(B) 26. 下列有關職業安全衛生法規之敘述何者正確？
(A) 勞工保險條例之主管機關已配合全民健康保險之開辦，移由衛生福利部主管
(B) 工作場所建築物應依建築法規及職業安全衛生法規之相關規定設計
(C) 為規定勞動條件最低標準，保障勞工權益，加強勞雇關係，促進社會與經濟發展，特訂定職業安全衛生法
(D) 危險性工作場所審查暨檢查辦法係依職業安全衛生法訂定

解析 職安 §17 勞工工作場所之建築物，應由依法登記開業之建築師依建築法規及本法有關安全衛生之規定設計。

(A) 27. 依職業安全衛生法規定，雇主不得使分娩後未滿 1 年女性勞工從事下列何種危險性或有害性工作？
(A) 礦坑工作
(B) 異常氣壓工作
(C) 起重機運轉工作
(D) 有害輻射散布場所之工作

解析 職安 §30.2 …雇主不得使分娩後未滿一年之女性勞工從事下列危險性或有害性工作：
一、礦坑工作。
二、鉛及其化合物散布場所之工作。
三、鑿岩機及其他有顯著振動之工作。
四、一定重量以上之重物處理工作。
五、其他經中央主管機關規定之危險性或有害性之工作。…

(D) 28. 依職業安全衛生法規定，事業單位工作場所如發生職業災害，應由下列何者會同勞工代表實施調查、分析及作成紀錄？
(A) 勞動檢查機構
(B) 警察局
(C) 縣市政府
(D) 雇主

解析 職安 §37.1 事業單位工作場所發生職業災害，雇主應即採取必要之急救、搶救等措施，並會同勞工代表實施調查、分析及作成紀錄。…

(D) 29. 某縣有一事業單位因違反職業安全衛生法規，經勞動部予以罰鍰處分，該事業單位如有不服，得依法向下列何機關提起訴願？

(A) 當地縣政府 (B) 直轄市政府
(C) 勞動部 (D) 行政院

解析 訴願法 §4.1.7 …七、不服中央各部、會、行、處、局、署之行政處分者，向主管院提起訴願。…

(A) 30. 職業安全衛生設施規則所稱高壓，其電壓範圍為何？

(A) 超過 600 伏特未滿 22,800 伏特
(B) 超過 220 伏特未滿 11,400 伏特
(C) 超過 380 伏特未滿 22,800 伏特
(D) 超過 440 伏特未滿 34,500 伏特

解析 設 §3 …高壓，係指超過 600 伏特至 22800 伏特之電壓…

(B) 31. 下列何者非勞動檢查法明定之立法目的？

(A) 貫徹勞動法令之執行 (B) 人力發展
(C) 安定社會 (D) 發展經濟

解析 檢 §1 為實施勞動檢查，貫徹勞動法令之執行、維護勞雇雙方權益、安定社會、發展經濟，特制定本法。

(A) 32. 下列何者非勞動檢查法明定之勞動檢查事項範圍？

(A) 食品安全衛生法令規定之事項
(B) 職業安全衛生法令規定之事項
(C) 勞動基準法令規定之事項
(D) 勞工保險、勞工福利、就業服務及其他相關法令

解析 檢 §4 勞動檢查事項範圍如下：
一、依本法規定應執行檢查之事項。
二、勞動基準法令規定之事項。
三、職業安全衛生法令規定之事項。
四、其他依勞動法令應辦理之事項。

(C) 33. 對於事業單位有違反勞動法令規定之檢查結果,勞動檢查機構應於幾日內以書面通知立即改正或限期改善?

(A) 5　(B) 8　(C) 10　(D) 15

解析 檢§25.1 勞動檢查員對於事業單位之檢查結果,應報由所屬勞動檢查機構依法處理;其有違反勞動法令規定事項者,勞動檢查機構並應於10日內以書面通知事業單位立即改正或限期改善,…

(A) 34. 依職業安全衛生管理辦法規定,擬訂、規劃、督導及推動安全衛生管理事項,並指導有關部門實施,是下列何者之職責?

(A) 職業安全衛生管理單位　(B) 職業安全衛生委員會
(C) 各級主管　(D) 工會

解析 管辦§5-1.1.1 職業安全衛生組織、人員、工作場所負責人及各級主管之職責如下:
一、職業安全衛生管理單位:擬訂、規劃、督導及推動安全衛生管理事項,並指導有關部門實施。…

(C) 35. 依勞工健康保護規則規定,勞工人數為345人之事業單位,至少應有多少位合格之急救人員?

(A) 4　(B) 5　(C) 6　(D) 7

解析 概念題,依據健§15.4規定,急救人員,每一輪班次應至少置1人;其每一輪班次勞工人數超過50人者,每增加50人,應再置1人,所以先計算超過50人應增置的人數:(345 - 50) / 50 = 5…45,因餘數未達50人而無需增置,故增置人數為5人,再加上原本應置1人,所以總共應有6位合格之急救人員。

(D) 36. 依勞工健康保護規則規定,醫護人員臨場應辦理勞工健康服務之事項,不包含下列何者?

(A) 健康促進之策劃與實施　(B) 健康諮詢與急救處置
(C) 協助選配勞工從適當工作　(D) 定期辦理健康檢查

解析 健 §9…雇主應使醫護人員及勞工健康服務相關人員臨場辦理下列勞工健康服務事項：
一、勞工體格（健康）檢查結果之分析與評估、健康管理及資料保存。
二、協助雇主選配勞工從事適當之工作。
三、辦理健康檢查結果異常者之追蹤管理及健康指導。
四、辦理未滿18歲勞工、有母性健康危害之虞之勞工、職業傷病勞工與職業健康相關高風險勞工之評估及個案管理。
五、職業衛生或職業健康之相關研究報告及傷害、疾病紀錄之保存。
六、勞工之健康教育、衛生指導、身心健康保護、健康促進等措施之策劃及實施。
七、工作相關傷病之預防、健康諮詢與急救及緊急處置。
八、定期向雇主報告及勞工健康服務之建議。
九、其他經中央主管機關指定公告者。

(D) 37. 依女性勞工母性健康保護實施辦法規定，有關母性健康保護措施，下列何者有誤？

(A) 危害評估與控制　　(B) 醫師面談指導
(C) 風險分級管理　　　(D) 勞工代表參與

解析 母性 §2.1.1 本辦法用詞，定義如下：
一、母性健康保護：指對於女性勞工從事有母性健康危害之虞之工作所採取之措施，包括危害評估與控制、醫師面談指導、風險分級管理、工作適性安排及其他相關措施。…

(C) 38. 依缺氧症預防規則規定，缺氧危險作業場所係指空氣中氧氣濃度未達多少%之場所？

(A) 14　(B) 16　(C) 18　(D) 20

解析 缺 §3…本規則用詞，定義如下：
一、缺氧：指空氣中氧氣濃度未滿18%之狀態。…

(A) 39. 如果發現某勞工昏倒於一曾置放醬油之儲槽中，下列何措施不適當？

(A) 未穿戴防護具，迅速進入搶救
(B) 打 119 電話
(C) 準備量測氧氣濃度
(D) 準備救援設備

解析 概念題，因曾置放醬油之儲槽內部可能為缺氧危險場所，若未穿戴防護具而冒然進入搶救，可能會發生缺氧、中毒致昏迷的情況，導致救人者亦需被搶救的窘境，所以不可為之。

(B) 40. 下列何者為實施工作場所風險評估之第一步驟？

(A) 決定控制方法　　　(B) 危害辨識
(C) 採取控制措施　　　(D) 計算風險等級

解析 概念題，風險評估大原則：辨識→評估→控制，所以第一步驟為危害辨識。

(C) 41. 風險評估方法以簡單的公式描述為下列何者？

(A) 風險 × 暴露＝危害　　(B) 風險 × 危害＝評估
(C) 危害 × 暴露＝風險　　(D) 危害 × 風險＝暴露

解析 概念題，安全面向的風險評估可以嚴重度與可能性的乘積描述；衛生面向的風險評估則以危害與暴露的乘積來描述。

(B) 42. 勞工發生職業傷害在一次事故中，有一手指截斷，失去原有機能，依規定為下列何種職業傷害類型？

(A) 永久全失能　　　(B) 永久部分失能
(C) 暫時全失能　　　(D) 輕傷害事故

解析 參照勞動部統計名詞，永久部分失能係指除死亡及永久全失能以外的任何足以造成肢體之任何一部分完全失去，或失去其機能者。不論該受傷者之肢體或損傷身體機能之事前有無任何失能。詳細資訊請參考勞動部網頁 (https://statdb.mol.gov.tw/html/com/st0803.html)

(C) 43. 下列何者不是推動職業安全衛生管理系統指引之目的？

(A) 持續改善安全衛生管理績效
(B) 強化組織自主管理
(C) 維護環境生態
(D) 降低職業災害

解析 臺灣職業安全衛生管理系統指引 §1…指導組織的雇主與勞工共同建構職業安全衛生管理系統，以強化自主管理，持續改善職業安全衛生績效，降低職業災害，保護勞工安全與健康。

(B) 44. 以下何者被吸入人體，較可能會導致肺部纖維化？

(A) 鉛　(B) 游離二氧化矽　(C) 氧化鐵　(D) 石膏

解析 概念題，結晶型游離二氧化矽之化學特性穩定，溶解度低，進入肺部便不易排出而沈積在肺組織內，長期吸入可造成持續進行性且不可逆的肺纖維化症，即矽肺症。
詳細資訊請參考職業暴露結晶型游離二氧化矽粉塵引起之矽肺症合併肺癌認定參考指引 (勞動部職安署網站首頁/職災保護/職業傷病診治、通報及職業病鑑定/職業病認定參考指引)。

(A) 45. 下列何者是職場健康促進與推廣之主要概念？

(A) 預防　(B) 治療　(C) 投藥　(D) 工程控制

解析 概念題，健康的員工是企業組織最重要的資產，每位員工一生中約有 1/3 時間處於職場中，創造一個健康、支持性及安全的工作環境即是職場健康促進的目的之一，以預防的角度出發，使員工免於遭受健康相關危害。

(A) 46. 職業安全衛生管理系統所強調的 P-D-C-A 管理循環，係指哪些管理功能？

(A) 規劃－實施－檢查－改進
(B) 程序－執行－改進－考核
(C) 規劃－發展－確認－改進
(D) 計畫－檢討－執行－回饋

> **解析** 職業安全衛生管理規章及職業安全衛生管理計畫指導原則§3…，透過規劃（Plan）、實施（Do）、查核（Check）及改進（Action）的循環過程，實現安全衛生管理目標，…

(B) 47. 有關事業單位推動職業安全衛生管理系統可能帶來的好處，下列何者有誤？

(A) 降低工作場所意外事故
(B) 減少客戶對產品品質的抱怨
(C) 減少不必要之災害善後支出
(D) 避免事故造成經營中斷

> **解析** 概念題，當推動職業安全衛生管理系統時，可強化自主管理，持續改善職業安全衛生績效，並降低職業災害的風險，一旦職業災害風險降低後，伴隨而來的善後支出及經營中斷也都可一併減少，所以以上成果都是推動職業安全衛生管理系統的好處。

(B) 48. 為執行職業安全衛生管理系統的績效監督與量測，被動指標通常會選用下列何者？

(A) 教育訓練人數　　　　(B) 職業傷病統計資料
(C) 作業環境監測數據　　(D) 機械設備故障率

> **解析** 概念題，一般而言，職業安全衛生領域的被動指標是衡量過去已發生事件的數量或發生率，例如職業傷病率及死亡率，所以通常會選用職業傷病的統計資料作為被動指標。
> 詳細資訊請參考勞動部職業安全衛生署職場永續健康與安全SDGs揭露實務建議指南(勞動部職安署網站首頁/新聞與公告/公布欄/「職場永續健康與安全SDGs揭露實務建議指南」-2024修訂版)。

(C) 49. 依職業安全衛生法規定規避，妨礙或拒絕檢查、調查，處新臺幣多少元罰鍰？

(A) 3 萬元以上 15 萬元以下
(B) 30 萬元以上 300 萬以下
(C) 3 萬元以上 30 萬元以下
(D) 6 萬元以上 30 萬元以下

解析 職安 §43 有下列情形之一者，處新臺幣 3 萬元以上 30 萬元以下罰鍰：…四、規避、妨礙或拒絕本法規定之檢查、調查、抽驗、市場查驗或查核。

(D) 50. 依臺灣職業安全衛生管理系統指引所定預防與控制措施，其排列第一優先的預防及控制措施為下列何者？

(A) 設置護欄及護蓋
(B) 提供個人防護具
(C) 實施教育訓練
(D) 源頭消除危害及風險

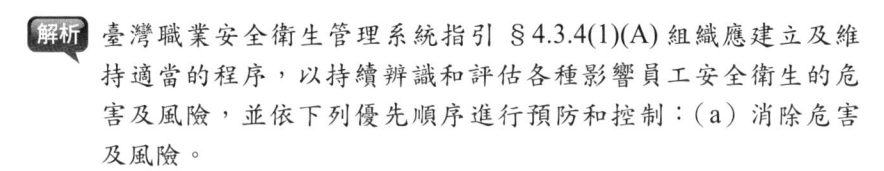

解析 臺灣職業安全衛生管理系統指引 §4.3.4(1)(A) 組織應建立及維持適當的程序，以持續辨識和評估各種影響員工安全衛生的危害及風險，並依下列優先順序進行預防和控制：(a) 消除危害及風險。

2-4 勞動法規概要

單選題【共 50 題，每題 2 分，共 100 分。答錯不倒扣】

(D) 1. 下列何者非屬勞工職業災害保險及保護法所規定之保險給付種類？

(A) 失能給付　(B) 失蹤給付　(C) 死亡給付　(D) 重建給付

解析 災保法 第四節 保險給付 分為醫療、傷病、失能、死亡、失蹤等給付。不包括重建給付。

(A) 2. 依照勞動基準法之規定，下列選項何者屬勞動刑罰處分之行為？

(A) 介入他人之勞動契約，抽取不法利益
(B) 雇主預扣勞工工資作為違約金或賠償費用
(C) 拒絕、規避或阻撓勞工檢查員依法執行職務者
(D) 雇主於勞工申訴公司違反勞動基準法規定時，將其解僱或其他不利處分

解析 勞基 第十一章 罰則 第75~77條屬於刑事罰，包括：
第5條（強制勞動之禁止）
第6條（抽取不法利益之禁止）
第42條（不得強制正常工作時間以外之工作情形）
第44條第2項（使童工從事危險性或有害性之工作）
第45條第1項（僱用未滿十五歲之人從事工作）
第47條（童工工作時間之限制）
第48條（童工夜間工作之禁止）
第49條第3項（強制女工深夜工作）
第64條第1項（招收未滿15歲之人為技術生）
依題意選項A涉及違反勞基法第6條規定，屬刑事罰處分。

(C) 3. 下列何者非屬規定之門診給付範圍？

(A) 處置、手術或治療
(B) 診察
(C) 勞保病房之供應
(D) 藥劑或治療材料

解析 勞保§41門診給付範圍如左：
一、診察（包括檢驗及會診）。
二、藥劑或治療材料。
三、處置、手術或治療。

(A) 4. 有關工作規則之敘述,下列選項何者正確?
(A) 經核備之工作規則,主管機關認為不妥時,得撤銷之
(B) 僱用勞工人數在 25 人以上之事業單位即應訂定工作規則,並應向事業單位主體所在地之主管機關報備
(C) 經主管機關核備後之工作規則具有規範效力,雇主不用再公開揭示
(D) 工作規則僅對勞工有拘束力,對雇主則無

解析 勞基 §70 節錄
雇主僱用勞工人數在 30 人以上者,應依其事業性質,就左列事項訂立工作規則,報請主管機關核備後並公開揭示之。
勞基 §71 工作規則,違反法令之強制或禁止規定或其他有關該事業適用之團體協約規定者,無效。
勞基細 §37.4 主管機關認為有必要時,得通知雇主修訂前項工作規則。

(B) 5. 下依勞動基準法之規定,下列敘述何者正確?
(A) 因天災、事變或突發事件,雇主可以要求停止勞工假期,並加給當日薪資即可
(B) 雇主與勞工為離職後競業禁止之約定,該禁止期間最長僅能二年
(C) 未滿 20 歲之人受僱從事工作者,雇主應置備其法定代理人同意書及其年齡證明文件
(D) 勞工遭遇職業傷害而死亡時,其遺屬受領死亡補償之第一順位為父母

解析 (A) 勞基 §40.1 因天災、事變或突發事件,雇主認有繼續工作之必要時,得停止第三十六條至第三十八條所定勞工之假期。但停止假期之工資,應加倍發給,並應於事後補假休息。
(C) 勞基 §46 未滿 18 歲之人受僱從事工作者,雇主應置備其法定代理人同意書及其年齡證明文件。
(D) 勞基 §59.1.4 …遺屬受領死亡補償之順位如下:
一、配偶及子女。
二、父母。

三、祖父母。
四、孫子女。
五、兄弟姐妹。

(B) 6. 勞動基準法規定勞工遭遇職業傷害或罹患職業病而死亡時，雇主除給與喪葬費外，並應於勞工死亡後幾日內給付其遺屬40個月平均工資之死亡補償？

(A) 10 日　(B) 15 日　(C) 20 日　(D) 30 日

解析 勞基細§33 雇主依本法第五十九條第四款給與勞工之喪葬費應於死亡後 3 日內，死亡補償應於死亡後 15 日內給付。

(A) 7. 勞動基準法中有關定期契約與不定期契約之敘述，下列何者有誤？

(A) 派遣事業單位與派遣勞工簽訂之勞動契約，得為定期契約
(B) 短期性、季節性及特定性工作，得為定期契約
(C) 勞雇雙方可相互約定不定期契約之最長期限為沒有上限之期限
(D) 定期契約屆滿後，未滿三個月而訂定新約，勞工前後工作年資，應合併計算

解析 勞基§9.1 勞動契約，分為定期契約及不定期契約。臨時性、短期性、季節性及特定性工作得為定期契約；有繼續性工作應為不定期契約。派遣事業單位與派遣勞工訂定之勞動契約，應為不定期契約。

(D) 8. 我國之工會法、勞資爭議處理法及團體協約法均為保護勞工「勞動三權」之立法，請問下列何者非屬「勞動三權」之範疇？

(A) 爭議權　(B) 團結權　(C) 團體協商權　(D) 工作權

解析 勞動三權，分別是「團結權」、「協商權」及「爭議權」，不包括工作權。

(C) 9. 下列何者，依勞資爭議處理法之規定，絕對不能罷工？
(A) 電力及燃氣供應業　　(B) 自來水事業
(C) 教師　　　　　　　　(D) 醫院

解析 爭§54.2 下列勞工，不得罷工：
一、教師。
二、國防部及其所屬機關（構）、學校之勞工。

(D) 10. 依職工福利金條例之規定，無一定雇主之工人，應由所屬工會就其會費收入總額提撥多少百分比為福利金？
(A) 10%　(B) 15%　(C) 20%　(D) 30%

解析 職工福利金條例§3 無一定雇主之工人，應由所屬工會就其會費收入總額提撥 30% 為福利金，必要時得呈請主管官署酌予補助。

(C) 11. 大量解僱勞工保護政策、規劃及協調，現由勞動部內那一單位負責職掌？
(A) 綜合規劃司　　　　(B) 勞動條件及就業平等司
(C) 勞動關係司　　　　(D) 勞動保險司

解析 請參閱勞動部網站 https://www.mol.gov.tw/1607/1608/1614/nodelist
大量解僱勞工保護政策、規劃及協調屬於勞動關係司職掌。

(B) 12. 在勞動部中職掌「職場性騷擾防治政策、規劃及協調」之單位為：
(A) 勞動法務司　　　　(B) 勞動條件及就業平等司
(C) 勞動關係司　　　　(D) 勞動保險司

解析 請參閱勞動部網站 https://www.mol.gov.tw/1607/1608/1614/nodelist
職場性騷擾防治政策、規劃及協調屬於勞動條件及就業平等司職掌。

(C) 13. 依性別平等工作法之規定，受僱者陪伴其配偶妊娠產檢或其配偶分娩時，雇主應給予陪產檢及陪產假幾日？

(A) 3 日　(B) 5 日　(C) 7 日　(D) 9 日

解析 性工 §15 雇主於女性受僱者分娩前後，應使其停止工作，給予產假 8 星期；妊娠 3 個月以上流產者，應使其停止工作，給予產假 4 星期；妊娠 2 個月以上未滿 3 個月流產者，應使其停止工作，給予產假 1 星期；妊娠未滿 2 個月流產者，應使其停止工作，給予產假 5 日。

產假期間薪資之計算，依相關法令之規定。

受僱者經醫師診斷需安胎休養者，其治療、照護或休養期間之請假及薪資計算，依相關法令之規定。

受僱者妊娠期間，雇主應給予產檢假 7 日。

受僱者陪伴其配偶妊娠產檢或其配偶分娩時，雇主應給予陪產檢及陪產假 7 日。

產檢假、陪產檢及陪產假期間，薪資照給。

雇主依前項規定給付產檢假、陪產檢及陪產假薪資後，就其中各逾 5 日之部分得向中央主管機關申請補助。但依其他法令規定，應給予產檢假、陪產檢及陪產假各逾 5 日且薪資照給者，不適用之。

前項補助業務，由中央主管機關委任勞動部勞工保險局辦理之。

(C) 14. 勞動檢查員執行職務，下列何種事項，不得事先通知事業單位？

(A) 危險性機械或設備檢查
(B) 職業災害檢查
(C) 受理勞工申訴之檢查
(D) 勞動檢查法所定危險性工作場所之審查或檢查

解析 檢 §13 勞動檢查員執行職務，除左列事項外，不得事先通知事業單位：

一、第二十六條規定之審查或檢查。（危險性工作場所）
二、危險性機械或設備檢查。
三、職業災害檢查。
四、其他經勞動檢查機構或主管機關核准者。

勞動檢查員原則上不得事先通知事業單位，除了上述四種情形為勞動檢查員可以通知事業單位之特例，並不包括(C)受理勞工申訴之檢查。

(D) 15. 雇主得僱用未滿 18 歲之人，從事下列何項工作？

(A) 一定重量以上之重物處理工作

(B) 起重機、人字臂起重桿之運轉工作

(C) 處理爆炸性、易燃性等物質之工作

(D) 高樓板模澆置灌漿工作

解析 職安 §29.1 雇主不得使未滿 18 歲者從事下列危險性或有害性工作：

一、坑內工作。

二、處理爆炸性、易燃性等物質之工作。

三、鉛、汞、鉻、砷、黃磷、氯氣、氰化氫、苯胺等有害物散布場所之工作。

四、有害輻射散布場所之工作。

五、有害粉塵散布場所之工作。

六、運轉中機器或動力傳導裝置危險部分之掃除、上油、檢查、修理或上卸皮帶、繩索等工作。

七、超過 220 伏特電力線之銜接。

八、已熔礦物或礦渣之處理。

九、鍋爐之燒火及操作。

十、鑿岩機及其他有顯著振動之工作。

十一、一定重量以上之重物處理工作。

十二、起重機、人字臂起重桿之運轉工作。

十三、動力捲揚機、動力運搬機及索道之運轉工作。

十四、橡膠化合物及合成樹脂之滾輾工作。

十五、其他經中央主管機關規定之危險性或有害性之工作。

(B) 16. 勞動基準法第 34 條規定，勞工工作採輪班制者，每週應更換工作班次一次，如不符合工作特性或特殊原因，於更換班次時至少應有連續幾小時之休息時間？

(A)10 小時　(B)11 小時　(C)12 小時　(D)24 小時

解析 勞基§34 勞工工作採輪班制者，其工作班次，每週更換一次。但經勞工同意者不在此限。

依前項更換班次時，至少應有連續 11 小時之休息時間。但因工作特性或特殊原因，經中央目的事業主管機關商請中央主管機關公告者，得變更休息時間不少於連續 8 小時。

雇主依前項但書規定變更休息時間者，應經工會同意，如事業單位無工會者，經勞資會議同意後，始得為之。雇主僱用勞工人數在 30 人以上者，應報當地主管機關備查。

(C) 17. 依性別平等工作法之規定，下列何種情事非屬受僱者可請家庭照顧假之事由？

(A) 帶自己小孩接種流感疫苗
(B) 親自照顧車禍後生活無法自理的父親
(C) 幫忙接送鄰居小孩上安親班
(D) 親自照顧罹患癌症長期臥床之同住祖母

解析 性工§20：受僱者於其家庭成員預防接種、發生嚴重之疾病或其他重大事故須親自照顧時，得請家庭照顧假。

(A) 18. 依照勞動基準法第 30 條第 1 項規定，現行每週正常工作時間最高時數為下列何者：

(A) 每週 40 小時　　　(B) 每週 46 小時
(C) 每 2 週 84 小時　　(D) 每週 48 小時

解析 勞基§30.1 勞工正常工作時間，每日不得超過 8 小時，每週不得超過 40 小時。

(D) 19. 就業服務法中所稱「中高齡者」，是指下列何者：

(A) 年滿四十歲至六十五歲
(B) 年滿五十五歲至六十五歲
(C) 年滿五十歲至六十五歲
(D) 年滿四十五歲至六十五歲

解析 就服§2.1.4 中高齡者：指年滿 45 歲至 65 歲之國民。

(B) 20. 依勞動基準法第 10-1 條,已明定「調動勞工工作五原則」,其規定不包括下列哪項?

(A) 調動工作地點過遠,雇主給予必要之協助
(B) 調動後之工作,雇主須給予勞工額外獎金報酬
(C) 對勞工之工資及其他勞動條件、未作不利之變更
(D) 考量勞工及其家庭之生活利益

解析 勞基 §10-1 雇主調動勞工工作,不得違反勞動契約之約定,並應符合下列原則:
一、基於企業經營上所必須,且不得有不當動機及目的。但法律另有規定者,從其規定。
二、對勞工之工資及其他勞動條件,未作不利之變更。
三、調動後工作為勞工體能及技術可勝任。
四、調動工作地點過遠,雇主應予以必要之協助。
五、考量勞工及其家庭之生活利益。

(C) 21. 依職業訓練法第 11 條之規定,事業機構為培養其基層技術人力,招收十五歲以上或國民中學畢業之國民,所實施之訓練,此項訓練係為:

(A) 養成訓練　　(B) 轉業訓練
(C) 技術生訓練　(D) 進修訓練

解析 職訓 §11.1 技術生訓練,係事業機構為培養其基層技術人力,招收 15 歲以上或國民中學畢業之國民,所實施之訓練。

(A) 22. 依職業訓練法第 7 條之規定,對於十五歲以上或國中畢業之國民,所實施有系統之職前訓練,此項訓練係為:

(A) 養成訓練　　(B) 轉業訓練
(C) 技術生訓練　(D) 進修訓練

解析 職訓 §7 養成訓練,係對 15 歲以上或國民中學畢業之國民,所實施有系統之職前訓練。

(D) 23. 勞動基準法第 17 條明文規定，雇主於計算勞工資遣費時，應按其年資每滿一年發給相當於一個月平均工資之資遣費，請問，下列何者非屬不計入平均工資之期日或期間？

(A) 依性別平等工作法請安胎休養，致減少工資者
(B) 發生計算事由之當日
(C) 因職業災害尚在醫療中者
(D) 依勞工請假規則請事假者

解析 勞基 §17.1 雇主依前條終止勞動契約者，應依下列規定發給勞工資遣費：
一、在同一雇主之事業單位繼續工作，每滿 1 年發給相當於 1 個月平均工資之資遣費。
二、依前款計算之剩餘月數，或工作未滿 1 年者，以比例計給之。未滿 1 個月者以 1 個月計。

勞基細 §2 依本法第二條第四款計算平均工資時，下列各款期日或期間均不計入：
一、發生計算事由之當日。
二、因職業災害尚在醫療中者。
三、依本法第五十條第二項減半發給工資者。
四、雇主因天災、事變或其他不可抗力而不能繼續其事業，致勞工未能工作者。
五、依勞工請假規則請普通傷病假者。
六、依性別平等工作法請生理假、產假、家庭照顧假或安胎休養，致減少工資者。
七、留職停薪者。

(C) 24. 下列關於勞資爭議處理法所定之調解程序，何者敘述正確？

(A) 調解委員會開會時，調解委員可委由他人代理出席
(B) 調解不成立時，勞方得逕自申請交付仲裁
(C) 個別勞工與雇主之爭議經調解成立時，視為爭議當事人間之契約
(D) 雇主或勞工不同意調解方案時，不同意之一方應提出合理理由

解析 (A) 爭§17.1 調解委員會開會時，調解委員應親自出席，不得委任他人代理；受指派調查時，亦同。
(B) 爭§25.1 勞資爭議調解不成立者，雙方當事人得共同向直轄市或縣（市）主管機關申請交付仲裁。
(D) 無此規定。

(A) 25. 職工福利委員會之工會代表，其比例不得少於：

(A) 2/3　(B) 1/3　(C) 1/2　(D) 1/4

解析 福§5.2 前項職工福利委員會之工會代表，不得少於 2/3。

(A) 26. 有關加班費之規定，下列敘述何者正確？

(A) 雇主與勞工於勞動契約約定勞工工作職務屬責任制人員，如有超過勞資雙方約定的正常工作時間以外的延長工作情事，雇主仍應依法給付加班費

(B) 勞工延長工時的時數為 30 分鐘，未滿 1 小時，雇主依法應以 1 小時計給勞工延長工時工資

(C) 某事業單位經勞工檢查機構檢查後，發現有勞工加班費給付不足之情形，該事業單位於事後補足加班費即無須裁罰

(D) 雇主延長勞工工作時間，其延長工作時間之工資，延長工作時間在 2 小時以內者，按平日每小時工資額乘以 1.33 計算

解析 (B) 根據勞動基準法施行細則第 20 條之 1 規定意旨，勞工每日工作時間超過 8 小時或每週工作總時數超過 40 小時之部分，及於同法第 36 條所定休息日工作之時間，均為延長工時，不以整數計算所得之時數為限（即勞工於某日加班 30 分鐘，雖未滿 1 小時，此 30 分鐘仍屬延長工時）。
(C) 即使雇主後來補發加班費，檢查機關仍可依法處罰。補發行為不影響違法事實之成立。
(D) 勞基§24.1 雇主延長勞工工作時間者，其延長工作時間之工資，依下列標準加給：

一、延長工作時間在 2 小時以內者，按平日每小時工資額加給 1/3 以上。

二、再延長工作時間在 2 小時以內者，按平日每小時工資額加給 2/3 以上。

三、依第三十二條第四項規定，延長工作時間者，按平日每小時工資額加倍發給。

(B) 27. 有關補休之規定，下列敘述何者正確？

(A) 雇主得於工作規則規定延長工時加班費以補休計給

(B) 如勞工於 7 月 6 日加班 4 小時及 7 月 15 日加班 4 小時，依勞工意願選擇補休者，日後補休依序為 7 月 6 日的 4 小時加班補休及 7 月 15 日的 4 小時加班補休

(C) 補休期限由勞雇雙方協商，期限必須於次年度內休完

(D) 勞工如於補休期限屆期或契約終止仍有未補休之時數，雇主不須依延長工作時間或休息日工作當日之工資計算標準發給工資

解析 (A) 勞雇雙方不得約定於延長工時事實發生「前」一次向後拋棄延長工時工資請求權 (即不得約定或片面規定加班一律以補休計給)。

(C) 依勞基 §32-1.2 係由勞雇雙方協商，惟為避免補休期限無所限制，同法施行細則第 22 條之 2 第 1 項後段規定不得逾約定年度行使權利期間之末日，即比照同法施行細則第 24 條第 2 項之特別休假約定年度（如：週年制、曆年制、教學單位之學年度、事業單位的會計年度或勞雇雙方約定年度期間），以約定年度之末日作為補休期限之末日。因此補休必須於年度內休完，等同最長不能超過 1 年，勞工若在年度內未使用補休，雇主應按照未補休時數換算原加班費倍率發給加班費。

(D) 勞工如於補休期限屆期或契約終止仍有未補休之時數，雇主應依延長工作時間或休息日工作當日之工資計算標準發給工資，即雇主必須給予勞工原加班時數之加班費，且至遲應於原約定之工資給付日發給或於補休期限屆期後 30 日內發給；如係契約終止，依同法施行細則第 9 條規定發給。

(C) 28. 下列有關工資之說明，何者敘述有誤？

(A) 績效獎金如係以勞工工作達成預定目標而發放，應屬工資範疇

(B) 事業單位依勞工居住地距上班地點遠近支給之交通補助費，如非勞工因工作而獲得之報酬並經與勞工協商同意，於計算延長工時工資時可不計入

(C) 雇主與勞工於勞動契約內訂明雇主提供勞工之膳宿、水電費用為工資之一部分，已違反勞動基準法之規定

(D) 勞工曠工當日工資得不發給，惟應以扣發當日工資為限

解析 膳宿費可抵工資，條件是於勞動契約，並報請主管機關核備。

(C) 29. 小李任職於台灣鐵路公司擔任軌道檢修人員，某日因地震因素造成軌道嚴重變形扭曲，當天為小李的休息日，公司緊急聯絡小李前往處理軌道檢修相關事宜。小李的薪資結構為底薪：29,000 元、業績獎金 12,000 元及伙食津貼 2,200 元，小李於該日共出勤 8 小時。請問，台灣鐵路公司至少應給付多少該日工資給小李方屬合法？

(A) 1,440 元　(B) 1,920 元　(C) 2,280 元　(D) 3,720 元

解析 (D) 有誤，理由如下：

1. 小李薪資結構，關於業績獎金是否為經常性給與，不得而知，假設業績獎金 12,000 元及伙食津貼 2,200 元均為經常性給與，則小李之月工資總額為 43,200 元，平日每小時工資額，即月薪總額除以 30 日再除以 8 小時核計為 180 元。

2. 題目稱地震當天為小李的休息日，休息日加班費 2,280 元，計算方式：
(43200/240*4/3*2) + (43200/240*5/3*6) = 2,280

(B) 30. 某公司雇主因勞工小林對於所擔任之工作無法勝任而中止勞動契約，小林為適用勞動基準法退休金規定工作年資之人員，小林之平均工資為 30,000 元，工作年資為 2 年 5 個月 15 天，請問該公司應給付多少資遣費給小林？

(A) 90,000 元　(B) 75,000 元　(C) 72,500 元　(D) 60,000 元

解析 平均工資：30,000 元
年資：2 年 5 個月 15 天
滿年部分：
2 年 ×1 月工資 = 2×30,000 = 60,000 元
未滿年部分：5 個月 15 天
・5 個月 15 天 ≒ 5.5 個月，為「未滿一年者，以比例計給」
・未滿 1 個月者，應以 1 個月計，所以 5.5 個月應視為 6 個月
總資遣費：
60,000（滿 2 年）+15,000（6 個月）=75,000 元

(A) 31. 女工妊娠 3 個月以上流產者，應停止工作，並給予產假幾個星期？

(A) 4 星期　(B) 5 星期　(C) 6 星期　(D) 8 星期

解析 勞基 §50 女工分娩前後，應停止工作，給予產假 8 星期；妊娠 3 個月以上流產者，應停止工作，給予產假 4 星期。
前項女工受僱工作在 6 個月以上者，停止工作期間工資照給；未滿 6 個月者減半發給。

(C) 32. 對於如何計算勞工所得有無低於基本工資，下列敘述何者有誤？

(A) 應包含在正常工作時間內之工資
(B) 不包含休息日出勤之工資
(C) 應包含延長工作時間之加班費
(D) 不包含比賽獎金

解析 勞基細 §11 本法第二十一條所稱基本工資，指勞工在正常工作時間內所得之報酬。不包括延長工作時間之工資與休息日、休假日及例假工作加給之工資。

(C) 33. 雇主與勞工為離職後競業禁止之約定,離職後競業禁止之期間最長不得超過多少年?

(A) 5 年　(B) 3 年　(C) 2 年　(D) 1 年

解析 勞基 §9-1
未符合下列規定者,雇主不得與勞工為離職後競業禁止之約定:
一、雇主有應受保護之正當營業利益。
二、勞工擔任之職位或職務,能接觸或使用雇主之營業秘密。
三、競業禁止之期間、區域、職業活動之範圍及就業對象,未逾合理範疇。
四、雇主對勞工因不從事競業行為所受損失有合理補償。
前項第四款所定合理補償,不包括勞工於工作期間所受領之給付。
違反第一項各款規定之一者,其約定無效。
離職後競業禁止之期間,最長不得逾 2 年。逾 2 年者,縮短為 2 年。

(A) 34. 雇主有使勞工在正常工作時間以外工作之必要者,雇主應經何種程序後始得為之?

(A) 經勞資會議同意　　(B) 報經中央主管機關同意
(C) 於工作規則訂明　　(D) 經公司股東大會同意

解析 勞基 §32 雇主有使勞工在正常工作時間以外工作之必要者,雇主經工會同意,如事業單位無工會者,經勞資會議同意後,得將工作時間延長之。

(D) 35. 下列何種工作內容雇主應與勞工簽訂不定期契約?

(A) 活動期間招募工讀生進行促銷宣傳活動
(B) 選舉期間聘僱宣傳車司機
(C) 農場於水果採收季增聘人員協助採收
(D) 工廠擴廠增聘人力

解析 勞基 §9.1 勞動契約,分為定期契約及不定期契約。臨時性、短期性、季節性及特定性工作得為定期契約;有繼續性工作應為不

定期契約。派遣事業單位與派遣勞工訂定之勞動契約,應為不定期契約。

(B) 36. 關於工作規則之敘述,下列何者有誤?

(A) 工作規則內容應包含事業單位之福利措施
(B) 工作規則如規定勞工應配合事業單位需求於例假出勤上班,應報請中央主管機關核准後始生效力
(C) 雇主僱用勞工人數在 30 人以上者,應訂立工作規則
(D) 工作規則應報請主管機關核備後並公開揭示

解析 根據勞基法第 36 條,例假不得工作,除非經主管機關核准。但如果是「工作規則中規定例假出勤」這件事,仍需地方主管機關(如地方勞工局)核准,不需要報請中央主管機關。

(C) 37. 下列何者非勞動基準法所允許之變形工時制度?

(A) 2 週變形工時　　　　　(B) 4 週變形工時
(C) 6 週變形工時　　　　　(D) 8 週變形工時

解析 勞動基準法第 30 條第 2 項 (2 週)、第 30 條第 3 項 (8 週)、第 30 條之 1(4 週) 三種變形工時制度。

(A) 38. 有關勞工特別休假之規定,下列敘述何者有誤?

(A) 特別休假期日勞工有指定權,但雇主基於企業經營上之急迫性得有變更權
(B) 勞工之特別休假因年度終結或終止契約而未休者,雇主應發給工資
(C) 勞工休特別休假時,雇主必須照給工資
(D) 勞工主張特別休假之權利時,雇主如認為其權力不存在,應由雇主負舉證責任

解析 勞基 §38
勞工在同一雇主或事業單位,繼續工作滿一定期間者,應依下列規定給予特別休假:
一、6 個月以上 1 年未滿者,3 日。

二、1年以上2年未滿者，7日。
三、2年以上3年未滿者，10日。
四、3年以上5年未滿者，每年14日。
五、5年以上10年未滿者，每年15日。
六、10年以上者，每1年加給1日，加至30日為止。

前項之特別休假期日，由勞工排定之。但雇主基於企業經營上之急迫需求或勞工因個人因素，得與他方協商調整。

雇主應於勞工符合第一項所定之特別休假條件時，告知勞工依前二項規定排定特別休假。

勞工之特別休假，因年度終結或契約終止而未休之日數，雇主應發給工資。但年度終結未休之日數，經勞雇雙方協商遞延至次一年度實施者，於次一年度終結或契約終止仍未休之日數，雇主應發給工資。

雇主應將勞工每年特別休假之期日及未休之日數所發給之工資數額，記載於第二十三條所定之勞工工資清冊，並每年定期將其內容以書面通知勞工。

勞工依本條主張權利時，雇主如認為其權利不存在，應負舉證責任。

(B) 39. 下列有關基本工資之說明，何種情形已違反勞動基準法之規定？

(A) 公司幫員工代扣勞工應自行負擔的勞健保費用，因此月薪扣除「雇主代扣勞健保費用」，導致勞工實領薪資低於基本工資

(B) 若勞工之月薪含括全勤獎金，但勞工因故請假而被扣除全勤獎金，以致實領薪資低於基本工資

(C) 勞工上班當月請事病假，導致該月實領薪資低於基本工資

(D) 勞工有曠工行為，導致該月實領薪資低於基本工資

解析 勞基細 §13 勞工工作時間每日少於8小時者，除工作規則、勞動契約另有約定或另有法令規定者外，其基本工資得按工作時間比例計算之。

參考勞動部網站常見問答,依勞動基準法第21條規定勞工工資不得低於基本工資,自114年1月1日起,基本工資由最低工資取代,依最低工資法第5條規定,勞工與雇主雙方議定之工資,不得低於最低工資;其議定之工資低於最低工資者,以本法所定之最低工資為其工資數額。故勞工每月於正常工作時間內所得之工資,不得低於每月基本(最低)工資扣除因請假而未發之每日基本(最低)工資後之餘額。因此,本題B屬違法行為。

(D) 40. 有關積欠工資墊償基金之敘述,下列何者正確?

(A) 雇主一旦積欠勞工工資,勞工即得向積欠工資墊償基金請求墊償之

(B) 勞工所積欠之全部工資,有最優先受清償之權

(C) 積欠工資墊償基金依規定墊償後,法院應命雇主將墊款償還積欠工資墊償基金

(D) 勞工依勞動基準法所列債權受償順序與第一順位抵押權、質權或留置權所擔保之債

解析 勞基§28

(A) 勞工要申請墊償基金,須符合法定條件(如雇主歇業、清算或宣告破產等),不是一積欠工資就能申請。

(B) 勞工並非對「全部工資」有最優先受償權,只有未滿6個月工資等項目有特定順位。

(C) 法院不會主動命雇主償還墊款,而是由墊償基金管理單位(勞動部)依法請求償還。

說「法院應命」這部分措辭不準確。

(A) 41. 阿杰為任職於某直轄市政府勞工局之勞動檢查員,請問下列敘述何者有誤?

(A) 阿杰有違法或失職情事時,應由該直轄市政府勞工局予以舉發

(B) 阿杰與受檢查事業單位有利害關係者,應自行迴避

(C) 阿杰執行檢查職務,可以隨時進入事業單位進行檢查

(D) 阿杰於執行職務時,可就勞動檢查範圍,告知事業單位將進行錄音

解析 檢§11.2 勞動檢查員有違法或失職情事者,任何人得根據事實予以舉發。

(C) 42. 勞動檢查機構於受理勞工申訴後,應儘速就其申訴內容派勞動檢查員實施檢查,並應於幾日內將檢查結果通知申訴人?

(A)7日 (B)10日 (C)14日 (D)20日

解析 檢§33.1 勞動檢查機構於受理勞工申訴後,應儘速就其申訴內容派勞動檢查員實施檢查,並應於 14 日內將檢查結果通知申訴人。

(A) 43. 下列敘述何者正確?

(A) 事業單位未依勞動檢查機構通知限期缺失改善事項辦理,勞動檢查機構於認有必要時,可以通知事業單位全部停工

(B) 勞動檢查機構屬中央權責,現行直轄市及縣市政府並無設專責勞動檢查機構

(C) 勞動檢查員進入事業單位進行檢查時,應主動出示勞動檢查證,勞動檢查員如未帶證件時,事業單位仍應配合檢查

(D) 雇主可拒絕工會陪同勞動檢查機構進行檢查

解析 (A)檢§29 勞動檢查員對事業單位未依勞動檢查機構通知限期改善事項辦理,而有發生職業災害之虞時,應陳報所屬勞動檢查機構;勞動檢查機構於認有必要時,得以書面通知事業單位部分或全部停工。
(B) 檢§3.1.1 勞動檢查機構:指中央或直轄市主管機關或有關機關為辦理勞動檢查業務所設置之專責檢查機構。目前全國勞動檢查機構如下表:
(C) 檢§22.1 勞動檢查員進入事業單位進行檢查時,應主動出示勞動檢查證,並告知雇主及工會。事業單位對未持勞動檢查證者,得拒絕檢查。
(D) 檢細§19 勞動檢查員依本法第二十二條規定進入事業單位進行檢查前,應將檢查目的告知雇主及工會,並請其派員陪同。

單位名稱	地址	電話	檢查責任區域
勞動部職業安全衛生署北區職業安全衛生中心	新北市新莊區中平路439號南棟9樓	02-89956700	新北市、桃園市、宜蘭縣、花蓮縣、新竹縣、新竹市、基隆市、連江縣等轄區事業單位（注：其中新北市與桃園市部分，分別自104年7月1日及108年1月1日起擴大授權新北市政府勞動檢查處及桃園市政府勞動檢查處執行部分勞動檢查業務，授權範圍詳列如下。）
勞動部職業安全衛生署中區職業安全衛生中心	台中市南屯區黎明路二段501號7樓	04-22550633	苗栗縣、台中市、彰化縣、南投縣、雲林縣等轄區事業單位（注：其中台中市部分自112年5月1日起擴大授權台中市勞動檢查處執行部分勞動檢查業務，授權範圍詳列如下。）
勞動部職業安全衛生署南區職業安全衛生中心	高雄市新興區七賢一路386號7-12樓	07-2354861	嘉義縣、屏東縣、台東縣、澎湖縣、嘉義市、台南市、金門縣等轄區事業單位（注：原高雄縣部分自102年1月11日起授權高雄市政府勞動局勞動檢查處執行勞動檢查業務；另台南市部分自111年1月1日起擴大授權台南市職安健康處執行部分勞動檢查業務，授權範圍詳列如下。）
台北市勞動檢查處	台北市萬華區艋舺大道101號7樓	02-23086101	台北市轄區事業單位。
新北市政府勞動檢查處	新北市板橋區華江一路216號1至3樓	02-22523299	一、新北市政府轄區之勞動基準法等相關勞動法令之勞動條件監督檢查。 二、新北市政府轄區之勞動檢查法及職業安全衛生法之監督檢查。但不包括以下由本部所設勞動檢查機構或指定代行檢查機構進行之審查，檢查業務及監督檢查對象： （一）勞動檢查法第26條之危險性工作場所。 （二）職業安全衛生法第16條之危險性機械或設備。

單位名稱	地址	電話	檢查責任區域
桃園市政府勞動檢查處	桃園市桃園區大同路108號13樓	03-3323606	一、桃園市政府轄區之勞動基準法等相關勞動法令之勞動條件監督檢查。 二、桃園市政府轄區之勞動檢查法及職業安全衛生法之監督檢查。但不包括以下由本部所設勞動檢查機構或指定代行檢查機構進行之審查、檢查業務及監督檢查對象： （一）勞動檢查法第26條之危險性工作場所。 （二）職業安全衛生法第16條之危險性機械或設備。
台中市勞動檢查處	台中市豐原區陽明街36號	04-22289111	一、台中市政府轄區之勞動基準法等相關勞動法令之勞動條件監督檢查。 二、台中市政府轄區之勞動檢查法及職業安全衛生法之監督檢查。但不包括以下由本部所設勞動檢查機構或指定代行檢查機構辦理之審查，檢查業務及監督檢查對象： （一）勞動檢查法第26條所定危險性工作場所之事業單位。 （二）職業安全衛生法第16條之危險性機械或設備。
台南市職安健康處	台南市安平區永華路二段6號	06-2150806	一、台南市政府轄區之勞動基準法等相關勞動法令之勞動條件檢查。 二、台南市政府轄區以下範圍之勞動檢查法及職業安全衛生法之監督檢查： （一）轄內柳營科技工業區暨環保園區、樹谷園區、永康科技工業區、新營工業區、官田工業區、永康工業區、台南科技工業區、安平工業區、新吉工業區、七股工業區。 （二）以上不包括以下由本部所設勞動檢查機構或指定之代行檢查機構進行之審查、檢查業務及監督檢查對象： 1. 勞動檢查法第26條之危險性工作場所。 2. 職業安全衛生法第16條之危險性機械或設備。 3. 公共工程。

單位名稱	地址	電話	檢查責任區域
高雄市政府勞工局勞動檢查處	高雄市鹽埕區中正四路274號4樓	07-7336959	高雄市轄區事業單位。
經濟部產業園區管理局（環安勞動組工安勞動科）	高雄市楠梓區加昌路600號	07-3611212	經濟部科技產業園區、軟體園區及物流園區（含高雄楠梓科技產業園區、高雄楠梓科技產業園區第二園區、高雄軟體園區、高雄前鎮科技產業園區、高雄臨廣科技產業園區、高雄成功物流園區、臺中潭子科技產業園區、臺中軟體園區、臺中港科技產業園區、屏東科技產業區）內事業單位。
國家科學及技術委員會新竹科學園區管理局	新竹市東區新安路2號	03-5773311	新竹科學園區事業單位。
國家科學及技術委員會中部科學園區管理局	台中市西屯區中科路2號	04-25658588	中部科學園區事業單位。
國家科學及技術委員會南部科學園區管理局	台南市新市區南科三路22號	06-5051001	南部科學園區事業單位。

(BD) 44. 下列何者非勞動檢查法所定義之勞動檢查機構？

　　　　(A) 勞動部職業安全衛生署北區職業安全衛生中心

　　　　(B) 桃園市政府勞動局

　　　　(C) 高雄市政府勞工局勞動檢查處

　　　　(D) 苗栗縣政府勞工處

　　解析 如上表所示，B、D 非勞動檢查機構。

(C) 45. 勞動檢查法規定中央主管機關應多久定期公布勞動檢查年報？

(A) 每季 (B) 每半年 (C) 每年 (D) 每 2 年

解析 檢 §7.3 中央主管機關應每年定期公布勞動檢查年報。

(B) 46. 勞動檢查員於執行職務時，下列何種狀況可事先通知事業單位？

(A) 民意代表關切 (B) 職業災害檢查
(C) 定期檢查 (D) 不定期檢查

解析 檢 §13 勞動檢查員執行職務，除左列事項外，不得事先通知事業單位：
一、第二十六條規定之審查或檢查。（危險性工作場所）
二、危險性機械或設備檢查。
三、職業災害檢查。
四、其他經勞動檢查機構或主管機關核准者。

(C) 47. 下列敘述何者有誤？

(A) 勞動檢查員於實施檢查後應作成紀錄，告知事業單位違反法規事項及提供雇主、勞工遵守勞動法令之意見。該紀錄不限以書面或其他形式為之
(B) 勞動檢查員對於事業單位之檢查結果，應報由所屬勞動檢查機構依法處理；其有違反勞動法令規定事項者，勞動檢查機構並應於 10 日內以書面通知事業單位立即改正或限期改善
(C) 勞動檢查機構對事業單位工作場所發生重大職業災害時，應於職業災害發生後 3 日內指派勞動檢查員前往實施檢查，調查職業災害原因及責任
(D) 勞動檢查員對於事業單位之檢查結果，事業單位應於違規場所顯明易見處公告 7 日以上

> **解析** 檢§27 勞動檢查機構對事業單位工作場所發生重大職業災害時,應立即指派勞動檢查員前往實施檢查,調查職業災害原因及責任;其發現非立即停工不足以避免職業災害擴大者,應就發生災害場所以書面通知事業單位部分或全部停工。

(D) 48. 勞動檢查機構指派勞動檢查員對各事業單位工作場所實施安全衛生檢查時,發現勞工有立即發生危險之虞,得就該場所以書面通知事業單位逕予先行停工。經通知停工之事業單位,於多久後可向勞動檢查機構申請復工?

(A) 半個月　(B) 1 個月　(C) 2 個月　(D) 停工原因消滅

> **解析** 檢§30 經依第二十七條至第二十九條規定通知停工之事業單位,得於停工之原因消滅後,向勞動檢查機構申請復工。

(B) 49. 下列何者非勞動檢查法規定,事業單位應於顯明而易見之場所公告之事項?

(A) 受理勞工申訴之機構或人員
(B) 工作規則
(C) 勞工得申訴之範圍
(D) 申訴程序

> **解析** 檢§32.1 事業單位應於顯明而易見之場所公告左列事項:
> 一、受理勞工申訴之機構或人員。
> 二、勞工得申訴之範圍。
> 三、勞工申訴書格式。
> 四、申訴程序。

(A) 50. 有關代行檢查機構之敘述,下列何者有誤?

(A) 中央主管機關對於所有機械或設備之檢查,除由勞動檢查機構派勞動檢查員實施外,必要時亦得指定代行檢查機構派代行檢查員實施
(B) 代行檢查機構擬變更代行檢查業務時,應檢附擬增減之機械或設備種類、檢查類別、區域等資料,向中央主管機關申請核准

(C) 代行檢查業務為非營利性質，其收費標準之計算，以收支平衡為原則，由代行檢查機構就其代行檢查所需經費列計標準，報請中央主管機關核定之

(D) 代行檢查機構之資格條件與所負責任、考評及獎勵辦法，暨代行檢查員之資格、訓練，由中央主管機關定之

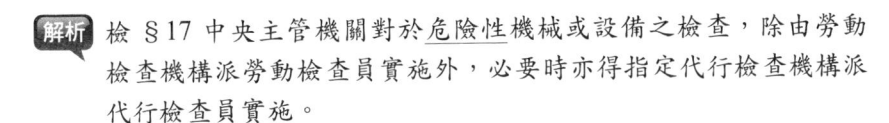

解析 檢 §17 中央主管機關對於危險性機械或設備之檢查，除由勞動檢查機構派勞動檢查員實施外，必要時亦得指定代行檢查機構派代行檢查員實施。

2-5 職業安全衛生設施規則

單選題【共 50 題，每題 2 分，共 100 分。答錯不倒扣】

(C) 1. 職業安全衛生設施規則所稱高壓，係指電壓範圍為何？
(A) 超過 220 伏特，未滿 380 伏特
(B) 超過 380 伏特，未滿 11,400 伏特
(C) 超過 600 伏特，未滿 22,800 伏特
(D) 超過 22,800 伏特

解析 設 §3…高壓，係指超過 600 伏特至 22,800 伏特之電壓…

(B) 2. 2020 年黎巴嫩首都貝魯特，因港口倉庫中存放大量的硝酸銨發生爆炸，造成數千人傷亡的災害事故，依據職業安全衛生設施規則，請問硝酸銨屬於下列何者？
(A) 爆炸性物質　　(B) 氧化性物質
(C) 著火性物質　　(D) 易燃液體

解析 設 §14
本規則所稱氧化性物質，指下列危險物：
一、氯酸鉀、氯酸鈉、氯酸銨及其他之氯酸鹽類。
二、過氯酸鉀、過氯酸鈉、過氯酸銨及其他之過氯酸鹽類。
三、過氧化鉀、過氧化鈉、過氧化鋇及其他無機過氧化物。

四、硝酸鉀、硝酸鈉、硝酸銨及其他硝酸鹽類。
五、亞氯酸鈉及其他固體亞氯酸鹽類。
六、次氯酸鈣及其他固體次氯酸鹽類。

(B) 3. 於良導體機器設備內之檢修工作所用之手提式照明燈，其使用電壓不得超過幾伏特？

(A) 12　(B) 24　(C) 32　(D) 40

解析 設§249 雇主對於良導體機器設備內之檢修工作所用之手提式照明燈，其使用電壓不得超過24伏特，且導線須為耐磨損及有良好絕緣，並不得有接頭。

(D) 4. 勞工於局限空間從事作業前，應先確認該局限空間內有無可能引起勞工缺氧之虞，試問缺氧場所係指空氣中氧氣濃度未達多少％之場所？

(A) 6　(B) 12　(C) 16　(D) 18

解析 缺§3 缺氧：指空氣中氧氣濃度未滿18%之狀態。

(A) 5. 雇主應使勞工於機械操作、修理、調整及其他工作過程中，有足夠之活動空間，不得因機械原料或產品等置放過擠致對勞工活動、避難、救難有不利因素。依據職業安全衛生設施規則規定各機械間或其他設備間通道不得小於多少公分？

(A) 80　(B) 90　(C) 100　(D) 120

解析 設§31.1.2 二、各機械間或其他設備間通道不得小於80公分。

(C) 6. 對於高度在幾公尺以上之工作場所邊緣及開口部分，勞工有遭受墜落危險之虞者，應設有適當強度之護欄、護蓋等防護設備

(A) 0.5　(B) 1.5　(C) 2　(D) 3

解析 設§224.1 雇主對於高度在2公尺以上之工作場所邊緣及開口部分，勞工有遭受墜落危險之虞者，應設有適當強度之護欄、護蓋等防護設備。

(C) 7. 依據職業安全衛生設施規則，自高度在幾公尺以上之場所投下物體有危害勞工之虞時，應設置適當之滑槽、承受設備？

(A) 1.5　(B) 2　(C) 3　(D) 5

解析 設 §237 雇主對於自高度在 3 公尺以上之場所投下物體有危害勞工之虞時，應設置適當之滑槽、承受設備，並指派監視人員。

(B) 8. 雇主使勞工使用呼吸防護具時，應指派專人採取呼吸防護措施，當事業單位勞工人數達多少人以上時，應訂定呼吸防護計畫，據以執行

(A) 100　(B) 200　(C) 300　(D) 500

解析 設 §277-1.2 前項呼吸防護措施，事業單位勞工人數達 200 人以上者，雇主應依中央主管機關公告之相關指引，訂定呼吸防護計畫，並據以執行；於勞工人數未滿 200 人者，得以執行紀錄或文件代替。

(B) 9. 勞工工作場所因機械設備所發生之聲音超過幾分貝時，雇主應採取工程控制、減少勞工噪音暴露時間？

(A) 85　(B) 90　(C) 115　(D) 140

解析 設 §300 雇主對於發生噪音之工作場所，應依下列規定辦理：一、勞工工作場所因機械設備所發生之聲音超過 90 分貝時，雇主應採取工程控制、減少勞工噪音暴露時間…。

(A) 10. 依據職業安全衛生設施規則，勞工暴露之噪音音壓級為 100 分貝時，其工作日容許暴露時間為多少小時？

(A) 2　(B) 4　(C) 6　(D) 8

解析 設 §300
勞工暴露之噪音音壓級及其工作日容許暴露時間如下列對照表：

工作日容許暴露時間（小時）	A 權噪音音壓級（dBA）
8	90
6	92

工作日容許暴露時間（小時）	A權噪音音壓級（dBA）
4	95
3	97
2	100
1	105
1/2	110
1/4	115

(D) 11. 勞工經常作業之室內作業場所，除設備及自地面算起高度超過 4 公尺以上之空間不計外，每一勞工原則上應有多少立方公尺以上之空間？

(A) 4　(B) 6　(C) 8　(D) 10

解析 設 §309 雇主對於勞工經常作業之室內作業場所，除設備及自地面算起高度超過 4 公尺以上之空間不計外，每一勞工原則上應有 10 立方公尺以上之空間。

(D) 12. 對於電路開路後從事該電路、該電路支持物、或接近該電路工作物之敷設、建造、檢查、修理、油漆等作業時，應採取相關措施，下列何者為非？

(A) 上鎖　　　　　　　　(B) 設置監視人員
(C) 標示「禁止送電」　　(D) 拆除短路接地器具

解析 要確實使用短路接地器具確實短路，並加接地，所以選項 D 為錯誤。

設 §254.1 雇主對於電路開路後從事該電路、該電路支持物、或接近該電路工作物之敷設、建造、檢查、修理、油漆等作業時，應於確認電路開路後，就該電路採取下列設施：
一、開路之開關於作業中，應上鎖或標示「禁止送電」、「停電作業中」或設置監視人員監視之。
二、開路後之電路如含有電力電纜、電力電容器等致電路有殘留電荷引起危害之虞，應以安全方法確實放電。

三、開路後之電路藉放電消除殘留電荷後,應以檢電器具檢查,確認其已停電,且為防止該停電電路與其他電路之混觸、或因其他電路之感應、或其他電源之逆送電引起感電之危害,應使用短路接地器具確實短路,並加接地。

四、前款停電作業範圍如為發電或變電設備或開關場之一部分時,應將該停電作業範圍以藍帶或網加圍,並懸掛「停電作業區」標誌;有電部分則以紅帶或網加圍,並懸掛「有電危險區」標誌,以資警示。

(C) 13. 雇主應於明顯易見之處所設置警告標示牌,並禁止非與從事作業有關之人員進入工作場所,所稱工作場所不包含下列何者?

(A) 氧氣濃度未達 18% 之場所
(B) 處置大量高熱物體或顯著濕熱之場所
(C) 高度 2 公尺以上之高處作業場所
(D) 遭受生物病原體顯著污染之場所

解析 設 §299.1 雇主應於明顯易見之處所設置警告標示牌,並禁止非與從事作業有關之人員進入下列工作場所:
一、處置大量高熱物體或顯著濕熱之場所。
二、處置大量低溫物體或顯著寒冷之場所。
三、具有強烈微波、射頻波或雷射等非游離輻射之場所。
四、氧氣濃度未達 18% 之場所。
五、有害物超過勞工作業場所容許暴露標準之場所。
六、處置特殊有害物之場所。
七、遭受生物病原體顯著污染之場所。

(B) 14. 雇主使勞工從事戶外作業,為防範環境引起之熱疾病,應視天候狀況採取危害預防措施,下列敘述何者錯誤?

(A) 降低作業場所之溫度
(B) 計算綜合溫度熱指數,調整作業與休息時間
(C) 採取勞工熱適應相關措施
(D) 增加作業場所巡視之頻率

解析 設 §324-6 雇主使勞工從事戶外作業，為防範環境引起之熱疾病，應視天候狀況採取下列危害預防措施：
一、降低作業場所之溫度。
二、提供陰涼之休息場所。
三、提供適當之飲料或食鹽水。
四、調整作業時間。
五、增加作業場所巡視之頻率。
六、實施健康管理及適當安排工作。
七、採取勞工熱適應相關措施。
八、留意勞工作業前及作業中之健康狀況。
九、實施勞工熱疾病預防相關教育宣導。
十、建立緊急醫療、通報及應變處理機制。

(D) 15. 下列何者屬於職業安全衛生設施規則所稱之危險物？
(A) 腐蝕性物質　　　　(B) 致癌物質
(C) 劇毒性物質　　　　(D) 氧化性物質

解析 設 §11~15 列舉之危險物包括：爆炸性物質、著火性物質、易燃液體、氧化性物質、可燃性氣體。

(B) 16. 屏東某工廠發生社會關注的工安意外事故，造成多人傷亡，災害調查顯示直接原因為存放超量的有機過氧化物導致，試問有機過氧化物屬於職業安全衛生設施規則所稱哪一類物質？
(A) 著火性物質　　　　(B) 爆炸性物質
(C) 易燃液體　　　　　(D) 氧化性物質

解析 設 §11 本規則所稱<u>爆炸性物質</u>，指下列危險物：
一、硝化乙二醇、硝化甘油、硝化纖維及其他具有爆炸性質之硝酸酯類。
二、三硝基苯、三硝基甲苯、三硝基酚及其他具有爆炸性質之硝基化合物。
三、過醋酸、過氧化丁酮、過氧化二苯甲醯及其他<u>過氧化有機物</u>。

(C) 17. 職業安全衛生設施規則規定，對於物料之搬運，應儘量利用機械以代替人力，對於多少公斤以上物品，以機動車輛為宜？

(A) 40　(B) 100　(C) 500　(D) 1000

解析 設 §155 雇主對於物料之搬運，應儘量利用機械以代替人力，凡 40 公斤以上物品，以人力車輛或工具搬運為原則，500 公斤以上物品，以機動車輛或其他機械搬運為宜；運輸路線，應妥善規劃，並作標示。

(D) 18. 為防止設備因靜電引起爆炸或火災危害，下列何者為可用之防止策略？

(A) 設備設置雙重絕緣　　(B) 於環境中使用除濕機
(C) 安裝漏電斷路器　　　(D) 設備接地

解析 設 §175 雇主對於下列設備有因靜電引起爆炸或火災之虞者，應採取接地、使用除電劑、加濕、使用不致成為發火源之虞之除電裝置或其他去除靜電之裝置：
一、灌注、卸收危險物於槽車、儲槽、容器等之設備。
二、收存危險物之槽車、儲槽、容器等設備。
三、塗敷含有易燃液體之塗料、粘接劑等之設備。
四、以乾燥設備中，從事加熱乾燥危險物或會生其他危險物之乾燥物及其附屬設備。
五、易燃粉狀固體輸送、篩分等之設備。
六、其他有因靜電引起爆炸、火災之虞之化學設備或其附屬設備。

(C) 19. 雇主對於研磨機之使用，下列敘述何者正確？

(A) 研磨輪皆可以使用側面
(B) 使用時得超過最高使用周速度
(C) 研磨輪更換時應先檢驗有無裂痕
(D) 速率試驗應按最高使用周速度一倍為之

> **解析** 設 §62 雇主對於研磨機之使用，應依下列規定：
> 一、研磨輪應採用經速率試驗合格且有明確記載最高使用周速度者。
> 二、規定研磨機之使用不得超過規定最高使用周速度。
> 三、規定研磨輪使用，除該研磨輪為側用外，不得使用側面。
> 四、規定研磨機使用，應於每日作業開始前試轉 1 分鐘以上，研磨輪更換時應先檢驗有無裂痕，並在防護罩下試轉 3 分鐘以上。
> 前項第一款之速率試驗，應按最高使用周速度增加 50% 為之。直徑不滿 10 公分之研磨輪得免予速率試驗。

(D) 20. 在職場上因他人行為致遭受身體或精神上不法侵害，屬於下列何者危害類別？

(A) 物理性　　　　　　　(B) 化學性
(C) 人因性　　　　　　　(D) 社會心理

> **解析** 依勞動部「執行職務遭受不法侵害預防指引（第三版）」，此類危害被歸類為「社會環境因子引起之心理危害（psychosocial factors）」（以下簡稱社會心理危害）。

(C) 21. 使用乙炔熔接裝置從事金屬之熔接作業，相關應注意事項之規定何者錯誤？

(A) 事先決定作業方法及指揮作業
(B) 可使用肥皂水測試乙炔熔接裝置是否漏洩
(C) 發生器停止使用時，應使水與殘存之電石接觸
(D) 作業勞工須戴用防護器具

> **解析** 設 §217 雇主對於使用乙炔熔接裝置從事金屬之熔接、熔斷或加熱作業時，應選任專人辦理下列事項：
> 一、決定作業方法及指揮作業。
> 二、對使用中之發生器，禁止使用有發生火花之虞之工具或予以撞擊。
> 三、使用肥皂水等安全方法，測試乙炔熔接裝置是否漏洩。
> 四、發生器之氣鐘上禁止置放任何物件。
> 五、發生器室出入口之門，應注意關閉。

六、再裝電石於移動式乙炔熔接裝置之發生器時，應於屋外之安全場所為之。

七、開啟電石桶或氣鐘時，應禁止撞擊或發生火花。

八、作業時，應將乙炔熔接裝置發生器內存有空氣與乙炔之混合氣體排除。

九、作業中，應查看安全器之水位是否保持安全狀態。

十、應使用溫水或蒸汽等安全之方法加溫或保溫，以防止乙炔熔接裝置內水之凍結。

十一、發生器停止使用時，應保持適當水位，<u>不得使水與殘存之電石接觸</u>。

十二、發生器之修繕、加工、搬運、收藏，或繼續停止使用時，應完全除去乙炔及電石。

十三、監督作業勞工戴用防護眼鏡、防護手套。

(C) 22. 依據職業安全衛生設施規則，對於使用之移動梯，應符合相關規定，下列敘述何者錯誤？

(A) 具有堅固之構造

(B) 其材質不得有顯著之損傷、腐蝕等現象

(C) 寬度應在 40 公分以上

(D) 應採取防止滑溜或其他防止轉動之必要措施

解析 設 §229 雇主對於使用之移動梯，應符合下列之規定：
一、具有堅固之構造。
二、其材質不得有顯著之損傷、腐蝕等現象。
三、寬度應在 <u>30 公分</u>以上。
四、應採取防止滑溜或其他防止轉動之必要措施。

(A) 23. 依據職業安全衛生設施規則，對於場所作業使用之合梯，下列敘述何者錯誤？

(A) 梯腳與地面之角度應在 60 度以內，且兩梯腳間有金屬等硬質繫材扣牢，腳部有防滑絕緣腳座套

(B) 需有安全之防滑梯面

(C) 不得使勞工以合梯當作二工作面之上下設備使用

(D) 其材質不得有顯著之損傷、腐蝕等

解析 設 §230 雇主對於使用之合梯，應符合下列規定：
一、具有堅固之構造。
二、其材質不得有顯著之損傷、腐蝕等。
三、梯腳與地面之角度應在 75 度以內，且兩梯腳間有金屬等硬質繫材扣牢，腳部有防滑絕緣腳座套。
四、有安全之防滑梯面。
雇主不得使勞工以合梯當作二工作面之上下設備使用，並應禁止勞工站立於頂板作業。

(B) 24. 依據職業安全衛生設施規則，下列對於危險物的分類敘述何者錯誤？
(A) 硝酸銨為氧化性物質　　(B) 丙酮為著火性物質
(C) 甲烷為可燃性氣體　　　(D) 硝化甘油為爆炸性物質

解析 設 §13 丙酮為易燃液體。

(B) 25. 依據職業安全衛生設施規則，有關於作業場所通風之敘述，下列何者錯誤？
(A) 每一勞工原則上應有 10 立方公尺以上之空間
(B) 儲槽內部作業採取自然換氣策略
(C) 室內作業場所之氣溫在攝氏 10 度以下換氣時，不得使勞工暴露於每秒 1 公尺以上之氣流中
(D) 勞工經常作業之室內作業場所，其窗戶及其他開口部分等可直接與大氣相通之開口部分面積，應為地板面積之 1/20 以上

解析 設 §310 雇主對坑內或儲槽內部作業，應設置適當之機械通風設備。但坑內作業場所以自然換氣能充分供應必要之空氣量者，不在此限。

(C) 26. 雇主對於物料之搬運，應儘量利用機械以代替人力，凡幾公斤以上物品，以人力車輛或工具搬運為原則？
(A) 25　(B) 35　(C) 40　(D) 50　公斤

解析 設 §155 雇主對於物料之搬運，應儘量利用機械以代替人力，凡 40 公斤以上物品，以人力車輛或工具搬運為原則，500 公斤以上物品，以機動車輛或其他機械搬運為宜；運輸路線，應妥善規劃，並作標示。

(D) 27. 雇主對於氣體裝置室之設置室頂及天花板之材料，應使用下列何種不燃性材料？

(A) 水泥　(B) 鋼構　(C) 石板　(D) 輕質材料

解析 設 §211 雇主對於氣體裝置室之設置，應依下列規定：
一、氣體漏洩時，應不致使其滯留於室內。
二、室頂及天花板之材料，應使用輕質之不燃性材料建造。
三、牆壁之材料，應使用不燃性材料建造，且有相當強度。

(A) 28. 雇主對行駛於軌道之動力車，應設置手煞車，幾公噸以上者，應增設動力煞車？

(A) 10　(B) 15　(C) 20　(D) 25　公噸

解析 設 §145 雇主對行駛於軌道之動力車，應設置手煞車，10公噸以上者，應增設動力煞車。

(B) 29. 依職業安全衛生設施規則第 188 條規定，雇主對於存有易燃液體之蒸氣、可燃性氣體或可燃性粉塵，致有引起爆炸、火災之虞之工作場所，應有之措施不包括以下何者？

(A) 通風　　　　　　　(B) 保持富氧狀態
(C) 除塵　　　　　　　(D) 去除靜電

解析 設 §188 雇主對於存有易燃液體之蒸氣、可燃性氣體或可燃性粉塵，致有引起爆炸、火災之虞之工作場所，應有通風、換氣、除塵、去除靜電等必要設施。
雇主依前項規定所採設施，不得裝置或使用有發生明火、電弧、火花及其他可能引起爆炸、火災危險之機械、器具或設備。

(A) 30. 雇主對於高度在幾公尺以上之工作場所邊緣及開口部分，勞工有遭受墜落危險之虞者，應設有適當強度之護欄、護蓋等防護設備？

(A) 2.0　(B) 2.5　(C) 3.0　(D) 5.0　公尺

解析 設 §224.1 雇主對於高度在 2 公尺以上之工作場所邊緣及開口部分，勞工有遭受墜落危險之虞者，應設有適當強度之護欄、護蓋等防護設備。

(B) 31. 雇主對於勞工工作場所之採光照明，作業場所面積過大、夜間或氣候因素自然採光不足時，可用人工照明補足，機械及鍋爐房照明米燭光數應為幾米燭光以上？

(A) 50　(B) 100　(C) 200　(D) 300　米燭光

解析 設 §313 機械及鍋爐房照明米燭光數應為 100 米燭光以上。

(B) 32. 雇主設置廁所時，廁所及便器不得與工作場所直接通連，廁所與廚房及食堂應距離幾公尺以上？(衛生沖水式廁所不在此限)

(A) 20　(B) 30　(C) 50　(D) 100　公尺

解析 設 §319 雇主應依下列各款規定設置廁所及盥洗設備，但坑內等特殊作業場所置有適當數目之便器者，不在此限：
一、男女廁所以分別設置為原則，並予以明顯標示。
二、男用廁所之大便器數目，以同時作業男工每 25 人以內設置 1 個以上為原則，最少不得低於 60 人 1 個。
三、男用廁所之小便器數目，應以同時作業男工每 15 人以內設置 1 個以上為原則，最少不得低於 30 人 1 個。
四、女用廁所之大便器數目，應以同時作業女工每 15 人以內設置 1 個以上為原則，最少不得低於 20 人 1 個。
五、女用廁所應設加蓋桶。
六、大便器應為不使污染物浸透於土中之構造。
七、應設置充分供應清潔水質之洗手設備。
八、盥洗室內應備有適當之清潔劑，且不得盛放有機溶劑供勞工清潔皮膚。

九、浴室應男女分別設置。
十、廁所及便器不得與工作場所直接通連，廁所與廚房及食堂應距離 30 公尺以上。但衛生沖水式廁所不在此限。
十一、廁所及便器每日至少應清洗 1 次，並每週消毒 1 次。
十二、廁所應保持良好通風。
十三、僱有身心障礙者，應設置身心障礙者專用設備，並予以適當標示。

(A) 33. 有關暴力預防措施，事業單位勞工人數達多少人以上者，雇主應依勞工執行職務之風險特性，參照中央主管機關公告之相關指引，訂定執行職務遭受不法侵害預防計畫？

(A) 100　(B) 200　(C) 300　(D) 500　人

解析 設 §324-3 雇主為預防勞工於執行職務，因他人行為致遭受身體或精神上不法侵害，應採取下列暴力預防措施，作成執行紀錄並留存 3 年：
一、辨識及評估危害。
二、適當配置作業場所。
三、依工作適性適當調整人力。
四、建構行為規範。
五、辦理危害預防及溝通技巧訓練。
六、建立事件之處理程序。
七、執行成效之評估及改善。
八、其他有關安全衛生事項。
前項暴力預防措施，事業單位勞工人數達 100 人以上者，雇主應依勞工執行職務之風險特性，參照中央主管機關公告之相關指引，訂定執行職務遭受不法侵害預防計畫，並據以執行；於勞工人數未達 100 人者，得以執行紀錄或文件代替。

(A) 34. 雇主對於荷重在幾公噸以上之堆高機，應指派經特殊作業安全衛生教育訓練人員操作？

(A) 1　(B) 2　(C) 3　(D) 5　公噸

解析 設 §126 雇主對於荷重在 1 公噸以上之堆高機，應指派經特殊作業安全衛生教育訓練人員操作。

(C) 35. 雇主使用軟管以動力從事輸送硫酸、硝酸、鹽酸等對皮膚有腐蝕性之液體時，對該輸送設備應採取之措施，不包括列何者？

(A) 該物質之名稱　　　　(B) 輸送方向
(C) 製造商　　　　　　　(D) 閥之開閉狀態

解析 設 §178 雇主使用軟管以動力從事輸送硫酸、硝酸、鹽酸、醋酸、甲酚、氯磺酸、氫氧化鈉溶液等對皮膚有腐蝕性之液體時，對該輸送設備，應依下列規定：
一、於操作該設備之人員易見之場所設置壓力表，及於其易於操作之位置安裝動力遮斷裝置。
二、該軟管及連接用具應具耐腐蝕性、耐熱性及耐寒性。
三、該軟管應經水壓試驗確定其安全耐壓力，並標示於該軟管，且使用時不得超過該壓力。
四、為防止軟管內部承受異常壓力，應於輸壓設備安裝回流閥等超壓防止裝置。
五、軟管與軟管或軟管與其他管線之接頭，應以連結用具確實連接。
六、以表壓力每平方公分 2 公斤以上之壓力輸送時，前款之連結用具應使用旋緊連接或以鉤式結合等方式，並具有不致脫落之構造。
七、指定輸送操作人員操作輸送設備，並監視該設備及其儀表。
八、該連結用具有損傷、鬆脫、腐蝕等缺陷，致腐蝕性液體有飛濺或漏洩之虞時，應即更換。
九、輸送腐蝕性物質管線，應標示該物質之<u>名稱、輸送方向及閥之開閉狀態</u>。

(D) 36. 雇主設置之固定梯之規定，下列何者錯誤？

(A) 具有堅固之構造
(B) 應等間隔設置踏條
(C) 應有防止梯移位之措施
(D) 梯之頂端應突出板面 50 公分以上

解析 設 §37 雇主設置之固定梯，應依下列規定：
一、具有堅固之構造。
二、應等間隔設置踏條。
三、踏條與牆壁間應保持 16.5 公分以上之淨距。
四、應有防止梯移位之措施。
五、不得有妨礙工作人員通行之障礙物。
六、平台用漏空格條製成者，其縫間隙不得超過 3 公分；超過時，應裝置鐵絲網防護。
七、梯之頂端應突出板面 60 公分以上。
八、梯長連續超過 6 公尺時，應每隔 9 公尺以下設一平台，並應於距梯底 2 公尺以上部分，設置護籠或其他保護裝置。但符合下列規定之一者，不在此限：
　（一）未設置護籠或其它保護裝置，已於每隔六公尺以下設一平台者。
　（二）塔、槽、煙囪及其他高位建築之固定梯已設置符合需要之安全帶、安全索、磨擦制動裝置、滑動附屬裝置及其他安全裝置，以防止勞工墜落者。
九、前款平台應有足夠長度及寬度，並應圍以適當之欄柵。

(D) 37. 雇主對於動力車鋼軌之舖設，有關枕木之間隔，下列何者正確？
(A) 應保持 1.0 公尺
(B) 應保持 1.5 公尺
(C) 應保持 2.0 公尺
(D) 應考慮車輛重量，路基狀況

解析 設 §132 雇主對於動力車鋼軌之舖設，應依下列規定：
一、鋼軌接頭，應使用魚尾板或採取熔接固定。
二、舖設鋼軌，應使用道釘、金屬固定具等將鋼軌固定於枕木或水泥路基上。
三、軌道之坡度應保持在千分之五十以下。但動力車備有自動空氣煞車之軌道得放寬至千分之六十五以下。
前項枕木之大小及其間隔，應考慮車輛重量，路基狀況。
第一項所使用之枕木，如置於不易更換之場所，應為具有耐腐蝕性者。

(A) 38. 雇主對於動力車軌道之曲線部分，曲率半徑應在幾公尺以上？
(A) 10　(B) 12　(C) 15　(D) 20　公尺

解析 設 §134 雇主對於動力車軌道之曲線部分，應依下列規定：
一、曲率半徑應在 10 公尺以上。
二、保持適度之軌道超高及加寬。
三、裝置適當之護軌。

(C) 39. 雇主對行駛於軌道之載人車輛，使用於傾斜軌道者，其車輛間及車輛與鋼索套頭間，除應設置有效之鏈及鏈環外，為防止其斷裂，致車輛脫走之危險，應另設置何種裝置？
(A) 防止摔落之防護裝置
(B) 緊急停車裝置
(C) 輔助之鏈及鏈環
(D) 與捲揚機操作者連繫之設備

解析 設 §143 雇主對行駛於軌道之載人車輛，應依下列規定：
一、以設置載人專車為原則。
二、應設置人員能安全乘坐之座位及供站立時扶持之把手等。
三、應設置上下車門及安全門。
四、應有限制乘坐之人員數標示。
五、應有防止人員於乘坐或站立時摔落之防護設施。
六、凡藉捲揚裝置捲揚使用於傾斜軌道之車輛，應設搭乘人員與捲揚機操作者連繫之設備。
七、使用於傾斜度超過 30 度之軌道者，應設有預防脫軌之裝置。
八、為防止因鋼索斷裂及超速危險，應設置緊急停車裝置。
九、使用於傾斜軌道者，其車輛間及車輛與鋼索套頭間，除應設置有效之鏈及鏈環外，為防止其斷裂，致車輛脫走之危險，應另設置輔助之鏈及鏈環。

(D) 40. 雇主對行駛於軌道之車輛，凡藉捲揚裝置行駛之車輛，其捲揚鋼索之斷裂荷重之值與所承受最大荷重比之安全係數，載人者應在多少以上？

  (A) 20% 以上，45% 以下 (B) 30% 以上，55% 以下
  (C) 40% 以上，65% 以下 (D) 50% 以上，75% 以下

解析 本題疑似有誤，請參閱
設 §144 雇主對行駛於軌道之車輛，應依下列規定：
一、車輛與車輛之連結，應有確實之連接裝置。
二、凡藉捲揚裝置行駛之車輛，其捲揚鋼索之斷裂荷重之值與所承受最大荷重比之安全係數，載貨者應在 6 以上，載人者應在 10 以上。
設 §146 雇主對於軌道車輛施予煞車制輪之壓力與制動車輪施予軌道壓力之比，在動力煞車者應為 50% 以上，75% 以下；手煞車者應為 20% 以上。

(C) 41. 雇主對於建築物中熔融高熱物之處理設備，該建築物地板面不可積水，是為避免何種災害？

  (A) 水災 (B) 滑倒 (C) 水蒸氣爆炸 (D) 感電

解析 設 §180 雇主對於建築物中熔融高熱物之處理設備，為避免引起水蒸氣爆炸，該建築物應有地板面不積水及可以防止雨水由屋頂、牆壁、窗戶等滲入之構造。

(B) 42. 雇主對於化學設備或其配管存有腐蝕性之危險物或閃火點在攝氏幾度以上之化學物質之部分，為防止爆炸、火災、腐蝕及洩漏之危險，該部分應依危險物、化學物質之種類等，使用不易腐蝕之材料製造？

  (A) 60 (B) 65 (C) 70 (D) 75 度

解析 設 §195 雇主對於化學設備或其配管存有腐蝕性之危險物或閃火點在 65°C 以上之化學物質之部分，為防止爆炸、火災、腐蝕及洩漏之危險，該部分應依危險物、化學物質之種類、溫度、濃度、壓力等，使用不易腐蝕之材料製造或裝設內襯等。

(B) 43. 雇主對於乙炔熔接裝置之乙炔發生器,應有專用之發生器室,並以置於屋外為原則,該室之開口部分應與其他建築物保持幾公尺以上之距離?

(A) 1.0　(B) 1.5　(C) 2.0　(D) 2.5　公尺

解析 設 §204 雇主對於乙炔熔接裝置之乙炔發生器,應有專用之發生器室,並以置於屋外為原則,該室之開口部分應與其他建築物保持 1.5 公尺以上之距離;如置於屋內,該室之上方不得有樓層構造,並應遠離明火或有火花發生之虞之場所。

(D) 44. 雇主使勞工於接近高壓電路或高壓電路支持物從事敷設、檢查、修理、油漆等作業時,為防止勞工接觸高壓電路引起感電之危險,在距離頭上、身側及腳下幾公分以內之高壓電路者,應在該電路設置絕緣用防護裝備?

(A) 30　(B) 40　(C) 50　(D) 60　公分

解析 設 §259 雇主使勞工於接近高壓電路或高壓電路支持物從事敷設、檢查、修理、油漆等作業時,為防止勞工接觸高壓電路引起感電之危險,在距離頭上、身側及腳下 60 公分以內之高壓電路者,應在該電路設置絕緣用防護裝備。但已使該作業勞工戴用絕緣用防護具而無感電之虞者,不在此限。

(A) 45. 雇主對於高煙囪及高度在幾公尺以上並作為危險物品倉庫使用之建築物,均應裝設適當避雷裝置?

(A) 3　(B) 5　(C) 6　(D) 7　公尺

解析 設 §170 雇主對於高煙囪及高度在 3 公尺以上並作為危險物品倉庫使用之建築物,均應裝設適當避雷裝置。

(B) 46. 雇主如設置傾斜路代替樓梯時,規定傾斜路之斜度不得大於幾度,下列何者正確?

(A) 10　(B) 20　(C) 30　(D) 40　度

解析 設§38 雇主如設置傾斜路代替樓梯時，應依下列規定：
一、傾斜路之斜度不得大於20度。
二、傾斜路之表面應以粗糙不滑之材料製造。
三、其他準用前條第一款、第五款、第八款之規定。

(B) 47. 雇主對於傾斜在千分之幾以上之軌道區使用之手推車，應設置有效之煞車？

(A) 5　(B) 10　(C) 15　(D) 20

解析 設§151 雇主對於傾斜在千分之十以上之軌道區使用之手推車，應設置有效之煞車。

(A) 48. 依職業安全衛生設施規則所稱爆炸性物質係指下列何者？

(A) 過醋酸　(B) 硫化磷　(C) 鎂粉　(D) 禁水性物質

解析 設§11 本規則所稱爆炸性物質，指下列危險物：
一、硝化乙二醇、硝化甘油、硝化纖維及其他具有爆炸性質之硝酸酯類。
二、三硝基苯、三硝基甲苯、三硝基酚及其他具有爆炸性質之硝基化合物。
三、過醋酸、過氧化丁酮、過氧化二苯甲醯及其他過氧化有機物。

(C) 49. 雇主為防止電氣災害，應依規定辦理，下列何者錯誤？

(A) 切斷開關應迅速確實
(B) 不得以濕手或濕操作棒操作開關
(C) 遇電氣設備或電路著火者，應用導電之滅火設備
(D) 開關之開閉動作應確實，有鎖扣設備者，應於操作後加鎖

解析 設§276 雇主為防止電氣災害，應依下列規定辦理：
一、對於工廠、供公眾使用之建築物及受電電壓屬高壓以上之用電場所，電力設備之裝設及維護保養，非合格之電氣技術人員不得擔任。

二、為調整電動機械而停電,其開關切斷後,須立即上鎖或掛牌標示並簽章。復電時,應由原掛簽人取下鎖或掛牌後,始可復電,以確保安全。但原掛簽人因故無法執行職務者,雇主應指派適當職務代理人,處理復電、安全控管及聯繫等相關事宜。

三、發電室、變電室或受電室,非工作人員不得任意進入。

四、不得以肩負方式攜帶竹梯、鐵管或塑膠管等過長物體,接近或通過電氣設備。

五、開關之開閉動作應確實,有鎖扣設備者,應於操作後加鎖。

六、拔卸電氣插頭時,應確實自插頭處拉出。

七、切斷開關應迅速確實。

八、不得以濕手或濕操作棒操作開關。

九、非職權範圍,不得擅自操作各項設備。

十、遇電氣設備或電路著火者,應用不導電之滅火設備。

十一、對於廣告、招牌或其他工作物拆掛作業,應事先確認從事作業無感電之虞,始得施作。

十二、對於電氣設備及線路之敷設、建造、掃除、檢查、修理或調整等有導致感電之虞者,應停止送電,並為防止他人誤送電,應採上鎖或設置標示等措施。但採用活線作業及活線接近作業,符合第256條至第263條規定者,不在此限。

(D) 50. 有關乙炔熔接裝置及氣體集合熔接裝置之規定,下列何者正確?

(A) 乙炔發生器室屋頂應具有相當強度
(B) 使用溶解乙炔之氣體集合熔接裝置之配管得使用銅質製品
(C) 作業人員應自行更換乙炔氣體容器
(D) 對於乙炔熔接裝置之乙炔發生器,應有專用之發生器室,如置於屋內該室之上方不得有樓層構造

解析 (A) 錯誤

設 §205 雇主對於乙炔發生器室之構造，應依下列規定：

一、牆壁應以不燃性材料建造，且有相當之強度。

二、室頂應以薄鐵板或不燃性之<u>輕質材料</u>建造。

三、應設置突出於屋頂上之排氣管，其截面積應為地板面積之 1/16 以上，且使排氣良好，並與出入口或其他類似開口保持 1.5 公尺以上之距離。

四、門應以鐵板或不燃性之堅固材料建造。

五、牆壁與乙炔發生器應有適當距離，以免妨礙發生器裝置之操作及添料作業。

(B) 錯誤

設 §213 雇主對於使用溶解乙炔之氣體集合熔接裝置之配管及其附屬器具，<u>不得使用</u>銅質及含銅 70% 以上之銅合金製品。

(C) 錯誤

設 §218 雇主對於使用氣體集合熔接裝置從事金屬之熔接、熔斷或加熱作業時，應選任專人辦理下列事項：…六、會同作業人員更換氣體容器…。

(D) 正確

設 §204 雇主對於乙炔熔接裝置之乙炔發生器，應有專用之發生器室，並以置於屋外為原則，該室之開口部分應與其他建築物保持 1.5 公尺以上之距離；<u>如置於屋內，該室之上方不得有樓層構造</u>，並應遠離明火或有火花發生之虞之場所。

2-6 工業安全工程

2-6-1 交通部國營事業

2-6-1-1 桃機公司 106 年新進職員甄試試題 工業安全工程

(B) 1. 檢查沒預定的期限為

(A) 定期　(B) 臨時　(C) 經常性　(D) 不定期檢查。

解析 沒預定→臨時。

(C) 2. 消除不安全的狀況及行為所採用 4E 對策係指工程、教育、熱忱外，還包括

(A) 盡力　(B) 永恆　(C) 執行　(D) 宣傳。

解析 4E：工程 Engineering、教育 Education、執行 Enforcement、熱忱 Enthusiasm。

(C) 3. 實施安全檢查的最佳時機是

(A) 即將發生危害事故時

(B) 已經發生事故但尚無人員傷亡時

(C) 每天開始工作之後

(D) 工廠休假停工時。

解析 筆者認為實施安全檢查的最佳時機應該是每天開始工作前，但這題是考古題，還是請各位乖乖選 C。

(B) 4. 工廠中指定某些工人或領班每天負責巡視指定範圍內的安全事項，此種作法屬於

(A) 自動檢查　　　　(B) 經常檢查
(C) 特別檢查　　　　(D) 定期檢查之一部分。

解析 考古題

(D) 5. 機器之傳動部位如齒輪、皮帶輪、鏈輪、滾輪等,一般以:
(A) 工件　(B) 欄杆　(C) 木板　(D) 護罩　加以防護。

解析 請參考設 §43.1 雇主對於機械之原動機、轉軸、齒輪、帶輪、飛輪、傳動輪、傳動帶等有危害勞工之虞之部分,應有護罩、護圍、套胴、跨橋等設備。

(A) 6. 保險絲最大容量約等於導線安全電源的
(A) 1.5～2 倍　　　(B) 2～3 倍
(C) 3～5 倍　　　(D) 5～8 倍。

解析 IEC 規範保險絲的最大不熔斷電流是 150% In（額定電流）。

(C) 7. 會引起昏迷的電流值約為
(A) 1　(B) 10　(C) 30　(D) 40mA。

解析 本題未述明為直流電或交流電,如為交流電亦 Hz 數不明,且受電者性別亦未知,條件不足的情形,這題答案只能背起來。

(A) 8. 最好的防塵口罩,粉塵捕集率高達
(A) 99%　(B) 95%　(C) 85%　(D) 80% 以上。

解析 粉塵捕集率愈高,防塵效果愈好。

(A) 9. 焊接等工作,保護身體隔絕有害光線的防護器材是
(A) 皮衣　(B) 石棉衣　(C) 防火衣　(D) 面罩

解析 【第 9 題維持原答案 A】題目問的是身體,所以答案選 A。

(C) 10. 噪音嚴重會導致
(A) 耳鳴　(B) 耳垢　(C) 耳聾　(D) 耳洞。

解析 噪音影響聽力,嚴重會導致耳聾。

(B) 11. 成人第二度以上灼傷，超過全身表面積的

(A) 20%　(B) 40%　(C) 60%　(D) 80%　就有生命的危險。

解析 考古題

(B) 12. 有水泡產生為

(A) 第一度　(B) 第二度　(C) 第三度　(D) 第四度　灼傷。

解析

		表皮淺層	皮膚發紅、腫脹、有明顯觸痛感	約 3-5 天即可癒合，無疤痕
第一度燒傷				
第二度燒傷	淺二度	表皮層與真皮表層	皮膚紅腫、起水泡，有劇烈疼痛及灼熱感	約 14 天內即可癒合，會留下輕微疤痕或無疤痕
	深二度	表皮層與真皮深層	皮膚呈淺紅色，起白色大水泡，較不感覺疼痛	約 21 天以上可癒合，會留下明顯疤痕，需儘早植皮治療，避免感染
第三度燒傷		全層皮膚	皮膚呈焦黑色，乾硬如皮革，或為蒼白色，色素細胞與神經皆遭破壞，疼痛消失	須依賴植皮治療，無法自行癒合，會留下肥厚性疤痕，造成功能上的障礙
第四度燒傷		全層皮膚、皮下組織、肌肉、骨骼	皮下脂肪、肌肉、神經、骨骼等組織壞死，呈焦炭狀	須依賴皮瓣補植治療、電療等特殊醫療，部份需截肢

(D) 13. 一般成人血液約有

(A) 1000　(B) 2000　(C) 3000　(D) 5000　C.C.。

解析 一個健康的成年人，全身血量大約是體重的 1/13。

(B) 14. 開闢防火巷為

(A) 冷卻法　(B) 隔離法　(C) 窒息法　(D) 遙控法滅火。

解析 物質要發生燃燒,需要具備可燃物、氧(空氣)、熱能(溫度)及連鎖反應。此稱為燃燒之四面體。四者缺其一,燃燒即無法發生,即使發生亦無法持續。滅火方法可分為以下四種:

一、窒息法:將氧氣自外部加以遮斷,阻絕可燃物與空氣接觸之方法。可分為:
   (一) 不燃性氣體覆蓋法:將不燃性氣體(二氧化碳或氮氣)朝可燃物傾注,阻絕可燃物與氧氣接觸。
   (二) 不燃性泡沫滅火法:因泡沫與燃燒物混合的情況下,泡沫所含之水份會因熱而蒸發為水蒸氣,而泡沫本身會遮斷空氣供應,達到阻絕效果。
   (三) 不燃性固體覆蓋法:燃燒面積若不大時,可使用沙、土、等不燃性固體覆蓋之,阻絕其與空氣之接觸,達到滅火效果。

二、冷卻滅火法:利用滅火藥劑之冷卻效果,以降低燃燒溫度,達到滅火效果,通常以水為最經濟實用之滅火藥劑。

三、除去滅火法(隔離法):乃將燃燒物由火源中移除,減低燃燒面積之滅火方法。開闢防火巷屬之。

四、抑制連鎖反應法:利用化學藥劑於火焰中產生鹵素(或鹼金屬)離子,奪取燃燒機構之氫離子或氧離子,阻礙連鎖反應。

(C) 15. 空氣中氧的含量約為

(A) 15%　(B) 18%　(C) 21%　(D) 25%。

解析 空氣主要由 78% 的氮氣、21% 氧氣、還有 1% 的稀有氣體組成。

(D) 16. 外傷的急救方法:

(A) 應使傷者靜臥　　　(B) 舉起受傷的四肢
(C) 傷口用清潔的布壓住　(D) 以上皆是

解析 外傷的急救方法包括使傷者靜臥、抬高受傷者的四肢、以清潔或消毒的紗布止血、先行消毒傷口四周的皮膚,盡快送醫,避免傷口細菌感染。

(C) 17. 下列何者有毒

(A) 氧　(B) 氮　(C) 一氧化碳　(D) 二氧化碳。

解析 一氧化碳中毒主要原因是燃料在氧氣不足的環境燃燒，導致產生無色無味的有毒一氧化碳氣體，吸入人體中造成中毒現象。中毒機轉是一氧化碳與血紅蛋白的親合力比氧氣高出 200～300 倍，所以一氧化碳極易與血紅蛋白結合，形成碳氧血紅蛋白，使血紅蛋白喪失攜氧的能力和作用，造成組織窒息。

(A) 18. 待修之機器設備應以

(A) 藍色　(B) 黃色　(C) 橙色　(D) 綠色　標示。

解析 工業安全衛生標示之顏色，應依照中國國家標準（CNS 9328 Z1024）安全用顏色通則使用，以提示作業環境的危險狀態。其區分如下：

1. 紅色：危險、禁止、停止與消防設備。
2. 橙色：危險之活動設備，如航空與船舶設施等。
3. 黃色：注意、警告。
4. 綠色：安全、急救與衛生設備。
5. 藍色：注意、限制。
6. 紫色：放射危險。
7. 黑色與白色：指示。

依職業安全衛生設施規則第 254 條之規定：雇主對於電路開路後從事該電路、該電路支持物、或接近該電路工作物之敷設、建造、檢查、修理、油漆等作業時，應於確認電路開路後，就該電路採取下列設施：…四、前款停電作業範圍如為發電或變電設備或開關場之一部分時，應將該停電作業範圍以藍帶或網加圍，並懸掛「停電作業區」標誌；有電部分則以紅帶或網加圍，並懸掛「有電危險區」標誌，以資警示。

綜此，較符合的答案為藍色。

(D) 19. 高溫、高壓電、危險物體應以漆有

(A) 黃色　(B) 綠色
(C) 橙色　(D) 紅色　的三角警告標示符號表示。

解析 同上題

(D) 20. 容易燃燒或容易爆炸的液體應該存放在

(A) 玻璃　(B) 塑膠　(C) 銅質　(D) 鐵質　容器中。

解析 此題筆者認為有爭議，依照勞研所訂定「小型可燃及易燃性物質容器之火災預防技術」略以，儲存容器之材料通常為塑膠、玻璃或不銹鋼製品。

(C) 21. 由汽油、溶劑、油脂等引發的火災，一般使用

(A) 大量的水　　　　(B) 泡沫滅火器
(C) 乾粉滅火器　　　(D) 二氧化碳滅火器　滅火。

解析 本題屬 B 類火災，選項 A 一定錯，事實上選項 B、C、D 都有滅火效果，考量題目敘明為一般使用，最常見者仍為乾粉滅火器，故選 C。

(C) 22. 工業安全衛生教育的目的是防止

(A) 天然災害　　　(B) 交通事故
(C) 職業傷害　　　(D) 社會糾紛。

解析 職安法第一條開宗明義，為防止職業災害，保障工作者安全及健康，特制定本法。

(C) 23. 設置局部排氣裝置，可將下列哪種危害加以排除

(A) 紅外線　(B) 紫外線　(C) 有機蒸氣　(D) 微波。

解析 A、B、D 為非游離輻射，無法藉由局部排氣裝置排除。

(A) 24. 安全管理員的工作包括

(A) 檢查各種安全措施　(B) 負責管理工具室
(C) 整理材料及資料　　(D) 檢查水電設備。

解析 安全措施之檢點是安全管理員之工作。

(A) 25. 下列何者不屬於移動式機械所帶來的危害

(A) 飛擊　(B) 撞擊　(C) 擠壓　(D) 切割。

解析 題意不明，筆者以為題目問的是移動式起重機或車輛系營建機械，答案應選 D。

(C) 26. 利用止血帶止血時，須每隔

(A) 五　(B) 十　(C) 十五　(D) 三十分鐘　緩解一次，以便血液循環患肢。

解析 本題答案似有爭議，考古題答案為 15 分鐘緩解一次，但筆者查詢部分資料，亦有每隔 30 分鐘緩解一次的說法，考官可自行斟酌。

(B) 27. 梯子放置時，其水平角度以多少度為原則？

(A) 85　(B) 75　(C) 65　(D) 55。

解析 設 §230.1 雇主對於使用之合梯，應符合下列規定：
一、具有堅固之構造。
二、其材質不得有顯著之損傷、腐蝕等。
三、梯腳與地面之角度應在 75 度以內，且兩梯腳間有金屬等硬質繫材扣牢，腳部有防滑絕緣腳座套。
四、有安全之防滑梯面。

(A) 28. 在狹窄工作地區，如有乙炔氣洩漏，在電銲施工時會引起

(A) 爆炸　　　　　　(B) 通風不良
(C) 銲道外觀不良　　(D) 銲道氣孔。

解析 乙炔氣屬易燃易爆氣體，如遇電銲火花可能產生爆炸。

(B) 29. 發現有人觸電時必須

(A) 用手將人拉離電源　(B) 立刻切斷電源
(C) 報告上級　　　　　(D) 叫救護車。

解析 第一時間救人要緊，但不可徒手接觸感電者，以免自身感電，所以最好的方式除了切斷電源，以絕緣物質（例如：木棒）撥開感電者也是一個方式。

(C) 30. 電動工具設備上之接地線，常用之顏色為

(A) 紅色　(B) 黑色　(C) 綠色　(D) 白色。

解析 接地線通常為綠色。

(A) 31. C.N.S. 係指

(A) 中國國家標準　　　　(B) 日本國家標準
(C) 美國國家標準　　　　(D) 英國國家標準。

解析 C.N.S 為我國國家標準，目前正式名稱係國家標準，已經刪除中國二字。

(B) 32. 導線之安全電流與周圍溫度成

(A) 正比　(B) 反比　(C) 平方正比　(D) 平方反比。

解析 導線之安全容量與周圍溫度成反比，溫度愈高線路散熱不易，會造成導線安培容量降低。

(D) 33. 油布應放置於

(A) 總開關箱　(B) 牆角　(C) 油桶　(D) 油布收集桶內。

解析 油布如隨意棄置，恐因油氣蓄積，導致火災。

(D) 34. 靜脈之出血特徵為

(A) 呈線狀噴射出血　　　(B) 血色鮮紅
(C) 出血不易閉止　　　　(D) 血色暗紅。

解析 各位考官看一下自己的手臂就知道了，動脈血鮮紅、靜脈血暗紅。

(D) 35. 氧氣瓶在使用或搬運中應

(A) 側放　(B) 懸放　(C) 橫放　(D) 直立。

解析 設§107 雇主搬運儲存高壓氣體之容器，不論盛裝或空容器，應依下列規定辦理：
一、溫度保持在攝氏40度以下。

二、場內移動儘量使用專用手推車等,務求安穩直立。
三、以手移動容器,應確知護蓋旋緊後,方直立移動。
四、容器吊起搬運不得直接用電磁鐵、吊鏈、繩子等直接吊運。
五、容器裝車或卸車,應確知護蓋旋緊後才進行,卸車時必須使用緩衝板或輪胎。
六、儘量避免與其他氣體混載,非混載不可時,應將容器之頭尾反方向置放或隔置相當間隔。
七、載運可燃性氣體時,要置備滅火器;載運毒性氣體時,要置備吸收劑、中和劑、防毒面具等。
八、盛裝容器之載運車輛,應有警戒標誌。
九、運送中遇有漏氣,應檢查漏出部位,給予適當處理。
十、搬運中發現溫度異常高昇時,應立即灑水冷卻,必要時,並應通知原製造廠協助處理。

(A) 36. 操作機械最容易引起受傷的是

(A) 作用點　(B) 起動點　(C) 支撐點　(D) 固定點。

解析 例如衝床,在合模時(作用點)最容易導致操作人員手指截斷。

(A) 37. 銲接工作時,保護身體並隔絕有害光線的防護器材是

(A) 皮衣　(B) 石棉衣　(C) 防火衣　(D) 棉衣。

解析【第37題維持原答案 A】
參考勞動部 Facebook 資訊,保護身體應該是防焊防護衣。

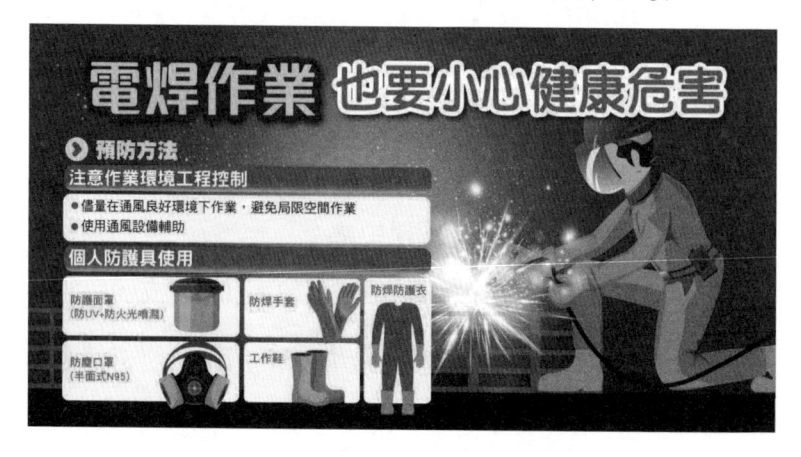

(D) 38. 用以防止人體進入機器內部,避免傷害事故發生之防護法是屬於

(A) 機內防護法　(B) 自動法　(C) 聯鎖法　(D) 護罩法。

解析 參考 設 §43.1 雇主對於機械之原動機、轉軸、齒輪、帶輪、飛輪、傳動輪、傳動帶等有危害勞工之虞之部分,應有護罩、護圍、套胴、跨橋等設備。

(A) 39. 改善操作程序或進、出料方式來達到防護目的是

(A) 操作法　(B) 聯鎖法　(C) 自動法　(D) 護罩法。

解析 以去錯法解答,選 A。
B. 聯鎖法:一器具與另一器具或機構,相互連鎖動作以操控後續作業。
C. 自動法:自動法的原則是當機器操作,如兩手尚在機器危險區域內,則機器同時有一種將手推開或拉開之自動動作。
D. 護罩法:以護罩防止人體與機械運轉部位直接接觸。

(B) 40. B 雙手控制按鈕方能起動機器的防護設施屬於

(A) 聯鎖法　(B) 操作法　(C) 自動法　(D) 機外防護法。

解析 可參考 機安 §10 雙手操作式安全裝置應符合之規定

(D) 41. 目前國內電源系統的頻率為

(A) 50HZ　(B) 120HZ　(C) 100HZ　(D) 60HZ。

解析 家用電 110V, 60Hz。

(C) 42. 安全鞋應有承受多少公斤的靜止壓力

(A) 500 公斤　　　　　(B) 750 公斤
(C) 1000 公斤　　　　 (D) 1250 公斤。

解析 【第 42 題維持原答案 C】
筆者從 CNS 相關規定查詢,並未有「靜止壓力」相關規定。本題是考古題,請考生還是參考這個答案吧。

(B) 43. 在工業安全中,所謂可燃性氣體是指與空氣混合時之爆炸限度的最低值在多少百分比以下者?

(A) 1　(B) 10　(C) 15　(D) 20。

解析 高壓 §4 本規則所稱可燃性氣體,係指丙烯、丙烯醛、乙炔、乙醛、氨、一氧化碳、乙烷、乙胺、乙苯、乙烯、氯乙烷、氯甲烷、氯乙烯、環氧乙烷、環氧丙烷、氰化氫、環氧氯、二甲胺、氫、三甲胺、二硫化碳、丁二烯、丁烷、丁烯、丙烷、丙烯、溴甲烷、苯、甲烷、甲胺、二甲醚、硫化氫及其他爆炸下限在 10% 以下或爆炸上限與下限之差在 20% 以上之氣體。

(A) 44. 使用鏈條吊運物品,當鏈環的斷面直徑減少超過製造時的

(A) 10%　(B) 12%　(C) 15%　(D) 20% 不准使用。

解析 設 §98 雇主不得以下列任何一種情況之吊鏈作為起重升降機具之吊掛用具:

一、延伸長度超過 5% 以上者。

二、斷面直徑減少 10% 以上者。

三、有龜裂者。

(B) 45. 固定型起重機基於安全理由申請安全定期檢查,其檢查合格有效期限最為

(A) 1 年　(B) 2 年　(C) 3 年　(D) 4 年。

解析 危機 §18.1 檢查機構對定期檢查合格之固定式起重機,應於原檢查合格證上簽署,註明使用有效期限,最長為 2 年。

(B) 46. 下列何物會與血紅素結合,而引起組職缺氧

(A) 二氧化碳　(B) 一氧化碳　(C) 氰化氫　(D) 硫化氫。

解析 一氧化碳與血紅蛋白的親和力比氧氣高非常多,所以一氧化碳極易與血紅蛋白結合,形成碳氧血紅蛋白,使血紅蛋白喪失攜帶氧氣的能力,造成組織窒息。

(A) 47. 雇主不得使勞工從事製造或使用下列何種物質？

  (A) 甲類物質 (B) 乙類物質
  (C) 丙類物質 (D) 丁類物質。

解析 特化§7.1 雇主不得使勞工從事製造、處置或使用甲類物質。

(D) 48. 進行通風換氣之目的為何？

  (A) 維持工作場所空氣的品質並提升工作效率
  (B) 防止火災、爆炸等安全問題
  (C) 防止缺氧、中毒等健康問題
  (D) 以上皆是。

解析 通風換氣乃導入新鮮空氣於作業場所，其目的：
A. 可以降低作業場所二氧化碳濃度。
B. 稀釋可燃物濃度避免火災爆炸。
C. 提供氧氣並稀釋有害物濃度，防止缺氧中毒。

(C) 49. 以台灣的氣候來講維持工作場所舒適的濕度為

  (A) 10~30% RH (B) 30~40% RH
  (C) 第 40~70% RH (D) 80~90% RH。

解析 對人體而言，最舒適的濕度約為 50% 到 60% 之間，最低不應低於 30%。在台灣，相對濕度大多在 70% 以上，甚至會到 80%。當外界濕度太高，人的排汗就不順暢，容易悶熱；濕度太低，則空氣太過乾燥，對於敏感性肌膚容易皸裂。

(D) 50. 第二種有機溶劑或其混存物作業場所每分鐘所需之換氣量為作業時間內一小時之有機溶劑或其混存物之消費量與下列何者之乘以下列何者？

  (A) 0.01 (B) 0.02 (C) 0.03 (D) 0.04。

解析 第一種有機溶劑或其混存物	每分鐘換氣量＝作業時間內一小時之有機溶劑或其混存物之消費量 ×0.3

第二種有機溶劑或其混存物	每分鐘換氣量＝作業時間內一小時之有機溶劑或其混存物之消費量 ×0.04
第三種有機溶劑或其混存物	每分鐘換氣量＝作業時間內一小時之有機溶劑或其混存物之消費量 ×0.01

2-6-1-2 交通部漢翔公司108年新進職員甄試試題 工業安全工程與衛生概論

第一部分：【第1-40題，每題1.5分，占60分】

(C) 1. 雇主依法應實施之自動檢查種類，下列何者非其主要項目？
(A) 機械之定期檢查　　(B) 機械、設備之重點檢查
(C) 健康檢查　　　　　(D) 機械、設備之作業檢點

解析 請參考職業安全衛生管理辦法 第四章自動檢查
第一節 機械之定期檢查 §13
第二節 設備之定期檢查 §27
第三節 機械、設備之重點檢查 §45
第四節 機械、設備之作業檢點 §50
第五節 作業檢點 §64
第六節 自動檢查紀錄及必要措施 §79

(C) 2. 依職業安全衛生管理辦法規定，事業單位依危害風險等級之不同，總共區分為幾類？
(A) 1　(B) 2　(C) 3　(D) 4

解析 管辦 §2.1 本辦法之事業，依危害風險之不同區分如下：
一、第一類事業：具顯著風險者。
二、第二類事業：具中度風險者。
三、第三類事業：具低度風險者。

(A) 3. 事業單位須僱用多少位勞工以上才需實施自動檢查？

(A) 無規定　(B) 30 人以上　(C) 60 人以上　(D) 100 人以上

解析 管辦 第四章自動檢查並未規定事業單位之適用規模。

(A) 4. 雇主對在職勞工，應依規定期實施一般健康檢查，下列何者錯誤？

(A) 年滿 65 歲者，每半年檢查一次
(B) 40 歲以上未滿 65 歲者，每 3 年檢查一次
(C) 未滿 40 歲者，每 5 年檢查一次
(D) 雇主使勞工從事特別危害健康作業，應定期或於變更其作業時，實施特殊健康檢查

解析 健 §17.1 雇主對在職勞工，應依下列規定，定期實施一般健康檢查：
一、年滿 65 歲者，每年檢查 1 次。
二、40 歲以上未滿 65 歲者，每 3 年檢查 1 次。
三、未滿 40 歲者，每 5 年檢查 1 次。
健 §18.1 雇主使勞工從事第 2 條規定之特別危害健康作業，應每年或於變更其作業時，依第 16 條附表十所定項目，實施特殊健康檢查。

(A) 5. 下列何者非屬應接受有害作業主管安全衛生教育訓練之主管？

(A) 噪音作業主管　　　　(B) 有機溶劑作業主管
(C) 鉛作業主管　　　　　(D) 四烷基鉛作業主管

解析 教 §11.1 雇主對擔任下列作業主管之勞工，應於事前使其接受有害作業主管之安全衛生教育訓練：
一、有機溶劑作業主管。
二、鉛作業主管。
三、四烷基鉛作業主管。
四、缺氧作業主管。
五、特定化學物質作業主管。
六、粉塵作業主管。

七、高壓室內作業主管。

八、潛水作業主管。

九、其他經中央主管機關指定之人員。

(A) 6. 下列有關勞工教育訓練之敘述，何者正確？

(A) 雇主對新僱勞工或在職勞工於變更工作前，應使其接受適於各該工作必要之一般安全衛生教育訓練

(B) 臨時工因無一定雇主，因此雇主得無須使其接受安全衛生教育訓練

(C) 安全衛生教育訓練口頭告知有盡到責任就好，無須留存資料

(D) 一般勞工安全衛生在職教育訓練每 3 年至少 6 小時

解析 (A) 教 §17.1 雇主對新僱勞工或在職勞工於變更工作前，應使其接受適於各該工作必要之一般安全衛生教育訓練。但其工作環境、工作性質與變更前相當者，不在此限。

(B) 教 §17.2，無一定雇主之勞工及其他受工作場所負責人指揮或監督從事勞動之人員，應接受前項安全衛生教育訓練。

(C) 教 §31.1 訓練單位辦理第 17 條及第 18 條之教育訓練，應將包括訓練教材、課程表相關之訓練計畫、受訓人員名冊、簽到紀錄、課程內容等實施資料保存 3 年。

(D) 教 §18、§19

教 §18.1. 第 X 款	教育訓練名稱	安全衛生在職教育訓練時數
1	職業安全衛生業務主管	6 hr/2 年
2	職業安全衛生管理人員（職業安全管理師、職業衛生管理師、職業安全衛生管理員）	12 hr/2 年
3	勞工健康服務護理人員及勞工健康服務相關人員	12 hr/**3** 年
4	勞工作業環境監測人員	6 hr/3 年
5	施工安全評估人員及製程安全評估人員	

教 §18.1. 第 X 款	教育訓練名稱	安全衛生在職教育訓練時數
6	高壓氣體作業主管： 一、高壓氣體製造安全主任。 二、高壓氣體製造安全作業主管。 三、高壓氣體供應及消費作業主管。 營造作業主管： 一、擋土支撐作業主管。 二、露天開挖作業主管。 三、模板支撐作業主管。 四、隧道等挖掘作業主管。 五、隧道等襯砌作業主管。 六、施工架組配作業主管。 七、鋼構組配作業主管。 八、屋頂作業主管。 九、其他經中央主管機關指定之人員。 有害作業主管： 一、有機溶劑作業主管。 二、鉛作業主管。 三、四烷基鉛作業主管。 四、缺氧作業主管。 五、特定化學物質作業主管。 六、粉塵作業主管。 七、高壓室內作業主管。 八、潛水作業主管。 九、其他經中央主管機關指定之人員。	6 hr/3 年
7	具有危險性之機械及設備操作人員： 一、鍋爐操作人員。 二、第一種壓力容器操作人員。 三、高壓氣體特定設備操作人員。 四、高壓氣體容器操作人員。 五、其他經中央主管機關指定之人員。	**3 hr/3 年**
8	特殊作業人員： 一、小型鍋爐操作人員。 二、荷重在 1 公噸以上之堆高機操作人員。 三、吊升荷重在 0.5 公噸以上未滿 3 公噸之固定式起重機操作人員或吊升荷重未滿 1 公噸之斯達卡式起重機操作人員。	**3 hr/3 年**

教§18.1.第X款	教育訓練名稱	安全衛生在職教育訓練時數
8	四、吊升荷重在0.5公噸以上未滿3公噸之移動式起重機操作人員。 五、吊升荷重在0.5公噸以上未滿3公噸之人字臂起重桿操作人員。 六、高空工作車操作人員。 七、使用起重機具從事吊掛作業人員。 八、以乙炔熔接裝置或氣體集合熔接裝置從事金屬之熔接、切斷或加熱作業人員。 九、火藥爆破作業人員。 十、胸高直徑70公分以上之伐木作業人員。 十一、機械集材運材作業人員。 十二、高壓室內作業人員。 十三、潛水作業人員。 十四、油輪清艙作業人員。 十五、其他經中央主管機關指定之人員。	3 hr/3 年
9	急救人員	
10	各級管理、指揮、監督之業務主管	
11	職業安全衛生委員會成員	
12	下列作業之人員： (一) 營造作業。 (二) 車輛系營建機械作業。 (三) 起重機具吊掛搭乘設備作業。 (四) 缺氧作業。 (五) 局限空間作業。 (六) 氧乙炔熔接裝置作業。 (七) 製造、處置或使用危害性化學品作業。	3 hr/3 年
13	前述各款以外之一般勞工	
14	其他經中央主管機關指定之人員	

(C) 7. 工作場所有立即發生危險之虞時，下列措施何者錯誤？
(A) 雇主或工作場所負責人應即令停止作業，並使勞工退避至安全場所
(B) 勞工得在不危及其他工作者安全情形下，自行停止作業及退避至安全場所，並立即向直屬主管報告
(C) 雇主對勞工自行停止作業及退避至安全場所，得予以解僱、調職
(D) 雇主若證明勞工濫用停止作業權，經報主管機關認定，並符合勞動法令規定者得予以解僱、調職

解析 職安§18 工作場所有立即發生危險之虞時，雇主或工作場所負責人應即令停止作業，並使勞工退避至安全場所。

勞工執行職務發現有立即發生危險之虞時，得在不危及其他工作者安全情形下，自行停止作業及退避至安全場所，並立即向直屬主管報告。

雇主不得對前項勞工予以解僱、調職、不給付停止作業期間工資或其他不利之處分。但雇主證明勞工濫用停止作業權，經報主管機關認定，並符合勞動法令規定者，不在此限。

(B) 8. 事業單位以其事業招人承攬時，其承攬人就承攬部分負雇主之責任，原事業單位就職業災害補償部分之責任為何？
(A) 事業已交付承攬，即無須負擔責任
(B) 仍應與承攬人負連帶責任
(C) 再承攬者無須再負擔責任
(D) 依承攬契約決定責任

解析 職安§25.1 事業單位以其事業招人承攬時，其承攬人就承攬部分負本法所定雇主之責任；原事業單位就職業災害補償仍應與承攬人負連帶責任。再承攬者亦同。

(B) 9. 雇主使勞工於夏季期間從事戶外作業,為防範高氣溫環境引起之熱疾病,下列何者非屬必要之危害預防措施?

(A) 提供陰涼之休息場所
(B) 播放音樂使勞工心情愉悅
(C) 提供適當之飲料或食鹽水
(D) 調整作業時間

解析 設 §324-6 雇主使勞工從事戶外作業,為防範環境引起之熱疾病,應視天候狀況採取下列危害預防措施:
一、降低作業場所之溫度。
二、提供陰涼之休息場所。
三、提供適當之飲料或食鹽水。
四、調整作業時間。
五、增加作業場所巡視之頻率。
六、實施健康管理及適當安排工作。
七、採取勞工熱適應相關措施。
八、留意勞工作業前及作業中之健康狀況。
九、實施勞工熱疾病預防相關教育宣導。
十、建立緊急醫療、通報及應變處理機制。

(D) 10. 依據執行職務遭受不法侵害預防指引,下列何者不是執行職務遭受不法侵害之預防措施?

(A) 辨識及評估危害　　(B) 建構行為規範
(C) 適當配置作業場所　(D) 實施驗證

解析 設 §324-3.1 雇主為預防勞工於執行職務,因他人行為致遭受身體或精神上不法侵害,應採取下列暴力預防措施,作成執行紀錄並留存 3 年:
一、辨識及評估危害。
二、適當配置作業場所。
三、依工作適性適當調整人力。
四、建構行為規範。
五、辦理危害預防及溝通技巧訓練。

六、建立事件之處理程序。
七、執行成效之評估及改善。
八、其他有關安全衛生事項。

(A) 11. 下列何者非屬職業安全衛生管理計畫應包含之事項？
(A) 工作安全及衛生標準
(B) 採購管理、承攬管理及變更管理
(C) 健康檢查、管理及促進
(D) 機械、設備或器具之管理

解析 安細§31 本法第 23 條第 1 項所定職業安全衛生管理計畫，包括下列事項：
一、工作環境或作業危害之辨識、評估及控制。
二、機械、設備或器具之管理。
三、危害性化學品之分類、標示、通識及管理。
四、有害作業環境之採樣策略規劃及監測。
五、危險性工作場所之製程或施工安全評估。
六、採購管理、承攬管理及變更管理。
七、安全衛生作業標準。
八、定期檢查、重點檢查、作業檢點及現場巡視。
九、安全衛生教育訓練。
十、個人防護具之管理。
十一、健康檢查、管理及促進。
十二、安全衛生資訊之蒐集、分享及運用。
十三、緊急應變措施。
十四、職業災害、虛驚事故、影響身心健康事件之調查處理及統計分析。
十五、安全衛生管理紀錄及績效評估措施。
十六、其他安全衛生管理措施。

(C) 12. 有關危害性化學品之安全資料表,下列何者非屬必要之記載?

(A) 化學品名稱
(B) 製造商或供應商基本資料
(C) 危害物質存放處所及數量
(D) 緊急處理

解析 安全資料表應列內容項目:
一、化學品與廠商資料
二、危害辨識資料
三、成分辨識資料
四、急救措施
五、滅火措施
六、洩漏處理方法
七、安全處置與儲存方法
八、暴露預防措施
九、物理及化學性質
十、安定性及反應性
十一、毒性資料
十二、生態資料
十三、廢棄處置方法
十四、運送資料
十五、法規資料
十六、其他資料

(A) 13. 雇主對於堆積於倉庫、露存場等之物料集合體之物料積垛作業,如作業地點高差達多少公尺以上時,應有安全上下設備?

(A) 1.5　(B) 2　(C) 2.5　(D) 3

解析 設§161 雇主對於堆積於倉庫、露存場等之物料集合體之物料積垛作業,應依下列規定:

一、如作業地點高差在 1.5 公尺以上時,應設置使從事作業之勞工能安全上下之設備。但如使用該積垛即能安全上下者,不在此限。

二、作業地點高差在 2.5 公尺以上時,除前款規定外,並應指定專人採取下列措施:

(一) 決定作業方法及順序,並指揮作業。

(二) 檢點工具、器具,並除去不良品。

(三) 應指示通行於該作業場所之勞工有關安全事項。

(四) 從事拆垛時,應確認積垛確無倒塌之危險後,始得指示作業。

(五) 其他監督作業情形。

(C) 14. 雇主對含有危害性化學品,應提供勞工安全資料表,有關安全資料表須多久適時更新檢討一次?

(A) 1 年　(B) 2 年　(C) 3 年　(D) 5 年

解析 危標 §15 製造者、輸入者、供應者或雇主,應依實際狀況檢討安全資料表內容之正確性,適時更新,並至少每 3 年檢討 1 次。前項安全資料表更新之內容、日期、版次等更新紀錄,應保存 3 年。

(B) 15. 雇主對於使用對地電壓在 150 伏特以上移動式或攜帶式電動機具,或於含水或被其他導電度高之液體濕潤之潮濕場所、金屬板上或鋼架上等導電性良好場所使用移動式或攜帶式電動機具,為防止因漏電而生感電危害,應於各該電動機具之連接電路上設置下列何者?

(A) 自動電擊防止裝置　　(B) 漏電斷路器
(C) 無熔絲開關　　　　　(D) 安全閥

解析 設 §243 雇主為避免漏電而發生感電危害,應依下列狀況,於各該電動機具設備之連接電路上設置適合其規格,具有高敏感度、高速型,能確實動作之防止感電用漏電斷路器:

一、使用對地電壓在 150 伏特以上移動式或攜帶式電動機具。

二、於含水或被其他導電度高之液體濕潤之潮濕場所、金屬板上或鋼架上等導電性良好場所使用移動式或攜帶式電動機具。
三、於建築或工程作業使用之臨時用電設備。

(D) 16. 若事業單位發生職業災害，其調查之原因分析不包括下列哪一項？

(A) 直接原因　　　　　(B) 基本原因
(C) 間接原因　　　　　(D) 相乘原因

解析 職業災害調查原因分析包括：
一、直接原因：與人體直接接觸之能量或危害物。
二、間接原因：
　（一）不安全行為：例如在工作中開玩笑、不遵守安全衛生工作守則等。
　（二）不安全環境：例如開口無防護、通風不良等。
三、基本原因：指行政管理缺陷，例如未訂定安全衛生工作守則、未實施必要之安全衛生教育訓練等。

(B) 17. 個人防護具未使用時不應該如何存放？

(A) 通風良好處　　　　(B) 日曬處
(C) 保持乾淨、清潔　　(D) 保持乾燥

解析 日曬可能導致個人防護具龜裂變質。

(D) 18. 不當之姿勢從事重複性作業，屬於何種危害？

(A) 物理性危害　　　　(B) 生物性危害
(C) 心理性危害　　　　(D) 人因性危害

解析 重複性作業屬人因性危害，參考設 §324-1.1 雇主使勞工從事<u>重複性之作業</u>，為避免勞工因姿勢不良、過度施力及作業頻率過高等原因，促發肌肉骨骼疾病，應採取下列危害預防措施，作成執行紀錄並留存 3 年：
一、分析作業流程、內容及動作。
二、確認<u>人因性危害</u>因子。
三、評估、選定改善方法及執行。

四、執行成效之評估及改善。

五、其他有關安全衛生事項。

(A) 19. 下列針對職業安全衛生組織、人員、工作場所負責人及各級主管之職責之敘述，何者正確？

(A) 職業安全衛生管理單位為擬訂、規劃、督導及推動安全衛生管理事項，並指導有關部門實施

(B) 職業安全衛生委員依職權指揮、監督所屬執行安全衛生管理事項，並協調及指導有關人員實施

(C) 職業安全（衛生）管理師、職業安全衛生管理員為針對雇主擬訂之安全衛生政策提出建議，並審議、協調及建議安全衛生相關事項

(D) 工作場所負責人及各級主管職責為擬訂之安全衛生政策提出建議，並審議、協調及建議安全衛生相關事項

解析 (A) 正確。

(B) 應為工作場所負責人及各級主管之職責。

(C)(D) 應為職業安全衛生委員會。

管辦 §5-1.1 職業安全衛生組織、人員、工作場所負責人及各級主管之職責如下：

一、職業安全衛生管理單位：擬訂、規劃、督導及推動安全衛生管理事項，並指導有關部門實施。

二、職業安全衛生委員會：對雇主擬訂之安全衛生政策提出建議，並審議、協調及建議安全衛生相關事項。

三、未置有職業安全（衛生）管理師、職業安全衛生管理員事業單位之職業安全衛生業務主管：擬訂、規劃及推動安全衛生管理事項。

四、置有職業安全（衛生）管理師、職業安全衛生管理員事業單位之職業安全衛生業務主管：主管及督導安全衛生管理事項。

五、職業安全（衛生）管理師、職業安全衛生管理員：擬訂、規劃及推動安全衛生管理事項，並指導有關部門實施。

六、工作場所負責人及各級主管：依職權指揮、監督所屬執行安全衛生管理事項，並協調及指導有關人員實施。

七、一級單位之職業安全衛生人員：協助一級單位主管擬訂、規劃及推動所屬部門安全衛生管理事項，並指導有關人員實施。

(A) 20. 職業安全衛生人員因故未能執行職務時，雇主指定適當之代理人，其須符合之規定，下列何者正確？

(A) 代理期間不得超過 3 個月

(B) 代理期間不得超過 6 個月

(C) 勞工人數在 100 人以上之事業單位，其職業安全衛生人員離職時，應即報當地勞動檢查機構備查

(D) 先前已報備過當地勞動檢查機構備查，因此代理人無須再次報備

解析 (A) 正確，請參考管辦 §8.1 職業安全衛生人員因故未能執行職務時，雇主應即指定適當代理人。其代理期間不得超過 3 個月。

(B) 錯誤，請參考管辦 §8.1。

(C)(D) 錯誤，請參考管辦 §8.2 勞工人數在 30 人以上之事業單位，其職業安全衛生人員離職時，應即報當地勞動檢查機構備查。

(A) 21. 依職業安全衛生法第 37 條之內容規範，勞動場所發生死亡災害或失能傷害大於等於三人者，雇主應於多少時間內通報勞動檢查機構？

(A) 8 小時　(B) 12 小時　(C) 16 小時　(D) 24 小時

解析 職安 §37.2 事業單位勞動場所發生下列職業災害之一者，雇主應於 8 小時內通報勞動檢查機構：

一、發生死亡災害。

二、發生災害之罹災人數在 3 人以上。

三、發生災害之罹災人數在 1 人以上，且需住院治療。

四、其他經中央主管機關指定公告之災害。

(D) 22. 作業環境中某毒性化學氣體量測得知體積佔 0.16%，則此毒性化學物質約為多少 ppm？

(A) 1.6　(B) 16　(C) 160　(D) 1,600

解析 1%=10,000 ppm

(C) 23. 下列何者非屬職業安全衛生相關法規所定義之危險性機械？

(A) 營建用提升機　(B) 人字臂起重桿　(C) 鍋爐　(D) 吊籠

解析 鍋爐屬於危險性設備。

(B) 24. 在熱危害中由於人體控制體溫功能受損身體無法調節體溫，導致體溫上升皮膚乾燥無汗，呼吸快速、脈搏微弱、昏迷，甚至可能導致死亡，此最可能為下列何者？

(A) 休克　(B) 中暑　(C) 熱衰竭　(D) 熱昏迷

解析 常見的熱傷害包含熱痙攣、熱昏厥、熱衰竭和熱中暑，其中以熱中暑為最需要小心的症狀，嚴重程度雖然與環境溫度相關，但嚴重程度與患者年紀及既有疾病亦有相關性：

1. **熱痙攣**：是因在高濕熱環境下長時間活動時因流汗過多或在休息時補充過多開水而非電解質溶液（運動飲料），促使體液喪失和電解質流失，體內的鈉、鉀離子濃度相對偏低，形成**電解質不平衡**的狀態，導致身體不自主骨骼肌收縮所造成的肌肉疼痛，可以持續 1 到 3 分鐘，容易發生於大腿與肩部。如果痙攣劇烈，甚至會影響腹壁肌肉，應盡快送醫。

2. **熱昏迷**：常見在炎熱的環境中**長時間站立**（如軍隊中的訓練、學校的朝會），由於皮膚血管擴張幫助散熱，血液會在體內重新分配，使大量血液和因久站而回流不順的血液，跑到皮膚等周邊血管和四肢，導致**腦部血流暫時不足**，發生暫時性暈厥，與熱中暑不同的是患者的中心體溫大多是正常的，但若不即時進行相關處置，有可能引發更嚴重的熱中暑。

3. **熱衰竭**：雖說「衰竭」二字容易給人帶來嚴重的感覺，但其實主因是因為**流汗過多**，未適時補充水分或電解質而導致的血液循環衰竭，常出現大量出汗、疲倦、身體全身無力、頭暈、頭痛、說話喘、血壓降低、臉色蒼白等症狀，患者的核心體溫會

上升,但很少會達到 40°C,嚴重時可能會失去知覺,變成熱中暑。

4. 熱中暑:為4種症狀中**最嚴重**的,大多是因為**熱衰竭時未及時發現**,熱中暑分成兩種類型,分別為傳統型中暑(classic heat stroke)和勞動型中暑(exertional heat stroke),傳統性中暑多指缺乏對於環境氣溫濕度改變的適應力,多發生在老人、小孩、慢性疾病患者,而勞動型中暑的患者則多為需在高溫高熱環境中工作的工作者,例如:國軍、勞工、農夫與運動員。皮膚因體溫調節**中樞調節功能失常**而無法散熱而呈乾燙潮紅狀態,患者此時會出現意識不清且**體溫超過 40°C**(肛溫 40°C、耳溫 39.5°C、腋溫 39°C),最後造成中樞神經異常,若不盡速處理可能會引發休克、心臟衰竭、心跳停止、多重器官衰竭、橫紋肌溶解、瀰散性血管內凝血等致命的併發症,甚至死亡,熱中暑患者的死亡機率約為 30%-80%。

(資料來源:衛生福利部國民健康署網站 https://www.hpa.gov.tw/Pages/Detail.aspx?nodeid=577&pid=10747)

(B) 25. 以機械化或自動化進行作業環境管理而使勞工免於與毒化物接觸稱為密閉,則此危害控制方法屬於下列何者?

(A) 行政管理　　(B) 工程控制
(C) 健康管理　　(D) 環境偵測

解析 對於不可接受風險項目應依消除→取代→工程控制→行政管理→個人防護具等優先順序,採取有效降低風險的控制措施。

1. 須先消除所有危害或風險之潛在根源,如使用無毒性化學物質等。
2. 若無法消除,須試圖以取代方式降低風險,如使用低毒性化學物質等。
3. 以工程控制方式降低危害事件發生可能性或減輕後果嚴重度,如連鎖停機系統、警報系統、護欄、密閉設備、局部排氣裝置等。
4. 以行政管理方式降低危害事件發生可能性或減輕後果嚴重度,如自動檢查、教育訓練、標準作業程序、工作許可、安全觀察等。
5. 最後才考慮使用個人防護具。

(A) 26. 採取勞工之血液或尿液等檢體分析其中所含代謝物或毒化物含量,以作為體內暴露有害物後之吸收指標,危害評估方法稱之為下列何者?

(A) 生物偵測 (B) 環境測定
(C) 化學測定 (D) 物理測定

解析 直接用生物體液採樣分析屬於生物偵測。

(C) 27. 為選任適當適任之勞工,在勞工聘任前尚未從事該工作前所進行之身體檢查,稱之為下列何者?

(A) 追蹤檢查 (B) 健康檢查
(C) 體格檢查 (D) 定期檢查

解析 健 §16~18

	新僱勞工	在職勞工
一般	一般體格檢查	一般健康檢查
特殊	特殊體格檢查	特殊健康檢查

(C) 28. 下列哪一種作業場所,依勞動法令規定不必實施作業環境測定?

(A) 坑內作業場所
(B) 鉛作業場所
(C) 一般辦公室無中央空調作業場所
(D) 高溫作業場所

解析 環測 §7、8

場所	監測項目	監測頻率
<u>設有中央管理方式之空氣調節設備</u>之建築物室內作業場所	二氧化碳	每6個月

場所	監測項目	監測頻率
坑內作業場所 (一)礦場地下礦物之試掘、採掘場所。 (二)隧道掘削之建設工程之場所。 (三)前2目已完工可通行之地下通道。	粉塵、二氧化碳	每6個月
工作日8小時日時量平均音壓級85分貝以上之作業場所	噪音	每6個月
下列作業場所,其勞工工作日時量平均綜合溫度熱指數在中央主管機關規定值[註1]以上: (一)於鍋爐房從事工作之作業場所。 (二)處理灼熱鋼鐵或其他金屬塊之壓軋及鍛造之作業場所。 (三)鑄造間內處理熔融鋼鐵或其他金屬之作業場所。 (四)處理鋼鐵或其他金屬類物料之加熱或熔煉之作業場所。 (五)處理搪瓷、玻璃及高溫熔料或操作電石熔爐之作業場所。 (六)於蒸汽機車、輪船機房從事工作之作業場所。 (七)從事蒸汽操作、燒窯等之作業場所。	綜合溫度熱指數	每3個月
粉塵危害預防標準所稱之特定粉塵作業場所	粉塵	每6個月
製造、處置或使用附表一所列有機溶劑[註2]之作業場所	有機溶劑	每6個月
製造、處置或使用附表二所列特定化學物質[註3]之作業場所	特定化學物質	每6個月
接近煉焦爐或於其上方從事煉焦作業之場所	溶於苯之煉焦爐生成物	每6個月
鉛中毒預防規則所稱鉛作業之作業場所	鉛	每年
四烷基鉛中毒預防規則所稱四烷基鉛作業之作業場所	四烷基鉛	每年

※ 註1、註2、註3說明請參閱 P.177～P.179

(B) 29. 要評估一勞工暴露於氣狀有害物之方法,最好採用何種採樣測定?
(A) 區域採樣測定
(B) 個人呼吸帶採樣測定
(C) 發生源附近定點採樣測定
(D) 氣罩附近工人工作區採樣測定

解析 個人呼吸帶採樣測定最能模擬出個人暴露之實況。

(C) 30. 進行職業安全衛生自動檢查時,不包含以下所列哪項作業?
(A) 物料搬運作業　　(B) 火災爆炸預防
(C) 品質管制確認　　(D) 作業場所環境

解析 品質管制確認屬於品保範疇。

(C) 31. 進入儲槽作業前,應測定含氧量在多少以上始可進入,否則應強制通風才可進入?
(A) 10%　(B) 15%　(C) 18%　(D) 30%

解析 缺§5.1 雇主使勞工從事缺氧危險作業時,應予適當換氣,以保持該作業場所空氣中氧氣濃度在 18% 以上。但為防止爆炸、氧化或作業上有顯著困難致不能實施換氣者,不在此限。

(B) 32. 職業安全所稱之 4E,不包含下列何者?
(A) 執行(Enforcement)　　(B) 環境(Environment)
(C) 教育(Education)　　(D) 工程(Engineering)

解析 4E:工程 Engineering、教育 Education、執行 Enforcement、熱忱 Enthusiasm。

(A) 33. 下列何者不是屬於工作安全分析中的潛在危險?
(A) 天然災害　　(B) 不安全環境
(C) 不安全設備　　(D) 不安全行為

解析 天災無法以工作安全分析找出潛在危險。

(C) 34. 分析災害原因時，以下何者屬於直接原因？

(A) 人員未穿戴適當個人安全防護設備
(B) 人員未接受教育訓練
(C) 高壓電
(D) 警報系統失靈

解析 直接原因係罹災者接觸或暴露於能量、危險物或有害物，故本題選3高壓電。

(D) 35. 因使用設計不良或不適當之手工具，而導致肌肉骨骼神經傷害是屬於何種類型之傷害？

(A) 物理性　(B) 化學性　(C) 生物性　(D) 人因工程性

解析 重複性肌肉骨骼神經傷害屬於人因工程傷害。

(B) 36. 目前基於國際潮流及滿足國內需求之必要性，建構與國際一致之化學品分類與標示系統所推動的是下列何者？

(A) 工作安全分析（Job Safety Analysis；JSA）
(B) 化學品全球調和制度（Globally Harmonized System；GHS）
(C) 危害可操作性分析（Hazard Operability Studies；HazOp）
(D) 失誤樹分析（Fault Tree Analysis；FTA）

解析 GHS（Globally Harmonized System of Classification and Labelling of Chemicals）是聯合國為降低化學品對勞工與使用者健康危害及環境污染，並減少跨國貿易障礙，所主導推行的化學品分類與標示之全球調和系統。

(C) 37. 一般因通電之電氣設備著火燃燒引起之火災，所用滅火劑必須為非電傳導物質，其中海龍最有效但昂貴。請問此類火災應歸類為何？

(A) 甲類 (A)　　　　　　(B) 乙類 (B)
(C) 丙類 (C)　　　　　　(D) 丁類 (D)

解析

火災種類/名稱	說明	範例
A 普通火災	固體物質	木材、棉、毛
B 油類火災	易燃液體	汽油、酒精
C 電氣火災	通電中設備	電氣配線、馬達
D 金屬火災	活性金屬	鋰、鈉、鉀

(B) 38. 進行工作安全分析時,下列哪項需要列為優先進行?

(A) 新工作　　(B) 傷害頻率高之工作
(C) 臨時性工作　　(D) 經常性工作

解析 工作安全分析針對傷害頻率高之工作列為優先進行。

(B) 39. 某化學物質之 8 小時日時量平均容許濃度為 110ppm,依變量係數推估此化學物質之短時間暴露容許濃度應為多少 ppm?

(A) 110　(B) 137.5　(C) 165　(D) 220

解析 暴標 §3.1.2

容許濃度	變量係數	備註
未滿 1	3	表中容許濃度氣狀物以 ppm、粒狀物以 mg/m^3、石綿 f/cc 為單位。
1 以上,未滿 10	2	
10 以上,未滿 100	1.5	
100 以上,未滿 1000	**1.25**	
1000 以上	1	

短時間暴露容許濃度 =110×1.25=137.5

(A) 40. 下列敘述何者正確? A.防塵口罩對毒性氣體無濾除效果 B.作業場所氧濃度低於 18% 需用供氣式呼吸防護具 C.不同作業場所需選配不同呼吸防護具 D.防護面罩之鏡片需要極為牢固不易拆除更換

(A) 僅 ABC　(B) 僅 ABD　(C) 僅 ACD　(D) 僅 BCD

解析
A. 防塵口罩對粒狀物有效，對毒性氣體無濾除效果。
B. 氧濃度低於 18% 有缺氧危險，需使用供氣式呼吸防護具。
C. 不同作業場所危害特性不同，自然需選用不同的呼吸防護具。
D. 防護面罩之鏡片如磨損需要拆除更換。

第二部分：【第 41-60 題，每題 2 分，占 40 分】

(D) 41. 有關職業安全衛生委員會辦理方式，下列敘述何者錯誤？
(A) 委員會置委員七人以上
(B) 委員會成員需包含職業安全衛生人員
(C) 委員任期為二年，並以雇主為主任委員，綜理會務
(D) 勞工代表為雇主指派

解析 管辦 §11 委員會置委員 7 人以上，除雇主為當然委員及第 5 款規定者外，由雇主視該事業單位之實際需要指定下列人員組成：
一、職業安全衛生人員。
二、事業內各部門之主管、監督、指揮人員。
三、與職業安全衛生有關之工程技術人員。
四、從事勞工健康服務之醫護人員。
五、勞工代表。
委員任期為 2 年，並以雇主為主任委員，綜理會務。
委員會由主任委員指定 1 人為秘書，輔助其綜理會務。
第 1 項第 5 款之勞工代表，應佔委員人數 1/3 以上；事業單位設有工會者，由工會推派之；無工會組織而有勞資會議者，由勞方代表推選之；無工會組織且無勞資會議者，由勞工共同推選之。

(A) 42. 雇主對第二種壓力容器應定期檢查之週期為何？
(A) 每年 (B) 每月 (C) 每季 (D) 每半年

解析 管辦 §35 雇主對第二種壓力容器應每年依下列規定定期實施檢查 1 次：
一、內面及外面有無顯著損傷、裂痕、變形及腐蝕。
二、蓋、凸緣、閥、旋塞等有無異常。

三、安全閥、壓力表與其他安全裝置之性能有無異常。

四、其他保持性能之必要事項。

(D) 43. 有一家金屬製品製造業勞工人數 320 人，應如何設置職業安全衛生人員？

(A) 甲種職業安全衛生業務主管及職業安全衛生管理員各一人

(B) 甲種職業安全衛生業務主管一人、職業安全（衛生）管理師一人及職業安全衛生管理員二人以上

(C) 甲種職業安全衛生業務主管一人、職業安全（衛生）管理師及職業安全衛生管理員各二人以上

(D) 甲種職業安全衛生業務主管一人、職業安全（衛生）管理師及職業安全衛生管理員各一人以上

解析 管辦附表二

金屬製品製造業→第一類事業（營造業以外）→ 300 人以上未滿 500 人→甲業 1、師 1、員 1。

(C) 44. 有關職業安全衛生管理系統，下列何者不是應包含之安全衛生事項？

(A) 政策　(B) 組織設計　(C) 改善設施　(D) 評估

解析 參考臺灣職業安全衛生管理系統指引，包括此 5 個要素：4.1 政策、4.2 組織設計、4.3 規劃與實施、4.4 評估、4.5 改善措施。

(B) 45. 營造業之事業單位對於橋樑、道路、隧道或輸配電等距離較長之工程，應於每十公里內增置哪一類安全衛生業務主管一人？

(A) 營造業甲種職業安全衛生業務主管

(B) 營造業丙種職業安全衛生業務主管

(C) 甲種職業安全衛生業務主管

(D) 丙種職業安全衛生業務主管

解析 管辦§3-1.2 營造業之事業單位對於橋樑、道路、隧道或輸配電等距離較長之工程，應於每10公里內增置營造業丙種職業安全衛生業務主管1人。

(B) 46. 依照職業安全衛生管理辦法，對於局部排氣裝置實施之重點檢查，不包括下列何者？

(A) 導管或排氣機粉塵之聚積狀況
(B) 審議局部排氣裝置設計圖
(C) 吸氣及排氣之能力
(D) 其他保持性能之必要事項

解析 管辦§47 雇主對局部排氣裝置或除塵裝置，於開始使用、拆卸、改裝或修理時，應依下列規定實施重點檢查：
一、導管或排氣機粉塵之聚積狀況。
二、導管接合部分之狀況。
三、吸氣及排氣之能力。
四、其他保持性能之必要事項。

(A) 47. 依照職業安全衛生管理辦法，定期檢查與重點檢查應記錄事項不包括下列何者？

(A) 會同檢查之勞工代表　　(B) 檢查結果
(C) 檢查年月日　　　　　　(D) 實施檢查者之姓名

解析 管辦§80 雇主依第13條至第49條規定實施之定期檢查、重點檢查應就下列事項記錄，並保存3年：
一、檢查年月日。
二、檢查方法。
三、檢查部分。
四、檢查結果。
五、實施檢查者之姓名。
六、依檢查結果應採取改善措施之內容。

(A) 48. 依規定雇主應依其事業單位之規模、性質，訂定職業安全衛生管理計畫，該計畫之執行方式下列何者錯誤？

(A) 勞工人數在 100 人以下之事業單位，得以安全衛生管理執行紀錄或文件代替職業安全衛生管理計畫
(B) 職業安全衛生管理計畫內容有十六大項
(C) 勞工人數在 100 人以上之事業單位，應另訂定職業安全衛生管理規章
(D) 有關職業安全衛生管理事項之執行，應作成紀錄，並保存 3 年

解析 管辦§12-1 雇主應依其事業單位之規模、性質，訂定職業安全衛生管理計畫，要求各級主管及負責指揮、監督之有關人員執行；勞工人數在 <u>30 人以下</u>之事業單位，得以安全衛生管理執行紀錄或文件代替職業安全衛生管理計畫。

勞工人數在 100 人以上之事業單位，應另訂定職業安全衛生管理規章。

第一項職業安全衛生管理事項之執行，應作成紀錄，並保存 3 年。

安細§31 本法第 23 條第 1 項所定職業安全衛生管理計畫，包括下列事項：

一、工作環境或作業危害之辨識、評估及控制。
二、機械、設備或器具之管理。
三、危害性化學品之分類、標示、通識及管理。
四、有害作業環境之採樣策略規劃及監測。
五、危險性工作場所之製程或施工安全評估。
六、採購管理、承攬管理及變更管理。
七、安全衛生作業標準。
八、定期檢查、重點檢查、作業檢點及現場巡視。
九、安全衛生教育訓練。
十、個人防護具之管理。
十一、健康檢查、管理及促進。
十二、安全衛生資訊之蒐集、分享及運用。
十三、緊急應變措施。

十四、職業災害、虛驚事故、影響身心健康事件之調查處理及統計分析。

十五、安全衛生管理紀錄及績效評估措施。

十六、其他安全衛生管理措施。

(D) 49. 下列敘述何者有誤？

(A) 事業單位勞工人數之計算，包含原事業單位及其承攬人、再承攬人之勞工及其他受工作場所負責人指揮或監督從事勞動之人員，於同一期間、同一工作場所作業時之總人數

(B) 事業單位勞工人數未滿 30 人者，其應置之職業安全衛生業務主管，得由事業經營負責人或其代理人擔任

(C) 事業設有總機構者，其勞工人數之計算，包含所屬各地區事業單位作業勞工之人數

(D) 事業分散於不同地區者，只需要總公司設置管理單位及管理人員

解析
1. 管辦 §3-2.1 事業單位勞工人數之計算，包含原事業單位及其承攬人、再承攬人之勞工及其他受工作場所負責人指揮或監督從事勞動之人員，於同一期間、同一工作場所作業時之總人數。

2. 管辦 §4 事業單位勞工人數未滿 30 人者，雇主或其代理人經職業安全衛生業務主管安全衛生教育訓練合格，得擔任該事業單位職業安全衛生業務主管。但屬第二類及第三類事業之事業單位，且勞工人數在 5 人以下者，得由經職業安全衛生教育訓練規則第 2 條第 12 款指定之安全衛生教育訓練合格之雇主或其代理人擔任。

3. 管辦 §3-2.2 事業設有總機構者，其勞工人數之計算，包含所屬各地區事業單位作業勞工之人數。

4. 管辦 §6.1 事業分散於不同地區者，<u>應於各該地區之事業單位依第 2 條至第 3 條之 2 規定，設管理單位及置管理人員</u>。事業單位勞工人數之計算，以各該地區事業單位作業勞工之總人數為準。

(D) 50. 勞工總人數達 4,000 人之某銀行總機構,下列何種管理人員編制符合目前職業安全衛生管理辦法之規定?

(A) 職業安全衛生管理員一人
(B) 甲種職業安全衛生業務主管一人
(C) 丙種職業安全衛生業務主管及職業衛生管理師各一人
(D) 甲種職業安全衛生業務主管及職業安全衛生管理員各一人

解析 管辦附表二之一(請注意題目問的是**總機構**)
銀行→第三類事業→3,000 人以上→甲業 1、員 1

(C) 51. 在失能傷害中,A. 雙眼失明 B. 一隻眼與一隻手同時殘廢 C. 手指切除 D. 死亡,以上哪些在傷害統計中的損失日數必為 6,000 日計算?

(A) ABCD (B) 僅 ABC (C) 僅 ABD (D) 僅 BCD

解析 死亡及永久全失能之損失日數為 6,000 日,其中永久全失能指任何足使罹災者造成永久全失能,或在一次事故中損失下列之一情形,或失去其機能者:
1. 雙目。
2. 一隻眼睛及一隻手,或手臂或腿或足。
3. 不同肢體中之任何下列兩種:手、臂、足或腿。
故本題選項 ABD 均屬之,答案選 3。

(A) 52. 污染源產生的有害物質最有效排除方法為下列何者?

(A) 局部排氣 (B) 整體換氣
(C) 自然換氣 (D) 溫差排氣

解析 機械通風 > 自然通風,機械通風換氣優先順序:密閉設備 > 局部排氣 > 整體換氣。本題選項無密閉設備,選項 3、4 非機械排氣,故選 1。

(C) 53. 假設某甲苯作業場所甲苯時量平均暴露容許濃度（PEL-TWA）為 100 ppm，該工廠選用之防毒面具其防護係數（Protect Factor；PF）為 10，則該防毒面具最高可適用之作業環境甲苯濃度為？

(A) 10 ppm　(B) 100 ppm　(C) 1,000 ppm　(D) 10,000 ppm

解析 $PF = \dfrac{C_{out}}{C_{in}}$

$PF = 10$，$C_{in} = 100\ ppm$ 代入上式得 $C_{out} = 1,000\ ppm$

(D) 54. 下列哪些為造成勞工肌肉骨骼傷害的主要原因？A. 休息時間不足 B. 重複性動作 C. 姿勢不良 D. 工具太重或不好抓握

(A) 僅 ABC　(B) 僅 BCD　(C) 僅 ABD　(D) ABCD

解析 學界普遍認為因工作所引起的肌肉骨骼疾病有五個主要成因：過度施力、高重複動作、振動、低溫、以及不良的工作姿勢。筆者認為本題答案為 2，但出題者可能認為休息時間不足，導致身體肌肉骨骼受到重複性傷害，也不無道理，所以答案為 4。

(B) 55. 以結合氣溫、濕度、氣動與輻射等因素之綜合溫度熱指數（WBGT）進行溫度量測，不管位於室內室外或有無日照影響，其加權係數都不會改變的是下列何者？

(A) 黑球溫度　　　　　(B) 自然濕球溫度
(C) 乾球溫度　　　　　(D) 酒精溫度計

解析 高溫 §3 綜合溫度熱指數計算方法如下：

一、戶外有日曬情形者。

綜合溫度熱指數 = 0.7×（自然濕球溫度）+ 0.2×（黑球溫度）+ 0.1×（乾球溫度）

二、戶內或戶外無日曬情形者。

綜合溫度熱指數 = 0.7×（自然濕球溫度）+ 0.3×（黑球溫度）。

有上述二式可知，無論位於室內室外或有無日照，自然濕球溫度之加權係數均為 0.7。

(D) 56. 在高架作業環境中,下列敘述哪些正確？A. 高度 2 公尺以上作業應利用施工架 B. 高架作業應具備冒險犯難行為 C. 工作臺設置防護具若有困難應盡量使用安全索 D.55 歲以上女工不得從事高架作業

(A) 僅 ABC　(B) 僅 BCD　(C) 僅 ABD　(D) 僅 ACD

解析 B 明顯錯,選項 D 其實也是錯誤的,高架作業勞工保護措施標準（71.07.15）第 9 條雇主不得僱用左列勞工從事高架作業:
一、年齡未滿 18 歲或超過 55 歲之男工。
二、女工。
這個條文在 86.5.7 勞委會時代就刪除了。

(C) 57. 使用可燃性氣體測定器進行環境偵測,若環境中該可燃氣體之爆炸下限（LEL）為 2.0%,而指針指在 30%LEL 之位置上,則環境中該可燃氣體之濃度為何？

(A) 0.2%　(B) 0.3%　(C) 0.6%　(D) 6.0%

解析 2%×0.3=0.6%

(C) 58. 某勞動場所勞工之全日噪音暴露分別為 75 分貝 3 小時,85 分貝 2 小時,90 分貝 1 小時,95 分貝 1 小時,100 分貝 1 小時,請問該勞工之 8 小時日時量平均音壓級為多少分貝？

(A) 85　(B) 88　(C) 90　(D) 93

解析 80 分貝以上才列入計算

$$D = \frac{2}{16} + \frac{1}{8} + \frac{1}{4} + \frac{1}{2} = 1$$

$$L_{TWA8} = 16.61 \times log1 + 90 = 90$$

(C) 59. 某作業環境勞工暴露於有害化學物質 A 與化學物質 B，兩者之時量平均暴露濃度依序分別為 40ppm 與 60 ppm，且該兩種有害化學物之 8 小時時量平均容許濃度依序分別為 80 ppm 及 100 ppm，則此勞工之暴露劑量為何？

(A) 小於 1　(B) 等於 1　(C) 大於 1　(D) 無法估算

解析 $\dfrac{40}{80} + \dfrac{60}{100} = \dfrac{1}{2} + \dfrac{3}{5} = \dfrac{11}{10} > 1$

(B) 60. 某工廠有雇主 1 名勞工 15 名，7 月份工作 25 日且每天工作 8 小時。7 月份有一勞工發生雙眼失明之意外事故，則 7 月份該廠之失能傷害嚴重率為多少？

(A) 1.88×10^6
(B) 2.00×10^6
(C) 2.12×10^6
(D) 2.22×10^6

解析 $SR = \dfrac{失能傷害總損失日數 \times 10^6}{總工時} = \dfrac{6000 \times 10^6}{25 \times 8 \times 15} = 2 \times 10^6$

申論題 3

3-1 職業安全衛生相關法規

3-1-1 交通部國營事業

3-1-1-1 桃機公司 109 年資深事務員甄試 職業安全衛生相關法規

請依「職業安全衛生管理辦法」回答下列問題：
(一) 事業單位內擬訂、規劃、督導及推動安全衛生管理事項是何者之職責？【5分】
(二) 第一類事業單位勞工人數在幾人以上、第二類事業單位勞工人數在幾人以上，應建置適合該事業單位之職業安全衛生管理系統？【6分】
(三) 事業單位如將其事業交付承攬或再承攬時，請說明其「勞工人數」如何計算？【5分】
(四) 依「職業安全衛生法」規定，請列舉三項勞工應遵行之義務。【9分】

答

(一) 職業安全衛生管理辦法第 5-1 條

職業安全衛生組織、人員、工作場所負責人及各級主管之職責如下：

一、職業安全衛生管理單位：擬訂、規劃、督導及推動安全衛生管理事項，並指導有關部門實施。

(二) 職業安全衛生管理辦法第 12-2 條

下列事業單位，雇主應依國家標準 CNS 45001 同等以上規定，建置適合該事業單位之職業安全衛生管理系統，並據以執行：

一、第一類事業勞工人數在 200 人以上者。

二、第二類事業勞工人數在 500 人以上者。

三、有從事石油裂解之石化工業工作場所者。

四、有從事製造、處置或使用危害性之化學品，數量達中央主管機關規定量以上之工作場所者。

(三) 職業安全衛生管理辦法第 3-2 條

事業單位勞工人數之計算，包含原事業單位及其承攬人、再承攬人之勞工及其他受工作場所負責人指揮或監督從事勞動之人員，於同一期間、同一工作場所作業時之總人數。

事業設有總機構者，其勞工人數之計算，包含所屬各地區事業單位作業勞工之人數。

(四) 1. 職業安全衛生法第 20 條

雇主於僱用勞工時，應施行體格檢查；對在職勞工應施行下列健康檢查：

一、一般健康檢查。

二、從事特別危害健康作業者之特殊健康檢查。

三、經中央主管機關指定為特定對象及特定項目之健康檢查。

勞工對於第 1 項之檢查，有接受之義務。

2. 第 32 條

   雇主對勞工應施以從事工作與預防災變所必要之安全衛生教育及訓練。

   勞工對於第 1 項之安全衛生教育及訓練,有接受之義務。

3. 第 34 條

   雇主應依本法及有關規定會同勞工代表訂定適合其需要之安全衛生工作守則,報經勞動檢查機構備查後,公告實施。

   勞工對於前項安全衛生工作守則,應切實遵行。

請回答下列問題:

(一) 依據「職業安全衛生法」所稱有「母性健康危害之虞」之工作,請列舉出三項。(其他經中央主管機關指定公告者除外)【9 分】

(二) 依「職業安全衛生法」規定,有哪些具有特殊危害之作業,雇主應減少勞工工作時間,並在工作時間中予以適當之休息?請列舉出三項。【6 分】

(三) 請說明何謂「特殊健康檢查」。【5 分】

(四) 請說明何謂「勞工健康服務相關人員」。【5 分】

答

(一) 依據職業安全衛生法施行細則第 39 條,本法第 31 條第 1 項所稱有母性健康危害之虞之工作,指其從事可能影響胚胎發育、妊娠或哺乳期間之母體及幼兒健康之下列工作:

一、工作暴露於具有依國家標準 CNS 15030 分類,屬生殖毒性物質、生殖細胞致突變性物質或其他對哺乳功能有不良影響之化學品者。

二、勞工個人工作型態易造成妊娠或分娩後哺乳期間,產生健康危害影響之工作,包括勞工作業姿勢、人力提舉、搬

運、推拉重物、輪班及工作負荷等工作型態，致產生健康危害影響者。

備註：請考生逕選出 3 項作答即可。

（二）依據職業安全衛生法第 19 條，在高溫場所工作之勞工，雇主不得使其每日工作時間超過 6 小時；異常氣壓作業、高架作業、精密作業、重體力勞動或其他對於勞工具有特殊危害之作業，亦應規定減少勞工工作時間，並在工作時間中予以適當之休息。

（三）依據職業安全衛生法施行細則第 27 條第 2 項第 2 款，對從事特別危害健康作業之勞工，為發現健康有無異常，以提供適當健康指導、適性配工及實施分級管理等健康管理措施，依其作業危害性，於一定期間或變更其工作時所實施者，為特殊健康檢查。

（四）依勞工健康保護規則第 2 條第 5 款，勞工健康服務相關人員係指具備心理師、職能治療師或物理治療師等資格，並經相關訓練合格者。

依「勞工健康保護規則」第 3 條規定，事業單位之同一工作場所，勞工總人數在三百人以上者，應僱用或特約從事勞工健康服務之醫師及僱用從事勞工健康服務之護理人員，辦理臨場健康服務。請依「勞工健康保護規則」回答下列問題：

（一）前述勞工總人數之定義為何？【5 分】

（二）有關前述醫護人員之在職教育訓練時數及課程，有何規定？【12 分】

（三）前述醫護人員之臨場健康服務事項包括勞工健康檢查結果之資料保存，在職勞工之一般健康檢查結果紀錄應保存幾年？【2 分】

（四）承第（三）小題，在職勞工一般健康檢查，雇主應依何檢查頻率，定期實施？【6 分】

答

(一) 依勞工健康保護規則第 2 條第 3 款，勞工總人數指包含事業單位僱用之勞工及其他受工作場所負責人指揮或監督從事勞動之人員總數。

（備註：法規已修正。現行法規無勞工總人數之規定）

(二) 依勞工健康保護規則第 8 條，雇主應使僱用或特約之醫護人員及勞工健康服務相關人員，接受下列課程之在職教育訓練，其訓練時間每 3 年合計至少 12 小時，且每一類課程至少 2 小時：

一、職業安全衛生相關法規。

二、職場健康風險評估。

三、職場健康管理實務。

從事勞工健康服務之醫師為職業醫學科專科醫師者，雇主應使其接受前項第一款所定課程之在職教育訓練，其訓練時間每 3 年合計至少 2 小時，不受前項規定之限制。

(三) 依勞工健康保護規則第 13 條，醫護人員之臨場健康服務事項包括勞工健康檢查結果應依附表七填寫紀錄表，並依相關建議事項採取必要措施，且紀錄表及採行措施之文件，應保存 3 年。

(四) 依勞工健康保護規則第 15 條雇主對在職勞工，應依下列規定，定期實施一般健康檢查：

一、年滿 65 歲者，每年檢查 1 次。

二、40 歲以上未滿 65 歲者，每 3 年檢查 1 次。

三、未滿 40 歲者，每 5 年檢查 1 次。

> 「職業安全衛生法」第6條第2項規定，雇主對於執行職務因他人行為遭受身體或精神不法侵害之預防，應妥為規劃並採取必要之安全衛生措施。請回答下列問題：
>
> (一) 依勞動部職業安全衛生署公告之「執行職務遭受不法侵害預防指引」，執行職務因他人行為遭受身體或精神不法侵害之定義為何？【5分】
>
> (二) 依「職業安全衛生設施規則」，此應採取之暴力預防措施為何（依工作適性適當調整人力、其他有關安全衛生事項除外）？【12分】
>
> (三) 依「職業安全衛生設施規則」，事業單位勞工人數達多少人以上者，雇主應依勞工執行職務之風險特性，參照勞動部職業安全衛生署公告之指引，訂定執行職務遭受不法侵害預防計畫，並據以執行？相關執行紀錄應留存幾年？【4分】
>
> (四) 依勞動部職業安全衛生署公告之「執行職務遭受不法侵害預防指引」，為預防職場不法侵害之發生，對於工作適性適當調整人力部分，可透過「適性配工」與「工作設計」兩個面向進行檢點，有關此兩面向之建議作法，請各列舉一項。【4分】

答

(一) 依勞動部職業安全衛生署公告之【執行職務遭受不法侵害預防指引第四版】(114.02)：

本指引所稱執行職務因他人行為遭受身體或精神不法侵害（以下簡稱職場不法侵害），指勞工因執行職務，於勞動場所遭受雇主、主管、同事、服務對象或其他第三方，以言語、文字、肢體動作、電子通訊、網際網路或其他方式所為之不當言行，例如職場暴力、職場霸凌、性騷擾或就業歧視等，造成其身體或精神之不法侵害。

(二) 依「職業安全衛生設施規則」第 324-3 條,應採取下列暴力預防措施,作成執行紀錄並留存 3 年:

一、辨識及評估危害。

二、適當配置作業場所。

三、依工作適性適當調整人力。

四、建構行為規範。

五、辦理危害預防及溝通技巧訓練。

六、建立事件之處理程序。

七、執行成效之評估及改善。

八、其他有關安全衛生事項。

(三) 依「職業安全衛生設施規則」第 324-3 條,前項暴力預防措施,事業單位勞工人數達 100 人以上者,雇主應依勞工執行職務之風險特性,參照中央主管機關公告之相關指引,訂定執行職務遭受不法侵害預防計畫,並據以執行;於勞工人數未達 100 人者,得以執行紀錄或文件代替,執行紀錄留存 3 年。

(四) 依勞動部職業安全衛生署公告之「執行職務遭受不法侵害預防指引」,為預防職場不法侵害之發生,對於工作適性適當調整人力部分,可透過「適性配工」與「工作設計」兩個面向進行檢點,相關建議作法敘明如下,並可參閱附錄三之範例,進行相關檢點與改善。

1. 適性配工:適性配工在預防職場不法侵害上極為重要。

   (1) 事業單位人力配置不足或資格不符,都可能導致不法侵害事件發生或惡化。針對高風險或高負荷、夜間工作之安排,除應參照醫師之適性配工建議外,宜考量人力或性別之適任性等,如服務性質之工作,宜考量專案活動及尖峰時段之人力配置,尤其服務對象是有

攻擊傾向或有精神障礙者；夜間或獨自作業，宜考量潛在危害，如性暴力或搶劫傷害等；必要時應聘僱保全人員或提供勞工自我防衛工具（如口哨、警棍等）、宿舍或交通服務等保護措施。

(2) 有特定需求作業或新進人員應加強訓練，並採輪值方式。

(3) 當勞工在不同作業場所移動，應明確規定其移動流程，並定時保持聯繫，必要時配置保全人員。

(4) 若勞工舉報因私人關係遭受不法侵害威脅者，事業單位進行人力配置時，應儘可能採取協同作業而非單人作業，以保護勞工職場安全。

2. 工作設計：工作設計亦為減少職場不法侵害極為有效且經濟的方法之一。

(1) 工作性質為需與公眾接觸之服務，應簡化工作流程，減少工作者及服務對象於互動過程之衝突。

(2) 避免工作單調重複或負荷過重；排班應取得勞工同意並保有規律性，避免連續夜班、工時過長或經常性加班累積工作壓力。

(3) 允許適度的勞工自治，保有充分時間對話、分享資訊及解決問題。

(4) 提供勞工社交活動或推動員工協助方案，並鼓勵勞工參與。

(5) 針對勞工需求提供相關之福利措施，如彈性工時、設立托兒所、單親家庭或家暴關懷協助等，有助於調和勞工之職業及家庭責任，有效預防職場不法侵害。

3-1-1-2 桃機公司 109 年資深事務員甄試
工業安全衛生法規與工業衛生概論

> 請依據勞工健康保護規則,回答下列問題:
> (一) 雇主使勞工從事勞工健康保護規則第二條規定之特別危害健康作業時,應建立健康管理資料,並將其定期實施之特殊健康檢查結果,依哪些規定分級實施健康管理?請陳述之。【15 分】
> (二) 從事哪些作業之特殊體格(健康)檢查紀錄,應至少保存三十年?請舉四種例子說明。【10 分】

答

(一) 依勞工健康保護規則第 19 條,雇主使勞工從事第 2 條規定之特別危害健康作業時,應建立健康管理資料,並將其定期實施之特殊健康檢查,依下列規定分級實施健康管理:

一、第一級管理:特殊健康檢查或健康追蹤檢查結果,全部項目正常,或部分項目異常,而經醫師綜合判定為無異常者。

二、第二級管理:特殊健康檢查或健康追蹤檢查結果,部分或全部項目異常,經醫師綜合判定為異常,而與工作無關者。

三、第三級管理:特殊健康檢查或健康追蹤檢查結果,部分或全部項目異常,經醫師綜合判定為異常,而無法確定此異常與工作之相關性,應進一步請職業醫學科專科醫師評估者。

四、第四級管理:特殊健康檢查或健康追蹤檢查結果,部分或全部項目異常,經醫師綜合判定為異常,且與工作有關者。

(二) 依勞工健康保護規則第 20 條,從事下列作業之各項特殊體格(健康)檢查紀錄,應至少保存 30 年:

一、游離輻射。

二、粉塵。

三、三氯乙烯及四氯乙烯。

四、聯苯胺與其鹽類、4-胺基聯苯及其鹽類、4-硝基聯苯及其鹽類、β-胺及其鹽類、二氯聯苯胺及其鹽類及α-胺及其鹽類。

五、鈹及其化合物。

六、氯乙烯。

七、苯。

八、鉻酸與其鹽類、重鉻酸及其鹽類。

九、砷及其化合物。

十、鎳及其化合物。

十一、1,3-丁二烯。

十二、甲醛。

十三、銦及其化合物。

十四、石綿。

十五、鎘及其化合物。

請依職業安全衛生教育訓練規則,回答下列問題:

(一)依據職業安全衛生教育訓練規則的安全衛生教育訓練分類,請舉五種例子說明。【10分】

(二)雇主對擔任哪些作業環境監測人員之勞工,應於事前使其接受作業環境監測人員之安全衛生教育訓練,請舉四種例子說明。【8分】

(三)雇主對擔任哪些作業主管之勞工,應於事前使其接受有害作業主管之安全衛生教育訓練,請舉四種例子說明。【7分】

答

(一) 依據職業安全衛生教育訓練規則第 2 條，本規則之安全衛生教育訓練分類如下：

一、職業安全衛生業務主管之安全衛生教育訓練。

二、職業安全衛生管理人員之安全衛生教育訓練。

三、勞工作業環境監測人員之安全衛生教育訓練。

四、施工安全評估人員及製程安全評估人員之安全衛生教育訓練。

五、高壓氣體作業主管、營造作業主管及有害作業主管之安全衛生教育訓練。

六、具有危險性之機械或設備操作人員之安全衛生教育訓練。

七、特殊作業人員之安全衛生教育訓練。

八、勞工健康服務護理人員及勞工健康服務相關人員之安全衛生教育訓練。

九、急救人員之安全衛生教育訓練。

十、一般安全衛生教育訓練。

十一、前十款之安全衛生在職教育訓練。

十二、其他經中央主管機關指定之安全衛生教育訓練。

(二) 依據職業安全衛生教育訓練規則第 2 條，雇主對擔任下列作業環境監測人員之勞工，應於事前使其接受作業環境監測人員之安全衛生教育訓練：

一、甲級化學性因子作業環境監測人員。

二、甲級物理性因子作業環境監測人員。

三、乙級化學性因子作業環境監測人員。

四、乙級物理性因子作業環境監測人員。

(三) 依據職業安全衛生教育訓練規則第 11 條，雇主對擔任下列作業主管之勞工，應於事前使其接受有害作業主管之安全衛生教育訓練：

一、有機溶劑作業主管。

二、鉛作業主管。

三、四烷基鉛作業主管。

四、缺氧作業主管。

五、特定化學物質作業主管。

六、粉塵作業主管。

七、高壓室內作業主管。

八、潛水作業主管。

九、其他經中央主管機關指定之人員。

3-1-1-3 臺灣港務公司 106 年新進從業人員甄試 職業安全衛生法規與工業衛生概論

> 相較於我國原 63 年 4 月 16 日公布之「勞工安全衛生法」，102 年 07 月 03 日修正通過之「職業安全衛生法」做了哪些主要變革，以達到保障勞工之目的。【20 分】

答

一、保障範圍：將保障範圍從勞工擴大到工作者，包含自營工作者及其他受工作場所負責人指揮或監督從事勞動之人員。

二、各行業一體適用：從指定行業到擴大至各業，均一體適用。

三、職業災害場所之定義：從就業場所到勞動場所，且不限定僱傭關係。

四、雇主責任範圍：從雇主支配管理到合理可行範圍。

五、健康定義：原為保護勞工健康，後明定保護勞工身心健康。

六、源頭管理：機械、設備、器具及化學品須源頭管理。

七、退避權：工作者可在不危及其他工作者之安全的情況下行使，且不得為不利之處分。

八、原事業單位責任：增列原事業單位侵權賠償，強化承攬管理責任。

九、少年保護：童工改為未滿 18 歲。

十、母性保護：增列妊娠、分娩後 1 年及哺乳保護。

十一、勞工申訴內容：增列疑似罹患職業病及身心受侵害。

十二、加重罰則：提高罰則額度，並公布名單。

依據我國「職業安全衛生法」，請說明「管制性化學品」及「優先管理化學品」之定義及其相關管制規定。【20 分】

答

(一) 依據我國「職業安全衛生法施行細則」定義：

管制性化學品如下：

一、第 20 條之優先管理化學品中，經中央主管機關評估具高度暴露風險者。

二、其他經中央主管機關指定公告者。

優先管理化學品如下：

一、本法第 29 條第 1 項第 3 款及第 30 條第 1 項第 5 款規定所列之危害性化學品。

二、依國家標準 CNS 15030 分類，屬致癌物質第一級、生殖細胞致突變性物質第一級或生殖毒性物質第一級者。

三、依國家標準 CNS 15030 分類，具有物理性危害或健康危害，其化學品運作量達中央主管機關規定者。

四、其他經中央主管機關指定公告者。

(二) 管制措施如下：

依據「管制性化學品之指定及運作許可管理辦法」第 6 條，運作者於運作管制性化學品前，應向中央主管機關申請許可，非經許可者，不得運作。

依據「優先管理化學品之指定及運作管理辦法」第 6 條，運作者對於優先管理化學品，應將指定資料報請中央主管機關備查，並每年定期更新。

【優先管理化學品之指定及運作管理辦法 113.06.06 修法】

第 7 條 運作者對於前條之優先管理化學品，應檢附下列資料報請中央主管機關首次備查：

一、運作者基本資料，如附表四。

二、優先管理化學品運作資料，如附表五。

三、其他中央主管機關指定公告之資料。

第 8 條 運作者於完成前條首次備查後，應依下列規定期限，再行檢附前條第 1 項所定資料，報請中央主管機關定期備查：

一、依第 6 條第 1 項第 1 款或第 2 款規定完成首次備查者，應於該備查之次年起，每年 4 月至 9 月期間辦理。

二、依第 6 條第 1 項第 3 款或第 4 款規定完成首次備查者，應於該備查後，每年 1 月及 7 月分別辦理。

第 9 條 運作者依第 6 條第 1 項第 3 款或第 4 款規定，完成首次備查或定期備查後，其運作之最大運作總量超過該備查數量，且超過部分之數量達第 6 條附表 3 臨界量以上者，應於超過事實發生之日起 30 日內，檢附第 7 條第 1 項所定資料，再行報請中央主管機關動態備查。

3-1-1-4 臺灣港務公司 107 年度新進從業人員甄試 職業安全衛生法規與工業衛生概論

> 請依職業安全衛生法、職業安全衛生法施行細則與職業安全衛生設施規則等法規,回答下列問題:
> (一) 何謂「作業環境監測」?【5分】
> (二) 何謂「共同作業」?【5分】
> (三) 請列舉5項「特別危害健康作業」(回答「其他經中央主管機關指定公告之作業」者,該答案不予計分)。【5分】
> (四) 請說明「職業災害」之定義。【5分】
> (五) 工作者進入局限空間作業應注意那些事項,以避免遭受氣體危害?【10分】

答

(一) 作業環境監測:指為掌握勞工作業環境實態與評估勞工暴露狀況,所採取之規劃、採樣、測定及分析之行為。

(二) 共同作業,指事業單位與承攬人、再承攬人所僱用之勞工於同一期間、同一工作場所從事工作。

(三) 特別危害健康作業,指下列作業:

一、高溫作業。

二、噪音作業。

三、游離輻射作業。

四、異常氣壓作業。

五、鉛作業。

六、四烷基鉛作業。

七、粉塵作業。

八、有機溶劑作業,經中央主管機關指定者。

九、製造、處置或使用特定化學物質之作業，經中央主管機關指定者。

十、黃磷之製造、處置或使用作業。

十一、聯啶或巴拉刈之製造作業。

(四) 職業災害：指因勞動場所之建築物、機械、設備、原料、材料、化學品、氣體、蒸氣、粉塵等或作業活動及其他職業上原因引起之工作者疾病、傷害、失能或死亡。

(五) 於局限空間從事作業前，應：

1. 先確認該局限空間內有無可能引起勞工缺氧、中毒、感電、塌陷、被夾、被捲及火災、爆炸等危害。

2. 有缺氧空氣、危害物質致危害勞工之虞者，應置備測定儀器；於作業前確認氧氣及危害物質濃度，並於作業期間採取連續確認之措施。

3. 應設置適當通風換氣設備，並確認維持連續有效運轉，與該作業場所無缺氧及危害物質等造成勞工危害。

請依「危害性化學品評估及分級管理辦法」規定回答下列問題：
(一) 何謂化學品暴露評估？【3分】
(二) 何謂化學品分級管理？【4分】
(三) 必須以科學根據之採樣分析方法或運用定量推估模式，實施化學品暴露評估之事業單位及化學品分別為何？【6分】
(四) 此暴露評估應多久做一次？【6分】
(五) 依據化學品之暴露評估結果，應如何予以風險分級並採取控制或管理措施？【6分】

答

依「危害性化學品評估及分級管理辦法」：

(一) 暴露評估係指以定性、半定量或定量之方法，評量或估算勞工暴露於化學品之健康危害情形。

(二) 分級管理是指依化學品健康危害及暴露評估結果評定風險等級，並分級採取對應之控制或管理措施。

(三) 中央主管機關對於第四條之化學品，定有容許暴露標準，而事業單位從事特別危害健康作業之勞工人數在 100 人以上，或總勞工人數 500 人以上者，雇主應依有科學根據之之採樣分析方法或運用定量推估模式，實施暴露評估。

(四) 前項暴露評估結果，依下列規定，定期實施評估：

一、暴露濃度低於容許暴露標準 1/2 之者，至少每 3 年評估 1 次。

二、暴露濃度低於容許暴露標準但高於或等於其 1/2 者，至少每年評估 1 次。

三、暴露濃度高於或等於容許暴露標準者，至少每 3 個月評估 1 次。

游離輻射作業不適用前 2 項規定。

化學品之種類、操作程序或製程條件變更，有增加暴露風險之虞者，應於變更前或變更後 3 個月內，重新實施暴露評估。

(五) 對於化學品之暴露評估結果，應依下列風險等級，分別採取控制或管理措施：

一、第一級管理：暴露濃度低於容許暴露標準 1/2 者，除應持續維持原有之控制或管理措施外，製程或作業內容變更時，並採行適當之變更管理措施。

二、第二級管理：暴露濃度低於容許暴露標準但高於或等於其 1/2 者，應就製程設備、作業程序或作業方法實施檢點，採取必要之改善措施。

三、第三級管理：暴露濃度高於或等於容許暴露標準者，應即採取有效控制措施，並於完成改善後重新評估，確保暴露濃度低於容許暴露標準。

3-1-1-5 臺灣港務公司 108 年度新進從業人員甄試職業安全衛生法規與工業衛生概論

> 請回答以下預防各種工作型態對身體傷害應如何規劃：
> （一）預防重複性作業等促發肌肉骨骼疾病之妥為規劃應包含哪些事項？（請列舉 4 項）【8 分】
> （二）預防輪班、夜間工作、長時間工作等異常工作負荷促發疾病之妥為規劃應包含哪些事項？（請列舉 4 項）【8 分】
> （三）預防執行職務因他人行為遭受身體或精神不法侵害之妥為規劃應包含哪些事項？（請列舉 4 項）【9 分】　【108- 交通部】

答

（一）從事重複性之作業，為避免勞工因姿勢不良、過度施力及作業頻率過高等原因，促發肌肉骨骼疾病，應採取下列危害預防措施，作成執行紀錄並留存 3 年：

　　一、分析作業流程、內容及動作。

　　二、確認人因性危害因子。

　　三、評估、選定改善方法及執行。

　　四、執行成效之評估及改善。

　　五、其他有關安全衛生事項。

（二）從事輪班、夜間工作、長時間工作等作業，為避免勞工因異常工作負荷促發疾病，應採取下列疾病預防措施，作成執行紀錄並留存 3 年：

一、辨識及評估高風險群。

　　　二、安排醫師面談及健康指導。

　　　三、調整或縮短工作時間及更換工作內容之措施。

　　　四、實施健康檢查、管理及促進。

　　　五、執行成效之評估及改善。

　　　六、其他有關安全衛生事項。

(三) 為預防勞工於執行職務，因他人行為致遭受身體或精神上不法侵害，應採取下列暴力預防措施，作成執行紀錄並留存 3 年：

　　　一、辨識及評估危害。

　　　二、適當配置作業場所。

　　　三、依工作適性適當調整人力。

　　　四、建構行為規範。

　　　五、辦理危害預防及溝通技巧訓練。

　　　六、建立事件之處理程序。

　　　七、執行成效之評估及改善。

　　　八、其他有關安全衛生事項。

3-1-1-6 臺灣港務公司 108 年度新進從業人員甄試 職業安全衛生法規與工業衛生概論

> 請回答以下職業安全衛生管理系統相關問題：
> （一）事業依危害風險之不同可分為哪幾類？【3 分】
> （二）哪些事業單位，應參照中央主管機關所定之職業安全衛生管理系統指引，建置適合該事業單位之職業安全衛生管理系統？【12 分】
> （三）職業安全衛生管理系統應包括下列安全衛生事項？【10 分】

答

（一）事業，依危害風險之不同區分如下：

　　一、第一類事業：具顯著風險者。

　　二、第二類事業：具中度風險者。

　　三、第三類事業：具低度風險者。

（二）事業單位，雇主應依國家標準 CNS 45001 同等以上規定，建置適合該事業單位之職業安全衛生管理系統，並據以執行：

　　一、第一類事業勞工人數在 200 人以上者。

　　二、第二類事業勞工人數在 500 人以上者。

　　三、有從事石油裂解之石化工業工作場所者。

　　四、有從事製造、處置或使用危害性之化學品，數量達中央主管機關規定量以上之工作場所者。

（三）職業安全衛生管理系統應包括：

　　一、政策

　　二、組織設計

　　三、規劃與實施

四、評估

五、改善措施

3-1-1-7 臺灣港務公司 109 年度新進從業人員甄試
職業安全衛生法規與工業衛生概論

> 請依職業安全衛生法、職業安全衛生法施行細則及職業安全衛生設施規則等法規，回答下列問題：
> (一) 職業安全衛生設施規則所稱可燃性氣體包括哪些物質？【5分】
> (二) 請列出5項應符合機械器具安全防護標準規定之高危害性機械。【10分】
> (三) 請列出有立即發生危險之虞之5種災害類型。【10分】

答

(一) 依「職業安全衛生設施規則」所稱可燃性氣體，指下列危險物：

一、氫。

二、乙炔、乙烯。

三、甲烷、乙烷、丙烷、丁烷。

四、其他於1大氣壓下，攝氏15度時，具有可燃性之氣體。

(二) 中央主管機關指定之機械、設備或器具如下：

一、動力衝剪機械。

二、手推刨床。

三、木材加工用圓盤鋸。

四、動力堆高機。

五、研磨機。

六、研磨輪。

七、防爆電氣設備。

八、動力衝剪機械之光電式安全裝置。

九、手推刨床之刃部接觸預防裝置。

十、木材加工用圓盤鋸之反撥預防裝置及鋸齒接觸預防裝置。

十一、其他經中央主管機關指定公告者。

(三) 依「職業安全衛生法施行細則」所稱立即發生危險之虞時，指勞工處於需採取緊急應變或立即避難之下列情形之一：

一、自設備洩漏大量危害性化學品，致有發生爆炸、火災或中毒等危險之虞時。

二、從事河川工程、河堤、海堤或圍堰等作業，因強風、大雨或地震，致有發生危險之虞時。

三、從事隧道等營建工程或管溝、沉箱、沉筒、井筒等之開挖作業，因落磐、出水、崩塌或流砂侵入等，致有發生危險之虞時。

四、於作業場所有易燃液體之蒸氣或可燃性氣體滯留，達爆炸下限值之 30% 以上，致有發生爆炸、火災危險之虞時。

五、於儲槽等內部或通風不充分之室內作業場所，致有發生中毒或窒息危險之虞時。

六、從事缺氧危險作業，致有發生缺氧危險之虞時。

七、於高度 2 公尺以上作業，未設置防墜設施及未使勞工使用適當之個人防護具，致有發生墜落危險之虞時。

八、於道路或鄰接道路從事作業，未採取管制措施及未設置安全防護設施，致有發生危險之虞時。

九、其他經中央主管機關指定公告有發生危險之虞時之情形。

(一) 依營造安全衛生設施標準規定訂定墜落災害防止計畫，應採取哪些災害防止措施（其他除外）？【10分】

(二) 請列舉5種危險性機械（其他經中央主管機關指定公告具危險性機械除外）？【15分】

答

(一) 依營造安全衛生設施標準規定訂定墜落災害防止計畫，應下列風險控制之先後順序規劃，並採取適當墜落災害防止設施：

一、經由設計或工法之選擇，儘量使勞工於地面完成作業，減少高處作業項目。

二、經由施工程序之變更，優先施作永久構造物之上下設備或防墜設施。

三、設置護欄、護蓋。

四、張掛安全網。

五、使勞工佩掛安全帶。

六、設置警示線系統。

七、限制作業人員進入管制區。

八、對於因開放邊線、組模作業、收尾作業等及採取第一款至第五款規定之設施致增加其作業危險者，應訂定保護計畫並實施。

(二) 依危險性機械設備安全檢查規則，危險性機械設備如下：

一、固定式起重機：吊升荷重在3公噸以上之固定式起重機或1公噸以上之斯達卡式起重機。

二、移動式起重機：吊升荷重在3公噸以上之移動式起重機。

三、人字臂起重桿：吊升荷重在3公噸以上之人字臂起重桿。

四、營建用升降機：設置於營建工地，供營造施工使用之升降機。

五、營建用提升機：導軌或升降路高度在 20 公尺以上之營建用提升機。

六、吊籠：載人用吊籠。

3-1-1-8 臺灣港務公司 113 年度新進從業人員甄試 職業安全衛生法規與工業衛生概論

> 依據職業安全衛生法規，雇主對於具危害健康之化學品，應依其健康危害、散布狀況及使用量等情況，評估風險等級，並採取分級管理措施。試說明化學品化學品分級管理的五步驟。【25 分】

答

（一）劃分危害群組：根據化學品的 GHS 健康危害分類及分級，找出相對應的危害群組 E～A，以進行後續的危害暴露及評估程序。

（二）判定散布狀況：針對化學品散布到空氣中的狀況，固體的粉塵度及液體的揮發度來決定其散布狀況。

（三）選擇使用量：使用量多寡會影響到製程中該化學品的暴露量，判定為小量、中量或大量。

（四）決定管理方法：根據化學品的危害群組（E、D、C、B 及 A）、使用量、粉塵度或揮發度，對照下風險矩陣，即可判斷出該化學品在設定的環境條件下的風險等級。

（五）參考暴露控制表單：管理措施包括整體換氣、局部排氣、密閉操作、暴露濃度監測、呼吸防護具、尋求專家建議等。

> 依據職業安全衛生法規，雇主使勞工從事重複性之作業，為避免勞工因姿勢不良、過度施力及作業頻率過高等原因，促發肌肉骨骼疾病，應採取哪五項危害預防措施，做成執行紀錄並留存三年？【25分】

答

依據職業安全衛生設施規則第324-1條：

（一）分析作業流程、內容及動作。

（二）確認人因性危害因子。

（三）評估、選定改善方法及執行。

（四）執行成效之評估及改善。

（五）其他有關安全衛生事項。

> 某事業單位係屬於應實施母性健康保護之工作場所（屬鉛作業場所），請回答下列問題：
> （一）何謂母性健康保護期間，雇主應依風險等級分三級管理，請說明如何區分這三級。【15分】
> （二）母性健康保護相關措施之文件紀錄，應至少保存幾年？【5分】

答

（一）依據女性勞工母性健康保護實施辦法第10條：

雇主使女性勞工從事第四條之鉛及其化合物散布場所之工作，應依下列血中鉛濃度區分風險等級，但經醫師評估須調整風險等級者，不在此限：

1. 第一級管理：血中鉛濃度低於 5 μg/dl 者。

2. 第二級管理：血中鉛濃度在 5 μg/dl 以上未達 10 μg/dl。

3. 第三級管理：血中鉛濃度在 10 μg/dl 以上者。

(二) 依據女性勞工母性健康保護實施辦法第 14 條：
1. 雇主依本辦法採取之危害評估、控制方法、面談指導、適性評估及相關採行措施之執行情形，均應予記錄，並將相關文件及紀錄至少保存三年。

依據職業安全衛生設施規則規定，雇主使勞工夏季期間從事戶外作業，為防範環境引起之熱疾病，應視天候狀況採取下列危害預防措施，請列舉 5 項預防措施。【25 分】

答

依據職業安全衛生設施規則第 324-6 條：

(一) 降低作業場所之溫度。

(二) 提供陰涼之休息場所。

(三) 提供適當之飲料或食鹽水。

(四) 調整作業時間。

(五) 增加作業場所巡視之頻率。

(六) 實施健康管理及適當安排工作。

(七) 採取勞工熱適應相關措施。

(八) 留意勞工作業前及作業中之健康狀況。

(九) 實施勞工熱疾病預防相關教育宣導。

(十) 建立緊急醫療、通報及應變處理機制。

3-1-1-9 中華郵政公司 107 年專業職人員甄試
勞工安全衛生法規概要

> 依職業安全衛生法,職業災害指因勞動場所之建築物、機械、設備、原料、材料、化學品、氣體、蒸氣、粉塵等或作業活動及其他職業上原因引起之工作者疾病、傷害、失能或死亡。請回答下列問題:
> (一) 勞動場所之定義為何?【6分】
> (二) 職業上原因所指為何?【5分】
> (三) 工作者之定義為何?【6分】
> (四) 依職業災害勞工保護法,未加入勞工保險而遭遇職業災害之勞工可申請哪些補助?【8分】

答

(一) 勞動場所,包括下列場所:

　　一、於勞動契約存續中,由雇主所提示,使勞工履行契約提供勞務之場所。

　　二、自營作業者實際從事勞動之場所。

　　三、其他受工作場所負責人指揮或監督從事勞動之人員,實際從事勞動之場所。

(二) 職業上原因:指隨作業活動所衍生,於勞動上一切必要行為及其附隨行為而具有相當因果關係者。

(三) 工作者:指勞工、自營作業者及其他受工作場所負責人指揮或監督從事勞動之人員。

(四) 依職業災害勞工保護法,未加入勞工保險而遭遇職業災害之勞工可申請得比照勞工保險條例之標準,按最低投保薪資申請職業災害失能、死亡補助。

> 依職業安全衛生法，事業單位以其事業招人承攬時，原事業單位應負哪些承攬管理之安全衛生責任與義務？【25分】

答

（一）連帶責任

事業單位以其事業招人承攬時，其承攬人就承攬部分負本法所定雇主之責任；原事業單位就職業災害補償仍應與承攬人負連帶責任。再承攬者亦同。

原事業單位違反本法或有關安全衛生規定，致承攬人所僱勞工發生職業災害時，與承攬人負連帶賠償責任。再承攬者亦同。

（二）危害告知

事業單位以其事業之全部或一部分交付承攬時，應於事前告知該承攬人有關其事業工作環境、危害因素暨本法及有關安全衛生規定應採取之措施。

承攬人就其承攬之全部或一部分交付再承攬時，承攬人亦應依前項規定告知再承攬人。

（三）共同作業時

事業單位與承攬人、再承攬人分別僱用勞工共同作業時，為防止職業災害，原事業單位應採取下列必要措施：

一、設置協議組織，並指定工作場所負責人，擔任指揮、監督及協調之工作。

二、工作之連繫與調整。

三、工作場所之巡視。

四、相關承攬事業間之安全衛生教育之指導及協助。

五、其他為防止職業災害之必要事項。

事業單位分別交付二個以上承攬人共同作業而未參與共同作業時，應指定承攬人之一負前項原事業單位之責任。

> 依中華民國 106 年 11 月 13 日修正之勞工健康保護規則,請回答下列問題:
> (一) 哪些事業單位應視工作場所之規模及性質,僱用從事勞工健康服務之護理人員,辦理臨場健康服務?【6分】
> (二) 前題之事業單位有哪些情形時,所配置之護理人員,得以特約方式為之?【7分】
> (三) 前題之事業單位在何種情形下,得僱用或特約勞工健康服務相關人員提供服務?【6分】
> (四) 勞工健康服務相關人員之定義為何?【6分】

答

(一) 依據勞工健康保護規則 110 年修正後第 3 條第一項之規定,事業單位勞工人數在 300 人以上或從事特別危害健康作業之勞工人數在 50 人以上者,應視其規模及性質,分別依附表二與附表三所定之人力配置及臨場服務頻率,僱用或特約從事勞工健康服務之醫師及僱用從事勞工健康服務之護理人員(以下簡稱醫護人員),辦理勞工健康服務。

(二) 110 年修正後原條款刪除,依據勞工健康保護規則第 4 條規定,事業單位勞工人數在 50 人以上未達 300 人者,應視其規模及性質,依附表四所定特約醫護人員臨場服務頻率,辦理勞工健康服務。

前項所定事業單位,經醫護人員評估勞工有心理或肌肉骨骼疾病預防需求者,得特約勞工健康服務相關人員提供服務;其服務頻率,得納入附表四計算。但各年度由從事勞工健康服務護理人員之總服務頻率,應達 1/2 以上。

(三) 事業單位之同一工作場所,勞工總人數在 300 人以上或從事特別危害健康作業之勞工總人數在 50 人以上之事業或事業分散於不同地區,其與所屬各地區事業單位之勞工總人數達 3,000 人

以上之事業，經醫護人員評估其勞工有心理或肌肉骨骼疾病預防需求者，得僱用或特約勞工健康服務相關人員提供服務。

(四) 勞工健康服務相關人員：指具備心理師、職能治療師或物理治療師等資格，並經相關訓練合格者。

> 請回答下列問題：
> (一) 依職業安全衛生設施規則，雇主使勞工從事重複性之作業，為避免勞工因姿勢不良、過度施力及作業頻率過高等原因促發肌肉骨骼疾病，應採取哪些危害預防措施？【10分】
> (二) 依勞動部職業安全衛生署公告之人因性危害預防計畫指引，人因性危害預防應包含哪些工作項目？以及其負責之人員分別為何？【11分】
> (三) 請列舉兩項人因性危害預防計畫的量化績效指標。【4分】

答

(一) 依職業安全衛生設施規則第324-1條，應採取下列危害預防措施：

一、分析作業流程、內容及動作。

二、確認人因性危害因子。

三、評估、選定改善方法及執行。

四、執行成效之評估及改善。

五、其他有關安全衛生事項。

(二) 依人因性危害預防計畫指引，應包含之工作項目以及其負責之人員分別如下：

一、肌肉骨骼傷病及危害調查（以下簡稱傷病調查）：醫護人員及安全衛生管理人員。

二、作業分析及危害評估：安全衛生管理人員（宜經適當訓練）。

三、改善方案：安全衛生管理、部門主管、廠務等人員。

四、管控追蹤：安全衛生管理人員及醫護人員。

(三) 人因性危害預防計畫的量化績效指標列舉如下：

一、計畫目標的達成率。

二、工時損失

三、生產力提高

四、肌肉骨骼傷病風險

五、勞工抱怨或滿意度

3-1-1-10 中華郵政公司 108 年營運職人員甄試 職業安全衛生法規（含一般安全衛生法規、職業安全法規及職業衛生法規）

請回答下列問題：

(一) 依職業安全衛生法之規定，請列舉 3 項勞工應遵行之義務。【6 分】

(二) 請說明何謂「勞工健康服務相關人員」？【5 分】

(三) 依據職業安全衛生法有關承攬之規定，如果承攬人所僱勞工發生職業災害時，原事業單位與承攬人（或再承攬者）要負哪 2 種連帶責任？【4 分】

(四) 依據職業安全衛生法規定，雇主應會同勞工代表訂定適合其需要之安全衛生工作守則，請問工作守則內容包含哪些事項？請列出 5 項。（其他有關安全衛生事項除外）【5 分】

答

(一) 依職業安全衛生法之規定，勞工應遵循之義務如下：

1. 對於僱用勞工時，應施行之體格檢查和對在職勞工應施行之健康檢查，有接受之義務。

  2. 雇主對勞工施以從事工作與預防災變所必要之安全衛生教育及訓練，勞工有接受之義務。

  3. 對於雇主應依本法及有關規定會同勞工代表訂定適合其需要之安全衛生工作守則，應切實遵行。

(二) 依勞工健康保護規則規定，「勞工健康服務相關人員」為具備心理師、職能治療師或物理治療師等資格，並經相關訓練合格者。

(三) 依據職業安全衛生法有關承攬之規定，事業單位以其事業招人承攬時，其承攬人就承攬部分負本法所定雇主之責任；原事業單位就職業災害補償仍應與承攬人負連帶責任。再承攬者亦同。原事業單位違反本法或有關安全衛生規定，致承攬人所僱勞工發生職業災害時，與承攬人負連帶賠償責任。再承攬者亦同。

(四) 依據職業安全衛生法規定，工作守則內容包含：

  一、事業之安全衛生管理及各級之權責。

  二、機械、設備或器具之維護及檢查。

  三、工作安全及衛生標準。

  四、教育及訓練。

  五、健康指導及管理措施。

  六、急救及搶救。

  七、防護設備之準備、維持及使用。

  八、事故通報及報告。

「職業安全衛生法」規定，雇主應妥為規劃及採取保護勞工身心健康之必要安全衛生措施，包括重複性作業等促發肌肉骨骼疾病之預防及輪班、夜間工作、長時間工作等異常工作負荷促發疾病之預防，請下列相關規定之問題：

(一) 重複性作業等促發肌肉骨骼疾病之危害預防措施應包含哪些事項（其他有關安全衛生事項除外）？何種事業單位之雇主應依作業特性及風險，參照中央主管機關公告之相關指引，訂定人因性危害預防計畫？【8分】

(二) 輪班、夜間工作、長時間工作等異常工作負荷促發疾病之危害預防措施應包含哪些事項（其他有關安全衛生事項除外）？何種事業單位之雇主應依勞工作業環境特性、工作形態及身體狀況，參照中央主管機關公告之相關指引，訂定異常工作負荷促發疾病預防計畫？【10分】

(三) 前兩小題之危害預防措施應作成執行紀錄並留存幾年？【2分】

【108-交通部】

答

(一) 1. 重複性作業等促發肌肉骨骼疾病之危害預防措施應包含下列事項：

　　一、分析作業流程、內容及動作。

　　二、確認人因性危害因子。

　　三、評估、選定改善方法及執行。

　　四、執行成效之評估及改善。

　2. 事業單位勞工人數達100人以上者，雇主應依作業特性及風險，參照中央主管機關公告之相關指引，訂定人因性危害預防計畫。

(二) 1. 異常工作負荷促發疾病之危害預防措施應包含下列事項：

　　一、辨識及評估高風險群。

二、安排醫師面談及健康指導。

三、調整或縮短工作時間及更換工作內容之措施。

四、實施健康檢查、管理及促進。

五、執行成效之評估及改善。

2. 疾病預防措施,事業單位依規定配置有醫護人員從事勞工健康服務者,雇主應依勞工作業環境特性、工作形態及身體狀況,參照中央主管機關公告之相關指引,訂定異常工作負荷促發疾病預防計畫。

(三) 危害預防措施應作成執行紀錄,並留存 3 年。

為防止電器災害,請依「職業安全衛生設施規則」,請回答下列有關電氣安全之問題:
(一) 雇主對於裝設之電氣設備,平時應注意哪些事項?【15分】
(二) 雇主對於電氣技術人員,除應責成其依電氣有關法規規定辦理,並應責成其工作遵守哪些事項?【15分】

答

(一) 依「職業安全衛生設施規則」,電氣設備平時應注意下列事項:

一、發電室、變電室、或受電室內之電路附近,不得堆放任何與電路無關之物件或放置床、舖、衣架等。

二、與電路無關之任何物件,不得懸掛或放置於電線或電氣器具。

三、不得使用未知或不明規格之工業用電氣器具。

四、電動機械之操作開關,不得設置於工作人員須跨越操作之位置。

五、防止工作人員感電之圍柵、屏障等設備,如發現有損壞,應即修補。

(二) 依「職業安全衛生設施規則」，對於電氣技術人員或其他電氣負責人員應責成其工作遵守下列事項：

一、隨時檢修電氣設備，遇有電氣火災或重大電氣故障時，應切斷電源，並即聯絡當地供電機構處理。

二、電線間、直線、分歧接頭及電線與器具間接頭，應確實接牢。

三、拆除或接裝保險絲以前，應先切斷電源。

四、以操作棒操作高壓開關，應使用橡皮手套。

五、熟悉發電室、變電室、受電室等其工作範圍內之各項電氣設備操作方法及操作順序。

有關事業單位應設置急救人員辦理急救事宜，請回答下列問題：

(一) 依「勞工健康保護規則」，具備哪些專業資格者可擔任急救人員？【9分】急救人員不得有哪些足以妨礙急救之身體狀況？【6分】

(二) 承第(一)小題，急救人員之設置人數規定為何？【6分】

(三) 依「職業安全衛生教育訓練規則」，請寫出三個急救人員之安全衛生教育訓練課程內容。【6分】擔任急救人員前應接受幾小時之安全衛生教育訓練？【3分】

答

(一) 依「勞工健康保護規則」，急救人員應具下列資格之一：

一、醫護人員。

二、經職業安全衛生教育訓練規則所定急救人員之安全衛生教育訓練合格。

三、緊急醫療救護法所定救護技術員。

依「勞工健康保護規則」，急救人員不得有下列足以妨礙急救之身體狀況：

一、失聰。

二、兩眼裸視或矯正視力後均在 0.6 以下。

三、失能。

四、健康不良等，足以妨礙急救情形。

(二) 急救人員之設置人數規定，依勞工健康保護規則第 15 條：急救人員，每一輪班次應至少置 1 人；其每一輪班次勞工人數超過 50 人者，每增加 50 人，應再置 1 人。但事業單位有下列情形之一，且已建置緊急連線、通報或監視裝置等措施者，不在此限：

一、第一類事業，每一輪班次僅 1 人作業。

二、第二類或第三類事業，每一輪班次勞工人數未達 5 人。

(三) 依「職業安全衛生教育訓練規則」，急救人員之安全衛生教育訓練課程內容如下：

一、急救概論（含緊急處置原則、實施緊急裝置、人體構造介紹）1 小時

二、敷料與繃帶（含實習）2 小時

三、心肺復甦術及自動體外心臟去顫器（AED）（含實習）3 小時

四、中毒、窒息 2 小時

五、創傷及止血（含示範）2 小時

六、休克、燒傷及燙傷 2 小時

七、骨骼及肌肉損傷（含實習）2 小時

八、傷患處理及搬運（含實習）2 小時

依「職業安全衛生教育訓練規則」，急救人員應接受 16 小時安全衛生教育訓練。

3-1-1-11 中華郵政公司 108 年專業職人員甄試
職業安全衛生法規概要

> 依「職業安全衛生教育訓練規則」,雇主對新僱之一般勞工,應使其接受適於該工作必要之一般安全衛生教育訓練,請回答下列相關規定之問題:
> (一) 一般安全衛生教育訓練之課程應有哪些(其他與勞工作業有關之安全衛生知識除外)?上課時數不得少於幾小時?【13 分】
> (二) 雇主辦理一般安全衛生教育訓練,應保存哪些實施資料?【5 分】
> (三) 第(二)題之實施資料應保存幾年?【2 分】

答

(一) 一般安全衛生教育訓練課程如下:

　　一、作業安全衛生有關法規概要

　　二、職業安全衛生概念及安全衛生工作守則

　　三、作業前、中、後之自動檢查

　　四、標準作業程序

　　五、緊急事故應變處理

　　六、消防及急救常識暨演練

　　七、其他與勞工作業有關之安全衛生知識

　　新僱勞工或在職勞工於變更工作前依實際需要排定時數,不得少於 3 小時。

(二) 雇主、訓練單位辦理一般安全衛生教育訓練,應保存訓練教材、課程表等之訓練計畫、受訓人員名冊、簽到紀錄、課程內容等實施資料。

(三) 實施資料應保存 3 年。

請回答下列問題：

(一) 依職業安全衛生法第 5 條之規定，雇主使勞工從事工作，應在合理可行範圍內，採取必要之預防設備或措施，使勞工免於發生職業災害。請說明何謂「合理可行範圍」？【8 分】

(二) 同上條文：機械、設備、器具、原料、材料等物件之設計、製造或輸入者及工程之設計或施工者，應於設計、製造、輸入或施工規劃階段實施風險評估，致力防止此等物件於使用或工程施工，發生職業災害。請說明「實施風險評估」包括哪 3 個程序？【6 分】

(三) 職業安全衛生法明訂雇主對輪班、夜間工作、長時間工作等異常工作負荷，應採取促發疾病之預防措施，請就職業安全衛生設施規則內涵，列出 3 項應採取之預防措施（無須列出條文編號）。【6 分】

答

(一) 合理可行範圍：指依職業安全衛生法及有關安全衛生法令、指引、實務規範或一般社會通念，雇主明知或可得而知等。

(二) 風險評估：指辨識、分析及評量風險之程序。

(三) 應採取之預防措施如下：

　　一、辨識及評估高風險群。

　　二、安排醫師面談及健康指導。

　　三、調整或縮短工作時間及更換工作內容之措施。

　　四、實施健康檢查、管理及促進。

　　五、執行成效之評估及改善。

　　六、其他有關安全衛生事項。

請回答下列問題：

(一) 依職業安全衛生法及其施行細則之規定，請列舉 3 項雇主應會同勞工代表辦理之事項。【9 分】

(二) 依據職業安全衛生管理辦法之規定，若某事業單位屬於中央主管機關所定應建置職業安全衛生管理系統者，請問此管理系統應包括哪 5 項安全衛生事項？【10 分】

(三) 依據女性勞工母性健康保護實施辦法規定，何謂「母性健康保護期間」？【5 分】

(四) 為於源頭減少機械、設備或器具引起之危害，依據職業安全衛生法規定，製造者、輸入者、供應者或雇主，對於中央主管機關指定之機械、設備或器具，其構造、性能及防護非符合 (A) 者，不得產製運出廠場、輸入、租賃、供應或設置；又製造者或輸入者對於中央主管機關公告列入型式驗證之機械、設備或器具，非經中央主管機關認可之驗證機構實施 (B) 及 (C)，不得產製運出廠場或輸入。請回答 (A)～(C) 空格內應填入之內容。（標示出空格代號即可，無須抄題）【6 分】

答

(一) 依職業安全衛生法及其施行細則之規定，雇主應會同勞工代表辦理之事項如下：

一、訂定適合其需要之安全衛生工作守則

二、實施作業環境監測

三、調查及分析職業災害

(二) 安全衛生管理系統應包括下列安全衛生事項：

一、政策

二、組織設計

三、規劃與實施

四、評估

五、改善措施

（三）「母性健康保護期間」（簡稱保護期間）：指雇主於得知女性勞工妊娠之日起至分娩後 1 年之期間。

（四）(A) 安全標準

(B) 型式驗證合格

(C) 張貼合格標章

請回答下列 (A) ~ (J) 空格內應填入之內容：（標示出各小題題號及空格代號即可，無須抄題）

（一）依據職業安全衛生設施規則之規定，雇主使勞工從事重複性之作業，為避免勞工因 (A) 、 (B) 及 (C) 等原因，促發肌肉骨骼疾病，應採取危害預防措施，作成執行紀錄並留存三年。【9 分】

（二）職業安全衛生法為加強母性健康保護，明定雇主對於女性勞工從事有母性健康危害之虞之工作應採取以下措施，包括 (D) 、 (E) 、 (F) 、工作適性安排及其他相關措施。【9 分】

（三）依據職業安全衛生法第 18 條規定，如果工作場所有立即發生危險之虞時，雇主或工作場所負責人應 (G) ，並使勞工 (H) 。如果勞工執行職務發現有立即發生危險之虞時，得在不危及其他工作者安全情形下，自行 (I) ，並立即 (J) 【12 分】

答

(A) 姿勢不良

(B) 過度施力

(C) 作業頻率過高

(D) 危害評估與控制

(E) 醫師面談指導

(F) 風險分級管理

(G) 即令停止作業

(H) 退避至安全場所

(I) 停止作業

(J) 向直屬主管報告

3-1-1-12 中華郵政公司 110 年營運職人員甄試 職業安全衛生法規（含一般安全衛生法規、職業安全法規及職業衛生法規）

> 依職業安全衛生法及其施行細則規定，請回答下列問題：
>
> （一）事業單位工作場所發生職業災害，雇主應即採取必要之急救、搶救等措施，並會同勞工代表實施調查、分析及作成紀錄。此勞工代表應如何產生？【10 分】
>
> （二）承第（一）小題，必要之急救、搶救等措施，係指何者？【7 分】
>
> （三）事業單位勞動場所發生罹災人數三人以上之職業災害，雇主應於幾小時內通報勞動檢查機構？【3 分】
>
> （四）承第（三）小題，發生罹災人數三人以上之職業災害，係指何者？【5 分】

答

（一）依據職業安全衛生法施行細則第 43 條規定，本法第三十四條第一項、第三十七條第一項所定之勞工代表，事業單位設有工會者，由工會推派之；無工會組織而有勞資會議者，由勞方代表推選之；無工會組織且無勞資會議者，由勞工共同推選之。

（二）依據職業安全衛生法施行細則第 46-1 條規定，本法第三十七條第一項所定雇主應即採取必要之急救、搶救等措施，包含下列事項：

一、緊急應變措施,並確認工作場所所有勞工之安全。

二、使有立即發生危險之虞之勞工,退避至安全場所。

(三) 依據職業安全衛生法第 37 條規定,事業單位勞動場所發生罹災人數 3 人以上之職業災害,雇主應於 8 小時內通報勞動檢查機構。

(四) 依據職業安全衛生法施行細則第 48 條規定,本法第三十七條第二項第二款所稱發生災害之罹災人數在 3 人以上者,指於勞動場所同一災害發生工作者永久全失能、永久部分失能及暫時全失能之總人數達 3 人以上者。

依女性勞工母性健康保護實施辦法規定,請回答下列問題:

(一) 事業單位勞工人數在多少人以上者,其女性勞工於保護期間,從事可能影響胚胎發育、妊娠或哺乳期間之母體及嬰兒健康之工作,應實施母性健康保護?【3 分】

(二) 雇主對於母性健康保護,應使職業安全衛生人員會同從事勞工健康服務醫護人員,辦理哪些事項(其他經中央主管機關指定公告者除外),並使從事勞工健康服務醫護人員告知勞工其評估結果及管理措施?【7 分】

(三) 針對保護期間從事易造成健康危害之工作,如人力提舉、搬運工作之女性勞工,其分級風險管理之區分風險等級原則為何?【7 分】

(四) 經採取母性健康保護措施後,發現保護期間之女性勞工有健康狀況異常情形時,應採取哪些措施?【8 分】

答

(一) 依女性勞工母性健康保護實施辦法第 3 條規定,事業單位勞工人數在 100 人以上者,其勞工於保護期間,從事可能影響胚胎發育、妊娠或哺乳期間之母體及嬰兒健康之工作,應實施母性健康保護。

(二) 依女性勞工母性健康保護實施辦法第 6 條規定,雇主對於前三條之母性健康保護,應使職業安全衛生人員會同從事勞工健康服務醫護人員,辦理下列事項:

一、辨識與評估工作場所環境及作業之危害,包含物理性、化學性、生物性、人因性、工作流程及工作型態等。

二、依評估結果區分風險等級,並實施分級管理。

三、協助雇主實施工作環境改善與危害之預防及管理。

四、其他經中央主管機關指定公告者。

(三) 依女性勞工母性健康保護實施辦法第 9 條規定,雇主使保護期間之勞工從事第 3 條或第 5 條第 2 項之工作,應依下列原則區分風險等級:

一、符合下列條件之一者,屬第一級管理:

1. 作業場所空氣中暴露濃度低於容許暴露標準 1/10。

2. 第 3 條或第 5 條第 2 項之工作或其他情形,經醫師評估無害母體、胎兒或嬰兒健康。

二、符合下列條件之一者,屬第二級管理:

1. 作業場所空氣中暴露濃度在容許暴露標準 1/10 以上未達 1/2。

2. 第 3 條或第 5 條第 2 項之工作或其他情形,經醫師評估可能影響母體、胎兒或嬰兒健康。

三、符合下列條件之一者,屬第三級管理:

1. 作業場所空氣中暴露濃度在容許暴露標準 1/2 以上。

2. 第 3 條或第 5 條第 2 項之工作或其他情形,經醫師評估有危害母體、胎兒或嬰兒健康。

(四) 經採取母性健康保護措施後,發現保護期間之女性勞工有健康狀況異常情形時,需進一步評估或追蹤檢查者,雇主應轉介婦

產科專科醫師或其他專科醫師,並請其註明臨床診斷與應處理及注意事項。

> 請回答下列問題:
> (一) 在 2021 年 4 月 2 日臺鐵太魯閣 408 車次發生出軌意外後,工區安全概念差為釀禍主因又引起諸多檢討。以台北市勞動局統計 106 年至 110 年 4 月 15 日止發生的重大職災資料為例,近四年來,違反《職業安全衛生法》相關規定中,以「事業單位或承攬人未實施承攬管理」最多,請依《職業安全衛生法》列舉 3 項事業單位與承攬人、再承攬人分別雇用勞工共同作業時,為防止職業災害,原事業單位應採取哪些必要措施?【12 分】
> (二) 承第 (一) 小題,近四年違規態樣第二名是高處工地之開口未防護所導致之墜落死亡,請問依《職業安全衛生設施規則》雇主對於在高度 (A) 公尺以上之高處作業,勞工有墜落之虞者,應使勞工確實使用安全帶、安全帽及其他必要之防護具,但經雇主採 (B) 等措施者,不在此限。【8 分】
> (三) 又「進入工地未戴安全帽」是近四年違規態樣第三名。許多從事高處作業的營造工地勞工,因未戴安全帽或戴不符標準的安全帽,發生頭顱撞擊地面死亡等災害,請問若營造工地勞工未戴安全帽,是否可對雇主處以罰鍰?請說明原因。【5 分】

答

(一) 依職業安全衛生法第 27 條規定,事業單位與承攬人、再承攬人分別僱用勞工共同作業時,為防止職業災害,原事業單位應採取下列必要措施:

　　一、設置協議組織,並指定工作場所負責人,擔任指揮、監督及協調之工作。

　　二、工作之連繫與調整。

三、工作場所之巡視。

四、相關承攬事業間之安全衛生教育之指導及協助。

五、其他為防止職業災害之必要事項。

(二) 依據職業安全衛生設施規則第 281 條規定，雇主對於在高度 2 公尺以上之高處作業，勞工有墜落之虞者，應使勞工確實使用安全帶、安全帽及其他必要之防護具，但經雇主採安全網等措施者，不在此限。故 (A) 2；(B) 安全網。

(三) 營造工地勞工未戴安全帽，是可對雇主處以罰鍰。原因：營造工地勞工未戴安全帽違反營造安全衛生設施標準第 11-1 條規定，雇主對於進入營繕工程工作場所作業人員，應提供適當安全帽，並使其正確戴用。依據職安法相關規定，違反職業安全衛生法第 6 條第 1 項規定，依職安法第 43 條第 2 款規定，處新臺幣 3 萬元以上 30 萬元以下罰鍰。

請回答下列問題：

(一) 依職業安全衛生管理辦法規定，哪些事業單位，雇主應依國家標準 CNS 45001 同等以上規定，建置適合該事業單位之職業安全衛生管理系統，並據以執行？【8 分】安全衛生管理之執行，應作成紀錄，並保存幾年？【2 分】

(二) 依行政院勞動部所公告之臺灣職業安全衛生管理系統指引指出，組織所建立的職業衛生管理系統包括哪五個主要要素？【15 分】

答

(一) 依職業安全衛生管理辦法第 12-2 條規定，下列事業單位，雇主應依國家標準 CNS 45001 同等以上規定，建置適合該事業單位之職業安全衛生管理系統，並據以執行：

一、第一類事業勞工人數在 200 人以上者。

二、第二類事業勞工人數在 500 人以上者。

三、有從事石油裂解之石化工業工作場所者。

四、有從事製造、處置或使用危害性之化學品，數量達中央主管機關規定量以上之工作場所者。

另，依職業安全衛生管理辦法第 12-1 條第 3 項規定，職業安全衛生管理事項之執行，應作成紀錄，並保存 3 年。

(二) 依行政院勞動部所公告之臺灣職業安全衛生管理系統指引指出，組織所建立的職業安全衛生管理系統，包括政策、組織設計、規劃與實施、評估和改善措施 5 個主要要素。

3-1-1-13 中華郵政公司 112 年營運職人員甄試職業安全衛生法規（含一般安全衛生法規、職業安全法規及職業衛生法規）

依職業安全衛生法施行細則所規定之作業場所，雇主應依規定實施作業環境監測，請回答下列問題：

(一) 勞工工作日時量平均綜合溫度熱指數在中央主管機關規定值以上者，應每 3 個月監測綜合溫度熱指數一次以上，其所包含的作業場所為何？【14 分】

(二) 下列場所應實施作業環境監測，請寫出 (A)、(B)、(C) 應填入之數字為何？【6 分】1. 粉塵危害預防標準所稱之特定粉塵作業場所，應每 (A) 個月監測粉塵濃度一次以上。2. 鉛中毒預防規則所稱鉛作業之作業場所，應每 (B) 個月監測鉛濃度一次以上。3. 四烷基鉛中毒預防規則所稱四烷基鉛作業之作業場所，應每 (C) 個月監測四烷基鉛濃度一次以上。

(三) 依勞工作業環境監測實施辦法第 9 條規定，雇主於何種情況時需評估其勞工暴露之風險，並在有增加暴露風險之虞者，應即實施作業環境監測？【5 分】

答

(一) 依據高溫作業勞工作息時間標準第 1 條：本標準所定高溫作業，為勞工工作日時量平均綜合溫度熱指數達第五條連續作業規定值以上之下列作業：

一、於鍋爐房從事之作業。

二、灼熱鋼鐵或其他金屬塊壓軋及鍛造之作業。

三、於鑄造間處理熔融鋼鐵或其他金屬之作業。

四、鋼鐵或其他金屬類物料加熱或熔煉之作業。

五、處理搪瓷、玻璃、電石及熔爐高溫熔料之作業。

六、於蒸汽火車、輪船機房從事之作業。

七、從事蒸汽操作、燒窯等作業。

八、其他經中央主管機關指定之高溫作業。

前項作業，不包括已採取自動化操作方式且勞工無暴露熱危害之虞者。

(二) 依據勞工作業環境監測實施辦法

1. 粉塵危害預防標準所稱之特定粉塵作業場所，應每 (A) 6 個月監測粉塵濃度一次以上。

2. 鉛中毒預防規則所稱鉛作業之作業場所，應每個 (B) 12 月監測鉛濃度一次以上。

3. 四烷基鉛中毒預防規則所稱四烷基鉛作業之作業場所，應每 (C) 12 個月監測四烷基鉛濃度 1 次以上。

(三) 依據勞工作業環境監測實施辦法第 9 條：

前二條作業場所，雇主於**引進或修改製程、作業程序、材料及設備**時，應評估其勞工暴露之風險，有增加暴露風險之虞者，應即實施作業環境監測。

依職業安全衛生法及施行細則之規定,雇主應依其事業單位之規模、性質,訂定職業安全衛生管理計畫,請回答下列問題:

(一) 職業安全衛生管理計畫,包括哪些事項?請列舉其中 10 項。【20 分】

(二) 應建置職業安全衛生管理系統的事業單位,除了達一定規模以上者,另有依職業安全衛生法第 15 條所述應建置之工作場所為何?【5 分】

答

(一) 依據職業安全衛生法施行細則第 31 條:

本法第二十三條第一項所定職業安全衛生管理計畫,包括下列事項:

一、工作環境或作業危害之辨識、評估及控制。

二、機械、設備或器具之管理。

三、危害性化學品之分類、標示、通識及管理。

四、有害作業環境之採樣策略規劃及監測。

五、危險性工作場所之製程或施工安全評估。

六、採購管理、承攬管理及變更管理。

七、安全衛生作業標準。

八、定期檢查、重點檢查、作業檢點及現場巡視。

九、安全衛生教育訓練。

十、個人防護具之管理。

十一、健康檢查、管理及促進。

十二、安全衛生資訊之蒐集、分享及運用。

十三、緊急應變措施。

十四、職業災害、虛驚事故、影響身心健康事件之調查處理及統計分析。

十五、安全衛生管理紀錄及績效評估措施。

十六、其他安全衛生管理措施。

(二) 依據職業安全衛生法第 15 條：

1. 從事石油裂解之石化工業。
2. 從事製造、處置或使用危害性之化學品數量達中央主管機關規定量以上。

某勞工進行機台作業，於未停機下排除異常狀況，致右手臂捲入致開放性骨折，該設備設有門檢安全裝置（即門打開，機器停止運轉），惟於事故時，該安全裝置係為失效狀態，請回答下列問題：

(一) 依職業安全衛生管理辦法規定，對於動力驅動之衝剪機械，依規定應每年對於機械之何項部份定期實施檢查一次？【5分】

(二) 依職業安全衛生管理辦法規定，對於衝剪機械，應於每日作業前，對於機械何項部分實施檢點？【5分】

(三) 依機械設備器具安全標準規定，以動力驅動之衝壓機械及剪斷機械之「安全護圍」應具有防止身體之一部介入滑塊等動作範圍之危險界限之性能，並符合哪些規定？【7分】

(四) 依機械設備器具安全標準規定，衝剪機械之安全裝置，應具有哪四種機能之一？【8分】

答

(一) 依據職業安全衛生管理辦法第 26 條：動力驅動之衝剪機械，應每年依下列規定機械之一部分，定期實施檢查一次。

(二) 依據職業安全衛生管理辦法第 59 條：

雇主對第二十六條之衝剪機械，應於每日作業前依下列規定，實施檢點：

一、離合器及制動器之機能。

二、曲柄軸、飛輪、滑塊、連桿、連接螺栓之有無鬆懈狀況。

三、一行程一停止機構及緊急制動裝置之機能。

四、安全裝置之性能。

五、電氣、儀表。

(三) 依據機械設備器具安全標準第 5 條：

前條安全護圍等，應具有防止身體之一部介入滑塊等動作範圍之危險界限之性能，並符合下列規定：

1. 安全護圍：具有使手指不致通過該護圍或自外側觸及危險界限之構造。

2. 安全模：下列各構件間之間隙應在八毫米以下：

    (1) 上死點之上模與下模之間。

    (2) 使用脫料板者，上死點之上模與下模脫料板之間。

    (3) 導柱與軸襯之間。

    (4) 特定用途之專用衝剪機械：具有不致使身體介入危險界限之構造。

3. 自動衝剪機械：具有可自動輸送材料、加工及排出成品之構造。

(四) 依據機械設備器具安全標準第 6 條：

衝剪機械之安全裝置，應具有下列機能之一：

1. 連鎖防護式安全裝置：滑塊等在閉合動作中，能使身體之一部無介入危險界限之虞。

2. 雙手操作式安全裝置：

    (1) 安全一行程式安全裝置：在手指按下起動按鈕、操作控制桿或操作其他控制裝置（以下簡稱操作部），脫手後至該手達到危險界限前，能使滑塊等停止動作。

    (2) 雙手起動式安全裝置：以雙手作動操作部，於滑塊等閉合動作中，手離開操作部時使手無法達到危險界限。

3. 感應式安全裝置：滑塊等在閉合動作中，遇身體之一部接近危險界限時，能使滑塊等停止動作。

4. 拉開式或掃除式安全裝置：滑塊等在閉合動作中，遇身體之一部介入危險界限時，能隨滑塊等之動作使其脫離危險界限。

前項各款之安全裝置，應具有安全機能不易減損及變更之構造。

請依「職業安全衛生教育訓練規則」，回答下列問題：

（一）「職業安全衛生教育訓練規則」第 17 條規定，雇主應使新僱勞工接受適於該工作必要之一般安全衛生教育訓練。依此規定應排定教育訓練時數不得少於幾小時？【2 分】

（二）承第（一）小題，除了「其他與勞工作業有關之安全衛生知識」外，其他一般安全衛生教育訓練之課程內容為何？【12 分】

（三）承第（一）小題，從事哪些作業之新僱勞工，其一般安全衛生教育訓練應各增列 3 小時？【6 分】

（四）事業單位辦理新僱勞工之一般安全衛生教育訓練，應將哪些實施資料保存 3 年？【5 分】

答

（一）依據職業安全衛生教育訓練規則第 17 條之附表十四之規定新僱勞工或在職勞工於變更工作前依實際需要排定時數，不得少於 3 小時。

（二）依據職業安全衛生教育訓練規則第 17 條之附表十四之規定

一般安全衛生教育訓練之課程如下，其他與勞工作業有關之安全衛生知識容除外：

一、作業安全衛生有關法規概要

二、職業安全衛生概念及安全衛生工作守則

三、作業前、中、後之自動檢查

四、標準作業程序

五、緊急事故應變處理

六、消防及急救常識暨演

（三）依據職業安全衛生教育訓練規則第 17 條之附表十四之規定

從事使用生產性機械或設備、車輛系營建機械、起重機具吊掛搭乘設備、捲揚機等之操作及營造作業、缺氧作業（含局限空間作業）、電焊作業、氧乙炔熔接裝置作業等應各增列 3 小時；對製造、處置或使用危害性化學品者應增列 3 小時。

（四）依據職業安全衛生教育訓練規則第 31 條

訓練單位辦理第十七條及第十八條之教育訓練，應將包括（訓練教材、課程表相關之訓練計畫、受訓人員名冊、簽到紀錄、課程內容等）實施資料保存 3 年。

3-1-1-14 中華郵政公司 110 年專業職人員甄試 職業安全衛生法規概要

> 依職業安全衛生設施規則規定，請回答下列問題：
> (一) 工作場所之走道、樓梯，應設置適當之採光或照明，當自然採光不足時，可用多少米燭光以上之人工照明補足？【3 分】
> (二) 室內工作場所，應依哪些規定設置足夠勞工使用之通道？【8 分】
> (三) 針對車輛通行道寬度，有何規定？【6 分】
> (四) 請列舉四項設置固定梯之規定。【8 分】

答

(一) 依職業安全衛生設施規則第 313 條照度表規定，可用 50 米燭光以上之人工照明補足。

(二) 依職業安全衛生設施規則第 31 條規定，雇主對於室內工作場所，應依下列規定設置足夠勞工使用之通道：

一、應有適應其用途之寬度，其主要人行道不得小於 1 公尺。

二、各機械間或其他設備間通道不得小於 80 公分。

三、自路面起算 2 公尺高度之範圍內，不得有障礙物。但因工作之必要，經採防護措施者，不在此限。

四、主要人行道及有關安全門、安全梯應有明顯標示。

(三) 依職業安全衛生設施規則第 33 條規定，雇主對車輛通行道寬度，應為最大車輛寬度之 2 倍再加 1 公尺，如係單行道則為最大車輛之寬度加 1 公尺。車輛通行道上，並禁止放置物品。

(四) 依職業安全衛生設施規則第 37 條規定，雇主設置之固定梯，應依下列規定：

一、具有堅固之構造。

二、應等間隔設置踏條。

三、踏條與牆壁間應保持 16.5 公分以上之淨距。

四、應有防止梯移位之措施。

五、不得有妨礙工作人員通行之障礙物。

六、平台用漏空格條製成者，其縫間隙不得超過 3 公分；超過時，應裝置鐵絲網防護。

七、梯之頂端應突出板面 60 公分以上。

八、梯長連續超過 6 公尺時，應每隔 9 公尺以下設一平台，並應於距梯底 2 公尺以上部分，設置護籠或其他保護裝置。但符合下列規定之一者，不在此限：

1. 未設置護籠或其它保護裝置，已於每隔 6 公尺以下設一平台者。

2. 塔、槽、煙囪及其他高位建築之固定梯已設置符合需要之安全帶、安全索、磨擦制動裝置、滑動附屬裝置及其他安全裝置，以防止勞工墜落者。

九、前款平台應有足夠長度及寬度，並應圍以適當之欄柵。

依職業安全衛生管理辦法規定,請回答下列問題:

(一) 依法須建置職業安全衛生管理系統之事業單位為何?【5分】

(二) 承第(一)小題,此職業安全衛生管理系統應依何種國家標準同等以上規定建置?【5分】

(三) 承第(一)小題,該事業單位於風險管理、採購管理、承攬管理,除了相關執行紀錄應保存三年外,其他應採取措施為何?【15分】

答

(一) 依職業安全衛生管理辦法第12-2條規定,下列事業單位,雇主應建置適合該事業單位之職業安全衛生管理系統,並據以執行:

一、第一類事業勞工人數在200人以上者。

二、第二類事業勞工人數在500人以上者。

三、有從事石油裂解之石化工業工作場所者。

四、有從事製造、處置或使用危害性之化學品,數量達中央主管機關規定量以上之工作場所者。

(二) 依同條規定,雇主應依國家標準CNS 45001同等以上規定建置職業安全衛生管理系統。

(三) 應採取措施分別如下:

1. 風險管理:應依事業單位之潛在風險,訂定緊急狀況預防、準備及應變之計畫,並定期實施演練。

2. 採購管理:其契約內容應有符合法令及實際需要之職業安全衛生具體規範,並於驗收、使用前確認其符合規定。

3. 承攬管理:應就承攬人之安全衛生管理能力、職業災害通報、危險作業管制、教育訓練、緊急應變及安全衛生績效評估等事項,訂定承攬管理計畫,並促使承攬人及其勞

工，遵守職業安全衛生法令及原事業單位所定之職業安全衛生管理事項。

依中華民國 110 年 4 月 30 日總統公布之《勞工職業災害保險及保護法》，請回答下列問題：
（一）本法是勞動部以制定專法的形式，將 (A) 的職業災害保險，及 (B) 的相關規定予以整合，藉由涵蓋職業災害預防、補償及重建完整體系的專法，落實政府對勞工於職場安全的保障，請問 (A) 和 (B) 的法規名稱分別為何？【8 分】
（二）本法之給付種類包括醫療給付和哪四個？【12 分】
（三）在職被保險人享有預防職業病健康檢查外，對於曾從事有害作業者，在轉換工作或離職退保後，也提供何種檢查？【5 分】

答

（一）(A) 勞工保險條例；(B) 職業災害勞工保護法。

（二）本法之給付種類除醫療給付外，還有傷病給付、失能給付、死亡給付、失蹤給付。

（三）依第 63 條第 2 項規定，勞工曾從事經中央主管機關另行指定有害作業者，得向保險人申請健康追蹤檢查。

依職業安全衛生法規定，請回答下列問題：
（一）請說明執行職務因他人行為遭受身體或精神不法侵害之範圍？【6 分】
（二）承第（一）小題，雇主對於執行職務因他人行為遭受身體或精神不法侵害之預防應妥為規劃及採取必要之安全衛生措施，請問規劃內容包含哪些事項？（請至少列出 3 項）【9 分】
（三）承第（二）小題規劃措施，請說明事業單位人數達 100 人以上及未達 100 人者，分別如何執行？【10 分】

答

(一) 依勞動部職業安全衛生署公告之執行職務遭受不法侵害預防指引第四版(114.02)：

本指引所稱執行職務因他人行為遭受身體或精神不法侵害（以下簡稱職場不法侵害），指勞工因執行職務，於勞動場所遭受雇主、主管、同事、服務對象或其他第三方，以言語、文字、肢體動作、電子通訊、網際網路或其他方式所為之不當言行，例如職場暴力、職場霸凌、性騷擾或就業歧視等，造成其身體或精神之不法侵害。

(二) 依前述指引，規劃內容包含：

　　1. 辨識及評估危害

　　2. 適當配置作業場所

　　3. 依工作適性適當調整人力

　　4. 建構行為規範

　　5. 辦理危害預防及溝通技巧訓練

　　6. 建立事件處理程序

(三) 事業單位勞工人數達 100 人以上者，雇主應依勞工執行職務之風險特性，參照勞動部公告之相關指引，訂定執行職務遭受不法侵害預防計畫，並據以執行；於勞工人數未達 100 人者，得以執行紀錄或文件代替，相關執行紀錄應留存 3 年。

3-1-1-15 台鐵公司 113 年從業人員甄試 職業安全衛生法規（含職業安全衛生法及其施行細則、職業安全衛生管理辦法）

> 依據風險評估技術指引之建議；事業單位依風險評估結果規劃及實施降低風險之控制措施時，風險控制的方法：
> （一）有哪五種？【15 分】
> （二）試說明其優先順序為何？【10 分】

答

（一）依據勞動部職業安全衛生署風險評估技術指引，風險控制的方法如下：

1. 消除：消除所有危害或風險之潛在根源，如使用無毒性化學、本質安全設計之機械設備等。

2. 取代：取代方式降低風險，如使用低電壓電器設備、低危害物質等。

3. 工程控制：以工程控制方式降低危害事件發生可能性或減輕後果嚴重度，如連鎖停機系統、釋壓裝置、隔音裝置、警報系統、護欄等。

4. 管理控制措施：以管理控制方式降低危害事件發生可能性或減輕後果嚴重度，如機械設備自動檢查、教育訓練、標準作業程序、工作許可、安全觀察、安全教導、緊急應變計畫及其他相關作業管制程序等。

5. 個人防護具：降低危害事件發生時對人員所造成衝擊的嚴重度。

（二）依據勞動部職業安全衛生署風險評估技術指引建議優先順序如下：

1. 消除。

2. 取代。

3. 工程控制。

4. 管理管制措施。

5. 個人防護具。

雇主使勞工於局限空間從事作業前，應先確認該空間內可能存在之危害，

(一) 局限空間作業可能存在的危害種類有哪八種？【16分】

(二) 局限空間有危害之虞者，應訂定危害防止計畫，該計畫應提供那些儀器或設備之檢點及維護方法？【9分】

答

(一) 依據職業安全衛生設施規則第 29-1 條第一項規定：雇主使勞工於局限空間從事作業前，應先確認局限空間有無可能引起勞工【缺氧、中毒、感電、塌陷、被夾、被捲及火災爆炸等】危害。

(二) 依據職業安全衛生設施規則第 29-1 條

提供之【測定儀器、通風換氣、防護與救援設備】之檢點及維護方法。

一般醫療院所為預防門診與急診醫護人員被病患或家屬辱罵等行為造成身體或精神上的不法侵害，應依法採取哪些暴力預防措施？（至少列舉 5 項措施）【25分】

答

依據職業安全衛生設施規則第 324-3 條

雇主為預防勞工於執行職務，因他人行為致遭受身體或精神上不法侵害，應採取下列暴力預防措施，作成執行紀錄並留存 3 年：

一、辨識及評估危害。

二、適當配置作業場所。

三、依工作適性適當調整人力。

四、建構行為規範。

五、辦理危害預防及溝通技巧訓練。

六、建立事件之處理程序。

七、執行成效之評估及改善。

八、其他有關安全衛生事項。

請依職業安全衛生法、職業安全衛生法施行細則,回答下列問題:
一、 何謂「作業環境監測」?【5分】
二、 請列舉上述法令中5項特別危害健康作業
三、 請列舉上述法令中5項特殊危害作業?【10分】

答

(一) 依據職業安全衛生法施行細則第17條

　　作業環境監測,指為掌握勞工作業環境實態與評估勞工暴露狀況,所採取之規劃、採樣、測定、分析及評估。

(二) 依據職業安全衛生法施行細則第28條,特別危害健康作業如下:

　　一、高溫作業。

　　二、噪音作業。

　　三、游離輻射作業。

　　四、異常氣壓作業。

　　五、鉛作業。

　　六、四烷基鉛作業。

　　七、粉塵作業。

八、有機溶劑作業，經中央主管機關指定者。

九、製造、處置或使用特定化學物質之作業，經中央主管機關指定者。

十、黃磷之製造、處置或使用作業。

十一、聯啶或巴拉刈之製造作業。

十二、其他經中央主管機關指定公告之作業。

(三) 依據職業安全衛生法第 19 條，具有特殊危害之作業：

高溫作業、異常氣壓作業、高架作業、精密作業、重體力勞動作業。

3-1-1-16 台鐵公司 113 年從業人員甄試 職業安全衛生設施規則

> 依職業安全衛生設施規則第 258 條，雇主使勞工從事高壓電路之檢查、修理等活線作業時，應有三項設施之一，請寫出該三項設施？【25 分】

答

依據職業安全衛生設施規則第 258 條

(一) 使作業勞工戴用絕緣用防護具，並於有接觸或接近該電路部分設置絕緣用防護裝備。

(二) 使作業勞工使用活線作業用器具。

(三) 使作業勞工使用活線作業用絕緣工作台及其他裝備，並不得使勞工之身體或其使用中之工具、材料等導電體接觸或接近有使勞工感電之虞之電路或帶電體。

> 依職業安全衛生設施規則第 147-149 條，
>
> （一）雇主對行駛於軌道之動力車駕駛座，有哪二項規定？【10 分】
>
> （二）雇主對於軌道車輛之行駛，應依哪些因素決定速率限制，並規定駕駛者遵守之？【7 分】
>
> （三）雇主對於駕駛動力車者，應規定其離開駕駛位置時，應採取哪一項措施？【4 分】
>
> （四）對於操作捲揚裝置者，應規定其於操作時，應遵守哪一項規定？【4 分】

答

（一）依據職業安全衛生設施規則第 147 條：

雇主對行駛於軌道之動力車駕駛座，應依下列規定：

1. 應具備使駕駛者能安全駕駛之良好視野之構造。

2. 為防止駕駛者之跌落，應設置護圍等。

（二）依據職業安全衛生設施規則第 148 條：

雇主對於軌道車輛之行駛，應依【鋼軌、軌距、傾斜、曲率半徑】等決定速率限制，並規定駕駛者遵守之。

（二）依據職業安全衛生設施規則第 149 條：

（三）雇主對於駕駛動力車者，應規定其離開駕駛位置時，應採取【煞車等措施】，以防止車輛逸走。

（四）依據職業安全衛生設施規則第 149 條：

對於操作捲揚裝置者，應規定其於操作時，【不得離開操作位置】。

有一架橋劑（有機過氧化物），包裝紙箱印有火焰標誌，具有危險性且存放數量超過最高安全存量之限制，因存放環境不佳，導致化學反應蓄熱溫度不斷昇高，達到自加速（催化）分解溫度，進而產生強烈爆炸及起火延燒，衍伸重大災害事故。依據職業安全衛生設施規則規定，對於物料儲存、堆放應採取之措施各有哪些規定？【17分】對於危險物製造、處置之工作場所，為防止爆炸、火災，依職業安全衛生設施規則規定應辦理哪些事項？【8分】

答

（一）依據職業安全衛生設施規則第158條：

雇主對於物料儲存，為防止因氣候變化或自然發火發生危險者，應採取與外界隔離及溫濕控制等適當措施。

依據職業安全衛生設施規則第159條：

雇主對物料之堆放，應依下列規定：

1. 不得超過堆放地最大安全負荷。
2. 不得影響照明。
3. 不得妨礙機械設備之操作。
4. 不得阻礙交通或出入口。
5. 不得減少自動灑水器及火警警報器有效功用。
6. 不得妨礙消防器具之緊急使用。
7. 以不倚靠牆壁或結構支柱堆放為原則。並不得超過其安全負荷。

（二）依據職業安全衛生設施規則第184條：

雇主對於危險物製造、處置之工作場所，為防止爆炸、火災，應依下列規定辦理：

1. 爆炸性物質，應遠離煙火、或有發火源之虞之物，並不得加熱、摩擦、衝擊。
2. 著火性物質，應遠離煙火、或有發火源之虞之物，並不得加熱、摩擦或衝擊或使其接觸促進氧化之物質或水。
3. 氧化性物質，不得使其接觸促進其分解之物質，並不得予以加熱、摩擦或撞擊。
4. 易燃液體，應遠離煙火或有發火源之虞之物，未經許可不得灌注、蒸發或加熱。
5. 除製造、處置必需之用料外，不得任意放置危險物。

甲勞工在工作場所從事作業，其作業時間噪音暴露情形如下：

時間	噪音類型	音壓級 (dBA)	暴露累積劑量
08:00-09:00	無暴露		
09:00-12:00	穩定性噪音	92	
13:00-15:00	變動性噪音		0.2
15:00-17:00	穩定性噪音	90	

試回答下列問題：

（一）甲勞工全程工作日噪音暴露累積劑量為何？【5 分】

（二）甲勞工暴露之八小時日時量平均音壓級為多少分貝？（四捨五入至小數點後一位）【10 分】

（三）甲勞工有噪音暴露時間內之時量平均音壓級為多少分貝？（四捨五入至小數點後一位）【5 分】

（四）依據法規，甲勞工工作場所因機械設備所發生之噪音，是否應使勞工戴用有效之耳塞、耳罩等防音防護具？（需說明理由）【5 分】

答

（一）公式：Dose $= \dfrac{t}{T} + \cdots\cdots \dfrac{t_n}{T_n}$（暴露劑量），5 分貝原理 $T = \dfrac{8}{2^{\frac{L-90}{5}}}$

$$\dfrac{8}{2^{\frac{92-90}{5}}} \cong \dfrac{8}{1.319} \cong 6.06$$

$$\dfrac{8}{2^{\frac{90-90}{5}}} \cong \dfrac{8}{2^0} \cong 8$$

$$\dfrac{1}{無} + \dfrac{3}{6.06} + 0.2 + \dfrac{2}{8} = 0.25 + 0.2 + 0.49 \cong 0.94$$

（二）公式：$16.61 \dfrac{\text{Dose\%}}{12.5 \times 暴露時間} + 90(\text{dBA})$

$$16.61 \dfrac{94\%}{12.5 \times (1+3+2+2)} + 90 \cong 15.61 + 90 \cong 105.6(\text{dBA})$$

（三）甲勞工在 08：00-09：00 未暴露，故計算有暴露之時間。

$$16.61 \dfrac{94\%}{12.5 \times (3+2+2)} + 90 \cong 17.84 + 90 \cong 107.8(\text{dBA})$$

（四）依據職業安全衛生設施規則第 300 條

1. 應在戴用有效之耳塞、耳罩等防音防護具。

2. 對於【勞工 8 小時日時量平均音壓級超過 85 分貝或暴露劑量超過 50% 時】，雇主應使勞工戴用有效之耳塞、耳罩等防音防護具。

3-1-2 財政部國營事業

3-1-2-1 臺灣菸酒公司 104 年從業職員甄試 職業安全衛生相關法規

> 請依「職業安全衛生法」條文內容，回答下列問題：
> （一）事業單位勞動場所發生哪幾種職業災害，雇主應於八小時內通報勞動檢查機構？【7 分】
> （二）當事業單位發生職業災害時，在職業災害責任釐清前，針對此職業災害，除了進行相關改善以防止相同職業災害的發生外，雇主應有哪些應盡之義務？【12 分】
> （三）工作者發現哪些有違職業安全衛生之情形時，得向勞工主管機關或勞動檢查機構申訴？【6 分】

答

（一）依「職業安全衛生法」，事業單位勞動場所發生下列職業災害之一者，雇主應於 8 小時內通報勞動檢查機構：

一、發生死亡災害。

二、發生災害之罹災人數在 3 人以上。

三、發生災害之罹災人數在 1 人以上，且需住院治療。

四、其他經中央主管機關指定公告之災害。

（二）事業單位工作場所發生職業災害，雇主應即採取必要之急救、搶救等措施，並會同勞工代表實施調查、分析及作成紀錄。發生前條之職業災害，除必要之急救、搶救外，雇主非經司法機關或勞動檢查機構許可，不得移動或破壞現場。

（三）工作者發現下列情形之一者，得向雇主、主管機關或勞動檢查機構申訴：

一、事業單位違反本法或有關安全衛生之規定。

二、疑似罹患職業病。

三、身體或精神遭受侵害。

> 請依「勞工作業環境監測實施辦法」條文內容,回答下列問題:
> (一) 雇主實施作業環境監測前,應訂定作業環境監測計畫(簡稱監測計畫),監測計畫內容應包括哪些事項?【10分】
> (二) 依本辦法規定應實施化學性因子作業環境監測,且勞工人數五百人以上之事業單位,監測計畫應由哪些人員組成監測評估小組研訂之?【5分】
> (三) 哪些作業環境之監測不適用第(二)小題之規定?【10分】

答

(一) 依「勞工作業環境監測實施辦法」,監測計畫內容應包括下列事項:

一、危害辨識及資料收集。

二、相似暴露族群之建立。

三、採樣策略之規劃及執行。

四、樣本分析。

五、數據分析及評估。

(二) 監測評估小組應包含下列人員:

一、工作場所負責人。

二、依職業安全衛生管理辦法設置之職業安全衛生人員。

三、受委託之執業工礦衛生技師。

四、工作場所作業主管。

(三) 游離輻射作業或化學性因子作業環境監測依第11條規定得以直讀式儀器監測方式為之者,不適用前項規定。

請依「女性勞工母性健康保護實施辦法」條文內容,回答下列問題:
(一)解釋說明「母性健康保護」之定義。【4分】
(二)解釋說明「母性健康保護期間」之定義。【4分】
(三)除了鉛及其化合物散布場所之工作與職業安全衛生法第三十條第一項第五款至第十四款及第二項第三款至第五款之工作外,事業單位勞工人數在三百人以上者,其勞工於保護期間,從事哪些可能影響胚胎發育、妊娠或哺乳期間之母體及嬰兒健康之工作,應實施母性健康保護?【9分】
(四)雇主對於母性健康保護之實施,應使職業安全衛生人員會同從事勞工健康服務醫護人員,辦理哪些事項?【8分】

答

依「女性勞工母性健康保護實施辦法」:

(一)「母性健康保護」之定義為指對於女性勞工從事有母性健康危害之虞之工作所採取之措施,包括危害評估與控制、醫師面談指導、風險分級管理、工作適性安排及其他相關措施。

(二)「母性健康保護期間」(簡稱保護期間):指雇主於得知女性勞工妊娠之日起至分娩後1年之期間。

(三)事業單位勞工人數在100人以上者,其勞工於保護期間,從事可能影響胚胎發育、妊娠或哺乳期間之母體及嬰兒健康之下列工作,應實施母性健康保護:

一、具有依國家標準 CNS 15030 分類,屬生殖毒性物質第一級、生殖細胞致突變性物質第一級或其他對哺乳功能有不良影響之化學品。

二、易造成健康危害之工作,包括勞工作業姿勢、人力提舉、搬運、推拉重物、輪班、夜班、單獨工作及工作負荷等。

三、其他經中央主管機關指定公告者。

(四) 應使職業安全衛生人員會同從事勞工健康服務醫護人員，辦理下列事項：

一、辨識與評估工作場所環境、作業及組織內部影響勞工身心健康之危害因子，並提出改善措施之建議。

二、提出作業環境安全衛生設施改善規劃之建議。

三、調查勞工健康情形與作業之關連性，並採取必要之預防及健康促進措施。

四、提供復工勞工之職能評估、職務再設計或調整之諮詢及建議。

五、其他經中央主管機關指定公告者。

請依「職業安全衛生法施行細則」條文內容，回答下列問題：
(一) 解釋說明「勞動場所」之定義。【3分】
(二) 預防重複性作業等促發肌肉骨骼疾病之規劃內容，應包含哪些事項？【10分】
(三) 預防輪班、夜間工作、長時間工作等異常工作負荷促發疾病之規劃內容，應包含哪些事項？【12分】

答

依「職業安全衛生法施行細則」

(一) 勞動場所，包括下列場所：

一、於勞動契約存續中，由雇主所提示，使勞工履行契約提供勞務之場所。

二、自營作業者實際從事勞動之場所。

三、其他受工作場所負責人指揮或監督從事勞動之人員，實際從事勞動之場所。

(二) 預防重複性作業等促發肌肉骨骼疾病之規劃內容，應包含下列事項：

一、分析作業流程、內容及動作。

二、確認人因性危害因子。

三、評估、選定改善方法及執行。

四、執行成效之評估及改善。

五、其他有關安全衛生事項。

(三) 預防輪班、夜間工作、長時間工作等異常工作負荷促發疾病之規劃內容，應包含下列事項：

一、辨識及評估高風險群。

二、安排醫師面談及健康指導。

三、調整或縮短工作時間及更換工作內容之措施。

四、實施健康檢查、管理及促進。

五、執行成效之評估及改善。

六、其他有關安全衛生事項。

編按：「職業安全衛生法施行細則」已刪除人因性危害預防措施與異常工作負荷促發疾病預防措施，由「職業安全衛生法設施規則」中規定。

3-1-2-2 臺灣菸酒公司 108 年從業職員甄試
職業安全衛生相關法規

> 請依「女性勞工母性健康保護實施辦法」，回答下列問題：
>
> (一) 雇主應使職業安全衛生人員會同從事勞工健康服務醫護人員，辦理哪些母性健康保護事項（其他經中央主管機關指定公告者除外）？【9 分】
>
> (二) 事業單位勞工人數在三百人以上者，其勞工於保護期間，從事人力提舉、搬運、推拉重物等易造成健康危害之工作，雇主應依哪些原則區分風險等級？【6 分】
>
> (三) 風險等級屬第二級或第三級管理者，雇主應分別採取哪些母性健康保護措施？【10 分】

答

(一) 辦理下列母性健康保護事項：

　　一、辨識與評估工作場所環境及作業之危害，包含物理性、化學性、生物性、人因性、工作流程及工作型態等。

　　二、依評估結果區分風險等級，並實施分級管理。

　　三、協助雇主實施工作環境改善與危害之預防及管理。

　　四、其他經中央主管機關指定公告者。提出作業環境安全衛生設施改善規劃之建議。

(二) 使保護期間之勞工從事人力提舉、搬運、推拉重物等易造成健康危害之工作，應依下列原則區分風險等級：

　　一、符合下列條件之一者，屬第一級管理：

　　　　經醫師評估無害母體、胎兒或嬰兒健康。

　　二、符合下列條件之一者，屬第二級管理：

　　　　經醫師評估可能影響母體、胎兒或嬰兒健康。

三、符合下列條件之一者，屬第三級管理：

經醫師評估有危害母體、胎兒或嬰兒健康。

（三）風險等級屬第二級管理者，雇主應使從事勞工健康服務醫師提供勞工個人面談指導，並採取危害預防措施；屬第三級管理者，應即採取工作環境改善及有效控制措施，完成改善後重新評估，並由醫師註明其不適宜從事之作業與其他應處理及注意事項。

依「勞工健康保護規則」第三條規定，事業單位之同一工作場所，勞工總人數在三百人以上或從事特別危害健康作業之勞工總人數在一百人以上者，應視該場所之規模及性質，僱用或特約從事勞工健康服務之醫師及僱用從事勞工健康服務之護理人員，辦理臨場健康服務。請回答下列問題：

（一）「勞工總人數」之定義為何？【4分】

（二）依此規定，達到僱用從事勞工健康服務醫師之場所規模及其性質分別為何？【3分】

（三）符合此規定之事業單位有哪些情形時，其所配置之護理人員，得以特約方式為之？【12分】

（四）請寫出兩項從事勞工健康服務之醫護人員臨場服務辦理之事項（其他經中央主管機關指定公告者除外）？【6分】

答

（一）「勞工總人數」之定義為包含事業單位僱用之勞工及其他受工作場所負責人指揮或監督從事勞動之人員總數。

（備註：110年修正後刪除總人數之相關規定）

（二）達到僱用從事勞工健康服務醫師之場所規模及其性質分別為特別危害健康作業勞工人數達6,000人以上之第一類事業單位。

（三）110年修正刪除原條文，依據勞工健康保護規則第4條規定，事業單位勞工人數在50人以上未達300人者，應視其規模及

性質，依附表四所定特約醫護人員臨場服務頻率，辦理勞工健康服務。

前項所定事業單位，經醫護人員評估勞工有心理或肌肉骨骼疾病預防需求者，得特約勞工健康服務相關人員提供服務；其服務頻率，得納入附表四計算。但各年度由從事勞工健康服務護理人員之總服務頻率，應達 1/2 以上。

（四）雇主應使醫護人員及勞工健康服務相關人員臨場辦理下列勞工健康服務事項：

一、勞工體格（健康）檢查結果之分析與評估、健康管理及資料保存。

二、協助雇主選配勞工從事適當之工作。

三、辦理健康檢查結果異常者之追蹤管理及健康指導。

四、辦理未滿 18 歲勞工、有母性健康危害之虞之勞工、職業傷病勞工與職業健康相關高風險勞工之評估及個案管理。

五、職業衛生或職業健康之相關研究報告及傷害、疾病紀錄之保存。

六、勞工之健康教育、衛生指導、身心健康保護、健康促進等措施之策劃及實施。

七、工作相關傷病之預防、健康諮詢與急救及緊急處置。

八、定期向雇主報告及勞工健康服務之建議。

九、其他經中央主管機關指定公告者。

請依「職業安全衛生管理辦法」，回答下列有關職業安全衛生委員會之問題：

(一) 職業安全衛生委員會之職責為何？【4分】

(二) 職業安全衛生委員會之委員，除雇主為當然委員及勞工代表外，可由雇主視該事業單位之實際需要指定哪些人員組成？【8分】

(三) 上題(二)之勞工代表應如何產生？【9分】

(四) 請寫出兩項職業安全衛生委員會之辦理事項（「其他有關職業安全衛生管理事項」除外）？【4分】

答

(一) 職業安全衛生委員會之職責為對雇主擬訂之安全衛生政策提出建議，並審議、協調及建議安全衛生相關事項。

(二) 由雇主視該事業單位之實際需要指定下列人員組成：

一、職業安全衛生人員。

二、事業內各部門之主管、監督、指揮人員。

三、與職業安全衛生有關之工程技術人員。

四、從事勞工健康服務之醫護人員。

五、勞工代表。

(三) 事業單位設有工會者，由工會推派之；無工會組織而有勞資會議者，由勞方代表推選之；無工會組織且無勞資會議者，由勞工共同推選之。

(四) 委員會應每3個月至少開會1次，辦理下列事項：

一、對雇主擬訂之職業安全衛生政策提出建議。

二、協調、建議職業安全衛生管理計畫。

三、審議安全、衛生教育訓練實施計畫。

四、審議作業環境監測計畫、監測結果及採行措施。

五、審議健康管理、職業病預防及健康促進事項。

六、審議各項安全衛生提案。

七、審議事業單位自動檢查及安全衛生稽核事項。

八、審議機械、設備或原料、材料危害之預防措施。

九、審議職業災害調查報告。

十、考核現場安全衛生管理績效。

十一、審議承攬業務安全衛生管理事項。

請依「職業安全衛生設施規則」，回答下列有關職場身心不法侵害之問題：

（一）雇主為預防勞工於執行職務，因他人行為致遭受身體或精神上不法侵害，應採取哪些暴力預防措施（「其他有關安全衛生事項」除外）？【14分】

（二）題（一）之暴力預防措施，應作成執行紀錄並留存幾年？【3分】

（三）題（一）之暴力預防措施，依事業單位規模不同，應分別如何實施？【8分】

答

（一）為預防勞工於執行職務，因他人行為致遭受身體或精神上不法侵害，應採取下列暴力預防措施：

一、辨識及評估危害。

二、適當配置作業場所。

三、依工作適性適當調整人力。

四、建構行為規範。

五、辦理危害預防及溝通技巧訓練。

六、建立事件之處理程序。

七、執行成效之評估及改善。

(二) 承上題,前項暴力預防措施,作成執行紀錄並留存 3 年

(三) 事業單位勞工人數達 100 人以上者,雇主應依勞工執行職務之風險特性,參照中央主管機關公告之相關指引,訂定執行職務遭受不法侵害預防計畫,並據以執行;於勞工人數未達 100 人者,得以執行紀錄或文件代替。

3-1-2-3 臺灣菸酒公司 109 年從業職員甄試 職業安全衛生相關法規

請回答下列問題:
(一) 依「職業安全衛生設施規則」規定,雇主使勞工使用呼吸防護具時,應指派專人採取哪些呼吸防護措施?【15 分】
(二) 依「職業安全衛生設施規則」規定,第(一)題之呼吸防護措施,何種事業單位之雇主應依中央主管機關公告之相關指引,訂定呼吸防護計畫,並據以執行?【5 分】
(三) 依「職業安全衛生設施規則」規定,不需訂定呼吸防護計畫之事業單位可以何種資料代替?【5 分】

答

(一) 雇主使勞工使用呼吸防護具時,應指派專人採取下列呼吸防護措施,作成執行紀錄,並留存 3 年:

一、危害辨識及暴露評估。

二、防護具之選擇。

三、防護具之使用。

四、防護具之維護及管理。

五、呼吸防護教育訓練。

六、成效評估及改善。

（二）承上題，事業單位勞工人數達 200 人以上者，雇主應依中央主管機關公告之相關指引，訂定呼吸防護計畫，並據以執行。

（三）承上題，於勞工人數未滿 200 人者，得以執行紀錄或文件代替。

職業安全衛生法第七條第一項所稱中央主管機關指定之危險性機械、設備或器具包含哪幾項？【25 分】　　【108- 中央銀行附屬機構】

答

職業安全衛生法第 7 條第 1 項所稱中央主管機關指定之機械、設備或器具如下：

（一）動力衝剪機械。

（二）手推刨床。

（三）木材加工用圓盤鋸。

（四）動力堆高機。

（五）研磨機。

（六）研磨輪。

（七）防爆電氣設備。

（八）動力衝剪機械之光電式安全裝置。

（九）手推刨床之刃部接觸預防裝置。

（十）木材加工用圓盤鋸之反撥預防裝置及鋸齒接觸預防裝置。

（十一）其他經中央主管機關指定公告者。

請回答下列問題：

(一) 依「職業安全衛生法」規定，事業單位工作場所發生職業災害，雇主除應即採取必要之急救、搶救等措施及事後補償外，其他應有之執行措施為何？【15分】

(二) 事業單位工作場所發生職業災害，雇主若未採取必要之急救、搶救等措施，「職業安全衛生法」之罰則處分為何？【5分】

(三) 依「職業安全衛生法施行細則」規定，第(一)題中雇主應即採取必要之急救、搶救等措施，包括哪些事項？【5分】

答

(一) 應有之執行措施為：

一、事業單位工作場所發生職業災害，雇主應即採取必要之急救、搶救等措施，並會同勞工代表實施調查、分析及作成紀錄。

二、事業單位勞動場所發生應通報之職業災害，雇主應於 8 小時內通報勞動檢查機構。

三、事業單位發生第 2 項之災害，除必要之急救、搶救外，雇主非經司法機關或勞動檢查機構許可，不得移動或破壞現場。

(二) 依「職業安全衛生法」第 43 條規定，違反第 37 條第 1 項之規定，處新臺幣 3 萬元以上 30 萬元以下罰鍰。

(三) 依「職業安全衛生法施行細則」規定，本法第 37 條第 1 項所定雇主應即採取必要之急救、搶救等措施，包含下列事項：

一、緊急應變措施，並確認工作場所所有勞工之安全。

二、使有立即發生危險之虞之勞工，退避至安全場所。

請回答下列問題：

(一) 依「勞工健康保護規則」規定，除『其他經中央主管機關指定公告者』外，請寫出五項雇主應使醫護人員及勞工健康服務相關人員臨場服務辦理之事項。【15分】

(二) 依「勞工健康保護規則」規定，為辦理第(一)題之業務，雇主應使醫護人員、勞工健康服務相關人員配合事業單位內哪些人員辦理訪視現場事項？【4分】

(三) 依「勞工健康保護規則」規定，除『其他經中央主管機關指定公告者』外，請寫出兩項第(二)題之現場訪視及辦理事項。【6分】

答

(一) 依「勞工健康保護規則」規定，雇主應使醫護人員及勞工健康服務相關人員臨場服務辦理下列事項：

一、勞工體格（健康）檢查結果之分析與評估、健康管理及資料保存。

二、協助雇主選配勞工從事適當之工作。

三、辦理健康檢查結果異常者之追蹤管理及健康指導。

四、辦理未滿18歲勞工、有母性健康危害之虞之勞工、職業傷病勞工與職業健康相關高風險勞工之評估及個案管理。

五、職業衛生或職業健康之相關研究報告及傷害、疾病紀錄之保存。

六、勞工之健康教育、衛生指導、身心健康保護、健康促進等措施之策劃及實施。

七、工作相關傷病之預防、健康諮詢與急救及緊急處置。

八、定期向雇主報告及勞工健康服務之建議。

九、其他經中央主管機關指定公告者。

(二) 為辦理第 (一) 題之業務,雇主應使醫護人員、勞工健康服務相關人員配合職業安全衛生、人力資源管理及相關部門人員訪視現場。

(三) 第 (二) 題之現場訪視及辦理事項訪視現場事項如下:

一、辨識與評估工作場所環境、作業及組織內部影響勞工身心健康之危害因子,並提出改善措施之建議。

二、提出作業環境安全衛生設施改善規劃之建議。

三、調查勞工健康情形與作業之關連性,並採取必要之預防及健康促進措施。

四、提供復工勞工之職能評估、職務再設計或調整之諮詢及建議。

五、其他經中央主管機關指定公告者。

職業安全衛生法對於承攬人、再承攬人與事業單位之間的規範,請說明其關係:
(一) 法定責任的歸屬。【15 分】
(二) 事前應告知的事項。【10 分】

答

(一) 法定責任歸屬:

事業單位以其事業招人承攬時,其承攬人就承攬部分負本法所定雇主之責任;原事業單位就職業災害補償仍應與承攬人負連帶責任。再承攬者亦同。

原事業單位違反本法或有關安全衛生規定,致承攬人所僱勞工發生職業災害時,與承攬人負連帶賠償責任。再承攬者亦同。

(二) 事前告知義務如下：

事業單位以其事業之全部或一部分交付承攬時，應於事前告知該承攬人有關其事業工作環境、危害因素暨本法及有關安全衛生規定應採取之措施。

承攬人就其承攬之全部或一部分交付再承攬時，承攬人亦應依前項規定告知再承攬人。

3-1-2-4 臺灣菸酒公司 110 年從業職員甄試 職業安全衛生相關法規

請依職業安全衛生法規，寫出下列名詞之定義：
(一) 職業災害（職業安全衛生法）。【5 分】
(二) 工作者（職業安全衛生法）。【5 分】
(三) 作業環境監測（職業安全衛生法施行細則）。【5 分】
(四) 母性健康保護（女性勞工母性健康保護實施辦法）。【5 分】
(五) 暴露評估（危害性化學品評估及分級管理辦法）。【5 分】

答

(一) 職業災害：指因勞動場所之建築物、機械、設備、原料、材料、化學品、氣體、蒸氣、粉塵等或作業活動及其他職業上原因引起之工作者疾病、傷害、失能或死亡。

(二) 工作者：指勞工、自營作業者及其他受工作場所負責人指揮或監督從事勞動之人員。

(三) 作業環境監測：指為掌握勞工作業環境實態與評估勞工暴露狀況，所採取之規劃、採樣、測定、分析及評估。

(四) 母性健康保護：指對於女性勞工從事有母性健康危害之虞之工作所採取之措施，包括危害評估與控制、醫師面談指導、風險分級管理、工作適性安排及其他相關措施。

（五）母性健康保護期間（以下簡稱保護期間）：指雇主於得知女性勞工妊娠之日起至分娩後 1 年之期間。

請寫出下列有關我國為保障職業災害勞工權益之立法內容：

（一）依「勞工保險條例」，有哪四種給付可申請？被保險人分別發生何種職業災害狀況時可申請？【8 分】

（二）依「職業災害勞工保護法」，有哪六種補助可申請？職業災害勞工之申請資格為何？（其他經中央主管機關核定有關職業災害勞工之補助除外）【12 分】

（三）於中華民國 110 年 4 月 30 日經總統制定公布，將「勞工保險條例」的職業災害保險，及「職業災害勞工保護法」相關規定予以整合而制定之專法名稱為何？【3 分】

（四）承第 (三) 小題，該專法之施行日期為何？【2 分】

答

（一）依「勞工保險條例」，可申請之給付及災害狀況如下：

1. 傷病給付：被保險人遭遇普通傷害或普通疾病住院診療，不能工作，以致未能取得原有薪資，正在治療中者，自不能工作之第四日起，發給普通傷害補助費或普通疾病補助費。

2. 醫療給付：被保險人遭遇職業傷病時，應至全民健康保險特約醫院或診所診療；其所發生之醫療費用，由保險人支付予全民健康保險保險人，被保險人不得請領現金。

3. 失能給付：被保險人遭遇職業傷病，經治療後，症狀固定，再行治療仍不能改善其治療效果，經全民健康保險特約醫院或診所診斷為永久失能，符合本保險失能給付標準規定者，得按其平均月投保薪資，依規定之給付基準，請領失能一次金給付。

4. 死亡給付：被保險人於保險有效期間，遭遇職業傷病致死亡時，支出殯葬費之人，得請領喪葬津貼。前項被保險人，遺有配偶、子女、父母、祖父母、受其扶養之孫子女或受其扶養之兄弟姊妹者，得依第五十二條所定順序，請領遺屬年金

(二) 依「職業災害勞工保護法」第 8 條，勞工保險之被保險人，在保險有效期間，於本法施行後遭遇職業災害，得向勞工保險局申請下列補助：

1. 罹患職業疾病，喪失部分或全部工作能力，經請領勞工保險各項職業災害給付後，得請領生活津貼。

2. 因職業災害致遺存障害，喪失部分或全部工作能力，符合勞工保險失能給付標準表第一等級至第七等級規定之項目，得請領失能生活津貼。

3. 發生職業災害後，參加職業訓練期間，未請領訓練補助津貼或前二款之生活津貼，得請領生活津貼。

4. 因職業災害致遺存障害，必需使用輔助器具，且未依其他法令規定領取器具補助，得請領器具補助。

5. 因職業災害致喪失全部或部分生活自理能力，確需他人照顧，且未依其他法令規定領取有關補助，得請領看護補助。

6. 因職業災害死亡，得給予其家屬必要之補助。

7. 其他經中央主管機關核定有關職業災害勞工之補助。

另，職業災害勞工之申請資格為勞工保險之被保險人，在保險有效期間。

(三) 專法名稱為「勞工職業災害保險及保護法」。

依「職業安全衛生法」規定，事業單位工作場所發生職業災害，雇主應即採取必要之急救、搶救等措施，並會同勞工代表實施調查、分析及作成紀錄，請回答下列有關此規定之相關問題：

(一) 依「職業安全衛生法施行細則」規定，發生職業災害後，雇主應即採取必要之急救、搶救等措施，包含哪些事項？【4分】

(二) 依「職業安全衛生法施行細則」規定，會同實施職業災害調查、分析之勞工代表，如何產生？【6分】

(三) 應於八小時內通報勞動檢查機構之重大職業災害為何（其他經中央主管機關指定公告之災害除外）？【6分】

(四) 勞動檢查機構接獲重大職業災害通報後，應有何作為？【4分】

(五) 依「職業安全衛生法」規定，發生重大職業災害之事業單位，雇主若未經司法機關或勞動檢查機構許可，便移動或破壞現場，將會有何種處分？【5分】

答

(一) 依「職業安全衛生法施行細則」第46-1條規定，本法第三十七條第一項所定雇主應即採取必要之急救、搶救等措施，包含下列事項：

一、緊急應變措施，並確認工作場所所有勞工之安全。

二、使有立即發生危險之虞之勞工，退避至安全場所。

(二) 依「職業安全衛生法施行細則」第43條規定，本法第三十四條第一項、第三十七條第一項所定之勞工代表，事業單位設有工會者，由工會推派之；無工會組織而有勞資會議者，由勞方代表推選之；無工會組織且無勞資會議者，由勞工共同推選之。

(三) 依「職業安全衛生法」第37條規定，事業單位勞動場所發生下列職業災害之一者，雇主應於8小時內通報勞動檢查機構：

一、發生死亡災害。

二、發生災害之罹災人數在3人以上。

三、發生災害之罹災人數在 1 人以上，且需住院治療。

四、其他經中央主管機關指定公告之災害。

(四) 承上題，勞動檢查機構接獲前項報告後，應就工作場所發生死亡或重傷之災害派員檢查。

(五) 依「職業安全衛生法」第 41 條規定，發生重大職業災害之事業單位，雇主若未經司法機關或勞動檢查機構許可，便移動或破壞現場，處 1 年以下有期徒刑、拘役或科或併科新臺幣 18 萬元以下罰金。

請依「職業安全衛生設施規則」，針對下列有關職場可能發生之身心健康危害，寫出雇主依法應採取之危害預防措施（其他經中央主管機關指定者除外）：

(一) 生物病原體感染危害。【15 分】

(二) 執行職務，因他人行為致遭受身體或精神上不法侵害。【10 分】

答

(一) 依「職業安全衛生設施規則」第 297-1 條規定，雇主對於工作場所有生物病原體危害之虞者，應採取下列感染預防措施：

一、危害暴露範圍之確認。

二、相關機械、設備、器具等之管理及檢點。

三、警告傳達及標示。

四、健康管理。

五、感染預防作業標準。

六、感染預防教育訓練。

七、扎傷事故之防治。

八、個人防護具之採購、管理及配戴演練。

九、緊急應變。

十、感染事故之報告、調查、評估、統計、追蹤、隱私權維護及紀錄。

十一、感染預防之績效檢討及修正。

十二、其他經中央主管機關指定者。

前項預防措施於醫療保健服務業，應增列勞工工作前預防感染之預防注射等事項。

(二) 依「職業安全衛生設施規則」第 324-3 條規定，雇主為預防勞工於執行職務，因他人行為致遭受身體或精神上不法侵害，應採取下列暴力預防措施，作成執行紀錄並留存 3 年：

一、辨識及評估危害。

二、適當配置作業場所。

三、依工作適性適當調整人力。

四、建構行為規範。

五、辦理危害預防及溝通技巧訓練。

六、建立事件之處理程序。

七、執行成效之評估及改善。

八、其他有關安全衛生事項。

3-1-2-5 臺灣菸酒公司 112 年從業職員甄試 職業安全衛生相關法規

> 請依職業安全衛生法，回答下列問題：
> (一) 職業安全衛生法訂定之目的為何？【10 分】
> (二) 職業安全衛生法主管機關為何？【5 分】
> (三) 何謂職業災害？【10 分】

答

(一) 職業安全衛生法訂定之目如下：

依據職業安全衛生法第 1 條：為防止職業災害，保障工作者安全及健康，特制定本法；其他法律有特別規定者，從其規定。

(二)、依據職業安全衛生法第 3 條：

本法所稱主管機關：在中央為勞動部；在直轄市為直轄市政府；在縣（市）為縣（市）政府。

本法有關衛生事項，中央主管機關應會商中央衛生主管機關辦理。

(三) 依據職業安全衛生法第 2 條：

職業災害：指因勞動場所之建築物、機械、設備、原料、材料、化學品、氣體、蒸氣、粉塵等或作業活動及其他職業上原因引起之工作者疾病、傷害、失能或死亡。

> 請依職業安全衛生法就事業單位之承攬時相關規範，回答下列問題：
> （一）事業單位以其事業招人承攬時，其相關責任歸屬為何？【5 分】
> （二）事業單位以其事業之全部或一部分交付承攬時，應於事前告知該承攬人哪些事項？【5 分】
> （三）事業單位與承攬人、再承攬人分別僱用勞工共同作業時，為防止職業災害，原事業單位應採取哪些必要措施？【15 分】

答

（一）依據職業安全衛生法第 25 條：

事業單位以其事業招人承攬時，其承攬人就承攬部分負本法所定雇主之責任；原事業單位就職業災害補償仍應與承攬人負「連帶責任」。再承攬者亦同。

（二）依據職業安全衛生法第 26 條：

事業單位以其事業之全部或一部分交付承攬時，應於事前告知該承攬人有關其「事業工作環境、危害因素暨本法及有關安全衛生規定應採取之措施」。

承攬人就其承攬之全部或一部分交付再承攬時，承攬人亦應依前項規定告知再承攬人。

（三）依據職業安全衛生法第 27 條：

事業單位與承攬人、再承攬人分別僱用勞工共同作業時，為防止職業災害，原事業單位應採取下列必要措施：

1. 設置協議組織，並指定工作場所負責人，擔任指揮、監督及協調之工作。
2. 工作之連繫與調整。
3. 工作場所之巡視。
4. 相關承攬事業間之安全衛生教育之指導及協助。

5. 其他為防止職業災害之必要事項。

事業單位分別交付 2 個以上承攬人共同作業而未參與共同作業時，應指定承攬人之一負前項原事業單位之責任。

請依職業安全衛生管理辦法對職業安全衛生委員會（委員會）相關規範，回答下列問題：
（一）委員會由雇主視該事業單位之實際需要指定哪些人員組成？【10 分】
（二）委員會應每 3 個月至少開會 1 次，辦理哪些事項？【15 分】

答

（一）依據職業安全衛生管理辦法第 11 條

委員會置委員 7 人以上，除雇主為當然委員及第五款規定者外，由雇主視該事業單位之實際需要指定下列人員組成：

1. 職業安全衛生人員。

2. 事業內各部門之主管、監督、指揮人員。

3. 與職業安全衛生有關之工程技術人員。

4. 從事勞工健康服務之醫護人員。

5. 勞工代表。（勞工代表，應佔委員人數 1/3 以上）

（二）依據職業安全衛生管理辦法第 12 條

委員會應每 3 個月至少開會 1 次，辦理下列事項：

1. 對雇主擬訂之職業安全衛生政策提出建議。

2. 協調、建議職業安全衛生管理計畫。

3. 審議安全、衛生教育訓練實施計畫。

4. 審議作業環境監測計畫、監測結果及採行措施。

5. 審議健康管理、職業病預防及健康促進事項。
6. 審議各項安全衛生提案。
7. 審議事業單位自動檢查及安全衛生稽核事項。
8. 審議機械、設備或原料、材料危害之預防措施。
9. 審議職業災害調查報告。
10. 考核現場安全衛生管理績效。
11. 審議承攬業務安全衛生管理事項。
12. 其他有關職業安全衛生管理事項。

前項委員會審議、協調及建議安全衛生相關事項,應作成紀錄,並保存 3 年。

第一項委員會議由主任委員擔任主席,必要時得召開臨時會議。

請回答下列問題:

(一) 依「職業安全衛生設施規則」規定,雇主對於勞工 8 小時日時量平均音壓級超過 85 分貝或暴露劑量超過 50% 之工作場所,應採取哪些聽力保護措施?【9 分】

(二) 承第(一)題,事業單位勞工人數達多少人以上者,雇主應依作業環境特性訂定聽力保護計畫據以執行?【3 分】

(三) 雇主使勞工使用呼吸防護具時,應指派專人採取哪些呼吸防護措施?【9 分】

(四) 承第(三)題,事業單位勞工人數達多少人以上者,雇主應依中央主管機關公告之相關指引,訂定呼吸防護計畫,並據以執行?【4 分】

答

(一) 依據職業安全衛生設施規則第 300 條

勞工工作場所因機械設備所發生之聲音超過 90 分貝時，雇主應採取工程控制、減少勞工噪音暴露時間，使勞工噪音暴露工作日 8 小時日時量平均不超過(一)表列之規定值或相當之劑量值，且任何時間不得暴露於峰值超過 140 分貝之衝擊性噪音或 115 分貝之連續性噪音；對於勞工 8 小時日時量平均音壓級超過 85 分貝或暴露劑量超過 50% 時，「雇主應使勞工戴用有效之耳塞、耳罩等防音防護具」。

(二) 依據職業安全衛生設施規則第 300-1 條

聽力保護措施，事業單位勞工人數達 100 人以上者，雇主應依作業環境特性，訂定聽力保護計畫據以執行；於勞工人數未滿 100 人者，得以執行紀錄或文件代替。

(三) 依據職業安全衛生設施規則第 277-1 條

雇主使勞工使用呼吸防護具時，應指派專人採取下列呼吸防護措施，作成執行紀錄，並留存 3 年：

1. 危害辨識及暴露評估。
2. 防護具之選擇。
3. 防護具之使用。
4. 防護具之維護及管理。
5. 呼吸防護教育訓練。
6. 成效評估及改善。

(四) 依據職業安全衛生設施規則第 277-1 條

呼吸防護措施，事業單位勞工人數達 200 人以上者，雇主應依中央主管機關公告之相關指引，訂定呼吸防護計畫，並據以執行；於勞工人數未滿 200 人者，得以執行紀錄或文件代替。

3-1-3 其他泛國營事業

3-1-3-1 中央銀行所屬中央造幣廠 107 年新進人員聯合甄試 職業安全衛生相關法規與職業安全衛生管理

> 應訂定作業環境監測計畫及實施監測之作業場所包括哪些？【15 分】經審查化學物質安全評估報告後，得予公開之資訊為何？【10 分】

答

職業安全衛生法規定應訂定作業環境監測計畫及實施監測之作業場所如下：

（一）設置有中央管理方式之空氣調節設備之建築物室內作業場所。

（二）坑內作業場所。

（三）顯著發生噪音之作業場所。

（四）下列作業場所，經中央主管機關指定者：

　　　一、高溫作業場所。

　　　二、粉塵作業場所。

　　　三、鉛作業場所。

　　　四、四烷基鉛作業場所。

　　　五、有機溶劑作業場所。

　　　六、特定化學物質作業場所。

（五）其他經中央主管機關指定公告之作業場所。

3-2 勞動法規

3-2-1 交通部國營事業

3-2-1-1 台鐵公司 113 年勞動法規 (含勞動基準法、勞動檢查法)

> 工會是勞工的組合。請依工會法第 35 條說明,雇主或代表雇主行使管理權之人,不得有哪些行為?【25 分】

答

依據依工會法第 35 條:

雇主或代表雇主行使管理權之人,不得有下列行為:

(一) 對於勞工組織工會、加入工會、參加工會活動或擔任工會職務,而拒絕僱用、解僱、降調、減薪或為其他不利之待遇。

(二) 對於勞工或求職者以不加入工會或擔任工會職務為僱用條件。

(三) 對於勞工提出團體協商之要求或參與團體協商相關事務,而拒絕僱用、解僱、降調、減薪或為其他不利之待遇。

(四) 對於勞工參與或支持爭議行為,而解僱、降調、減薪或為其他不利之待遇。

(五) 不當影響、妨礙或限制工會之成立、組織或活動。

雇主或代表雇主行使管理權之人,為前項規定所為之解僱、降調或減薪者,無效。

> 請依團體協約法說明：
> (一) 何謂團體協約？【5分】
> (二) 團體協約得約定哪些事項？【20分】

答

(一) 依據團體協約法第 2 條：

本法所稱團體協約，指雇主或有法人資格之雇主團體，與依工會法成立之工會，以約定勞動關係及相關事項為目的所簽訂之書面契約。

(二) 依據團體協約法第 12 條：

團體協約得約定下列事項：

1. 工資、工時、津貼、獎金、調動、資遣、退休、職業災害補償、撫卹等勞動條件。

2. 企業內勞動組織之設立與利用、就業服務機構之利用、勞資爭議調解、仲裁機構之設立及利用。

3. 團體協約之協商程序、協商資料之提供、團體協約之適用範圍、有效期間及和諧履行協約義務。

4. 工會之組織、運作、活動及企業設施之利用。

5. 參與企業經營與勞資合作組織之設置及利用。

6. 申訴制度、促進勞資合作、升遷、獎懲、教育訓練、安全衛生、企業福利及其他關於勞資共同遵守之事項。

7. 其他當事人間合意之事項。

學徒關係與技術生、養成工、見習生、建教合作班之學生及其他與技術生性質相類之人，其前項各款事項，亦得於團體協約中約定。

勞動基準法中有哪幾種變形工時制度？雇主應經何法定程序始得讓勞工適用變形工時？

答

(一) 依據勞動基準法第 36 條

勞工每 7 日中應有 2 日之休息，其中 1 日為例假，一日為休息日。

1. 雇主有下列情形之一，不受前項規定之限制：
2. 依第三十條第二項規定變更正常工作時間者，勞工每七日中至少應有 1 日之例假，每 2 週內之例假及休息日至少應有 4 日。
3. 依第三十條第三項規定變更正常工作時間者，勞工每七日中至少應有 1 日之例假，每 8 週內之例假及休息日至少應有 16 日。
4. 依第三十條之一規定變更正常工作時間者，勞工每二週內至少應有 2 日之例假，每 4 週內之例假及休息日至少應有 8 日。

(二) 依據勞動基準法第 36 條

1. 經中央目的事業主管機關同意，且經中央主管機關指定之行業，雇主得將第一項、第二項第一款及第二款所定之例假，於每 7 日之週期內調整之。
2. 前項所定例假之調整，應經工會同意，如事業單位無工會者，經勞資會議同意後，始得為之。雇主僱用勞工人數在 30 人以上者，應報當地主管機關備查。

> 勞動檢查是否應事先通知事業單位？事業單位是否能拒絕勞動檢查？事業單位如拒絕勞動檢查，勞動檢查機構有何因應作為？【25分】

答

(一) 依據勞動檢查法第13條：

　　勞動檢查員執行職務，除左列事項外，不得事先通知事業單位：

　　1. 第二十六條規定之審查或檢查。

　　2. 危險性機械或設備檢查。

　　3. 職業災害檢查。

　　4. 其他經勞動檢查機構或主管機關核准者。

(二) 依據勞動檢查法第14條：

　　勞動檢查員為執行檢查職務，得隨時進入事業單位，雇主、雇主代理人、勞工及其他有關人員均不得無故拒絕、規避或妨礙。

(三) 依據勞動檢查法第14條：

　　前項事業單位有關人員之拒絕、規避或妨礙，非警察協助不足以排除時，勞動檢查員得要求警察人員協助。

3-3 職業安全衛生計畫及管理（包括應用統計）

3-3-1 交通部國營事業

3-3-1-1 臺灣港務公司 106 年新進從業人員甄試 工業安全管理（包括應用統計）

> 何謂工作安全分析，並簡要說明工作安全分析的程序。【20 分】

答

(一) 工作安全分析：係指結合工作分析與危害辨識的結合。

工作分析可以讓主管人員清楚每件工作的詳細步驟、內容、方法、規範，而危害辨識則是將工作中的潛在與可能危害，事先加以辨識，並經溝通、討論後，再決定最佳的工作方法，以確保安全工作。

(二) 工作安全分析的程序與簡要說明如下：（考生亦可選擇只寫項次）

1. 擬定工作安全的分析計畫：先擬訂計畫，使工作的目標更明確及所需的資源、人力與時間已完備再進行。

2. 決定要分析的工作：
   (1) 若已有風險評估，就依結果中的不可接受風險優先分析。
   (2) 若還沒風險評估，可以工作性質，對需安全分析的工作優先執行，如傷害頻率高、或嚴重率高等的工作。

3. 將工作的步驟分解：由熟悉該作業的領班召集，共同將工作拆解為數個主要步驟後，在討論能兼顧安全與效率的目標下，實施安全分析。

4. 找出危險的關鍵：若工作步驟的順序錯誤會導致嚴重後果時，即屬危險關鍵。

5. 決定可行的工作方法：對上項辨識出的危險關鍵步驟之潛在危害及可能發生的事故，安全分析人員再就前述關鍵步驟共同研討或參考相關文獻資料，以找出防止事故的有效對策。

試說明如何執行有效的安全溝通？【20分】

答

(一) 安全溝通：提供必須且足夠的安全資訊，讓全體人員能參考他人的安衛經驗與教訓，並學習良好的安衛知識與技能，進而採取正確且安全的作業方式。

(二) 執行有效的安全溝通有幾個原則需遵守，說明如下：

1. 尊重對方的原則：讓對方感受到受重視與尊重。

2. 設身處地的原則：以同理心的角度站在對方的立場進行思考。

3. 就事論事的原則：僅對事情討論，不心存偏見。

4. 心胸開放的原則：心中不預設立場，接受更多的良好意見。

5. 公開公正的原則：溝通要公開且公正，增加溝通的廣度與頻率。

6. 合法合理的原則：合法又合理才能有準則且不失公道。

7. 組織目標的原則：有良好的組織目標，組織才能有效的運作。

> 評估靜電所引起之火災爆炸危害的風險時應考慮哪些因素？【10分】
> 又，為防止靜電的產生或／及累積，在採取對策時應注意哪些原則以及具體保護對策？【10分】

答

(一) 評估靜電引起的火災爆炸危害的風險應考慮下列因素：

1. 製程（場所）是否容易產生靜電

    (1) 靜電的產生方式：摩擦、剝離、流動、噴射、沉降或攪拌等帶電及靜電感應。

    (2) 易發生靜電的製程（場所）：

    　　a. 流體之流動、噴射或沉降…等。

    　　b. 氣體或固定的混合、攪拌…等。

    　　c. 雷雲下或高壓電附近，也可能產生誘導靜電。

    　　d. 其他有可能發生的製程（場所）。

2. 靜電是否已有效控制。

    (1) 使靜電不產生。

    (2) 使靜電累積不到可以放電的程度。

(二) 為防止靜電的產生或／及累積，在採取對策時應注意下列原則以及具體保護對策：

1. 靜電防止的本質安全設計或良好環境管理：

    (1) 使用抗靜電材料。

    (2) 接地或搭接。

    (3) 增加濕度。

    (4) 使用靜電消除器。

2. 製程（作業）管理：

   (1) 限制製程流體速度。

   (2) 增加靜置時間。

3. 人員管理：穿著抗靜電衣與鞋。

> 影響移動式起重機（吊車）之安定性的因素有哪些？【10 分】又，為防止翻覆，吊車應當裝設什麼樣的安全裝置？並請說明其功能或作用。【10 分】

答

（一）影響移動式起重機（吊車）之安定性的因素如下說明：

1. 場地的影響：進行吊掛作業時，起重機設置的場地需要求水平，但在實務上有時很難做到絕對水平。所以此情況下，各重量距離重心點的水平尺寸將發生變化，而進一步影響起重機作業的平衡。另對於場地的穩固需確認，不會導致崩落下陷。

2. 慣性力的影響：起重機在吊掛過程中，若突然起吊、下降或制動，都會產生不利於穩定的慣性附加載荷。

3. 離心力的影響：當起重機旋轉時，起吊物、吊臂與吊具皆以迴轉中心運動，進而產生離心力作用。離心力的方向背離迴轉中心向外，其產生的力矩為傾翻方向的力矩，所以對起重機的工作穩定性產生不利影響。

4. 風載的影響：起重機於露天作業時，風載荷重對起重機穩定性的影響不可輕忽。因風載荷重與迎風之體型、高度、風壓值密切相關。且起重機的吊臂一般比較長，所以起重物離地面高度一般比較高，因此風載對起重機穩定性的影響主要作用在吊臂和起吊物上。

5. 多種因素綜合作用的影響：移動式起重機的吊掛過程中，其穩定性受多種不確定性影響。

(二) 為防止翻覆，吊車應依「移動式起重機安全檢查構造標準」裝設下列安全裝置，其功能或作用說明如下：

1. 吊升裝置、起伏裝置及伸縮裝置，應設置控制荷物或伸臂下降之制動器，避免荷物或伸臂突降導致車身晃動。

2. 使用鋼索或吊鏈之吊升裝置、起伏裝置及伸縮裝置，應設置過捲預防裝置或預防過捲警報裝置，防止鋼索或吊鏈過度捲揚斷裂，造成車輛因反作用力翻覆。

3. 過負荷預防裝置，避免吊升超過可負荷能力，導致車輛不穩翻覆。

4. 使用液壓或氣壓為動力之移動式起重機之吊升裝置、起伏裝置或伸縮裝置，應設置防止液壓或氣壓異常下降，致吊具等急劇下降之逆止閥，防止吊具突降導致車身晃動。

5. 吊鉤應設置防止吊掛用鋼索等脫落之阻擋裝置，避免荷物脫鉤，造成車輛因反作用力翻覆。

> 有一勞工於鷹架上進行油漆工作,於鷹架上移動時發生墜落,試以失誤樹分析其墜落的可能原因。【20 分】

答

勞工於鷹架上移動時發生墜落之可能原因的失誤樹分析如下圖所示:

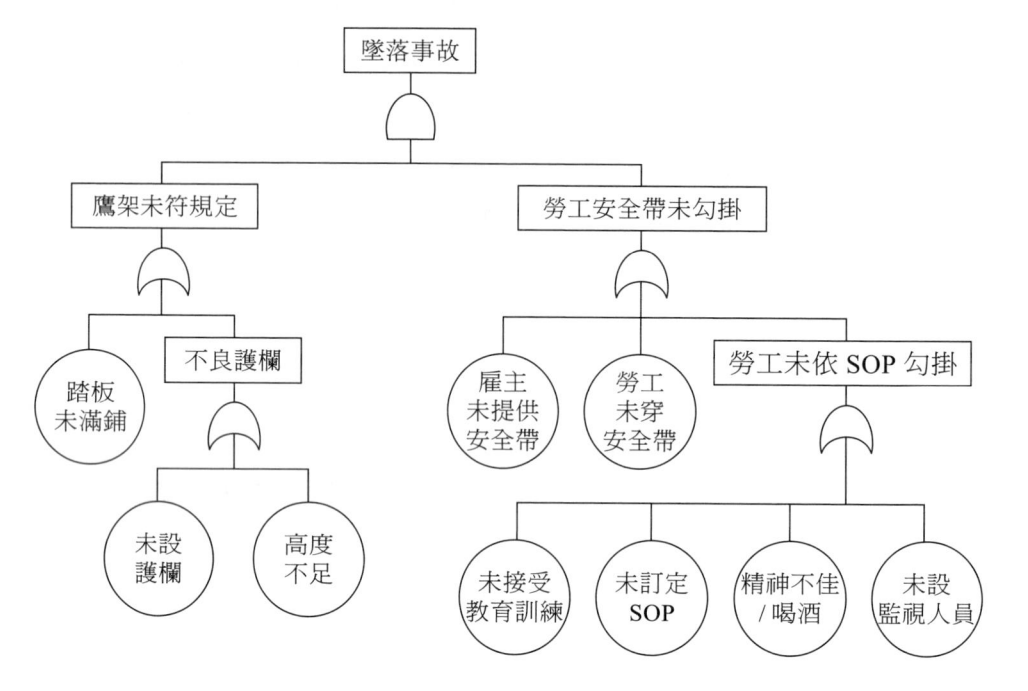

```
                        墜落事故
                          AND
           ┌───────────────┴───────────────┐
      鷹架未符規定                    勞工安全帶未勾掛
          OR                                OR
      ┌────┴────┐              ┌────────────┼────────────┐
   踏板      不良護欄        雇主          勞工        勞工未依SOP勾掛
   未滿鋪      OR          未提供        未穿              OR
           ┌──┴──┐        安全帶        安全帶     ┌──────┼──────┬──────┐
         未設   高度                             未接受   未訂定  精神不佳  未設
         護欄   不足                             教育訓練  SOP    /喝酒   監視人員
```

由上圖可知:

1. 若做好其中一項措施(鷹架符合規定或勞工安全帶有確實勾掛),則可避免墜落事故。

2. 影響勞工安全帶勾掛的因素較多,所以建議做好鷹架的本質安全(符合法令與設計)是優先的防墜落措施。

3-3-1-2 臺灣港務公司 107 年度新進從業人員甄試 工業安全管理（包括應用統計）

> 雇主使勞工於局限空間從事作業前，應訂定危害防止計畫，以供相關人員依循辦理。請問該防止計畫應包含哪些事項？【25分】

答

雇主使勞工於局限空間從事作業前，應依職業安全衛生設施規則第 29-1 條規定訂定危害防止計畫，以供相關人員依循辦理，其計畫應依作業可能引起之危害訂定下列事項：

(一) 局限空間內危害之確認。

(二) 局限空間內氧氣、危險物、有害物濃度之測定。

(三) 通風換氣實施方式。

(四) 電能、高溫、低溫與危害物質之隔離措施及缺氧、中毒、感電、塌陷、被夾、被捲等危害防止措施。

(五) 作業方法及安全管制作法。

(六) 進入作業許可程序。

(七) 提供之測定儀器、通風換氣、防護與救援設備之檢點及維護方法。

(八) 作業控制設施及作業安全檢點方法。

(九) 緊急應變處置措施。

> 依「國家級職業安全衛生管理系統指引」規定，說明下列事項：
> （一）事業單位所建立的職業安全衛生管理系統，應包括哪五個主要要素？【10分】
> （二）事業針對「預防與控制措施」項目，說明其優先順序為何？【15分】

答

（一）事業單位所建立的職業安全衛生管理系統，應包括下列五個主要要素：

    a. 政策，又可分為下列項目：

        a1. 職業安全衛生政策。

        a2. 員工參與。

    b. 組織設計，又可分為下列項目：

        b1. 責任與義務。

        b2. 能力與訓練。

        b3. 職業安全衛生管理系統文件化。

        b4. 溝通。

    c. 規劃與實施，又可分為下列項目：

        c1. 先期審查。

        c2. 系統規劃、建立與實施。

        c3. 職業安全衛生目標。

        c4. 預防與控制措施。

        c5. 變更管理。

        c6. 緊急應變措施。

        c7. 採購。

        c8. 承攬。

- d. 評估，又可分為下列項目：
    - d1. 績效監督與量測。
    - d2. 調查與工作有關的傷病、不健康和事故及其對安全衛生績效的影響。
    - d3. 稽核。
    - d4. 管理階層審查。
- e. 改善措施，又可分為下列項目：
    - e1. 預防與矯正措施。
    - e2. 持續改善。

(二) 事業針對「預防與控制措施」項目，其優先順序如下說明：
- a. 消除危害及風險。
- b. 經由工程控制或管理控制從源頭控制危害及風險。
- c. 設計安全的作業制度，包括行政管理措施將危害及風險的影響減到最低。
- d. 當綜合上述方法仍然不能控制殘餘的危害及風險時，雇主應免費提供適當的個人防護具，並採取措施確保防護具的使用和維護。

請從意外發生前、發生時及發生後三方面，說明職業傷害之預防措施。【25分】

答

從意外發生前、發生時及發生後三方面的職業傷害之預防措施，說明如下：

(一) 意外發生前：主要方面為預防職業傷害的發生。
1. 設計：良好的設備或作業設計，從本質上降低危害危險。
2. 權責分工：建置適當組織、人員，並將其權責妥善分工。

3. 風險管控:透過良好的危害辨識與評估,進行控制措施。

4. 作業管理:符合法令規範、訂定適合的 SOP、適當監督與管理。

5. 人員管理:選用適當人員、提供教育訓練、增加安衛活動之參與。

6. 全員參與:高層主管的承諾與資源提供、全員參與、安全文化之建立。

(二) 意外發生時:主要方面為削減職業傷害的嚴重性、預防其他事故發生與相關緊急應變。

1. 評估:評估事故可能擴大的影響範圍。

2. 管制:事故現場封鎖與可能影響範圍的管制。

3. 啟動:立即啟動緊急應變程序。

4. 搶救:急、搶救人員確認已做好安全措施後,才可進行相關工作。

5. 後送:對傷者進行緊急醫療處置,並視情況進行觀察或送醫。

6. 封鎖:事故現場在調查前,嚴禁無關人員進入與破壞現場。

(三) 意外發生後:主要方面為調查職業傷害原因、現場復原與防止同樣或類似事故再發生。

1. 組織:網羅不同專業領域的人員,並成立專責調查小組。

2. 蒐集:書面文件與現場證物的蒐集或拍照。

3. 調查:調查當時的作業現場情況,並與相關人員進行訪談。

4. 確認:提出可能的事故原因及確認事故的根因原因。

5. 復原:確認事故的根因原因已實施改善措施後,再進行現場復原。

6. 回饋：實施教育訓練，並防止同樣或類似事故再發生。

由上述可知，防止職業傷害之預防措施最好的方式還是在發生前就做好風險控制與落實管理。

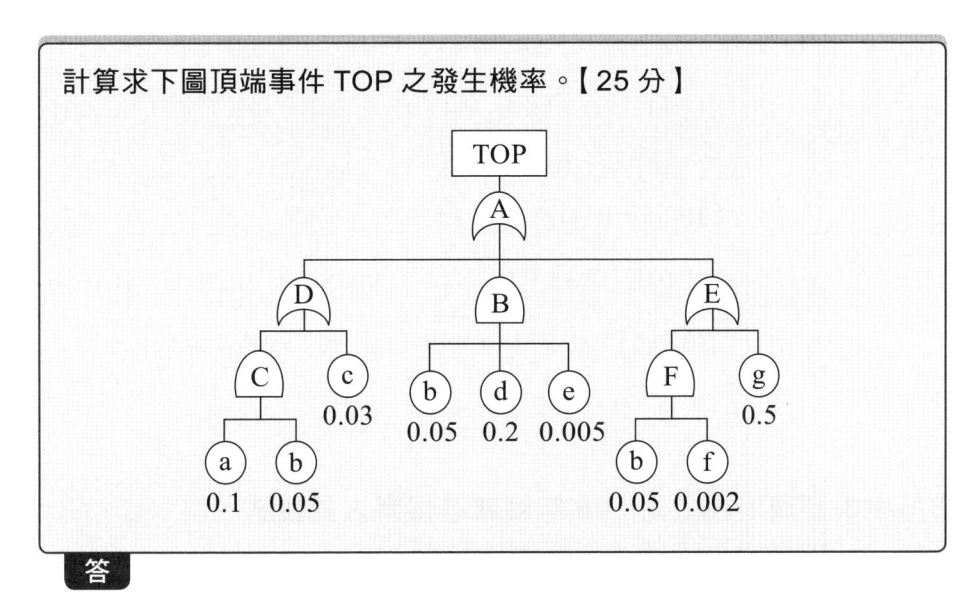

計算求下圖頂端事件 TOP 之發生機率。【25 分】

```
                    TOP
                     |
                     A
          _____|_____
         |           |           |
         D           B           E
        / \        / | \        / \
       C   c      b  d  e      F   g
          0.03  0.05 0.2 0.005    0.5
      / \                      / \
     a   b                    b   f
    0.1 0.05                0.05 0.002
```

答

（一）失誤樹頂端事件邏輯閘組合之最小切集合（直接消去法）化簡如下：

Top Equation A ＝ D ＋ B ＋ E ＝ (C ＋ c) ＋ (b×d×e) ＋ (F ＋ g)

＝ (a×b) ＋ (c) ＋ (b×d×e) ＋ (b×f) ＋ (g)

失誤樹頂端事件邏輯閘組合之最小切集合化簡（矩陣法）如下：

A	⌒	D	⌒	C			⌒	a	b
				c				c	
		B	⌒	b	d	e		d	d	e
		E	⌒	F			⌒	b	f
				g				g	

⌒：OR 閘、⌒：AND 閘

Top Equation A ＝ (a×b) + (c) + (b×d×e) + (b×f) + (g)

(二) 失誤樹頂端事件之機率計算如下：

$$P(T) = (a×b) + (c) + (b×d×e) + (b×f) + (g)$$

$$= 1-[(1-(a×b))×(1-c)×(1-(b×d×e))×(1-(b×f))×(1-g)]$$

$$= 1-[(1-(0.1×0.05))×(1-0.03)×(1-(0.05×0.2×0.005))×(1-(0.05×0.002)×(1-0.5)]$$

$$= 1-[(1-0.005)×(1-0.03)×(1-0.00005)×(1-0.0001)×(1-0.5)]$$

$$= 1-[(0.995)×(0.97)×(0.99995)×(0.9999)×(0.5)]$$

$$= 1-(0.4825) = 0.5175$$

3-3-1-3 臺灣港務公司 108 年度新進從業人員甄試 工業安全管理（包括應用統計）

請回答以下問題
(一) 何謂火災形成的三角形燃燒原理？【15 分】
(二) 列舉說明三種常見的滅火方法？【15 分】

答

(一) 火災形成的三角形燃燒原理如下說明：

1. 燃料（可燃物）：如木材、紙張、可燃性氣體、液體…等。

2. 助燃物（氧氣、空氣等）

3. 火源（溫度、能量）：如明火、高溫、電火花、靜電…等。

當這三個必要條件皆符合時，燃燒就會發生火災，且火災又可分為下列四類：A 類（普通）火災、B 類（油類）火災、C 類（電氣）火災、D 類（金屬）火災等。

(二) 三種常見的滅火方法如下說明：

1. 隔離法：移開或阻隔供應燃燒中的物質，以削減火勢或阻止火勢蔓延。

2. 窒息法：讓燃燒所需的氧氣含量減少，以達到缺氧窒息火災的效果。

3. 冷卻法：讓火自然熄滅或是以水或滅火劑進行冷卻燃燒物。

依據職業安全衛生設施規則之規定，雇主使勞工於局限空間從事作業前，應先確認該空間內有無可能引起勞工缺氧、中毒、感電、塌陷、被夾、被捲及火災、爆炸等危害，有危害之虞者，應訂定危害防止計畫。請說明：

(一) 危害防止計畫應訂定哪些事項？【20分】

(二) 作業場所入口顯而易見處所應公告哪些注意事項，使作業勞工周知？【10分】

答

(一) 依職業安全衛生設施規則第29-1條規定，危害防止計畫應訂定下列事項：

1. 局限空間內危害之確認。

2. 局限空間內氧氣、危險物、有害物濃度之測定。

3. 通風換氣實施方式。

4. 電能、高溫、低溫與危害物質之隔離措施及缺氧、中毒、感電、塌陷、被夾、被捲等危害防止措施。

5. 作業方法及安全管制作法。

6. 進入作業許可程序。

7. 提供之測定儀器、通風換氣、防護與救援設備之檢點及維護方法。

8. 作業控制設施及作業安全檢點方法。

9. 緊急應變處置措施。

(二) 依職業安全衛生設施規則第 29-2 條規定，作業場所入口顯而易見處所應公告下列注意事項，使作業勞工周知：

1. 作業有可能引起缺氧等危害時，應經許可始得進入之重要性。

2. 進入該場所時應採取之措施。

3. 事故發生時之緊急措施及緊急聯絡方式。

4. 現場監視人員姓名。

5. 其他作業安全應注意事項。

針對以下系統，請回答以下問題

(一) 以事件樹分析（ETA）方法來建構事故事件樹。【10 分】

(二) 計算事故的機率。【10 分】

　　A 之不可靠度為 Pa=0.02

　　B 之不可靠度為 Pb=0.03

　　C 之不可靠度為 Pc=0.008

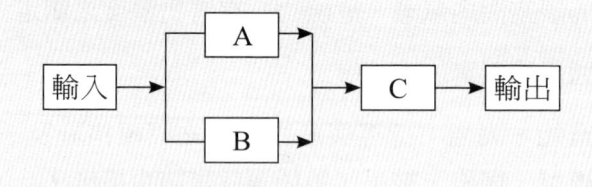

答

(一) 事件樹建構如下：

1. 當設備 A 為初始事件時的情況，其事件樹如下圖：

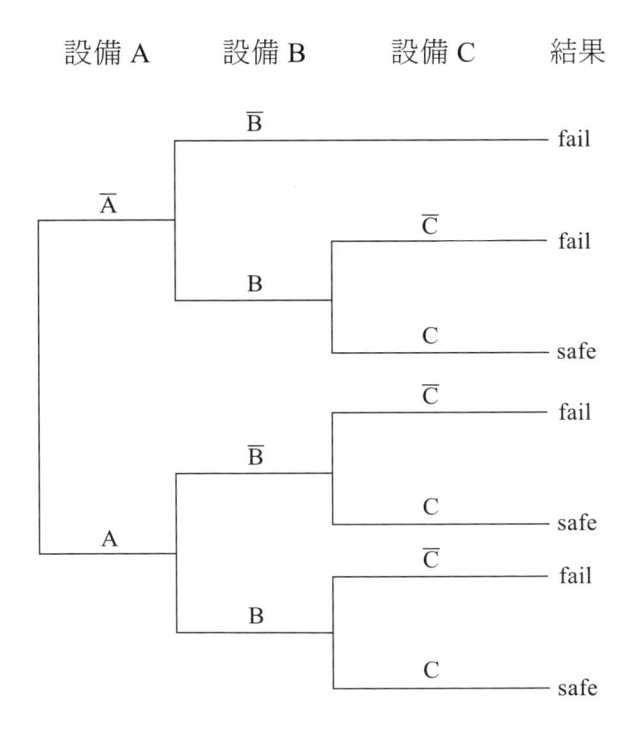

```
        設備 A        設備 B        設備 C        結果

                        B̄ ────────────────── fail
              Ā ┤
                        ┌── C̄ ─────────────── fail
                        B ┤
                        └── C ─────────────── safe
       ─┤
                        ┌── C̄ ─────────────── fail
                   B̄ ┤
                        └── C ─────────────── safe
              A ┤
                        ┌── C̄ ─────────────── fail
                   B ┤
                        └── C ─────────────── safe
```

(二) 機率計算如下：

$T = \overline{AB} + \overline{A}B\overline{C} + A\overline{B}\overline{C} + AB\overline{C}$

$= 0.02 \times 0.03 + 0.02 \times 0.97 \times 0.008 + 0.98 \times 0.03 \times 0.008$
$+ 0.02 \times 0.03 \times 0.008$

$= 0.0008595$

請運用歐姆定律，舉例詳細說明防止感電災害的作法？【20分】

答

歐姆定律為 $V = I \times R$，其中 V：電壓（單位：伏特），I：電流（單位：安培），R：電阻（單位：歐姆），由該定律可知，電壓、電流與電阻三者的關係相當密切，防止感電災害的作法，如下說明。

(一) 電壓方面：

　　1. 安全電壓，採取較低的電壓進而降低感電時的危險性。

例如：在良導體的機械或設備內的檢修工作的照明燈具，其電壓不的超過 24V。

2. 派任專業技術人員，依法令規範不同的電壓值範圍，派任合格專業人員。

例如：工廠內實施高壓以上的電力設備裝設及維護保養，需派任具中級以上之合格電氣技術人員。

(二) 電流方面：

1. 良好接地，使設備異常時，仍維持安全狀態。

例如：當設備絕緣失效時，產生的迷走電流會經由接地而流至大地。

2. 安全裝置，防止人員導電時，產生嚴重的危害。

例如：裝設漏電斷路器後，當電路異常的電流超過該額定感度電流（如高感型 30mA），漏電斷路器會及時啟動，防止人員感電。

(三) 電阻方面：

1. 保持身體乾燥，因身體潮濕時，會降低其電阻值。

例如：不可以在手部潮濕時，碰觸使用中的電氣插頭或開關。

2. 絕緣用防護具，絕緣材質大大增加電阻值（防感電）。

例如：作業前，確實穿著絕緣用防護具，可防止感電的危害。

(四) 綜合作法：

1. 電氣作業應停電、檢電、掛牌、上鎖、加圍標示。

2. 活線作業應善用活線作業用設備（或裝置/器具）與穿著防護具。

3. 良好的教育訓練與落實電氣設備管理。

3-3-1-4 臺灣港務公司 109 年度新進從業人員甄試 工業安全管理（包括應用統計）

> 幫浦設備（包含馬達）是化學儲槽內容物進出的主要設施，許多儲槽災害都與此設備異常有關，請問有關幫浦設備之規劃設計與建造之防災考量與措施有哪些？【25分】

答

幫浦設備之規劃設計與建造之防災考量與措施如下說明：

(一) 性能標準：

1. 足夠的 NPSH（淨正吸引高度），在操作溫度下，確保幫浦入口處能有有效的絕對壓力，進而降低空蝕情況產生。

2. 良好的軸封可有效防止高壓液體沿著軸洩漏或外部空氣從相反方向進入，如雙軸封、乾式軸封。

3. 密封罐的參數管理，如將壓力值連接控制室 DCS，作為異常時的警報提醒。

(二) 備台設計：

1. 設置備台，可於異常時且不影響安全或生產的情況下，進行維護保養。

2. 定期的改換台操作，確保幫浦的運作正常。

(三) 設置地點：

1. 依防爆區域劃分結果，選用適當等級的防爆電氣馬達。

2. 幫浦至下一輸送設備的管線距離不可太遠，避免過度減少其管線的壓力降。

(四) 附屬安全裝置：

1. 幫浦入口端置一過濾裝置，避免砂石、異物等進入而損害幫浦。

2. 幫浦出口端置一單向閥（逆止閥），避免流體逆流，進而防止幫浦反轉。

（五）安全修護：

增設可現場操作的開關及上鎖設備，降低因控制室誤啟動而導致修護人員的危險。

（六）線上監測：

設置線上監測系統，異常時可立即進行處置。

（七）維護保養/檢查：

需有適當通道與空間，增加維護保養或檢查的便利性與效益。

（八）緊急應變：

遠端遮斷閥，當事故發生時，可避免因無法接近事故源，而於遠端進行遮斷。

（九）人員要求：

1. 規劃設計的人應確實參照國內外法令與相關標準規範，並與現場部門進行討論。
2. 參與建造人員應有足夠經驗並依相關 SOP 或施工規範，以防止不當建造帶來後續的異常與危害。

（十）其他：

其他防災考量與措施，亦可參照國內外類似事故或相關標準規範（ASME、API、ANSI、CNS…等）。

「職業安全衛生法」第十六條第四項規定之危險性設備，其適用之容量條件各為多少？請依下列各個項目詳列之。1.鍋爐 2.壓力容器 3.高壓氣體特定設備 4.高壓氣體容器【25分】

答

依職業安全衛生法第 16 條第 4 項規定之危險性設備,其適用之容量條件如下表說明:

設備類別	適用容量條件	備註
鍋爐	1. 最高使用壓力(表壓力,以下同)超過每平方公分 1 公斤,或傳熱面積超過 1 平方公尺,或胴體內徑超過 30 公厘,長度超過 600 公厘之蒸汽鍋爐。 2. 水頭壓力超過 10 公尺,或傳熱面積超過 8 平方公尺,且液體使用溫度超過其在 1 大氣壓之沸點之熱媒鍋爐以外之熱水鍋爐。 3. 水頭壓力超過 10 公尺,或傳熱面積超過 8 平方公尺之熱媒鍋爐。 4. 鍋爐中屬貫流式者,其最高使用壓力超過每平方公分 10 公斤,或其傳熱面積超過 10 平方公尺者。	依據法令:危險性機械及設備安全檢查規則第 4 條。
壓力容器	1. 最高使用壓力超過每平方公分 1 公斤,且內容積超過 0.2 立方公尺之第一種壓力容器。 2. 最高使用壓力超過每平方公分 1 公斤,且胴體內徑超過 500 公厘,長度超過 1,000 公厘之第一種壓力容器。 3. 以「每平方公分之公斤數」單位所表示之最高使用壓力數值與以「立方公尺」單位所表示之內容積數值之積,超過 0.2 之第一種壓力容器。	
高壓氣體特定設備	指供高壓氣體之製造(含與製造相關之儲存)設備及其支持構造物(供進行反應、分離、精鍊、蒸餾等製程之塔槽類者,以其最高位正切線至最低位正切線間之長度在 5 公尺以上之塔,或儲存能力在 300 立方公尺或 3 公噸以上之儲槽為一體之部分為限),其容器以「每平方公分之公斤數」單位所表示之設計壓力數值與以「立方公尺」單位所表示之內容積數值之積,超過 0.04 者。	
高壓氣體容器	指供灌裝高壓氣體之容器中,相對於地面可移動,其內容積在 500 公升以上者。	

上述鍋爐與第一種壓力容器的部分也可彙整如下表（供考生參考）：

設備種類		適用容量條件			
		壓力（P）	傳熱面積（A）	胴體	內容積（V）
鍋爐	蒸氣鍋爐	最高使用壓力超過 1 kg/cm²	或超過 1 m²	或內徑超過 30 cm，長度超過 60 cm	—
	熱水（媒）鍋爐	水頭壓力超過 10 m	或超過 8 m²		
	貫流式	最高使用壓力超過 10 kg/cm²	或超過 10 m²		
第一種壓力容器		最高使用壓力超過 1 kg/cm²	—	—	且超過 0.2 m³
		最高使用壓力超過 1 kg/cm²	—	且內徑超過 50 cm，長度超過 100 cm	—
		最高使用壓力 (P, kg/cm²) × 內容積 (V, m³) > 0.2			

上述高壓氣體特定設備與高壓氣體容器的部分也可彙整如下表（供考生參考）：

設備種類	適用容量條件		
	內容物	壓力（P）	內容積（V）
高壓氣體特定設備	高壓氣體	最高使用壓力 (P, kg/cm²) × 內容積 (V, m³) > 0.04	
高壓氣體容器	灌裝高壓氣體	—	500 公升以上

> 港區作業時，如進行金屬之熔接、熔斷或加熱等作業，須使用可燃性氣體及氧氣之容器，必須注意之事項有哪些？請詳列之。
> 【25分】

答

依職業安全衛生設施規則第190條規定，對於雇主為進行金屬之熔接、熔斷或加熱等作業，須使用可燃性氣體及氧氣之容器，必須注意之事項如下規定辦理：

（一）容器不得設置、使用、儲藏或放置於下列場所：

　　1. 通風或換氣不充分之場所。

　　2. 使用煙火之場所或其附近。

　　3. 製造或處置火藥類、爆炸性物質、著火性物質或多量之易燃性物質之場所或其附近。

（二）保持容器之溫度於攝氏40度以下。

（三）容器應直立穩妥放置，防止傾倒危險，並不得撞擊。

（四）容器使用時，應留置專用板手於容器閥柄上，以備緊急時遮斷氣源。

（五）搬運容器時應裝妥護蓋。

（六）容器閥、接頭、調整器、配管口應清除油類及塵埃。

（七）應輕緩開閉容器閥。

（八）應清楚分開使用中與非使用中之容器。

（九）容器、閥及管線等不得接觸電焊器、電路、電源、火源。

（十）搬運容器時，應禁止在地面滾動或撞擊。

（十一）自車上卸下容器時，應有防止衝擊之裝置。

（十二）自容器閥上卸下調整器前，應先關閉容器閥，並釋放調整器之氣體，且操作人員應避開容器閥出口。

> 人為失誤可定義為「可能會造成系統安全、系統效能或系統有效性降低的不適當或不欲見的人員決策或行為」，人為失誤可分為哪幾類？避免人為失誤之設計又可分為哪幾類？請各舉一例說明之。【25 分】

答

(一) 人為失誤可分為下列類別：

1. 遺忘失誤：人員該做而未做某事。

2. 取代失誤：緊急時，無法立即辨識正確的控制器。

3. 顛倒失誤：以錯誤順序執行一系列動作（或程序）。

4. 調整失誤：調控或操作的過快或過慢。

5. 無意啟動：無意間碰觸或啟動不該操作之控制器。

6. 無法搆及：不能及時搆握控制器。

(二) 避免人為失誤之設計又可分為哪幾類：

1. 容錯設計。

    例如：人為失誤時，系統能容忍失誤的存在，並使操作人員能從已發生的失誤訊息得到協助。

2. 失誤仍安設計。

    例如：人為失誤時，系統仍保持安全狀態。

3. 增加設計可靠度。

    例如：增加連鎖系統或是提升設備元件的可靠度。

4. 防呆設計。

    例如：不同電壓的設備，設計不同的插頭，以防止誤用。

5. 記憶輔助措施。

例如：人員作業前，可以看正確的操作標示，以防止失誤。

6. 警示措施。

例如：人員操作時，若有出現異常，警報器系統自動進行提醒。

3-3-1-5 臺灣港務公司 113 年度從業人員甄試 工業安全管理（包括應用統計）

請依職業安全衛生設施規則及營造安全衛生標準等規定，回答下列問題：

(一) 遇強風、大雨惡劣氣候需立即停止之作業為何？

(二) 雇主使勞工於有發生水位暴漲或土石流之地區作業，除設置防止勞工落水設施或使勞工著用救生衣及漁作業場所或其附近設置求生設備外，應辦理事項維何？【15 分】

答

(一) 依據營造安全衛生設施標準及依據職業安全衛生設施規則：

1. 使勞工以投擲之方式運送任何物料 (第 28 條)

2. 使勞工從事施工架組配作業 (第 42 條)

3. 於施工構臺，使勞工於施工構臺上作業 (第 62-2 條)

4. 勞工從事露天開挖作業 (65 條)

5. 於擋土支撐設置後開挖 (75)

   於模板支撐支柱之基礎作業 (第 132 條)

6. 拆除構造物 (157 條)

7. 於高度在二公尺以上之作業場所致勞工有墜落危險時。(職業安全衛生設施規則 226)

(二) 依據營造安全衛生設施標準第 15 條：

雇主使勞工於有發生水位暴漲或土石流之地區作業者，除依前條之規定外，應依下列規定辦理：

1. 建立作業連絡系統，包括無線連絡器材、連絡信號、連絡人員等。

2. 選任專責警戒人員，辦理下列事項：
   (1) 隨時與河川管理當局或相關機關連絡，了解該地區及上游降雨量。
   (2) 監視作業地點上游河川水位或土石流狀況。
   (3) 獲知上游河川水位暴漲或土石流時，應即通知作業勞工迅即撤離。
   (4) 發覺作業勞工不及撤離時，應即啟動緊急應變體系，展開救援行動。

在機械危害防護作業中，避免人為失誤之設計有哪幾類？請說明【25 分】

答

(一) 結合原則：將機械之起動裝置與安全裝置強制結合，安全裝置發生效用後，始可動作。

(二) 關閉原則：機械的危險區域及在危險時間中，應予關閉，使其他人員或非本部分人員不得進入。

(三) 一般性原則：設置之安全裝置使非有關作業人員不得進入，有關作業人員必須有防護措施，才可進入。

(四) 整體原則：一次安裝安全裝置後，不得引起相關危害。

(五) 複合性原則：除了操作上考慮安全外，在搬運、組合、拆卸、保養、修理期間亦應考慮安全。

(六) 機械化原則：人工操作較易發生災害之。

(七) 減輕原則：機械作業者在勞動衛生上應予考慮，不得因採取安全措施而使勞動量超過生理正常負荷。

(八) 安全保證原則：安全裝置應可信賴，並維持其效能。

(九) 非依存原則：作業過程中之安全措施操作及控制，不應依存於作業人員之注意力及不懈精神。

(十) 經濟性原理：安全裝置不得阻礙工作或增加工時。

缺氧的定義為何？【3分】勞工於缺氧危險場所作業時，於入口之處應公告之注意事項有哪些？【7分】又缺氧危險作業，係指於哪些危險場所從事之作業？請列舉之【15分】

答

(一) 依據缺氧症預防規則第3條：缺氧：指空氣中氧氣濃度未滿18%之狀態。

(二) 依據缺氧症預防規則第18條：

雇主使勞工於缺氧危險場所或其鄰接場所作業時，應將下列注意事項公告於作業場所入口顯而易見之處所，使作業勞工周知：

1. 有罹患缺氧症之虞之事項。

2. 進入該場所時應採取之措施。

3. 事故發生時之緊急措施及緊急聯絡方式。

4. 空氣呼吸器等呼吸防護具、安全帶等、測定儀器、換氣設備、聯絡設備等之保管場所。

5. 缺氧作業主管姓名。

雇主應禁止非從事缺氧危險作業之勞工，擅自進入缺氧危險場所；並應將禁止規定公告於勞工顯而易見之處所。

（三）依據缺氧症預防規則第 2 條：缺氧危險場所從事之作業

一、長期間未使用之水井、坑井、豎坑、隧道、沈箱、或類似場所等之內部。

二、貫通或鄰接下列之一之地層之水井、坑井、豎坑、隧道、沈箱、或類似場所等之內部。

　　1. 上層覆有不透水層之砂礫層中，無含水、無湧水或含水、湧水較少之部分。

　　2. 含有亞鐵鹽類或亞錳鹽類之地層。

　　3. 含有甲烷、乙烷或丁烷之地層。

　　4. 湧出或有湧出碳酸水之虞之地層。

　　5. 腐泥層。

三、供裝設電纜、瓦斯管或其他地下敷設物使用之暗渠、人孔或坑井之內部。

四、滯留或曾滯留雨水、河水或湧水之槽、暗渠、人孔或坑井之內部。

五、滯留、曾滯留、相當期間置放或曾置放海水之熱交換器、管、槽、暗渠、人孔、溝或坑井之內部。

六、密閉相當期間之鋼製鍋爐、儲槽、反應槽、船艙等內壁易於氧化之設備之內部。但內壁為不銹鋼製品或實施防銹措施者，不在此限。

七、置放煤、褐煤、硫化礦石、鋼材、鐵屑、原木片、木屑、乾性油、魚油或其他易吸收空氣中氧氣之物質等之儲槽、船艙、倉庫、地窖、貯煤器或其他儲存設備之內部。

八、以含有乾性油之油漆塗敷天花板、地板、牆壁或儲具等，在油漆未乾前即予密閉之地下室、倉庫、儲槽、船艙或其他通風不充分之設備之內部。

九、穀物或飼料之儲存、果蔬之燜熟、種子之發芽或蕈類之栽培等使用之倉庫、地窖、船艙或坑井之內部。

十、置放或曾置放醬油、酒類、胚子、酵母或其他發酵物質之儲槽、地窖或其他釀造設備之內部。

十一、置放糞尿、腐泥、污水、紙漿液或其他易腐化或分解之物質之儲槽、船艙、槽、管、暗渠、人孔、溝、或坑井等之內部。

十二、使用乾冰從事冷凍、冷藏或水泥乳之脫鹼等之冷藏庫、冷凍庫、冷凍貨車、船艙或冷凍貨櫃之內部。

十三、置放或曾置放氦、氬、氮、氟氯烷、二氧化碳或其他惰性氣體之鍋爐、儲槽、反應槽、船艙或其他設備之內部。

十四、其他經中央主管機關指定之場所。

船舶裝載危險品依其性質不同隔離方式各異，請說明下列隔離方式應注意事項有哪些？
（一）遠離
（二）全艙隔開
（三）易燃液體，以液體船裝載者【15 分】

答

（一）依據船舶危險品裝載規則第 84 條：遠離：指不同類之危險品得在同一船艙、艙區或甲板上裝載。但應有效隔離，當發生意外事情時，不致相互作用而生危險。

（二）依據船舶危險品裝載規則第 84 條：全艙隔開：指垂直或水平隔開，如甲板非防火及防水者，僅間隔以整個艙區得認係縱向隔開。在甲板上裝載者，全艙隔開即指隔開適當之距離。

(三) 依據船舶危險品裝載規則第 105 條：易燃液體，以液體船裝載者，依下列規定：

一、船長應禁止不必要之閒人上船，並作明顯之標示。

二、船上嚴禁煙火區域不得吸菸或使用煙火，並應於船上明顯位置標示。

三、船上不得攜帶安全火柴以外之火柴、裸露之鐵具、容易發生火花之物品或穿著釘有鐵釘之鞋。

四、在裝載易燃液體之艙區及堰艙內，不得使用防爆型手電燈及移動燈以外之照明。但業經施行氣體檢查，並經船長確認不致引起爆炸或火災者，不在此限。

五、易燃液體裝卸中，應禁止使用有關之無線電信設備，船長並應於無線電信室內明顯標示之。

六、裝載易燃液體之艙區，尚殘留易燃氣體時，其艙口、油面測定口、管路等之開啟或關閉，應會同船長或其指定人為之。開閉時除不得使用可能發生火花之工具外，其開口應配備防火之細孔金屬網始得開啟。

七、裝接易燃液體管路至陸上之管路前，應確實實施電路之裝接工作，在拆斷電路前，應先將管路自陸上拆下，並應確認管內未殘留易燃液體。

八、將易燃液體裝入液體船艙內時，除特別必要者外，應預先將與裝卸有關之排水口及海水開關完全閉鎖。

九、裝卸易燃液體之管路，應使用足以安全支持該管之滑車等，管路之接頭應使不致漏洩，接頭下應設滴盤。

十、裝卸易燃液體前，船長應確認對裝卸具有危險性之修理或其他作業並未進行，其裝卸之設備係在良好之狀態下。

十一、易燃液體裝卸中,船長應隨時監視裝卸設備開關之操作狀況、裝卸設備之操作壓力、裝載狀況、是否洩漏及自鍋爐、廚房等處有無危險之火星飛至。

十二、裝卸完畢時,應即閉鎖與裝卸有關之開關等。

十三、當有顯著之閃電、附近發生火警及其他船舶離接舷時,應停止裝卸易燃液體。但無危險之虞之小型船舶離接舷時,不在此限。

十四、裝卸易燃液體時,除確認無危險外,不得裝卸其他貨物。

3-3-2 財政部國營事業

3-3-2-1 臺灣菸酒公司 104 年從業職員甄試 職業安全衛生計畫及管理

依職業安全衛生設施規則之規定,請回答下列問題:
(一)發酵槽(室)屬於何種危害空間?【2分】請列舉3項條件。【3分】
(二)工作者於該發酵槽(室)空間從事作業前,應先確認該工作場所可能引起勞工哪些危害?(請列舉5項)【5分】
(三)工作者於該發酵槽(室)空間從事作業如有危害之虞,應訂定危害防止計畫,請問該防止計畫依作業可能引起之危害,訂定哪些事項?【15分】

答

(一)發酵槽(室)屬於局限空間。依法須符合下列三項條件:

1. 非供勞工在其內部從事經常性作業。
2. 勞工進出方法受限制。
3. 且無法以自然通風來維持充分、清淨空氣之空間。

（二）工作者於該發酵槽（室）空間從事作業前，應先確認該工作場所有無可能引起勞工之下列危害：

1. 缺氧。
2. 中毒。
3. 感電。
4. 塌陷。
5. 被夾。
6. 被捲。
7. 火災。
8. 爆炸。

（三）工作者於該發酵槽（室）空間從事作業如有危害之虞，應訂定危害防止計畫，其事項如下：

1. 局限空間內危害之確認。
2. 局限空間內氧氣、危險物、有害物濃度之測定。
3. 通風換氣實施方式。
4. 電能、高溫、低溫與危害物質之隔離措施及缺氧、中毒、感電、塌陷、被夾、被捲等危害防止措施。
5. 作業方法及安全管制作法。
6. 進入作業許可程序。
7. 提供之測定儀器、通風換氣、防護與救援設備之檢點及維護方法。
8. 作業控制設施及作業安全檢點方法。
9. 緊急應變處置措施。

> 請回答下列問題：
> （一）酒精屬於何類危險物？【5分】
> （二）酒精在使用上對於防火防爆應注意之燃燒（爆炸）界限（Flammable Limits or Explosion Limits）所指著燃燒（爆炸）界限為何？【10分】
> （三）危險指數如何計算？【5分】
> （四）危險指數高低分別表示為何？【5分】

答

（一）酒精又稱乙醇，依職業安全衛生設施規則第13條規定，屬於易燃液體之危險物。

（二）燃燒（爆炸）界限：指易燃液體的蒸氣或可燃性氣體與空氣混合後，遇到火源（或熱能）可以燃燒（爆炸）的最高與最低之體積百分比，其範圍稱之。

（三）危險指數 $= \dfrac{\text{爆炸上限} - \text{爆炸下限}}{\text{爆炸下限}}$

（四）危險指數高低分別代表其風險性，指數越高，風險性越大，如下說明：

假如乙醇的爆炸範圍為 3.3～19%，代入上式，得危險指數為 4.76。

假如氫氣的爆炸範圍為 4.0～75%，代入上式，得危險指數為 17.75。

危險指數：氫氣（17.75）＞乙醇（4.76），代表氫氣的爆炸風險性較大。

> 依危害風險屬於第一類事業之組織，如您是管理規劃者，試擬一份職業安全衛生系統（TOSHMS&OHSAS）驗證時可滿足該系統之要求？除全員參與、P-D-C-A、持續改善及安全衛生政策外更需考慮哪些方面？【25 分】
> （註：非答條文（例如：4.3.1 危害鑑別）內容；要了解整體之要求（例如：滿足法規要求））。

答

(一) 依職業安全衛生管理辦法第 12-2 條規定，應依國家標準 CNS 45001 同等以上規定，建置適合該事業單位之職業安全衛生管理系統，其架構如下：

1. 適用範圍。
2. 引用標準。
3. 用語及定義。
4. 組織前後環節。
5. 領導。
6. 規劃。
7. 支持。
8. 運作。
9. 績效評估。
10. 改善。

(二) 除全員參與、P-D-C-A、持續改善及安全衛生政策外更需考慮下列方面：

1. 符合法令要求。
2. 最高管理階層的承諾、領導與責任。
3. 明訂各管理階層與人員角色與責任。

4. 適當的提供與分配安衛管理系統運作所需要的資源。

5. 有效的危害鑑別、風險管控與利用安衛機會的過程。

6. 利害相關者的需求與期望之鑑別與處置。

7. 確認安衛管理系統間項目的關連性,並將安衛管理系統整合與融入組織業務。

8. 內外部良好的溝通。

9. 建置與更新安衛管理系統文件化資訊。

10. 承攬、採購、變更、外包、應變等管理與人員教育訓練的有效執行。

請回答下列問題:
(一) 何謂爆炸(EXPLOSION)?【10分】
(二) 爆炸以化學變化分類,可分化學性爆炸及物理性爆炸兩者有何區別。【15分】

答

(一) 依美國防火協會(NFPA)對爆炸的定義可為下列說明:

1. 簡單的定義:高壓氣體快速釋放於環境之中。

2. 廣義的定義:爆炸為氣體突然間劇烈的擴張(膨脹)所引起的效應,這是一個系統的化學/物理進行快速轉移到機械功的過程,常會伴隨其潛在的能量轉換,也會伴隨衝擊波/密閉物料或結構的毀壞。

(另一種回答方式,考生可行選擇)

爆炸係指物質的能量突然間且快速的釋放現象,燃燒反應非常的快速,並大量的反應熱,使生成的氣體與周圍的空氣膨脹,將熱能轉變成機械能,進而產生壓力釋放,伴隨光、熱及爆音,此種現象稱之。

(二) 化學性爆炸及物理性爆炸兩者之區別，說明如下：

類別	爆炸原理	爆炸前後之物質的性質及化學成分	例如
化學性爆炸	物質在短時間內完成化學的變化，進而形成其他物質，並同時產生大量氣體和能量之現象。	會改變	炸藥的爆炸，硝化棉在爆炸時會放出大量的熱量，並同時產生大量的氣體。
物理性爆炸	由物理變化（溫度、壓力與體積等因素）造成的。	均不改變	鍋爐的爆炸，因壓力超過其極限強度。

3-3-2-2 臺灣菸酒公司 108 年從業職員甄試 職業安全衛生計畫及管理

請回答下列問題：

(一) 職業安全衛生管理規章及職業安全衛生管理計畫，係參閱哪些資料訂定之？【10 分】

(二) 試述職業安全衛生管理規章及計畫訂定之原則？【15 分】

答

(一) 職業安全衛生管理規章及職業安全衛生管理計畫係參考下列資料：

1. 職業安全衛生相關法規

2. 臺灣職業安全衛生管理系統指引

3. 職業安全衛生管理相關實務運作資料（如職災統計、風險評估結果、文獻資料或專家指導等）

(二) 職業安全衛生管理規章及計畫訂定之原則為以安全衛生管理系統、組織管理經驗（如職災統計）、法令規定、風險評估結果、文獻資料及專家指導等作為計畫內容的資料來源，並宜充分運用 P-D-C-A 管理手法，對各項安全衛生工作予以「標準化、文件化、程序化」，透過規劃（Plan）、實施（Do）、查核（Check）及改進（Action）的循環過程，實現安全衛生管理目標，並藉由持續不斷的稽核發現問題，即時採取矯正及預防措施，亦即採取 ISO「說、寫、做」合一的精神，以提昇職業安全衛生管理績效。

請依職業安全衛生管理辦法之規定，回答下列問題：
(一) 依危害風險之不同可區分成哪幾類事業？【10 分】
(二) 如何計算事業單位勞工人數？【15 分】

答

(一) 依「職業安全衛生管理辦法」之規定，依危害風險之不同區分事業如下：

1. 第一類事業：具顯著風險者。

2. 第二類事業：具中度風險者。

3. 第三類事業：具低度風險者。

(二) 依「職業安全衛生管理辦法」第 3-2 條之規定，事業單位勞工人數之計算，包含原事業單位及其承攬人、再承攬人之勞工及其他受工作場所負責人指揮或監督從事勞動之人員，於同一期間、同一工作場所作業時之總人數。

事業設有總機構者，其勞工人數之計算，包含所屬各地區事業單位作業勞工之人數。

請回答下列問題：

（一）在訂定書面的職業安全衛生政策時，雇主所展現的承諾有何重要性【5分】

（二）在我國「職業安全衛生管理系統指引」中，所謂「主動式監督」與「被動式監督」有何不同？【10分】

（三）在訂定事業單位的安全衛生管理計畫，以預防或控制各種影響員工安全與健康的危害及風險時，宜採取哪些預防或控制措施？請依照優先順序敘述。【10分】

答

（一）依據「臺灣職業安全衛生管理系統指引」，雇主應負保護員工安全衛生的最終責任，而所有管理階層皆應提供建立、實施及改善職業安全衛生管理系統所需的資源，並展現其對職業安全衛生績效持續改善的承諾。

（二）主動式監督係指檢查危害和風險的預防與控制措施，以及實施職業安全衛生管理系統的作法，符合其所定準則的持續性活動。而被動式監督係指對因危害和風險的預防與控制措施、職業安全衛生管理系統的失誤而引起的傷病、不健康和事故進行檢查、辨識的過程。主要的差別在於主動式監督為使用主動指標確認管理系統的有效性，而被動式監督則是靠被動指標發覺管理系統失誤。

（三）對「預防與控制措施」項目，其優先順序為：

1. 消除危害及風險。

2. 經由工程控制或管理控制從源頭控制危害及風險。

3. 設計安全的作業制度，包括行政管理措施將危害及風險的影響減到最低。

4. 當綜合上述方法仍然不能控制殘餘的危害及風險時，雇主應免費提供適當的個人防護具，並採取措施確保防護具的使用和維護。

勞動部為使國內事業單位加速職場風險管控能力及與國際接軌，於2007年訂頒「臺灣職業安全衛生管理系統」相關規範，為要求具高風險性、系統性或複雜性製程之事業單位導入職業安全衛生管理系統，於2013年、2017年陸續修正公布職業安全衛生法，明定達一定規模以上之事業單位，均應建置職業安全衛生管理系統。請問事業單位推動及建立職業安全衛生管理系統有何效益？【25分】

答

事業單位推動及建立職業安全衛生管理系統有何效益如下：

（一）遵守職安衛法規，避免違反法令。

（二）提供安全工作場所，降低職業災害風險，亦可提升營運效率。

（三）防止工作傷害和預防職業疾病。

（四）持續改進職業安全衛生績效。

（五）增進內外部相關利害者信賴，提升事業聲譽。

3-3-2-3 臺灣菸酒公司109年從業職員甄試 職業安全衛生計畫及管理

請回答下列問題：

（一）職業安全衛生管理計畫定義為何？【9分】

（二）依據「職業安全衛生管理規章及職業安全衛生管理計畫指導原則」規定，職業安全衛生管理計畫項目至少宜包括之事項為何？請列舉8項。【16分】

答

(一) 依據「職業安全衛生管理規章及職業安全衛生管理計畫指導原則」，職業安全衛生管理計畫指事業單位為執行本法施行細則第 31 條所定職業安全衛生事項，所訂定各項工作目標、期程、採行措施、資源需求及績效考核等具體實施內容。

(二) 依據「職業安全衛生管理規章及職業安全衛生管理計畫指導原則」，計畫項目宜包含下列事項：

1. 工作環境或作業危害之辨識、評估及控制。
2. 機械、設備或器具之管理。
3. 危害性化學品之標示及通識。
4. 有害作業環境之採樣策 規劃及監測。
5. 危險性工作場所之製程或施工安全評估事項。
6. 採購管理、承攬管理與變更管理事項。
7. 安全衛生作業標準之訂定。
8. 定期檢查、重點檢查、作業檢點及現場巡視。
9. 安全衛生教育訓練。
10. 個人防護具之管理。
11. 健康檢查、管理及促進事項。
12. 安全衛生資訊之蒐集、分享及運用。
13. 緊急應變措施。
14. 職業災害、虛驚事故、影響身心健康事件之調查處理及統計分析。
15. 安全衛生管理紀錄及績效評估措施。
16. 其他安全衛生管理措施。

> 事業單位應依其規模及性質等,訂定並實施安全衛生管理規章,請回答下列問題:
> (一)請列舉三項「政策與組織」規章。【9分】
> (二)請列舉三項「承攬人(含工程及勞務等)管理」規章名稱。【9分】
> (三)請列舉兩項「教育訓練及宣導」規章名稱。【7分】

答

依據「職業安全衛生管理規章及職業安全衛生管理計畫指導原則」,事業單位應依其規模及性質等,訂定並實施安全衛生管理規章,各類規章名稱列舉如下:

(一)「政策與組織」規章:

1. 安全衛生政策及目標。
2. 安全衛生權責劃分標準。
3. 職業安全衛生委員會組織規程。
4. 職業安全衛生管理單位(如職業安全衛生處或職業安全衛生室等)組織規程。
5. 承攬共同作業協議組織設置及運作要點。
6. 危險性工作場所評估小組設置及運作要點。

(二)「承攬人(含工程及勞務等)管理」規章:

1. 承攬人安全衛生輔導要點。
2. 承攬人作業安全衛生稽查要點。
3. 承攬人違反安全衛生規定罰款處理要點。
4. 交付承攬作業風險評估實施要點。
5. 交付承攬作業安全衛生設施與管理費用編列及執行要點。
6. 職業安全衛生績優承攬人表揚要點。

（三）「教育訓練及宣導」規章：

1. 職業安全衛生人員訓練實施要點。

2. 職業安全衛生活動辦理要點。

3. 職業安全衛生教育訓練實施要點。

請回答下列有關職業安全衛生委員會的問題：

（一）職業安全衛生委員會設置委員幾人以上？【3分】

（二）職業安全衛生委員由哪些人員組成？【13分】

（三）職業安全衛生委員勞工代表，應佔委員人數多少以上？【3分】

（四）職業安全衛生委員任期為幾年？【3分】

（五）職業安全衛生委員會應幾個月至少開會一次？【3分】

答

依據「職業安全衛生設施規則」第11條及第12條規定，

（一）委員會置委員 7 人以上。

（二）除雇主為當然委員及第 5 款規定者外，由雇主視該事業單位之實際需要指定下列人員組成：

1. 職業安全衛生人員。

2. 事業內各部門之主管、監督、指揮人員。

3. 與職業安全衛生有關之工程技術人員。

4. 從事勞工健康服務之醫護人員。

5. 勞工代表。

（三）第 1 項第 5 款之勞工代表，應佔委員人數 1/3 以上。

（四）委員任期為 2 年。

（五）委員會應每 3 個月至少開會 1 次。

依據「職業安全衛生設施規則」規定，請回答下列措施或計畫之內容：

(一) 雇主為避免勞工因從事輪班、夜間工作、長時間工作等作業，導致異常工作負荷促發疾病，應採取疾病預防措施為何？請寫出三項預防措施應規畫之內容。【6分】

(二) 雇主使勞工於有缺氧、中毒、感電、塌陷、被夾、被捲及火災、爆炸等危害之虞的局限空間從事作業前，應訂定危害防止計畫，並使現場作業主管、監視人員、作業勞工及相關承攬人依循辦理，請寫出三項危害防止計畫應訂定之事項。【9分】

(三) 雇主對於工作場所有生物病原體危害之虞者，應採取感染預防措施為何？請寫出五項應規畫之內容。【10分】

答

(一) 依據職業安全衛生設施規則規定，雇主使勞工從事輪班、夜間工作、長時間工作等作業，為避免勞工因異常工作負荷促發疾病，應採取下列疾病預防措施，作成執行紀錄並留存3年：

1. 辨識及評估高風險群。
2. 安排醫師面談及健康指導。
3. 調整或縮短工作時間及更換工作內容之措施。
4. 實施健康檢查、管理及促進。
5. 執行成效之評估及改善。
6. 其他有關安全衛生事項。

(二) 依據「職業安全衛生設施規則」規定，局限空間危害防止計畫，應依作業可能引起之危害訂定下列事項：

1. 局限空間內危害之確認。
2. 局限空間內氧氣、危險物、有害物濃度之測定。

3. 通風換氣實施方式。

4. 電能、高溫、低溫與危害物質之隔離措施及缺氧、中毒、感電、塌陷、被夾、被捲等危害防止措施。

5. 作業方法及安全管制作法。

6. 進入作業許可程序。

7. 提供之測定儀器、通風換氣、防護與救援設備之檢點及維護方法。

8. 作業控制設施及作業安全檢點方法。

9. 緊急應變處置措施。

(三) 依據「職業安全衛生設施規則」規定，應採取感染預防措施為：

1. 危害暴露範圍之確認。

2. 相關機械、設備、器具等之管理及檢點。

3. 警告傳達及標示。

4. 健康管理。

5. 感染預防作業標準。

6. 感染預防教育訓練。

7. 扎傷事故之防治。

8. 個人防護具之採購、管理及配戴演練。

9. 緊急應變。

10. 感染事故之報告、調查、評估、統計、追蹤、隱私權維護及紀錄。

11. 感染預防之績效檢討及修正。

12. 其他經中央主管機關指定者。

3-3-2-4 臺灣菸酒公司 110 年從業職員甄試 職業安全衛生計畫及管理

> 依據我國「職業安全衛生法」規定，雇主應依其事業單位之規模、性質，訂定職業安全衛生管理計畫，職業安全衛生管理計畫須包括哪些事項？（請依據「職業安全衛生法施行細則」內容作答，答案文義與法規條文內涵相符即可，請列舉 10 項。（"其他安全衛生管理措施"除外，寫出不計分）【25 分】

答

依據「職業安全衛生法施行細則」第 31 條

職業安全衛生管理計畫，包括下列事項：

一、工作環境或作業危害之辨識、評估及控制。

二、機械、設備或器具之管理。

三、危害性化學品之分類、標示、通識及管理。

四、有害作業環境之採樣策略規劃及監測。

五、危險性工作場所之製程或施工安全評估。

六、採購管理、承攬管理及變更管理。

七、安全衛生作業標準。

八、定期檢查、重點檢查、作業檢點及現場巡視。

九、安全衛生教育訓練。

十、個人防護具之管理。

十一、健康檢查、管理及促進。

十二、安全衛生資訊之蒐集、分享及運用。

十三、緊急應變措施。

十四、職業災害、虛驚事故、影響身心健康事件之調查處理及統計分析。

十五、安全衛生管理紀錄及績效評估措施。

十六、其他安全衛生管理措施。

請回答下列問題：

(一) 事業單位實施「職業安全衛生管理系統」是否能成功的關鍵取決於哪些因素？請列舉 6 項說明。【15 分】

(二) 職業安全衛生管理系統方法係建立在"規劃 - 執行 - 檢核 - 行動"（PDCA）的概念上，請問下列敘述之建置程序分別屬於 PDCA 哪個概念？（請以 (1)P(2)D、…方式作答）【10 分】

(1) 調查事業單位內事故及不符合事項，並決定矯正措施。A

(2) 鑑別事業單位的職業安全衛生風險，了解最新的法規要求事項並決定此等法規要求如何應用於組織。P

(3) 監督與量測事業單位內訂定的職業安全衛生的績效。C

(4) 事業單位建立、實施與管理系統相關的過程能讓工作者（或其代表）參與及諮詢。D

答

(一) 職業安全衛生管理系統的成功取決於領導階層的承諾與組織全員參與，成功的關鍵取決於下列關鍵因素：

1. 最高管理階層的領導、承諾、責任及當責。

2. 最高管理階層發展、領導級數進組織內部支持職業安全衛生管理系統預期結果的文化。

3. 溝通。

4. 工作者及其代表 (若有) 之諮詢及參與。

5. 配置維持管理系統必要的資源。

6. 與組織整體策略性目標及發展方向一致之職業安全衛生政策。

7. 可有效鑑別危害、控制職業安全衛生風險及充分利用職業安全衛生機會之過程。

8. 持續績效評估及監督職業安全衛生管理系統,以改進職業安全衛生績效。

9. 將職業安全衛生管理系統整合納入組織之業務過程。

10. 使職業安全衛生目標與職業安全衛生政策一致,組織的危害、職業安全衛生風險及職業安全衛生機會納入考量。

11. 符合相關法規要求事項及其他要求事項。

(二) (1) A (2) P (3) C (4) P

請回答下列問題:

(一) 如果某事業單位內有勞工從事重複性之作業,有可能因姿勢不良、過度施力及作業頻率過高等原因,促發肌肉骨骼疾病,雇主應採取哪些危害預防措施?請列舉 3 項說明。(提示:可依據『職業安全衛生設施規則』相關規定作答,答案文義與法規條文內涵相符即可,「其他有關安全衛生事項」不計分)【9 分】

(二) 承第(一)小題,該事業單位是否要訂「人因性危害預防計畫」,還是得以執行紀錄或文件代替,請說明判斷的依據為何?【3 分】

(三) 如果某事業單位內有勞工從事輪班、夜間工作、長時間工作等作業,為避免勞工因異常工作負荷促發疾病,雇主應採取哪些疾病預防措施?請列舉 3 項說明。(提示:可依據『職業安全衛生設施規則』相關規定作答,答案文義與法規條文內涵相符即可,「其他有關安全衛生事項」不計分)【9 分】

(四) 承第(三)小題,該事業單位是否要訂「異常工作負荷促發疾病預防計畫」,還是得以執行紀錄或文件代替,請說明判斷的依據為何?【4 分】

答

(一) 依據『職業安全衛生設施規則』第 324-1 條

雇主使勞工從事重複性之作業,為避免勞工因姿勢不良、過度施力及作業頻率過高等原因,促發肌肉骨骼疾病,應採取下列危害預防措施,作成執行紀錄並留存 3 年:

一、分析作業流程、內容及動作。

二、確認人因性危害因子。

三、評估、選定改善方法及執行。

四、執行成效之評估及改善。

五、其他有關安全衛生事項。

(二) 承上題,前項危害預防措施,事業單位勞工人數達 100 人以上者,雇主應依作業特性及風險,參照中央主管機關公告之相關指引,訂定人因性危害預防計畫,並據以執行;於勞工人數未滿 100 人者,得以執行紀錄或文件代替。

(三) 第 324-2 條

雇主使勞工從事輪班、夜間工作、長時間工作等作業,為避免勞工因異常工作負荷促發疾病,應採取下列疾病預防措施,作成執行紀錄並留存 3 年:

一、辨識及評估高風險群。

二、安排醫師面談及健康指導。

三、調整或縮短工作時間及更換工作內容之措施。

四、實施健康檢查、管理及促進。

五、執行成效之評估及改善。

六、其他有關安全衛生事項。

(四) 承上題,前項疾病預防措施,事業單位依規定配置有醫護人員從事勞工健康服務者,雇主應依勞工作業環境特性、工作形態及身體狀況,參照中央主管機關公告之相關指引,訂定異常工

作負荷促發疾病預防計畫,並據以執行;依規定免配置醫護人員者,得以執行紀錄或文件代替。

某事業單位的作業場所使用具有健康危害的易燃液體(如苯Benzene),雇主依「勞工作業環境監測實施辦法」之規定,實施暴露評估,結果發現該作業場所 8 小時日時量平均暴露濃度 TWA 等於 0.8ppm(苯的法定容許暴露標準 = 1 ppm),請依職業安全衛生相關法規規定回答下列題組:((一)到(六)每題請從答案選項中以(一)A、(二)B、…方式作答),請回答下列問題:

(一)依據「危害性化學品評估及分級管理辦法」規定,該作業場所之風險等級應列為第幾級管理?【3 分】

(二)承第(一)小題,雇主應該採取哪些控制或管理措施?【2 分】

(三)如果該作業場所有女性勞工處於母性健康保護期間,雇主應依「女性勞工母性健康保護實施辦法」規定,將其保護勞工列為第幾級管理?【3 分】

(四)承第(三)小題,雇主應該採取哪些控制或管理措施?【2 分】

(五)從事苯作業的勞工,其各項特殊體格(健康)檢查紀錄,應至少保存幾年?【2 分】

(六)承第(五)小題,如果從事苯作業的勞工的特殊健康檢查檢查結果,部分項目異常,經醫師綜合判定為異常,但無法確定此異常與工作之相關性,須進一步請職業醫學科專科醫師評估者,則該名勞工的健康管理分級應列為第幾級?【3 分】

(七)承第(六)小題,依據「勞工健康保護規則」規定,針對該名勞工的健康管理分級,雇主應該採取甚麼作為?(答案文義與法規條文內涵相符即可)【10 分】

答案選項：

A. 第一級
B. 第二級
C. 第三級
D. 第四級
E. 應即採取有效控制措施，並於完成改善後重新評估，確保暴露濃度低於容許暴露標準。
F. 應就製程設備、作業程序或作業方法實施檢點，採取必要之改善措施。
G. 持續維持原有之控制或管理措施外，製程或作業內容變更時，並採行適當之變更管理措施。
H. 應即採取工作環境改善及有效控制措施，完成改善後重新評估，並由醫師註明其不適宜從事之作業與其他應處理及注意事項。
I. 7 年
J. 10 年
K. 30 年

答

（一）B

（二）F

（三）C

（四）E

（五）K

（六）C

（七）依據「勞工健康保護規則」第 21 條規定，第三級管理者，應請職業醫學科專科醫師實施健康追蹤檢查，必要時應實施疑似工作相關疾病之現場評估，且應依評估結果重新分級，並將分級結果及採行措施依中央主管機關公告之方式通報。

3-3-2-5 臺灣菸酒公司 112 年從業職員甄試 職業安全衛生計畫及管理

國際標準組織 (International Organization for Standardization, ISO) 公布 ISO 45001 後,我國經濟部標準檢驗局亦於 2018 年公布 CNS 45001。請回答下列職業安全衛生管理系統之相關問題:

(一) 為持續推動職業安全衛生管理系統之建置,勞動部職業安全衛生署修訂「職業安全衛生管理辦法」,規定符合一定規模、性質之事業單位,雇主應依國家標準 CNS 45001 同等以上規定,建置適合該事業單位之職業安全衛生管理系統,並據以執行。請寫出依此規定,應建置職業安全衛生管理系統之事業單位為何?【8 分】

(二) 承第(一)題,「職業安全衛生管理辦法」第 12-5 條針對承攬管理之規定,原事業單位應就承攬人之哪些事項,訂定承攬管理計畫,並促使承攬人及其勞工,遵守職業安全衛生法令及原事業單位所定之職業安全衛生管理事項?同時相關執行紀錄應保存幾年?【8 分】

(三) ISO 45001/CNS 45001 之核心架構為 PDCA 管理循環模式,請說明 PDCA 管理循環模式之概念及內容。【9 分】

答

(一) 依據職業安全衛生管理辦法第 12-2 條:

下列事業單位,雇主應依國家標準 CNS 45001 同等以上規定,建置適合該事業單位之職業安全衛生管理系統,並據以執行:

一、第一類事業勞工人數在 200 人以上者。

二、第二類事業勞工人數在 500 人以上者。

三、有從事石油裂解之石化工業工作場所者。

四、有從事製造、處置或使用危害性之化學品,數量達中央主管機關規定量以上之工作場所者。

前項安全衛生管理之執行,應作成紀錄,並保存 3 年。

(二) 依據職業安全衛生管理辦法第 12-5 條:

應就承攬人之安全衛生管理能力、職業災害通報、危險作業管制、教育訓練、緊急應變及安全衛生績效評估等事項,訂定承攬管理計畫,並促使承攬人及其勞工,遵守職業安全衛生法令及原事業單位所定之職業安全衛生管理事項。

前項執行紀錄,應保存 3 年。

(三) PDCA 管理循環模式之概念及內容如下:

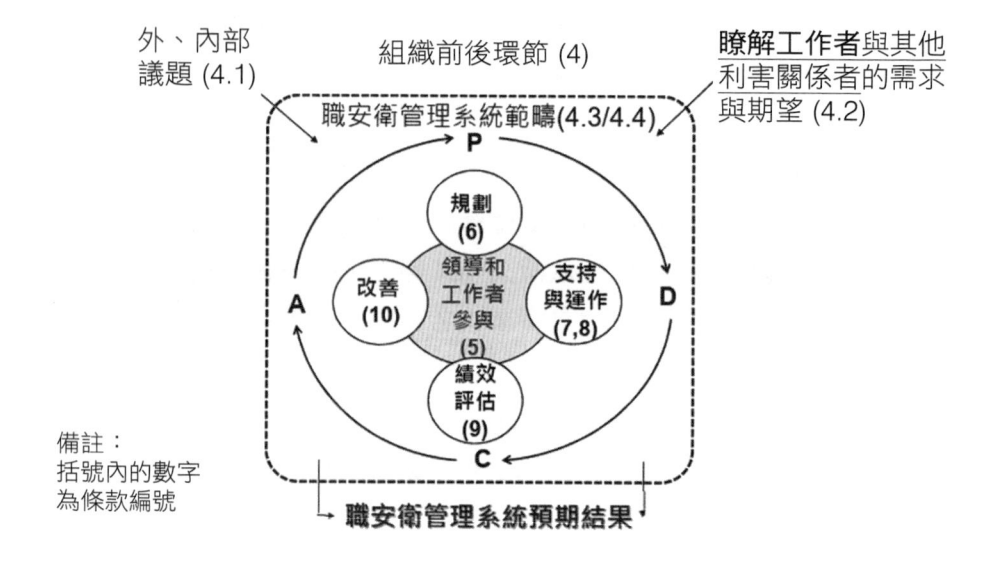

```
外、內部議題 (4.1)      組織前後環節 (4)        瞭解工作者與其他
                                              利害關係者的需求
            職安衛管理系統範疇(4.3/4.4)        與期望 (4.2)

                        P
                      規劃
                       (6)
              改善   領導和    支持
              (10)   工作者   與運作
           A          參與    (7,8)   D
                       (5)
                      績效
                      評估
                       (9)
                        C

備註:                職安衛管理系統預期結果
括號內的數字
為條款編號
```

資料來源:財團法人重建及預防中心資料

為協助事業單位建立及推動職業安全衛生管理系統，有效控制危害及風險，勞動部職業安全衛生署研訂「風險評估技術指引」。請回答下列風險評估之相關問題：

(一) 須執行風險評估的時機為何？【4分】

(二) 事業單位風險評估之作業流程為何？【6分】

(三) 風險大小或等級可由哪兩個危害事件評估結果的組合來判定？【4分】

(四) 事業單位依風險評估結果，須考量哪些優先順序，據以規劃及實施降低風險之控制措施？【5分】

(五) 事業單位在決定控制措施除須考量問題的大小或風險程度外，尚須考量哪些事項？【6分】

答

(一) 依據風險評估技術指引

　　　一、建立安全衛生管理計畫或職業安全衛生管理系統時。

　　　二、新的化學物質、機械、設備、或作業活動等導入時。

　　　三、機械、設備、作業方法或條件等變更時。

(二) 依據風險評估技術指引風險評估之作業流程如下：

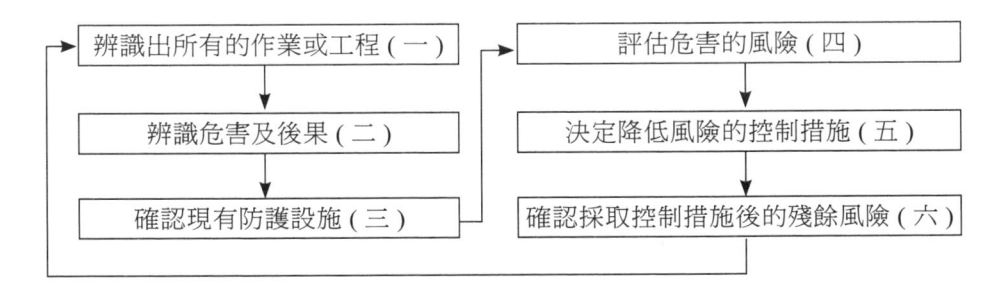

```
辨識出所有的作業或工程(一) → 評估危害的風險(四)
        ↓                        ↓
辨識危害及後果(二)        決定降低風險的控制措施(五)
        ↓                        ↓
確認現有防護設施(三) →   確認採取控制措施後的殘餘風險(六)
```

(三) 評估結果的組合如下

　　　風險可由危害事件之「嚴重度」及「可能性」的組合來判定，因此事業單位須先建立判定等級之相關基準，作為評估風險的依據。

（四）事業單位依風險評估結果規劃及實施降低風險之控制措施時，須考量下列之優先順序：

一、若可能，須先消除所有危害或風險之潛在根源，如使用無毒性化學、本質安全設計之機械設備等。

二、若無法消除，須試圖以取代方式降低風險，如使用低電壓電器設備、低危害物質等。

三、以工程控制方式降低危害事件發生可能性或減輕後果嚴重度，如連鎖停機系統、釋壓裝置、隔音裝置、警報系統、護欄等。

四、以管理控制方式降低危害事件發生可能性或減輕後果嚴重度，如機械設備自動檢查、教育訓練、標準作業程序、工作許可、安全觀察、安全教導、緊急應變計畫及其他相關作業管制程序等。

五、最後才考量使用個人防護具來降低危害事件發生時對人員所造成衝擊的嚴重度。

（五）考量問題的大小或風險程度外，尚須考量哪些事項如下：

事業單位在決定控制措施除須考量問題的大小或風險程度外，尚須考量：

一、安全衛生法規的要求。

二、現階段的知識水準，包括來自安全衛生主管機關、勞動檢查機構、安全衛生服務機構及其他服務機構之資訊或報告。

三、事業單位的財務、作業及業務等需求。

四、現有人員的安衛知識、技能、作業實務等。

五、利害相關者的觀點。

六、是否會產生新的危害事件？如會，其風險是否可以控制與接受？

因全球暖化造成氣候異常變化，國內氣溫偏高時有所聞，為了強化從事戶外作業勞工健康保障，進而預防高氣溫環境引起熱疾病。請依據高氣溫戶外作業勞工熱危害預防指引相關規定，請回答下列問題：

（一）何謂熱指數、熱壓力、熱危害風險等級及重體力作業？【8分】

（二）雇主依據規定評估熱危害風險等級後，請舉例並說明可採取危害預防及管理措施有哪些？【12分】

（三）在實施勞工作業管理時，為了降低勞工暴露溫度，雇主應視現場作業狀況，請舉例並說明可採取的控制措施為何？【5分】

答

（一）依據高氣溫戶外作業勞工熱危害預防指引

　　一、熱指數：指透過溫度及相對濕度評估對人體造成熱壓力之指標。

　　二、熱壓力：指逾量生理代謝熱能、作業環境因子（包含空氣溫度、濕度、風速及輻射熱）及衣著量等作用，對人體所造成之熱負荷影響。

　　三、熱危害風險等級：指特定熱指數值所對應之危害風險等級。

　　四、重體力作業：指重體力勞動作業勞工保護措施標準所稱重體力勞動作業。

（二）依據依據高氣溫戶外作業勞工熱危害預防指引，雇主應視現場作業狀況，採取下列控制措施，以降低作業勞工暴露溫度：

　　一、於環境溫度低於勞工之皮膚溫度（一般為攝氏30度）時，可使用風扇或類似裝置將風吹向勞工，以增加空氣流動或對流，使人體皮膚與環境空氣之熱交換及排汗揮發速率提高；於環境溫度高於勞工之皮膚溫度時，則避免將熱源之熱風吹向勞工。

二、在高氣溫戶外作業場所，應設置簡易遮陽裝置，以防止陽光直接照射或周圍地面、牆面反射之輻射熱能，避免勞工長時間之熱暴露。

三、適度運用細水霧或其他技術等進行灑水降溫，以加強散熱效果，降低作業環境溫度。

> 近年氣候變遷加劇導致極端氣候發生，環境高溫促使火、化災發生的可能性增加，事業單位面對災害需要有事前的預防及規劃，因應安全性考量進而研擬緊急應變計畫。請依據職業安全衛生管理辦法及緊急應變措施技術指引相關規定，回答下列問題：
> （一）舉例並說明緊急應變計畫書至少須包含哪些？【7分】
> （二）舉例並說明緊急應變計畫內容應包括哪些？【5分】
> （三）一旦發生化學品洩漏事故，應結合毒性、物性、化性、火災爆炸特性等外在條件，請說明應如何擬定事故區域管制？【6分】
> （四）舉例並說明緊急應變中心（ERC）應具備哪些設備及資料？【7分】

答

（一）依據緊急應變措施技術指引之緊急應變計畫書至少需包含下列要素：

一、明確辨識適用之場所或地點。

二、明確辨識危害性物質及其存量。

三、明確辨識可能發生危害事件的地點，以及可能發生意外緊急事件之本質特性。

四、明確界定應變組織各階層人員的職掌。

五、明確訂定指揮作業系統，包含指揮權移轉等。

六、明確訂定緊急狀況之處理方法，包含：通報、人員搶救、疏散及集合、降低後果持續擴展（如滅火、阻漏、倒塌物搬離等）、請求支援、災區再進入、復原等。

七、明確規範必要的教育訓練及應變演練之執行。

八、明確規範對外發布給政府機構、鄰近事業單位及社區民眾、媒體等有關緊急狀況訊息之權責及機制。

九、應有稽核及定期管理審查的機制。如有必要，在規劃緊急應變計畫時，應將利害相關者之需求納入考量，或將其納入緊急應變範圍之內。

(二) 依據緊急應變措施技術指引之緊急應變計畫內容應包括：

一、計畫書本文。

二、相關位置地圖。

三、現場平面圖。

四、作業流程圖。

五、物質安全資料表、設備安全資料。

六、應變器材清單。

七、緊急支援機構或單位之名單及聯絡方式。

(三) 依據緊急應變措施技術指引之事故區域管制，一般管制區域分為：

一、災區（Hot Zone）

二、警戒區（Warm Zone，化災稱除污區）

三、安全區（Cold Zone）

若為化學品洩漏事故，應結合毒性、物性、化性、火災爆炸特性、洩漏量、洩漏濃度、氣流、地形等外在條件，預估疏散距離及管制區域。

(四) 依據緊急應變措施技術指引之緊急應變中心具備哪些設備及資料如下：

一、緊急應變計畫書、緊急應變程序書、物質安全資料表。

二、製程、公用、消防等管線儀錶圖（P&IDs）及緊急處理措施資料。

三、消防設備配置圖和鄰近地區圖。

四、內、外部 與應變工作之人員、組織、社區和特殊單位等的聯絡電話（包含夜間）、住址與相關資料。

五、內部及外部連絡通訊設備（含電話、無線電、熱線、傳真機等）。

六、緊急照明。

七、通訊紀錄文件和設施（通訊記錄表、錄音機）。

八、內部及外部支援單位之應變器材清單。

九、個人防護裝備和急救設備。

十、緊急應變其間所需之食物、飲用水、住宿等措施。

3-3-3 其他泛國營事業

3-3-3-1 中央銀行所屬中央造幣廠 107 年新進人員聯合甄試職業安全衛生相關法規與職業安全衛生管理

(一) 雇主應依工作性質使勞工接受安全衛生在職教育訓練，包括擔任哪些工作之勞工？【20分】

(二) 對於擔任各項工作之勞工，應使其接受安全衛生在職教育訓練之時數分別為何？【5分】

答

(一) 依據「職業安全衛生教育訓練規則」規定，雇主對擔任下列工作之勞工，應依工作性質使其接受安全衛生在職教育訓練：

1. 職業安全衛生業務主管。
2. 職業安全衛生管理人員。
3. 勞工健康服務護理人員及勞工健康服務相關人員。
4. 勞工作業環境監測人員。
5. 施工安全評估人員及製程安全評估人員。
6. 高壓氣體作業主管、營造作業主管及有害作業主管。
7. 具有危險性之機械或設備操作人員。
8. 特殊作業人員。
9. 急救人員。
10. 各級管理、指揮、監督之業務主管。
11. 職業安全衛生委員會成員。
12. 下列作業之人員：

    (一) 營造作業。

    (二) 車輛系營建機械作業。

    (三) 起重機具吊掛搭乘設備作業。

    (四) 缺氧作業。

    (五) 局限空間作業。

    (六) 氧乙炔熔接裝置作業。

    (七) 製造、處置或使用危害性化學品作業。

13. 前述各款以外之一般勞工。
14. 其他經中央主管機關指定之人員。

無一定雇主之勞工或其他受工作場所負責人指揮或監督從事勞動之人員，亦應接受前項第 12 款及第 13 款規定人員之一般安全衛生在職教育訓練。

(二) 雇主對擔任前條第 1 項各款工作之勞工,應使其接受下列時數之安全衛生在職教育訓練:

1. 第 1 款之勞工,每 2 年至少 6 小時。
2. 第 2 款之勞工,每 2 年至少 12 小時。
3. 第 3 款之勞工,每 3 年至少 12 小時。
4. 第 4 款至第 6 款之勞工,每 3 年至少 6 小時。
5. 第 7 款至第 13 款之勞工,每 3 年至少 3 小時。

> 雇主依危害性化學品評估及分級管理辦法實施暴露評估後所得之風險等級與紀錄,應採取何種控制或管理措施?【25 分】

答

依據「危害性化學品評估及分級管理辦法」規定,雇主對於危害性化學品之暴露評估結果,應依下列風險等級,分別採取控制或管理措施:(考生可自行選擇其一回答)

(一) 第一級管理:暴露濃度低於容許暴露標準 1/2 者,除應持續維持原有之控制或管理措施外,製程或作業內容變更時,並採行適當之變更管理措施。

(二) 第二級管理:暴露濃度低於容許暴露標準但高於或等於其 1/2 者,應就製程設備、作業程序或作業方法實施檢點,採取必要之改善措施。

(三) 第三級管理:暴露濃度高於或等於容許暴露標準者,應即採取有效控制措施,並於完成改善後重新評估,確保暴露濃度低於容許暴露標準。

風險等級	與 PEL 比較	控制或管理措施原則	定期評估
第 1 級	X < 0.5 PEL	1. 維持現有控制或管理措施。 2. 製程或作業內容變更時,採行變更管理措施。	1 次 / 每 3 年

風險等級	與 PEL 比較	控制或管理措施原則	定期評估
第 2 級	$0.5\ PEL \leq X < PEL$	1. 對製程設備、作業程序或作業方法實施檢點。 2. 採取必要之改善措施。	1 次 / 每 1 年
第 3 級	$X \geq PEL$	1. 立即採取必要之控制措施。 2. 完成改善後重新評估,確保 X 低於 PEL。	1 次 / 每 3 個月
備註	X:暴露濃度,PEL:容許暴露標準		

3-3-3-2 中央銀行所屬中央印製廠 113 年新進人員聯合甄試 職業安全衛生法規、計畫及管理

以下為有關「外裝式無凸緣氣罩」之計算題:

(一) 請選出正確的「外裝式無凸緣氣罩」排氣量估計公式?【5 分】

① $1.4PvX$

② $v(10x^2 + A)$

③ vA

其中 v 為捕捉點風速、X 為氣罩開口面與捕捉點距離、A 為氣罩開口面積、P 為作業面周長

(二) 有一外裝式無凸緣氣罩,開口面積 1 平方公尺,請計算氣罩開口處中心線外 0.5 公尺處之捕捉風速與氣罩開口處中心線風速之比例?【10 分】

(三) 有一外裝式無凸緣氣罩,開口面積 1 平方公尺,控制點與開口距離為 2 公尺。今將氣罩開口與控制點之距離縮短為 1 公尺,則風量可減為原來之幾倍時,仍可維持控制點原有之吸引風速?【10 分】

答

(一) ② $v(10x^2 + A)$ 為外裝式無凸緣氣罩公式。

（二）承上公式帶入 $V \times (10 \times 0.5^2 + 1) = 3.5V$ 為與風速之比例。

（三）依題旨代入公式：

一、$V \times (10 \times 2^2 + 1) = 41V$

二、縮減氣罩開口與控制點之距離縮短為 1 公尺時：

三、代入公式 $V \times (10 \times 1^2 + 1) = 11V$

四、兩者之間比例：$\dfrac{41V}{11V} = 4v$（約可減少原來 4 倍）。

某一工廠在工作時使用到化學物質如：甲苯、正己烷、丙烯腈和異丙醇與硫酸等，依據「特定化學物質危害預防標準」規定，試回答下列問題：

（一）上述化學物質，哪些是屬於特定化學物質？【8 分】

（二）上述化學物質，何者屬於丙類第一種特定化學物質？【5 分】

（三）雇主製造使用上述哪些化學物質時，雇主於場所設置洗眼、沐浴、漱口及更衣設備？【6 分】

（四）雇主製造使用上述何種化學物質時，雇主除於場所設置洗眼、沐浴、漱口及更衣設備外，應另於場所設置緊急沖淋設備？【6 分】

答

（一）依據特定化學物質危害預防標準附表規定，特定化學物質為：

丙烯腈（丙類第一種物質）及硫酸（丁類物質）

（二）依據特定化學物質危害預防標準附表規定，丙烯腈屬於丙類第一種特定化學物質。

（三）依據特定化學物質危害預防標準第 36 條前段，略以「雇主使勞工從事製造、處置或使用特定化學物質時，其身體或衣著有被污染之虞時，應設置洗眼、洗澡、漱口、更衣及洗濯等設備。」，故使勞工從事製造、處置或使用丙烯腈（丙類第一種物

質）及硫酸（丁類物質）應設置洗眼、洗澡、漱口、更衣及洗濯等設備。

(四) 又依前條後段規定，略以「前項特定化學物質為丙類第一種物質、丁類物質、鉻酸及其鹽類，或重鉻酸及其鹽類者，其作業場所，應另設置緊急洗眼及沖淋設備。」，故使勞工從事製造、處置或使用丙烯腈（丙類第一種物質）及硫酸（丁類物質），其作業場所，應另設置緊急洗眼及沖淋設備。

工作場所中一旦發生職業災害，企業將面臨賠償責任，甚至是停工所造成的損失；因此，職業安全衛生法第 37 規定，事業單位的工作場所發生職業災害時，雇主須立即採取必要措施並且實施調查、分析以及作成紀錄。試回答下列問題：

(一) 依據「職業安全衛生法」規定，何謂職業災害？【10 分】

(二) 有哪些事業單位需要填報職災統計？【8 分】

(三) 雇主須按月填載職業災害內容及統計，報請何種機構備查？【3 分】

(四) 如雇主未按月填報，且經過勞動檢查機構通知且未改善者，將處以何種處罰？【4 分】

答

(一) 依據職業安全衛生法第 2 條

職業災害：指因勞動場所之建築物、機械、設備、原料、材料、化學品、氣體、蒸氣、粉塵等或作業活動及其他職業上原因引起之工作者疾病、傷害、失能或死亡。

(二) 依據職業安全衛生法實行細則

本法第三十八條所稱中央主管機關指定之事業如下：

一、勞工人數在 50 人以上之事業。

二、勞工人數未滿 50 人之事業，經中央主管機關指定，並由勞動檢查機構函知者。

前項第二款之指定，中央主管機關得委任或委託勞動檢查機構為之。

雇主依本法第三十八條規定填載職業災害內容及統計之格式，由中央主管機關定之。

(三) 依據職業安全衛生法實行細則

前項第二款之指定，中央主管機關得委任或委託勞動檢查機構為之。

雇主依本法第三十八條規定填載職業災害內容及統計之格式，由中央主管機關定之。

(四) 依據職業安全衛生法第 45 條

經通知限期改善，屆期未改善，處新臺幣 3 萬元以上 15 萬元以下罰鍰。

一勞工每日工作 8 小時，其噪音暴露在上午 8 時至上午 10 時為穩定性噪音，音壓級為 93dBA；上午 10 時至中午 12 時亦為穩定性噪音，音壓級為 90dBA；下午 1 時至下午 5 時為變動性噪音，此時段之累積暴露劑量為 30%。試回答下列問題：

(一) 穩定性噪音 93dBA 時之容許暴露時間為多少小時？【10 分】

(二) 該勞工工作日之噪音暴露劑量？【5 分】

(三) 該勞工工作日之八小時日時量平均音壓級？【5 分】

(四) 該噪音作業環境是否違法？【5 分】

答

（一）公式：$16.61 \times \log \dfrac{Dose}{12.5 \times t} + 90 (dBA)$

　　　5 分貝原理 $T = \dfrac{8}{2^{\frac{L-90}{5}}}$

　　　暴露公式：$\dfrac{t}{T} + \cdots\cdots$

　　　$T = \dfrac{8}{2^{\frac{93-90}{5}}} = 4.4$（容許約 4.4 小時）

（二）Dose：$\dfrac{2}{4.4} + \dfrac{2}{8} + 0.3 = 0.45 + 0.25 + 0.3 = 1$（約為 100%）

（三）代入公式：$16.61 \times \log \dfrac{1 \times 100\%}{12.5 \times 8} + 90(dBA) = 90 dBA$

（四）依據職業安全衛生設施規則第 300 條

　　　暴露劑量大於 50% 或勞工工作日之 8 小時日時量平均音壓級大於 85 分貝，應有噪音控制措施，係屬違法。

參考資料

說明 / 網址	QR Code
風險評估技術指引 https://www.osha.gov.tw/1106/1251/28996/29207/	
臺灣職業安全衛生管理系統資訊網 https://www.toshms.org.tw/	
職業安全管理師教育訓練教材 - 中華民國工業安全衛生協會編印 http://www.isha.org.tw/books.html	
火災和爆炸的預防、評估與控制 黃清賢著 https://www.books.com.tw/products/0010619700?sloc=main	

說明 / 網址	QR Code
工業安全 - 危害認知、評估、控制 中國醫藥大學 出版（已絕版） *https://www.cmu.edu.tw/*	
工業配管原理與實務（第四版） 徐文雄編著 *https://www.books.com.tw/products/0010919856*	
公務人員考試 - 職業安全衛生類別 (高等考試 + 地特三等) 歷屆考題彙編｜第三版 蕭中剛、陳俊哲、徐強、許曉鋒、王韋傑、張嘉峰 編著 *https://www.gotop.com.tw/books/BookDetails.aspx?Types=v&bn=ACR012700*	

3-4 工業安全工程（包括機電安全及防火防爆）

3-4-1 交通部國營事業

3-4-1-1 中華郵政公司 107 年專業職人員甄試 工業安全工程概要

> 依高架作業勞工保護措施標準規定，勞工有哪些狀況，雇主不得使其從事高架作業？【25 分】

答

勞工有下列情事之一者，雇主不得使其從事高架作業：

1. 酒醉或有酒醉之虞者。
2. 身體虛弱，經醫師診斷認為身體狀況不良者。
3. 情緒不穩定，有安全顧慮者。
4. 勞工自覺不適從事工作者。
5. 其他經主管人員認定者。

> 營造安全衛生設施標準規定之一切安全衛生設施，雇主應依規定辦理哪些事項？【25 分】

答

營造安全衛生設施標準規定之一切安全衛生設施，雇主應依規定辦理下列事項：

1. 安全衛生設施於施工規劃階段須納入考量。
2. 依營建法規等規定須有施工計畫者，應將安全衛生設施列入施工計畫內。
3. 前 2 款規定，於工程施工期間須切實辦理。

4. 經常注意與保養以保持其效能，發現有異常時，應即補修或採其他必要措施。

5. 有臨時拆除或使其暫時失效之必要時，應顧及勞工安全及作業狀況，使其暫停工作或採其他必要措施，於其原因消失後，應即恢復原狀。

> 勞動部為配合「聯合國化學品全球分類與標示調和制度」（Globally Harmonized System of Classification and Labelling of Chemicals, GHS）之推動，公告自民國 105 年 1 月 1 日起，我國工作場所化學物質之分類及標示將全面採行「GHS」制度，以落實化學品危害分類及標示，並與國際接軌，其中物質安全資料表 MSDS（Material Safety Data Sheet）改為安全資料表 SDS（Safety Data Sheet）。請問安全資料表 SDS 須有哪些資訊？【25 分】

答

安全資料表應列內容項目如下：

1. 化學品與廠商資料。

2. 危害辨識資料。

3. 成分辨識資料。

4. 急救措施。

5. 滅火措施。

6. 洩漏處理方法。

7. 安全處置與儲存方法。

8. 暴露預防措施。

9. 物理及化學性質。

10. 安定性及反應性。

11. 毒性資料。

12. 生態資料。

13. 廢棄處置方法。

14. 運送資料。

15. 法規資料。

16. 其他資料。

請問「安全文化」（safety culture）之概念與定義為何？【25分】

答

(一) 安全文化是一種多面向的概念，其主要的要點是：

一、強調組織對安全的價值觀、分享、信念、參與、承諾及政策。

二、強調個人對安全的態度、行為、知覺及責任。

三、強調「組織」與「個人」間的互動及溝通。

四、精神要義：讓組織內各成員形成積極維護安全共識與讓安全成為組織運作的終極標的。

(二) 英國核能設施安全諮詢委員會（Advisory Committee on the Safety of Nuclear Installations, ACSNI）於1993年對安全文化提出的定義是「組織安全文化是個人和群體的價值、態度、知覺、能力以及行為模式的產物，此產出物決定組織對安全管理的承諾、風格與精熟度。具有優良安全文化的組織應具備互信的溝通、對安全重要的共識及對防治措施的效率具備信心」。

3-4-1-2 中華郵政公司 108 年營運職人員甄試 工業安全工程（含機電安全及防火防爆）

> 雇主對於高度二公尺以上之營建施工場所，勞工作業有墜落之虞者，應訂定墜落災害防止計畫，並採取哪些墜落災害防止設施？【30 分】

答

雇主對於高度 2 公尺以上之工作場所，勞工作業有墜落之虞者，應訂定墜落災害防止計畫，依下列風險控制之先後順序規劃，並採取適當墜落災害防止設施：

1. 經由設計或工法之選擇，儘量使勞工於地面完成作業，減少高處作業項目。
2. 經由施工程序之變更，優先施作永久構造物之上下設備或防墜設施。
3. 設置護欄、護蓋。
4. 張掛安全網。
5. 使勞工佩掛安全帶。
6. 設置警示線系統。
7. 限制作業人員進入管制區。
8. 對於因開放邊線、組模作業、收尾作業等及採取第一款至第五款規定之設施致增加其作業危險者，應訂定保護計畫並實施。

> 雇主對於使用乙炔熔接裝置、氣體集合熔接裝置從事金屬之熔接、熔斷或加熱作業時，應遵守哪些規定？【30分】

答

雇主對於使用乙炔熔接裝置、氣體集合熔接裝置從事金屬之熔接、熔斷或加熱作業時，應依下列規定：

1. 應於發生器之發生器室、氣體集合裝置之氣體裝置室之易見場所揭示氣體種類、氣體最大儲存量、每小時氣體平均發生量及一次送入發生器內之電石量等。

2. 發生器室及氣體裝置室內，應禁止作業無關人員進入，並加標示。

3. 距離乙炔熔接裝置之發生器室 3 公尺、距離乙炔發生器及氣體集合裝置 5 公尺範圍內，應禁止吸菸、使用煙火、或從事有發生火花之虞之作業，並加標示。

4. 應將閥、旋塞等之操作事項揭示於易見場所。

5. 移動式乙炔熔接裝置之發生器，不得設置於高溫、通風或換氣不充分及產生強烈振動之場所。

6. 為防止乙炔等氣體用與氧氣用導管或管線之混用，應採用專用色別區分，以資識別。

7. 熔接裝置之設置場所，應有適當之消防設備。

8. 從事該作業者，應佩載防護眼鏡及防護手套。

> 請列出職業安全衛生法中，中央主管機關所定一定容量以上具有危險性之"機械"及"設備"。【20分】

答

（一）職業安全衛生法所稱具有危險性之機械，指符合中央主管機關所定一定容量以上之下列機械：

1. 固定式起重機。
2. 移動式起重機。
3. 人字臂起重桿。
4. 營建用升降機。
5. 營建用提升機。
6. 吊籠。
7. 其他經中央主管機關指定公告具有危險性之機械。

（二）職業安全衛生法所稱具有危險性之設備，指符合中央主管機關所定一定容量以上之下列設備：

1. 鍋爐。
2. 壓力容器。
3. 高壓氣體特定設備。
4. 高壓氣體容器。
5. 其他經中央主管機關指定公告具有危險性之設備。

請依各類場所消防安全設備設置標準,列舉各類場所之消防安全設備並說明之。【20 分】

答

各類場所消防安全設備如下:

1. 滅火設備:指以水或其他滅火藥劑滅火之器具或設備。
2. 警報設備:指報知火災發生之器具或設備。
3. 避難逃生設備:指火災發生時為避難而使用之器具或設備。
4. 消防搶救上之必要設備:指火警發生時,消防人員從事搶救活動上必需之器具或設備。
5. 其他經中央主管機關認定之消防安全設備。

3-4-1-3 中華郵政 112 年專業職人員甄試
工業安全管理(含機電安全及防火防爆)

「職業安全衛生設施規則」第 105 條規定,雇主對於高壓氣體之製造、儲存、消費等,應依高壓氣體設備及容器有關安全規則之規定辦理,請回答下列問題:

(一)雇主使用於儲存高壓氣體之容器,不論盛裝或空容器,應依哪些規定辦理?【14 分】

(二)雇主對於毒性高壓氣體之儲存,應依哪些規定辦理?【8 分】

(三)雇主對於毒性高壓氣體之使用,應依哪些規定辦理?【8 分】

答

(一)依據職業安全衛生設施規則第 106 條:

雇主使用於儲存高壓氣體之容器,不論盛裝或空容器,應依下列規定辦理:

一、確知容器之用途無誤者,方得使用。

二、容器應標明所裝氣體之品名,不得任意灌裝或轉裝。

三、容器外表顏色,不得擅自變更或擦掉。

四、容器使用時應加固定。

五、容器搬動不得粗莽或使之衝擊。

六、焊接時不得在容器上試焊。

七、容器應妥善管理、整理。

(二) 依據職業安全衛生設施規則第 110 條:

雇主對於毒性高壓氣體之儲存,應依下列規定辦理:

一、貯存處要置備吸收劑、中和劑及適用之防毒面罩或呼吸用防護具。

二、具有腐蝕性之毒性氣體,應充分換氣,保持通風良好。

三、不得在腐蝕化學藥品或煙囪附近貯藏。

四、預防異物之混入。

(三) 依據職業安全衛生設施規則第 111 條:

雇主對於毒性高壓氣體之使用,應依下列規定辦理:

一、非對該氣體有實地瞭解之人員,不准進入。

二、工作場所空氣中之毒性氣體濃度不得超過容許濃度。

三、工作場所置備充分及適用之防護具。

四、使用毒性氣體場所,應保持通風良好。

請依「職業安全衛生設施規則」,回答下列有關局限空間之問題:

(一) 雇主使勞工於局限空間從事作業前,應先確認該局限空間內有無可能引起勞工缺氧、中毒、感電、塌陷、被夾、被捲及火災、爆炸等危害,有危害之虞者,應訂定危害防止計畫,依作業可能引起之危害訂定哪些事項?【15分】

(二) 雇主使勞工於局限空間從事作業,有危害勞工之虞時,應於作業場所入口顯而易見處所公告哪些注意事項?【10分】

答

(一) 依據職業安全衛生設施規則第29-1條:

危害防止計畫,應依作業可能引起之危害訂定下列事項:

一、局限空間內危害之確認。

二、局限空間內氧氣、危險物、有害物濃度之測定。

三、通風換氣實施方式。

四、電能、高溫、低溫與危害物質之隔離措施及缺氧、中毒、感電、塌陷、被夾、被捲等危害防止措施。

五、作業方法及安全管制作法。

六、進入作業許可程序。

七、提供之測定儀器、通風換氣、防護與救援設備之檢點及維護方法。

八、作業控制設施及作業安全檢點方法。

九、緊急應變處置措施。

(二) 依據職業安全衛生設施規則第29-2條:

雇主使勞工於局限空間從事作業,有危害勞工之虞時,應於作業場所入口顯而易見處所公告下列注意事項,使作業勞工周知:

一、作業有可能引起缺氧等危害時,應經許可始得進入之重要性。

二、進入該場所時應採取之措施。

三、事故發生時之緊急措施及緊急聯絡方式。

四、現場監視人員姓名。

五、其他作業安全應注意事項。

請依「職業安全衛生設施規則」，回答下列問題：

（一）雇主對於作業場所有易燃液體之蒸氣、可燃性氣體或爆燃性粉塵以外之可燃性粉塵滯留，而有爆炸、火災之虞者，應依危險特性採取通風、換氣、除塵等措施外，並依哪些規定辦理？【15分】

（二）雇主對於有爆燃性粉塵存在，而有爆炸、火災之虞之場所，使用之電氣機械、器具或設備，應具何種構造？【5分】

（三）雇主對於具防爆性能構造之移動式或攜帶式電氣機械、器具、設備，應於每次使用前檢查哪些項目，遇有損壞，應即修復？【5分】

答

（一）依據職業安全衛生設施規則第177條：

一、指定專人對於前述蒸氣、氣體之濃度，於作業前測定之。

二、蒸氣或氣體之濃度達爆炸下限值之30%以上時，應即刻使勞工退避至安全場所，並停止使用煙火及其他為點火源之虞之機具，並應加強通風。

三、使用之電氣機械、器具或設備，應具有適合於其設置場所危險區域劃分使用之防爆性能構造。

前項第三款所稱電氣機械、器具或設備，係指包括電動機、變壓器、連接裝置、開關、分電盤、配電盤等電流流通之機械、器具或設備及非屬配線或移動電線之其他類似設備。

（二）依據職業安全衛生設施規則第 177-1 條：

雇主對於有爆燃性粉塵存在，而有爆炸、火災之虞之場所，使用之電氣機械、器具或設備，應具有適合於其設置場所危險區域劃分使用之防爆性能構造。

（三）依據職業安全衛生設施規則第 177-3 條：

雇主對於具防爆性能構造之移動式或攜帶式電氣機械、器具、設備，應於每次使用前檢查（外部結構狀況、連接之移動電線情況及防爆結構與移動電線連接狀態等）；遇有損壞，應即修復。

依據「機械設備器具安全標準」第 3 條，下列名詞定義分別為何？
（一）快速停止機構【7 分】
（二）緊急停止裝置【6 分】
（三）可動式接觸預防裝置【7 分】

答

依據機械設備器具安全標準第 3 條：

（一）快速停止機構：指衝剪機械檢出危險或異常時，能自動停止滑塊、刀具或撞錘（以下簡稱滑塊等）動作之機構。

（二）緊急停止裝置：指衝剪機械發生危險或異常時，以人為操作而使滑塊等動作緊急停止之裝置。

（三）可動式接觸預防裝置：指手推刨床之覆蓋可隨加工材之進給而自動開閉之刃部接觸預防裝置。

3-4-1-4 中華郵政公司 108 年專業職人員甄試 工業安全工程概要

請依「危險性機械及設備安全檢查規則」回答下列問題：
（一）「危險性機械」有哪些？請列舉之。【12 分】
（二）這些危險性機械在製造、設置、使用、停用等不同階段，分別應實施哪些檢查？請詳細說明。【18 分】

答

（一）危險性機械及設備安全檢查規則適用於下列容量之危險性機械：

1. 固定式起重機：吊升荷重在 3 公噸以上之固定式起重機或 1 公噸以上之斯達卡式起重機。

2. 移動式起重機：吊升荷重在 3 公噸以上之移動式起重機。

3. 人字臂起重桿：吊升荷重在 3 公噸以上之人字臂起重桿。

4. 營建用升降機：設置於營建工地，供營造施工使用之升降機。

5. 營建用提升機：導軌或升降路高度在 20 公尺以上之營建用提升機。

6. 吊籠：載人用吊籠。

(二) 危險性機械檢查項目如下表：

危險性機械種類	適用檢查項目及時機					
	型式檢查	竣工檢查	使用檢查	定期檢查	變更檢查	重新檢查
	製造或修改前	設置完成或變更設置位置時	製造完成使用前或從外國進口使用前	檢查合格證有效期限屆滿前1個月	變更構造時	停用超過檢查合格證有效期限1年以上擬恢復使用時
固定式起重機	✓	✓		✓	✓	✓
移動式起重機	✓		✓	✓	✓	✓
人字臂起重桿	✓	✓		✓	✓	✓
營建用升降機	✓	✓		✓	✓	✓
營建用提升機	✓	✓		✓	✓	✓
吊籠	✓		✓	✓	✓	✓

請依據「職業安全衛生設施規則」中，有關防止電氣危害之相關規範，回答下列問題：

(一) 雇主對於高壓或特高壓之電氣器具在動作時，會發生電弧者，應採取何種安全措施？【10分】

(二) 有關停電作業之相關規範為何？【20分】

答

(一) 雇主對於高壓或特高壓之電氣器具在動作時，會發生電弧者，應與木製之壁、天花板等可燃物質保持相當距離。但使用防火材料隔離者，不在此限。

(二) 停電作業之相關規範如下：

1. 職業安全衛生設施規則第 254 條規定，雇主對於電路開路後從事該電路、該電路支持物、或接近該電路工作物之敷設、建造、檢查、修理、油漆等作業時，應於確認電路開路後，就該電路採取下列設施：

   (1) 開路之開關於作業中，應上鎖或標示「禁止送電」、「停電作業中」或設置監視人員監視之。

   (2) 開路後之電路如含有電力電纜、電力電容器等致電路有殘留電荷引起危害之虞，應以安全方法確實放電。

   (3) 開路後之電路藉放電消除殘留電荷後，應以檢電器具檢查，確認其已停電，且為防止該停電電路與其他電路之混觸、或因其他電路之感應、或其他電源之逆送電引起感電之危害，應使用短路接地器具確實短路，並加接地。

   (4) 前款停電作業範圍如為發電或變電設備或開關場之一部分時，應將該停電作業範圍以藍帶或網加圍，並懸掛「停電作業區」標誌；有電部分則以紅帶或網加圍，並懸掛「有電危險區」標誌，以資警示。

   前項作業終了送電時，應事先確認從事作業等之勞工無感電之虞，並於拆除短路接地器具與紅藍帶或網及標誌後為之。

2. 職業安全衛生設施規則第 255 條規定，雇主對於高壓或特高壓電路，非用於啟斷負載電流之空斷開關及分段開關（隔離開關），為防止操作錯誤，應設置足以顯示該電路為無負載之指示燈或指示器等，使操作勞工易於識別該電路確無負載。但已設置僅於無負載時方可啟斷之連鎖裝置者，不在此限。

> 工業火災常造成人員傷亡及損失，請問：
> (一) 火災之分類為何？【8分】
> (二) 請列舉常見滅火器種類及其滅火原理為何？其可適用之火災類別分別為何？【12分】

答

(一) 依「滅火器認可基準」，火災分類說明如下：

1. A類火災（class A）：又稱普通火災，指木材、紙張、纖維、棉毛、塑膠、橡膠等之可燃性固體引起之火災。

2. B類火災（class B）：又稱油類火災，指石油類、有機溶劑、油漆類、油脂類等可燃性液體及可燃性固體引起之火災。

3. C類火災（class C）：又稱電氣火災，指電氣配線、馬達、引擎、變壓器、配電盤等通電中之電氣機械器具及電氣設備引起之火災。

4. D類火災（class D）：又稱金屬火災，指鈉、鉀、鎂、鋰與鋯等金屬物質引起之火災。

(二) 滅火器依其所填充之滅火藥劑加以分類，滅火器之主要分類如下：

1. 水滅火器：冷卻法，主要適用A類火災，以霧狀放射者，亦可適用B類火災。

2. 泡沫滅火器：隔離法，主要適用A、B類火災。

3. 二氧化碳滅火器：窒息法，主要適用B、C類火災。

4. 乾粉滅火器：抑制法，適用乾粉如下：

    (1) B、C類火災者：包括普通、紫焰鉀鹽等乾粉。

    (2) 適用A、B、C類火災者：多效乾粉（或稱A、B、C乾粉）。

    (3) 適用D類火災者：指金屬火災乾粉。

請回答下列問題：

(一) 何謂「工作安全分析（Job safety analysis）」？【12 分】

(二) 實施工作安全分析的四個程序為何？【8 分】

答

(一) 工作安全分析係針對工作中的作業步驟，分析評估其潛在危害及相應之防護措施，透過將工作方法或程序分解為各細項，以了解可能具有之危害，並訂出安全作業的需求。

(二) 工作安全分析的四個程序如下：

1. 決定分析之工作型態。

2. 將工作拆解為各細項步驟。

3. 找出可能的潛在危害。

4. 決定安全之工作方法及對應防護。

3-4-1-5 中華郵政公司 110 年營運職人員甄試 工業安全工程（含機電安全及防火防爆）

依職業安全衛生法規定，雇主對哪些事項應有符合之必要安全衛生設備及措施？【25 分】

答

依職業安全衛生法第 6 條規定，雇主對下列事項應有符合規定之必要安全衛生設備及措施：

一、防止機械、設備或器具等引起之危害。

二、防止爆炸性或發火性等物質引起之危害。

三、防止電、熱或其他之能引起之危害。

四、防止採石、採掘、裝卸、搬運、堆積或採伐等作業中引起之危害。

五、防止有墜落、物體飛落或崩塌等之虞之作業場所引起之危害。

六、防止高壓氣體引起之危害。

七、防止原料、材料、氣體、蒸氣、粉塵、溶劑、化學品、含毒性物質或缺氧空氣等引起之危害。

八、防止輻射、高溫、低溫、超音波、噪音、振動或異常氣壓等引起之危害。

九、防止監視儀表或精密作業等引起之危害。

十、防止廢氣、廢液或殘渣等廢棄物引起之危害。

十一、防止水患、風災或火災等引起之危害。

十二、防止動物、植物或微生物等引起之危害。

十三、防止通道、地板或階梯等引起之危害。

十四、防止未採取充足通風、採光、照明、保溫或防濕等引起之危害。

雇主對於電路開路後從事該電路、該電路支持物或接近該電路工作物之敷設、建造、檢查、修理、油漆等作業時，應於確認電路開路後，就該電路採取哪些設施？【25分】

答

依職業安全衛生設施規則第254條規定，雇主對於電路開路後從事該電路、該電路支持物、或接近該電路工作物之敷設、建造、檢查、修理、油漆等作業時，應於確認電路開路後，就該電路採取下列設施：

一、開路之開關於作業中，應上鎖或標示「禁止送電」、「停電作業中」或設置監視人員監視之。

二、開路後之電路如含有電力電纜、電力電容器等致電路有殘留電荷引起危害之虞,應以安全方法確實放電。

三、開路後之電路藉放電消除殘留電荷後,應以檢電器具檢查,確認其已停電,且為防止該停電電路與其他電路之混觸、或因其他電路之感應、或其他電源之逆送電引起感電之危害,應使用短路接地器具確實短路,並加接地。

前款停電作業範圍如為發電或變電設備或開關場之一部分時,應將該停電作業範圍以藍帶或網加圍,並懸掛「停電作業區」標誌;有電部分則以紅帶或網加圍,並懸掛「有電危險區」標誌,以資警示。

為使勞工對危害物質有所認識,在勞工與危害物質間,建立一套制度,利用此制度,使勞工認識物質的危害資訊,稱為「危害通識制度」。請問建立危害通識制度的步驟及具體措施為何?【25分】

答

依題旨建立危害通識制度,其針對場區化學品標示、教育訓練做全盤制度管理並訂定危害通識計畫製作危害性化學品清單。

依危害性化學品標示及通識規則第17條:

雇主為防止勞工未確實知悉危害性化學品之危害資訊,致引起之職業災害,應採取下列必要措施:

一、依實際狀況訂定危害通識計畫,適時檢討更新,並依計畫確實執行,其執行紀錄保存3年。

二、製作危害性化學品清單,其內容、格式參照附表五。

三、將危害性化學品之安全資料表置於工作場所易取得之處。

四、使勞工接受製造、處置或使用危害性化學品之教育訓練,其課程內容及時數依職業安全衛生教育訓練規則之規定辦理。

五、其他使勞工確實知悉危害性化學品資訊之必要措施。

前項第一款危害通識計畫，應含危害性化學品清單、安全資料表、標示、危害通識教育訓練等必要項目之擬訂、執行、紀錄及修正措施。

> 請說明電氣設備防止感電之主要方法。【25 分】

答

電氣設備防止感電的主要方法主要有：

一、絕緣：將帶電線材或部位絕緣包覆。

二、接地：設置接地線，有異常發生時與大地同電位。

三、搭接：具有適當配件之搭接跳接線，保持電中性。

四、斷路器：設置檢知電流異常，以跳脫其設備開關斷路。

五、隔離：將勞工與帶電部分保持適當空間，例如設置電氣室等。

3-4-1-6 中華郵政公司 110 年專業職人員甄試 工業安全工程概要

> 一般而言，機械對人體造成傷害主要發生在機械的哪些部位？並請分別說明之。【25 分】

答

機械危害部位主要有以下：

捲入點：係轉動中有致捲入之虞，如傳動帶。

操作點：操作部位有銳角、尖銳部分有致危害之虞。

突出部位：轉動軸末端突出部位等。

感電部位：設備帶電部位致人員接觸感電之虞。

傳動部位：傳動設備運轉，開口部位致人員接觸捲入、衝擊。

> 依職業安全衛生設施規則爆炸、火災防止之一般規定,雇主需要採取哪些措施?【25 分】

答

依職業安全衛生設施規則爆炸第 184 條規定,雇主對於危險物製造、處置之工作場所,為防止爆炸、火災,應依下列規定辦理:

一、爆炸性物質,應遠離煙火、或有發火源之虞之物,並不得加熱、摩擦、衝擊。

二、著火性物質,應遠離煙火、或有發火源之虞之物,並不得加熱、摩擦或衝擊或使其接觸促進氧化之物質或水。

三、氧化性物質,不得使其接觸促進其分解之物質,並不得予以加熱、摩擦或撞擊。

四、易燃液體,應遠離煙火或有發火源之虞之物,未經許可不得灌注、蒸發或加熱。

五、除製造、處置必需之用料外,不得任意放置危險物。

> 為使勞工對危害物質有所認識,在勞工與危害物質間,建立一套制度,利用此制度,使勞工認識物質的危害資訊,稱為「危害通識制度」。請問建立危害通識制度的步驟及具體措施為何?【25 分】

答

依題旨,建立危害通識制度,應針對場區化學品標示、教育訓練做全盤制度管理並訂定危害通識計畫製作危害性化學品清單。

依危害性化學品標示及通識規則第 17 條規定,雇主為防止勞工未確實知悉危害性化學品之危害資訊,致引起之職業災害,應採取下列必要措施:

一、依實際狀況訂定危害通識計畫,適時檢討更新,並依計畫確實執行,其執行紀錄保存三年。

二、製作危害性化學品清單,其內容、格式參照附表五。

三、將危害性化學品之安全資料表置於工作場所易取得之處。

四、使勞工接受製造、處置或使用危害性化學品之教育訓練,其課程內容及時數依職業安全衛生教育訓練規則之規定辦理。

五、其他使勞工確實知悉危害性化學品資訊之必要措施。

前項第一款危害通識計畫,應含危害性化學品清單、安全資料表、標示、危害通識教育訓練等必要項目之擬訂、執行、紀錄及修正措施。

請說明電氣設備防止感電之主要方法。【25 分】

答

電氣設備防止感電的主要方法主要如下:

一、絕緣:將帶電線材或部位絕緣包覆。

二、接地:設置接地線,有異常發生時與大地同電位。

三、搭接:具有適當配件之搭接跳接線,保持電中性。

四、漏電斷路器:設置檢知電流異常,以跳脫其設備開關斷路。

五、隔離:將勞工與帶電部分保持適當空間,例如設置電氣室等。

3-4-2 財政部國營事業

3-4-2-1 臺灣菸酒公司 104 年從業職員甄試 安全工程

> 八仙樂園派對粉塵爆炸事故對社會造成重大傷害，導致的因素有許多。請就以下相關問題回答：
> （一）何謂「粉塵爆炸」？請描述。【7 分】
> （二）依震波傳播的方式分為爆震（Detonation）與爆燃（Deflagration）兩種。請說明「爆震」及「爆燃」。【10 分】
> （三）防止因燃燒而造成的爆炸之有效控制方法？【8 分】

答

（一）粉塵爆炸：可燃性固體之微粒散布於空氣等助燃性氣體達一定濃度以上時，一遇發火源著火則發生粉塵爆炸，其原因係由於粉塵具有非常大的表面積質量比，導致粉塵比較容易被點燃。粉塵爆炸時會釋放大量的能量，揚起更多的粉塵，在相對寬敞分散之區劃空間容易形成二次爆炸。

（二）爆震與爆轟說明如下：

1. 爆燃（Deflagration）：在放熱反應中，燃燒氣體藉傳導、對流以及輻射作用，而將大量熱量傳播至反應物質所產生者，其傳播速率低，約為 300 公尺 / 秒，略低於音速。

2. 爆震（Detonation）：當燃燒傳播速度高達 1,000~35,000 公尺 / 秒者稱為爆震或爆轟。

（三）防止因燃燒而造成的爆炸之有效控制方法如下：

1. 防止可燃物被點燃。

2. 降低氧氣濃度。

3. 消除、隔絕或控制發火源。

4. 洩爆設計。

5. 圍堵。

6. 爆炸抑制系統。

7. 爆炸阻絕設備。

任何危害物質皆有其特殊物理與化學性質，有些具有毒性及反應性，有些易於腐蝕其他物質，有些易於著火燃燒。因此，必須針對其特性妥善處理。一個微小的意外，可能引起連鎖反應，造成嚴重火災、爆炸與財物損失。請回答下列問題：

(一) 我國有關危害物質儲運相關法規，請列舉 4 種。【8 分】

(二) 大型固定式儲槽需裝設哪些安全設施，請列舉 4 種。【8 分】

(三) 大量危害性物質的儲槽區操作、場地規劃與佈置，其主要規劃原則為何？【9 分】

答

(一) 有關危害物質儲運相關法規列舉如下：

1. 毒性及關注化學物質管理法。

2. 危害性化學品標示及通識規則。

3. 道路交通安全規則。

4. 公共危險物品及可燃性高壓氣體製造儲存處理場所設置標準暨安全管理辦法。

5. 石油業儲油設備設置管理規則。

(二) 大型固定式儲槽需裝設之安全設施列舉如下：

1. 防液堤。

2. 冷卻撒水設備。

3. 自動滅火設備。

4. 緊急遮斷裝置。

5. 緊急排放裝置。

6. 自動顯示儲量裝置。

7. 去除靜電之接地裝置。

(三) 大量危害性物質的儲槽區操作、場地規劃與佈置，其主要規劃原則如下：

1. 一般建築物應位於非危險區內，且遠離化學操作處理區。

2. 處理危險性物質的製程區應與財產線保持安全距離。

3. 製程區應在儲槽區的上風處。

4. 儲槽應放置於火源之下風處。

5. 水平式圓柱塔槽的縱軸不可直接面向辦公室、工作場所或製程單位。

6. 儲槽應與周界、加熱爐、燃燒塔、常壓儲槽及其他重要設施保持最大可能之分離。

7. 液化石油氣(LPG)、乙烷或乙烯儲槽不允許放置於含有易燃性或可燃性流體常壓儲槽之防液堤內。

8. 兩相鄰製程單元若不同時歲修，應保持安全間距。

危害是系統中可能造成人員傷亡、財產損失或破壞環境生態的物質、條件或情況。找出可能導致意外發生的危害因子，然後進行改善，可達安全最終目的。請回答以下相關危害的問題：

(一) 請列舉 5 種危害分析的定性方法。【10 分】

(二) 請描述依假設狀況分析法（"What if" Analysis）去分析工作的執行，可分為哪幾個主要步驟？【10 分】

(三) 針對既有的生產工廠，現場之安全稽核步驟為何？【5 分】

答

(一) 定性的危害分析方法列舉如下:

1. 文獻搜尋 / 工業實務調查（Literature Search / Industry Survey）。

2. 安全稽核（Safety Audit）。

3. 檢核表（Check list）。

4. 如果 - 結果分析（What-If）。

5. 如果 - 結果分析 / 檢核表（What-If / Check list）。

6. 工作安全分析（Job Safety Analysis, JSA）。

7. 危害與可操作性分析（Hazard and Operability Studies, HazOp）。

8. 失誤模式與影響分析（Failure Modes and Effects Analysis, FMEA）。

(二) 分析的主要步驟如下:

1. 分析前資料準備。

2. 界定分析的範圍。

3. 檢討可能問題。

4. 辨識危害並評估後果。

5. 列出安全衛生控制措施及改善建議。

(三) 安全稽核步驟如下:

1. 稽核前準備。

2. 確認文件紀錄。

3. 訪談現場人員。

4. 觀察與檢查現場作業方式及設施。

5. 報告稽核結果。

> 機械安全裝置的目的是維護工作者的安全,但是使用機械設備的基本目的在於提高生產力。請回答下列機械安全防護相關問題:
> (一)造成機械傷害的主要原因?【9分】
> (二)防護設施應加裝於機械何種部位,以防止傷害的發生?請列舉 4 種。【8分】
> (三)依據「職業安全衛生法施行細則」第 12 條所稱中央主管機關指定須符合安全標準之機械、設備或器具,請列舉 4 種。【8分】

答

(一) 造成機械傷害的主要原因如下:

1. 人的不安全行為。

2. 設備的不安全狀態。

3. 環境因素。

(二) 防護設施加裝部位列舉如下:

1. 動力遮斷裝置:易於操作部位。

2. 緊急停止裝置:於各作業面可操作部位。

3. 護罩或護圍:防止勞工接觸捲夾點之部位。

4. 護蓋:開口部位。

5. 套胴:旋轉部位。

6. 覆蓋:防止勞工接觸刃部或鋸齒等切割點之部位。

(三) 職業安全衛生法施行細則所稱中央主管機關指定須符合安全標準之機械、設備或器具如下:

1. 動力衝剪機械。

2. 手推刨床。

3. 木材加工用圓盤鋸。
4. 動力堆高機。
5. 研磨機。
6. 研磨輪。
7. 防爆電氣設備。
8. 動力衝剪機械之光電式安全裝置。
9. 手推刨床之刃部接觸預防裝置。
10. 木材加工用圓盤鋸之反撥預防裝置及鋸齒接觸預防裝置。
11. 其他經中央主管機關指定公告者。

3-4-2-2 臺灣菸酒公司 108 年從業職員甄試 安全工程

> 甲公司為造紙工廠，該廠勞工須從事以下兩項作業，請依據職業安全衛生法，說明其有關工作及休息時間之規定。
> (一) 重體力勞動作業。【10 分】
> (二) 高架作業。【15 分】

答

(一) 依「重體力勞動作業勞工保護措施標準」規定，重體力勞動作業指下列作業：

1. 以人力搬運或揹負重量在 40 公斤以上物體之作業。
2. 以站立姿勢從事伐木作業。
3. 以手工具或動力手工具從事鑽岩、挖掘等作業。
4. 坑內人力搬運作業。
5. 從事薄板壓延加工，其重量在 20 公斤以上之人力搬運作業及壓延後之人力剝離作業。

6. 以 4.5 公斤以上之鎚及動力手工具從事敲擊等作業。

7. 站立以鏟或其他器皿裝盛 5 公斤以上物體做投入與出料或類似之作業。

8. 站立以金屬棒從事熔融金屬熔液之攪拌、除渣作業。

9. 站立以壓床或氣鎚等從事 10 公斤以上物體之鍛造加工作業，且鍛造物必須以人力固定搬運者。

10. 鑄造時雙人以器皿裝盛熔液其總重量在 80 公斤以上或單人搖金屬熔液之澆鑄作業。

11. 以人力拌合混凝土之作業。

12. 以人工拉力達 40 公斤以上之纜索拉線作業。

13. 其他中央主管機關指定之作業。

另，雇主使勞工從事重體力勞動作業時，應考慮勞工之體能負荷情形，減少工作時間給予充分休息，休息時間每小時不得少於 20 分鐘。

(二) 依「高架作業勞工保護措施標準」規定，高架作業係指雇主使勞工從事之下列作業：

1. 未設置平台、護欄等設備而已採取必要安全措施，其高度在 2 公尺以上者。

2. 已依規定設置平台、護欄等設備，並採取防止墜落之必要安全措施，其高度在 5 公尺以上者。

另，雇主使勞工從事高架作業時，應減少工作時間，每連續作業 2 小時，應給予作業勞工下列休息時間：

1. 高度在 2 公尺以上未滿 5 公尺者，至少有 20 分鐘休息。

2. 高度在 5 公尺以上未滿 20 公尺者，至少有 25 分鐘休息。

3. 高度在 20 公尺以上者，至少有 35 分鐘休息。

但所定休息時間，雇主因搶修或其他特殊作業需要，經採取相對減少工作時間或其他保護措施，得調整之。

依據危險性工作場所審查暨檢查辦法規定，對於工作場所實施初步危害分析（Preliminary Hazard Analysis），以分析並發現工作場所中的重大潛在危害之安全評估措施。該安全評估方式包含哪些？請列舉五項。【25分】

答

安全評估方式列舉如下：

1. 檢核表（Check list）。
2. 如果-結果分析（What-If）。
3. 如果-結果分析/檢核表（What-If / Check list）。
4. 危害與可操作性分析（Hazard and Operability Studies, HazOp）。
5. 失誤模式與影響分析（Failure Modes and Effects Analysis, FMEA）。
6. 故障樹分析（Fault Tree Analysis, FTA）。
7. 其他經中央主管機關認可具有上列同等功能之安全評估方法。

甲公司為勞工人數達290人之電腦製造業，依據職業安全衛生法規定，應如何設置安全衛生組織及人員：
（一）其安全衛生管理組織之層級為何？【10分】
（二）該公司應設置管理人員之種類與人數為何？【15分】

答

（一）因該公司屬第一類事業，且勞工人數達100人以上，故應設直接隸屬雇主之專責一級職業安全衛生管理單位。

（二）該公司應置甲種職業安全衛生業務主管及職業安全衛生管理員各1人，且皆應為專職。

請依據我國「國家級職業安全衛生管理系統指引」，說明下列名詞定義：

(一) 稽核【5分】

(二) 員工健康監控【5分】

(三) 事故【5分】

(四) 危害【5分】

(五) 作業場所【5分】

答

(一) 稽核：以系統化、獨立和文件化的過程取得證據，並客觀評估以判斷符合所定準則的程度。該過程並不一定指獨立的外部稽核（由來自組織外部的一個或多個稽核員進行的稽核）。

(二) 員工健康監控：為檢測和辨識異常情況而對員工健康進行評估的一般術語。監控結果應用來保護和增進員工個人、集體以及受作業環境暴露族群的健康，健康評估程序應包括（但不必局限）對員工進行健康檢查、生物監測、輻射檢查、問卷調查及健康記錄評估等內容。

(三) 事故：與工作有關或工作過程中發生，但未造成人員傷害的不安全事件。

(四) 危害：能對人體的健康造成傷害或損害的潛在因素。

(五) 作業場所：在雇主的控制下，員工必須工作或必須去工作的區域。

3-4-2-3 臺灣菸酒公司 109 年從業職員甄試 安全工程

> A 公司其廠區作業活動包括駕駛荷重一公噸以上堆高機、吊升荷重三公噸以上固定式起重機各有一部，若您為該廠之職業安全衛生管理人員，請問對於操作該機械之勞工應施以何種必要之安全衛生教育訓練？【15 分】並說明其應有之訓練時數。【10 分】

答

(一) 教育訓練種類分別如下：

1. 雇主對荷重在 1 公噸以上之堆高機操作人員，應使其接受特殊作業安全衛生教育訓練。

2. 雇主對擔任吊升荷重在 3 公噸以上之固定式起重機操作人員之勞工，應於事前使其接受具有危險性之機械操作人員之安全衛生教育訓練。

(二) 教育訓練時數分別如下：

1. 荷重在 1 公噸以上之堆高機操作人員特殊安全衛生訓練課程、時數（18 小時）：

   (1) 堆高機相關法規（1 小時）。

   (2) 堆高機行駛裝置之構造及操作方法（2 小時）。

   (3) 堆高機裝卸裝置之構造及操作方法（3 小時）。

   (4) 堆高機運轉相關力學知識（2 小時）。

   (5) 堆高機自動檢查及事故預防（2 小時）。

   (6) 堆高機操作實習（8 小時）。

2. 吊升荷重在 3 公噸以上之固定式起重機操作人員安全衛生教育訓練課程、時數（38 小時）：

   (1) 起重機具相關法規（2 小時）。

   (2) 固定式起重機種類型式及其機能（3 小時）。

(3) 固定式起重機構造與安全裝置（3 小時）。

(4) 原動機及電氣相關知識（3 小時）。

(5) 起重及吊掛相關力學知識（2 小時）。

(6) 起重及吊掛安全作業要領（4 小時）。

(7) 起重吊掛事故預防與處置（3 小時）。

(8) 固定式起重機自動檢查與檢點維護（2 小時）。

(9) 起重機運轉、吊掛操作與指揮實習（16 小時）。

依據「國家標準 CNS9328 安全用顏色通則」，紅、橙、黃、綠、藍、紫、黑、白之用途為何？請自行列舉五樣顏色之用途。【每個答案 5 分，總計 25 分】

答

各顏色意義及用途列舉如下：

1. 紅色：危險、禁止、停止或消防設備，如：禁止吸菸、滅火器。

2. 橙色：危險之活動設備，如：航空器、船舶設施。

3. 黃色：注意或警告，如：高溫表面。

4. 綠色：安全狀態、急救或安全衛生設備，如：緊急出口。

5. 藍色：注意、要求或限制，如：穿著防護服。

6. 紫色：放射危險，如：注意輻射危險。

7. 黑色：圖形符號顏色或對比色，如：禁止吸菸圖示之香菸符號。

8. 白色：圖形符號顏色、背景顏色或對比色，如：緊急出口圖示之出口符號。

某公司設有危險物製造、處置之工作場所，為防止爆炸、火災，應依規定辦理事項為何？【25分】

答

雇主對於危險物製造、處置之工作場所，為防止爆炸、火災，應依下列規定辦理：

1. 爆炸性物質，應遠離煙火、或有發火源之虞之物，並不得加熱、摩擦、衝擊。
2. 著火性物質，應遠離煙火、或有發火源之虞之物，並不得加熱、摩擦或衝擊或使其接觸促進氧化之物質或水。
3. 氧化性物質，不得使其接觸促進其分解之物質，並不得予以加熱、摩擦或撞擊。
4. 易燃液體，應遠離煙火或有發火源之虞之物，未經許可不得灌注、蒸發或加熱。
5. 除製造、處置必需之用料外，不得任意放置危險物。

請回答下列問題：

(一) 依「鍋爐及壓力容器安全規則」規定，雇主對於同一鍋爐房內或同一鍋爐設置場所中，設有二座以上鍋爐者，如何依各鍋爐之傳熱面積合計結果，指派何種資格人員擔任鍋爐作業主管，負責指揮、監督鍋爐之操作、管理及異常處置等有關工作？【20分】

(二) 依「鍋爐及壓力容器安全規則」規定，第(一)小題中鍋爐之傳熱面積合計方式，如為貫流鍋爐者，可減列其傳熱面積為原來的幾分之幾？【5分】

答

(一) 雇主對於同一鍋爐房內或同一鍋爐設置場所中，設有 2 座以上鍋爐者，應依下列規定指派鍋爐作業主管，負責指揮、監督鍋爐之操作、管理及異常處置等有關工作：

1. 各鍋爐之傳熱面積合計在 500 平方公尺以上者，應指派具有甲級鍋爐操作人員資格者擔任鍋爐作業主管。但各鍋爐均屬貫流式者，得由具有乙級以上鍋爐操作人員資格者為之。

2. 各鍋爐之傳熱面積合計在 50 平方公尺以上未滿 500 平方公尺者，應指派具有乙級以上鍋爐操作人員資格者擔任鍋爐作業主管。但各鍋爐均屬貫流式者，得由具有丙級以上鍋爐操作人員資格為之。

3. 各鍋爐之傳熱面積合計未滿 50 平方公尺者，應指派具有丙級以上鍋爐操作人員資格者擔任鍋爐作業主管。

(二) 如為貫流鍋爐者，可減列其傳熱面積為原來的 1/10。

3-4-2-4 臺灣菸酒公司 110 年從業職員甄試 安全工程

依據勞動部頒佈之因應嚴重特殊傳染性肺炎 (COVID-19) 職場安全衛生防護措施指引，對於工作場所危害控制及管理措施請依據下列分類說明：
(一) 工程控制。【5 分】
(二) 行政管理。【10 分】
(三) 個人防護裝備。【10 分】

答

(一) 工程控制：

1. 安裝高效率空氣濾網，並提高更換或清潔空氣濾網之頻率。

2. 保持室內空氣流通，中央空調應提高室外新鮮空氣比例。

3. 安裝物理屏障（如透明塑膠隔板）等措施。

4. 安裝用於客戶服務的通行窗口，如得來速（Drive-through）。

(二) 行政管理：

1. 對有發燒或有急性呼吸道症狀之勞工進行管理並留存紀錄，主動鼓勵勞工在家休息；依中央流行疫情指揮中心最新發布相關確診規定（就醫或篩檢等），協助勞工進行後續處置。

2. 調整辦公時間或出勤方式，通過視訊方式採取線上會議，以減少工作人員或客戶之間面對面的接觸。

3. 勞工工作時間、地點及出差採彈性及分流措施，並採空間區隔及調整。

4. 置備必要的防疫物資並提供正確的使用方式，定期清潔或消毒工作環境及場所物件。

5. 建立體溫量測及篩檢等出勤管制措施，並實施訪客或承攬商等門禁管制措施。

6. 對於確診個案近期從事工作或進出之工作場所，應加強地板、牆壁、器具及物品等之消毒。

7 辦理職場防疫相關安全衛生措施之宣導或教育訓練，並留存紀錄，宣導勞工自我防護並遵守社交禮節及保持社交距離。

8. 如有近期曾從疫情較為嚴重之地區出差或旅遊返回職場之勞工，應密切留意其個人健康狀況，採取必要之追蹤及管理措施。

9. 避免指派勞工赴疫情較為嚴重之地區出差。如確有必要並經勞工同意，應優先遵守該國（地區）之防疫政策，確實

評估疫情狀況、感染風險與勞工個人健康狀況，強化感染預防措施之教育訓練、提供勞工符合該國（地區）規定之防疫物資並加強其工作場域清潔、消毒及保持通風等必要之防護措施。

（三）個人防護裝備：防疫期間所需的個人防護裝備類型，應視疫情及勞工從事作業或指派之任務可能暴露 SARS-CoV-2 的風險而定，可依據作業暴露風險等級類別選用包括呼吸防護具、髮帽、護目裝備、面罩、手套和隔離衣等裝備，選擇及使用須注意以下事項並有查核機制：

1. 根據個別勞工的危害進行選擇。
2. 呼吸防護具應有適當的密合度。
3. 必須全程正確配戴。
4. 應定期檢查、保養和更換。
5. 於脫除、清潔、保存或拋棄時，應避免污染自身、他人或環境。

依職業安全衛生法第七條第一項規定，製造者、輸入者、供應者或雇主，對於中央主管機關指定之機械、設備或器具，其構造、性能及防護非符合安全標準者，不得產製運出廠場、輸入、租賃、供應或設置。請問第七條第一項中央主管機關指定之機械、設備或器具為何？【25分】

答

依職業安全衛生法施行細則第 12 條規定，職業安全衛生法第 7 條第 1 項所稱中央主管機關指定之機械、設備或器具如下：

一、動力衝剪機械。

二、手推刨床。

三、木材加工用圓盤鋸。

四、動力堆高機。

五、研磨機。

六、研磨輪。

七、防爆電氣設備。

八、動力衝剪機械之光電式安全裝置。

九、手推刨床之刃部接觸預防裝置。

十、木材加工用圓盤鋸之反撥預防裝置及鋸齒接觸預防裝置。

十一、其他經中央主管機關指定公告者：

　　　1. 金屬材料加工用車床（含數值控制車床）。

　　　2. 金屬材料加工用銑床/搪床、加工中心機、傳送機。

針對電氣設備之感電災害，請詳述防止此災害發生之方法有哪幾種？並舉例說明。【25分】

答

防止電氣設備感電災害發生之方法有以下幾種：

一、絕緣：將帶電線材或部位絕緣包覆。

二、接地：設置接地線，有異常發生時與大地同電位。

三、搭接：具有適當配件之搭接跳接線，保持電中性。

四、斷路器：設置檢知電流異常，以跳脫其設備開關斷路。

五、隔離：將勞工與帶電部分保持適當空間，例如設置電氣室等。

> 請寫出火災對人產生之危害有哪幾種？並說明這些危害造成之影響。【25 分】

答

火災對人產生之危害及影響：

一、氧氣耗盡（Oxygen depletion）：一般人存活的氧氣濃度低限為 10%，然而能否到達此程度及多快到達，則依每次火災及燃燒系內不同位置而異，因為此濃度受可燃物濃度、燃燒速度、燃燒系體積及透氣速率所影響。

二、火焰（Flame）：燒傷可能因火焰之直接接觸及熱輻射引起。皮膚若維持在溫度 66℃（150 ℉）以上或受到輻射熱 3W/cm^2 以上，僅須 1 秒即可造成燒傷，故火焰溫度及其輻射熱可能導致立即或事後致命。

三、熱（Heat）：對於呼吸而言，超過 66℃（150 ℉）之溫度便難以忍受，此溫度領域可能會使消防人員救援及室內人員逃生遲緩。

四、毒性氣體（Toxic gases）：氣體之毒害性成分基本上可分為 3 類：

　1. 窒息性或昏迷性成分。

　2. 對感官或呼吸器官有刺激性之成分。

　3. 其他異常毒害性成分。

五、煙（Smoke）：煙會助長驚慌狀況，因為它有視線遮蔽及刺激效應。在許多情況，逃生途徑上煙往往比溫度更早達到令人難以忍受程度。

六、結構強度衰減（Structural strength reduction）：建築物因結構受火害而崩塌毀壞的情況不多，但不可輕忽建築物受到第二次外來災害（如地震）可能發生之危險。

3-4-2-5 臺灣菸酒公司 112 年從業職員甄試 安全工程

> 請回答下列問題：
> （一）永續發展目標 SDGs 為何？【5 分】
> （二）ESG 代表意涵？【5 分】
> （三）安全資料表（SDS）包含幾種項目？請列舉四項。【10 分】
> （四）何謂高溫作業？【5 分】

答

（一）永續發展目標 SDGs 如下

1. SDG 1 終結貧窮：消除各地一切形式的貧窮
2. SDG 2 消除飢餓：確保糧食安全，消除飢餓，促進永續農業
3. SDG 3 健康與福祉：確保及促進各年齡層健康生活與福祉
4. SDG 4 優質教育：確保有教無類、公平以及高品質的教育，及提倡終身學習
5. SDG 5 性別平權：實現性別平等，並賦予婦女權力
6. SDG 6 淨水及衛生：確保所有人都能享有水、衛生及其永續管理
7. SDG 7 可負擔的潔淨能源：確保所有的人都可取得負擔得起、可靠、永續及現代的能源
8. SDG 8 合適的工作及經濟成長：促進包容且永續的經濟成長，讓每個人都有一份好工作
9. SDG 9 工業化、創新及基礎建設：建立具有韌性的基礎建設，促進包容且永續的工業，並加速創新
10. SDG 10 減少不平等：減少國內及國家間的不平等

11. SDG 11 永續城鄉：建構具包容、安全、韌性及永續特質的城市與鄉村

12. SDG 12 責任消費及生產：促進綠色經濟，確保永續消費及生產模式

13. SDG 13 氣候行動：完備減緩調適行動，以因應氣候變遷及其影響

14. SDG 14 保育海洋生態：保育及永續利用海洋生態系，以確保生物多樣性並防止海洋環境劣化

15. SDG 15 保育陸域生態：保育及永續利用陸域生態系，確保生物多樣性並防止土地劣化

16. SDG 16 和平、正義及健全制度：促進和平多元的社會，確保司法平等，建立具公信力且廣納民意的體系。

17. SDG 17 多元夥伴關係：建立多元夥伴關係，協力促進永續願景。

(二) ESG 是投資人、企業和組織進行投資時應予考慮的一系列問題，這些問題包括環境問題、社會問題和公司治理。

(三) 安全資料表內容如下：

1. 物品與廠商資料
2. 危害辨識資料
3. 成分辨識資料
4. 急救措施
5. 滅火措施
6. 洩漏處理方法
7. 安全處置與儲存方法
8. 暴露預防措施

9. 物理和化學性質

10. 安定性與反應性

11. 毒性資料

12. 生態資料

13. 廢棄處置方法

14. 運送資料

15. 法規資料

16. 其他資料

(四) 高溫作業係由高溫作業勞工作息時間標準訂定之

依據高溫作業勞工作息時間標準第 2 條：本標準所定高溫作業，為勞工工作日時量平均綜合溫度熱指數達第五條連續作業規定值以上之下列作業：

1. 於鍋爐房從事之作業。

2. 灼熱鋼鐵或其他金屬塊壓軋及鍛造之作業。

3. 於鑄造間處理熔融鋼鐵或其他金屬之作業。

4. 鋼鐵或其他金屬類物料加熱或熔煉之作業。

5. 處理搪瓷、玻璃、電石及熔爐高溫熔料之作業。

6. 於蒸汽火車、輪船機房從事之作業。

7. 從事蒸汽操作、燒窯等作業。

8. 其他經中央主管機關指定之高溫作業。

前項作業，不包括已採取自動化操作方式且勞工無暴露熱危害之虞者。

> 請簡略說明下列常見火災爆炸專有名詞之定義。
> （一）爆炸下限。【5分】
> （二）爆炸範圍。【5分】
> （三）危險指數。【5分】
> （四）自燃溫度。【5分】
> （五）閃火點。【5分】

答

（一）爆炸下限：可燃性氣體在空氣中可被引燃之最低濃度稱為爆炸下限或燃燒下限。

（二）爆炸範圍：指的是一定條件下，可燃性氣體與空氣混合時，可以發生燃燒反應（或爆炸）的濃度範圍。

（三）危險指數：（爆炸上限－爆炸下限）／爆炸下限，危險指數愈高愈危險。

（四）自燃溫度：指的是常壓下，可燃物在沒有外部火源點燃時發生自燃的最低溫度，火焰歷久而不滅。

（五）閃火點：是指揮發性物質所揮發出的氣體達到燃燒下限，與火源接觸下產生閃火的液體最低溫度。

> 請依「危險性工作場所審查及檢查辦法」規定，回答下列問題：
> （一）請舉出4種丁類危險性工作場所，並註明至少幾日前，應向當地勞動檢查機構申請審查。【14分】
> （二）請舉出3種丙類危險性工作場所，並註明至少幾日前，應向檢查機構申請審查及檢查。【11分】

答

(一) 依據危險性工作場所審查及檢查辦法第 2 條

　一、丁類：指下列之營造工程：

　　1. 建築物高度在 80 公尺以上之建築工程。

　　2. 單跨橋梁之橋墩跨距在 75 公尺以上或多跨橋梁之橋墩跨距在 50 公尺以上之橋梁工程。

　　3. 採用壓氣施工作業之工程。

　　4. 長度 1,000 公尺以上或需開挖 15 公尺以上豎坑之隧道工程。

　　5. 開挖深度達 18 公尺以上，且開挖面積達 500 平方公尺以上之工程。

　　6. 工程中模板支撐高度 7 公尺以上，且面積達 330 平方公尺以上者。

　二、依據危險性工作場所審查及檢查辦法第 4 條

　　事業單位應於甲類工作場所、丁類工作場所使勞工「作業 30 日前」，向當地勞動檢查機構（以下簡稱檢查機構）申請審查。

(二) 依據危險性工作場所審查及檢查辦法第 2 條

　一、丙類：指蒸汽鍋爐之傳熱面積在 500 平方公尺以上，或高壓氣體類壓力容器 1 日之冷凍能力在 150 公噸以上或處理能力符合下列規定之一者：

　　1. 1,000 立方公尺以上之氧氣、有毒性及可燃性高壓氣體。

　　2. 5,000 立方公尺以上之前款以外之高壓氣體。

　二、依據危險性工作場所審查及檢查辦法第 4 條

　　事業單位應於乙類工作場所、丙類工作場所使勞工「作業 45 日前」，向檢查機構申請審查及檢查。

請依起重升降機具安全規則規定，回答下列問題：

(一) 如起重機具之吊掛用鋼索，以 2 根相同規格鋼索進行吊掛如（圖四），現要吊起重 20,000 牛頓的物品，兩鋼索與水平之夾角均為 30 度，如果鋼索安全係數為 6，請問至少要用斷裂荷重為多少牛頓鋼索方可安全吊起？（sin30° = 0.5）（5 分；未列出計算過程者，不予計分）

(二) 依起重升降機具安全規則規定，除其他有關起重吊掛作業安全事項外，雇主對於使用起重機具從事吊掛作業之勞工應使其辦理事項為何？（請列舉 5 項）【10 分】

(三) 列舉 3 種鋼索發生異常情形時，不得供起重吊掛作業使用。【6 分】

(四) 移動式起重機於鬆軟的地面進行起重吊升作業時，列舉 2 種防止發生翻倒危害之補強作法。【4 分】

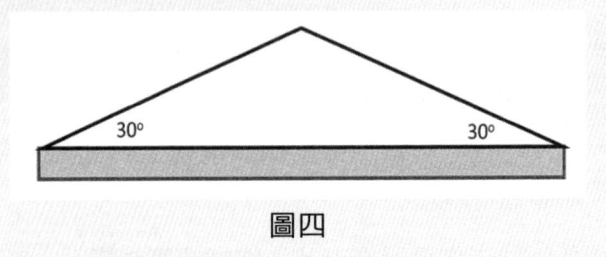

圖四

答

(一) 計算至少要用斷裂荷重為多少牛頓鋼索方可安全吊起

一、$\dfrac{W}{2} = T \sin 30$（計算每一條，共 2 條，故除 2）

二、$\dfrac{20,000}{2} = T \times 0.5$

三、$T \cong 20,000$（NT）（每一條要承受的力）

四、依據起重升降機具安全規則第 65 條

雇主對於起重機具之吊掛用鋼索，其安全係數應在 6 以上。

前項安全係數為鋼索之斷裂荷重值除以鋼索所受最大荷重值所得之值。

　　　　$2,000 \times 6 = 120,000$（NT）（至少每一條鋼索要用斷裂荷重 120,000 牛頓以上）

(二) 依據起重升降機具安全規則第 63 條

　　雇主對於使用起重機具從事吊掛作業之勞工，應使其辦理下列事項：

　一、確認起重機具之額定荷重，使所吊荷物之重量在額定荷重值以下。

　二、檢視荷物之形狀、大小及材質等特性，以估算荷物重量，或查明其實際重量，並選用適當吊掛用具及採取正確吊掛方法。

　三、估測荷物重心位置，以決定吊具懸掛荷物之適當位置。

　四、起吊作業前，先行確認其使用之鋼索、吊鏈等吊掛用具之強度、規格、安全率等之符合性；並檢點吊掛用具，汰換不良品，將堪用品與廢棄品隔離放置，避免混用。

　五、起吊作業時，以鋼索、吊鏈等穩妥固定荷物，懸掛於吊具後，再通知起重機具操作者開始進行起吊作業。

　六、當荷物起吊離地後，不得以手碰觸荷物，並於荷物剛離地面時，引導起重機具暫停動作，以確認荷物之懸掛有無傾斜、鬆脫等異狀。

　七、確認吊運路線，並警示、清空擅入吊運路線範圍內之無關人員。

　八、與起重機具操作者確認指揮手勢，引導起重機具吊升荷物及水平運行。

　九、確認荷物之放置場所，決定其排列、放置及堆疊方法。

　十、引導荷物下降至地面。確認荷物之排列、放置安定後，將吊掛用具卸離荷物。

　十一、其他有關起重吊掛作業安全事項。

(三) 依據起重機具升降安全規則第 68 條

雇主不得以有下列各款情形之一之鋼索,供起重吊掛作業使用:

一、鋼索一撚間有 10% 以上素線截斷者。

二、直徑減少達公稱直徑 7% 以上者。

三、有顯著變形或腐蝕者。

四、已扭結者。

(四) 依據起重機具升降安全規則第 29 條

雇主對於移動式起重機,為防止其作業中發生翻倒、被夾、感電等危害,應事前調查該起重機作業範圍之地形、地質狀況、作業空間、運搬物重量與所用起重機種類、型式及性能等,並適當決定下列事項及採必要措施:

一、移動式起重機之作業方法、吊掛方法及運搬路徑等。

二、對軟弱地盤等承載力不足之場所採取地面舖設鐵板、墊料及使用外伸撐座等補強方法,以防止移動式起重機翻倒。

三、配置移動式起重機之操作者、吊掛作業者、指揮者及其他相關作業者之職務與作業指揮體系。

參考資料

說明 / 網址	QR Code
勞動部勞動法令查詢系統 *https://laws.mol.gov.tw/index.aspx*	
內政部消防署消防法令查詢系統 *https://law.nfa.gov.tw/GNFA/index.aspx?endDate=1100501&starDate=1100201*	

說明 / 網址	QR Code
火災和爆炸的預防、評估與控制，黃清賢，揚智文化事業股份有限公司 http://www.ycrc.com.tw/yangchih/A6021.html	
公務人員考試 - 職業安全衛生類別 (高等考試 + 地特三等) 歷屆考題彙編｜第三版 蕭中剛、陳俊哲、徐強、許曉鋒、王韋傑、張嘉峰 編著 https://www.gotop.com.tw/books/BookDetails.aspx?Types=v&bn=ACR012700	
數位邏輯實習，蕭柱惠，台科大圖書股份有限公司 https://tkdbook.jyic.net/AB152	
事業單位安全文化之促進措施及現場診斷與導入模式建立，勞動部勞動及職業安全衛生研究所 https://results.ilosh.gov.tw/iLosh/wSite/ct?xItem=35325&ctNode=322&mp=3	
危險物質爆炸鑑定技術基準建立及錄影帶製作 - 粉塵爆炸、蒸氣爆炸，勞動部勞動及職業安全衛生研究所 https://results.ilosh.gov.tw/iLosh/wSite/ct?xItem=34088&ctNode=322&mp=3	
SDSO001T0078 －爆炸之控制－隔離、安全距離，勞動部勞動及職業安全衛生研究所 https://www.ilosh.gov.tw/media/cilk4ldw/f1402466300842.pdf	
CNS 9328 圖形符號－安全顏色及安全標誌－第 1 部：安全標誌及安全標示之設計原則 https://www.cnsonline.com.tw/?node=detail&generalno=9328&locale=zh_TW	

3-5 職業衛生概論及管理（包括職業病預防概論）

3-5-1 交通部國營事業

3-5-1-1 桃機公司 109 年資深事務員甄試 工業安全衛生法規與工業衛生概論

請依據勞工健康保護規則，回答下列問題：

(一) 雇主使勞工從事勞工健康保護規則第二條規定之特別危害健康作業時，應建立健康管理資料，並將其定期實施之特殊健康檢查結果，依哪些規定分級實施健康管理？請陳述之。【15 分】

(二) 從事哪些作業之特殊體格（健康）檢查紀錄，應至少保存三十年？請舉四種例子說明。【10 分】

答

(一) 依勞工健康保護規則第 21 條規定，雇主使勞工從事第二條規定之特別危害健康作業時，應建立其暴露評估及健康管理資料，並將其定期實施之特殊健康檢查，依下列規定分級實施健康管理，整理如下表所述：

（亦可選擇傳統的回答方式，考生自行選擇）

項目 級別	特殊健檢或健康追蹤檢查結果	醫師綜合判定 無異常	醫師綜合判定 異常	工作暴露相關性	醫生應註明之事項	雇主應辦理之事項
第一級	全部正常或部分異常	V		X	X	X

項目\級別	特殊健檢或健康追蹤檢查結果	醫師綜合判定 無異常	醫師綜合判定 異常	工作暴露相關性	醫生應註明之事項	雇主應辦理之事項
第二級	部分異常或全部異常		V	無關	不適合從事之作業與其他應處理及注意事項	個人健康指導
第三級	部分異常或全部異常		V	無法定，需進一步請職業醫學專科醫生評估	1. 不適合從事之作業與其他應處理及注意事項 2. 臨床診斷	應請職業醫學科專科醫師實施： 1. 健康追蹤檢查 2. 必要時應實施疑似工作相關疾病之現場評估，且應依評估結果重新分級，並將分級結果及採行措施依中央主管機關公告之方式通報
第四級	部分異常或全部異常		V	有關	同上	醫生評估現場仍有危害因子暴露時：危害控制措施及相關管理措施

定期實施之特殊健康檢查結果，依下列規定分級，並實施健康管理：

1. 第一級管理：特殊健康檢查或健康追蹤檢查結果，全部項目正常，或部分項目異常，而經醫師綜合判定為無異常者。

2. 第二級管理：特殊健康檢查或健康追蹤檢查結果，部分或全部項目異常，經醫師綜合判定為異常，而與工作無關者。

3. 第三級管理：特殊健康檢查或健康追蹤檢查結果，部分或全部項目異常，經醫師綜合判定為異常，而無法確定此異常與工作之相關性，應進一步請職業醫學科專科醫師評估者。

4. 第四級管理：特殊健康檢查或健康追蹤檢查結果，部分或全部項目異常，經醫師綜合判定為異常，且與工作有關者。

上述所定的健康管理，屬於第二級管理以上者，應由醫師註明其不適宜從事之作業與其他應處理及注意事項；屬於第三級管理或第四級管理者，並應由醫師註明臨床診斷。

雇主對於第一項所定第二級管理者，應提供勞工個人健康指導；第三級管理者，應請職業醫學科專科醫師實施健康追蹤檢查，必要時應實施疑似工作相關疾病之現場評估，且應依評估結果重新分級，並將分級結果及採行措施依中央主管機關公告之方式通報；屬於第四級管理者，經醫師評估現場仍有工作危害因子之暴露者，應採取危害控制及相關管理措施。

(二) 依勞工健康保護規則第 20 條規定，從事下列作業之特殊體格（健康）檢查紀錄，應至少保存 30 年：

1. 游離輻射。

2. 粉塵。

3. 三氯乙烯及四氯乙烯。

4. 聯苯胺與其鹽類、4-胺基聯苯及其鹽類、4-硝基聯苯及其鹽類、β-胺及其鹽類、二氯聯苯胺及其鹽類及 α-胺及其鹽類。

5. 鈹及其化合物。

6. 氯乙烯。

7. 苯。

8. 鉻酸與其鹽類、重鉻酸及其鹽類。

9. 砷及其化合物。

10. 鎳及其化合物。

11. 1,3-丁二烯。

12. 甲醛。

13. 銦及其化合物。

14. 石綿。

15. 鎘及其化合物。

請依職業安全衛生教育訓練規則，回答下列問題：

(一) 依據職業安全衛生教育訓練規則的安全衛生教育訓練分類，請舉五種例子說明。【10分】

(二) 雇主對擔任哪些作業環境監測人員之勞工，應於事前使其接受作業環境監測人員之安全衛生教育訓練，請舉四種例子說明。【8分】

(三) 雇主對擔任哪些作業主管之勞工，應於事前使其接受有害作業主管之安全衛生教育訓練，請舉四種例子說明。【7分】

答

(一) 依職業安全衛生教育訓練規則第2條規定，其安全衛生教育訓練分類如下：

1. 職業安全衛生業務主管之安全衛生教育訓練。

2. 職業安全衛生管理人員之安全衛生教育訓練。

3. 勞工作業環境監測人員之安全衛生教育訓練。

4. 施工安全評估人員及製程安全評估人員之安全衛生教育訓練。

5. 高壓氣體作業主管、營造作業主管及有害作業主管之安全衛生教育訓練。

6. 具有危險性之機械或設備操作人員之安全衛生教育訓練。

7. 特殊作業人員之安全衛生教育訓練。

8. 勞工健康服務護理人員及勞工健康服務相關人員之安全衛生教育訓練。

9. 急救人員之安全衛生教育訓練。

10. 一般安全衛生教育訓練。

11. 前 10 款之安全衛生在職教育訓練。

12. 其他經中央主管機關指定之安全衛生教育訓練。

(二) 依職業安全衛生教育訓練規則第 6 條規定，雇主對擔任下列作業環境監測人員之勞工，應於事前使其接受作業環境監測人員之安全衛生教育訓練：

1. 甲級化學性因子作業環境監測人員。

2. 甲級物理性因子作業環境監測人員。

3. 乙級化學性因子作業環境監測人員。

4. 乙級物理性因子作業環境監測人員。

(三) 依職業安全衛生教育訓練規則第 11 條規定，雇主對擔任下列作業主管之勞工，應於事前使其接受有害作業主管之安全衛生教育訓練：

1. 有機溶劑作業主管。

2. 鉛作業主管。

3. 四烷基鉛作業主管。

4. 缺氧作業主管。

5. 特定化學物質作業主管。

6. 粉塵作業主管。

7. 高壓室內作業主管。

8. 潛水作業主管。

9. 其他經中央主管機關指定之人員。

請回答下列有關肌肉骨骼傷害之問題：

（一）請由人因工程觀點，列舉四項肌肉骨骼傷害的發生原因。【4分】

（二）依勞動部職業安全衛生署公告之「人因性危害預防計畫指引」，「計畫項目與實施」之工作項目包括肌肉骨骼傷病及危害調查、作業分析及危害評估、改善方案、管控追蹤等項目，此四個項目之負責人員分別為何？【8分】

（三）依勞動部職業安全衛生署公告之「人因性危害預防計畫指引」，評比推動人因性危害預防計畫成效，可以哪些指標來呈現（請列舉三項）？【6分】

（四）請分別寫出肌肉骨骼傷害危害預防之工程控制、行政管理預防對策。【7分】

答

（一）引起肌肉骨骼傷害發生如下原因：

1. 過度施力。

2. 不良的工作姿勢。

3. 過重的搬運物重量。

4. 重複性動作。

5. 振動

6. 未有適當的休息。

7. 組織壓迫

8. 低溫

(二) 依職安署公告的人因性危害預防計畫指引中，其計畫項目與實施之工作項目的相關負責人員如下：

1. 肌肉骨骼傷病及危害調查：醫護人員及職業安全衛生管理人員。

2. 作業分析及危害評估：職業安全衛生管理人員。

3. 改善方案：職業安全衛生管理、部門主管、廠務等人員。

4. 管控追蹤：職業安全衛生管理人員及醫護人員。

(三) 依職安署公告的人因性危害預防計畫指引，推動人因性危害預防計畫成效，可以下列指標來呈現：

1. 計畫目標的達成率。

2. 工時損失。

3. 生產力。

4. 肌肉骨骼傷病風險。

(四) 肌肉骨骼傷害危害預防對策如下：

1. 工程控制

    a. 自動化作業。

    b. 半自動化作業。

    c. 採用低振動的機具或設備。

    d. 提供省力且效率高的機具或設備。

    e. 提供易抓舉與使用的器具。

f. 提供適當高度的工作臺。

g. 提供適當可調式座椅

h. 設計良好的作業空間。

2. 行政管理

   a. 減少局部施力或重複動作的作業。

   b. 實施教育訓練。

   c. 降低作業時間與頻率。

   d. 增加休息時間。

   e. 提供適當的防護具。

請回答下列有關作業場所噪音之問題：

（一）使用噪音計量測環境噪音前須設定權衡電網（weighting network），設定此權衡電網之原因及目的為何？【4分】

（二）哪一種權衡電網是專為測定飛機噪音？另測定個人噪音暴露量採用哪一種權衡電網？【4分】

（三）依「職業安全衛生設施規則」，乃以「5分貝減半暴露時間律」來制定勞工於作業場所之每天容許暴露時間，請解釋說明何謂「5分貝減半暴露時間律」？【4分】

（四）某勞工於作業場所一日之噪音暴露情形為 60dB 1小時，85dB 1小時，90dB 3小時，95dB 2小時，100dB 1小時，請計算其噪音暴露劑量？【未列出計算過程者不予計分；5分】

（五）承第（四）小題，若暴露劑量超過法規規定，雇主應採取噪音之控制及危害預防措施，請分就工程改善及行政管理兩面向，各列舉兩項措施。【8分】

答

（一）設定權衡電網的原因為人耳對聲音頻率有不同的靈敏度，而其目的就是為了模擬人耳對噪音的主觀感受。

（二）測定飛機噪音的為 D 權衡電網，測定個人噪音的為 A 權衡電網。

（三）5 分貝減半暴露時間律，係指勞工一天 8 小時暴露於噪音場所，其容許連續暴露的音壓級為 90 dBA，然而每增加 5 dBA 的噪音音壓級，其容許的噪音暴露時間則會減半為 4 小時。

（四）$D = \left(\dfrac{t_1}{T_1} + \dfrac{t_2}{T_2} + \cdots + \dfrac{t_n}{T_n}\right) = \left(\dfrac{1}{16} + \dfrac{3}{8} + \dfrac{2}{4} + \dfrac{1}{2}\right) = 1.44$，小於 80 dBA 不列入計算

經計算後得知，其噪音暴露劑量為 1.44 或 144%。

（五）因暴露劑量為 1.44 > 1，故雇主應採取下列噪音控制及危害預防措施，

    1. 工程改善：

        (1) 設置消音器。

        (2) 改善製造型態。

        (3) 設置隔音屏障。

    2. 行政管理：

        (1) 訂定並實施聽力保護計畫。

        (2) 降低勞工作業時間。

        (3) 使勞工配戴聽力防護具。

3-5-1-2 臺灣港務公司 106 年度新進師級從業人員甄試 工業安全管理（包括應用統計）

> (1) 試簡述高溫作業之潛在危害。【5分】
> (2) 試簡述影響高溫作業職業危害的主要因素。【5分】
> (3) 試簡述工作場所高溫危害的評估方式。【10分】

答

(1) 高溫作業的潛在危害，主要是對人體會產生相關熱疾病，如下所述：

　a. 熱暈厥：因血管擴張，水分流失，血管舒縮失調，造成姿勢性低血壓引發。

　b. 熱疹：在炎熱潮濕天氣下因過度出汗引起的皮膚刺激。

　c. 熱衰竭：大量出汗嚴重脫水，導致水分與鹽分缺乏所引起。

　d. 熱痙攣：當身體運動量過大、大量流失鹽分，造成電解質的不平衡。

　e. 熱水腫：肢體皮下血管擴張，組織間液積聚於四肢而引起的手腳腫脹。

　f. 熱中暑：熱衰竭進一步的惡化，引起中樞神經系統失調（包括體溫調節功能失常），加劇體溫升高。

　g. 橫紋肌溶解症：因遭受過度熱暴露以及體能耗竭，骨骼肌（橫紋肌）發生快速分解、破裂、與肌肉死亡。當肌肉組織死亡時，電解質與蛋白質進入血流，可引起心律不整、痙攣與腎臟損傷。

(2) 影響高溫作業職業危害的主要因素為環境與作業勞工，如下所述：

　a. 空氣溫度：隨著空氣溫度的增加或降低，會影響人體熱量的調節。

　b. 濕度：空氣中的濕度會影響人體排汗的蒸發散熱效果。

c. 環境風速：隨著風速的變化，會影響熱的蒸發與對流。

d. 輻射熱：隨著輻射熱增加，會增進熱壓力。

e. 個人因素：人體對熱的耐受性與熱適應性等程度。

(3) 工作場所高溫危害的評估方式，如下所述：

a. 有效溫度（ET）：了解人體在某環境風速、溫度與濕度條件下，所感受的溫度，查圖可得知。

b. 修正有效溫度（CET）：在有效溫度加上對熱輻射作用的影響，進行修正與評估，查圖可得知。

c. 綜合溫度熱指數（WBGT）：源於 CET 改進的指標，組合了輻射熱、環境風速、空氣與濕度等因素進行評估，其評估公式如下。

室內或無日曬時 WBGT = $0.7T_{nwb}+0.3T_g$

室外有日曬時 WBGT = $0.7T_{nwb}+0.2T_g+0.1T_a$

（T_{nwb}：自然濕球溫度、T_g：黑球溫度、T_a：乾球溫度）

d. 熱危害指數（HSI）：為評估人體熱平衡之方式，當 HSI 值大於 40 已屬高度熱危害，數值愈高熱危害愈大，其評估公式如下。

HSI = $(E_{req}/E_{max}) \times 100$，其中 $E_{req} = M \pm R \pm C$

E_{req}：人體為維持與周圍環境熱平衡所需的蒸發熱散失率，E_{max}：在該環境情況下，所允許的最大蒸發熱散失率，M：新陳代謝產熱量、R：輻射熱、C：對流熱

(1) 何謂相似暴露群（similar exposure group）?【5分】
(2) 試以流程圖說明以相似暴露群為基礎之全盤性暴露評估（comprehensive exposure assessment）之理論架構【5分】及實施步驟【10分】。

答

(1) 依作業環境監測指引所定義的相似暴露群係指工作型態、危害種類、暴露時間及濃度大致相同，具有類似暴露狀況之一群勞工。

(2) 全盤性暴露評估的理論架構如下圖所示：

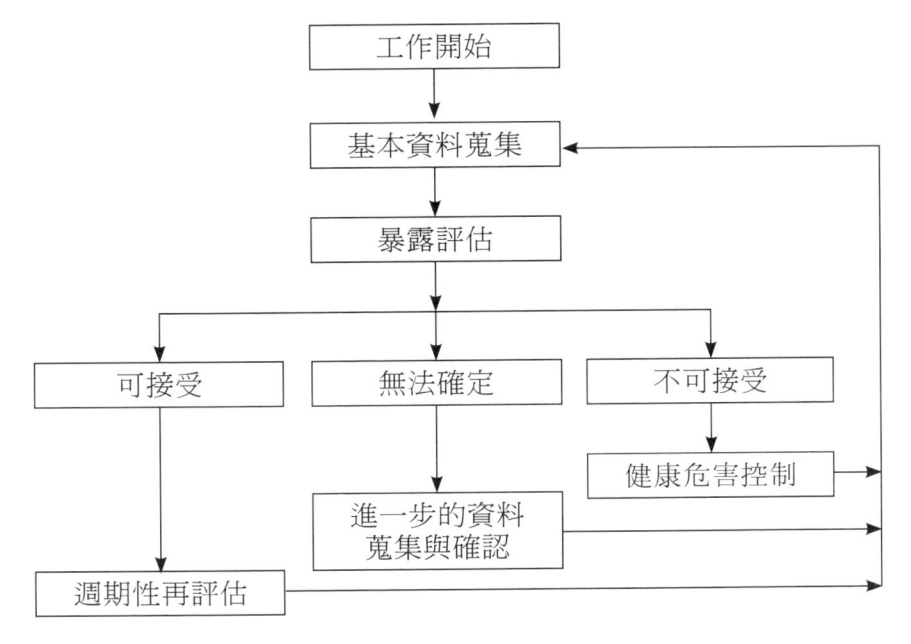

```
                    工作開始
                       ↓
         ┌──→  基本資料蒐集  ←──────────┐
         │         ↓                    │
         │      暴露評估                │
         │  ┌──────┼──────┐            │
         │  ↓      ↓      ↓            │
         │ 可接受 無法確定 不可接受      │
         │  │      │      ↓            │
         │  │      │   健康危害控制 ───→│
         │  │      ↓      │            │
         │  │  進一步的資料 ────────────→│
         │  │  蒐集與確認                │
         │  ↓                           
         └─ 週期性再評估 ←──────────────┘
```

其實施步驟如下說明：

a. 工作開始：建置暴露評估的策略。

b. 基本資料蒐集：蒐集與整理欲評估的工作場所、勞工及環境危害因子等基本資料。

c. 暴露評估：定義相似暴露群與暴露剖面，並判定每一相似暴露群的暴露剖面之可接受性；對於評估結果（不可接受、無法確定與可接受）以風險優先順序，採取對應的管控措施。

d. 進一步的資料蒐集：評估為高暴露、高毒性與高不確定的人員或暴露群，應列為優先收集對象；另蒐集資料的型式可包括：產出的毒性資料與流行病學資料、暴露監測、生物偵測與暴露模式等。

e. 健康危害控制：訂定相關的危害控制計畫與執行，如量測發生源的暴露、評估現有控制措施與確認新控制措施的有效性。

f. 週期性再評估：保持最新的每一相似群的暴露剖面，並於變更管理時或週期性進行評估。

g. 溝通及文件化：整個暴露評估的程序，包含後續的建議、溝通與相關追蹤等都需要文件化與良好的保存。

---

(1) 何謂工程控制（engineering control）【5分】
(2) 試列舉五種工業衛生常用之工程控制方法。【15分】

答

(1) 工程控制，為環境管理的一種方式，係為使用工程的方法來管制危害，並減少與限制勞工的暴露。

(2) 工業衛生常用之工程控制方法，如下所述：

a. 取代：以無毒或低毒性物質，取代原使用的高毒性物質。

b. 密閉：將污染物控制在密閉環境中，避免勞工的暴露。

c. 作業的隔離：將勞工可能暴露於污染物的區域縮小，僅少數特定人員會受到暴露。

d. 廠房的設計：採取合適的廠房設計與規劃，使勞工能遠離污染物。

e. 濕式作業：通常是指抑制粉塵的逸散，如噴（灑）水。

f. 局部排氣：以動力強制吸引並排出空氣污染物的設備。

g. 整體換氣：引入新鮮空氣進行稀釋或排出作業場所中空氣污染物的設備或方式。

3-5-1-3 臺灣港務公司 107 年度新進師級從業人員甄試 職業安全衛生法規與工業衛生管理

> 勞工於夏季期間從事戶外作業時，雇主應視天候狀況採取危害預防措施，以防範高氣溫環境引起之熱疾病。請回答下列問題：
> (1) 請寫出戶外有日曬情形之綜合溫度熱指數計算公式。【7分】
> (2) 針對位於戶外、可發生直接日曬之某一作業地點進行測量的結果顯示：
> 該環境之乾球溫度為 37°C、自然濕球溫度 28°C、黑球溫度 48°C。
> 請計算該作業地點之綜合溫度熱指數（答案須包含算式；計算所得數值請回答至小數點後一位）。【6分】
> (3) 請依據職業安全衛生設施規則之規範，說明六項針對夏季期間從事戶外作業時，雇主應視天候狀況採取之危害預防措施。【12分】

答

(1) 戶外有日曬情形之綜合溫度熱指數計算公式為

$$WBGT = 0.7T_{nwb} + 0.2T_g + 0.1T_a$$

其中，T_{nwb}：自然濕球溫度、T_g：黑球溫度、T_a：乾球溫度。

(2) 將乾球溫度為 37°C、自然濕球溫度 28°C、黑球溫度 48°C 代入下式，

$$\begin{aligned}WBGT &= 0.7T_{nwb} + 0.2T_g + 0.1T_a \\ &= 0.7\times28 + 0.2\times48 + 0.1\times37 = 32.9°C\end{aligned}$$

(3) 依職業安全衛生設施規則第 324-6 條，使勞工從事戶外作業，為防範環境引起之熱疾病，雇主應視天候狀況採取下列危害預防措施：

a. 降低作業場所之溫度。

b. 提供陰涼之休息場所。

c. 提供適當之飲料或食鹽水。

d. 調整作業時間。

e. 增加作業場所巡視之頻率。

f. 實施健康管理及適當安排工作。

g. 採取勞工熱適應相關措施。

h. 留意勞工作業前及作業中之健康狀況。

i. 實施勞工熱疾病預防相關教育宣導。

j. 建立緊急醫療、通報及應變處理機制。

勞工張三在工作場所從事作業，其作業時間暴露噪音之情形如下：

作業時間	噪音類型	測定值
08：00~11：00	穩定性噪音	92dBA
11：00~12：00	變動性噪音	噪音劑量為 35%
13：00~15：00	變動性噪音	噪音劑量為 40%
15：00~17：00	穩定性噪音	75dBA

試問
(1) 該勞工之噪音暴露是否符合法令規定？請說明原因。【5分】
(2) 該勞工噪音暴露八小時時量平均音壓級為何？【5分】
(3) 該作業是否屬特別危害健康作業？請說明原因。【5分】
(4) 依職業安全衛生設施規則規定，雇主是否應提供有效之防音護具使在此工作場所作業之勞工佩戴？請說明原因。【5分】

答

(1) 在 08:00～11:00 時，

容許暴露時間 $T = \dfrac{8}{2^{\{(L-90)/5\}}} = \dfrac{8}{2^{\{(92-90)/5\}}} = \dfrac{8}{2^{\{2/5\}}} \fallingdotseq 6$

$D = \left(\dfrac{t_1}{T_1} + \dfrac{t_2}{T_2} + \cdots + \dfrac{t_n}{T_n}\right) = \left(\dfrac{3}{6} + 35\% + 40\% + 0\right) = 1.25$，小於 80 dBA 不列入計算

經計算後得知，其噪音暴露劑量為 1.25，不符合法令規定，因其暴露劑量大於 1。

(2) 勞工噪音暴露八小時時量平均音壓級為 $L_{TWA8} = 16.61 \log 125/100 + 90 = 91.6$ dBA

經計算後得知，勞工噪音暴露八小時時量平均音壓級為 91.6 dBA。

(3) 上述噪音暴露作業是否屬特別危害健康作業：是。

原因：因勞工噪音暴露工作日 8 小時日時量平均音壓級在 85 分貝以上。

(4) 雇主是否應提供有效之防音護具使在此工作場所作業之勞工佩戴：是。

原因：因勞工 8 小時日時量平均音壓級超過 85 分貝或暴露劑量超過 50%。

3-5-1-4 臺灣港務公司 108 年度新進師級從業人員甄試 職業安全衛生法規與工業衛生管理

> 職業安全衛生法對於高溫作業場所的勞工，規範其作息時間標準，依現場所監測之綜合溫度熱指數（Wet Bulb Globe Temperature, WBGT）
>
> 1. 請列出方程式。【15 分】
> 2. 某一工廠為有日曬作業，實測其作業環境溫度為乾球溫度 33°C，自然濕球溫度 26°C，黑球溫度 34°C，試計算綜合溫度熱指數。【5 分】
> 3. 某工廠為室內作業，實測其作業環境溫度為自然濕球溫度 28°C，乾球溫度 33°C，黑球溫度 28°C，試計算綜合溫度熱指數。【5 分】

答

(1) 綜合溫度熱指數（WBGT）：係為組合了輻射熱、環境風速、空氣與濕度等因素進行評估現場所監測之熱指數，其評估公式如下：

室內或無日曬時 $WBGT = 0.7T_{nwb} + 0.3T_g$，

室外有日曬時 $WBGT = 0.7T_{nwb} + 0.2T_g + 0.1T_a$

（T_{nwb}：自然濕球溫度、T_g：黑球溫度、T_a：乾球溫度）

(2) 有日曬作業的 WBGT $= 0.7T_{nwb} + 0.2T_g + 0.1T_a$

$\qquad = 0.7 \times 26 + 0.2 \times 34 + 0.1 \times 33$

$\qquad = 28.3°C$

經計算後得知，該工廠為有日曬作業的 WBGT 為 28.3°C。

(3) 室內作業的 WBGT $= 0.7T_{nwb} + 0.3T_g$

$\qquad = 0.7 \times 28 + 0.3 \times 28$

$\qquad = 28.0°C$

經計算後得知，該工廠為室內作業的 WBGT 為 28.0°C。

作業場所通風換氣系統，能將污染物有效排除，同時也能改善作業環境的空氣品質，提昇工作者的生產效率一般分整體換氣與局部排氣請說明
1. 通風換氣系統的應用可達到目的。【12分】
2. 整體換氣的功用與種類。【5分】
3. 局部排氣的功用與構成要素。【8分】

答

1. 應用通風換氣系統可達到的目的，說明如下：

    (1) 維持作業場所之舒適。

    (2) 排除作業場所空氣中之有害物。

    (3) 稀釋作業場所空氣中有害物之濃度。

    (4) 防止火災或爆炸事故之發生。

    (5) 維持作業場所空氣之良好品質。

    (6) 供給補充之新鮮空氣。

    (7) 將有害物加以捕集、回收或再利用。

2. 整體換氣的功用與種類，說明如下：
   (1) 功用：將室外空氣，以足夠的量及速度導入室內，稀釋室內有毒蒸氣濃度保持於安全濃度範圍內，亦稱為稀釋通風。
   (2) 種類：
      a. 自然換氣。
      b. 機械排氣：又可分為排氣法、供氣法與供排氣並用法。
3. 局部排氣的功用與構成要素，說明如下：
   (1) 功用：將空氣污染物於發生源附近即予捕集，加以處理後並排出有害污染物於室外之通風系統。
   (2) 構成要素，包含下列主要部分：
      a. 氣罩：空氣污染物被吸入系統的入口。
      b. 導管：將含有污染物之空氣導引至處理裝置。
      c. 空氣清淨裝置：如除塵裝置，將空氣排出之前先予清淨。
      d. 排氣機：驅動之排氣機吸抽該系統所需的風量。

3-5-1-5 臺灣港務公司 109 年度新進師級從業人員甄試 職業安全衛生法規與工業衛生管理

某勞工在船舶維修場所從事作業，其作業時間噪音之暴露如下：

08：00~12：00　　穩定性噪音，LA ＝ 95 dBA

13：00~14：00　　變動性噪音，噪音劑量為 40%

14：00~18：00　　穩定性噪音，LA ＝ 78 dBA

(1) 該勞工噪音暴露八小時日時量平均音壓級為何？【10 分】

(2) 是否為特別危害健康作業（請敘明理由）？【5 分】

(3) 該勞工噪音暴露工作日時量平均音壓級為何？【10 分】

答

(1) $D = \left(\dfrac{t_1}{T_1} + \dfrac{t_2}{T_2} + \cdots + \dfrac{t_n}{T_n}\right) = \left(\dfrac{4}{4} + 40\% + 0\right) = 1.4$，小於 80 dBA 不列入計算

勞工噪音暴露八小時時量平均音壓級為

L_{TWA8} ＝ 16.61 log 140/100 ＋ 90

　　　＝ 92.4 dBA

經計算後得知，勞工噪音暴露 8 小時日時量平均音壓級為 92.4 dBA。

(2) 是否為特別危害健康作業：是。

理由：因勞工噪音暴露工作日 8 小時日時量平均音壓級在 85 分貝以上。

(3) 勞工噪音暴露工作日時量平均音壓級為

L_{TWA} ＝ 16.61 log（D/12.5×T）＋ 90

L_{TWA9} ＝ 16.61 log 140/112.5 ＋ 90 ＝ 91.6 dBA

經計算後得知，勞工噪音暴露工作日時量平均音壓級為 91.6 dBA。

---

(1) 雇主使勞工從事游離輻射作業特別危害健康作業，所建立健康管理資料庫，共分四級執行健康管理，請說明上述四級之定義。且游離輻射之體格（健康）檢查紀錄，應至少保存多久？【10 分】
(2) 雇主應使醫護人員配合職業安全衛生及相關部門人員訪視現場，辦理哪些事項，試列舉 5 項（其他除外）？【15 分】

答

(1) 雇主使勞工從事游離輻射作業特別危害健康作業，所建立健康管理資料庫，共分四級執行健康管理，其上述四級之定義依勞工健康保護規則第 21 條規定，說明如下：

（回答方式有下列兩種，考生自行選擇）

a. 第一級管理：特殊健康檢查或健康追蹤檢查結果，全部項目正常，或部分項目異常，而經醫師綜合判定為無異常者。

b. 第二級管理：特殊健康檢查或健康追蹤檢查結果，部分或全部項目異常，經醫師綜合判定為異常，而與工作無關者。

c. 第三級管理：特殊健康檢查或健康追蹤檢查結果，部分或全部項目異常，經醫師綜合判定為異常，而無法確定此異常與工作之相關性，應進一步請職業醫學科專科醫師評估者。

d. 第四級管理：特殊健康檢查或健康追蹤檢查結果，部分或全部項目異常，經醫師綜合判定為異常，且與工作有關者。

項目級別	特殊健檢或健康追蹤檢查結果	醫師綜合判定 無異常	醫師綜合判定 異常	工作暴露相關性
第一級	全部正常或部分異常	V		X
第二級	部分異常或全部異常		V	無關
第三級	部分異常或全部異常		V	無法確定，需進一步請職業醫學專科醫生評估
第四級	部分異常或全部異常		V	有關

另游離輻射之體格（健康）檢查紀錄，依勞工健康保護規則第20條規定，應至少保存30年。

(2) 雇主應使醫護人員與勞工健康服務相關人員，配合職業安全衛生、人力資源管理及相關部門人員訪視現場，依勞工健康保護規則第11條，辦理下列事項：

a. 辨識與評估工作場所環境之危害因子，並提改善措施之建議。

b. 辨識與評估作業及組織內部影響勞工身心健康之危害因子，並提出改善措施之建議。

c. 提出作業環境安全衛生設施改善規劃之建議。

d. 調查勞工健康情形與作業之關連性,並採取必要之預防及健康促進措施。

e. 提供復工勞工之職能評估之諮詢及建議。

f. 提供復工勞工之職務再設計之諮詢及建議。

g. 提供復工勞工之職務調整之諮詢及建議。

3-5-2 其他泛國營事業

3-5-2-1 中央銀行所屬中央造幣廠 107 年新進人員甄試 職業衛生與職業病預防概論

> (1) 工業衛生常見的危害依其職場呈現特性可分成哪幾種類別?【8分】
>
> (2) 請各舉兩個例子。【17分】

答

(1) 工業衛生常見的危害依其職場呈現特性可分成下列類別:

  a. 化學性危害。

  b. 物理性危害。

  c. 生物性危害。

  d. 人因性危害。

  e. 社會心理壓力。

(2) 工業衛生常見的危害類別與其對應的例子:

  a. 化學性危害:

   (a) 有機溶劑物質。

   (b) 特定特學物質。

(c) 粉塵物質。

(d) 毒性物質。

b. 物理性危害：

(a) （非）游離輻射。

(b) 異常氣溫。

(c) 噪音。

(d) 採光照明。

c. 生物性危害：

(a) 寄生蟲。

(b) 細菌。

(c) 病毒。

(d) 針扎感染。

d. 人因性危害：

(a) 儀器設備設計不良。

(b) 廠房設計不良。

(c) 重複性作業。

(d) 不良的作業姿勢。

e. 社會心理壓力：

(a) 公司外部的壓力，如：客戶。

(b) 公司內部的壓力，如：同事或長官。

(c) 輪班作業。

(d) 單調作業。

> (1) 職業病定義為何?【5分】
> (2) 職業病認定的五項原則有哪些?【5分】
> (3) 試以勞工下背痛是否與工作高度相關之職業病認定為例加以說明【15分】

答

(1) 職業病的定義

職業病係指因職業有關的暴露(如作業本身的特性或是工作環境的因素),而造成的疾病或身心損害。

(2) 職業病認定,一般來說需符合下列的五項原則,說明如下:

　　a. 勞工要有明確的疾病(病徵)。

　　b. 要有工作暴露的證據(暴露種類、量、時間與防護措施)。

　　c. 要合乎時序性原則(暴露期間與發病的時序)。

　　d. 要排除其它可能病因(如非職業性的)。

　　e. 要合乎一致性原則(文獻證據與危害因子不衝突)。

(3) 勞工下背痛是否與工作高度相關之職業病認定,說明如下:

　　a. 勞工要有明確的疾病:勞工出現下背痛的病徵(符合)。

　　b. 要有工作暴露的證據:假設作業需經常搬運或不當的作業高度設計(符合),但作業的時間與是否有相關的防護措施不明(待確定)。

　　c. 要合乎時序性原則:假設勞工產生下背痛是在從事上項 b 的作業後發生(符合)。

　　d. 要排除其它可能病因:因造成下背痛的原因有許多,所以需更進一步調查(待確定)。

e. 要合乎一致性原則：與工作高度相關的作業可能是引起下背痛的因素之一，但仍需調查與蒐集更多資訊，才有辦法確定其文獻證據與危害因子是否為不衝突（待確定）。

綜上所述，本案的勞工下背痛是否為與工作高度相關之職業病，建議仍須配合職業醫學科專科醫師協助，並進一步調查與蒐集相關資訊，才能有較明確的認定結果。

甲公司員工達 500 人，公司屬第一類事業，且無特別危害健康作業，請依勞工健康保護規則規定，回答下列問題：
(1) 何謂勞工健康服務相關人員？【7 分】
(2) 雇主應使醫護人員及勞工健康服務相關人員臨場服務辦理哪些事項？【18 分】

答

(1) 依勞工健康保護規則第 7 條第 2 項第 2 款規定，勞工健康服務相關人員：心理師、職能治療師或物理治療師資格。

(2) 依勞工健康保護規則第 9 條規定，雇主應使醫護人員及勞工健康服務相關人員臨場服務辦理下列事項：

a. 勞工體格（健康）檢查結果之分析與評估、健康管理及資料保存。

b. 協助雇主選配勞工從事適當之工作。

c. 辦理健康檢查結果異常者之追蹤管理及健康指導。

d. 辦理未滿 18 歲勞工、有母性健康危害之虞之勞工、職業傷病勞工與職業健康相關高風險勞工之評估及個案管理。

e. 職業衛生或職業健康之相關研究報告及傷害、疾病紀錄之保存。

f. 勞工之健康教育、衛生指導、身心健康保護、健康促進等措施之策劃及實施。

g. 工作相關傷病之預防、健康諮詢與急救及緊急處置。

h. 定期向雇主報告及勞工健康服務之建議。

i. 其他經中央主管機關指定公告者。

> (1) 依職業安全衛生法令規定,雇主對於所僱在職勞工應施行之健康檢查包含一般健康檢查、特殊健康檢查與特定對象及特定項目之健康檢查,試分別敘述該三項檢查之意義。【15 分】
> (2) 依據勞動部 107 年 1 月 5 日公告指定長期夜間工作之勞工為雇主應施行特定項目健康檢查之特定對象,試問其指定之特定對象如何篩選?【10 分】

答

(1) 雇主對於所僱在職勞工應施行之健康檢查的意義說明如下:(依職業安全衛生法施行細則第 27 條)

　　a. 一般健康檢查:

　　　指雇主對在職勞工,為發現健康有無異常,以提供適當健康指導、適性配工等健康管理措施,依其年齡於一定期間或變更其工作時所實施者。

　　b. 特殊健康檢查:

　　　指對從事特別危害健康作業之勞工,為發現健康有無異常,以提供適當健康指導、適性配工及實施分級管理等健康管理措施,依其作業危害性,於一定期間或變更其工作時所實施者。

　　c. 特定對象及特定項目之健康檢查:

　　　指對可能為罹患職業病之高風險群勞工,或基於疑似職業病及本土流行病學調查之需要,經中央主管機關指定公告,要求其雇主對特定勞工施行必要項目之臨時性檢查。

(2) 依勞動部公告指定長期夜間工作之勞工,其特定對象為在職勞工於同一年度的 1 月 1 日至 12 月 31 日之期間,有下列情形之一者:

a. 工作日數:於晚上 10 點至清晨 6 點間從事工作,其工作 3 小時以上之工作日數達當月工作日數 1/2,且全年度有 6 個月以上者。

b. 工作時數:於晚上 10 點至清晨 6 點間從事工作,其工作之工作時數,全年度累計達 700 小時以上。

參考資料

說明 / 網址	QR Code
勞工作業環境監測及暴露評估訓練教材 - 中華民國工業安全衛生協會 編印	
甲級物理性與化學性因子 勞工作業環境測定人員訓練教材 - 勞動部(前行政院勞工委員會)(已絕版)	
職業衛生認知、評估與控制 - 中國醫藥大學(已絕版)	
作業環境控制工程 洪銀忠 著 *https://www.books.com.tw/products/0010037494?sloc=main*	
公務人員考試 - 職業安全衛生類別 (高等考試 + 地特三等) 歷屆考題彙編｜第三版 蕭中剛、陳俊哲、徐強、許曉鋒、王韋傑、張嘉峰 編著 *https://www.gotop.com.tw/books/BookDetails.aspx?Types=v&bn=ACR012700*	

3-6 風險評估與管理及人因工程

3-6-1 經濟部國營事業

3-6-1-1 經濟部所屬事業機構 107 年新進職員甄試試題

> 美國政府 1980 年代初期為尋求各單位對化學物質管制的一致性，由美國國家科學院（National Academy of Science）出版聯邦政府風險評估過程管理（Risk assessment in the federal government: managing the process）（NAS, 1983）（以下簡稱紅皮書），請說明在紅皮書中對於風險評估的定義、要素、步驟和流程為何？【15 分】

答

依 NAS 於 1983 年出版的聯邦政府風險評估過程管理紅皮書，對風險評估的相關說明如下：

(一) 定義：指人員暴露在有危害的環境下，會產生潛在不良健康影響的特徵。

(二) 要素：

1. 基於對流行病學、臨床、毒理學與環境研究結果的評估，描述對人體潛在的不良健康影響。
2. 從上述結果推斷並預測和估計人體在特定的暴露條件下，對健康影響的類型與程度。
3. 判斷人員暴露在不同強度和持續時間下的數量與出現特徵。
4. 對存在且整體重大的公共衛生問題做出總結判斷。
5. 風險評估還包含了在推論風險過程中，本身帶來的不確定特性。

(三) 步驟：

　　1. 危害鑑別。

　　2. 劑量效應評估。

　　3. 暴露量評估。

　　4. 風險特徵的描述。

(四) 流程：如下圖所示。

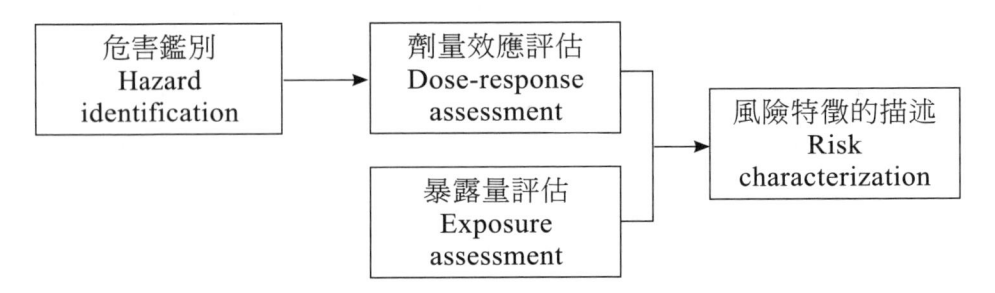

```
危害鑑別              劑量效應評估
Hazard         →     Dose-response              風險特徵的描述
identification        assessment         →      Risk
                                                characterization
                      暴露量評估
                      Exposure
                      assessment
```

廠區內的作業屬批次製程（batch process），使用的原物料比例因應客戶需求而調整，故須於作業前先進行槽體管線系統清洗後再開始生產作業，觀察勞工作業模式與暴露情境如下：【15 分】

作業時段	危害物質	作業模式
8:00~8:15	P 及 N	將原物料以人工倒入反應槽，進行清洗作業，確保反應設備及管線無前次之殘留
8:15~9:00	無	於密閉系統中清洗反應槽及管線系統
9:00~9:15	P 及 N	於成品端卸除清洗液，密封後由助手送至廢液暫存區
9:15~9:30	P、N 及高分子添加劑（<10%）*	將產品原物料依配方比例以人工加入反應槽
9:30~11:45	無	原物料於密閉系統中，進行均質混合調配，無任何化學反應；進行人員進行巡檢及準備產品標籤

作業時段	危害物質	作業模式
11:45~12:00	P 及 N	於系統末端將產品分裝至「加侖桶」並密封
12:00~13:00	無	午休
13:00~17:00	P、N 及高分子添加劑（<10%）*	盤點及出貨

* 高分子不具揮發性，呼吸暴露之可能性可忽略

假設物質 P 及 N 之毒理反應為相加效應（Additive Effect），皆訂有容許暴露標準及採樣方法，如欲評估此作業員 8 小時作業的整體暴露狀況是否過量，請依序說明：

(一) 採樣策略【8 分】

(二) 採樣結果之暴露評估管理策略【7 分】

答

(一) 採樣策略：於保障勞工健康及遵守法規要求之前提下，運用一套合理之方法及程序，決定實施作業環境監測之處所及採樣規劃。

所以由上可知，採樣策略係依據所觀察或蒐集的資料，並依此次實施作業環境採樣的目的所進行採樣測定相關事項決定，如：測定項目、方法、對象、樣本數及頻率等，以冀望取得代表性樣本。另在擬定策略時，應符合法令要求與考量相關利害關係人，並需具備合理性與考量其風險。

本次含採樣策略的採樣計畫架構如下所示：

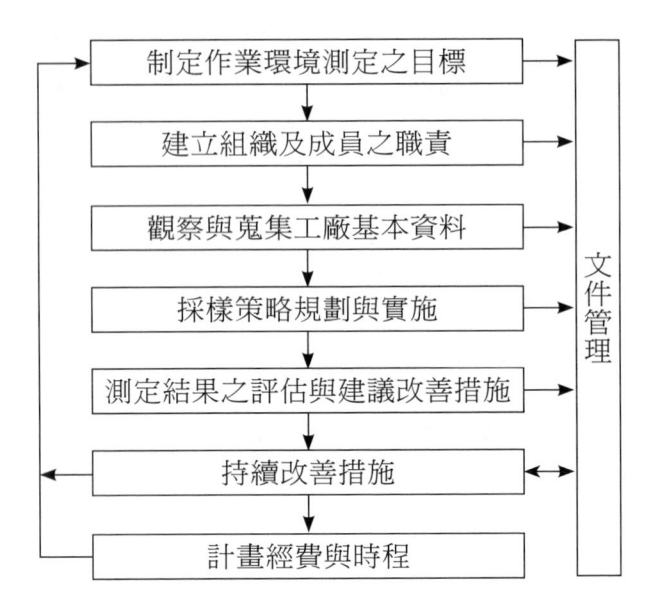

```
┌─────────────────────────────┐
│    制定作業環境測定之目標    │────┐
└─────────────┬───────────────┘    │
              ↓                    │
┌─────────────────────────────┐    │
│    建立組織及成員之職責      │────┤
└─────────────┬───────────────┘    │
              ↓                    │
┌─────────────────────────────┐    │
│    觀察與蒐集工廠基本資料    │────┤  文
└─────────────┬───────────────┘    │  件
              ↓                    │  管
┌─────────────────────────────┐    │  理
│    採樣策略規劃與實施        │────┤
└─────────────┬───────────────┘    │
              ↓                    │
┌─────────────────────────────┐    │
│  測定結果之評估與建議改善措施│────┤
└─────────────┬───────────────┘    │
              ↓                    │
┌─────────────────────────────┐    │
│    持續改善措施              │────┤
└─────────────┬───────────────┘    │
              ↓                    │
┌─────────────────────────────┐    │
│    計畫經費與時程            │────┘
└─────────────────────────────┘
```

(二) 採樣結果之暴露評估管理策略：

因物質 P 及 N 之毒理反應為相加效應，依危害性化學品評估及分級管理技術指引，應依相關規定實施危害性化學品暴露評估，其採樣結果應藉由統計分析並對照容許暴露標準進行結果分級與採取相關的管理措施，如下表所示。

風險等級	與 PEL 比較	控制或管理措施原則	定期評估
第 1 級	$X_{95} < 0.5\ PEL$	1. 維持現有控制或管理措施。 2. 製程或作業內容變更時，採行變更管理措施。	1 次／每 3 年
第 2 級	$0.5\ PEL \leq X_{95} < PEL$	1. 對製程設備、作業程序或作業方法實施檢點。 2. 採取必要之改善措施。	1 次／每 1 年
第 3 級	$X_{95} \geq PEL$	1. 立即採取必要之控制措施。 2. 完成改善後重新評估，確保 X 低於 PEL。	1 次／每 3 個月
備註	X_{95}：暴露實態的第 95 百分位值，PEL：容許暴露標準		

> 通風換氣是作業環境控制的重要方法，對環境、安全、衛生三方面的風險危害控制均有助益，請比較整體換氣及局部換氣的特性差異、使用時機、效益及優缺點。【20 分】

答

整體換氣及局部排氣的特性差異、使用時機、效益及優缺點之相關說明如下表（考試時間有限，所以至少寫出 3 點代表即可）：

項目	整體換氣	局部排氣
特性差異	1. 原理：引進室外空氣並稀釋有害物發生源所逸散的物質，使其低於容許濃度值以下。 2. 系統組成：鼓風機、導管、排風及回風口。	1. 原理：捕集有害物發生源的物質，加以處理後再排出於室外。 2. 系統組成：氣罩、導管、空氣清淨裝置、排氣機、排風口。
使用時機	1. 有害物低毒或低危害性。 2. 有害物產生量少且速率慢。 3. 含有害物空氣產生量小於稀釋用的空氣量。 4. 勞工遠離污染物發生源。 5. 工作場所區域廣闊，非隔離空間。 6. 有害物發生源多且分布範圍廣泛。	1. 有害物高毒或高危害性。 2. 有害物產生量多且速率快。 3. 勞工作業需接近有害物發生源。 4. 工作場所區域小，並為隔離空間。 5. 屬於較惡劣的工作環境。
效益	1. 維持作業場所之舒適。 2. 稀釋作業場所空氣中有害物之濃度。 3. 防止火災或爆炸事故之發生。 4. 維持作業場所空氣之良好品質。 5. 供給補充之新鮮空氣。	1. 維持作業場所之舒適。 2. 排除作業場所空氣中之有害物。 3. 防止火災或爆炸事故之發生。 4. 維持作業場所空氣之良好品質。 5. 將有害物加以捕集、回收或再利用。

項目	整體換氣	局部排氣
優點	1. 可將有害物濃度降低至容許濃度以下。 2. 利用機械換氣可獲得必要之換氣量。 3. 建置與維護成本較局部排氣低。	1. 對有害物污染源的逸散控制較整體換氣好。 2. 在需大量空氣調節或寒冷地帶之工廠，局部排氣所需之補償空氣較少。 3. 有害物不易進入勞工呼吸域。 4. 可回收部份再利用物質。
缺點	1. 不適用在有害物毒性大或量多的作業環境。 2. 有害物的比重較大時，不易稀釋與排除。 3. 無法將有害物加以回收或再利用。	1. 較不適用在有害物發生源多且分布範圍廣泛之場所。 2. 有害物發生源較多時，較不易維持適當的捕捉或搬運風速。 3. 氣罩或導管等設計或安裝不當，無法達到適當的功效。 4. 排氣機種類繁多，需經專業人員適當設計與評估後，再選購。 5. 設備的維護保養成本較重。

請以腕道症候群（Carpal Tunnel Syndrome）為例，簡要說明進行評估職業性肌肉骨骼傷害之作業環境危害因子時，需要考量哪些類別的危害因子【10分】？另請以避免發生職業性肌肉骨骼傷害為例，說明手工具設計的原則為何【10分】？

答

(一) 腕道症候群：係為正中神經在經過手腕通道處時，因受到傷害所產生的疾病。

評估其肌肉骨骼傷害的作業環境危害因子時，需考量下列主要類別的危害因子：

1. 工具的設計，彎曲工具而非彎曲手腕。

2. 工具的重量，降低人員使用過重的工具對手腕造成的負荷。

3. 作業台設計，提供手腕部作業的支撐，降低手腕懸空作業所造成的負荷。

4. 重複性作業，減少手部彎曲動作的頻率與時間。

5. 防護具的使用，使人員配戴腕帶等防護具，以減少正中神經受傷的機率。

(二) 手工具設計的原則，如下說明：

1. 操作安全性。

2. 使人員易抓舉。

3. 考量不同的性別。

4. 考量慣用手（如左、右手）。

5. 盡量為動力驅動。

6. 特殊性代替一般性。

7. 避免手指重複性動作。

8. 避免對肌肉組織產生壓迫。

9. 保持使用人員的手腕正直。

10. 使用適當的工具。

相容性（Compatibility）的概念在人機介面設計上非常重要，是人因工程的核心概念，請說明在人因工程上有哪 4 種相容性類型【8分】？並分別舉例說明這 4 種相容性類型【8 分】？

答

人因工程的相容性類型與舉例說明如下表所示：

類型	意涵	範例
概念相容性	係指所使用的編碼和符號等刺激，與人們概念聯想相一致的程度。	在路上，看到飛機形狀的標誌，就知道往飛機場的方向。
空間相容性	係指控制器及其相關的顯示器在空間安排或配置，相符一致的程度。	辦公室的電燈由右到左排列，其控制的開關也是由右到左排列。
移動相容性	係指控制器或顯示器的移動與其所控制或顯示的系統之間，反應性一致的程度。	汽車的方向盤向右轉，汽車就會向右邊偏移。
感覺型式相容性	係指各類作業均有其適用的刺激反應之感覺型式組合。	展示鳥鳴聲，以播放鳥叫的聲音會比放置鳥鳴的標誌適合。

請利用英國曼徹斯特大學教授 James Reason 於 1990 年提出來的「瑞士起司理論（Swiss Cheese Model）」，從系統性的角度來說明事故發生的成因（causation），與如何運用此一理論基礎來減少所謂的「人為失誤（human errors）」。【14 分】

答

(一) 起司理論，係指危害同時穿過每道防護措施的漏洞，因而造成事故的發生，如下圖所示。

危害

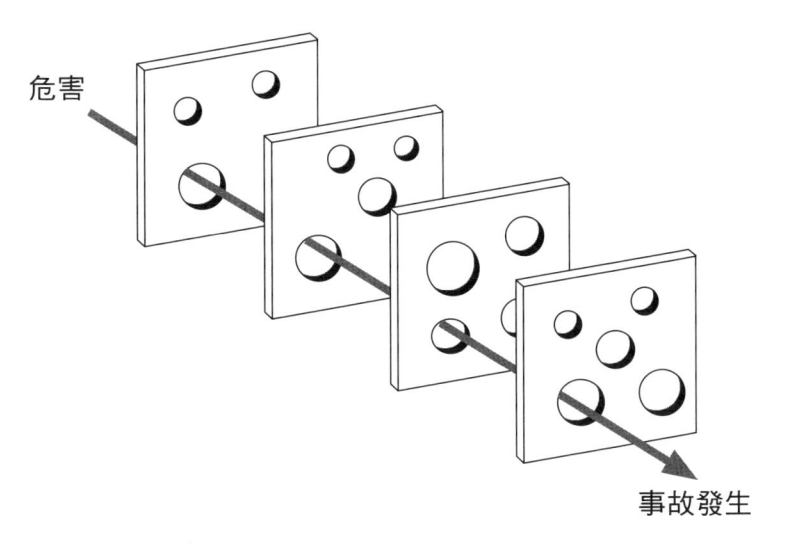

事故發生

所以我們可以知道由系統性的角度來看事故發生的成因,主要為防護層的層數不足與防護層上的孔洞(缺失)過多。

(二)運用起司理論來減少人因失誤的方式,說明如下:

1. 增加防護層的層數:

    (1) 本質安全設計。

    (2) 增加設計可靠度。

    (3) 防呆設計

    (4) 容錯設計。

    (5) 備用設計。

    (6) 線上監測設計。

    (7) 連鎖設計。

2. 降低防護層上的孔洞(缺失):

    (1) 良好的風險管理。

    (2) 自動檢查。

    (3) 適當的維護保養。

(4) 訂定相關 SOP 並落實。

(5) 警示系統。

(6) 標示。

(7) 教育訓練。

3-6-1-2 經濟部所屬事業機構 108 年新進職員甄試試題

某製造皮革工廠（員工人數 525 人）之混合攪拌作業，總共使用了下列危害物質進行作業，各危害物質之基本資料如【表1】所示，若您身為該廠之職業衛生專責人員，請說明如何進行所使用之化學品風險評估與分級管理？【20 分】

【表1】

危害物質	容許濃度	說明
A	無	有呼吸暴露之可能
B	100 ppm	屬第二種有機溶劑，需定期進行化學性因子作業環境監測
C	200 ppm	屬第二種有機溶劑，需定期進行化學性因子作業環境監測
D	400 ppm	

答

（一）身為職業衛生專責人員對廠內混合攪拌作業之化學品，應依危害性化學品評估及分級管理辦法，並參考其技術指引採取下列風險評估：

危害物質	評估方式	備註
A	依其危害及暴露程度劃分風險等級並採取對應之分級管理措施。	化學品之種類、操作程序或製程條件變更而有增加暴露風險之虞者,應於變更前或變更後 3 個月內,重新進行評估與分級。
B	依監測辦法規定實施作業環境監測,必要時並得輔以其他半定量、定量之評估模式或工具。	
C		
D	依有科學根據之之採樣分析方法或運用定量推估模式,實施暴露評估。	

(二) 對上項的暴露評估結果,應依下列風險等級,分別採取控制或管理措施:

1. 危害物質 A:依我國的化學品分級管理工具,說明如下:

風險等級(查表得出)	控制或管理措施原則	定期評估
等級 1	整體換氣	1 次/每 3 年
等級 2	工程控制	
等級 3	隔離	
等級 4	特殊規定:如諮詢專家及搭配其他行政管理措施	

2. 危害物質 B、C:係屬勞工作業環境監測實施辦法規定的對象物質,所以定期評估週期最少須 1 次/每半年;但風險等級與對應的控制或管理措施仍依危害性化學品評估及分級管理辦法第 10 條辦理,請參考下表。

危害物質 D:依危害性化學品評估及分級管理辦法第 10 條,依下表辦理。

風險等級	與 PEL 比較	控制或管理措施原則	定期評估
第 1 級	X < 0.5 PEL	1. 維持現有控制或管理措施。 2. 製程或作業內容變更時，採行變更管理措施。	1 次 / 每 3 年
第 2 級	0.5 PEL ≦ X < PEL	1. 對製程設備、作業程序或作業方法實施檢點。 2. 採取必要之改善措施。	1 次 / 每 1 年
第 3 級	X ≧ PEL	1. 立即採取必要之控制措施。 2. 完成改善後重新評估，確保 X 低於 PEL。	1 次 / 每 3 個月
備註	X：暴露濃度，PEL：容許暴露標準		

一個有害廢棄物場址附近之地下水中，總共檢測 7 種揮發性有機化學物質，如【表 2】所示，是這些化學物質其所影響人群的長期慢性吸入量（intakes）、吸入參考劑量（inhale reference dose）及吸入斜率係數（inhale slope factor），請用風險分析法和表內提供的資訊，計算這些化學物質的風險值（risk values），並用計算結果，描述這一個有害廢棄物場址的健康風險特徵（risk characteristics）。【20 分】

【表 2】

化學物質	長期慢性吸入量 $(mg/(kg\text{-}day))^{-1}$	吸入參考劑量 $(mg/(kg\text{-}day))$	吸入斜率係數 $(mg/(kg\text{-}day))^{-1}$
1	1.01E-03	2.56E-03	4.19E-04
2	1.03E-01	1.65E-01	2.00E-03
3	4.65E-02	6.05E-02	6.00E-03
4	2.64E-02	9.00E-03	
5	2.06E-02	6.29E-01	
6	1.54E-02	1.00E-02	
7	3.11E-03	1.25E-01	

答

（題目長期慢性吸入量 (mg/(kg-day))$^{-1}$ 應修正為 (mg/(kg-day))，才能進行相關風險計算）

依此有害廢棄物場址附近之地下水中的化學物質，其評估如下：

(一) 致癌性風險＝長期慢性吸入量 x 吸入斜率係數，計算結果若 >10^{-6} 為高風險，其風險計算如下：

1. 第 1 種物質 ＝ $1.01 \times 10^{-3} \times 4.19 \times 10^{-4}$ ＝ 4.23×10^{-7}
2. 第 2 種物質 ＝ $1.03 \times 10^{-1} \times 2.00 \times 10^{-3}$ ＝ 2.06×10^{-4}
3. 第 3 種物質 ＝ $4.65 \times 10^{-2} \times 6.00 \times 10^{-3}$ ＝ 2.79×10^{-4}

非致癌性風險＝長期慢性吸入量 / 吸入參考劑量，計算結果若 ≧ 1 為具危害性，其風險計算如下：

1. 第 1 種物質 ＝ 1.01×10^{-3} / 2.56×10^{-3} ＝ 0.39
2. 第 2 種物質 ＝ 1.03×10^{-1} / 1.65×10^{-1} ＝ 0.62
3. 第 3 種物質 ＝ 4.65×10^{-2} / 6.05×10^{-2} ＝ 0.77
4. 第 4 種物質 ＝ 2.64×10^{-2} / 9.00×10^{-3} ＝ 2.93
5. 第 5 種物質 ＝ 2.06×10^{-2} / 6.29×10^{-1} ＝ 0.03
6. 第 6 種物質 ＝ 1.54×10^{-2} / 1.00×10^{-2} ＝ 1.54
7. 第 7 種物質 ＝ 3.11×10^{-3} / 1.25×10^{-1} ＝ 0.02

(二) 彙整上項計算結果如下表：

化學物質	致癌性風險	>10^{-6}	非致癌性風險	≧ 1	建議控管順序
1	4.23×10^{-7}	否	0.39	否	5
2	2.06×10^{-4}	是	0.62	否	2
3	2.79×10^{-4}	是	0.77	否	1
4	-	-	2.93	是	3
5	-	-	0.03	否	6
6	-	-	1.54	是	4
7	-	-	0.02	否	7

此有害廢棄物場址的健康風險特徵描述如下說明：

1. 致癌性風險物質需優先考量，且超過 $>10^{-6}$，屬於高風險，如第 3 與 2 種。

2. 非致癌性風險物質若 ≥ 1，則屬有危害性，如第 4 與 6 種。

3. 其他物質依非致癌性風險值比較，可知危害性順序為第 1 種 > 第 5 種 > 第 7 種。

4. 綜上，對於該場址的化學物質控管順序可參考上表所示。

5. 另實施健康風險特徵描述時，需符合透明度、清晰度與合理性等原則。

美國國家科學研究委員會（National Research Council）於 2009 年更新的風險評估管理過程（Science and Decisions: Advancing Risk Assessment）（NRC, 2009）（簡稱銀皮書），請說明新版的 5 大風險評估步驟及流程。【10 分】

答

依 NRC 於 2009 年更新的風險評估過程管理銀皮書，其相關說明如下：

(一) 風險評估的步驟：

1. 規劃（Planning）

2. 危害鑑別（Hazard Identification）

3. 劑量效應評估（Dose-Rseponse Assessment）

4. 暴露量評估（Exposure Assessment）

5. 風險特徵的描述（Risk Characterization）

6. 評估效用的確認（Confirmation of Utility）

(二) 風險評估的流程：

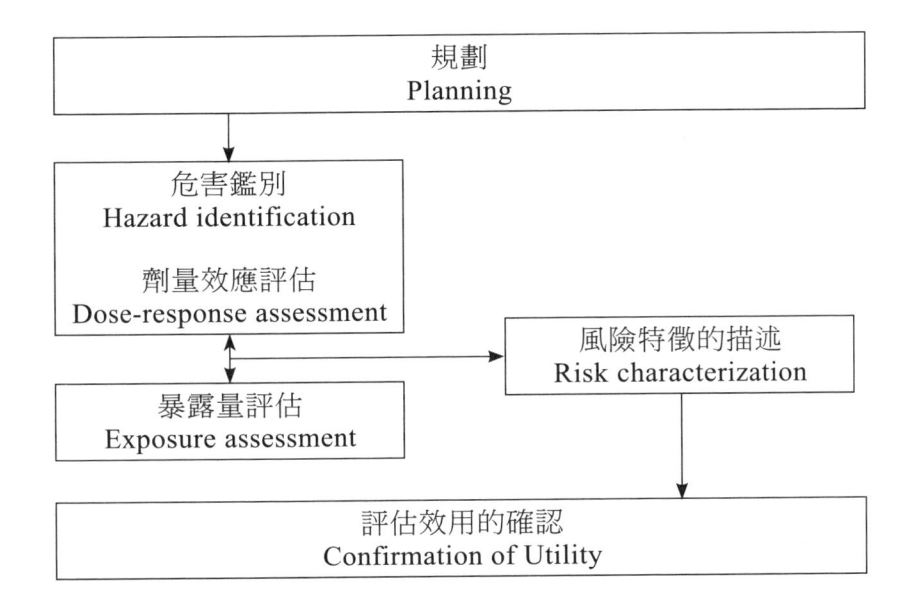

```
                        規劃
                       Planning
                          │
                          ▼
              ┌──────────────────────┐
              │   危害鑑別            │
              │ Hazard identification │
              │                      │
              │   劑量效應評估        │
              │Dose-response assessment│
              └──────────┬───────────┘         風險特徵的描述
                         ▲                   Risk characterization
                         ▼
              ┌──────────────────────┐
              │   暴露量評估          │
              │ Exposure assessment  │
              └──────────────────────┘
                          │
                          ▼
                    評估效用的確認
                Confirmation of Utility
```

(三) 補充：（可寫或不寫）

1. 原紅皮書的目的是確保風險評估與管理在概念上分開。

2. 銀皮書的目的是確保風險評估結果對後續決策能有最大的幫助。因此，一開始就需制訂出問題構想與範圍，並經由一連串的風險評估（如上圖）後，再進行後續的風險管理，如對健康或環境的效益及決策需考量的相關因素。

針對噪音環境改善，主要係利用工程控制與行政管理，請分別說明常見的工程控制及行政管理方式。【15 分】

答

對於噪音環境改善，主要係利用工程控制與行政管理，其相關說明如下：

(一) 工程控制：又可分為噪音源與傳音途徑等面向，說明如下表。

面向	內容
噪音源	1. 機械設備的設計改善。 2. 減少生產過中的碰撞、摩擦。 3. 降低作業的速度或壓力的急遽變化。 4. 密閉噪音源。 5. 汰換老舊的設備。 6. 改變作業方法。 7. 良好的維護保養。
傳音途徑	1. 機械設備周圍環境使用吸音設施。 2. 設置隔音牆或屏等隔音設施。 3. 增加音源與接受者的距離，如遙控操作。

（二）行政管理：又可分為作業與人員管理等面向，說明如下表。

面向	內容
作業管理	1. 機械設備的使用管理。 2. 降低人員的暴露時間與頻率。 3. 作業的輪調。 4. 改善作業程序。 5. 標示及公告噪音危害預防措施。 6. 訂定聽力保護計畫並據以執行。
人員管理	1. 實施教育訓練。 2. 確保人員使用聽力防護具，如耳塞、耳罩。 3. 實施聽力健康檢查。 4. 對前項檢查異常之人員，實施追蹤與相關管理。

一位工人從輸送帶上將裝箱好之零件放在貨物推車上，這些箱子每箱重 12 公斤，因為箱子缺乏把手，工人只好抓住每一箱子的底部，箱子的重心位在離工作者腰椎 35 cm 處，此貨物推車的高度自動調整至 90 cm，以及輸送帶的高度是在地板上 60 cm，工人每次搬運須轉身 45 度，每分鐘抬舉 2 次，每天作業 8 小時。請依美國國家職業安全衛生研究所發展的人工物料抬舉公式（1994 NIOSH Lifting Equation）為例，如【表3】，回答下列問題：【20 分】

(一) 列出抬舉公式設計所依據的原理、設計效標及截切值【10 分】

(二) 計算推薦重量限值（Recommended Weight Limit, RWL）（計算至小數點後第 1 位，以下四捨五入）【7 分】

(三) 評論此工作之安全性【3 分】

【表3】

HM ＝水平乘數（horizontal multiplier）	25 / H
VM ＝垂直乘數（vertical multiplier）	1- (0.003|V- 75|)
DM ＝距離乘數（distance multiplier）	0.82 + (4.5 / D)
AM ＝不對稱乘數（asymmetric multiplier）	1 - (0.0032A)

抬舉次數/秒	工作時間長度 ≤ 1 小時 V< 75	≤ 1 小時 V ≥ 75	≤ 2 小時 V< 75	≤ 2 小時 V≥ 75	≤ 8 小時 V< 75	≤ 8 小時 V≥ 75
0.2	1.00	1.00	0.95	0.95	0.85	0.85
0.5	**0.97**	**0.97**	**0.92**	**0.92**	**0.81**	**0.81**
1	0.94	0.94	0.88	0.88	0.75	0.75
2	**0.91**	**0.91**	**0.84**	**0.84**	**0.65**	**0.65**
3	0.88	0.88	0.79	0.79	0.55	0.55
4	**0.84**	**0.84**	**0.72**	**0.72**	**0.45**	**0.45**
5	0.80	0.80	0.60	0.60	0.35	0.35
6	**0.75**	**0.75**	**0.50**	**0.50**	**0.27**	**0.27**
7	0.70	0.70	0.42	0.42	0.22	0.22

抬舉次數/秒	工作時間長度					
	≤ 1 小時		≤ 2 小時		≤ 8 小時	
	V< 75	V ≥ 75	V< 75	V≥ 75	V< 75	V ≥ 75
8	0.60	0.60	0.35	0.35	0.18	0.18
9	0.52	0.52	0.30	0.30	0.00	0.15
10	0.45	0.45	0.26	0.26	0.00	0.13
11	0.41	0.41	0.00	0.23	0.00	0.00
12	0.37	0.37	0.00	0.21	0.00	0.00
13	0.00	0.34	0.00	0.00	0.00	0.00
14	0.00	0.31	0.00	0.00	0.00	0.00
15	0.00	0.28	0.00	0.00	0.00	0.00
> 15	0.00	0.00	0.00	0.00	0.00	0.00

	力偶乘數	
	V< 75 cm	V ≥ 75 cm
好	1.00	1.00
普通	0.95	0.95
差	0.90	0.90

答

(一) 依 NIOSH 1994 人工抬舉公式，對其原理、設計效標及截切值說明如下：

1. 原理：依生物力學、生理學與心理物理學等方面，來計算某特定抬舉作業時的建議抬舉重量限制，在此建議重量之下，表示該抬舉作業不會有下背傷害的風險。

2. 設計效標與截切值如下表所示：

考慮因素	設計效標	截切值
生物力學	最大椎間盤壓力	3.4 KN
生理學	最大能量支出	2.2~4.7 kcal/min

考慮因素	設計效標	截切值
心理物理學	最大可接受重量	95% 男性與 75% 女性勞工可接受的最大重量

（二）依 NIOSH 人工抬舉公式的建議抬舉重量限制（RWL）公式如下：

RWL ＝ LC×HM×VM×DM×AM×FM×CM

　　　＝ 23×(25/H)×(1-0.003×|V-75|)×(0.82+4.5/D)×
　　　　(1-0.0032A)×FM×CM

LC： 負荷常數 ＝ 23

HM：水平距離乘數 ＝ 35

VM：起始點的垂直高度乘數 ＝ 60

DM：抬舉的垂直移動距離乘數 ＝ 30（90-60）

AM：身體扭轉角度乘數（A ＝ 45）

FM： 抬舉頻率乘 ＝ 0（**每分鐘抬舉 2 次，當題目為抬舉次數 / 秒**）

FM： 抬舉頻率乘數 ＝ 0.65（**每分鐘抬舉 2 次，將題目修改為抬舉次數 / 分鐘**）

CM：力偶乘數 ＝ 0.95

將上列數值代入 RWL 公式，

情況 1（題目仍為抬舉次數 / 秒）：

RWL ＝ 23×(25/35)×(1-0.003×|60-75|)×(0.82+4.5/30)×
　　　(1-0.0032×45)×0×0.95

　　　＝ 23×0.714×0.955×0.97×0.856×0×0.95 ＝ 0.0 kg

情況 2（題目修改為抬舉次數 / 分鐘）：

RWL ＝ 23×(25/35)×(1-0.003×|60-75|)×(0.82+4.5/30)×
　　　(1-0.0032×45)×0.65×0.95

　　　＝ 23×0.714×0.955×0.97×0.856×0.65×0.95 ＝ 8.0 kg

（三）此工作的安全性說明如下：

情況 1（題目仍為抬舉次數 / 秒）：LI = L/RWL = 12/0 = 0。

因 LI < 1，表示該抬舉作業不會有下背傷害的風險。

情況 2（題目修改為抬舉次數 / 分鐘）：LI = L/RWL = 12/8.0 = 1.5。

因 LI > 1，表示該抬舉作業會有下背傷害的潛在風險。

請以 Wickens 所提出之模型，繪圖並說明在人機系統中，人類訊息處理及反應之過程。【15 分】

答

（一）Wickens 的人類處理資訊模型，如下圖所示。

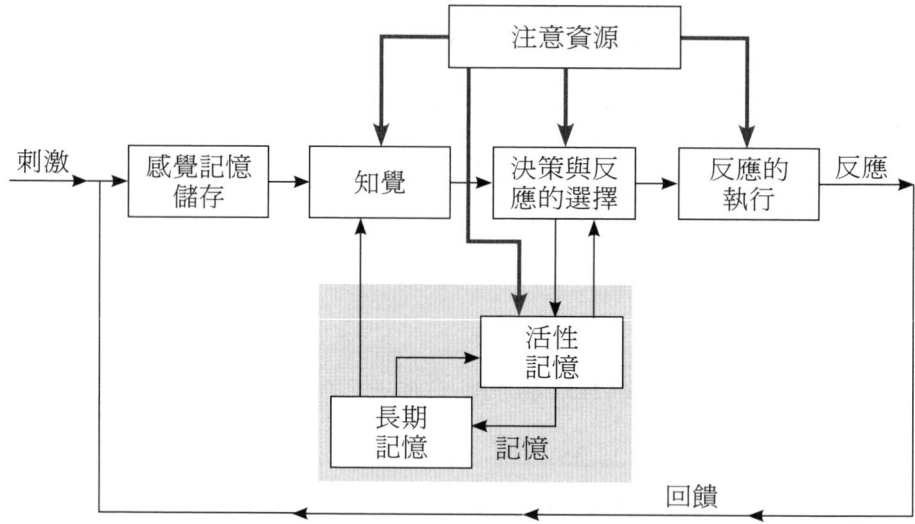

```
                      ┌──────────┐
                      │ 注意資源 │
                      └──────────┘
                       │    │    │
                       ▼    ▼    ▼
刺激  ┌──────┐   ┌────┐   ┌────────┐   ┌──────┐  反應
─────▶│感覺記憶│──▶│知覺│──▶│決策與反│──▶│反應的│─────▶
      │ 儲存 │   │    │   │應的選擇│   │ 執行 │
      └──────┘   └────┘   └────────┘   └──────┘
                   ▲          │
                   │          ▼
                   │       ┌──────┐
                   │       │ 活性 │
                   │       │ 記憶 │
                   │       └──────┘
                ┌──────┐      │
                │ 長期 │◀─────┘
                │ 記憶 │  記憶
                └──────┘
                              回饋
◀─────────────────────────────────────
```

Wickens 擬定的人員資訊處理模型（資料來源 :Wickens, 1984）

（二）在人機系統中，人類訊息處理及反應說明及過程之說明如下：

1. 刺激階段：外界所產生的刺激訊息被人體感官的受納器所接收，並會轉換成神經衝動，進而送至大腦中樞的感覺記錄器。

2. 處理與儲存階段：大腦會將已接受之訊息傳遞給適當的知覺器官，並依長期與活性記憶（短期記憶）區進行記憶交換及整合的結果，再作為決策和反應的選擇。此外，大腦也會將此經驗與以往的資訊進行比對與結合，並於理解後保存。

3. 反應階段：將前項的決策和反應選擇後之訊息，送至反應形成器，並組成語言、文字或動作等反應程序，最後再引導執行器官（如手、腳、嘴等），進行對外界環境的輸出反應。

3-6-1-3 經濟部所屬事業機構 109 年新進職員甄試試題

> 進行風險評估時，在第一個步驟，請說明如何進行風險辨識（Hazard Identification）？並以營造工程之作業為例說明之。【15 分】

答

（一）風險辨識：係指辨識工程進行過程中，可能出現的危害。

執行方式：以工作場所的環境現況及工程的作業內容，並依工程的專業知識、過往事故或類似作業事故，來辨識潛在的工作場所及其作業之危害，可就該工程相關的 5M（作業方法、機具、材料、人員、管理）1E（環境）等方面進行逐一辨識。

（二）以營造工程的開挖與管線裝設作業進行說明：

1. 作業方法：
   (1) 開挖前，需對哪些範圍進行相關調查？
   (2) 開挖的傾斜度是否合適？
   (3) 開挖程序或步驟是否安全？

2. 機具：

    (1) 選用是否符合需求？

    (2) 安全裝置是否有裝設及正常運作？

    (3) 是否已經有實施定期維護保養？

3. 材料：

    (1) 挖出的土石，堆置地點是否適當？

    (2) 購買的管線是否符合合約規範？

    (3) 欲裝設的管線是否有妥善儲放？

4. 人員：

    (1) 是否已接受過相關教育訓練？

    (2) 工作的身體狀況是否健康？

    (3) 作業人員的經驗是否足夠？

5. 管理：

    (1) 施工組織與人員的權責是否明確？

    (2) 作業人員的能力是否有定期進行評估？

    (3) 作業人員的施工是否符合安全程序？

6. 環境：

    (1) 地下是否有管線或埋設物？

    (2) 氣候是否適合施工？

    (3) 作業環境是否採光不足？

先進國家為進行石化業者或相關行業(如運輸、供銷、使用高度危險物品等業者)的危害分析,以防止易燃易爆或毒性物質可能造成的危害,常以下列系統安全分析技術進行風險評估,如:(1) What If /Checklist 如果 - 結果分析 / 檢核表、(2) PHA 初步危害分析、(3) HAZOP 危害及可操作性分析、(4) Dow Index 道氏指數或 (5) ETA 事件樹分析等,請略述此五種分析方法在系統壽命周期中實施的時機。【15 分】 【109- 經濟部】

答

系統安全分析技術在系統壽命周期中實施的時機,如下表所示:

分析方法 \ 評估階段	規劃(研發)	製程設計	細部設計	建造	試車	正常運轉	擴廠(或修改)	終止或廢棄(停機)
What If / Checklist	V	V		V	V	V		V
PHA	V	V						
HAZOP		V	V		V	V	V	
Dow Index						V	V	
ETA			V			V	V	

負荷指數(Strain Index)常被採用來評估上肢的工作相關之肌肉骨骼傷病(Work-related Musculoskeletal Disorders, WMSD)之風險。【共 2 題,共 15 分】

(一)請問負荷指數的計算公式包含哪幾個部分?【10 分】

(二)如何根據負荷指數的計算結果來判斷肌肉骨骼傷病風險之大小?【5 分】

答

(一)負荷指數(SI)的計算公式包含下列 6 個部分:

  1. 施力強度(Intensity of Exertion)。

2. 施力佔工作時間的比例（Duration of Exertion）。

3. 每分鐘施力的次數（Exertions per Minute）。

4. 姿勢（Posture）：手或手腕。

5. 工作速度（Speed of Work）。

6. 每天工作的時間（Duration per Day）：小時。

SI Score ＝施力強度施力佔工作時間的比例 × 每分鐘施力的次數 × 姿勢 × 工作速度 × 每天工作的時間

（二）依上述負荷指數的計算結果，並以下列方式來判斷肌肉骨骼傷病風險之大小。

負荷指數的計算結果	肌肉骨骼傷病風險
SI < 3	安全
3 ≦ SI < 5	不確定
5 ≦ SI < 7	有點危險
SI ≧ 7	有危險

將人體計測（Anthropometry）應用於設計時，常採用的策略包括極端設計（extreme design）、平均設計（average design）以及可調設計（adjustable design），請以一張有扶手的座椅之設計為例，簡單地解釋這三種設計策略分別適用於決定哪些規格，並說明其對應的人體尺寸會參考第幾百分位數（percentile）。【15 分】

答

極端、平均與可調設計的簡易概念如下說明：

極端設計：以兩極端的測計值作為設計基準，又可分為 95th%le 與 5th%le。

平均設計：以各測計的項目進行平均所的之值。

可調設計：可透由使用者自行調整的設計。

上述三種設計策略應用在有扶手的座椅設計（以男性為例）之說明如下：

座椅項目	細項	適用設計/參考百分位數	說明
椅背	高度	極端設計 / 95th%le	適用大部分的人。
	寬度	極端設計 / 5th%le	需考量能適合體格高胖的人。
扶手	高度	極端設計 / 95th%le	適用大部分的人。
	寬度	極端設計 / 5th%le	需考量能適合體格高胖的人。
座面	寬度	極端設計 / 5th%le	需考量能適合體格高胖的人。
	深度	極端設計 / 5th%le	需考量能適合體格矮瘦的人。
	離地高度	可調設計 / -	可讓使用的人，自行調整適合的高度，能雙腳自然的平放於地面。
	傾斜度	可調設計 / -	可依作業性質（閱讀、資料輸入或書寫等）進行調整前傾或微後傾。
腰靠	高度	可調設計 / -	讓使用的人在坐姿時，自行調能維持腰椎前凸。

補充： 良好的座椅設計，除上述原則性設計外，其準確的尺寸設計還是得需考量不同的使用族群或特性，如：性別、年齡（兒童、成人或老年人等）、不同國家的人體計測值、作業性質等，再進行最適設計。

操作者在工作中，難免會因操作失誤而引起意外，Swain 和 Guttman 把工作者的操作失誤分為四種類型，請問是哪四種工作失誤並舉例說明之【8分】？並說明人為失誤應如何防範【12分】？

答

（一）Swain 和 Guttman 把工作者的操作失誤分為下列四種類型：

1. 遺漏的失誤（Error of Omission）：又可分為有意或無意的。

   舉例：實施切管作業前，忘記要先做環境測定或鋪設防火毯。

2. 執行的失誤（Error of Commission）：又可分為有意或無意的。

   舉例：作業時，不小心誤觸其他開關。

3. 時間的失誤（Time error）：執行動作太快或太慢。

   舉例：執行物料攪拌作業的速度過快。

4. 順序的失誤（Sequential error）：執行動作的順序錯誤。

   舉例：稀釋濃硫酸時，將水直接倒入濃硫酸中。

(二) 人為失誤的防範措施如下說明：

1. 良好的系統設計

   (1) 本質安全設計。

   (2) 增加設計可靠度。

   (3) 防呆設計

   (4) 容錯設計。

   (5) 可逆設計。

2. 教育訓練

3. 人員選擇：選擇與面試過程應詳細與嚴謹的。

4. 其他

   (1) 訂定相關 SOP 並落實。

   (2) 記憶輔助措施。

   (3) 警示措施。

【圖 1】是用於儲存製程原料的儲槽系統，儲槽過量充填（overfilling）在製程工業中是一個普遍的問題。為了防止過量充填，儲槽常會配備高液位警報系統（high level alarm system）和高液位關閉系統（high level shutdown system）。高液位關閉系統會連接到電磁閥（solenoid valve），該電磁閥在異常狀況時會停止物料輸入。請回答以下問題：【共 2 題，共 20 分】

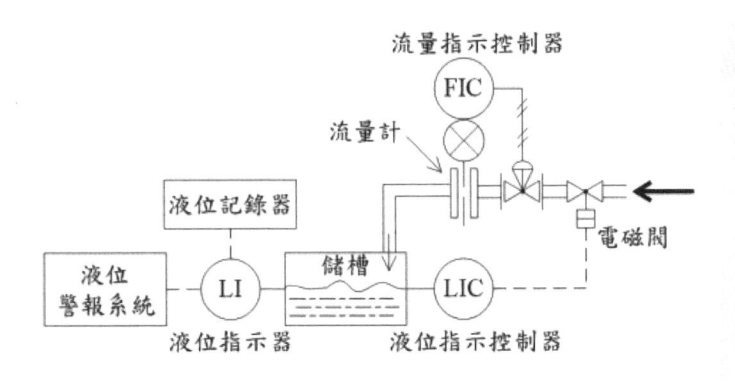

【圖 1】

(一) 以「液位指示器失效」（failure of level indicator）作為啟動事件（initiating event），請畫出系統的事件樹。假設液位指示器每年失效 4 次，請估算每年預期的溢出概率。以下是相關系統的失效率，分別是高液位警報系統：0.01；操作員停止流量：0.1；高液位開關系統：0.01。【10 分，含事件樹圖 4 分，失效率計算 6 分】

(二) 以「儲槽溢出」（storage tank overflows）為頂端事件（top event），請畫出其失誤樹，並使用【表 1】數據，預測頂端事件的失誤（效）機率（failure probability）為何？【10 分，含失誤樹圖 5 分，失效機率計算 5 分】

【表1】

裝置	可靠度（R）	失誤（效）率（P）
控制閥	0.549	0.451
液位量測	0.183	0.817
液位記錄器	0.803	0.197
警報器	0.957	0.043
電磁閥	0.657	0.343

答

（一）此液位指示器失效為啟動事件的系統事件樹，如下圖所示：

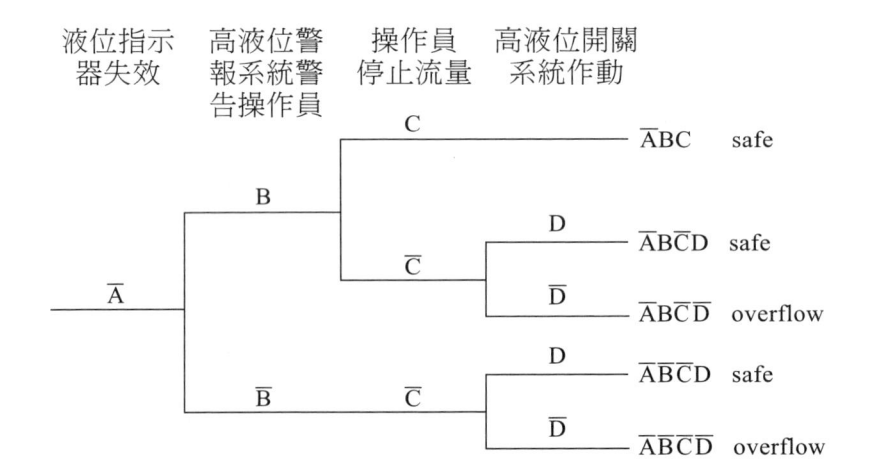

```
液位指示    高液位警    操作員     高液位開關
器失效      報系統警    停止流量   系統作動
            告操作員
                        C
                    ┌───────────────── A̅BC        safe
              B     │
          ┌─────────┤         D
          │         │     ┌───── A̅BC̅D       safe
          │         C̅ ────┤
          │               └───── A̅BC̅D̅      overflow
     A̅ ───┤
          │                       D
          │               ┌───── A̅B̅C̅D       safe
          │    B̅     C̅ ───┤
          └─────────────  │
                          └───── A̅B̅C̅D̅      overflow
```

由上圖得知，其每年預期的溢出概率為 $\overline{AB}\overline{C}\overline{D}$ ＋ $\overline{A}\overline{B}\overline{C}\overline{D}$。

因液位指示器每年失效4次，所以失效率為4次/年，並將相關失效率代入上式

$\overline{AB}\overline{C}\overline{D}$ ＋ $\overline{A}\overline{B}\overline{C}\overline{D}$ ＝ 4×0.99×0.1×0.01 ＋ 4×0.01×0.1×0.01

$= 4.0 \times 10^{-3}$

經計算後得知，每年預期的溢出概率為 4.0×10^{-3} 次/年。

(二) 以儲槽溢出為頂端事件的失誤樹，如下圖所示：

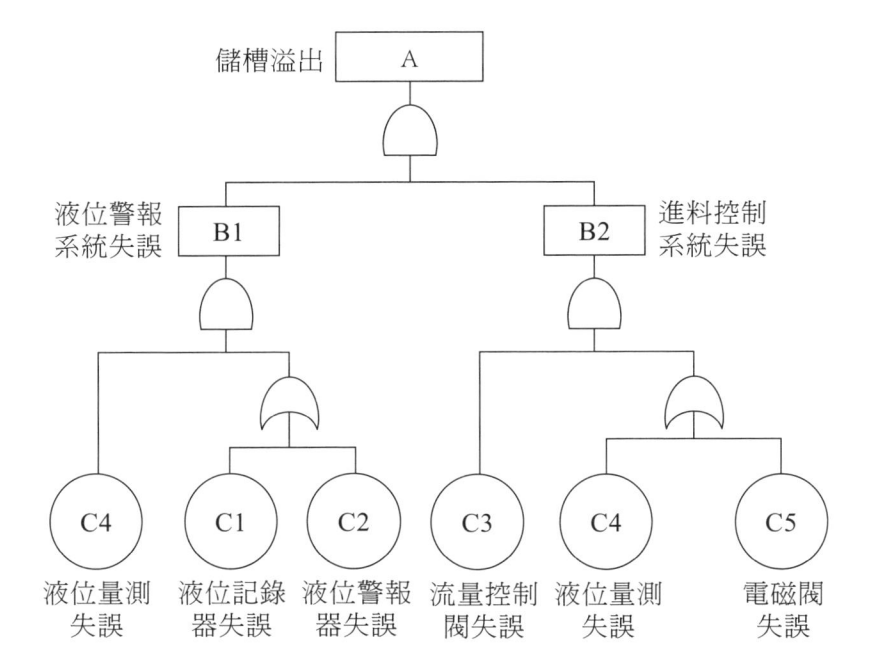

```
                          儲槽溢出  ┌─A─┐
                                   └───┘
                                    ∧
                        ┌───────────┴───────────┐
          液位警報    ┌──┴──┐                 ┌──┴──┐   進料控制
          系統失誤   │ B1 │                 │ B2 │   系統失誤
                    └─────┘                 └─────┘
                       ∧                       ∧
                  ┌────┴────┐             ┌────┴────┐
                  │         ∨             ∨         │
                  │      ┌──┴──┐       ┌──┴──┐      │
                 C4     C1    C2      C3    C4     C5
               液位量測 液位記錄 液位警報 流量控制 液位量測 電磁閥
                失誤   器失誤  器失誤   閥失誤   失誤   失誤
```

提醒考生：因液位指示器（LI）或液位指示控制器（LIC）均須透過液位量測器（感測元件與傳送器），所以假設此題使用同一組 / 類型的量測設備元件，繪製如上圖所示。

由上圖得知，其頂端事件的失誤（效）機率 A 如下：

$A = B_1 \times B_2 = [C_4 \times (C_1+C_2)] \times [C_3 \times (C_4+C_5)]$

$= (C_1C_4+C_2C_4) \times (C_3C_4+C_3C_5)$

$= C_1C_3C_4 + C_1C_3C_4C_5 + C_2C_3C_4 + C_2C_3C_4C_5$

$= C_1C_3C_4 + C_2C_3C_4$

$A_{近似值} = C_1C_3C_4 + C_2C_3C_4$

$= 0.197 \times 0.451 \times 0.817 + 0.043 \times 0.451 \times 0.817$

$= 0.088$

$$A_{精確值} = C_1C_3C_4 + C_2C_3C_4$$
$$= 1 - [(1 - C_1C_3C_4) \times (1 - C_2C_3C_4)]$$
$$= 1 - [(1 - 0.0726) \times (1 - 0.0158)]$$
$$= 1 - [0.9274 \times 0.9842] = 1 - 0.9127$$
$$= 0.087$$

經計算後得知，儲槽溢出的失誤（效）機率為 0.087（或 0.088，考生擇一回答即可）。

3-6-1-4 經濟部所屬事業機構 110 年新進職員甄試試題

> 關於暴露於作業場所空氣中有害物質之情境，請說明：
> （一）有那些因子會影響工作者吸入劑量（請列舉 3 項）？【6 分】
> （二）量測尿液中生物標記（biomarker）以代表個人總暴露劑量時，一般還會量測何種物質或指標以進行濃度校正？【4 分】
> 【110- 經濟部】

答

（一）會影響工作者吸入劑量的因子如下述（考生自行擇 3 項即可）：

1. 發生源：有害物質存在形式、刺激性或濃度…等；製程操作形式：密閉、加濕…等。

2. 傳播路徑：距離、通風換氣的設置情況…等。

3. 接受者：暴露時間或頻率、防護具使用狀況…等。

（二）量測尿液中生物標記後，需要進行校正較可有效的評估實際暴露情況，一般還會量測下列物質或指標以進行濃度校正：

1. 尿的比重（specific gravity, SG）。

2. 尿中肌酐酸（urine creatinine, Cr）。

試簡述工作環境或作業危害之辨識、評估及控制之實施項目與方法。【20 分】　　　　　　　　　　　　　　　　【110- 經濟部】

答

執行安全衛生工作，必然需對工作環境或作業危害之辨識、評估及控制，其實施項目與方法如下述與列表說明：

(一) 工作環境或作業危害之辨識：為最重要的關鍵，完善的辨識才能有效執行後續階段。

(二) 工作環境或作業危害之評估：依其環境或作業特性、實際資源與能力，可採用定性、半定量、定量等方式。

(三) 工作環境或作業危害之控制：依上述評估結果，確認事業單位對其風險可接受程度，並採取相關控制措施（優先從本質安全開始考量，而個人防護具則為最後一道防線）。

工作環境或作業危害階段	實施項目與方法	
	安全類別	衛生類別
(一) 辨識	1. 人員 2. 機械（設備） 3. 材料 4. 方法 5. 環境 6. 管理	1. 物理性 2. 化學性 3. 人因性 4. 生物性 5. 心理性
(二) 評估	1. 作業安全分析（JSA） 2. 初步危害分析 3. 製程危害分析 　（如：HAZOP、FTA…等） 4. 電腦模式模擬 　（ALOHA、Safeti…等）	1. 專家判定 2. CCB 分級管理 3. 作業環境測定 4. 定量暴露推估 5. 生物偵測

工作環境或作業 危害階段	實施項目與方法	
	安全類別	衛生類別
(三) 控制	1. 消除 2. 取代 3. 工程控制 4. 管理控制 5. 個人防護具	

某事業單位工作場所之長為 24 公尺、寬為 6 公尺、高為 4 公尺，有 40 位勞工在該場所工作，試問：

(一) 若該工作場所未使用有害物從事作業，現欲以機械通風設備實施整體換氣以維持勞工之舒適度及二氧化碳濃度時，依職業安全衛生設施規則之規定，其工作場所換氣量至少應為多少 m^3/min？【5 分】

工作場所每一勞工所佔立方公尺數	未滿 5.7	5.7 以上 未滿 14.2	14.2 以上 未滿 28.3	28.3 以上
每分鐘每一勞工所需之新鮮空氣之立方公尺數	0.6 以上	0.4 以上	0.3 以上	0.14 以上

註：上表為以機械通風設備換氣時，依職業安全衛生設施規則規定應有之換氣量

(二) 若某事業單位內使用丙酮 (分子量為 58) 為溶劑，已知丙酮之爆炸下限值 (Low Explosive Limit, LEL) 為 2.5%，8 小時日時量平均容許濃度為 750 ppm，則：

(1) 若該場所每日 8 小時丙酮的消費量為 25 kg，為預防勞工發生丙酮中毒危害，在 25°C，一大氣壓下裝設整體換氣裝置為控制設備時，其理論上欲控制在 8 小時日時量平均容許濃度以下之最小換氣量應為何？【5 分】

(2) 上述裝置之最小換氣量是否符合法令規定，預防勞工丙酮引起中毒危害之最小換氣量（未列出計算過程者不計分）？【5 分】

(3) 又為避免發生火災爆炸之危害，其最小換氣量應為何？【5 分】　　　　　　　　　　　　　　　　　【110- 經濟部】

答

（一）該工作場所體積為 576 m³ (24m × 6m × 4m)，

因有 40 位勞工在該場所工作，所以工作場所每一勞工所佔立方公尺數為

576 m³/40 人 = 14.4 m³/人

查表得之，其每分鐘每一勞工所需之新鮮空氣之立方公尺數須為 0.3 以上，

所以 0.3 × 40 人 = 12 m³/min

經計算後得知，其工作場所換氣量至少應為 12 m³/min。

（二）每日 8 小時丙酮的消費量為 25 kg，其消費量為 (25 kg×1,000 g/kg)/8 hr = 3125 g/hr。

(1) 理論上欲控制在 8 小時日時量平均容許濃度以下之最小換氣量如下計算：

$Q_{理論面}$ 為 $\dfrac{24.45\times 10^{3}\times W}{60\times C\times M} = \dfrac{24.45\times 10^{3}\times 3125}{60\times 750\times 58}$ = 29.27 m³/min。

(2) 因丙酮為第二種有機溶劑，依據有機溶劑中毒預防規則，第二種有機溶劑或其混存物之每分鐘換氣量如下計算：

$Q_{法令面}$ = 作業時間內一小時之有機溶劑或其混存物之消費量 × 0.04

　　　 = 3125 g/hr × 0.04

　　　 = 125 m³/min。

所以上述裝置 (29.27 m³/min) 之最小換氣量未符合法令規定 (125 m³/min)

(3) 又為避免發生火災爆炸之危害，其最小換氣量如下計算：

$Q_{防火災爆炸}$為

$$\frac{24.45 \times 10^3 \times W}{60 \times LEL(\%) \times 10^4 \times M} = \frac{24.45 \times 10^3 \times 3125}{60 \times 2.5 \times 10^4 \times 58}$$

= 0.88 m³/min。

若考量丙酮濃度達爆炸下限 30% 而有立即發生危險之虞，則最小換氣量如下計算：

$Q_{防火災爆炸}$為

$$\frac{24.45 \times 10^3 \times W}{60 \times 0.3 \times LEL(\%) \times 10^4 \times M} = \frac{24.45 \times 10^3 \times 3125}{60 \times 0.3 \times 2.5 \times 10^4 \times 58}$$

= 2.93 m³/min。

感應的基本功能在於偵測訊號 (signal) 是否存在，環境中的雜訊 (noise) 可能來自於外在的干擾，也可能源自於內在的神經與心智活動。假設雜訊強度曲線為常態分布。

(一) 請繪圖說明訊號與雜訊的加乘作用？【5 分】

(二) 請結合「有無反應」及「是否反應」，列表說明命中 (hit)、誤警 (false alarm)、錯失 (miss) 及正棄 (correct rejection) 4 種偵測結果。【9 分】 　　　　　　　　　　　　　　【110- 經濟部】

答

(一) 訊號與雜訊的加乘作用，說明如下圖 (假設訊號亦為常態分布)：

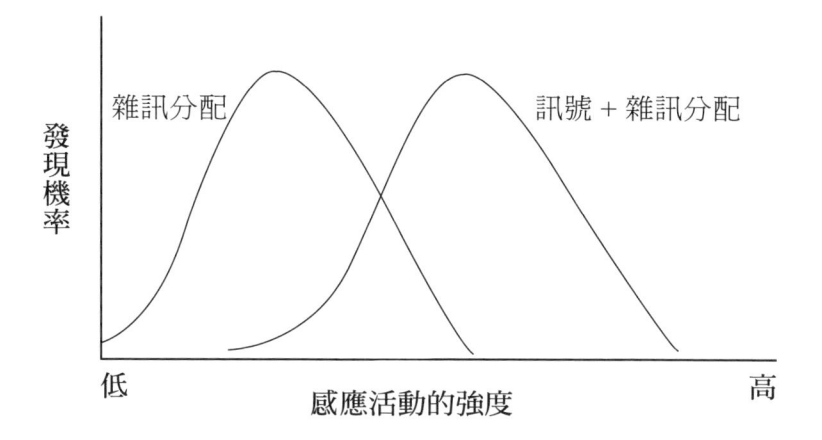

由上圖可知，訊號會與雜訊（環境外在干擾或人員內部神經與心智活動）形成加乘作用，所以其作用（右圖）對感應活動的強度比單一雜訊（左圖）還來的高。

(二) 有無反應及是否反應的偵測結果，可由下表說明：

		輸入	
		訊號（有反應）	雜訊（無反應）
結束反應	是	命中	誤警
	否	錯失	正棄

為特定產品或系統設計時，考量人性化需求，應用人體測計資料進行設計，請問應依循的程序為何。【15 分】　　　　【110- 經濟部】

答

為特定產品或系統設計時，考量人性化需求，應用人體測計資料進行設計，應依循的程序如下：

項次	程序	範例
1	識別可能涉及哪些測計項目	車內座位高度為設定車頂到汽車座位面尺寸的主要依據
2	了解使用對象為何	人種、年齡、職業別

項次	程序	範例
3	決定測計資料之選用準則	極大、極小尺寸或可調
4	決定適用之群體百分比	選用可調，其調整範圍
5	找出使用群體之測計相關資料，並檢索所需數據	勞動部勞動及職業安全衛生研究所 - 人體計測資料庫
6	考量可能的必要修正，如衣物、姿勢、安全係數與其他。	如衣物：薄厚、大小...等 如其他：負荷、壓力...等

請回答下列問題：

（一）何謂心智負荷(mental workload)?【5分】

（二）心智負荷的衡量可由哪4方面著手?【4分】

（三）NASA Task Load Index(TLX)是最常用的衡量心智負荷的主觀評量工具，請寫出TLX的6個向度(dimension)或子項。【6分】　　　　　　　　　　　　　　　　　　　　　　　【110-經濟部】

答

（一）心智負荷：人員執行某一作業或活動時所需的資源量（訊息處置、注意力…等），與自身可運用資源量間的差異。

例如：心智負荷（資源量差異）過大，就可能產生人員壓力過大、情緒不穩…等狀況。

（二）心智負荷的衡量可由哪4方面著手：

1. 主要作業。

2. 次要作業。

3. 生理。

4. 主觀。

（三）TLX的6個向度如下述：

1. 心智要求。

2. 體力要求。

3. 時間要求。

4. 自我績效。

5. 努力。

6. 挫折。

3-6-1-5 經濟部所屬事業機構 111 年新進職員甄試試題

某一作業場所使用甲苯（Toluene）及丁酮（Methyl Ethyl Ketone, MEK）混和有機溶劑作業。某日（溫度為 27 ℃，壓力為 750 mmHg）對該場所之勞工甲進行暴露評估，其現場採樣及樣本分析結果如下表。若採樣現場溫度、壓力與校正現場相同，且其採樣設備為計數型流量計（流速為 100 cc/min）、活性碳管（脫附效率為 95%），請評估勞工甲的暴露是否符合法令的規定並列出計算式。【10 分】

採樣編號	採樣時間	樣本分析結果 甲苯 (mg)	樣本分析結果 丁酮 (mg)
1	08:00~10:30	3.0	4.0
2	10:30~12:00	1.5	2.5
3	13:00~15:00	2.5	3.0
4	15:00~17:00	3.0	2.0
分子量		92	72
8 小時日時量平均容許濃度 (ppm)		100	200

【111- 經濟部】

答

依題旨，採樣總時間為 2.5 + 1.5 + 2 + 2 = 8（小時）

校正前體積為 $100 \times 8 \times 60 \times 10^{-6} = 0.048 \, (m^3)$

校正後體積為

$$V = \frac{0.048 \times 750 \times (273 + 25)}{760 \times (273 + 27)} = 0.047 (m^3)$$

甲苯濃度為 =（採樣重量／脫附效率）／校正後體積

$$C_{Toluene} = \frac{(3 + 1.5 + 2.5 + 3)/0.95}{0.047} \times \frac{24.45}{92} = 59.52 (ppm)$$

丙酮濃度為 =（採樣重量／脫附效率）／校正後體積

$$C_{Acetone} = \frac{(4 + 2.5 + 3 + 2)/0.95}{0.047} \times \frac{24.45}{72} = 87.46 (ppm)$$

依法規，無其他效應時，視為相加效應

$$\frac{59.52}{100} + \frac{87.46}{200} = 1.03 > 1$$

故勞工甲的暴露未符合法令。

某公司屬於甲類危險性工作場所，依據法令規定每 5 年應實施製程安全評估，若今年該公司須辦理甲類危險性工作場所製程安全重新評估工作，請回答下列問題：

（一）依據法令規定應由哪些人員組成評估小組？【5 分】

（二）實施製程安全評估時，製程危害控制措施應包含哪些事項？【14 分】

（三）有關定期實施製程安全評估，請列出法令規定 5 年期間起算日之 3 種情況？【3 分】 【111-經濟部】

答

（一）依製程安全評估定期實施辦法第 7 條規定，製程安全評估，應由下列人員組成評估小組實施之：

1. 工作場所負責人。

2. 製程安全評估人員。

3. 依職業安全衛生管理辦法設置之職業安全衛生人員。

4. 工作場所作業主管。

5. 熟悉該場所作業之勞工。

（二）依製程安全評估定期實施辦法附表二規定，製程危害控制措施包含下列事項：

1. 製程危害辨識。

2. 確認工作場所曾發生具有潛在危害之事故。

3. 製程危害管理及工程改善等控制措施。

4. 危害控制失效之後果。

5. 設備、設施之設置地點。

6. 人為因素。

7. 控制失效對勞工安全及健康可能影響之定性評估

（三）依製程安全評估定期實施辦法第 6 條規定，起算日起算如下：

1. 依本辦法規定完成製程安全評估，並報經勞動檢查機構備查之日。

2. 於本辦法施行前，依危險性工作場所審查及檢查辦法審查合格，取得審查合格之日。

3. 於本辦法施行前，依危險性工作場所審查及檢查辦法規定，完成製程安全重新評估之日。

請依呼吸防護相關指引，回答下列問題：

(一) 有關配戴呼吸防護具密合度測試（Fit Test）之時機為何？【4分】

(二) 請說明呼吸防護具（罩）之面體與顏面間的定性密合檢點方式。【4分】

(三) 請說明呼吸防護具選用步驟為何？【10分】　　【111-經濟部】

答

(一) 依呼吸防護計畫及採行措施指引第7點，戴用緊密貼合式面體的勞工，在下列情形出現時進行密合度測試：

1. 首次或重新選擇呼吸防護具時。

2. 每年至少測試一次。

3. 勞工之生理變化會影響面體密合時。

　　（補充：如明顯的體重變化、臉部有疤痕、矯正牙齒、掉齒或整形等。）

4. 勞工反映密合有問題時。

(二) 依呼吸防護計畫及採行措施指引第8點，密合檢點可分為正壓檢點及負壓檢點：

1. 負壓檢點：遮住吸氣閥並吸氣，面體需保持凹陷狀態。

2. 正壓檢點：遮住呼氣閥並呼氣，面體需維持膨脹狀態。

(三) 依呼吸防護計畫及採行措施指引之附件，呼吸防護具選用步驟如下：

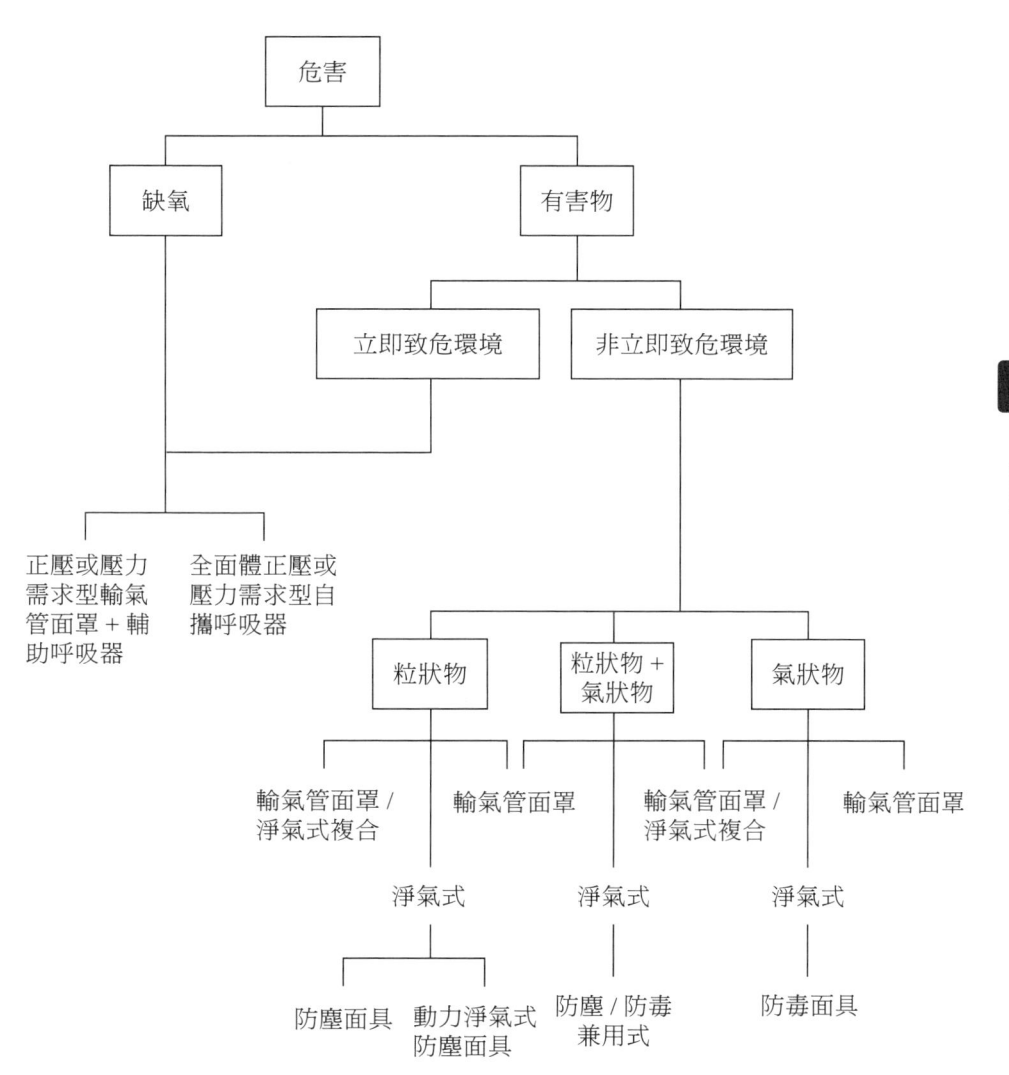

```
                          ┌─────────┐
                          │  危害   │
                          └────┬────┘
              ┌────────────────┴────────────────┐
         ┌────┴────┐                       ┌────┴────┐
         │  缺氧   │                       │ 有害物  │
         └────┬────┘                       └────┬────┘
              │                    ┌────────────┴────────────┐
              │              ┌─────┴──────┐           ┌──────┴──────┐
              │              │ 立即致危環境│           │非立即致危環境│
              │              └─────┬──────┘           └──────┬──────┘
              │                    │
        ┌─────┴─────┐               │
        │           │               │
   ┌────┴────┐ ┌────┴────┐          │
   │正壓或壓力│ │全面體正壓或│         │
   │需求型輸氣│ │壓力需求型自│         │
   │管面罩+輔│ │攜呼吸器   │         │
   │助呼吸器  │ │          │         │
   └─────────┘ └─────────┘          │
                          ┌─────────┼─────────────────────┐
                     ┌────┴────┐ ┌──┴──────┐        ┌────┴────┐
                     │ 粒狀物  │ │粒狀物+  │        │ 氣狀物  │
                     │         │ │氣狀物   │        │         │
                     └────┬────┘ └──┬──────┘        └────┬────┘
                      ┌───┴───┐     │             ┌─────┴─────┐
                   輸氣管面罩/ 輸氣管面罩    輸氣管面罩/     輸氣管面罩
                   淨氣式複合              淨氣式複合
                         │                    │                │
                       淨氣式              淨氣式            淨氣式
                         │                    │                │
                   ┌─────┴─────┐         ┌────┴────┐            │
                防塵面具  動力淨氣式   防塵/防毒              防毒面具
                          防塵面具      兼用式
```

> 工作職場中的高齡及中齡者有增多之趨勢，惟因其身體機能下降可能影響工作績效，甚至引發職業災害。如發現上述人員有不適任特定工作情形時，應以改善作業環境為優先考量，除工作安全因素外，請回答下列問題：
>
> (一) 尚可針對哪 5 大類作業環境進行改善？【10 分】
>
> (二) 請就上述 5 大類作業環境分別舉例說明改善方法？【10 分】
>
> 【111- 經濟部】

答

(一) 依勞動部職業安全衛生署修正之中高齡及高齡工作者作業安全衛生指引（2022.02.23），可對下述 5 大類作業環境進行改善，分別如下：

1. 照明。
2. 噪音。
3. 人因危害。
4. 環境溫度。
5. 緊急應變。

(二) 上述改善方法如下：

1. 照明：對於工作場所之採光照明，以自然採光為佳，必要時可輔以人工照明，並提供適當之照度，須注意光線分佈之均勻度、適當之明暗比，避免產生眩光。

2. 噪音：對於工作場所之噪音，應優先採取工程控制措施，以消除或減低噪音源，其次為採取行政管理措施，以減少噪音暴露時間，必要時，應提供有效防音防護具。

3. 人因危害：提供防止肌肉骨骼危害之省力機械、設備或裝置等。

4. 環境溫度：（考生擇 1 項內容撰寫即可）

(1) 對於工作場所因人工引起之高溫或低溫危害，如高溫作業，仍應以製程改善為主，工作輪替等行政管理措施為輔，並提供勞工必要之防護設備及飲水等方法因應。低溫作業則應提供勞工帽子、手套或絕緣手套、防護衣、絕緣防水鞋等防護具。

(2) 對於高氣溫戶外作業引起之熱危害預防，可參照本署訂定之高氣溫戶外作業勞工熱危害預防指引辦理，以強化相關熱危害預防措施。

(3) 對於戶外低溫環境引起之危害，應參考交通部中央氣象局發布之低溫特報資訊，提供多層次保暖、透氣之工作服，並注意其身體健康狀況，避免長時間從事戶外作業。

5. 緊急應變：（考生擇 1 項內容撰寫即可）

(1) 針對警報訊息除了聽覺外，亦可配合警示燈閃爍俾利察覺，並儘量以視覺設計為主，減少過度依賴聽覺信號。

(2) 中高齡及高齡工作者身體機能逐年退化，造成反應時間延長及敏捷性降低，爰雇主應確保逃生路徑保持暢通，避免有突出物或地面濕滑致逃生時發生跌倒之情事，並考量該等族群行走速度及所需避難時間，據以規劃工作區域及逃生路徑。

(3) 確保逃生通道上之緊急照明應符合相關規定，並在走廊曲折點處，增設緊急照明燈。

(4) 作業前召開工具箱會議，確保中高齡及高齡工作者明瞭逃生動線，包含臨時人員或承攬人工作者。

(5) 指派專人引導協助中高齡及高齡工作者疏散至出口，降低該等族群逃生時之資訊負荷，避免發生不必要之突發狀況。

(6) 對於中高齡及高齡工作者之緊急應變訓練，宜較年輕工作者增加 1.5 至 2 倍時間，並定期演練，留存紀錄。

補充：除上述作業環境之改善作為外，高齡及中齡者工作者的緊急應變能力後續輔以健康保護、教育訓練等預防及改善措施，再行成效評估及改善，更可大大強化防止高齡及中齡者工作者職業災害之發生。

人類在感覺訊息之接收及處理過程中，注意力（Attention）扮演很重要之角色，請說明下列有關注意力之相關問題：

（一）作業環境中除持續性注意力外，尚有哪 3 種主要之注意力類型及特性？【9 分】

（二）欲提升人員注意力，請針對（一）之 3 種類型分別舉 1 例說明，如何改善相關感覺訊息來源或作業？【3 分】

【111- 經濟部】

答

（一）除持續性注意外，另外 3 種主要之注意型及特性如下：

1. 選擇性注意（selective attention），其特性為需要監測數個資訊管道或來源，以執行某單一任務。

2. 聚焦性注意（focused attention），其特性為注意力集中在某個或少數幾個資訊管道，而不被其他資訊管道所影響。

3. 分割性注意（divided attention），其特性為同時從事數件作業／任務時，至少會有一作業／任務的績效常會下降。

(二) 改善相關感覺訊息源或作業，舉例如下：（考生擇 1 項內容撰寫即可）

1. 選擇性注意（selective attention）：

    (1) 動用較少管道。

    (2) 提供相對重要性資訊。

    (3) 提供預告資訊。

    (4) 訓練資訊掃瞄方式。

    (5) 緊靠配置。

    (6) 聽覺管道彼此間不相互遮蔽。

    (7) 刺激分離呈現並容許個別反應。

2. 聚焦性注意（focused attention）改善之指南

    (1) 管道差異化。

    (2) 管道間分離。

    (3) 減少競爭管道數。

    (4) 標的管道較強或位於較中心處。

3. 分割性注意（divided attention）改善之指南

    (1) 減少潛在之資訊來源數。

    (2) 提供重要性之資訊。

    (3) 降低作業困難度。

    (4) 使處理階段、輸出入形式、及記憶符碼等差異化。

    (5) 分時進行。

> 國際人因工程學協會（International Ergonomics Association）將人因工程學分為三大領域探討，請回答下列問題：
> （一）請說明人因工程學分為哪三大領域及其內涵？【12分】
> （二）請就（一）之領域，分別舉例說明其關注之議題。【6分】
> 【111-經濟部】

答

（一）人因工程學分為哪三大領域及其內涵分別如下：

1. 身體人因工程學（Physical Ergonomics）：探討生理等因素與活動的影響，以設計出最適合勞工工作之環境及設備器具。

2. 認知人因工程學（Cognitive Ergonomics）：探討知覺與注意等對於心智負荷、決策等影響。

3. 組織人因工程學（Organizational Ergonomics）：關注組織對於作業績效的影響，強調優化工作流程及組織結構。

（二）各領域人因工程學關注的議題舉例說明如下：

1. 身體人因工程學：人因性危害（如作業姿勢、物料搬運）、安全與衛生⋯等。

2. 認知人因工程學：人機互動、人員可靠度、心智工作負荷⋯等。

3. 組織人因工程學：組織文化、品質管理、工作設計⋯等。

3-6-1-6 經濟部所屬事業機構 112 年新進職員甄試試題

某化工廠勞工人數 600 人,在室內使用正己烷溶劑(勞工作業場所容許暴露標準為 50 ppm)進行攪拌混合作業,請回答下列問題:【2 題,共 15 分】

(一) 依危害性化學品評估及分級管理辦法規定,應如何運用其作業環境監測結果與勞工作業場所容許暴露標準,決定其定期實施危害性化學品評估之頻率?【6 分】

(二) 對於化學品暴露評估結果,應如何依風險等級分別採取控制管理措施?【9 分】

【112- 經濟部】

答

(一) 依危害性化學品評估及分級管理辦法第 8 條規定,中央主管機關對於第 4 條之化學品,定有容許暴露標準,而事業單位從事特別危害健康作業之勞工人數在 100 人以上,或總勞工人數 500 人以上者,雇主應依有科學根據之之採樣分析方法或運用定量推估模式,實施暴露評估。

另依危害性化學品評估及分級管理辦法第 9 條規定,雇主應依勞工作業環境監測實施辦法所定之監測及期程,實施前條化學品之暴露評估,必要時並得輔以其他半定量、定量之評估模式或工具實施之。

承上,因正己烷屬第二種有機溶劑,且容許暴露標準為 50 ppm,所以定期實施危害性化學品評估之頻率如下:

一、暴露評估結果濃度 ≧ 50 ppm,至少每 3 個月評估 1 次。

二、暴露評估結果濃度 < 50 ppm,應每 6 個月評估(作業環境監測)1 次。

三、化學品之種類、操作程序或製程條件變更,有增加暴露風險之虞者,應於變更前或變更後 3 個月內,重新實施暴露評估。

(二) 依危害性化學品評估及分級管理辦法第 10 條規定，雇主對於前 2 條化學品之暴露評估結果，應依下列風險等級，分別採取控制或管理措施：

一、第一級管理：暴露濃度低於容許暴露標準 1/2 者，除應持續維持原有之控制或管理措施外，製程或作業內容變更時，並採行適當之變更管理措施。

二、第二級管理：暴露濃度低於容許暴露標準但高於或等於其 1/2 者，應就製程設備、作業程序或作業方法實施檢點，採取必要之改善措施。

三、第三級管理：暴露濃度高於或等於容許暴露標準者，應即採取有效控制措施，並於完成改善後重新評估，確保暴露濃度低於容許暴露標準。

假設某一易燃物儲存槽內有 2 座卸料幫浦，分別為 P-A 幫浦與 P-B 幫浦，操作時以 P-A 幫浦為主，P-B 幫浦為緊急備用，在卸料管上裝有低流量警報器，若 P-A 幫浦故障後低流量警報器作動，5 分鐘內必須由操作員啟動 P-B 幫浦，否則卸料失敗。將 P-A 幫浦故障作為卸料作業的起始事件，相關事件機率分別為：低流量警報器故障率 0.001；操作員失誤率 0.25；P-A 幫浦故障率 0.002；P-B 幫浦故障率 0.001。請回答下列問題：【2 題，共 15 分】

(一) 繪出卸料失敗事件樹。【10 分】

(二) 計算卸料失敗之機率（精確值）為何？【5 分】【112- 經濟部】

答

(一) 卸料失敗事件樹如下所示：

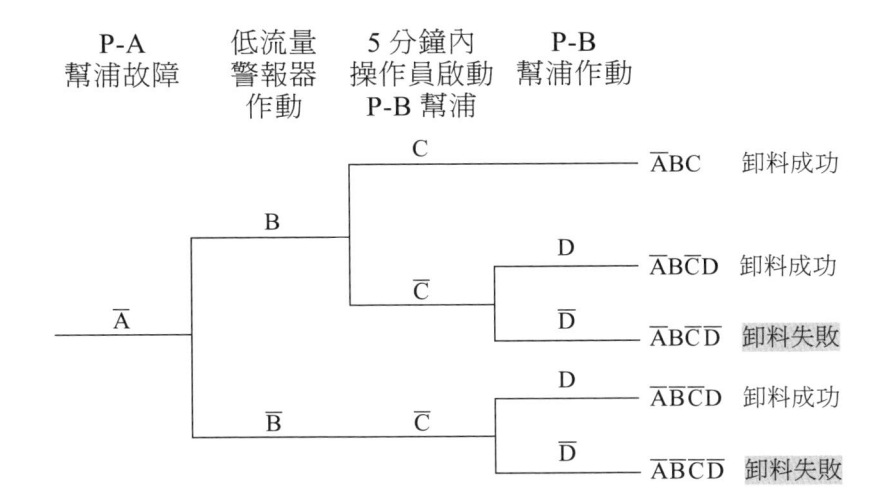

```
P-A          低流量        5分鐘內       P-B
幫浦故障      警報器        操作員啟動    幫浦作動
             作動          P-B 幫浦
```

```
                            C
                   ┌────────┴────────── $\overline{A}BC$      卸料成功
             B     │
         ┌───┴───┐ │        D
         │       │ ├──────┬─── $\overline{A}B\overline{C}D$   卸料成功
         │       └─$\overline{C}$
 $\overline{A}$   │        └─── $\overline{A}B\overline{C}\overline{D}$   卸料失敗
         │                  D
         │                 ┌─── $\overline{A}\overline{B}CD$   卸料成功
         └──$\overline{B}$──$\overline{C}$──┤
                           └$\overline{D}$── $\overline{A}\overline{B}\overline{C}\overline{D}$   卸料失敗
```

（二）卸料失敗之機率如下所示：

由上圖得知，卸料失敗的機率為 $\overline{A}B\overline{C}\overline{D}+\overline{A}\overline{B}\overline{C}\overline{D}$。

因 P-A 幫浦故障率 0.002；低流量警報器故障率 0.001；操作員失誤率 0.25；P-B 幫浦故障率 0.001，並將相關失誤率代入上式，

$\overline{A}B\overline{C}\overline{D}+\overline{A}\overline{B}\overline{C}\overline{D}$

$= 0.002\times 0.999\times 0.25\times 0.001 + 0.002\times 0.001\times 0.25\times 0.001$

$= 5\times 10^{-7}$

經計算後得知，卸料失敗之機率為 5×10^{-7}。

危害及可操作性分析 (Hazard and Operability Studies, HAZOP) 方法，常用於製程安全評估協助辨識人為操作錯誤對製程衍生的危害，請回答下列問題：【3題，共 20 分】

（一）說明 HAZOP 之特點為何？【5 分】

（二）列舉使用於 HAZOP 的 5 個引導詞 (Guide words)，並說明其意義與偏離情況（列舉第 6 項後不計分）。【5 分】

（三）說明實施 HAZOP 之程序流程為何？【10 分】【112-經濟部】

答

（一）HAZOP 之特點為結合幾位不同背景的專業人員藉助腦力激盪，相互交換意見，找出工廠製程內部所隱藏之危險因素，並以地毯式評估方式進行檢視工廠可能造成的危害，再對工廠的危害提出改善建議措施，達到避免可能發生的任何災害。

（二）1. HAZOP 的 5 個引導詞（Guide words）之意義如下表：
（考生擇 5 個即可）

引導詞（Guide words）	意義
無（No）	完全不具備設計目的
較少（Less）	定量的減少
較多（More）	定量的增加
只有部分（Part of）	定性的減少
不僅…又（as well as）	定性的增加
相反（Reverse）	與設計目的邏輯相反
除…之外（Other than）	完全取代

2. HAZOP 的製程偏離 = 引導詞 + 製程參數，範例如下表：
（考生擇 5 個即可）

製程參數＼引導詞＼製程偏離	無	較少	較多	只有部分	不僅…又	相反	除…之外
流量	無流量	低流量	高流量	-	-	逆流	-
壓力	真空	低壓	高壓	-	-	-	-
溫度	-	低溫	高溫	-	-	-	-
液位	無液位	低液位	高液位	-	-	-	-
成分	-	-	-	錯誤組成	雜質	-	錯誤物質
反應	無反應	低反應	高反應	-	副反應	-	錯誤反應

（三）實施 HAZOP 之程序流程如下說明：

一、評估前準備

1. 確定分析的目的和範圍。

2. 成立分析小組。

3. 蒐集分析資料。

4. 劃分研討節點。

5. 會議安排。

二、執行評估

依規劃逐步進行 HAZOP 分析,並於分析該節點在既有防護措施下的製程偏離風險後,提出相對應的改善建議,以此方式,重複所有製程偏離與節點。

三、報告撰寫

分析報告的紀錄內容,應包含節點之設計目的、製程偏離、可能原因、可為危害/後果、既有防護措施、與對此節點相對應的改善措施等項目。

四、追蹤考核

對評估時所提出的改善建議方案與期程進行追蹤,並確認是否進行與完成,以有效應用分析結果。

依人因工程設計上之核心概念,請回答下列問題:【2題,共20分】

(一) 列舉並說明 6 項從事工作空間設計規劃時應考量之事項。【12分】

(二) 解釋名詞:【8分】

1. 靜態人體測計(Static anthropometry)
2. 動態人體測計(Dynamic anthropometry)
3. 極端設計(Extreme design)
4. 可調式設計(Adjustable design)

【112- 經濟部】

答

(一) 從事工作空間設計規劃時應考量之事項如下說明：(考生擇 6 項即可)

1. 不要遺忘「操作員」或「使用者」這一變項。
2. 在系統開發過程中應儘早為操作員而設想。
3. 應該視操作員為動態的、機能的或機動的個體。
4. 人與人之間在身體大小和生理體能上有極大的差異。
5. 在尺寸的考量上亦應保留適當程度的安全係數。
6. 必須在各種狀況下進行過周全的功能測試與評估。
7. 避免全有或全無式的「明確」設計所導致的一些困擾。
8. 不要忽略數據也有其時間性變動傾向。

(二) 1. 靜態人體測計：於實施時，受測者在靜止的標準化穩定姿勢下，依事前設定的測定點所測得的人體各部位尺寸：大小、寬狹、長短、輕重。

2. 動態人體測計：係指人體執行各操作或進行各種活動時處於活動狀態下的各部位尺寸測量。

3. 極端設計：以兩極端的測計值作為設計基準，又可分為 95th%le 與 5th%le。

4. 可調式設計：可透由使用者自行調整的設計。

> 人工物料搬運（Manual Materials Handling, MMH）是造成骨骼肌肉傷害的重要因素，請以美國國家職業安全與衛生署（National Institute for Occupational Safety and Health, NIOSH）1991 年公布之人工抬舉公式設計為例，回答下列問題：【2 題，共 15 分】
> (一) 人工抬舉公式有哪 5 種設計參數？【5 分】
> (二) 人工抬舉公式有哪 5 項使用限制？【10 分】　　【112- 經濟部】

答

(一) NIOSH 1991 人工抬舉公式設計參數，如下說明：

1. 水平距離

2. 起始點的垂直高度

3. 抬舉的垂直移動距離

4. 身體扭轉角度

5. 抬舉頻率

(二) NIOSH 1991 人工抬舉公式使用限制，如下說明：

1. 假設其他非抬舉人工物料的搬運作業所需能量支出，比抬舉作業小，尤其是重複性的抬舉作業。

2. 未考量其他不可預期之工作因素，如地面濕滑與否。

3. 未考量單手、坐姿或蹲姿等抬舉。

4. 假設人員與地板的表面耦合，靜態摩擦係數至少為 0.4 以上；代表預設人員鞋底是乾淨無潮濕，且地面平坦乾淨。

5. 假設抬舉與卸下作業的下背傷害風險是相同的，但不太符合實際情況。

> 假設有一台機器或設備具多種控制器，在設計選用各控制器的群集（Grouping）時，應該遵循哪些原則，請列舉 5 項原則並說明之（列舉第 6 項後不計分）。【15 分】　　　　　　　　【112- 經濟部】

答

一台機器或設備具多種控制器，在設計選用各控制器的群集（Grouping）時，應該遵循以下原則：

(一) 分散負荷：人體常操作控制器的部分為手與腳部，所以若需操作數量較多的控制器，則須將負荷進行分散與適當的分配給四肢。

如：須迅速或精確控制的控制器，由手部負責；費力的操作，則由腳部負責。

(二) 相容性：控制器的配置方式與操作方向等，須盡量與系統／儀表的運作方向相容。

如：汽車方向盤向右轉動，汽車就會向右轉。

(三) 多功能組合：多功能組合式的控制器可以降低操作員的操作負荷與節省空間。

如：汽車的雨刷與清潔液的控制裝置，都組合在同一操作桿上。

(四) 標準化：同一系統的相同型式控制器操作方向與意義，應為標準化。

如：大貨車、汽車等的駕駛座油門與煞車踏板位置應標準化，避免誤操作。

(五) 易辨認：若有多種控制器安裝在同一控制面板或區域時，應能使人輕易辨認。

如：透過符碼化（形狀、大小、位置、顏色…等）方式，使人容易辨識。

3-6-1-7 經濟部所屬事業機構 113 年新進職員甄試試題

> 國內關於製程安全評估的法源像依職業安全衛生法第 15 條第 3 項,並具體規範於製程安全評估定期實施辦法與危險性工作場所審查及檢查辦法等法規,請回答下列問題:【2 題,共 15 分】
>
> (一) 請依製程安全評估定期實施辦法第 4 條有關製程安全評估報告,列舉 3 項除機械完整性外之內容要項【3 分】;並列舉 3 項須確保機械完整性的系統或設備【6 分】。
>
> (二) 某化工廠,即將增建過氧化丁酮、矽甲烷及乙炔共 3 座儲槽,依勞動檢查法施行細則規定,雇主製造、處置、使用該 3 種危險物達多少數量時,應定期實施製程安全評估(註:請按各該種類之製造、處置、使用數量依序說明作答)?【6 分】
>
> 【113- 經濟部】

答

(一) 1. 依製程安全評估定期實施辦法第 4 條,除機械完整性外之內容要項如下:(考生擇 3 項回答即可)

  (1) 勞工參與。

  (2) 標準作業程序。

  (3) 教育訓練。

  (4) 承攬管理。

  (5) 啟動前安全檢查。

  (6) 動火許可。

  (7) 變更管理。

  (8) 事故調查。

  (9) 緊急應變。

  (10) 符合性稽核。

  (11) 商業機密。

2. 須確保機械完整性的系統或設備,如下說明:

(1) 壓力容器與儲槽。

(2) 管線(包括管線組件如閥)。

(3) 釋放及排放系統。

(4) 緊急停車系統。

(5) 控制系統(包括監測設備、感應器、警報及連鎖系統)。

(6) 泵浦。

(二) 依勞動檢查法施行細則規定,雇主製造、處置、使用過氧化丁酮、矽甲烷及乙炔等 3 種危險物達以下數量時,應定期實施製程安全評估:

危險物名稱	數量(公斤)
過氧化丁酮	2,000
矽甲烷	50
乙炔	5,000

近年修訂之職業安全衛生法已納入風險評估,請回答下列問題:
【2題,共15分】

(一) 請列出4條已納入風險評估之職業安全衛生法條文,並請依序按條文、內容摘要及相關對應法規1部(不含指引),自繪如下格式作答(註:每項若僅列出條文,不予計分)。【12分】

	條文	內容摘要	相關對應法規
1	職業安全衛生法第____條		
2	職業安全衛生法第____條		
3	職業安全衛生法第____條		
4	職業安全衛生法第____條		

(二) 職業安全衛生法第5條明訂風險評估時機,請依據該法施行細則解釋下列名詞:【3分】

1. 風險評估
2. 合理可行範圍
3. 職業上原因

【113-經濟部】

答

(一) 已納入風險評估之職業安全衛生法條文,說明如下表所示:

項次	條文	內容摘要	相關對應法規
1	職安法第5條	機械、設備、器具、原料、材料等物件之設計、製造或輸入者及工程之設計或施工者,應於設計、製造、輸入或施工規劃階段實施風險評估,致力防止此等物件於使用或工程施工時,發生職業災害。	職業安全衛生設施規則 營造安全衛生設施標準 製程安全評估定期實施辦法 危險性工作場所審查及檢查辦法 職業安全衛生管理辦法 工業用機器人危害預防標準

項次	條文	內容摘要	相關對應法規
2	職安法第 6 條	雇主對下列事項,應妥為規劃及採取必要之安全衛生措施: 一、重複性作業等促發肌肉骨骼疾病之預防。…	職業安全衛生設施規則
3	職安法第 11 條	雇主對於前條之化學品,應依其健康危害、散布狀況及使用量等情形,評估風險等級,並採取分級管理措施。	危害性化學品評估及分級管理辦法
4	職安法第 13 條	製造者或輸入者對於中央主管機關公告之化學物質清單以外之新化學物質,未向中央主管機關繳交化學物質安全評估報告…	新化學物質登記管理辦法
5	職安法第 15 條	有下列情事之一之工作場所,事業單位應依中央主管機關規定之期限,定期實施製程安全評估,並製作製程安全評估報告及採取必要之預防措施…	製程安全評估定期實施辦法
6	職安法第 20 條	雇主於僱用勞工時,應施行體格檢查;對在職勞工應施行下列健康檢查…	勞工健康保護規則
7	職安法第 23 條	雇主應依其事業單位之規模、性質,訂定職業安全衛生管理計畫…	職業安全衛生管理辦法
8	職安法第 31 條	中央主管機關指定之事業,雇主應對有母性健康危害之虞之工作,採取危害評估、控制及分級管理措施…	女性勞工母性健康保護實施辦法

(二) 依職業安全衛生法施行細則，下列名詞解釋如下說明：
1. 風險評估，指辨識、分析及評量風險之程序。（第 8 條）
2. 合理可行範圍，指依本法及有關安全衛生法令、指引、實務規範或一般社會通念，雇主明知或可得而知勞工所從事之工作，有致其生命、身體及健康受危害之虞，並可採取必要之預防設備或措施者。（第 8 條）
3. 職業上原因，指隨作業活動所衍生，於勞動上一切必要行為及其附隨行為而具有相當因果關係者。（第 6 條）

請詳述風險評估常用之失誤模式與影響分析（FMEA）及如果-結果分析（What-If）2 種分析方法之目的與優、缺點。【20 分】

【113- 經濟部】

答

失誤模式與影響分析（FMEA）及如果-結果分析（What-If）皆是我國製程安全評估定期實施辦法第 5 條所規定之製程安全評估方法，其分析方法之目的與優、缺點說明如下表所示：

分析方法	目的	優點	缺點
FMEA	確認低層單機或元件可能的失效模式，並探討失效發生原因與其可能對元件本身或系統造成之影響，以採取適當的預防性措施或改善對策，進而提高產品的可靠度。	1. 對硬體設備的檢核徹底。 2. 較易實施。 3. 提高產品的可靠度。	1. 較少評估人為失誤。 2. 耗時費力。 3. 較無法評估多重故障情況。

分析方法	目的	優點	缺點
What-If	透過小組成員的腦力激盪，來檢討或確認製程/操作可能的危害與安全性。	1. 方法簡單。 2. 成本較低。	1. 不適用複雜製程。 2. 取決參與者經驗或專業能力。

有關控制裝置之設計，請回答下列問題：【2題，共17分】

（一）何謂控制階序(control order)【2分】？並詳述控制階序的4種分級【8分】。

（二）為防止控制器意外啟動，Chapanis與Kinkade (1972)建議哪7種防護方法？【7分】　　　　　　　　【113-經濟部】

答

（一）1. 控制階序係指控制器之移動與其所想控制的輸出間之控制關係的層級。

　　2. 控制階序的4種分級如下：

　　(1) 位置（零階）控制，在位置控制的追蹤作業，控制裝置的移動直接控制輸出。如：移動聚光燈並照射在舞台上的演員。

　　(2) 速率（一階）控制，以速率控制系統來說，操作員移動控制器的直接效應，就是控制產出的速率變化。

　　　　如：汽車油門踏板的踩踏深度，控制汽車的速率快慢。

　　(3) 加速（二階）控制，加速度（或加速）是指某物移動率的變化率。

　　　　如：汽車方向盤的轉動，控制前輪的角度，其轉動方向控制了汽車轉向的變化率。

　　(4) 高階控制：某些系統的控制更為複雜，所以可視為高階控制系統。

如：一艘大船由人員操控舵輪,其和船身質量、位置與實際移動之間,皆有著層層聯結。

(二) 為防止控制器意外啟動,Chapanis 與 Kinkade (1972) 建議以下 7 種防護方法:

1. 凹進隱藏,控制器採用凹進隱藏方式,崁入控制面板表面,使沒有凸出部分。
2. 選定位置,特殊功能的控制器,安裝位置進行特別選擇。
3. 操作方位,控制器的移動方位,經過設計後,不太會因意外施力而啟動。
4. 加蓋阻擋,在控制器附近,加裝擋板或覆蓋。
5. 鎖定裝置,將控制器設計成需連續完成兩個不同方向的移動,才能動作。
6. 操作順序,在控制器內設計「內鎖」,若未依照正確順序操作,則無法動作。
7. 阻抗施力,將控制器設計為不太靈敏或需大力操作,不會因人員誤觸而啟動。

有關人因工程的研究方法,請回答下列問題:【3題,共21分】

(一) 請說明人因工程性實驗研究中,自變項(independent variable, IVs)與依變項(dependent variable, DVs)此兩變數各別的意義及應用。【6分】

(二) 請詳述 Meister (1985) 提出的3類效標量度(criterion measures)。【9分】

(三) 請詳述心理測量學常用衡量信度(reliability)主要方法及效度(validity)種類。【6分】

【113- 經濟部】

答

(一) 自變項與依變項之意義及應用,如下說明。

項目	意義	應用
自變項	在實驗室研究中,被實驗者所操弄之變項。	1. 作業關聯變項 2. 環境變項 3. 受試者關聯變項
依變項	隨著自變項的變化而改變的變項,其所測度的行為稱之。	1. 績效變項 2. 主觀變項 3. 生理變項

(二) 依 Meister (1985) 提出的 3 類效標量度,如下說明。

項目	意義	應用
系統描述效標	以工程觀點來反映整個系統,較常使用在評鑑性研究。	如設備可靠度、操作成本…等。
作業執行效標	反映某一作業的產出情況,較人員表現效標更具整體性。	如產出數量、品質…等。
人員表現效標	人員在執行作業時的行為與反應問題,可透過績效量度、生理指標與主觀反應等方面進行測量。	如發現目標次數、心血管指標…等。

(三) 心理測量學常用衡量信度主要方法及效度種類,如下說明。

1. 信度:指可信賴的程度,其衡量信度的主要方法如下。

    (1) 重複測量信度,對一群相同的受測者,在兩個不同時間進行相同的測量,所得出結果的穩定性;如測驗工具是可靠的,其受測者每次的成績都會差不多。

    (2) 內部一致性信度,由各項回答的相似程度來評估信度;如兩位以上的評判員評估同一樣本中的相同事項,並透過其給分一致性的計算,評定其信度。

2. 效度:指量測工具可以達成測出研究者想要測量事物的程度,可分為以下種類。

    (1) 表面效度,指量測工具表面或主觀上,看起來是否能測出預測的事物。

(2) 內容效度，指量測工具所測量的內容，能否代表所想探討領域的程度。

(3) 效標關聯效度，指量測工具能預測績效的程度。

某些工作環境或內容可能對人體造成影響，請回答下列問題：
【3題，每題4分，共12分】
(一) 造成缺氧症（hypoxia）的原因可分為哪4類？
(二) 白指症（white fingers）特徵為何？並列舉3項預防對策。
(三) 何謂眩光（glare）？減少眩光的方法可分為哪3類？

【113-經濟部】

答

(一) 造成缺氧症（hypoxia）的原因，可分為以下4類：

1. 缺氧性缺氧（hypoxic hypoxia），主因為在高空中，吸入的氧氣分壓不足，而導致不能擴散進入肺泡膜內進行氣體交換，所導致的缺氧。

2. 貧血性缺氧（anemic hypoxia），因血紅素不足（如貧血或失血），使血液攜氧能力降低，所導致的缺氧。

3. 滯血性缺氧（stagnant hypoxia），因循環功能之障礙（如心臟病、動脈痙攣等），使血液流至組織中的數量降低，所導致的缺氧。

4. 組織中毒性缺氧（histoxic hypoxia），因受到麻醉劑、氰化物等藥物作用，抑制了身體組織對氧的利用，所導致的缺氧。

(二) 1. 白指症（white fingers）特徵為手指及其他手部血流量的減少，導致患者的手或手指有發白現象，並感到針刺、麻木或疼痛，發作持續時間可由數分鐘到數小時。

2. 白指症的預防對策如下說明：(考生擇 3 項回答即可)

    (1) 以自動化作業替代。

    (2) 工具的內阻尼處理。

    (3) 工具的外阻尼處理。

    (4) 作業程序的調整。

    (5) 使用抗振手套。

    (6) 降低作業時間或頻率。

    (7) 增加休息時間。

(三) 1. 眩光（glare），就是俗稱的刺眼。主因為視野內的亮度大大超過眼睛已適應的亮度，所產生的不舒服或視力損失。

2. 減少眩光的方法可分為以下 3 類：

    (1) 降低來自照明器具的直接眩光。

        如：降低光源的亮度、利用遮光板⋯等。

    (2) 減少來自窗戶的直接眩光。

        如：在窗外加設遮陽棚、使用窗簾⋯等。

    (3) 減少反射眩光。

        如：提供良好的全面照明水準、使用漫射光 / 窗簾⋯等。

參考資料

說明 / 網址	QR Code
工業通風第七版 林子賢 編著 https://www.books.com.tw/products/0010865107?sloc=main	
作業環境控制工程 洪銀忠 著 https://www.books.com.tw/products/0010037494?sloc=main	

說明 / 網址	QR Code
危害分析與風險評估 黃清賢 著 https://www.books.com.tw/products/0010238786?sloc=main	
危害分析與風險評估操作手冊第二版 黃清賢 https://www.books.com.tw/products/0010485701?sloc=main	
勞工作業環境監測及暴露評估訓練教材 - 中華民國工業安全衛生協會 編印	
甲級物理性與化學性因子 勞工作業環境測定人員訓練教材 - 勞動部（前行政院勞工委員會）（已絕版）	
職業衛生認知、評估與控制 - 中國醫藥大學（已絕版）	
人因工程 - 人機境介面工適學設計（第七版）許勝雄．彭游．吳水丕 等編著 https://www.tsanghai.com.tw/book_detail.php?c=218&no=4879#p=1	
人因工程（第三版） 林久翔．姚怡然．趙金榮．馮文陽．曾楓億 譯 https://www.books.com.tw/products/0010507430?sloc=main	
勞動部勞動及職業安全衛生研究所之「研究成果」 https://results.ilosh.gov.tw/iLosh/wSite/sp?xdUrl=/wSite/ap/lptableC.jsp&ctNode=322&CtUnit=100&BaseDSD=33&mp=3	
公務人員考試：職業安全衛生類別 (高等考試 + 地特三等) 歷屆考題彙編｜第三版 蕭中剛、陳俊哲、徐強、許曉鋒、王韋傑、張嘉峰 編著 https://www.books.com.tw/products/0010990656?sloc=main	

國營事業考試--職業安全衛生類別
歷屆考題彙編｜第三版

作　　者：蕭中剛 / 陳俊哲 / 許曉鋒 / 王韋傑 / 張嘉峰
企劃編輯：郭季柔
文字編輯：王雅雯
設計裝幀：張寶莉
發 行 人：廖文良

發 行 所：碁峯資訊股份有限公司
地　　址：台北市南港區三重路 66 號 7 樓之 6
電　　話：(02)2788-2408
傳　　真：(02)8192-4433
網　　站：www.gotop.com.tw
書　　號：ACR013400
版　　次：2025 年 09 月三版
建議售價：NT$750

商標聲明：本書所引用之國內外公司各商標、商品名稱、網站畫面，其權利分屬合法註冊公司所有，絕無侵權之意，特此聲明。

版權聲明：本著作物內容僅授權合法持有本書之讀者學習所用，非經本書作者或碁峯資訊股份有限公司正式授權，不得以任何形式複製、抄襲、轉載或透過網路散佈其內容。
版權所有．翻印必究

本書是根據寫作當時的資料撰寫而成，日後若因資料更新導致與書籍內容有所差異，敬請見諒。若是軟、硬體問題，請您直接與軟、硬體廠商聯絡。

國家圖書館出版品預行編目資料

國營事業考試：職業安全衛生類別歷屆考題彙編 / 蕭中剛, 陳俊哲, 許曉鋒, 王韋傑, 張嘉峰著. -- 三版. -- 臺北市：碁峯資訊, 2025.09
　面；　公分
ISBN 978-626-425-119-8(平裝)
1.CST：工業安全　2.CST：職業衛生
555.56　　　　　　　　　　　　114008625